Mitteilungen des Deutschen Verbandes für
Wasserwirtschaft und Kulturbau e.V.   (DVWK)

Heft 17   1989

DVWK

MITTEILUNGEN 17

Immissionsbelastung
des Waldes
und seiner Böden —
Gefahr für die Gewässer?

Vorträge und Poster der
Wissenschaftlichen Tagung
Hydrologie und Wasserwirtschaft
vom 28. bis 30. November 1988
in Fulda

Zusammengestellt von
Horst-Michael Brechtel

Deutscher Verband für
Wasserwirtschaft und Kulturbau   1989

Herausgeber:
Deutscher Verband für Wasserwirtschaft und Kulturbau e.V. (DVWK)
Gluckstraße 2, 5300 Bonn 1, Tel: 0228/631446

CIP—Titelaufnahme der Deutschen Bibliothek

Immissionsbelastung des Waldes und seiner Böden — Gefahr für die Gewässer? : Vorträge und Poster der Wissenschaftlichen Tagung Hydrologie und Wasserwirtschaft vom 28. bis 30. November 1988 in Fulda / zsgest. von Horst-Michael Brechtel. Dt. Verb. für Wasserwirtschaft u. Kulturbau. — Bonn : DVWK, 1989
 (Mitteilungen des Deutschen Verbandes für Wasserwirtschaft und Kulturbau e.V. ; H. 17)
 ISBN 3-924063-12-5

NE: Brechtel, Horst M. [Hrsg.]; Wissenschaftliche Tagung Hydrologie und Wasserwirtschaft <1988, Fulda>; Deutscher Verband für Wasserwirtschaft und Kulturbau: Mitteilungen des Deutschen...

ISBN 3-924063-12-5

© 1989 Deutscher Verband für Wasserwirtschaft und Kulturbau e. V. (DVWK),
Gluckstraße 2, 5300 Bonn 1

Das Werk ist urheberrechtlich geschützt. Die dadurch begründeten Rechte, insbesondere die der Übersetzung, des Nachdruckes, des Vortrages, der Entnahme von Abbildungen, der Funksendung, der Wiedergabe auf photomechanischem oder ähnlichem Wege und der Speicherung in Datenverarbeitungsanlagen, bleiben, auch bei nur auszugsweiser Verwertung, vorbehalten. Werden einzelne Vervielfältigungsstücke in dem nach § 54 Abs. 1 UrhG zulässigen Umfang für gewerbliche Zwecke hergestellt, ist die nach § 54 Abs. 2 UrhG zu zahlende Vergütung zu entrichten, über deren Höhe der Herausgeber Auskunft gibt.
Printed in Germany by R. Schwarzbold, 5305 Witterschlick bei Bonn
Umschlaggestaltung: Jan Buchholz und Reni Hinsch, Hamburg

VORWORT

Bei Wasserwirtschaftlern, besonders bei den für das Trinkwasser verantwortlichen, galt bisher Wasser aus großen Waldgebieten als chemisch besonders einwandfrei. Alle großen Talsperren beziehen ihr Wasser aus bewaldeten Einzugsgebieten. Böden im Bereich von Trinkwassergewinnungsanlagen werden aufgeforstet. Seit der europaweiten Einführung des Nitratgrenzwertes 50 mg für Trinkwasser wird nach Waldwasser gefragt zur Verdünnung der nitratbelasteten Grundwässer aus Gebieten mit landwirtschaftlicher Intensivnutzung.

Den durch Dünger und Pestizide äußerst gering - wenn überhaupt - belasteten Waldböden wurde eine besonders hohe Filterwirkung für Fremdstoffe nachgesagt.

Bis zum Beginn der 80er Jahre schien die Welt im Walde noch in Ordnung zu sein.

Dieses Gefühl relativer Sicherheit schwand dahin, als die Zusammenhänge zwischen anthropogener Luftverschmutzung und flächenhafter Walderkrankung deutlich wurden.

Wald filtert - je höher und dichter seine Kronen sind, umso wirkungsvoller - Stoffe aus der durch ihn vom Wind bewegten Luft. Niederschläge waschen diese Stoffe - in Lösung oder Suspension - in Mengen von den Baumoberflächen ab, die dem Mehrfachen vom Stoffgehalt im Freilandniederschlag entsprechen, und transportieren sie in den Waldboden. Hier erfahren oder bewirken sie chemische Veränderungen mit heute erst teilweise bekannten physiologischen Wirkungen auf das Ökosystem Wald. Überschüssiges Wasser verläßt den durchwurzelten Bodenraum. Auf seinem Wege zu Oberflächengewässern oder zum Grundwasser unterliegt das Wasser ebenfalls chemischen Veränderungen. Große Teile unserer Wälder wurzeln in Böden, die - von Natur aus sauer - nur begrenzt pufferfähig sind. Bei anhaltend hohem Eintrag und zusätzlicher pedogener Säureproduktion muß mit Erschöpfung ihrer Pufferkapazität in absehbaren Zeiträumen gerechnet werden. Schadstoffe würden dann in die Oberflächengewässer, bei Vordringen der Säurefront in größere Tiefen schließlich auch ins Grundwasser gelangen.

Der Fachausschuß "Wald und Wasser" im DVWK beschäftigt sich seit Beginn der 80er Jahre mit quantitativen und qualitativen Aspekten der Stoffflüsse im Walde. Er behandelte das Thema erstmals 1982 bei seinem Rundgespräch mit der Deutschen Forschungsgemeinschaft in Koblenz /1/. In seinem 1984 gemeinsam mit der Sektion "Forsthydrologie" der IUFRO und dem Nationalpark Bayerischer Wald veranstalteten Symposium in Grafenau nahm das Thema bereits die Hälfte der Veranstaltungszeit in Anspruch /2/.

Die Wissenschaftliche Tagung in Fulda - 4 Jahre, angefüllt mit breit angelegter Forschung in zahlreichen wissenschaftlichen Disziplinen, waren seit Grafenau vergangen - befaßte sich nun konkret mit der Frage, ob die inzwischen manifestierte Schadstoffbelastung des Waldes und seiner Böden die Lebensgemeinschaften in den Oberflächengewässern, letztlich aber unser kostbarstes Lebensmittel, das Trinkwasser, gefährdet.

180 Wissenschaftler aus 60 Instituten der Bundesrepublik Deutschland und europäischer Nachbarländer hörten 30 Referate zum Themenkomplex. Sie diskutierten vor 36 Postern die Kernfrage: Werden die mit dem Niederschlag in den Waldboden transportierten Schadstoffe dort dauerhaft und für das Ökosystem unschädlich fixiert, oder gelangen sie - womöglich vermehrt durch pedogene Schadstoffe - in die Oberflächengewässer und ins Grundwasser.

Über die in den nachfolgenden Referaten dargestellten Einzelergebnisse hinaus erlaubt die Fuldaer Tagung folgende Schlüsse:

- Eine Gefährdung der Gewässer durch den Schadstoffeintrag mit dem Niederschlag in den Waldboden kann nicht mehr bestritten werden.

- Wissenschaftler in zahlreichen Disziplinen beschäftigen sich mit den verschiedensten Aspekten des Problems; die 1984 in Grafenau erhobene Forderung nach multidisziplinärer Bearbeitung wurde aufgegriffen.

- Antworten auf zahlreiche Fragen im Komplex können nur mit ökosystemarem Ansatz gefunden werden. Die hierbei unerläßliche interdisziplinäre Zusammenarbeit ist noch immer auf wenige Projekte beschränkt.
Ökosystemare Forschung ist geräteintensiv und zeitaufwendig, also teuer. Wer seine Arbeitsgruppe gegen andere abschirmt, handelt deshalb unwirtschaftlich und auftragswidrig. Finanzielle und personelle Wissenschaftsförderung könnten hier wirkungsvoll steuern.

Das Bundesumweltministerium gab kürzlich bekannt, daß die industrielle SO_2-Emission deutlich reduziert werden konnte. Gleichzeitig habe aber die Zahl der Kraftfahrzeuge auf bundesdeutschen Straßen und die Jahresfahrstrecke alle Prognosen weit hinter sich gelassen.

Das bedeutet Steigerung der NO_x-Emission und der intrasystemaren Säureproduktion. Gegendweise wirken die konzentrierten Entsorgungsprodukte der Massentierhaltung in gleicher Richtung. Nach neuesten Erkenntnissen spielen Flugzeugemissionen vor allem beim Landen und Starten regional eine bedeutsame Rolle bei der Schadstoffbelastung der Wälder und ihrer Böden.

Es kann deshalb niemand verwundern, daß der Bundesforstminister in seinem Waldschadensbericht 1988 keinen Anlaß zur Entwarnung sah.

Im Wasserversorgungsbericht der Bundesregierung von 1983 wird festgestellt: "Wesentliche Grundlage einer langfristig gesicherten Wasserversorgung ist neben einem ... ausreichenden Wasserdargebot ... dessen Qualität. Voraussetzung zur Sicherung der Wasserqualität ist die Bemühung für einen umfassenden Schutz sowohl der Oberflächengewässer, als auch des Grundwassers. Hierzu sind ... große Anstrengungen erforderlich ...".

Der Fachausschuß "Gewässergüte" im DVGW bemerkt zu dieser Forderung: "Die "Reparatur" in Form von komplizierten Aufbereitungsmaßnahmen der Wasserversorgungsunternehmen ist eine Notlösung und darf den vorbeugenden Gewässerschutz nicht ersetzen". Der Saure Regen ist eine unter mehreren, im Wald aber die gefährlichste Schadensquelle für die Gewässer.

Forstliche Maßnahmen zum Schutz der Gewässer im Walde sind neben der inzwischen selbstverständlichen Reduzierung der Pestizidanwendung gegen Null eine intensive Waldpflege und die Bodenschutzkalkung. Ihre bremsende Wirkung auf den Fortgang der Bodendegeneration ist umso geringer, je weiter jene fortgeschritten ist. Beide Maßnahmen können allerdings von der großen Zahl defizitärer Forstbetriebe nicht mehr bezahlt werden. Sie werden zu Aufgaben der Öffentlichen Hand, die die erforderlichen Gelder an anderer Stelle einsparen muß. Ist das Verständnis der davon Betroffenen schon geweckt?

Die Veranstalter der Fuldaer Tagung wünschen sich, daß die Vertreter von Wasserwirtschaft und Forstwirtschaft **gemeinsam**

- die Herausforderung zu aktivem Gewässerschutz im Walde annehmen,
- der Öffentlichkeit die Gefahren, die dem Trinkwasser aus der Schadstoffbelastung des Waldes drohen, erklären und die dafür erforderlichen Forschungsarbeiten steuern und
- sich verständigen auf die Forderung nach drastischer Reduzierung von Luftschadstoffen aller Art.

Dietrich Hoffmann
Obmann des DVWK-Fachausschusses 1.8
"Wald und Wasser"

SCHRIFTTUM

/1/ Haar, U. de; HOFFMANN, D. (Hrsg.) (1982): Wasser aus dem Wald - Wasser für den Wald. Ein Rundgespräch der Deutschen Forschungsgemeinschaft, Beiträge zur Hydrologie (ISSN 0174-0555), Sonderheft 4 (ISBN 3922749-03-8), Kirchzarten, 343 S.

/2/ NATIONALPARK-VERWALTUNG BAYERISCHER WALD (1985): Wald und Wasser - Prozesse im Wasser- und Stoffkreislauf von Waldgebieten. Tagungsbericht zum Symposium Wald und Wasser in Grafenau vom 2. - 5. Sept. 1984, Herausgeber: Nationalparkverwaltung Bayerischer Wald. 5. Tagungsbericht, 682 S. (zwei Bände).

FOLGERUNGEN AUS DEN TAGUNGSERGEBNISSEN
von P. Benecke, Göttingen

Rufen die Immissionsbelastungen des Waldes und seiner Böden Gefahren für die dort entstehenden unter- und oberirdischen Gewässer hervor? Auf diese, aus dem nuancenreichen Meinungsbild sowohl der öffentlich-politischen, technisch-praktischen wie auch der wissenschaftlichen Diskussion entstehende Frage hat diese Tagung Antworten gefunden, die einer näheren Betrachtung wert erscheinen.

Gefahren für die Lebensgemeinschaften der Fließgewässer?

Die Vortragenden zu diesem Themenkomplex konnten bisweilen ein gewisses Maß an Leidenschaft kaum verbergen, in der etwas zwiespältigen Bedeutung dieses Wortes, nämlich hier dem Mitleiden mit der geschundenen Kreatur. Die ethische Seite der Problematik spiegelte sich in den zahlreichen Beiträgen zu diesem Themenkreis wider und trat eindringlich neben die alarmierenden Aspekte der rapiden Artenverarmung und damit des Verlustes von Funktionsgliedern in Waldbachbiozönosen.

Gefahren für die Trinkwasserversorgung?

Resümierend ist zu sagen, daß sich aus der Art der Gewässerverunreinigungen, besonders aber aus der Größe und Leistungsfähigkeit der Trinkwassergewinnungsanlagen sehr unterschiedliche Problembeurteilungen ergeben. Beispielsweise konnte Dr. Groth von den Harzwasserwerken darlegen, daß er keine Gefahren für die Trinkwasserversorgung erkennen könne. Er räumte allerdings ein, daß die Deponierung der Rückstände längerfristig noch zu lösen sei.

Die (sinngemäße) Formulierung, die technischen Möglichkeiten seien vorhanden, auch aus belasteten Rohwässern gutes Trinkwasser herzustellen, führte zu einer engagierten Diskussion. Sie mündete (und das scheint besonders bemerkenswert) ebenfalls bei der eher (oder auch) ethisch zu nennenden Frage, welche Grenzen dem "Machbarkeitsprinzip" angesichts der ökologischen Fehlentwicklungen zu setzen sind. Ist es hinnehmbar, und zwar in längerfristiger Betrachtung auch in wirtschaftlichem Sinne, wenn sich der Zwang fortlaufend vergrößert, aus einem an sich unmittelbar genießbaren, wohlschmeckenden Naturprodukt ein chemisch gereinigtes "Trinkwasser" herstellen zu müssen? Daß dies technisch auch weiterhin möglich sein wird, versichern die Harzwasserwerke. Ob diese Zuversicht jedoch verallgemeinbar ist, muß stark bezweifelt werden, mehr noch, ob sich die Versorgungsprobleme überall (kleine Versorgungsanlagen oder gar dezentrale Hausbrunnen) technisch und/oder wirtschaftlich lösen lassen und ob dies überhaupt ein akzeptabler, d.h. zu verantwortender Weg ist.

Gefahren für die Abflußbildung und Wassermengenwirtschaft?

So umfangreich die Erkenntnisse zur Frage der absehbaren Auswirkungen der Schadstoffbelastungen auf die Wasserqualität sind, so wenig läßt sich bisher über die Konsequenzen für Höhe und Dynamik der Abflüsse sagen. Dies liegt nicht zuletzt daran, daß aufgrund der Variabilität der Mengenrelation der Wasserhaushaltskomponenten untereinander sichere Aussagen über trendbehaftete Entwicklungen erst auf der Basis langjähriger Meßreihen möglich sind.

Die Wahrscheinlichkeit, gestützt durch bisherige Befunde, spricht dafür, daß der Wasserverbrauch der Waldbestände sich rückläufig entwickeln wird, hauptsächlich infolge verringerter Transpiration durch Schädigung des Wurzelsystems. Aus dem gleichen Grunde der biologischen Verödung ist auch eine Abnahme der Sickerdurchlässigkeit der Böden zu befürchten.

Die Folge wären vernässende Böden mit verringertem Wasseraufnahmevermögen. Sie würden bei erhöhtem Gesamtabfluß nicht nur die Abflußsituation verschärfen, sondern auch (zieht man die Verschlechterung des bodenchemischen Zustandes mit in Betracht) nur noch anspruchslosesten Vegetationsformen wie Heide oder Moor einen Standort bieten.

*

Es kann also keine Frage mehr sein, ob die Immissionsbelastung des Waldes und seiner Böden Gefahren für die Gewässer hervorruft; die Frage muß vielmehr sein, wie diesen Gefahren zu begegnen ist. Es war nicht zuletzt Sinn dieser Tagung, hierzu einen Beitrag zu leisten und, wenn möglich, Weichenstellungen zu erreichen. Dies erschien dringend notwendig, um die anschwellende Informationsfülle zu vielen Einzelaspekten der sich gegenwärtig vollziehenden Veränderungen im System Atmosphäre-Waldstandort-Hydrosphäre einer ganzheitlichen, d.h. ökosystemaren Bewertung und Einordnung zuzuführen.

Dringlich auch deswegen, weil die Beurteilung der gegenwärtigen Situation nicht nur von Kenntnisstand, Interessenlage und mancherlei Vorgaben abhängt, sondern erschwert oder beeinträchtigt wird sowohl durch die relative Langsamkeit der Entwicklung der Veränderungen, die zudem in ausgeprägter Weise durch Schwankungen (Schädigungsschübe und Erholungsphasen) überlagert wird, sondern auch von der Regionalität der einwirkenden Faktorenkombination. Letztere umfassen die drei großen Faktorengruppen Immissionen, Böden (Gesteine, Orographie) und klimatische Bedingungen.

Phänomenologie und vor allem Erklärungshypothesen haben demzufolge Differenzierungen erfahren, die bis zu Gegensätzlichkeit reichen. Beide Punkte laufen in der Forderung zusammen, einen gemeinsamen, fortschreibungsfähigen Ansatz zu finden, der gleichermaßen als konzeptioneller Arbeitsansatz wie auch als Verständigungsplattform zu dienen hat. Dabei geht es nicht nur um die Interpretation von Beobachtungen und experimentellen Befunden sowie den darauf aufbauenden hypothetischen Ableitungen, sondern auch um das allgemeine Prinzip eines zweigleisigen Vorgehens. Dies soll bedeuten, daß fortlaufende Umsetzung des Kenntnisstandes in politisches und praktisches Handeln stattfindet und gleichzeitig die "Ökosystemforschung" vorangetrieben wird. Diese Gleichzeitigkeit scheint deswegen unumgänglich, weil nicht erwartet werden kann, daß allgemeine Lösungen für das Funktionieren von Ökosystemen überhaupt erreichbar sind, daß aber andererseits der schon jetzt vorliegende Kenntnisstand hinreichend tragfähig ist, nun als Entscheidungsgrundlage für verantwortliches Handeln zu dienen.

Damit wird deutlich, daß die Rolle der Wissenschaft als Anleitung für technisches Handeln in einem neuen Licht zu sehen ist, das sich aus dem Verständnis von Lebensgemeinschaften einschließlich ihrer Umwelt als Ökosysteme ergibt. Sie entziehen sich einer "exakten" Untersuchungsweise im Sinne einer beliebig häufigen, gleichförmigen Reproduzierbarkeit der Untersuchungsergebnisse. Jeder momentane ökosystemare Zustand kann prinzipiell als einmaliger Sonderfall betrachtet werden. Dies begründet den vereinfachenden, aber fortzuschreibenden Modellansatz, der wesentliche Prinzipien, nämlich die Verkettung und Rückkoppelung der Prozesse berücksichtigt, mit denen das Ökosystem auf die von außen (Atmosphäre, Hydrosphäre) einwirkenden, "antreibenden" Faktoren reagiert. Modelle bedürfen deswegen der Eichung an den realen Systemen, und ihre Prognosen, die für die vorgegebenen Außenbedingungen gelten, sind so gut wie diese Eichungen bzw. ihre Ergebnisse. Hieraus ergibt sich ein weiterer, intensiver Forschungsbedarf, der mit dem fortschreitenden Eindringen in die Verästelungen der

Systeme auch rasch in die Dimension der aufwendigen Großforschung hineinwächst. Auch die Anerkennung dieses Sachverhaltes ist in einem neuen Licht zu sehen: Nicht von der Frage nach einem weiteren Ausbau dessen, was gemeinhin menschliche Wohlfahrt genannt wird, sondern von der Frage, ob und gegebenenfalls wie der erreichte Standard zu bewahren ist, ist auszugehen. Dies umso mehr, als man heute noch zögert, den erreichten Kenntnisstand, wie er sich zum Beispiel in den Beiträgen zu dieser Tagung dokumentiert, als ausreichende Handlungsanweisung anzunehmen.

ABSTRACT
INTRODUCTION AND GENERAL VIEW
H.-M. Brechtel, Hann. Münden

In these proceedings the contributions to the workshop "Immission Impact on the Forest and its Soils. - Endangerment of the Water Resources?" are represented. The meeting, which has been conducted by the German Association for Water Resources and Land Improvement (DVWK), Working Group "Forest and Water" in Fulda, Hesse, F.R.Germany from November 28 - 30, 1988 resulted in 48 papers, partly from oral presentations and partly from posters, and in 2 **EXCURSION INFORMATIONS** (item 7). The introductory **BASIC PAPER** summarizes the concepts and ways of forest ecosystem research. Then, following the water cycle (Fig. 1, page 6), the papers on various topics of soil and water quality oriented research are grouped into the 6 items:

1. **DEPOSITION OF AIR POLLUTANTS IN FOREST,**
2. **CHANGES OF SOIL CONDITIONS AND MATTER BALANCES,**
3. **EFFECTS ON UNDERGROUND AND ABOVEGROUND WATERS,**
4. **EFFECTS ON THE LIFE COMMUNITY IN STREAMS,**
5. **DAMAGE CONTROL BY MEANS OF SOIL PROTECTION,**
6. **IMPLICATIONS OF SOIL ACIDITY FOR THE WATER RESOURCES POLICY.**

The herewith published 50 workshops contributions compose a wide-ranged insight into the present status and perspectives of research which is related to the air pollution impact on the forest ecosystem and its consequences for the soil conditions and the chemical water quality of forested areas in the F.R.Germany. Many of the workshop contributions are leading to the conclusion: "**The question mark behind the general theme is to be removed. The immission impact on the forest and its soils are indeed endangering the water resources of forested watersheds and the aquatic ecosystem of forest streams**".

INHALT   SEITE

VORWORT
von D. Hoffmann, Neuhäusel

FOLGERUNGEN AUS DEN TAGUNGSERGEBNISSEN
von P. Benecke, Göttingen

ABSTRACT
INTRODUCTION AND GENERAL VIEW

EINFÜHRUNG UND ÜBERBLICK   3
von H.M. Brechtel, Hann. Münden

GRUNDLAGENREFERAT

WALDÖKOSYSTEMFORSCHUNG, KONZEPTE UND WEGE   7
von B. Ulrich, Göttingen

1	Erkenntnisweg	7
2	Wirkungsmechanismen	10
3	Entwicklung von Emissionen und Deposition	15
3.1	Früherer Säure/Base-Zustand von Waldböden	17
3.2	Derzeitiger Säure/Base-Zustand von Waldböden	18
4	Untersuchungsbefunde über Veränderungen des Säure/Base-Zustandes von Waldböden	19
5	Schrifttum	22

Themenbereich 1: **DEPOSITION VON LUFTSCHADSTOFFEN IM WALD**   25

1.1   **STOFFEINTRÄGE IN WALDÖKOSYSTEME.**   27
      - NIEDERSCHLAGSDEPOSITION IM FREILAND
      UND IN WALDBESTÄNDEN
      von H.-M. Brechtel, Hann. Münden

1.1.1   Einführung   27

		SEITE
1.1.2	Besondere Problematik der Fern-Immission und der Quantifizierung der Stoffeinträge	28
1.1.3	Ergebnisse von Messungen der Niederschlagsdeposition	33
1.1.3.1	Niederschlagsdeposition im Freiland	33
1.1.3.2	Niederschlagsdeposition in Waldbeständen	36
1.1.3.3	Regionale Unterschiede	39
1.1.4	Zusammenfassung und Folgerungen	48
1.1.5	Schrifttum	50
1.2	**BELASTUNG VON WALDÖKOSYSTEMEN IN RHEINLAND-PFALZ DURCH DEN EINTRAG VON LUFTVERUNREINIGUNGEN** von J. Block, Trippstadt	53
1.2.1	Einleitung	53
1.2.2	Meßmethodik der Depositionsmessungen	54
1.2.3	Ergebnisse und Diskussion	54
1.2.4	Zusammenfassung	62
1.2.5	Schrifttum	64
1.3	**RÄUMLICHE UND ZEITLICHE VARIATION DER NIEDERSCHLAGSINHALTSSTOFFE IM FREILAND UND UNTER FICHTENBESTÄNDEN IN HESSEN** von A. Balázs, Hann. Münden	65
1.3.1	Einleitung	65
1.3.2	Material und Methode	65
1.3.3	Ergebnisse	67
1.3.3.1	Räumliche Variation der Niederschlagsinhaltsstoffe	67
1.3.3.2	Zeitliche Variation der Niederschlagsinhaltsstoffe	69
1.3.4	Schrifttum	72

		SEITE
1.4	STOFFEINTRAG IN NATURNAHE WALDÖKOSYSTEME (BANNWÄLDER) BADEN-WÜRTTEMBERGS von R. Steinle und W. Bücking, Freiburg i.Br.	75
1.4.1	Einleitung	75
1.4.2	Ergebnisse	75
1.4.2.1	pH-Werte, Protoneneinträge, ökosystemar wirksamer Säureeintrag	75
1.4.2.2	Stickstoff	78
1.4.2.3	Sulfat	78
1.4.2.4	Stammabfluß der Buche	79
1.4.3	Diskussion	79
1.4.4	Schrifttum	80
1.5	ZUR INTERPRETATION VON MESSERGEBNISSEN DES STOFFEINTRAGES IN WALDBESTÄNDE von P. Klöti, Birmensdorf, Schweiz	83
1.5.1	Einleitung	83
1.5.2	Wahl der Einheiten	84
1.5.3	Zusammenhang Konzentration/Frachten/Niederschlagsmenge	86
1.5.4	Bestandsniederschlag: Findet in der Baumkrone ein Abwaschen oder ein Auswaschen (leaching) von Stoffen statt?	89
1.5.5	Folgerungen zum Belastungsgrad der Intensivbeobachtungsflächen	90
1.5.6	Schrifttum	91
1.6	DEPOSITION VERSAUERNDER LUFTSCHADSTOFFE IN DER BUNDESREPUBLIK DEUTSCHLAND. - EINE LITERATURAUSWERTUNG von R. Schoen, Stuttgart	93
1.6.1	Einleitung	93
1.6.2	Ergebnisse	93

		SEITE
1.6.2.1	Ammonium-Freilanddeposition	94
1.6.2.2	Ammonium-Bestandesdeposition	94
1.6.2.3	Nitrat-Freilanddeposition	97
1.6.2.4	Nitrat-Bestandesdeposition	97
1.6.2.5	Sulfat-Freilanddeposition	100
1.6.2.6	Sulfat-Bestandesdeposition	100
1.6.3	Schrifttum	103
Themenbereich 2:	Z U S T A N D S V E R Ä N D E - R U N G I M W A L D B O D E N , S T O F F B I L A N Z E N	105
2.1	STOFFLICHE VERÄNDERUNGEN IN SCHADSTOFF-BELASTETEN WALDBÖDEN von E. Matzner, Göttingen	107
2.1.1	Einleitung	107
2.1.2	Definition "Bodenversauerung"	108
2.1.3	Qualitative Besonderheiten im Bodenchemismus unter dem Einfluß saurer Depositionen	111
2.1.3.1	Die Versauerung tieferer Bodenschichten	113
2.1.4	Schrifttum	118
2.2	ÄNDERUNGEN IM STICKSTOFFHAUSHALT DER WÄLDER UND DIE DADURCH VERURSACHTEN AUSWIRKUNGEN AUF DIE QUALITÄT DES SICKERWASSERS von K. Kreutzer, München	121
2.2.1	Einleitung	121
2.2.2	Fichtenwälder mit extrem hohen Nitratgehalten im Sickerwasser	122
2.2.3	Fichtenbestände mit geringer Nitratkonzentration im Sickerwasser nach Kalkung	124
2.2.4	Diskussion	125

		SEITE
2.2.4.1	Die gasförmigen Freisetzungen von Stickstoff	126
2.2.4.2	Die Stickstoffspeicherung im Ökosystem	127
2.2.5	Schlußfolgerungen und Zusammenfassung	129
2.2.6	Schrifttum	130
2.3	**AUSWIRKUNGEN KÜNSTLICH ERHÖHTER SULFAT-DEPOSITION AUF DEN SCHWEFEL-STATUS EINES WALDBODENS** von M. Fischer, München	133
2.3.1	Einleitung	133
2.3.1.1	Untersuchungsmaterial	133
2.3.1.2	Untersuchungsmethoden	134
2.3.2	Ergebnisse	135
2.3.2.1	Schwefel-Gehalte	135
2.3.2.2	Schwefel-Vorräte	136
2.3.3	Diskussion	137
2.3.4	Schrifttum	138
2.4	**STOFFDEPOSITION UND SICKERWASSERBEFRACHTUNG IN FICHTENWALD- UND BUCHENWALDÖKOSYSTEMEN DES SCHÖNBUCHS BEI TÜBINGEN 1979 - 1988** von W. Bücking, Freiburg i.Br.	141
2.4.1	Einleitung	141
2.4.2	Ergebnisse	141
2.4.2.1	Stoffdeposition	141
2.4.2.2	Pufferung im Boden	143
2.4.2.3	Konzentrationsänderungen im Sickerwasser	143
2.4.3	Diskussion	145
2.4.4	Schrifttum	146

  SEITE

2.5	**SULFATADSORPTIONSKAPAZITÄT UND SCHWEFEL-BINDUNGSFORMEN IN BÖDEN DES SCHWARZWALDES** von F. Kurth, K.-H. Feger, Freiburg i.Br. und M. Fischer, München	149
2.5.1	Einleitung	149
2.5.2	Zielsetzung	149
2.5.3	Methoden	150
2.5.4	Böden	150
2.5.5	Schwefelbindungsformen und -vorräte	152
2.5.6	Sulfatadsorptionskapazitäten	152
2.5.7	Diskussion	154
2.5.8	Schrifttum	156
2.6	**MIKROBIELLE N- UND S-UMSETZUNGEN IM AUFLAGEHUMUS UND OBEREN MINERALBODEN-HORIZONTEN VON SCHWARZWALDBÖDEN** von B. Simon, München; K.-H. Feger und H.W. Zöttl, Freiburg i.Br.	157
2.6.1	Einleitung	157
2.6.2	Zielsetzung	158
2.6.3	Methoden	158
2.6.4	Darstellung und Diskussion der Ergebnisse	159
2.6.4.1	S-Mineralisation	159
2.6.4.2	N-Mineralisation	161
2.6.5	Schlußfolgerungen	163
2.6.6	Schrifttum	163

		SEITE
2.7	SÄUREBILANZ EINES FICHTENBESTANDES IM HESSISCHEN FORSTAMT WITZENHAUSEN von A. Balázs, Hann. Münden	167
2.7.1	Einleitung	167
2.7.2	Material und Methode	167
2.7.3	Ergebnisse	169
2.7.4	Schrifttum	173
2.8	MANGAN-, ALUMINIUM- UND NITRAT-KONZENTRATIONEN IM SICKERWASSER UNTER FICHTENALTBESTÄNDEN DER MESSTATIONEN DES WDI-UNTERSUCHUNGSPROGRAMMES DES LANDES HESSEN von A. Balázs und H.M. Brechtel, Hann. Münden	175
2.8.1	Einleitung	175
2.8.2	Material und Methode	176
2.8.3	Ergebnisse	178
2.8.4	Schrifttum	182

Themenbereich 3: **WIRKUNGEN AUF DEN UNTER- UND OBERIRDISCHEN ABFLUSS**   183

		SEITE
3.1	HYDROLOGISCHE UND CHEMISCHE WECHSELWIRKUNGSPROZESSE IN TIEFEREN BODENHORIZONTEN UND IM GESTEIN IN IHRER BEDEUTUNG FÜR DEN CHEMISMUS VON WALDGEWÄSSERN von K.-H. Feger, Freiburg i.Br.	185
3.1.1	Einleitung	185
3.1.2	Fließwege und Abflußbildung in einem Einzugsgebiet	186
3.1.3	Beispiele	191
3.1.3.1	Untersuchungsergebnisse	191
3.1.3.2	Berechnung von Ionenbilanzen	194

		SEITE
3.1.3.3	Einzugsgebiet Schluchsee 3	194
3.1.3.4	Einzugsgebiet Villingen 1	197
3.1.4	Quantifizierung von Verwitterungsraten	198
3.1.5	Zusammenfassung und Schlußfolgerungen	200
3.1.6	Schrifttum	202
3.2	**HYDROCHEMISCHE BILANZEN KLEINER BEWALDETER EINZUGSGEBIETE DES SÜDSCHWARZWALDES** von G. Brahmer und K.-H. Feger, Freiburg i.Br.	205
3.2.1	Einleitung	205
3.2.2	Untersuchungsgebiete	205
3.2.3	Ergebnisse	206
3.2.3.1	Einträge mit dem Freilandniederschlag	206
3.2.3.2	Einträge mit dem Bestandsniederschlag	207
3.2.3.3	Chemismus der Vorfluter	207
3.2.3.4	Einzugsgebietsbilanzen	210
3.2.4	Schlußfolgerungen	210
3.2.5	Schrifttum	211
3.3	**BEITRAG ZUM EINFLUSS DER BODENVERSAUERUNG AUF DEN ZUSTAND DER GRUND- UND OBERFLÄCHEN- GEWÄSSER** von V. Malessa und B. Ulrich, Göttingen	213
3.3.1	Einleitung	213
3.3.2	Methodik	214
3.3.3	Ergebnisse und Diskussion	214
3.3.4	Folgerungen	217
3.3.5	Schrifttum	218

		SEITE
3.4	**WASSERQUALITÄT VON VIER KLEINEN BÄCHEN DES FORSTHYDROLOGISCHEN FORSCHUNGSGEBIETES KROFDORF (HESSEN). - EIN EXPERIMENTELLER EINZUGSGEBIETSVERGLEICH** von H.-W. Führer, Hann. Münden	221
3.4.1	Einleitung	221
3.4.2	Immissionsbelastung	222
3.4.3	Geologie und Böden	222
3.4.4	pH-Wert und Basenaktivität des Bachwassers	223
3.4.5	Folgerungen	226
3.4.6	Schrifttum	226
3.5	**BEURTEILUNG DER PUFFERKAPAZITÄT BEWALDETER EINZUGSGEBIETE IN NORDHESSEN AUFGRUND DER BACHWASSERQUALITÄT** von A. Balázs, H.M. Brechtel und J. Elrod, Hann. Münden	227
3.5.1	Einleitung	227
3.5.2	Material und Methode	228
3.5.3	Ergebnisse	331
3.5.4	Diskussion und Ergebnisse	237
3.5.5	Schrifttum	237
3.6	**ZUM NACHWEIS EINER IMMISSIONSBEDINGTEN VERSAUERUNG IM GRUNDWASSER DES OST- UND NORDHESSISCHEN BUNTSANDSTEINGEBIETES** von A. Quadflieg, Wiesbaden	239
3.6.1	Einleitung	239
3.6.2	Auswertung und Interpretation älterer Geohydrochemischer Daten	240
3.6.2.1	Univariate Verfahren	240
3.6.2.2	Multivariate Verfahren	242

		SEITE
3.6.3	Das Aktuelle immissionsbedingte Versauerungsausmaß im oberflächennahen Grundwasser	244
3.6.3.1	Modelle zur Beschreibung der Quellwasserversauerung	244
3.6.3.2	Der Einfluß der Schneeschmelze	246
3.6.4	Schrifttum	248
3.7	**NEUE ERKENNTNISSE ZUM WASSER- UND STOFFUMSATZ KLEINER HYDROLOGISCHER SYSTEME IM PALÄOZOISCHEN MITTELGEBIRGE (LANGE BRAMKE/ OBERHARZ)** von A. Herrmann und M. Schöniger, Braunschweig	249
3.7.1	Einleitung	249
3.7.2	Voraussetzungen	249
3.7.3	Ergebnisse	252
3.7.3.1	Bodenhydrologische Untersuchungen	252
3.7.3.2	Hydrogeologische Untersuchungen	252
3.7.3.3	Hydrologisches Einzugsgebietsmodell Lange Bramke	253
3.7.4	Schlußfolgerungen	255
3.7.5	Schrifttum	255
3.8	**MOBILITÄT UND BINDUNGSFORMEN VON ALUMINIUM IN WASSEREINZUGSGEBIETEN DES SCHWARZWALDES** von S. Bauer, G. Brahmer und K.-H. Feger, Freiburg i.Br.	259
3.8.1	Einleitung	259
3.8.2	Methoden	259
3.8.3	Ergebnisse	260
3.8.4	Schlußfolgerungen	265
3.8.5	Schrifttum	266

		SEITE
3.9	**AUSWIRKUNGEN DES SAUREN REGENS UND DES WALDSTERBENS AUF DAS GRUNDWASSER – FALLSTUDIEN IM FREISTAAT BAYERN** von T. Haarhoff und A. Knorr, München	269
3.9.1	Einleitung	269
3.9.2	Methodische Ansätze des Projektes	269
3.9.2.1	Gesamtkonzeption	269
3.9.2.2	Meßmethoden	271
3.9.2.3	Auswertung und Interpretation	271
3.9.3	Untersuchungsgebiete	272
3.9.4	Bisherige Ergebnisse	273
3.9.4.1	Bestands- und Freilandniederschlag	274
3.9.4.2	Sickerwasser	274
3.9.4.3	Grundwasser	276
3.9.5	Schlußfolgerungen und Ausblick	277
3.9.6	Schrifttum	277
3.10	**HYDROLOGISCHE UND HYDROCHEMISCHE UNTERSUCHUNGEN IN DEN HOCHLAGEN DES BAYERISCHEN WALDES** von H. Förster, München	279
3.10.1	Fragestellung und Methodik	279
3.10.2	Ergebnisse	280
3.10.3	Folgerungen	282
3.10.4	Schrifttum	283

		SEITE
3.11	**EINFLUSS DER BODENVERSAUERUNG AUF DIE MOBILITÄT VON SCHWERMETALLEN IM EINZUGSBEREICH DER SÖSE-TALSPERRE IM HARZ** von H. Andreae und R. Mayer, Kassel	285
3.11.1	Einleitung	285
3.11.2	Untersuchungsansatz und Methodik	286
3.11.3	Ergebnisse und Diskussion	287
3.11.4	Folgerungen	291
3.11.5	Schrifttum	291
3.12	**SCHWERMETALLBELASTUNG UND GEWÄSSERVERSAUERUNG IM WESTHARZ** von J. Matschullat, H. Heinrichs und J. Schneider, Göttingen, A.H. Roostai und U. Siewers, Hannover	293
3.12.1	Einleitung	293
3.12.2	Schwermetallbilanz im Ökosystem	293
3.12.3	Thesen zu Prozessen im System	296
3.12.4	Ausblick	297
3.12.5	Schrifttum	299
3.13	**BEOBACHTUNGEN ZU DEN ERSTEN ANFÄNGEN EINER GEWÄSSERVERSAUERUNG** von W. Symader, Trier	301
3.13.1	Einleitung	301
3.13.2	Die Einzugsgebiete	301
3.13.3	Meßergebnisse	302
3.13.4	Zusammenfassung	305
3.13.5	Schrifttum	305

		SEITE
3.14	**DER EINFLUSS ATMOGENER DEPOSITIONEN AUF DIE HYDROCHEMIE EINES KLEINEN FLIESS-GEWÄSSERS IM SÜDSCHWARZWALD** von H. Meesenburg, Freiburg und R. Schoen, Hohenheim	307
3.14.1	Einleitung	307
3.14.2	Ergebnisse und Diskussion	307
3.14.3	Zusammenfassung	310
3.14.4	Schrifttum	311
3.15	**KARTIERUNG DER ZUR GEWÄSSERVERSAUERUNG NEIGENDEN GEBIETE IN DER B.R. DEUTSCHLAND** von R. Lehmann, A. Hamm, P. Schmitt, München und J. Wieting, Berlin	313
3.15.1	Einleitung	313
3.15.2	Kartenkonzeption	315
3.15.2.1	Grundkarte 1: Pufferungsvermögen der Böden in der B.R. Deutschland aufgrund ihrer Basenversorgung	316
3.15.2.2	Grundkarte 2: Pufferungsvermögen der anstehenden Gesteine in der B.R. Deutschland aufgrund ihres Karbonatgehaltes	318
3.15.2.3	Karte der zur Gewässerversauerung neigenden Gebiete in der B.R. Deutschland	318
3.15.2.4	Karte der zum aktuellen Stand der pH-Wert-Situation (pH < 6,0) in der Bundesrepublik Deutschland	320
3.15.3	Ausblick	321
3.15.4	Schrifttum	323

		SEITE
3.16	DIE GEWÄSSER IN KLEINEN BEWALDETEN EINZUGS-GEBIETEN UND IHRE BEDROHUNG AUFGRUND VON LUFTVERSCHMUTZUNGEN von M. Jarabac und A. Chlebek, Hnojnik, ČSSR	325
3.16.1	Einleitung	325
3.16.2	Meßgebiete und Methoden	325
3.16.3	Ergebnisse	328
3.16.4	Schrifttum	333
3.17	VERÄNDERUNGEN DER ABFLUSSBILANZ VON WALD-GEBIETEN INFOLGE NEUARTIGER WALDSCHÄDEN UND BODENVERSAUERUNG von H.J. Caspary, Karlsruhe	335
3.17.1	Einleitung	335
3.17.2	Abflußbilanzuntersuchungen	335
3.17.3	Das ökohydrologische Systemmodell	337
3.17.4	Schrifttum	340
3.18	SIMULATION VON WASSERFLÜSSEN IN DER LANGEN BRAMKE (OBERHARZ) MIT DEM FORST-HYDROLOGISCHEN WASSERHAUSHALTSMODELL BROOK von B. Finke, A. Herrmann und M. Schöniger, Braunschweig	343
3.18.1	Einleitung	343
3.18.2	Voraussetzungen	343
3.18.3	Ergebnisse	345
3.18.4	Schlußfolgerungen	347
3.18.5	Schrifttum	348

		SEITE
3.19	ÖKOSYSTEMMODELLE: WISSENSCHAFT ODER TECHNOLOGIE? von M. Hauhs, Göttingen	351
3.19.1	Einleitung	351
3.19.2	Modelle zur Boden- und Gewässerversauerung	358
3.19.2.1	Technologische Ansätze zur Gewässerversauerung	360
3.19.2.2	Wissenschaftliche Ansätze zur Gewässerversauerung	362
3.19.3	Konsequenzen für den Forschungsbetrieb	364
3.19.4	Schrifttum	365
Themenbereich 4:	**WIRKUNGEN AUF DIE LEBENSGEMEINSCHAFTEN DER FLIESSGEWÄSSER**	367
4.1	FLOHKREBSE (GAMMARUS) ALS INDIKATOREN FÜR SAUERSTOFFSCHWUND UND VERSAUERUNG IN FLIESSGEWÄSSERN von M.P.D. Meijering, Witzenhausen	369
4.1.1	Einleitung	369
4.1.2	Artbestimmung	370
4.1.3	Abwassergeschädigte Gammarus-Populationen	372
4.1.4	Säuregeschädigte Gammarus-Populationen	375
4.1.5	Schrifttum	379
4.2	UNTERSUCHUNGEN ZUR PH-TOLERANZ VON BAKTERIEN AUS QUELLNAHEN BÄCHEN MIT UNTERSCHIEDLICHEN PH-WERTEN von J. Marxen, Schlitz	383
4.2.1	Einleitung	383
4.2.2	Die untersuchten Gewässer	383

		SEITE
4.2.3	Methodik	388
4.2.4	Schrifttum	391
4.3	**ÖKOLOGISCHE UNTERSUCHUNGEN ZUR GEWÄSSER-VERSAUERUNG IM HARZ** von U. Heitkamp, E. Coring, D. Leßmann, J. Rommelmann, R. Rüddenklau und J. Wulfhorst, Göttingen	393
4.3.1	Einleitung	393
4.3.2	Untersuchungsgebiet	394
4.3.3	Ergebnisse	394
4.3.3.1	Physikalisch-chemische Verhältnisse	394
4.3.3.1.1	Fließgewässer	394
4.3.3.1.2	Stauseen	396
4.3.3.2	Biozönologische Auswirkungen der Versauerung	397
4.3.3.2.1	Fließgewässer	397
4.3.3.2.1.1	Die Diatomeenflora	397
4.3.3.2.1.2	Das Makrozoobenthon	398
4.3.3.2.1.3	Die Fischpopulationen	401
4.3.3.2.2	Stauseen	402
4.3.4	Schrifttum	404
4.4	**AUSWIRKUNGEN DER WASSERSTOFFIONEN-KONZENTRATION AUF DIE ZUSAMMENSETZUNG VON DIATOMEENASSOZIATIONEN AUSGEWÄHLTER HARZBÄCHE** von E. Coring und U. Heitkamp, Göttingen	407
4.4.1	Ziel und Abgrenzung der Untersuchungen	407
4.4.2	Material und Methode	407
4.4.3	Ergebnisse	408
4.4.4	Schrifttum	412

		SEITE
4.5	GEWÄSSERVERSAUERUNG UND LIMNOCHEMIE VON SECHS KARSEEN DES NORDSCHWARZWALDES von H. Thies und E. Hoehn, Freiburg	413
4.5.1	Einleitung	413
4.5.2	Material und Methode	413
4.5.3	Ergebnisse	414
4.5.4	Schrifttum	417
4.6	BESCHUPPTE GOLDALGEN ALS INDIKATOREN DER VERSAUERUNG DES GROSSEN ARBERSEES DURCH LUFTSCHADSTOFFE von H. Hartmann und C. Steinberg, München	419
4.6.1	Einleitung	419
4.6.2	Ergebnisse	420
4.6.3	Diskussion und Schlußfolgerungen	424
4.6.4	Schrifttum	425
4.7	CHEMISCHE UND BIOLOGISCHE AUSWIRKUNGEN DER GEWÄSSERVERSAUERUNG. – BESPROCHEN AM BEISPIEL DES NORD- UND NORDOST-BAYERISCHEN GRUNDGEBIRGES von A. Hamm, R. Lehmann, P. Schmitt und J. Bauer, Wielenbach	427
4.7.1	Einleitung	427
4.7.2	Ergebnisse und Schlußfolgerungen	428
4.7.3	Schrifttum	434
4.8	TOXIZITÄT UND AKKUMULATION VON METALLEN IN SAUREN GEWÄSSERN, UNTERSUCHT AN DER BACHFORELLE (SALMO TRUTTA F. FARIO L.) von R. Marthaler, Heidelberg	435
4.8.1	Einleitung	435
4.8.2	Material und Methoden	435
4.8.3	Ergebnisse	436

		SEITE
4.8.3.1	Toxizität von Aluminium	436
4.8.3.2	Akkumulation von Metallen	438
4.8.4	Diskussion	438
4.8.5	Schrifttum	440
4.9	AUSWIRKUNGEN DER GEWÄSSERVERSAUERUNG AUF AMPHIBIENPOPULATIONEN SÜDWEST-DEUTSCHER MITTELGEBIRGSLAGEN von M. Linnenbach, Heidelberg	443
4.9.1	Einleitung	443
4.9.2	Material und Methoden	443
4.9.3	Ergebnisse	444
4.9.4	Diskussion	447
4.9.5	Schrifttum	448
Themenbereich 5:	**MASSNAHMEN ZUM BODENSCHUTZ**	451
5.1	SCHADENSBEGRENZUNG DURCH BODENSCHUTZ-MASSNAHMEN von F. Beese, Neuherberg	453
5.1.1	Einleitung	453
5.1.2	Belastungssituation	455
5.1.2.1	Säurebelastung	455
5.1.2.2	Schwermetallanreicherung	455
5.1.2.3	N-Eutrophierung	456
5.1.3	Bodenschutzmaßnahmen	457
5.1.4	Schlußbetrachtung	462
5.1.5	Schrifttum	463

		SEITE
5.2	CHEMISCHE QUALITÄT DES BODENSICKERWASSERS VON WALDSTANDORTEN BEI DÜNGUNGSVERSUCHEN IM ZUSAMMENHANG MIT BODENVERSAUERUNG. – VERGLEICH VON ERGEBNISSEN AUS HESSEN UND BADEN-WÜRTTEMBERG von M. Bodem, Darmstadt, A. Balázs und H.-M. Brechtel, Hann. Münden und R. Ritter, Karlsruhe	465
5.2.1	Einleitung	465
5.2.2	Untersuchungsgebiete, Standorts- und und Bestockungsverhältnisse	466
5.2.3	Versuchsanlage und Meßmethoden	468
5.2.4	Ergebnisse der wasserchemischen Untersuchungen	473
5.2.4.1	Sickerwasserkonzentrationen auf Standorten ohne Düngung	473
5.2.4.2	Sickerwasserkonzentrationen auf Standorten mit Düngung	478
5.2.5	Zusammenfassung	479
5.2.6	Schrifttum	482
5.3	DER GEHALT AN WASSERLÖSLICHEN UND ORGANISCHEN SUBSTANZEN UND GESAMTKUPFER IN DER BODENLÖSUNG IN ABHÄNGIGKEIT VOM PH-WERT von A. Göttlein, München	483
5.3.1	Einleitung	483
5.3.2	Methodik	483
5.3.3	DOC-Gehalt und pH-Wert	485
5.3.4	DOC und Metallkonzentrationen	486
5.3.5	Zusammenfassung	488
5.3.6	Schrifttum	488

		SEITE
Themenbereich 6:	**WASSERWIRTSCHAFTLICHE AUSWIRKUNGEN DER BODENVERSAUERUNG**	489

6.1	SCHADSTOFFBELASTUNG DES BODENWASSERS IN BEWALDETEN EINZUGSGEBIETEN. - GEFAHR FÜR DAS TRINKWASSER? von U. Hässelbarth, Berlin	491
6.1.1	Einleitung	491
6.1.2	Reinigungsprozesse bei der Grundwasserbildung	491
6.1.2.1	Mikrobiologische Prozesse	492
6.1.2.2	Chemische Prozesse	494
6.1.3	Störungen durch saure Niederschläge	495
6.1.3.1	Mikrobiologische Prozesse	495
6.1.3.2	Chemische Prozesse	496
6.1.3.3	Einflüsse auf den Ionenaustausch	497
6.1.4	Anforderungen zur Wiederherstellung einer ausreichenden Reinigung bei der Grundwasserbildung	499
6.1.5	Schrifttum	501
6.2	EINTRAG VON METALLEN IN GEWÄSSER AUS SAUREN BÖDEN IN BEWALDETEN EINZUGSGEBIETEN. - GEFÄHRDUNG DER TRINKWASSERVERSORGUNG? von Peter Groth, Goslar	503
6.2.1	Einleitung	503
6.2.2	Situation der Rohwasserqualität und Trinkwasserversorgung	503
6.2.3	Metalle in Gestein, Boden und Seesedimenten	505
6.2.4	Metalle in Quellwasser, Talsperren und Trinkwasser	509

		SEITE
6.2.5	Aufbereitungsverfahren und Metalleliminierung	512
6.2.6	Metalle im Trinkwasser und ihre Herkunft	515
6.2.7	Schlußbemerkungen	518
6.2.8	Schrifttum	519

Themenbereich 7:	**E X K U R S I O N S - I N F O R M A T I O N E N**	521
7.1	**EXKURSION AN DEN OBERLAUF DES ROHRWIESENBACHS SÜDLICH DES SCHLITZERLÄNDER EISENBERGS SOWIE EINES WALDBACHS SÜDLICH VON WILLOFS** von M.P.D. Meijering, Witzenhausen und J. Brehm, Schlitz	523
7.1.1	Lage und Standortsverhältnisse	523
7.1.2	Ergebnisse	525
7.1.3	Schrifttum	528
7.2	**EXKURSION ZUR HAUPTMESS-STATION GREBENAU DES HESSISCHEN UNTERSUCHUNGSPROGRAMMES "WALDBELASTUNGEN DURCH IMMISSIONEN (WDI)"** von A. Balázs, H.-D. Böttcher und J. Eichhorn, Hann. Münden, A. Hanewald und A. Siegmund, Wiesbaden und J. Riebeling, Gießen	529
7.2.1	Lage und Standortsverhältnisse	529
7.2.2	Konzeption und Waldschäden	530
7.2.3	Schadstoffmessungen	535
7.2.3.1	Luftchemische Messungen	535
7.2.3.2	Niederschlagsdepositions- und Sickerwasser-Messungen	538
7.2.4	Bodenuntersuchungen	543
7.2.4.1	Standortskundliche Untersuchungen	543
7.2.4.2	Wurzeluntersuchungen	546
7.2.5	Schrifttum	547

ANSCHRIFTEN DER AUTOREN

ANDREAE, H., Dipl.-Ing. Agr.	FB 13 Landschaftsökologie, Gesamthochschule Kassel, Henschelstr. 2, 3500 Kassel
BALÁZS, A., Dr.	Hessische Forstliche Versuchsanstalt, Institut für Forsthydrologie, Prof.-Oelkers-Str. 6, 3510 Hann. Münden
BAUER, J.	Bayerische Landesanstalt für Wasserforschung, Versuchsanlage Wielenbach, Demollstr. 31, 8121 Wielenbach
BAUR, S.	Institut für Bodenkunde und Waldernährungslehre der Albert-Ludwigs-Universität, Bertholdstr. 17, 7800 Freiburg
BEESE, F., Dr.	Gesellschaft für Strahlen- und Umweltforschung München, Institut für Bodenökologie, Ingolstädter Landstr.1, 8042 Neuherberg
BENECKE, P., Prof.Dr.	Institut für Bodenkunde und Waldernährung der Universität Göttingen, Büsgenweg, 3400 Göttingen
BLOCK, J., Forstdirektor	Forstliche Versuchsanstalt Rheinland-Pfalz, Abt. Waldschutz, Schloß, 6751 Trippstadt
BODEM, M., Dipl-Geol.	Geologisches Institut der TH Darmstadt, Schnittspahnstr. 9, 6100 Darmstadt
BÖTTCHER, H.-D.	Hessische Forstliche Versuchsanstalt, Arbeitsgruppe Waldbelastung durch Immissionen, Prof.-Oelkers-Str. 6, 3510 Hann. Münden
BRAHMER, G.	Institut für Bodenkunde und Waldernährungslehre der Albert-Ludwigs-Universität, Bertholdstr. 17, 7800 Freiburg

BRECHTEL, H.M., Prof.Dr.	Hessische Forstliche Versuchsanstalt, Institut für Forsthydrologie, Prof.-Oelkers-Str. 6, 3510 Hann. Münden
BREHM, J., Dr.	Landschaftsökologisches Beratungsbüro, Jahnstr. 8, 6407 Schlitz
BÜCKING, W., Dr.	Forstliche Versuchs- und Forschungsanstalt Baden-Württemberg, Wonnhaldeweg 4, 7800 Freiburg
CASPARY, H.J., Dipl.-Ing.	Institut für Hydrologie und Wasserwirtschaft der Universität Karlsruhe, Kaiserstr. 12, 7500 Karlsruhe
CHLEBEK, A., Dipl.-Ing.	Forschungsanstalt für Forstwirtschaft und Jagdwesen Jiloviste-Strnady, Außenstelle, CS-73953 Hnojnik 1
CORING, E.	II. Zoologisches Institut und Museum der Universität Göttingen, Abt. Ökologie, Berlinerstr. 28, 3400 Göttingen
EICHHORN, J., Dr.	Hessische Forstliche Versuchsanstalt, Arbeitsgruppe Waldbelastungen durch Immissionen, Prof.-Oelkers-Str. 6, 3510 Hann. Münden
ELROD, J.M., Dipl.-Geol.	Hessische Forstliche Versuchsanstalt, Institut für Forsthydrologie, Prof.-Oelkers-Str. 6, 3510 Hann. Münden
FEGER, K.-H., Dr.	Institut für Bodenkunde und Waldernährungslehre der Albert-Ludwigs-Universität, Bertholdstr. 17, 7800 Freiburg
FINKE, B., Dipl.-Geogr.	Institut für Geographie, Abt. für Physikalische Geographie und Hydrologie, Technische Universität, Langer Kamp 19 c, 3300 Braunschweig

FISCHER, M., Dipl.-Geol.	Lehrstuhl für Bodenkunde der Universität München, Amalienstr. 52, 8000 München 40
FÖRSTER, H., Dipl.-Geogr.	Lehrstuhl für Bodenkunde der Universität München, Amalienstr. 52, 8000 München 40
FÜHRER, H.-W., Forstrat z.A.	Hessische Forstliche Versuchsanstalt, Institut für Forsthydrologie, Prof.-Oelkers-Str. 6, 3510 Hann. Münden
GÖTTLEIN, A.,	Lehrstuhl für Bodenkunde der Universität München, Amalienstr. 52, 8000 München 40
GROTH, P., Dr.	Harzwasserwerke des Landes Niedersachsen, Nicolaistr. 86, 3200 Hildesheim
HAARHOFF, T., Dipl.-Ing.	Bayerisches Landesamt für Wasserwirtschaft, Lazarettstr. 67, 8000 München 19
HÄSSELBARTH, U., Prof.Dr.	Institut für Wasser-, Boden und Lufthygiene des Bundesgesundheitsamtes, Corrensplatz 1, 1000 Berlin 33
HAMM, A., Reg.Dir.Dr.	Bayerische Landesanstalt für Wasserforschung, Versuchsanlage Wielenbach, Demollstr. 31, 8121 Wielenbach
HANEWALD, A., Dr.	Hessische Landesanstalt für Umwelt, Unter den Eichen 7, 6200 Wiesbaden
HARTMANN, H., Dipl.-Biol.	Bayerisches Landesamt für Wasserwirtschaft, Lazarettstr. 67, 8000 München 19
HAUHS, M., Dr.	Institut für Bodenkunde und Waldernährung der Universität Göttingen, Büsgenweg 2, 3400 Göttingen
HEINRICHS, H.	Institut für Geologie und Dynamik der Lithosphäre der Universität Göttingen, Arbeitsgruppe Umweltgeologie, Goldschmiedestr. 3, 3400 Göttingen

HEITKAMP, U., Prof.Dr.	II. Zoologisches Institut und Museum der Universität Göttingen, Berlinerstr. 28, 3400 Göttingen
HERRMANN, A., Prof.Dr.	Institut für Geographie, Abt. für Physikalische Geographie und Hydrologie, Technische Universität, Langer Kamp 19 c, 3300 Braunschweig
HOEHN, E.	Liebigsstr. 118, 7800 Freiburg
HOFFMANN, D., Ltd.Forstdir.a.D.	Am Eisenköppel 7, 5411 Neuhäusel
JAŘABÁČ, M., Dipl.-Ing.	Forschungsanstalt für Forstwirtschaft und Jagdwesen Jiloviste-Strnady, Außenstelle, CS-73953 Hnojnik 1
KLÖTI, P., Dipl.-Biol.	Eidgenössische Anstalt für das Forstliche Versuchswesen, CH-8903 Birmensdorf/Schweiz
KNORR, A.	Bayerische Forstliche Versuchs- und Forschungsanstalt, Schellingstr. 12 - 14, 8000 München 40
KREUTZER, K., Prof.Dr.	Lehrstuhl für Bodenkunde der Unversität München, Amalienstr. 52, 8000 München 40
KURTH, F.	Institut für Bodenkunde und Waldernährungslehre der Albert-Ludwigs-Universität, Bertholdstr. 17, 7800 Freiburg
LEHMANN, R., Dipl.-Geogr.	Bayerische Landesanstalt für Wasserforschung, Versuchsanlage Wielenbach, Demollstr. 31, 8121 Wielenbach
LESSMANN, D.	II. Zoologisches Institut und Museum der Universität Göttingen, Berlinerstr. 28, 3400 Göttingen
LINNENBACH, M., Dr.	Zoologisches Institut I (Morphologie/Ökologie), Im Neuheimer Feld 230, 6900 Heidelberg

MALESSA, V., Dipl.-Geogr.	Institut für Bodenkunde und Waldernährung der Universität Göttingen, Büsgenweg 2, 3400 Göttingen
MARTHALER, R., Dipl.-Biol.	Zoologisches Institut I, (Morphologie/Ökologie), Im Neuenheimer Feld 230, 6900 Heidelberg
MARXSEN, J., Dr.	Limnologische Flußstation des Max-Planck-Institutes für Limnologie, Postfach 260, 6407 Schlitz
MATSCHULLAT, J., Dipl.-Geol.	Institut für Geologie und Dynamik der Lithosphäre der Universität Göttingen, Arbeitsgruppe Umweltgeologie, Goldschmiedestr. 3, 3400 Göttingen
MATZNER, E., Priv.-Doz., Dr.	Forschungszentrum Waldökosysteme/Waldsterben der Universität Göttingen, Büsgenweg 2, 3400 Göttingen
MAYER, R., Prof.Dr.	FB 13 Landschaftsökologie, Gesamthochschule Kassel, Henschelstr. 2, 3500 Kassel
MEESENBURG, H.	Institut für Physikalische Geographie der Universität Freiburg, Werderring 4, 7800 Freiburg
MEIJERING, M.P.D., Prof.Dr.	FB 20 Landwirtschaft, Fachgebiet Fließgewässerkunde, Gesamthochschule Kassel, Nordbahnhofstr. 1a, 3430 Witzenhausen
QUADFLIEG, A., Dipl.-Geol.	Hessisches Landesamt für Bodenforschung, Abt. III Hydrogeologie, Geotechnologie und Datenverarbeitung, Leberberg 9 - 10, 6200 Wiesbaden
RIEBELING, R., Forstdirektor	Hessische Forsteinrichtungsanstalt, Moltkestr. 10, 6300 Gießen

RITTER, R., Dr.	(Landesanstalt für Umweltschutz Baden-Württemberg) Privatadresse, da im Ruhestand: Eisenlohrstr. 7, 7500 Karlsruhe
ROMMELMANN, J.	II. Zoologisches Institut und Museum der Universität Göttingen, Berlinerstr. 28, 3400 Göttingen
ROOSTAI, A.H., Dipl.-Geol.	Bundesanstalt für Geowissenschaften und Rohstoffe, Stilleweg 2, 3000 Hannover
RÜDDENKLAU, R.	II. Zoologisches Institut und Museum der Universität Göttingen, Berlinerstr. 28, 3400 Göttingen
SCHMITT, P., Dr.	Bayerische Landesanstalt für Wasserforschung, Versuchsanlage Wielenbach, Demollstr. 31, 8121 Wielenbach
SCHNEIDER, J., Prof.	Institut für Geologie und Dynamik der Lithosphäre der Universität Göttingen, Arbeitsgruppe Umweltgeologie, Goldschmiedestr. 3, 3400 Göttingen
SCHÖNIGER, M., Dipl.-Geogr.	Institut für Geographie, Abt. für Physikalische Geographie und Hydrologie, Technische Universität, Langer Kamp 19 c, 3300 Braunschweig
SCHOEN, R., Dipl.-Biol.	Universität Hohenheim, Institut für Landeskultur und Pflanzenökologie, Postfach 700562, 7000 Stuttgart 70
SIEGMUND, A.	Hessische Landesanstalt für Umwelt, Unter den Eichen 7, 6200 Wiesbaden
SIEWERS, U., Dr.	Bundesanstalt für Geowissenschaften und Rohstoffe, Stilleweg 2, 3000 Hannover

SIMON, B., Dipl.-Geogr.	Lehrstuhl für Bodenkunde und Standortslehre der Universität München, Amalienstr. 52 8000 München 40
STEINBERG, C., Doz.Dr.	Bayerisches Landesamt für Wasserwirtschaft, Lazarettstr. 67, 8000 München 19
STEINLE, R., Ass.d.Fd.	Forstliche Versuchs- und Forschungsanstalt Baden-Württemberg, Wonnhaldeweg 4, 7800 Freiburg
SYMADER, W., Prof.Dr.	Institut für Hydrologie der Universität Trier, Postfach 3825, 5500 Trier
THIES, H.	Eschholzstr. 18, 7800 Freiburg
ULRICH, B., Prof.Dr.	Institut für Bodenkunde und Waldernährung der Universität Göttingen, Büsgenweg 2, 3400 Göttingen
WIETING, J., Dr.	Umweltbundesamt, Bismarckplatz 1, 1000 Berlin 33
WULFHORST, J.	II. Zoologisches Institut und Museum der Universität Göttingen, Berlinerstr. 28, 3400 Göttingen
ZÖTTL, H.W., Prof.Dr.	Lehrstuhl für Bodenkunde und Standortslehre der Universität München, Amalienstr. 52 8000 München 40

EINFÜHRUNG UND GRUNDLAGENREFERAT

EINFÜHRUNG UND ÜBERBLICK
von H.-M. Brechtel, Hann. Münden

Das hier vorliegende Heft 17 der DVWK Mitteilungen enthält die Fachbeiträge zu der vom 28. - 30. November 1988 in Fulda, Hessen, B.R.Deutschland stattgefundenen wissenschaftlichen Tagung "Immissionsbelastung des Waldes und seiner Böden. - Gefahr für die Gewässer?", die vom Fachausschuß "Wald und Wasser" des Deutschen Verbandes für Wasserwirtschaft und Kulturbau e.V. (DVWK) veranstaltet worden war. Das Tagungsprogramm bestand aus 10 eingeladenen Referaten sowie einer großen Anzahl von Kurzvorträgen und Postern. Hieraus entstanden die jetzt im Tagungsbericht enthaltenen 48 Fachbeiträge und 2 **EXKURSIONSINFORMATIONEN** (Themenbereich 7).

Bereits das **GRUNDLAGENREFERAT** zum Thema "Waldökosystemforschung, Konzepte und Wege" von B. Ulrich, Göttingen, kommt zum Ergebnis, daß beginnend seit etwa 1850, jedoch insbesondere seit Mitte der 50er Jahre, in Zentraleuropa eine durch zunehmende Industrialisierung verursachte luftbürtige Säuredeposition zu einer akkumulierten Säurebelastung der Waldböden geführt hat, welche die ökosysteminterne Säureproduktion weit übersteigt. "**Mit der sauren Deposition werden Säuren direkt in das Ökosystem eingetragen. Gegenüber Luftverunreinigungen wirken Wälder als Filter. Mit der sauren Deposition erhält die Bodenversauerung eine neue Qualität. Sie löst sich von dem durch die biologischen Prozesse geprägten Oberboden und greift tief in den Unterboden bis in die Gewässer ein**".

Bei den dann folgenden Fachbeiträgen wurde nach dem in Bild 1 dargestellten Wasserkeislauf in Waldgebieten eine Zuordnung nach 6 Themenbereichen vorgenommen.

1. **DEPOSITION VON LUFTSCHADSTOFFEN**
   Prozesse, Einflußfaktoren und Größenordnung der Stoffeinträge in Waldökosysteme; Räumliche und zeitliche Variabilität; Meßergebnisse aus Rheinland-Pfalz, Hessen, Baden-Württemberg und Schweiz sowie Gesamtbetrachtung Bundesrepublik Deutschland (1.1 - 1.6).

2. **ZUSTANDSVERÄNDERUNGEN IM BODEN, STOFFBILANZEN**
   Definition "Bodenversauerung"; Gesamtsäurebilanzen von Waldökosystemen Norddeutschlands; Gefährdungspotential für die Gewässer; Stickstoffhaushalt der Wälder und Auswirkungen auf die Nitratgehalte des Bodensickerwassers; Stoffkonzentrationen und Frachten des Sickerwassers; Meßergebnisse aus Bayern, Baden-Württemberg und Hessen (2.1 - 2.8).

3. **WIRKUNGEN AUF DEN UNTER- UND OBERIRDISCHEN ABFLUSS**
   Einflüsse hydrologischer und chemischer Prozesse im Boden und Grundgestein; hydrochemische Bilanzen kleiner Einzugsgebiete; Tiefengradienten der Versauerung; Auswirkungen der Bodenversauerung auf die chemische Qualität des Grundwassers und der Waldbäche; Ergebnisse aus den Bundesländern und der CSSR; Veränderung der Abflußsummen; Wasserhaushalts- und Ökosystemmodelle (3.1 - 3.19).

4. **WIRKUNGEN AUF DIE LEBENSGEMEINSCHAFTEN DER FLIESSGEWÄSSER**
   Chemische und biologische Auswirkungen der Gewässerversauerung; Bioindikatoren der Versauerung: Algen, Diatomeenflora, Bakterien, Flohkrebse, Amphibien, Fischpopulation; Ergebnisse aus Hessen, Niedersachsen, Bayern und Baden-Württemberg (4.1 - 4.9).

5. **MASSNAHMEN ZUM BODENSCHUTZ**
   Belastungssituation: Säureakkumulation, Nährstoffversauerung, Schwermetallanreicherung, Stickstoffeutrophierung; Meliorations- und Kompensations-(Bodenschutz-)Kalkung; Auswirkungen auf die chemische Qualität des Bodensickerwassers (5.1 - 5.3).

6. WASSERWIRTSCHAFTLICHE AUSWIRKUNGEN DER BODENVERSAUERUNG
Störungen mikrobiologischer und chemischer Reinigungsprozesse bei der Grundwasserneubildung; Voraussetzungen zur Wiederherstellung der Reinigungsprozesse; Situation der Rohwasserqualität; Verfahren der Trinkwasseraufbereitung: Flockung und Filtration; Aufbereitungstechnik als Reparaturbetrieb von Schäden und Versäumnissen (6.1 - 6.2).

Der 7. Themenbereich **EXKURSIONSINFORMATIONEN** bezieht sich auf die am 30. November 1988 stattgefundene Tagesfahrt, bei der nacheinander eine **Limnologische Exkursion** in ein nahe der Stadt Schlitz gelegenes Waldgebiet und ein **Besuch der Hauptmeßstation Grebenau des Hessischen Untersuchungsprogrammes** "Waldbelastungen durch Immissionen" angeboten worden waren.

Die hier veröffentlichten insgesamt 50 Referate, Kurzberichte und Exkursionsinformationen vermitteln somit einen weit gespannten Einblick in den Ergebnisstand und die Perspektiven der Forschung über die Belastung der Waldökosysteme durch Luftschadstoffe und dessen Auswirkungen auf den Bodenzustand und die chemische Qualität des Wassers von Waldgebieten in der Bundesrepublik. Die bisher vorliegenden Untersuchungsergebnisse zeigen, daß es sich bei der Immissionsbelastung des Waldes um einen vielschichtigen Komplex von Ursachen handelt. Aber die luftbürtige Säuredeposition spielt hierbei, insbesondere in den Bundesländern Rheinland-Pfalz, Hessen, Nordrhein-Westfalen und Niedersachsen, eine dominierende Rolle. Diese verursacht nicht nur direkt sichtbare Schäden am oberirdischen Wald, sondern sie bewirkt vor allem auch einen langfristig wirkenden Standortschaden mit schwerwiegenden Folgen für das Waldwachstum und die Wasserschutzfunktion des bisher nachhaltig funktionierenden Filtersystems der Waldböden. Viele der Tagungsbeiträge kommen zur Schlußfolgerung: "**Ja, die Immissionsbelastung des Waldes und seiner Böden ist eine Gefahr für die Gewässer**".

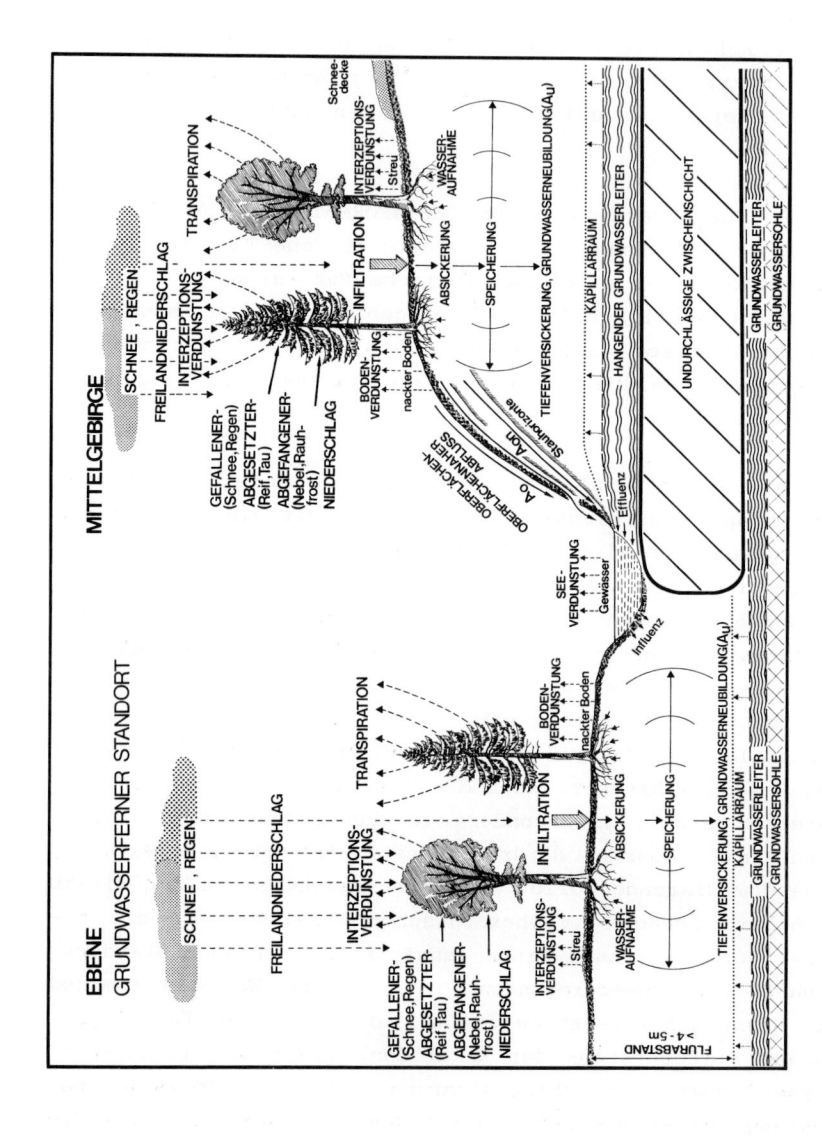

Bild 1: Hydrologische Prozesse und Wasserkreislauf des Waldes in der Ebene und im Mittelgebirge

WALDÖKOSYSTEMFORSCHUNG, KONZEPTE UND WEGE
von B. Ulrich, Göttingen

1 ERKENNTNISWEG

Welcher Erkenntnisweg bietet die Chance, die anthropogenen Veränderungen von Waldökosystemen in Gegenwart und Vergangenheit zu erkennen und in die Zukunft zu prognostizieren? Die Einwirkungen des Menschen auf das Ökosystem manifestieren sich in der Entnahme von Stoffen (z.B. von Holz, früher aber auch von Streu) und in der Zufuhr von Stoffen. Immissionen z.B. bedeuten die Zufuhr einer Vielzahl von Stoffen in das Ökosystem. Der Mensch greift also direkt (z.B. durch Nutzung) und indirekt (z.B. durch Immissionen), bewußt und unbewußt (was lange bei den Immissionen zutraf), in den Stoffhaushalt der Ökosysteme ein. Will man unser Wirken bewerten, so muß man die Veränderungen ermitteln, die unsere direkten und indirekten Eingriffe im Stoffhaushalt der Ökosysteme auslösen.

Aus stofflicher Sicht kann ein Ökosystem beschrieben werden durch die Systemelemente, aus denen es sich zusammensetzt; die Stoff-Flüsse, die zwischen den Systemelementen erfolgen; und dem Stoffaustausch zwischen dem System und seiner Umwelt.

Systemelemente sind z.B. die Pflanzen, die Tiere und die Mikroorganismen, wobei der weitaus größte Teil der Tiere und Mikroorganismen im Boden lebt. Zum Ökosystem gehört jedoch auch der Boden. Man kann diese Systemelemente sowohl in einer höheren Aggregationsstufe zusammenfassen (z. B. die Bäume und die Bodenvegetation), oder auch weiter unterteilen (aus forstlicher Sicht z.B. Holz, Rinde usw.). Aus stofflicher Sicht ist eine Unterteilung nach den Bindungsformen der chemischen Elemente sinnvoll, wobei hier wiederum Zusammenfassungen möglich sind (z.B. organisch gebundener Stickstoff in den Bäumen). Für die weitere Betrachtung werden die Organismen im Ökosystem in zwei Gruppen zusammengefaßt: den zur Photosynthese befähigten Primärproduzenten, und den auf organische Substanz als Energiequelle angewiesenen Sekundärproduzenten.

Hinsichtlich der Stoff-Flüsse im Ökosystem wirken Primärproduzenten und Sekundärproduzenten entgegengesetzt: was die Primärproduzenten an organischer Substanz aufbauen, wird von den Sekundärproduzenten zersetzt, wobei die in die Phytomasse eingebauten Nährstoffe (Mineralstoffe) wieder in Ionenform freigesetzt werden (Mineralisierung). Man kann auf dieser Basis den Stoffumsatz im Ökosystem durch folgende Stoffhaushaltsgleichung beschreiben /1/:

---> Photosynthese, Ionenaufnahme und Phytomassebildung
<--- Atmung, Zersetzung und Mineralisierung

$$aCO_2 + aH_2O + xM^+ + yA^- + (y-x)H^+ + Energie \longleftrightarrow (CH_2O)_a M_x A_y + aO_2$$

In dieser Gleichung steht M^+ für die verschiedenen Kationen und A^- für die Anionen; a, x und y sind Reaktionslaufzahlen (stöchiometrische Koeffizienten). Der Gleichung liegt das Gesetz von der Erhaltung der Masse und das Prinzip der Elektroneutralität zugrunde. Aus der Gleichung läßt sich ersehen, daß mit dem Umsatz der Kationen und Anionen ein Umsatz von Protonen verbunden ist, der sich bei Kenntnis der stöchiometrischen Koeffizienten der Kationen und Anionen berechnen läßt. Die Erzeugung von Protonen bedeutet eine Versauerung, ihr Verbrauch eine Entsauerung bzw. Alkalisierung. Mit dem Stoffumsatz im Ökosystem sind also Veränderungen im chemischen Zustand des Bodens als Reaktionsgefäß verbunden: die Pflanzen nehmen die Nährstoffe als Ionen aus dem Boden (der Bodenlösung) auf, die Zersetzer setzen die Nährstoffe wieder als Ionen in die Bodenlösung frei. Die stöchiometrischen Koeffizienten können z.B. aus Angaben über die Biomasseproduktion und ihre Nährstoffgehalte ermittelt werden.

Mit seiner Umwelt steht das Ökosystem durch den Eintrag und Austrag von Stoffen (und Energie) in Wechselwirkung. In Waldökosysteme erfolgt der Stoffeintrag meist ausschließlich aus der Atmosphäre, wenn man nicht die bei der Verwitterung von Silikaten unter Protonenverbrauch freiwerdenden Ionen ebenfalls unter den Einträgen auflistet. Der Stoffaustrag erfolgt in die Atmphäre oder mit dem Sickerwasser.

Verlaufen die beiden Prozesse der Stoffhaushaltsgleichung mit gleicher Rate, so befindet sich das Ökosystem hinsichtlich der Zusammensetzung aus Organismen im stationären Zustand: die Neubildung von Biomasse und ihre Zersetzung gleichen sich aus. In diesem stationären Zustand ist auch der Nettoumsatz von Protonen Null: der Zustand des Reaktionsgefäßes Boden verändert sich nicht; es sei denn, daß sich Stoffeintrag in das Ökosystem und Stoffaustrag aus dem Ökosystem in ihren Raten unterscheiden. Verlaufen auch Stoffeintrag und Stoffaustrag mit gleichen Raten, so ist das Ökosystem als Ganzes im stationären Zustand.

Im stationären Zustand verändert sich das Ökosystem nicht, obwohl sich an den einzelnen Systemelementen dauernd Veränderungen abspielen: Organismen verjüngen sich, wachsen, sterben. Veränderungen im Ökosystem sind also die Folge von Abweichungen vom stationären Zustand. Solche Abweichungen vom stationären Zustand gibt es aus natürlichen und anthropogenen Ursachen. Kann man die im instationären Zustand für die Hin- und Rückreaktion unterschiedlichen stöchiometrischen Koeffizienten der Stoffhaushaltsgleichung bzw. die Abweichungen von Stoffeintrag und Stoffaustrag ermitteln (messen oder schätzen), so kann man die Auswirkung in der Stoffbilanz (einschließlich der Protonenbilanz) berechnen.

Änderungen der Stoffbilanz kann man schließlich im Hinblick auf Nährstoffversorgung und Säurestreß und damit auf ihre ökophysiologische Bedeutung interpretieren.

Dieser Erkenntnisweg /1/ liegt den weiteren Ausführungen zugrunde.

2 WIRKUNGSMECHANISMEN

Natürliche Ursachen für Abweichungen vom stationären Zustand ergeben sich aus der Tatsache, daß weder die Umwelt des Ökosystems (Klima) noch die Struktur des Ökosystems konstant sind. An Stellen, wo Bäume sterben, ändert sich die Struktur des Ökosystems einschneidend. An diesen Stellen ändert sich auch das Bodenklima, z.B. durch stärkere Sonneneinstrahlung auf die Bodenoberfläche.

Die Variabilität des Klimas macht sich hauptsächlich dadurch bemerkbar, daß in warmen Perioden die Mineralisierung stärker gefördert wird als die Ionenaufnahme. Die Wirkung einer solchen Entkopplung im Ionenkreislauf auf den chemischen Bodenzustand hängt von der Basensättigung ab. Ist die Basensättigung im Boden ausreichend hoch (über 15 %), so wirkt sich der wärmebedingte Mineralisierungsschub in einer erhöhten Nährsalzkonzentration in der Bodenlösung aus: der Zuwachs kann steigen. Gleichzeitig wird jedoch ein Teil der in der Bodenlösung verbleibenden Nährstoffe mit dem Sickerwasser aus dem Wurzelraum verlagert: der Boden verarmt an Nährstoffen und Basen. In stark versauerten Böden wirkt sich der Mineralisierungsschub dagegen als Versauerungsschub aus: in der Bodenlösung treten neben dem Nährstoff Nitrat Protonen oder Aluminiumionen auf: es kommt zu Säurestreß. Die Pflanzen erleiden Wurzelschäden, ihre Vitalität nimmt ab, sie werden anfälliger für Trocknis, Schädlinge und direkte Effekte von Luftverunreinigungen: der Wald wird geschädigt /2,3/.

Die Variabilität des Klimas und das natürliche Absterben alter Bäume ist somit eine wesentliche Ursache für Nährstoffverluste aus dem Boden mit dem Sickerwasser, die gleichzeitig einen Basenverlust und damit die Verarmung und Versauerung des Bodens bedeuten. In diese natürliche Entwicklung greift der Mensch sowohl durch die Nutzung von Biomasse wie durch saure Emissionen (Schwefeldioxid, Stickoxide) verstärkend ein. Mit den Calcium-, Magnesium- und Kaliumsalzen schwacher organischer Säuren enthält Biomasse stets basische Verbindungen, so daß ihr Export aus dem Ökosystem im Boden versauernd wirkt (eine bei der Biomassebildung eingetretene Versauerung wird nicht mehr rückgängig gemacht). Die Überführung von Wald in Acker, aber auch das Eintreiben von Vieh in den Wald zur Nutzung als Waldweide, verstärkt oder ermöglicht über die Veränderung des Bodenklimas (erhöhte Sonneneinstrahlung) die klimatisch gesteuerten Mineralisierungs-(Versauerungs-)schübe. Das Fehlen (Brache) oder die Verminderung der Primärproduzenten (Ackerkultur, Waldweide) führt zu einer gleichzeitigen Verringerung der Ionenaufnahme (in der Ackerkultur in der Zeit zwischen Ernte und dem Aufwachsen der neuen Frucht) und verstärkt damit die Nährstoff-(Basen-)Auswaschung. Mit zunehmendem Basenverlust wird die Fähigkeit des Bodens, Versauerungsschübe ökophysiologisch unschädlich abzupuffern, geringer. Dies bedeutet, daß die Elastizität des Ökosystems, d.h. seine Fähigkeit, nach einer Belastung (einer Abweichung vom stationären Zustand) wieder in den Ausgangszustand (nahe dem stationären Zustand) zurückzukehren, abnimmt.

Ebenfalls versauernd wirkt i.d.R. der Ersatz von Laubmischwäldern durch Nadelholz-Reinbestände. Wegen der schwereren Zersetzbarkeit der Nadelstreu, die z.T. durch Hemmstoffe bewirkt wird, kann reine Nadelstreu nicht direkt von der Zersetzern verarbeitet werden. Sie häuft sich auf der Bodenoberfläche an, es bildet sich ein Auflagehumus, in dem genau so wie in der Biomasse die Calcium- und Magnesiumsalze mit schwachen organischen Säuren als Basen akkumuliert sind. Der Aufbau eines Auflagehumus ist daher stets mit einer Bodenversauerung im Wurzelraum verknüpft. Die Auflagehumusbildung ist wiederum Voraussetzung für die Podsolierung, bei der durch Verlagerung waserlöslicher organischer Säuren aus dem Auflagehumus in den Mineralboden der Oberboden extrem versauert. Allerdings ist die versauernde Wirkung der Podsolierung auf den Oberboden (den A-Horizont) beschränkt, da die organischen Säuren an der Obergrenze des Unterbodens (des B-Horizonts) festgelegt werden: sie werden daher im Unterboden nicht wirksam. Bäume, deren Wurzeln in den nicht oder weniger versauerten Unterboden reichen, können daher auf Podsolböden wachsen. Schwierigkeiten, die bei der Verjüngung auf Podsolböden auftreten, hat man schon früh gelernt, durch Pflanzung zu überwinden. Die Beschränkung der podsolierungsbedingten Versauerung auf den Oberboden war die Voraussetzung für die erfolgreichen Heideaufforstungen Ende des letzten Jahrhunderts.

Mit der sauren Deposition werden Säuren direkt in das Ökosystem eingetragen. Gegenüber Luftverunreinigungen wirken Wälder als Filter: mit ihrer großen, weit in den Luftraum ragenden Oberfläche fördern sie die Deposition sowohl gasförmiger (SO_2) wie partikulärer Luftverunreinigungen (Aerosole, Nebel- und Wolkentröpfchen). Wälder in exponierten Lagen erhalten insbesondere dann, wenn tiefliegende Wolken vom Wind in die Baumkronen getrieben werden, ein vielfaches der Deposition, die als nasse Deposition und Sedimentation auf einer benachbarten Freifläche gemessen wird. Die Säure wird in Begleitung von Sulfationen eingetragen, das mit dem Sickerwasser durch Boden und Sickerwasserleiter bis in die Gewässer gelangen kann. Damit ist auch die Säure mobil und kann mit den Sulfationen den Unterboden, darüber hinaus den Sickerwasserleiter und letztlich das Gewässer zunächst an Basen verarmen und zum Auftreten stärkerer Säuren, d.h. zur pH-Absenkung, führen.

Mit der sauren Deposition erhält die Bodenversauerung eine neue Qualität: sie löst sich von dem durch die biologischen Prozesse geprägten Oberboden und greift tief in den Unterboden bis in das Gewässer ein. Damit ändert sich aber auch die Situation für den Baum: er zieht sein Wurzelsystem aus dem immer stärker versauernden Unterboden zurück.

Auf der Grundlage von Messungen und der Stoffhaushaltsgleichung läßt sich das Ausmaß der ökosysteminternen Säureproduktion und des Säureeintrages ermitteln. In Tafel 1 sind für die wichtigsten Prozesse die Spannweiten der jährlichen Belastungsrate mit Protonen zusammengestellt.

<u>Tafel 1:</u> Spannweite der jährlichen Rate der Protonenbelastung durch Entkopplung des Ionenkreislaufs und durch Eintrag in mitteleuropäischen Waldökosystemen

Prozeß	Rate kmol $H^+ \cdot ha^{-1} \cdot a^{-1}$	Wirkung im Boden
vorindustrielle saure Deposition	< 0,1	-
Auswaschung von Hydrogencarbonaten	0 - 20 (hohe Werte nur in kalkhaltigen Böden)	Basenverarmung Gewässer-Alkalinität
Akkumulation von Biomasse (Zuwachs) in Baumhölzern	0,3 - 1,3	Basenverarmung
Auswaschung von Nitraten (Humus-Disintegration)	0 - 4	Säureakkumulation im Wurzelraum
Akkumulation von Auflagehumus	0 - 2	Basenverarmung
Auswaschung organischer Anionen (Podsolierung)	0 - > 2	Säureakkumulation im Oberboden
Saure Deposition (Krypto-Podsolierung)	1 - 8	Säureakkumulation in Boden und Sikkerwasserleiter, Grundwasserversauerung

Der Versauerungstendenz des Bodens durch die in Tafel 1 zusammengestellten Prozesse wirkt der Protonenverbrauch bei der Freisetzung von Alkali- und Erdalkali-Kationen im Verlauf der Verwitterung der silikatischen Minerale entgegen. Die Rate des H^+-Verbrauchs durch Silikatverwitterung ist abhängig vom Silikatgehalt des Bodens und der Verwitterbarkeit der Silikate, sie schwankt bei verschiedenen Böden zwischen 0,2 und 2 kmol $OH^- \cdot ha^{-1} \cdot a^{-1}$. Mit der Ausnahme basenreicher magmatischer Ausgangsgesteine dürfte sie bei den meisten Waldböden um 0,5, selten über 1 liegen. Sie kompensiert damit knapp die Protonenproduktion, die als Folge des Holzexports sich im Boden akkumuliert. Daraus läßt sich schließen, daß in Wirtschaftswäldern jede zusätzliche Säurebelastung zur Bodenverarmung und Versauerung führen muß. Sinkt die Rate der Säurebelastung unter die Rate des Protonenverbrauchs durch Silikatverwitterung, so wird Säure im Boden verbraucht unter Anstieg des austauschbaren Vorrates an Ca, Mg und K. Böden können sich also erholen. In Wirtschaftswäldern kann allerdings selbst bei Nullemission eine nachhaltige Erholung nur auf basenreichen Ausgangsgesteinen erwartet werden. Die für eine merkliche Erholung notwendige Zeitspanne ist beträchtlich, sie mißt sich eher in Jahrzehnten denn in Jahren.

Im Hinblick auf die Auswirkung im Boden kann man zwischen Basenverarmung und Säureakkumulation unterscheiden. Die Wirkung schwacher Säuren wie Kohlensäure ist auf die Basenverarmung beschränkt, der pH-Wert des Bodens unterschreitet pH 5 kaum. Dagegen können starke Säuren wie HNO_3, H_2SO_4 oder organische Säuren über die Basenverarmung hinaus zu pH-Absenkungen und der Freisetzung von Kationsäuren wie besonders Aluminiumionen führen, die im Boden akkumuliert werden können. Dies bedeutet, daß die Auswaschung von Hydrogencarbonaten in stärker versauerten Böden gegen Null geht (die im Gewässer nachweisbaren Hydrogencarbonate stammen aus dem Sickerwasserleiter). In stärker versauerten

Böden tragen also nur die verbleibenden Prozesse zur weiteren Versauerung bei. Dabei addieren sich die Protonen-Produktions- und Eintrags-Raten zur Gesamt-Säurebelastung. Je nach dem Ort der Entstehung oder des Eintrags der Säure kann sich die Versauerung in unterschiedlichen Bodenhorizonten bemerkbar machen. In diesem Zusammenhang ist wichtig, daß ein Teil der deponierten Säure bereits im Baum (Blatt) abgepuffert wird; die hierfür notwendigen Basen entnimmt die Wurzel dem Boden. Dies bedeutet, daß ein Teil der deponierten Säure über die Wurzeloberfläche direkt in den wurzelnahen Boden gelangt und in einem sehr kleinen Bodenvolumen an der Wurzeloberfläche sowie im freien Raum der Wurzel (Zellwandvolumen der Wurzelrinde) direkt als Säurebelastung in Erscheinung tritt. Wahrscheinlich ist es darauf zurückzuführen, daß das gegenwärtige Ausmaß der Säurebelastung von Bäumen unabhängig vom chemischen Bodenzustand nur einige Jahrzehnte ertragen wird. Bei längerer Einwirkung treten Vitalitätsminderungen im Baum auf, die im Zusammenhang mit anderen Stressoren (Trocknis, Schädlinge, gasförmige Luftverunreinigungen) zu seiner Schädigung führen.

3 ENTWICKLUNG VON EMISSIONEN UND DEPOSITION

Aus den in Bild 1 in den unteren beiden Kurven dargestellten Daten über die Entwicklung der Emissionen der Säurebildner SO_2 und NO_x in der Bundesrepublik (linker Maßstab: Millionen Tonnen, rechter Maßstab: Emissionsdichte in kg S bzw. N pro ha der Fläche der Bundesrepublik und Jahr) kann die kumulative Säureemission berechnet werden (obere Kurve). Nach diesen Daten sind auf der Fläche der BRD seit Beginn der Industrialisierung bis heute ca. 370 kmol Säureäquivalente (H^+) pro ha emittiert worden. Anfang der 80er Jahre variierte der Säureeintrag in Waldökosysteme mit Werten zwischen 1,2 und 6,4 kmol H^+ pro ha und Jahr zwischen 17 und 90 % der Emissionsdichte (7 kmol H^+ pro ha und

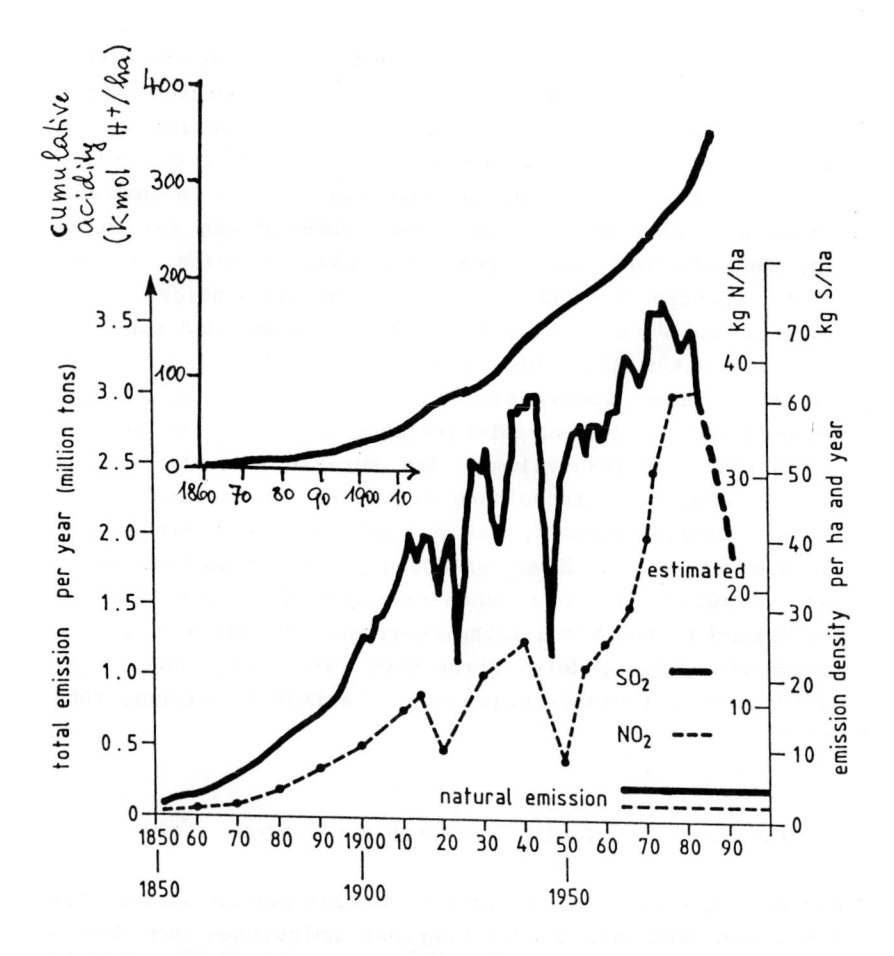

Bild 1: Jährliche Emission von SO_2 und NO_x (in Millionen Tonnen pro Jahr und in kg pro ha und Jahr) sowie kumulative Säureemission in Form von SO_2 und NO_x (kmol H^+ pro ha) auf dem Gebiet der Bundesrepublik seit 1850

Jahr). Nimmt man für die ganze Zeitspanne dieselbe Variation im prozentuellen Säureeintrag in Waldökosysteme an wie heute, so ergibt sich für die kumulative Säuredeposition ein Variationsbereich von 60 bis 340 kmol H^+/ha. Die Hälfte dieses Säureeintrages erfolgte nach 1950, ein Drittel seit Beginn der Eintragsmessungen im Solling 1969. Diese Säuremenge entspricht 1.200 bis 6.800 kg austauschbarem Ca, die pro ha als Folge des Säureeintrages seit Beginn der Industrialisierung aus den Waldböden ausgewaschen wurden, soweit nicht die Säure als Aluminiumsulfat vorübergehend im Boden noch zurückgehalten wird.

3.1 Früherer Säure/Base-Zustand von Waldböden

Daten über den Säure/Base-Zustand von Waldböden um 1930 (Zusammenstellung bei /4/) lassen den Schluß zu, daß in Bodentiefen um 40 cm eine geringe Basensättigung damals die Ausnahme war, unabhängig von der Waldgesellschaft bzw. der Baumart. Dies muß auch für die B_v-Horizonte von Braunerde-Podsolen gelten, da die sauren Humusstoffe, die die Bodenversauerung im Podsol bewirken, den unterhalb des B_{sh}-liegenden B_v-Horizont nicht erreicht haben. Eine Ausnahme machen die Böden unter Fichte im Erzgebirge, die nach /5/ schon Ende der 30er Jahre bis ca. 50 cm Tiefe niedrige Basensättigung aufwiesen. Wegen des NW vorgelagerten sächsischen Industriegebietes muß im Erzgebirge schon früh mit erheblichem Säureeintrag gerechnet werden, so daß eine Beteiligung der Sauren Depostion an der schon damals tiefer reichenden Basenverarmung im Erzgebirge mit Sicherheit anzunehmen ist.

Gemäß Bild 1 waren um 1959 ca. 40 % der insgesamt emittierten Säuremengen freigesetzt. Die Basensättigung in den Böden der verschiedenen Waldgesellschaften in den 50er Jahren läßt sich aus den in /6/ dokumentierten Daten rekonstruieren /7/. Die artenreichen Mischwälder sehr guter bis guter Nährstoffversorgung lagen damals noch überwiegend im Bereich hoher Basensättigung. In Mischwäldern guter bis mäßiger Nährstoffversorgung war auch damals schon das Spektrum über den ganzen Bereich der Basensättigung verteilt, wobei allerdings Fälle mit Basensättigung < 10 % auch im A-Horizont fast völlig fehlten. Dies gilt auch noch für die Eichen/Buchen-Wälder geringer bis sehr geringer Nährstoffversorgung. Die montanen Hainsimsen-Buchenwälder und die hochmontanen Nadelwälder zeigten damals ein Verteilungsmaximum bei einer Basensättigung zwischen 15 und 30 bis 40 %. Nur die Hochlagen-Fichtenwälder im Harz zeigten schon damals ein Überwiegen sehr niederer Basensättigung unter 10 bis 15 % auch im B-Horizont. Für sie gilt wiederum, daß sie durch ihre exponierte Lage schon lange hohen Säureeinträgen ausgesetzt waren.

3.2 Derzeitiger Säure/Base-Zustand von Waldböden

Zur Charakterisierung des derzeitigen Säure/Base-Zustands der Waldböden kann auf zwei Erhebungsuntersuchungen zurückgegriffen werden, die zusammen mit den Landesforstverwaltungen Hamburg und Nordrhein-Westfalen durchgeführt wurden. Das Beispiel Hamburg /8/ ist charakteristisch für das nordwestdeutsche pleistocäne Flachland. 85 % der Waldböden weisen bis über 60 cm Bodentiefe niedrige Basensättigung auf. Die Hälfte dieser Böden hat austauschbare Vorräte von Ca unter 270 kg/ha, von Mg unter 30. Das Beispiel Nordrhein-Westfalen /9/ ist charakteristisch für ein norddeutsches durch Mittelgebirge geprägtes Land. Der Anteil der Böden im Bereich niedriger Basensättigung liegt ebenfalls bei 80 %. Die Hälfte dieser Böden weisen bis 80 cm Bodentiefe austauschbare Ca-Vorräte im Mineralboden unter 300 - 400 kg/ha auf.

Von Hessen /10/, Rheinland-Pfalz /11/ und Niedersachsen liegen Daten vor, die großflächig den gleichen bodenchemischen Zustand der Waldböden wie in den beiden Erhebungsuntersuchungen aufweisen.

Der über den Wurzelraum hinausreichende weitgehende Verlust des austauschbaren Ca+Mg+K legt die Frage nahe, wie weit die Versauerung in den C_v-Horizonten und den Sickerwasserleiter hineinreicht. Im Mittelgebirge ergeben die bisher vorliegenden Daten Versauerungstiefen meist über 1 m, z.T. über 2 m. Der Austrag von austauschbarem Ca+Mg+K in Begleitung von SO_4^{2-} und sein Ersatz durch Al^{3+} kann in diesen Bodentiefen nur durch saure Deposition erklärt werden, was durch die Gegenwart von SO_4^{2-} besätigt wird /12/.

4 UNTERSUCHUNGSBEFUNDE ÜBER VERÄNDERUNGEN DES SÄURE/BASE-ZUSTANDES VON WALDBÖDEN

Die erneute Beprobung von Waldböden in Mitteleuropa und in Schweden nach 20 - 50 Jahren ergab, daß in den meisten Fällen pH und Basensättigung abgenommen haben. Diese Untersuchungen wurden von /13/ zusammengestellt und ausgewertet. Die Autoren kommen zu dem Schluß, daß saure Deposition in vielen Fällen von großer Bedeutung für die Abnahme der Basensättigung ist. Für die pH-Abnahme in tieferen Bodenhorizonten machen sie hauptsächlich die Deposition starker Mineralsäuren verantwortlich. In Hainsimsen-Buchenwäldern Südniedersachsens haben sich seit 1954 die damals z.T. erheblichen austauschbaren Ca- und Mg-Vorräte im Wurzelraum (pro ha bis 3.000 kg Ca und bis 300 kg Mg) auf 80 - 300 kg Ca und 20 - 80 kg Mg erniedrigt /14/. Im tieferen Wurzelraum hat der Übergang zu niedriger Basensättigung (d.h. in den Aluminium-Pufferbereich) in den lehmigen Böden der Hainsimsen-Buchenwälder und Fichtenforsten der Mittelgebirge größtenteils erst Mitte bis Ende der 50er Jahre eingesetzt und war Anfang der 70er Jahre abgeschlossen. Mit abnehmenden austauschbaren Ca+Mg+K-Vorräten verlangsamt sich die Verlustrate. Die Vorräte im Mineralboden streben bei Ca und Mg einem Fließgewicht mit den deponierten Mengen zu. Das Fließgleichgewicht dürfte bei den Minimumvorräten an austauschbarem Ca und Mg im Mineralboden bis ca. 70 cm Tiefe von etwa dem 5-fachen der jährlichen Deposition liegen, d.h. unter 100 kg Ca und 20 kg Mg/ha.

Der daraus resultierende chemische Bodenzustand und seine Weiterentwicklung wird durch Bild 2 wiedergegeben. Der Säureeintrag variiert je nach Bestandeshöhe, Baumart und Ausgesetztheit zwischen 1 und 6 kmol $H^+ \cdot ha^{-1} \cdot a^{-1}$, er erfolgt überwiegend in Begleitung von SO_4^{2-}. Unter dem Begriff "mobilisierbare Kationen" werden austauschbar und organisch gebundene zusammengefaßt. In der Streuschicht ist aufgrund der Zusammensetzung der Blätter die Basensättigung hoch, sie erreicht bereits im Of-Horizont sehr niedrige Werte. Im humosen Oberboden erreichen bei sehr niedrigen pH-Werten (Fe/Al-Pufferbereich) H- und Fe-Ionen hohe Anteile an den Kationsäuren. Im humusärmeren Mineralboden macht dagegen Al^{3+} über 80 - 90 % der Kationenbelegung aus (Al-Pufferbereich). Ca- und Mg-Ionen können unter diesen Bedingungen nicht mehr an schwach saure Gruppen gebunden sein, d.h. sie sind an stark saure Gruppen gebunden; sie liegen somit als Neutralsalze und nicht als Basen vor. Durch die im Al-Pufferbereich befindlichen Bodenhorizonte wird annähernd die eingetragene Säuremenge durchtransportiert. Abweichungen kommen durch Bildung oder Auflösung von Al-Sulfaten und Auswaschung von Nitraten zustande. Die eigentliche Säurepufferung erfolgt als Austausch von Al^{3+} gegen Ca und Mg in einer meist nur wenige dm mächtigen Bodenschicht, in der bei niedrigen pH-Werten (4,0 - 4,4) noch eine höhere Basensättigung vorliegt. Aus dieser Pufferungszone werden Ca und Mg in Begleitung vorwiegend von SO_4^{2-}, also als Neutralsalz, ausgetragen. Die untere Grenze der Kationenaustausch-Pufferzone stellt die Versauerungsfront dar; bei pH-Werten über 5 und einer Basensättigung über 80 - 90 % findet im darunter befindlichen Bereich keine Pufferung starker Säuren mehr statt. Je nach pH-Erhöhung kann gelöste Kohlensäure dissoziieren. pH-Erhöhungen zu

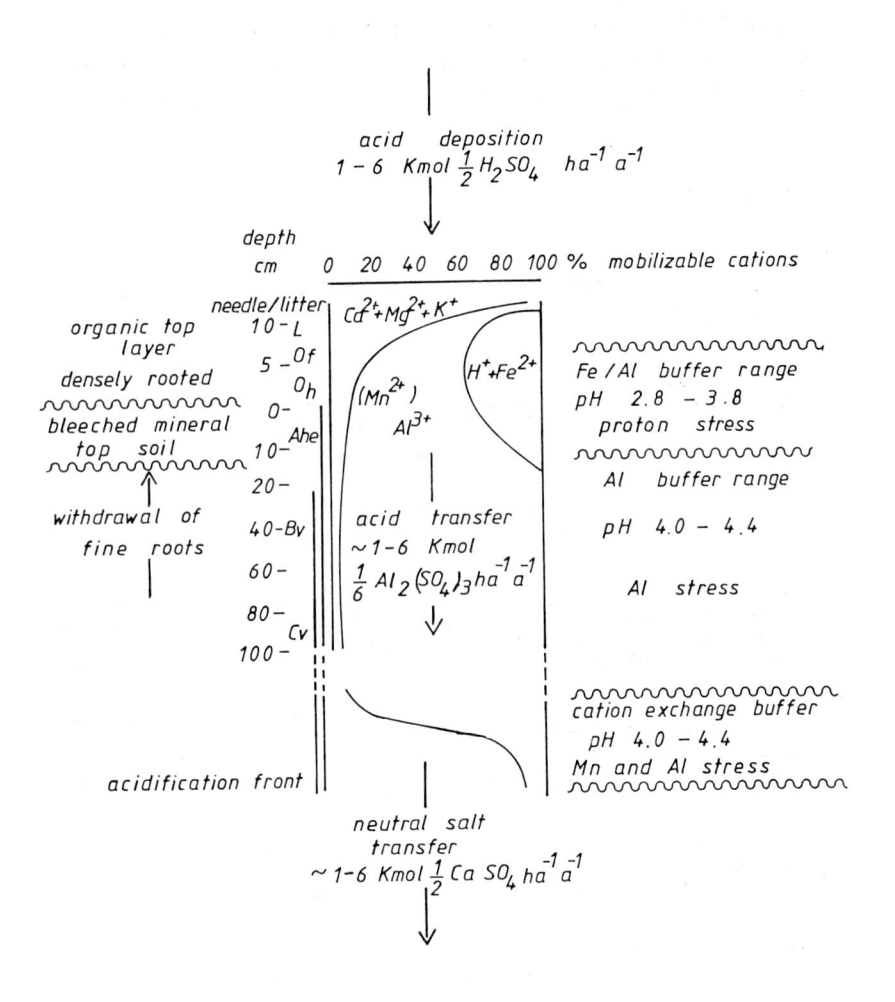

```
                    acid   deposition
                    1 - 6  Kmol ½ H₂SO₄  ha⁻¹ a⁻¹
                              ↓
       depth
        cm    0  20  40  60  80  100 %  mobilizable cations

                  needle/litter   Cd²⁺+Mg²⁺+K⁺
  organic top     10 - L
     layer         5 - Of                    H⁺+Fe²⁺   ～～～～～～～
 densely rooted       Oh         (Mn²⁺)                Fe/Al   buffer range
 ～～～～～～～      0 -                                pH  2.8 - 3.8
 bleached mineral      Ahe        Al³⁺                 proton  stress
    top  soil    10 -                                  ～～～～～～～
 ～～～～～～～  20 -                                  Al  buffer range
      ↑                          acid   transfer
 withdrawal of   40 - Bv         ～1-6  Kmol           pH  4.0 - 4.4
   fine  roots                   ⅙ Al₂(SO₄)₃ ha⁻¹a⁻¹
      |          60 -                ↓                 Al   stress
                 80 -
                      Cv
                100 -
                                                       ～～～～～～～
                                                       cation exchange buffer
                                                       pH  4.0 - 4.4
 acidification front                                   Mn and Al stress
                                                       ～～～～～～～
                              neutral   salt
                               transfer
                        ～1-6 Kmol ½ Ca SO₄ ha⁻¹a⁻¹
                                   ↓
```

Bild 2: Tiefengradienten der Bodenversauerung unter dem Einfluß der sauren Deposition

Werten deutlich über 5,0 als Voraussetzung für die Bildung von Alkalinität sind an Protonen-Konsumtion gebunden. In den meisten Sickerwasserleitern dürfte die wichtigste protonenverbrauchende Reaktion die Silikatverwitterung sein.

5 SCHRIFTTUM

/1/ ULRICH, B. (1987): Stability, elasticity, and resilience of terrestrial ecosystems under the aspect of the matter balance. Ecol. Studies (Springer) 61, S. 11 - 49.

/2/ ULRICH, B. (1984): Waldsterben durch saure Niederschläge - die Überlagerung von natürlichem klimagesteuerten Streß durch Luftverunreinigungen. Umschau 84, S. 348 - 355.

/3/ ULRICH, B. (1985): Interaction of indirect and direct effects of air pollutants in forests. In: TROYANOWSKI, C. (ed.): Air pollution and plants. VCH Verlagges. Weinheim, S. 149 - 181.

/4/ ULRICH, B.; MEYER, H. (1987): Chemischer Zustand der Waldböden Deutschlands zwischen 1920 und 1960, Ursachen und Tendenzen seiner Veränderung. Ber. Forschungszentrum Waldökosysteme, Universität Göttingen, B 6: 133 S.

/5/ FIEDLER, H.J.; HOFMANN, W. (1985): Ältere und neuere Messungen zur Bodenazidität in Fichtenbeständen des Erzgebirges. In: Agrarwissenschaftliche Gesellschaft der DDR, Bezirksverband Dresden. Wissenschaftliche Jahrestagung Dresden, 20.11.1985.

/6/ HARTMANN, F.K.; JAHN, G. (1967): Waldgesellschaften des mitteleuropäischen Gebirgsraumes nördlich der Alpen. Gustav Fischer Verlag, Stuttgart, Textteil, 635 S.

/7/ ULRICH, B. (1987): Stabilität, Elastizität und Resilienz von Waldökosystemen unter dem Einfluß saurer Deposition. Forstarchiv 58, S. 232 - 239.

/8/ RASTIN, N.; ULRICH, B. (1988): Chemische Eigenschaften von Waldböden im Nordwestdeutschen Pleistocän und deren Gruppierung nach Pufferbereichen. Z. Pflanzenernährung Bodenk. 151, S. 229 - 235.

/9/ GEHRMANN, J.; BÜTTNER, G.; ULRICH, B. (1987): Untersuchungen zum Stand der Bodenversauerung wichtiger Waldstandorte im Land Nordrhein-Westfalen. Ber. Forschungszentrum Waldökosysteme, Universität Göttingen, Bd. 4, 233 S.

/10/ SHRIVASTAVA, M.B. (1976): Quantifizierung der Beziehungen zwischen Standortsfaktoren und Oberhöhe am Beispiel der Fichte (Picea abies Karst.) in Hessen. Göttinger Bodenkdl. Ber. 43, S. 1 - 228.

/11/ EDER, W. (1979): Quantifizierung von Standortsfaktoren als Grundlage für eine leistungsbezogene Standortkartierung insbesondere auf Buntsandsteinstandorten der Pfalz. Diss. Forstl. Fakultät Unversität Göttingen.

/12/ ULRICH, B. (1987): Ökochemische Kennwerte des Bodens. Z. Pflanzenernährung Bodenk. 151, S. 171 - 176.

/13/ BERDEN, M.; NILSSON, S.I.; ROSEN, K.; TYLER, G. (1987): Soil acidification: extent, causes and consequences. Nat. Swed. Env. Prot. Board report 3292.

/14/ ULRICH, B.; MEYER, H.; JÄNICH, K.; BÜTTNER, G. (1989): Basenverluste in den Böden von Haimsimsen-Buchenwäldern in Südniedersachsen zwischen 1954 und 1986. Forst und Holz 44.

THEMENBEREICH 1:

DEPOSITION VON LUFTSCHADSTOFFEN IM WALD

1.1 STOFFEINTRÄGE IN WALDÖKOSYSTEME. - NIEDERSCHLAGSDEPOSITION IM FREILAND UND IN WALDBESTÄNDEN -

von H.-M. Brechtel, Hann. Münden

1.1.1 EINFÜHRUNG

Es konnte bisher davon ausgegangen werden, daß der Wald und die Forstwirtschaft im Vergleich zu anderen Vegetationsformen und Landnutzungsarten den besten Qualitätsschutz für das Grundwasser und die oberirdischen Gewässer darstellt. Aus diesem Grunde wird bei der Trinkwassergewinnung traditionell das natürliche Wasserdargebot bewaldeter Einzugsgebiete bevorzugt genutzt. Aufgrund starker Immissionsbelastung der Waldökosysteme durch Eintrag von Luftschadstoffen und der hierdurch bewirkten ständig fortschreitenden Bodenversauerung, ist jetzt aber diese nachhaltig wirksame Wasserschutzfunktion des Waldes zunehmend gefährdet /5,7,10/. Die alarmierenden Ergebnisse von Depositionsmessungen, die jetzt von zahlreichen Waldstandorten aller Bundesländer vorliegen, lassen an dieser besorgniserregenden Entwicklung keinen Zweifel mehr zu. Die hauptsächlich von den Forstlichen Versuchs- und Forschungsanstalten zumeist vor 6 - 8 Jahren im Zusammenhang mit dem Auftreten der neuartigen Waldschäden begonnenen, umfangreichen Vergleichsmessungen der Stoffeinträge mit dem Freiland- und dem Waldniederschlag bestätigen jetzt landesweit die langjährigen Befunde aus dem Solling /18,19,23/. Die Stoffdeposition mit dem Niederschlag ist unter Waldbeständen, vor allem bei den mit Säureeintrag verbundenen Anionen Sulfat und Nitrat, wesentlich höher als im Freiland. Dies trifft insbesondere für die Waldbestände der immergrünen Baumarten zu, von denen die Fichte als Hauptwirtschaftsbaumart der deutschen Mittelgebirge innerhalb der forstlichen Depositionsmeßprogramme mit besonders zahlreichen Untersuchungsstandort vertreten ist /7,14/.

1.1.2 BESONDERE PROBLEMATIK DER FERN-IMMISSION UND DER QUANTIFIZIERUNG DER STOFFEINTRÄGE

Die überwiegend in den sog. "Reinluftgebieten" von der forstlichen Forschung zur Klärung des Kausalzusammenhanges zwischen den großflächig aufgetretenen Waldschäden und der Immissionsbelastung durch Luftschadstoffe in letzter Zeit zahlreich begonnenen Depositionsmessungen machten sehr bald die besondere Problematik des bisher weitgehend unbekannten Phänomens der **Fern-Immission** deutlich (Bild 1). Diese unterscheidet sich sehr wesentlich von der **Nah-Immission**, die als Problem schon seit Beginn der Industrialisierung im vorigen Jahrhundert überall in Zentral-Europa als Rauchschaden in der Forstwirtschaft bekannt ist.

Bei der **Nah-Immission** bestimmen die Konzentrationen von Gasen und Stäuben in der Luft die örtliche lufthygienische Situation. Diese wird in ausgewiesenen Belastungsgebieten durch kontinuierliche und diskontinuierliche Emissions- und Immissions-Meßprogramme auf gesetzlicher Grundlage überwacht. Die bei der **Nah-Immission** an Waldbeständen zumeist lokal begrenzt auftretenden Belastungen und Schäden beziehen sich **überwiegend** auf **trockene Deposition** durch Sedimentation und Abfangen von Stäuben sowie durch Ab- und Adsorption von Gasen an den Vegetationsoberflächen /11/.

Bei der **Fern-Immission** stellt überwiegend die mit Niederschlagsprozessen im Zusammenhang stehende **nasse Deposition** die Belastung der Waldökosysteme dar. Die emitierten Gase, wie z.B. Schwefeldioxid, Stickoxide, Fluorwasserstoff, Chlorwasserstoff und Phosphorverbindungen, bilden in Verbindung mit Wasser in der Atmosphäre Säuren. Diese werden zusammen mit Aerosolen anderer Luftverunreinigungen, wie z.B. Schwermetalle, weit verfrachtet und gelangen hierdurch bis in die fern von den Emissionsquellen liegende Kulturlandschaft. Leider gibt es für diese **Fern-Immission** keine **gesetzlich begründete Depositionsüberwachung** wie es für die Nah-Immission der Fall ist.

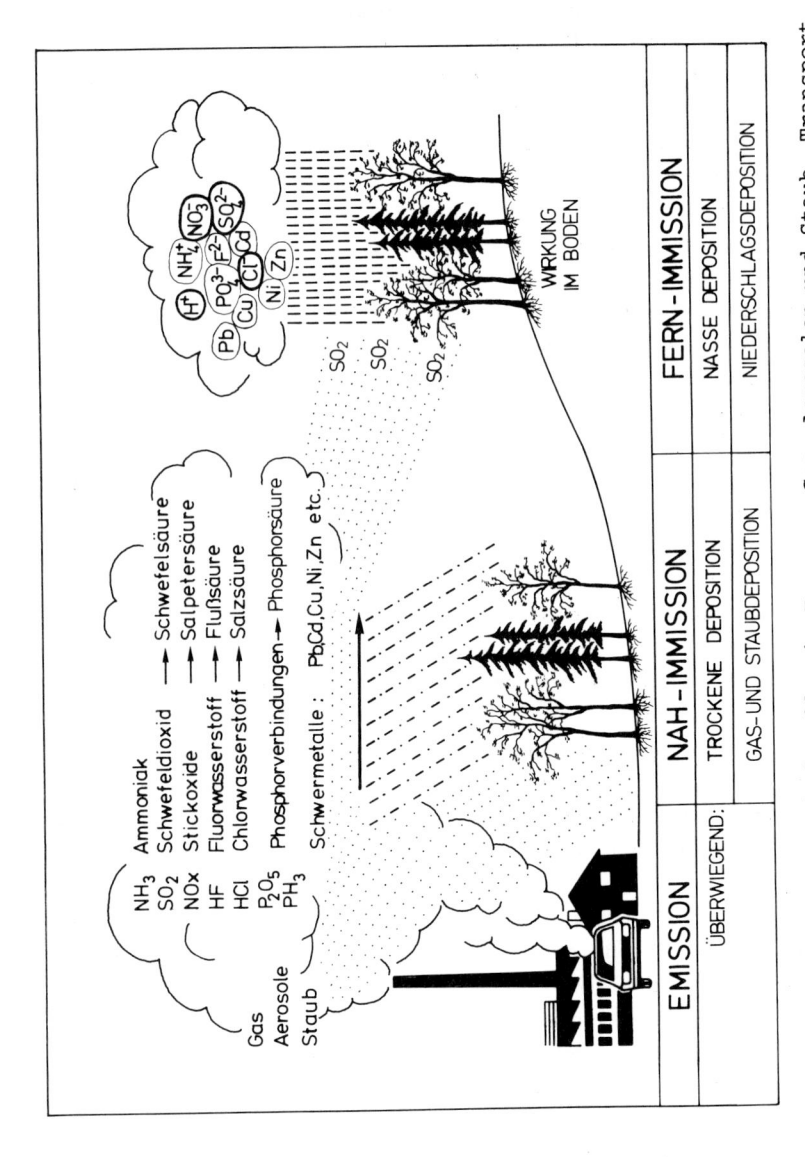

Bild 1: Emission von Luftschadstoffen in Form von Gas, Aerosolen und Staub, Transport und Umwandlung in der Atmosphäre sowie Deposition als Nah- und Fern-Immission

Die bei der Fern-Immission überwiegend zur Auswirkung kommende nasse Deposition bezieht sich in Waldbeständen (Bild 2) nicht nur auf den **akzeptorunabhängigen Freilandniederschlag** (**gefallener** Niederschlag) mit seinen Formen Schnee, Regen, Graupel und Hagel, sondern auch auf die akzeptorabhängigen Niederschlagsarten **abgesetzter** (Reif und Tau) und **abgefangener Niederschlag** (Nebel und Rauhfrost) /21/. Auch bei der trockenen Deposition sind in Waldbeständen insbesondere die akzeptorabhängigen Formen, wie die Ab- und Adsorption von Gasen, die Aerosoladsorption und das Abfangen von Stäuben von Bedeutung, während die auch im Freiland vorkommende akzeptorunabhängige Staubsedimentation bei der Fern-Immission nur eine untergeordnete Rolle spielt. Wie neuere Untersuchungsergebnisse zeigen /8,18,19,23/, kann in Waldbeständen insbesondere Schwefeldioxid (Bild 1) bei der Fern-Immission zu hohen Sulfat-Depositionsraten führen, vor allem dann, wenn zu Zeiten hoher Gaskonzentrationen die Baumkronen feucht sind, wie es aufgrund der **Interzeptionsspeicherung** (I_R in Bild 2) von gefallenem, abgesetzten und abgefangenen Niederschlag vor allem bei Waldbeständen der höheren Mittelgebirgslagen häufig der Fall ist.

Bereits am Beispiel Schwefeldioxid wird deutlich, daß bei der akzeptorabhängigen Deposition in Waldbeständen zwar theoretisch nach den dabei stattgefundenen Prozessen zwischen nasser und trockener Form unterschieden werden kann, dies aber zumeist nicht auch bezüglich einer Quantifizierung der entsprechenden Depositionsraten möglich ist. Eine getrennte Messung der nassen und trockenen Deposition ist zeitweise lediglich bei der im Freiland und über den Baumkronen ausschließlich vorkommenden akzeptorunabhängigen Deposition zu realisieren. Aber sogar auch dort können die nasse und trockene Form der Deposition gleichzeitig vorkommen, so daß eine entsprechende Aufteilung des Meßergebnisses problematisch sein kann.

In Waldbeständen ist ein wesentlicher Teil sowohl der nassen als auch der trockenen Deposition akzeptorabhängig.

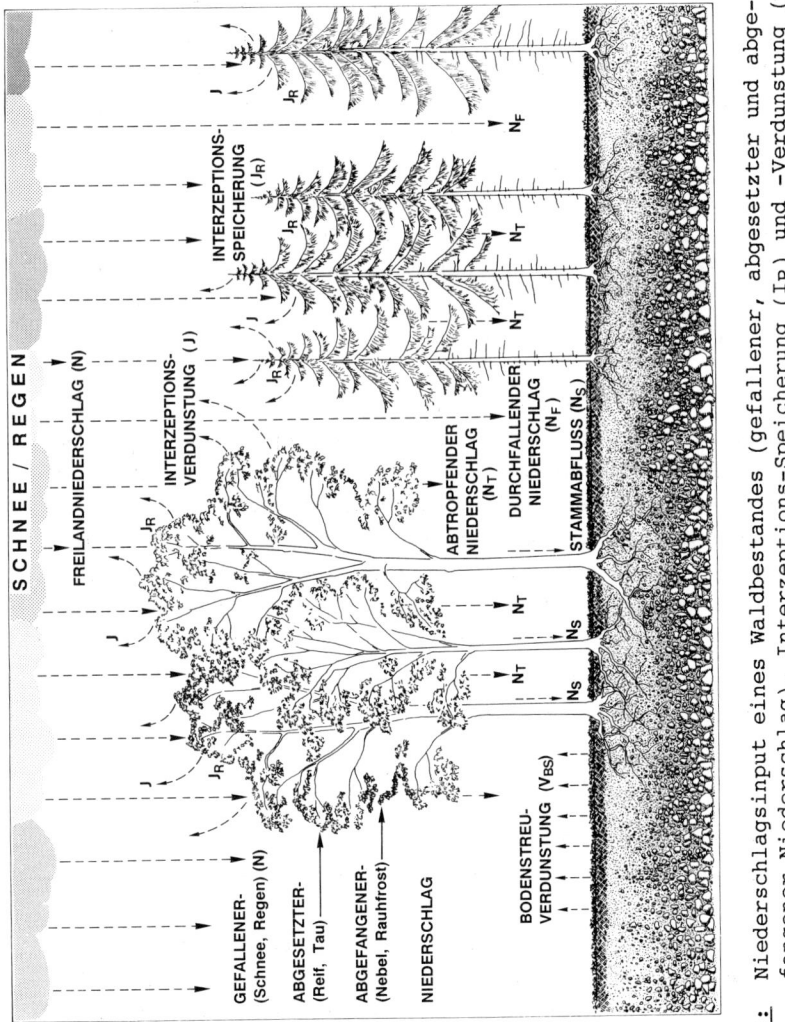

Bild 2: Niederschlagsinput eines Waldbestandes (gefallener, abgesetzter und abgefangener Niederschlag), Interzeptions-Speicherung (I_R) und -Verdunstung (I) sowie Komponenten des Bestandsniederschlages (N_B) als durchfallender (N_F) und abtropfender (N_T) Niederschlag sowie Stammabfluß (N_S)

$N_F + N_T$ = Kronendurchlaß (N_K); im Fichtenwald: $N_K \approx N_B$, da $N_S \approx 0$

Hierbei ist eine getrennte Messung überhaupt nicht möglich, da beide Depositionsformen in Verbindung mit den am Waldkronendach stattfindenden Prozessen /6/ der **Interzeptions-Speicherung** (I_R) und **Interzeptions-Verdunstung** (I) vorkommen (Bild 2). Bei diesen Prozessen sind unter Beteiligung von bodenbürtigen Stoffen aus der Pflanzensubstanz (Auswaschung, leaching) /11/ vielfältige Reaktionsabläufe zwischen deponierten Gasen, Partikeln, Lösungen und Suspensionen möglich, so daß selbst als Summe der nassen und trockenen Deposition eine Quantifizierung des tatsächlichen luftbürtigen Stoffeintrages in Waldökosysteme bei einigen chemischen Elementen teilweise erheblich erschwert ist. Darüber hinaus ist zu berücksichtigen, daß bei einigen Elementen die zum Waldboden gelangende Stoff-Fracht des Niederschlages teilweise durch Haftenbleiben an der Kronenoberfläche oder auch Pflanzenaufnahme vermindert sein kann. In Anbetracht all dieser möglichen Verfälschungen, gilt allgemein die **Stoff-Fracht** des als **abtropfender** (N_T) und **durchfallender** (N_F) **Niederschlag** sowie **Stammabfluß** (N_S) **zum Waldboden gelangenden Bestandsniederschlages** (Bild 2) **als Parameter für das Gesamtergebnis der nassen und trockenen Deposition.** Es wird daher vorgeschlagen, diesen durch Niederschlagssammelsysteme zu erfassenden Parameter, wie auch die im Freiland summarisch gemessene nasse und trockene Deposition, als **Niederschlagsdeposition** (bulk precipitation) zu bezeichnen und wie folgt zu definieren:

"**Der Gehalt an Elementen oder Substanzen, wie er innerhalb bestimmter Sammelzeiträume gelöst in Summenproben des Freilandniederschlages, bzw. des Bestandsniederschlages** (Kronendurchlaß und Stammabfluß) **ermittelt wird**".

Die zugehörige **Depositionsrate** ($mg/m^2 \cdot d$ oder $kg/ha \cdot a$) ergibt sich als Produkt der Konzentration ($\mu g/l$ oder mg/l) und der Niederschlagssumme (mm) des betrachteten Zeitraumes. Dies macht deutlich, daß es bei einer diesbezüglichen Quantifizierung neben einer sorgfältig durchgeführten

Probenahme und chemischen Analyse, insbesondere auch auf eine möglichst genaue Niederschlagsmessung ankommt /6,8,9,11/.

1.1.3 ERGEBNISSE VON MESSUNGEN DER NIEDERSCHLAGSDEPOSITION

In welcher Größenordnung die Fern-Immission zu Niederschlagsdeposition führt, welche Unterschiede sich hierbei zwischen einerseits dem Freiland und andererseits der Vegetationsdecke Wald abzeichnen und wie groß die räumliche Variabilität der Jahressummen bei den verschiedenen anorganischen Stoffen der Niederschlagsdeposition sein kann, soll nachfolgend dargelegt werden. Aufgrund einer tabellarischen Zusammenstellung der in den einzelnen Bundesländern hauptsächlich für die Jahre 1982 - 1986 vorliegenden Meßergebnisse /14/ ist hierzu eine bundesweite Betrachtung möglich. Durch Vergleich der Jahressummen der ausschließlich akzeptorunabhängigen Freilanddeposition (gewissermaßen die Mindesthöhe der Deposition in der Landschaft) mit derjenigen des in hohem Maße durch zusätzliche akzeptorabhängige Deposition belasteten Fichtenwaldes (gewissermaßen die Maximalhöhe der Deposition in Waldgebieten) kann sogar eine großflächige Abschätzung der innerhalb dieser Rahmenwerte liegenden aktuellen Immissionsbelastung durch Luftschadstoffe abgeleitet werden.

1.1.3.1 Niederschlagsdeposition im Freiland

In Tafel 1 sind die Minima, Maxima, arithmetische Mittel, Standardabweichungen (Std.Abw.), Variationskoeffizienten (Var.) von Jahressummen der Freiland-Niederschlagsdeposition für 20 verschiedene chemische Parameter, zusammen mit Angaben zur Niederschlagshöhe von zahlreichen Meßstandorten in der Bundesrepublik Deutschland, dargestellt. Die zugehörige Projektübersicht mit Literaturangaben, die jeweiligen Meßzeiträume und Meßstellen-Replikationen sowie

Tafel 1: Jahressummen der Niederschlagsdeposition anorganischer Stoffe (kg/ha·a) im Freiland

Stoffe	Min.	Max.	Mittel	Std. Abw.	Var. (%)	Zahl der Messungen (Standorte)
H-Ionen	0,06	1,4	0,52	0,29	55	50
Ammonium, NH_4-N	3,5	18,0	9,0	2,8	31	46
Nitrat, NO_3-N	3,1	13,3	6,7	1,9	29	59
Monophos., PO_4-P	0,08	1,2	0,36	0,26	72	28
Sulfat, SO_4-S	5,3	39,4	18,3	6,3	35	79
Chlorid, Cl	2,1	51,3	16,2	10,2	63	64
Fluorid, F	0,3	1,6	0,95	0,49	51	7
Calcium, Ca	2,7	21,2	7,9	4,8	60	57
Magnesium, Mg	0,5	6,6	1,7	1,1	66	44
Kalium, K	0,5	24,0	4,1	4,1	98	52
Natrium, Na	1,6	28,9	7,6	6,3	83	44
Eisen, Fe	0,1	5,8	1,1	1,3	123	40
Mangan, Mn	0,05	1,5	0,24	0,24	98	47
Aluminium, Al	0,28	2,1	0,81	0,5	61	26
Blei, Pb	0,05	0,64	0,19	0,11	60	58
Cadmium, Cd	0,002	0,033	0,006	0,006	102	54
Kupfer, Cu	0,02	0,88	0,16	0,23	146	34
Zink, Zn	0,09	4,9	0,54	0,9	167	33
Chrom, Cr	0,002	0,02	0,007	0,005	76	12
Nickel, Ni	0,005	0,08	0,025	0,023	91	15
Niederschl. (mm)	503	2099	1000	381	38	80

eine Karte der Meßstandorte ist als Bild 1 in /14/ enthalten. Ergänzt durch neue Veröffentlichungen aus Bayern /17/, Rheinland-Pfalz /4/ und Niedersachsen /19/ sind einige aktuelle Projektberichte auch in der vorliegenden Arbeit zitiert /1-3,8,9,12,15-18,20-23/.

Diese Übersichtsdarstellung macht bereits für das Freiland deutlich in welchem Ausmaß selbst weit entfernt von den Emissionsquellen liegende Kulturlandschaften durch Säuredepositionen belastet sind. Ohne Berücksichtigung der zusätzlichen Säurebelastung durch Ammonium (Mittel von NH_4-N in Tafel 1 = 9 kg/ha·a) und hydratisierter Metallionen, beträgt bereits die über pH-Wert-Messungen im Freilandniederschlag ermittelte Jahresdeposition von nicht abgepufferten starken Mineralsäuren (Protonen-Eintrag) als arithmetisches Mittel von 50 Meßstandorten 0,52 kg/ha·a. Die Jahresdeposition von Protonen hat in dieser Größenordnung bereits schon im Freiland die natürliche Jahresrate der Protonen-Abpufferung durch Silikatverwitterung erreicht, die bei den meisten Waldböden um 0,5 und selten über 1,0 kg/ha·a liegt /23/.

Die relativ niedrigen Variationskoeffizienten bei der Ammonium-, Nitrat- und Sulfat-Deposition (< 40 %) liegen in ähnlicher Größenordnung wie bei der Niederschlagshöhe. Dies deutet auf eine landesweit in der Bundesrepublik Deutschland wirksame Säurebelastung dieser als Gase emittierten Luftschadstoffe hin, wobei offensichtlich die Jahresniederschlagshöhe die räumliche Variabilität maßgeblich beeinflußt. Auch die sehr ähnliche Form der Summenhäufigkeits-Kurven von Deposition und Niederschlagssumme bestätigen diese Interpretation der Befunde.

1.1.3.2 Niederschlagsdeposition in Waldbeständen

In Tafel 2 sind die auf verschiedenen Waldstandorten im Kronendurchlaß ($N_K = N_F + N_T$, Bild 2) unter Fichtenaltbeständen festgestellten Jahressummen der Niederschlagsdeposition (kg/ha·a) anorganischer Stoffe mit Angaben zur Niederschlagshöhe des beprobten Kronendurchlasses (mm) dargestellt. Da in Fichtenaltbeständen kein nennenswerter Stammabfluß ($N_S \approx 0$) vorkommt, repräsentiert hierbei der Kronendurchlaß praktisch den gesamten Bestandsniederschlag ($N_K \approx N_B$) dieser Waldbestände. Um einen direkten Vergleich der in den Fichtenaltbeständen festgestellten Jahressumme der Niederschlagsdeposition mit derjenigen benachbarter Freiland-Bezugsflächen zu ermöglichen, sind die Mittelwerte und Maxima des jeweiligen Datenkollektivs der einzelnen chemischen Parameter auch als Vielfaches der zugehörigen Freiland-Niederschlagsdeposition angegeben. Soweit die betreffenden anorganischen Stoffe nicht aufgrund von Auswaschung (leaching) aus der Pflanzensubstanz überwiegend pedogenen Ursprungs sind, wie dies ganz offensichtlich bei Mangan und Kalium der Fall ist (Ø Vielfaches bei Mangan 12,1 und bei Kalium 7,0), wird hierdurch die Größenordnung zusätzlicher Immissionsbelastung des Waldes durch die akzeptorabhängige Deposition deutlich (vgl. Abschn. 2). Dieses bestandesspezifische Filtern bzw. Abfangen von Luftschadstoffen, welches als Summe aller in Abschnitt 2 genannten Prozesse und Depositionsformen über die Freilanddeposition hinaus zu einer zusätzlichen Interzeptionsdeposition ("Interzeption" in /23/) führt, ist bei den immergrünen Fichtenaltbeständen mit dichter Benadelung besonders stark ausgeprägt. Bei immissionsexponierten Fichtenaltbeständen können beispielsweise beim Sulfat die Jahressummen der Niederschlagsdeposition bis zu 6-fach über derjenigen des Freilandes liegen. In Altbeständen der Baumarten Roteiche, Buche, Eiche und Kiefer wurden unter vergleichbaren

Tafel 2: Jahressumme der Niederschlagsdeposition anorganischer Stoffe (kg/ha·a) mit dem Kronendurchlaß von Fichtenaltbeständen

Stoffe	Min.	Max.	Mittel	Std. Abw.	Var. (%)	Zahl der Mess.	Vielfaches[1] Ø	Max.
H-Ionen	0,25	3,40	1,34	0,88	66	18	2,3	4,3
Ammonium, NH_4-N	3,4	42,7	15,3	10,9	71	17	1,7	3,1
Nitrat, NO_3-N	5,8	20,1	12,9	3,7	28	18	1,9	2,8
Monophos., PO_4-P	0,27	1,3	0,66	0,38	57	11	1,9	4,1
Sulfat, SO_4-S	21,4	81,4	47,8	16,3	34	24	2,9	5,6
Chlorid, Cl	9,2	123,5	37,0	33,0	89	20	2,1	3,2
Fluorid, F	-	-	0,91	-	-	1	3,0	-
Calcium, Ca	9,9	34,4	19,5	6,1	31	22	2,9	4,6
Magnesium, Mg	2,2	10,8	4,7	2,6	55	19	2,8	4,6
Kalium, K	0,4	37,9	20,1	8,3	40	22	7,0	29,2
Natrium, Na	4,9	67,5	21,1	19,7	94	16	1,9	3,3
Eisen, Fe	0,2	2,1	1,1	0,7	64	12	2,3	6,7
Mangan, Mn	0,4	8,1	2,8	2,3	84	16	12,1	36,4
Aluminium, Al	0,85	3,8	2,05	0,95	46	10	2,5	4,3
Blei, Pb	0,03	0,35	0,18	0,09	48	14	1,3	2,1
Cadmium, Cd	0,002	0,03	0,008	0,009	106	14	1,7	3,3
Kupfer, Cu	0,02	0,56	0,17	0,19	113	12	1,5	3,5
Zink, Zn	0,2	1,8	0,56	0,48	85	10	3,5	15,4
Chrom, Cr	0,003	0,016	0,008	0,006	76	7	1,5	2,0
Nickel, Ni	0,011	0,100	0,037	0,032	86	6	1,5	2,0
Niederschl.[2] (mm)	288	1305	677	261	39	19	0,65	0,86

[1] Vielfaches der Freiland-Niederschlagsdeposition
[2] Kronendurchlaß (Bild 2)

Standortsverhältnissen entsprechende Vielfachwerte ermittelt, die mit 2 - 2,5-fach des Freilandes deutlich niedriger lagen /8/.

Insgesamt zeigt das in Tafel 2 mitgeteilte Datenmaterial in welcher Größenordnung der deutsche Wald durch Luftverschmutzung und den dadurch bedingten Säureeintrag belastet ist. Innerhalb einer Spanne von 0,25 - 3,4 kg/ha·a beträgt das arithmetische Mittel des Jahreseintrages freier Protonen bei den untersuchten 18 Fichtenaltbeständen 1,34 kg/ha·a und liegt damit durchschnittlich 2,3-fach über derjenigen der Bezugs-Freilandflächen. Das maximale Vielfache der Protonendeposition beträgt innerhalb dieses Datenkollektives sogar 4,3 (vgl. Bild 5 oben). Wie schon für den Freilandniederschlag ausgeführt, stellt diese aus pH-Werten der Niederschlagsproben über die zugehörigen Niederschlagshöhen abgeleitete Protonendeposition nur einen Teil des tatsächlichen Säureeintrages dar. Aufgrund der hohen Interzeptionsdeposition durch die Abfangwirkung der Fichtenbestände auch gegenüber den kationischen Säurebildner sowie unter Berücksichtigung der durch Auswaschung ("leaching") von bodenbürtigen Kationen aus der Pflanzensubstanz noch erheblich verstärkt zur Auswirkung kommenden Säureabpufferung im Kronenraum, ist von einem Gesamtsäure-Eintrag in Fichtenaltbeständen von durchschnittlich 3 - 4 kg/ha·a auszugehen. Diese durch Luftschadstoff-Deposition bewirkte Säurebelastung des Fichtenwaldes liegt somit 6 - 8-fach, teilweise sogar bis zu 12-fach, über der natürlichen Jahresrate der Protonenabpufferung aus Silikatverwitterung, die, wie bereits erwähnt, bei den meisten Waldböden um 0,5 kg/ha·a beträgt /23/. Bei anhaltendem Säureeintrag in dieser Größenordnung, die bereits auf vielen Waldstandorten eine tiefreichende Bodenversauerung bis zum Aluminium-Pufferbereich (pH < 4,2) bewirkt hat, ist auf immissionsexponierten, basenarmen Waldstandorten bereits in naher Zukunft mit einem Zusammenbruch des bisher nachhaltig funktionierenden Filtersystems der Waldböden zu rechnen. Die hohen Vielfachwerte der Niederschlagsdeposition von

Mangan im Kronendurchlaß von Fichtenaltbeständen (Ø 12,1, Maximum 36,4-fach in Tafel 2), welche in dieser Größenordnung überwiegend durch immissionsbedingte Auswaschung von bodenbürtigem Mangan aus der Pflanzensubstanz verursacht sind, signalisieren bereits gewässerschädliche Auswirkungen der Bodenversauerung. Auf solchen Waldstandorten können bereits heute schon im gesamten über dem Grundgestein liegenden Waldboden Stoffkonzentrationen im Sickerwasser auftreten, die schon als Jahresmittelwerte bei Mangan bis über 200-fach und bei Aluminium bis zu 40-fach über den EG-Grenzwerten für Trinkwassergebrauch /13/ liegen können /5/.

Bei den Waldbeständen der winterkahlen Laubbaumarten, wie z.B. bei der forstwirtschaftlichen Hauptwirtschaftsbaumart Buche, sind die Gesamtsäure-Einträge mit durchschnittlich 1,5 - 2 kg/ha·a zwar geringer als bei der Fichte, aber sie übersteigen auch dort noch die natürliche Pufferrate der Waldböden um das 3- bis 4-fache /14,18,20/. Gegenüber den Waldstandorten mit Fichtenbestockung bedeutet dies bei unvermindert anhaltendem Säureeintrag lediglich eine Zeitverzögerung, bis auch auf diesen Standorten eine die Wasserschutzfunktion des Waldes gefährdende, tiefreichende Bodenversauerung eintritt /5,10/.

1.1.3.3 R e g i o n a l e   U n t e r s c h i e d e

Nachfolgend wird versucht, für die projektbezogenen Einzelmeßergebnisse des in den Tafeln 1 und 2 dargestellten Datenmaterials Hinweise für eine großräumige Differenzierung der Niederschlagsdeposition in der Bundesrepublik Deutschland zu finden, indem die Datenkollektive der einzelnen Bundesländern miteinander verglichen werden. Als Beispiele für eine direkte Gegenüberstellung von Jahressummen der Niederschlagsdeposition im Freiland und unter Fichtenaltbeständen dienen zur Kennzeichnung des Säureeintrages in Bild 3 die Protonen-Deposition und in Bild 4 die Sulfat-Schwefel-Deposition. In Bild 5 sind darüber hinaus von den gleichen Meßgrößen, und in Bild 6 auch von Nitrat-Stickstoff und von Ammonium-Stickstoff, die Jahresdepositionen der Fichtenbestände als Vielfaches der Freiland-Niederschlagsdeposition eingetragen.

In den vier Bildern 3 bis 6 sind jeweils für die Teilstichproben der einzelnen Bundesländer die Einzelergebnisse von den verschiedenen Untersuchungsstandorten in Form von Säulen in aufsteigender Reihenfolge angeordnet sowie die jeweiligen Minima, Maxima und Mittel auch als Zahlenwerte angegeben. Darüber hinaus sind die jeweiligen Stichproben-Mittelwerte der Bundesländer als durchgezogene Linie dem arithmetischen Mittel aller Einzelergebnisse der Gesamtstichprobe ("Mittel B.R. Deutschland") gegenübergestellt. Für das Land Hessen werden in allen Bildern zusätzlich die von den 8 Meßgebieten des Untersuchungsprogrammes "Waldbelastung durch Immissionen (WdI)" auch die inzwischen für den Zeitraum Oktober 1986 bis September 1987 vorliegenden Meßergebnisse (Gebietsmittelwerte) zum Vergleich mit den früheren Befunden mitgeteilt.

Wie bereits dargelegt wurde, ist das durch Literaturauswertung /14/ zusammengestellte Datenmaterial bezüglich Auswahl von Untersuchungsstandorten, erfaßter Meßzeiträume (zumeist 1982 - 1984) und angewandter Meßmethoden zu heterogen zusammengesetzt, als daß gesicherte überregionale Unterschiede hinsichtlich der Niederschlagsdeposition in der Bundesrepublik Deutschland abgeleitet werden können. Hierzu müßten Daten von einem für das gesamte Bundesgebiet flächenrepräsentativen Meßstellennetz von einem längeren Untersuchungszeitraum mit standortsrepräsentativen meteorologischen Bedingungen vorliegen. Trotzdem können aus den Säulendarstellungen der Bilder 3 bis 6 nachfolgende Informationen abgeleitet werden.

Bei allen Darstellungen fällt in erster Linie die hohe räumliche Variabilität der Depositionsergebnisse innerhalb

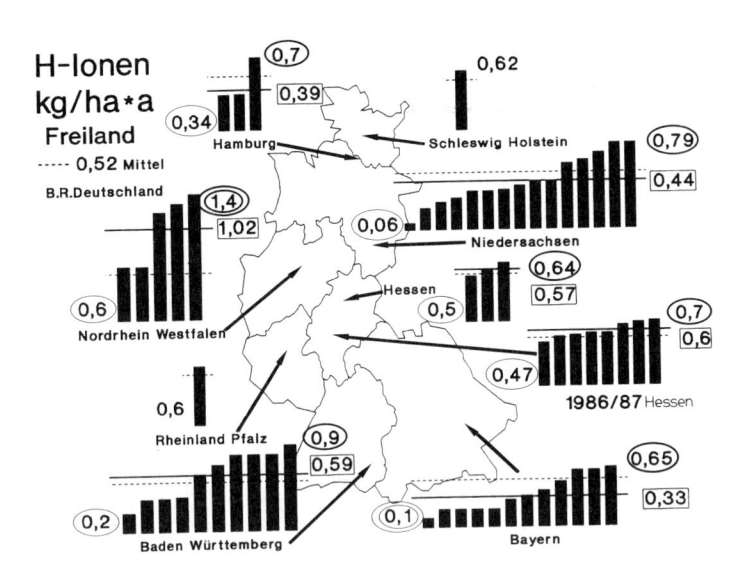

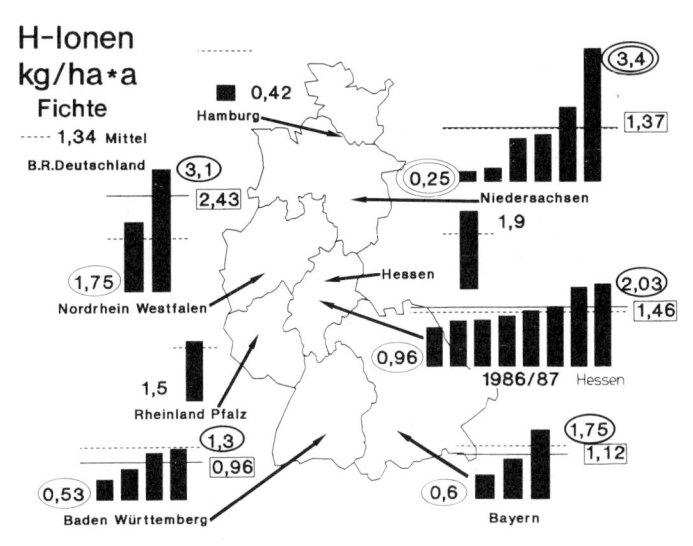

Bild 3: Jahressummen der **Protonen-Deposition** (kg/ha·a) mit dem Niederschlag im **Freiland** und Bestandsniederschlag von **Fichtenaltbeständen** in der Bundesrepublik Deutschland (vgl. Bild 4)
------ = Mittel der Gesamtstichprobe ("B.R.Deutschland")
——☐ = Mittel der Teilstichprobe des jeweiligen Bundeslandes

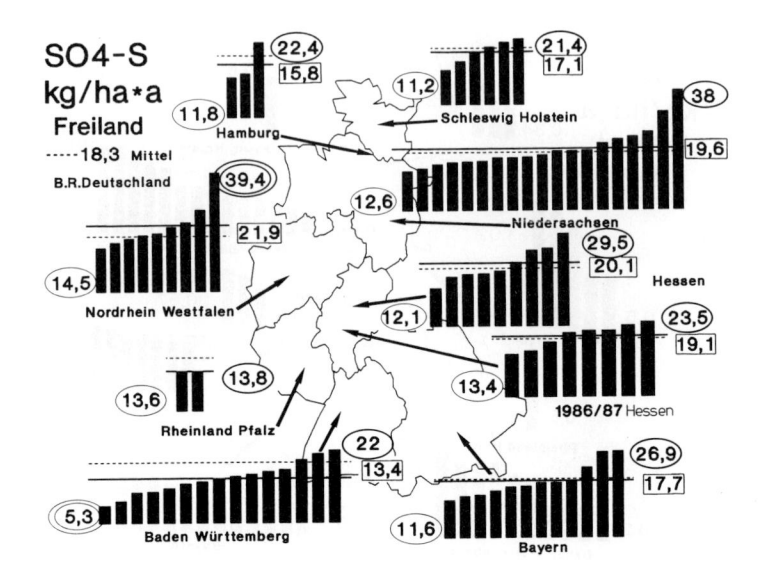

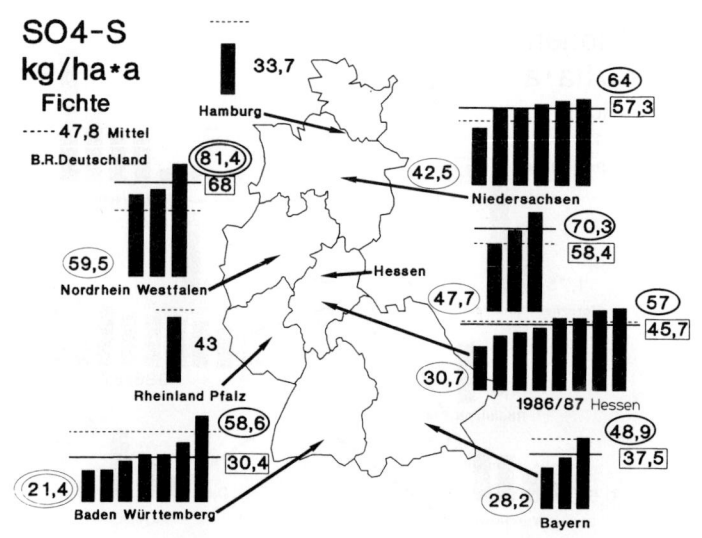

Bild 4: Jahressummen der **Sulfat-Schwefel-Deposition** (kg/ha·a) mit dem Niederschlag im **Freiland** und im Bestandsniederschlag von **Fichtenaltbeständen** in der Bundesrepublik Deutschland (vgl. Bild 3)

◯ ⬤ = Minimum und Maximum der Gesamtstichprobe ("B.R.Deutschland")

◯ ◯ = Minimum und Maximum der Teilstichprobe des jeweiligen Bundeslandes

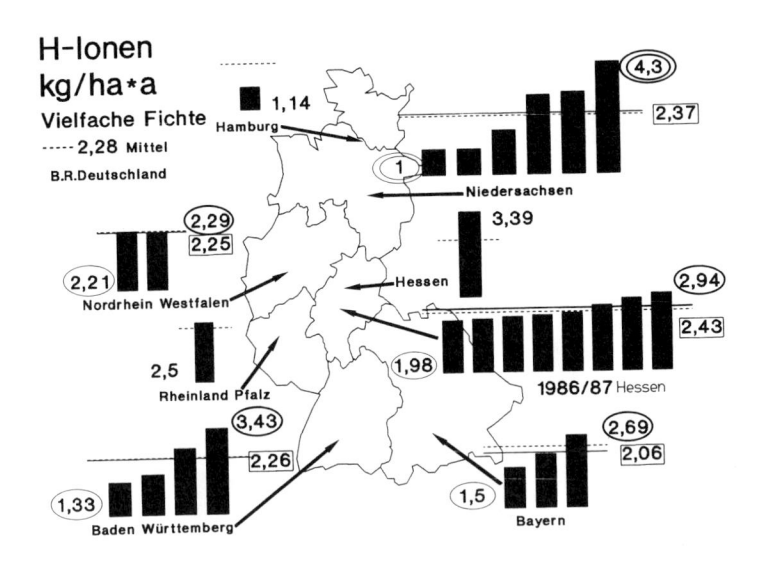

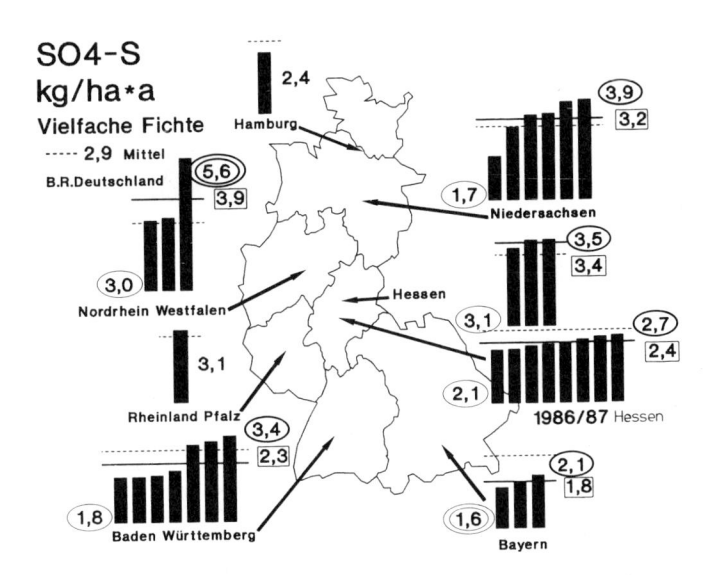

Bild 5: Jahressummen der **H-Ionen** und **Sulfat-Schwefel-Deposition** im Bestandsniederschlag von **Fichtenaltbeständen**, dargestellt als **Vielfaches** der Deposition mit dem **Freilandniederschlag** (vgl. Bilder 3 und 4)

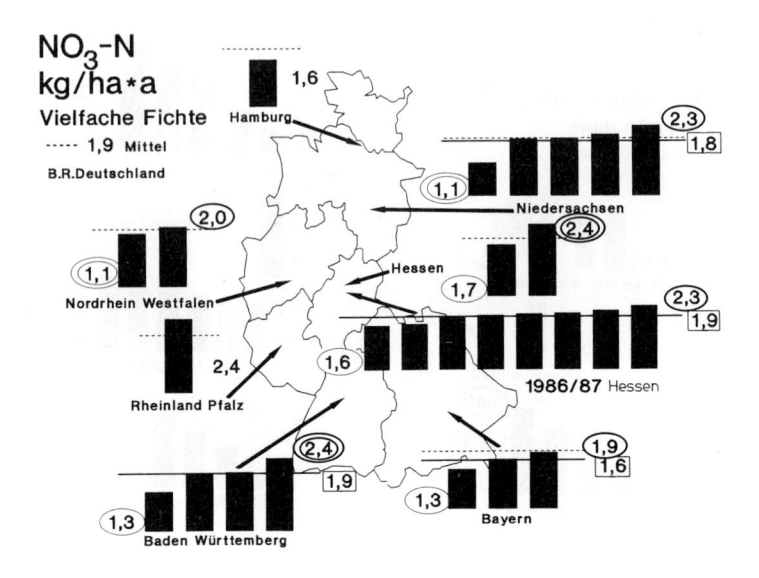

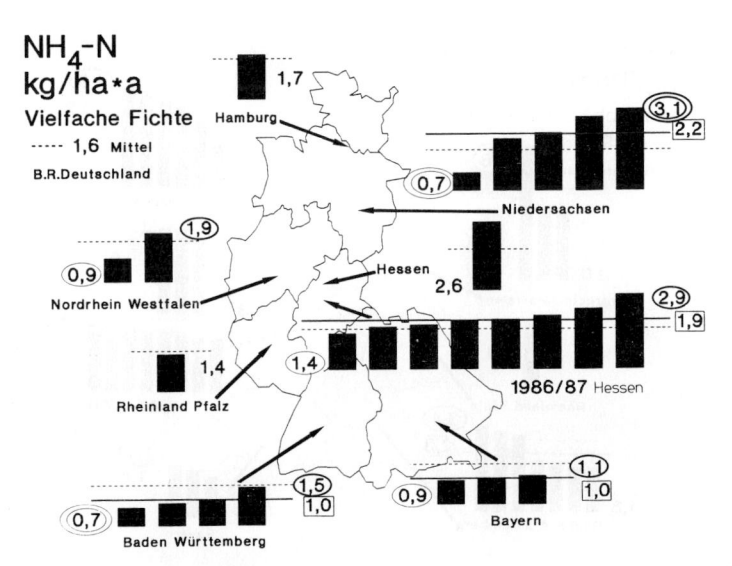

Bild 6: Jahressummen der **Nitrat-Stickstoff-** und **Ammonium-Stickstoff-Deposition** im Bestandsniederschlag von **Fichtenaltbeständen** dargestellt als **Vielfaches** der Deposition mit dem **Freilandniederschlag** (vgl. Bilder 3 und 4)

der Teilstichproben der einzelnen Bundesländer auf. Die Unterschiede zwischen den Einzelergebnissen der verschiedenen Untersuchungsstandorte (Bild 1 in /14/) sind innerhalb der Bundesländer wesentlich größer als diejenigen zwischen den länderbezogenen Mittelwerten der einzelnen Teilstichproben. Dies zeigt, daß die Niederschlagsdeposition sowohl im Freiland als auch unter den beprobten Waldbeständen der Baumart Fichte in hohem Maße vor allem von kleinräumig variablen Einflußfaktoren der Immission bestimmt wird. Dies gilt nicht nur für die Absolutwerte der Jahresdeposition (kg/ha, Bilder 3 und 4) sondern auch für die entsprechenden Vielfachwerte der Niederschlagsdeposition unter den Fichtenaltbeständen (Bilder 5 und 6). Daraus ist zu folgern:

- Eine flächenrepräsentative Quantifizierung der Niederschlagsdeposition erfordert sowohl im Freiland als auch unter Waldbeständen insbesondere dann eine relativ hohe Zahl von Meßstellen, wenn neben einer großräumigen Betrachtung, auch eine lokal verwertbare Aussage möglich sein soll.

- Messungen der Freiland-Niederschlagsdeposition reichen nicht aus, um in Waldgebieten die örtlich zur Auswirkung kommende Immissionsbelastung durch Niederschlagsdeposition zu ermitteln. Hierzu sind Depositionsmessungen in Waldbeständen erforderlich, bei deren Auswahl sowohl die örtlichen Bestockungsverhältnisse (z.B. Baumart) als auch die vom Standort abhängigen Immissionsgegebenheiten (z.B. Höhenlage, Exposition etc.) eine flächenrepräsentative Berücksichtigung finden. Wie durch die räumliche Variation der "Vielfache Fichte" an den Beispielen H-Ionen und SO_4-S (Bild 5) sowie NO_3-N und NH_4-N (Bild 6) deutlich wird, kann eine Abschätzung der in Waldgebieten zur Auswirkung kommenden Niederschlagsdeposition auf der Basis von örtlichen Freilandmeßergebnissen und von anderen Standorten übernommenen Vielfachwerten von Waldbeständen mit großen Fehlern behaftet sein /8/.

Aus den Bildern 3 und 4 ist durch Vergleich der "Länder-Mittelwerte" mit dem arithmetischen Mittel der Gesamtstichprobe "B.R. Deutschland" zumindest als Hinweis zu erkennen, daß die Säuredeposition insbesondere unter den Fichtenaltbeständen der süddeutschen Bundesländer Baden-Württemberg und Bayern teilweise beträchtlich niedriger ist als in den übrigen Bundesländern (vgl. durchgezogene Linie mit der gepunkteten). Besonders deutlich wird dies am Beispiel Sulfat-Schwefel-Deposition (Bild 4) der gut belegten Teilstichprobe von Baden-Württemberg sowohl im Freiland als auch unter Fichte. Interessant ist in diesem Zusammenhang, daß bezüglich der Jahresniederschlagssummen die Befunde genau umgekehrt sind wie es bei den Jahressummen der Niederschlagsdeposition der Fall ist. Die Mittelwerte z.B. des Freilandniederschlages der Teilstichprobe Baden-Württemberg (1299 mm) und Bayern (1395 mm) liegen deutlich über dem Mittel der Gesamtstichprobe "B.R. Deutschland" (1028 mm). Bezogen auf die Gesamtstichprobe hat dies zur Folge, daß die Niederschlagsdeposition unter den Fichtenaltbeständen z.B. bei Sulfat-Schwefel mit der Jahressumme des Bestandsniederschlages als Trend negativ korreliert ($r = -0,40$). In Teilgebieten der Bundesrepublik, wie z.B. in Hessen, zeichnet sich im Gegensatz hierzu diesbezüglich eine positive Korrelation (1986/87: $r = +0,76$) ab. Dies weist darauf hin, daß es bei großgebietlicher Betrachtung problematisch sein kann, eine Extrapolation von örtlichen Depositionsmeßdaten anhand von Jahresniederschlagssummen auf andere Waldstandorte vorzunehmen.

Interessante Informationen lassen sich auch aus den Bildern 5 und 6 ableiten, in denen die "Vielfache Fichte" für die Protonen (H-Ionen) Sulfat-Schwefel (SO_4-S), Nitrat-Stickstoff (NO_3-N) und Ammonium-Stickstoff (NH_4-N)-Deposition dargestellt sind. Wichtige Feststellungen sind:

- Bei der H-Ionen- und NO_3-N-Deposition sind die Unterschiede zwischen den Teilstichproben der einzelnen Bundesländer und teilweise sogar auch zwischen den

Einzelergebnissen innerhalb der Länder relativ gering (vgl. Bild 5 oben und Bild 6 oben). Die "Länder-Mittelwerte" (durchgezogene Linie) weichen kaum vom arithmetischen Mittel der Gesamtstichprobe "B.R. Deutschland" (gepunktete Linie) ab. Bei den Einzelergebnissen sind allerdings bei der "Vielfache Fichte" der Protonen-Deposition innerhalb der Bundesländer Baden-Württemberg, Bayern und Niedersachsen, wie auch bei den zugehörigen Absolutwerten der Jahressummen (Bild 3), beträchtliche Unterschiede vorhanden. Abgesehen von der in diesen Ländern besonders großen räumlichen Varianz der H-Ionen-Deposition bereits schon im Freiland, sind hierfür offensichtlich beim Bestandsniederschlag der Fichtenbestände insbesondere auch die von den wechselnden lokalen Bodenverhältnissen durch Auswaschung ("leaching") aus der Pflanzensubstanz bewirkte Abpufferung im Kronenraum verantwortlich (vgl. 1.1.3.2).

- Bei der SO_4-S- und NH_4-N-Deposition ist bezüglich der "Vielfache Fichte" der Befund sehr ähnlich wie bei den zugehörigen Absolutwerten der Jahressummen im Freiland und im Bestandsniederschlag der Fichte (vgl. Bild 5 unten und Bild 6 unten). In ähnlicher Größenordnung wie es beispielsweise bei der in Bild 4 dargestellten Jahressumme der Sulfat-Schwefel-Deposition der Fall ist, liegen auch die "Länder-Mittelwerte" der "Vielfache Fichte" sowohl bei SO_4-S als auch bei NH_4-N deutlich unter dem zugehörigen Mittel der Gesamtstichprobe "B.R. Deutschland". Dies könnte als Hinweis gewertet werden, daß in den süddeutschen Bundesländern die bei hohen Gaskonzentrationen von Schwefeldioxid und Ammoniak insbesondere an nassen Baumkronen zur Auswirkung kommende akzeptorabhängige Deposition von SO_4-S und NH_4-N weniger ausgeprägt ist als bei den übrigen Bundesländern.

1.1.4 ZUSAMMENFASSUNG UND FOLGERUNGEN

Die in neuerer Zeit in der Bundesrepublik Deutschland veröffentlichten Untersuchungsergebnisse über die Niederschlagsdeposition anorganischer Luftschadstoffe in Waldgebieten bestätigen die alarmierenden, langjährigen Befunde aus dem Solling /18,19,23/.

- Bereits die über **pH-Wert**-Messungen im **Freilandniederschlag** ermittelte **Jahresdeposition** von nicht **abgepufferten starken Mineralsäuren** beträgt als arithmetisches Mittel von 50 Meßstandorten **0,52 kg/ha·a**. Diese Jahresdeposition entspricht bereits im Freiland der natürlichen Jahresrate von **Protonen-Abpufferung** durch Silikatverwitterung, die bei den meisten Waldböden um **0,5 kg/ha·a** beträgt /23/.

- Bei den beprobten 18 **Fichtenaltbeständen** beträgt das arithmetische Mittel des **Jahreseintrages freier Protonen 1,34 kg/ha·a** und liegt damit **2,3-fach über** derjenigen der **Bezugs-Freilandflächen**. Wie abgeschwächt auch schon im Freiland, stellt insbesondere die unter Fichtenaltbeständen über pH-Messungen abgeleitete Protonendeposition nur einen Teil des tatsächlichen Säureeintrages dar. Aufgrund der hohen Abfangwirkung des Kronendaches auch gegenüber den **kationischen Säurebildnern** sowie unter Berücksichtigung der durch Auswaschung von bodenbürtigen Kationen aus der Pflanzensubstanz (Blätter und Nadeln) zur Auswirkung kommenden **Säure-Abpufferung im Kronenraum** ist von einem **Gesamtsäure-Eintrag in Fichtenaltbeständen** von durchschnittlich 3 - 4 **kg/ha·a** auszugehen. Diese durch Luftschadstoffe bewirkte Säurebelastung liegt **6 - 8-fach über** der oben erwähnten natürlichen Jahresrate der Protonenabpufferung.

- Bei **anhaltendem Säureeintrag** in bisheriger Größenordnung, die bereits auf vielen Waldstandorten eine tiefreichende Bodenversauerung bis zum Aluminium-Pufferbereich (pH < 4,2) bewirkt hat, ist auf immissionsexponierten, basenarmen Waldstandorten **bereits in naher Zukunft** mit einem Zusammenbruch des bisher nachhaltig funktionierenden **Filtersystems der Waldböden** zu rechnen. **Hohe bodenbürtige Mangangehalte** im Niederschlag unter Waldbeständen, die beispielsweise als Durchschnitt der beprobten 16 Fichtenaltbestände 12,1-fach über der Jahresdeposition von Mangan im Freiland liegen, signalisieren **bereits gewässerschädliche** Auswirkungen der durch Luftschadstoffe verursachten Bodenversauerung. Auf solchen Waldstandorten können bereits heute schon im gesamten über dem Grundgestein liegenden Waldboden Stoffkonzentrationen im Sickerwasser auftreten, die selbst als **Jahresmittelwerte** bei **Mangan** bis **über 200-fach** und bei **Aluminium** bis zu **40-fach** über den **EG-Grenzwerten** für Trinkwassergebrauch /13/ liegen können /5/.

- Aus den Bildern 3 und 4 ist durch Vergleich der "Länder-Mittelwerte" mit dem arithmetischen Mittel der Gesamtstichprobe "B.R.Deutschland" zumindest als Hinweis zu erkennen, daß die **Säuredeposition** insbesondere unter den Fichtenaltbeständen der **süddeutschen Bundesländer** Baden-Württemberg und Bayern **teilweise beträchtlich niedriger** ist **als in den übrigen Bundesländern**. Besonders deutlich wird dies am Beispiel Sulfat-Schwefel-Deposition (Bild 4) der gut belegten Teilstichprobe von Baden-Württemberg.

- Bei der Sulfat-Schwefel- und Ammonium-Stickstoff-Deposition zeichnet sich bezüglich der von Fichtenaltbeständen ermittelten Vielfachen vom Freiland (Bilder 5 und 6 unten) ein sehr ähnlicher Befund wie bei den Absolutwerten der Jahressummen ab. Dies könnte als Hinweis gewertet werden, daß in den süddeutschen Bundesländern die bei hohen Gaskonzentrationen von Schwefeldioxid und Ammoniak insbesondere an nassen Baumkronen zur Auswirkung kommende akzeptorabhängige Deposition SO_4-S und NH_4-N weniger zur Auswirkung kommt als bei den übrigen Bundesländern.

Insgesamt machen die vorliegenden Befunde deutlich, daß die **Waldökosysteme** in der Bundesrepublik Deutschland **weit stärker** durch luftbürtige Immissionsstoffe **belastet** werden als Freilandflächen, bei denen hauptsächlich nur die akzeptorunabhängige nasse Deposition des gefallenen Niederschlages (Bild 2) und die Sedimentation von Staub zur Auswirkung kommen. Die Niederschlagsdeposition von Luftschadstoffen und die hierdurch bewirkte Bodenversauerung ist vielerorts in einer Größenordnung, daß risikomindernde waldbauliche Maßnahmen und auch die zur Abmilderung des aktuellen hohen Säureeintrages durch den Niederschlag zu empfehlende **Bodenschutzkalkung** nur als Übergangslösungen und Überbrückungsmaßnahmen gewertet werden können. Eine **langfristig trendverändernde Maßnahme**, um den sonst zu erwartenden Zusammenbruch immissionsbelasteter Waldökosysteme zu verhindern, kann nur eine **drastische Reduzierung der Emissionen** von Luftschadstoffen sein.

1.1.5 SCHRIFTTUM

/1/ ADAM, K.; EVERS, F.H.; LITTEK, Th. (1987): Ergebnisse niederschlagsanalytischer Untersuchungen in südwestdeutschen Wald-Ökosystemen 1981 - 1986. Kernforschungszentrum Karlsruhe, Projekt Europäisches Forschungszentrum für Maßnahmen zur Luftreinhaltung, KfK-PEF 24, 122 S.

/2/ BLOCK, J.; BARTELS, U. (1985): Ergebnisse der Schadstoffdepositionsmessungen in Waldökosystemen in den Meßjahren 1981/82 und 1982/83. Forschung und Beratung, Reihe C, Heft 39, 296 S.

/3/ BLOCK, J.; BARTELS, U. (1986): Stoffeintrag in Waldökosystemen - Ergebnisse aus dem Depositionsmeßprogramm des Landes Nordrhein-Westfalen. Verh. d. Ges. f. Ökologie, Bd. 14, S. 257 - 264.

/4/ BLOCK, J.; BOCKOLT, B.; BORCHERT, H.; FINGERHUT, M.; FRAUDE, H.-J.; HEIDINGFELD, N. (1987): Sondermeßprogramm Wald. - Zwischenbericht über die Untersuchungsergebnisse 1983 - 1986. Mitteilungen aus der Forstlichen Versuchsanstalt Rheinland-Pfalz, Nr. 3, 74 S.

/5/ BRECHTEL, H.-M. (1988): Gefährdung des Bodens und der Gewässer durch Eintrag von Luftschadstoffen. Forst und Holz, Nr. 43, S. 298 - 302.

/6/ BRECHTEL, H.-M. (1988): Interzeption und Bestandsniederschlag. In Fachsitzung "Die Bedeutung des Niederschlags im Wasserkreislauf". 46. Deutscher Geographentag München, Franz Steiner Verlag, Stuttgart, S. 570 - 576.

/7/ BRECHTEL, H.-M. (1989): Bulk precipitation deposition of inorganic chemicals in forest areas and its influence on water quality in the Federal Republic of Germany. Symposium on Atmospheric Deposition, IAHS Third Scientific Assembly, 11 - 19 May 1989 in Baltimore, Maryland, USA, IAHS Publ. 179, S. 221 - 228.

/8/ BRECHTEL, H.-M.; LEHNARDT, F.; SONNEBORN, M. (1986): Niederschlagsdeposition anorganischer Stoffe in Waldbeständen verschiedener Baumarten. Agrarspectrum, Schriftenreihe des Dachverbandes, Band 11, S. 57 - 80.

/9/ BRECHTEL, H.-M.; BALAZS, A.; LEHNARDT, F. (1986): Precipitation input of inorganic chemicals in the open field and in forest stands. - Results of investigations in the state of Hesse. In: GEORGII, H.-W. (ed.), "Atmospheric Pollutants in Forest Areas". Reidel Publ. Comp. Dordrecht, S. 47 - 67.

/10/ BÜCKING, W. (1988): Stoffeinträge aus der Atmosphäre. - Konsequenzen für den Gewässerschutz. In: Gewässerschutz, Wasser, Abwasser, Nr. 109, S. 118 - 143.

/11/ DEUTSCHER VERBAND FÜR WASSERWIRTSCHAFT UND KULTURBAUWESEN E.V. (DVWK, Hrsg.) (1984): Ermittlung der Stoffdeposition in Waldökosysteme. Regeln zur Wasserwirtschaft, Heft 122, Verlag Paul Parey, Hamburg, 6 S.

/12/ EINSELE, G. (1986): Das landschaftsökologische Forschungsprojekt Schönbuch (Wasser- und Stoffhaushalt, Bio-, Geo- und Forstwirtschaftliche Studien in Südwestdeuschland). DFG-Forschungsbericht, VCH-Verlagsgesellschaft, Weinheim, XIII, 636 S.

/13/ EUROPEAN COMMUNITY COUNCIL (ECC) (1980): Richtlinien des Rates vom 15. Juli 1980 über die Qualität von Wasser für den menschlichen Gebrauch (80/778/EWG). Amtsblatt der Europäischen Gemeinschaften, L 229/11 vom 30.8.1980, Brüssel, S. 11 - 15.

/14/ FÜHRER, H.-W; BRECHTEL, H.-M.; ERNSTBERGER, H.; ERPENBECK, C. (1988): Ergebnisse von neuen Depositionsmessungen in der Bundesrepublik Deutschland und im benachbarten Ausland. DVWK Mitteilungen 14, Deutscher Verband für Wasserwirtschaft und Kulturbau e.V. (DVWK), Gluckstraße 2, D-5300 Bonn 1, 122 S.

/15/ GIETL, G.; RALL, A.M. (1986): Bulk deposition into the catchment "Große Ohe". - Results of neighbouring sites in the open and under spruce at different altitudes. In: GEORGII, H.-W. (ed.): Atmospheric Pollutants in Forest Areas. Reidel Publ. Comp. Dordrecht, S. 79 - 88.

/16/ GODT, J. (1986): Untersuchungen von Prozessen im Kronenraum von Waldökosystemen und deren Berücksichtigung bei der Erfassung von Schadstoffeinträgen unter besonderer Beachtung der Schwermetalle. Berichte des Forschungszentrums Waldökosysteme/Waldsterben, Band 19, Göttingen, Selbstverlag, 265 S.

/17/ HÜSER, R.; REHFUESS, K.E. (1988): Stoffdeposition durch Niederschläge in ost- und südbayerischen Waldbeständen. "Forstliche Forschungsberichte München", Schriftenreihe der Forstw. Fak. d. Univ. München u. d. Bayer. Forstl. Versuchs- und Forschungsanstalt, Nr. 86, 153 S.

/18/ MATZNER, E. (1986): Ergebnisse der Messungen im Solling. In: ULRICH, B. (ed.): Raten der Deposition, Akkumulation und des Austrags toxischer Luftverunreinigungen als Maß der Belastung von Waldökosystemen. Berichte des Forschungszentrums Waldökosysteme/Waldsterben, Reihe B, Band 2, Göttingen, Selbstverlag, S. 1 - 11.

/19/ MATZNER, E. (1988): Der Stoffumsatz zweier Waldökosysteme im Solling. Berichte des Forschungszentrums Waldökosysteme/Waldsterben, Reihe A, Band 40, 217 S.

/20/ MEIWES, K.J.; KÖNIG, N. (1986): H-Ionen-Deposition in Waldökosystemen in Norddeutschland. In: HÖFKEN, K.O.; BAUER, H. (Hrsg.): IMA-Querschnittsseminar "Deposition", Neuherberg, 25.2.1986, Gesellschaft für Strahlen- und Umweltforschung München (GSF), BPT-Bericht 8/86, S. 7 - 18.

/21/ NORMENAUSSCHUSS WASSERWESEN (NAW) IM DIN DEUTSCHES INSTITUT FÜR NORMEN (1983): DIN 4049 Teil 101, Hydrologie: Begriffe des Niederschlages und der Schneedecke. Beuth Verlag GmbH, Berlin, 10 S.

/22/ RASTIN, N.; ULRICH, B. (1984): Depositionsmessungen in den Wäldern der Stadt Hamburg. Berichte des Forschungszentrums Waldökosysteme/Waldsterben, 2, Göttingen, Selbstverlag, S. 88 - 94.

/23/ ULRICH, B.; MAYER, R.; KHANNA, P.K. (1979): Deposition von Luftverunreinigungen und ihre Auswirkungen in Waldökosystemen im Solling. Schriften der Forstl. Fak. d. Univ. Göttingen und Nieders. Forstl. Versuchsanstalt, Nr. 58, 291 S.

1.2 BELASTUNG VON WALDÖKOSYSTEMEN IN RHEINLAND-PFALZ DURCH DEN EINTRAG VON LUFTVERUNREINIGUNGEN

von J. Block, Trippstadt

1.2.1 EINLEITUNG

Luftverunreinigungen wirken als Schadgase unmittelbar auf die Vegetationsorgane ein und führen über die trockene und nasse Deposition in den Ökosystemen zu Bodenversauerung oder Anreicherung von Schwermetallen.

Zur Überwachung des Eintrages, Verbleibs und der Auswirkung von Luftverunreinigungen in Waldökosystemen wurde im Herbst 1983 in Rheinland-Pfalz ein umfangreiches Meß- und Beobachtungsflächenprogramm eingerichtet. In diesem Programm werden an jeweils denselben Standorten in Zusammenarbeit zwischen der Forstlichen Versuchsanstalt, dem Landesamt für Umweltschutz und Gewerbeaufsicht, der LUFA Speyer und Instituten der Universitäten Göttingen, Trier und Mainz neben den Depositionsmessungen auch Luftschadstoffmessungen, Bioelementbilanzierungen, Vitalitätsuntersuchungen auf Dauerbeobachtungsflächen (Kronenzustand, Zustand der Bodenvegetation) und Erhebungen zum chemischen und physikalischen Bodenzustand sowie zur Humusmorphologie durchgeführt. Die als Langzeituntersuchungen angelegten Meß- und Beobachtungsprogramme liefern unerläßliches Grunddatenmaterial für weiterführende Untersuchungen über die Ursache - Wirkungsbeziehungen der Walderkrankung.

1.2.2 MESSMETHODIK DER DEPOSITONSMESSUNGEN

Depositionsmessungen erfolgen an 12 über das Land verteilten Meßstationen. Jede dieser Meßstationen besteht aus einer Freilandmeßstelle und einer Meßstelle unter einem in unmittelbarer Nähe gelegenen Fichtenbestand. Der Freilandniederschlag und der Kronendurchlaß wird mit Hilfe von ständig offenen Kunststoffsammelgefäßen (System LÖLF) aufgefangen. An 14-Tagesproben wird die Konzentration und der Eintrag der Komponenten H^+, SO_4-S, NO_3-N, Cl^-, PO_4-P, NH_4-N, K^+, Na^+, Ca^{++}, Mg^{++}, Org-N und N_t sowie anhand von Quartalsmischproben die Konzentration und der Eintrag der Komponenten Fe, Mn, Al, Pb, Zn, Cu und Cd ermittelt. Weitere Informationen über die Meß- und Analyseverfahren enthalten /1/ und /2/.

1.2.3 ERGEBNISSE UND DISKUSSION

Zum gegenwärtigen Zeitpunkt liegen die Ergebnisse von 4 Meßjahren vor (hydrologisches Jahr, Meßjahr 1984 nur für 7 Stationen). Die Meßjahre unterscheiden sich hinsichtlich ihrer Niederschlagshöhe beträchtlich. Im hydrologischen Jahr 1984 wurden 122 %, 1985 86 %, 1986 112 % und 1987 119 % des langjährigen Mittels im Flächendurchschnitt Rheinland-Pfalz/Saarland erreicht.

Die pH-Werte liegen im Jahresdurchschnitt der 4 Meßjahre zwischen 4,2 und 4,6 im Freilandniederschlag und zwischen 3,4 und 3,9 im Bestandesniederschlag (Kronentraufe, Fichte). Die H^+-Einträge in den Fichtenbeständen erreichen in einzelnen Jahren Raten von bis zu 2,2 kmol je Jahr und Hektar. PH-Wert-Messungen erfolgen sowohl unmittelbar nach der Probenahme durch den Meßstellenbetreuer als auch im Labor (LUFA Speyer) nach dem Auftauen der im gefrorenen Zustand gelagerten Proben. Bis pH 5 zeigen sich verhältnismäßig geringe Unterschiede zwischen den Feld-pH-Werten und den Labor-pH-Werten (Bild 1). Über pH 5 sind die Abweichungen dagegen erheblich (Bild 2). Allerdings sind pH-Werte über pH 5 im Niederschlagswasser verhältnismäßig selten und zudem meist mit nur geringen Niederschlagshöhen verbunden. I.d.R. sind die Labor-pH-Werte höher als die Feld-pH-Werte. Dies könnte auf einer Abnahme des CO_2-Gehaltes während des Einfrierens der Proben oder auf Austauschprozessen mit den in der Probe enthaltenen mineralischen oder organischen Partikeln beruhen. Die H^+-Depositionsrate wird bei einer Berechnung über die Labor-pH-Werte in einzelnen Jahren merklich unterschätzt (Tafel 1). Allerdings ist die Gefahr von Fehlmessungen durch fehlerhafte Handhabung des pH-Meters oder Eichfehler im Labor deutlich geringer als bei Feldmessungen.

Die Sulfat-Schwefeleinträge bewegen sich im Freiland im Mittel der 4 Meßjahre zwischen 9 und 14 $kg \cdot ha^{-1} \cdot a^{-1}$ und aufgrund der Filterwirkung der Waldbäume in den Beständen zwischen 26 und 52 kg. Die höchsten Schwefeleinträge wurden mit Jahresraten von 40 - 70 kg S/ha im 1. Meßjahr (November 1983 bis Oktober 1984) gemessen (Bild 3). In den beiden folgenden, niederschlagsärmeren Meßjahren sanken die Einträge auf 25 - 42 kg S/ha. Die kommenden Meßjahre werden zeigen, ob mit dem Jahr 1987 bereits eine Abnahme der Schwefeleinträge durch Emissionsminderungsmaßnahmen begonnen hat, oder, ob die im Vergleich zu den vorangegangenen Jahren relativ geringen Schwefeleinträge des Jahres 1987 nur auf andere, z.B. witterungsbedingte Einflüsse zurückgeführt werden müssen.

Die Stickstoffdeposition in den Waldbeständen beträgt im Durchschnitt 11 - 18 kg Nitratstickstoff, 7 - 18 kg Ammoniumstickstoff und 5 - 9 kg organisch gebundener Stickstoff. Die Gesamtstickstoffeinträge liegen somit zwischen 25 und 37 kg $N \cdot ha^{-1} \cdot a^{-1}$ im Durchschnitt der 4 Meßjahre. Diese Werte übersteigen sehr deutlich die als ökosystemverträglich diskutierten Schwellenwerte /3/: 20 kg $N \cdot ha^{-1} \cdot a^{-1}$;

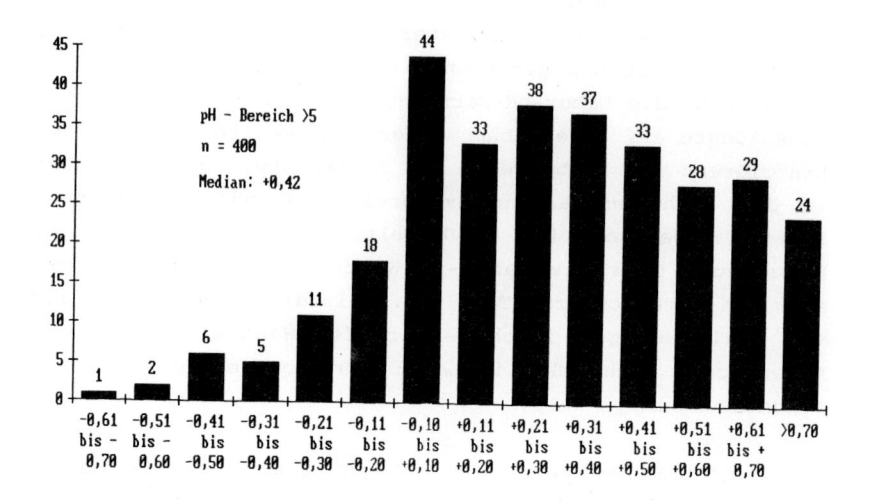

Bild 1: PH-Differenz (pH-Labor - pH-Feld)

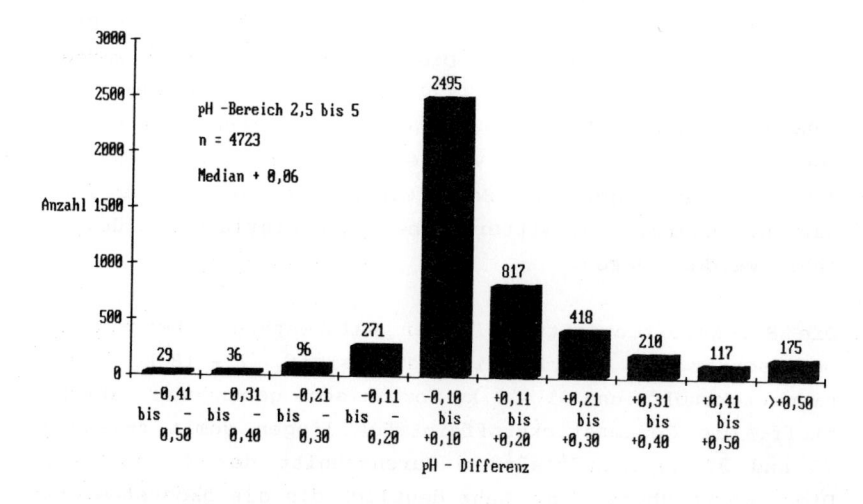

Bild 2: PH-Differenz (pH-Labor - pH-Feld)

Tafel 1: Vergleich der Jahresmittel-pH-Werte und H^+-Depositionsraten bei alternativer Verwendung von Feld-pH-Werten und Labor-pH-Werten

a) **Kronendurchlaß von Fichtenbeständen**

Station	Jahr	pH Feld	pH Labor	H^+ (kmol·ha^{-1}·a^{-1}) Feld	H^+ (kmol·ha^{-1}·a^{-1}) Labor
Idar-Oberstein	84/85	3,63	3,59	1163	1274
	85/86	3,60	3,66	1720	1478
Prüm-Nord	84/85	3,75	3,81	1248	1101
	85/86	3,70	3,81	1661	1308
	86/87	3,88	4,07	1302	856

b) **Freilandniederschlag**

Station	Jahr	pH Feld	pH Labor	H^+ (kmol·ha^{-1}·a^{-1}) Feld	H^+ (kmol·ha^{-1}·a^{-1}) Labor
Idar-Oberstein	84/85	4,34	4,37	364	345
	85/86	4,37	4,47	426	345
Prüm-Nord	84/85	4,48	4,50	358	343
	85/86	4,49	4,52	344	276
	86/87	4,54	4,67	356	269

/4/: 3 - 15 kg $N \cdot ha^{-1} \cdot a^{-1}$ in Koniferenbeständen bzw. 5 - 20 kg N in Laubwäldern. Bei einer Überschreitung der kritischen Werte rechnen die Autoren vor allem mit einer verstärkten Nitratbefrachtung des Sickerwassers.

Die vor allem aus dem Kraftfahrzeugverkehr (Nitrat) und landwirtschaftlichen Aktivitäten (Ammonium) stammenden Stickstoffverbindungen zeigen im Verlauf der 4 Meßjahre keine merkliche Verringerung der Eintragsraten, sondern eher eine Tendenz zu höheren Werten (Bild 4).

Die Chlorid-, Natrium-, Magnesium-, Kalium- und Kalziumdepositionen stammen überwiegend aus natürlichen Quellen (Meersalzspray, Bodenstaub). Hohe Depositionsraten treten entsprechend vorwiegend an niederschlagsreichen Meßorten auf (Tafeln 2 und 3). Außergewöhnlich hohe nicht aus Meersalzspray zu erklärende Chloriddepositionen sind an der Station Waldmohr, vermutlich aus Chlorwasserstoffemissionen des in Hauptwindrichtung vorgelagerten saarländischen Industrieraumes zu beobachten.

Die Deposition der Schwermetalle liegt mit jährlichen Bestandeseinträgen von 58 - 248 Gramm Blei, 2,2 - 8,9 Gramm Cadmium, 17 - 123 Gramm Kupfer und 280 - 1007 Gramm Zink je Hektar im Rahmen der auch in anderen Bundesländern gemessenen Werte /5,6/ (Tafel 4). Spezielle räumliche Verteilungsmuster sind bislang nicht zu erkennen.

Die Manganeinträge in die Waldökosysteme sind außerordentlich unterschiedlich (Tafel 4). Die sehr hohen Werte in einigen Waldbeständen zeigen, daß dort zur Zeit die eingetragenen Säuren durch Manganoxide gepuffert werden, während an anderen, stärker versauerten Standorten Mangan bereits weitgehend aus dem durchwurzelten Boden ausgewaschen worden ist.

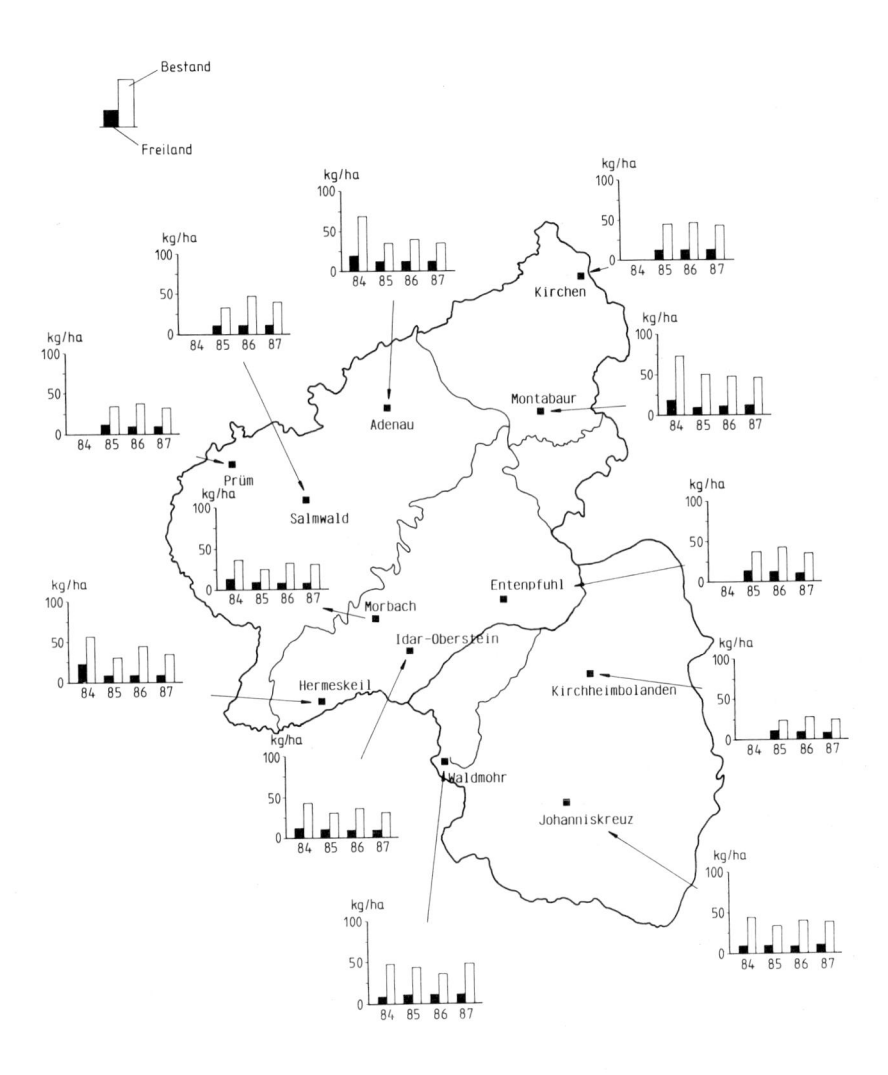

Bild 3: Sulfat-Schwefeleinträge im Freiland und unter Fichtenbeständen

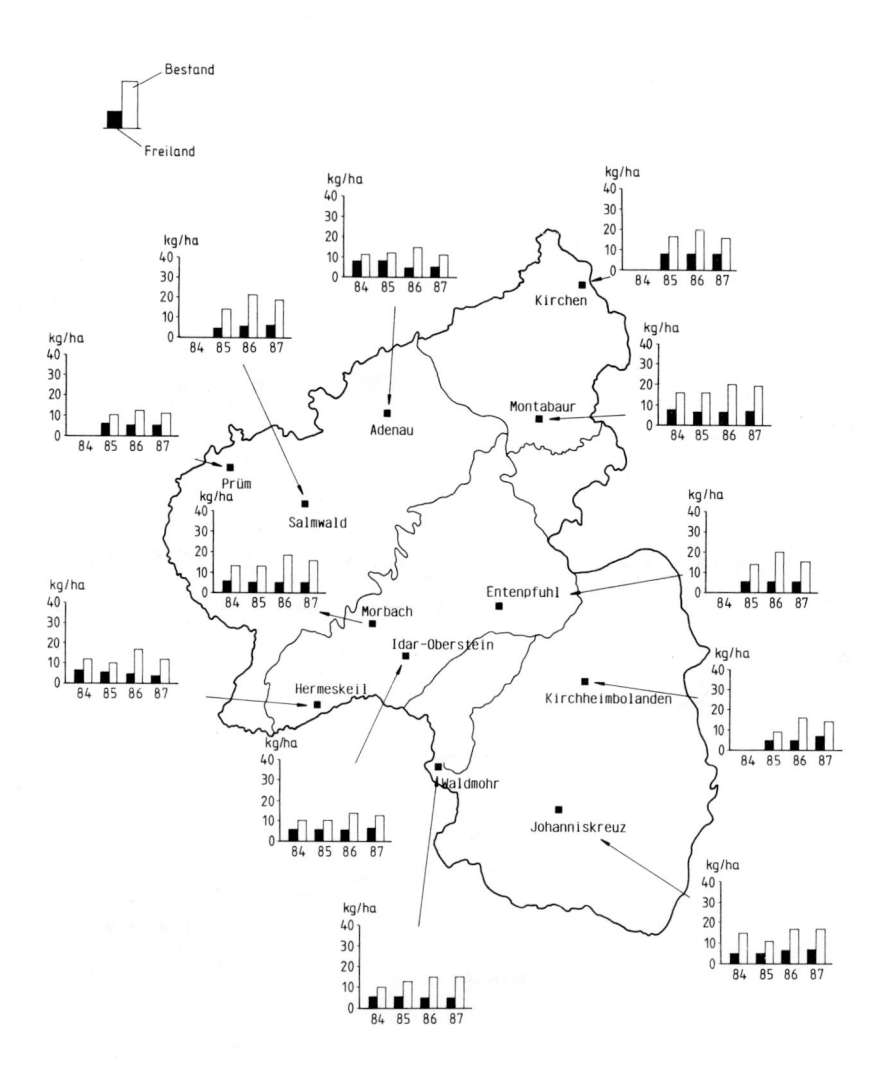

Bild 4: Nitrat-Stickstoffeinträge im Freiland und unter Fichtenbeständen

Tafel 2: Eintrag von Hauptinhaltsstoffen mit dem Freiflächenniederschlag

Meßzeitraum: November 1983 bis Oktober 1987, für Basekapazität November 1986 bis Oktober 1987
Flußraten je Hektar und Jahr

Station	N mm	BASK kmol/ha	H kg/ha	Cl kg/ha	PO$_4$-P g/ha	SO$_4$-S kg/ha	NO$_3$-N kg/ha	Org.-N kg/ha	NH$_4$-N kg/ha	N$_t$ kg/ha	K kg/ha	Na kg/ha	Ca kg/ha	Mg kg/ha
Adenau	932	0,97	0,50	8,3	118	12,8	5,2	2,3	6,4	13,2	1,8	3,6	4,6	1,1
Entenpfuhl	829	0,92	0,41	6,2	144	9,7	4,7	2,1	4,6	11,3	1,9	2,6	4,6	0,7
Hermeskeil-West	1221	1,27	0,55	9,9	139	14,1	4,5	2,9	5,1	12,2	1,8	4,7	8,6	1,4
Idar-Oberst.	1036	1,02	0,40	7,8	124	10,7	5,0	2,1	5,3	12,0	1,9	3,7	5,4	1,2
Johanniskreuz	1050	1,13	0,46	7,1	141	11,0	4,9	2,8	5,7	13,6	1,7	3,6	5,2	1,1
Kirchen	1090	1,16	0,57	10,6	114	13,1	6,7	2,0	6,7	15,1	1,6	5,1	5,0	1,3
Kirchheimbolanden	626	0,74	0,25	5,4	273	9,2	4,2	2,0	4,7	10,8	2,9	2,2	4,5	1,1
Montabaur	1016	1,03	0,58	8,9	80	13,5	5,9	2,5	5,5	13,7	1,4	4,5	5,5	1,3
Morbach	942	0,68	0,49	7,7	140	12,3	5,4	3,2	5,7	14,2	2,3	3,8	5,4	1,1
Prüm-Nord	1129	0,88	0,30	9,6	203	11,0	5,5	3,0	7,8	16,1	1,6	5,0	5,8	1,4
Salmwald	940	0,89	0,28	7,9	148	8,7	4,2	2,5	5,3	11,8	1,7	3,8	4,0	1,0
Waldmohr	1011	1,29	0,62	13,2	140	12,8	4,3	2,7	4,7	11,6	4,3	3,4	6,2	1,1

Tafel 3: Eintrag von Hauptinhaltsstoffen mit dem Bestandesniederschlag (Fichte)

Meßzeitraum: November 1983 bis Oktober 1987, für Basekapazität November 1986 bis Oktober 1987
Flußraten je Hektar und Jahr

Station	N mm	BASK kmol/ha	H kg/ha	Cl kg/ha	PO$_4$-P g/ha	SO$_4$-S kg/ha	NO$_3$-N kg/ha	Org.-N kg/ha	NH$_4$-N kg/ha	N$_t$ kg/ha	K kg/ha	Na kg/ha	Ca kg/ha	Mg kg/ha
Adenau	616	2,34	1,39	24,7	276	43,5	12,0	5,9	9,4	28,6	19,9	9,8	15,7	2,8
Entenpfuhl	469	3,17	1,71	25,5	372	39,7	17,0	7,0	9,6	35,9	20,4	7,8	16,2	2,5
Hermeskeil-West	845	2,91	1,50	28,0	471	40,9	12,7	6,6	9,0	28,3	25,1	9,4	20,0	2,9
Idar-Oberst.	687	3,01	1,29	21,0	380	35,5	11,0	6,2	6,8	24,9	18,4	6,9	15,1	3,1
Johanniskreuz	762	3,14	1,39	25,0	274	34,9	14,2	6,8	8,2	29,2	16,7	9,5	16,7	2,9
Kirchen	775	3,07	1,70	32,4	423	41,6	17,8	6,1	10,8	34,7	15,3	14,5	16,8	4,0
Kirchheimbolanden	347	1,89	0,66	17,9	412	25,6	11,8	5,1	10,1	26,9	15,5	5,7	12,7	2,3
Montabaur	658	3,02	1,92	30,1	258	52,2	17,9	6,6	17,8	36,3	21,1	11,2	20,4	4,0
Morbach	547	2,41	1,12	23,1	350	31,4	13,9	6,0	8,5	28,4	18,7	8,4	14,5	2,8
Prüm-Nord	850	2,43	1,09	22,5	456	33,6	10,6	6,9	10,5	27,9	17,7	8,9	15,9	2,6
Salmwald	728	3,37	1,53	34,3	323	40,1	17,4	8,5	11,0	36,8	18,2	15,5	19,7	3,8
Waldmohr	598	2,89	1,38	46,7	537	42,7	13,6	6,0	13,2	32,7	22,5	10,5	15,6	3,4

Der ökosystemar wirksame Säureeintrag kann aus dem pH-Wert und der Niederschlagshöhe allein nicht hergeleitet werden. Ein beträchtlicher Anteil entfällt auf Ammoniumionen und hydratisierte Metallkationen. Hinzu kommt ein noch weitgehend unbekannter Anteil organischer Säuren. Eine annähernd vollständige Erfassung der Gesamtsäuredeposition ist über die Berechnung der Summe der H^+-Äquivalente aus der Basekapazität bis pH 8,2, 0,9 NH_4^+ und Mn^{2+} möglich /7/.

Die so berechnete Gesamtsäuredeposition lag an den 12 rheinland-pfälzischen Meßstationen in den Meßjahren 1986 und 1987 zwischen 1,0 und 1,7 kmol H^+-Äquivalente·ha^{-1}·a^{-1} auf Freiflächen (Bild 5) und zwischen 1,9 und 4,8 kmol in den Fichtenbeständen. Die Pufferrate durch Silikatverwitterung an den i.d.R. kalkfreien und basenarmen Standorten kann auf etwa 0,2 bis max. 0,5 kmol H^+-Äquivalente je Jahr und Hektar geschätzt werden /8/. Die Säureeinträge übersteigen diese Pufferrate beträchtlich. Daher ist mit einer fortschreitenden Bodenversauerung, vor allem mit einer verstärkten Freisetzung von Kationsäuren und deren Verlagerung in tiefere Bodenschichten zu rechnen.

1.2.4 ZUSAMMENFASSUNG

Seit Herbst 1983 erfolgen in Rheinland-Pfalz an 12 Standorten im Rahmen eines umfassenden Waldökosystem-Überwachungsprogramms Depositonsmessungen (Komponenten H, SO_4-S, NO_3-N, Cl, PO_4-P, NH_4-N, K, Na, Ca, Mg, Org.-N, Fe, Mn, Al, Pb, Zn, Cu, Cd) jeweils auf Freiflächen und unter Fichtenbeständen. Die Depositionsraten versauernd wirkender Komponenten (1,9 - 4,8 kmol H^+-Äquivalente·ha^{-1}·a^{-1}) und die Stickstoffdepositionen (25 - 37 kg N·ha^{-1}·a^{-1}) in den Waldboden übersteigen sehr deutlich die als ökosystemverträglich diskutierten Schwellenwerte. Als Folge ist mit

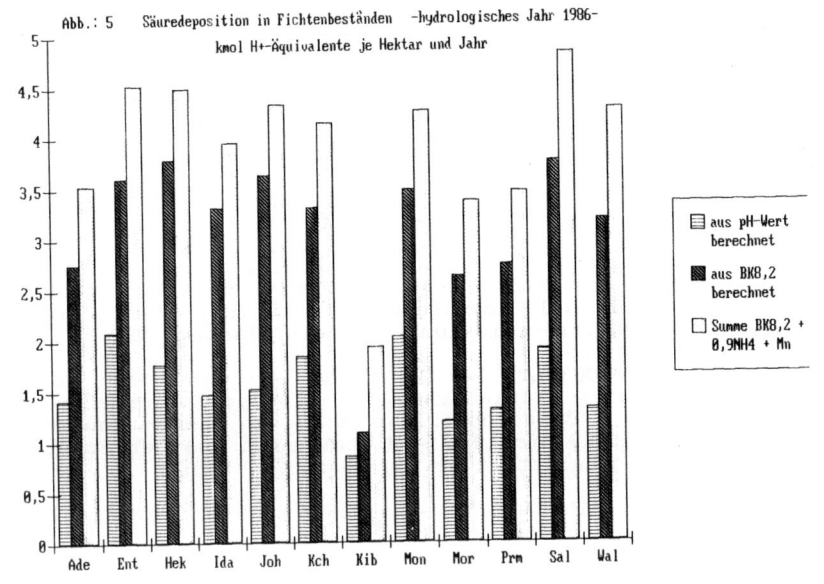

Abb.: 5   Säuredeposition in Fichtenbeständen -hydrologisches Jahr 1986-
kmol H+-Äquivalente je Hektar und Jahr

Legend:
- aus pH-Wert berechnet
- aus BKB,2 berechnet
- Summe BKB,2 + 0,9NH4 + Mn

Sites: Ade, Ent, Hek, Ida, Joh, Kch, Kib, Mon, Mor, Prm, Sal, Wal

Bild 5: Säuredeposition in Fichtenbeständen
- hydrologisches Jahr 1986 -

Tafel 4: Depositon von Spurenmetallen
hydrologische Jahre 1984 bis 1986

Element	Freiland $g \cdot ha^{-1} \cdot a^{-1}$	Bestand (Fichte) $g \cdot ha^{-1} \cdot a^{-1}$
Al	179 - 513	653 - 2122
Cd	1,1 - 6,6	2,2 - 8,9
Cu	18 - 142	17 - 123
Fe	158 - 432	327 - 1446
Mn	46 - 269	910 - 6015
Pb	53 - 121	58 - 248
Zn	213 - 991	280 - 1007

einer fortschreitenden Bodenversauerung und einer verstärkten Befrachtung des Sickerwassers mit Kationsäuren und Nitrat zu rechnen.

1.2.5 SCHRIFTTUM

/1/ BLOCK, J. (1983): Pilotprojekt Saure Niederschläge. Beschreibung der Meßsysteme zur Ermittlung der Stoffdeposition in Waldökosysteme. Landesanstalt für Ökologie, Landschaftsentwicklung und Forstplanung, NRW.

/2/ BLOCK, J.; BOCKOLT, B.; BORCHERT, H.; FINGERHUT, M.; FRAUDE, H.-J.; HEIDINGSFELD, N. (1987): Sondermeßprogramm Wald - Zwischenbericht über die Untersuchungsergebnisse 1983 bis 1986 - Mitteilungen aus der Forstlichen Versuchsanstalt Nr. 3, 74 S.

/3/ HÜSER, R.; REHFUESS, K.-E. (1988): Stoffdeposition durch Niederschläge in ost- und südbayrischen Waldbeständen. Schriftenreihe der forstwissenschaftlichen Fakultät der Universität München und der Bayerischen Forstlichen Versuchs- und Forschungsanstalt, Nr. 86, 153 S.

/4/ AGREN, C. (1988): Figures continuing downwards-critical loads. Acid News No. I. Oct. 1988, S. 3 - 5.

/5/ ADAM, K.; EVERS, F.H.; LITTEK, Th. (1987): Ergebnisse niederschlagsanalytischer Untersuchungen in südwestdeutschen Wald-Ökosystemen 1981 bis 1988. Forschungsbericht KfK-PEF 24, 199 S.

/6/ BLOCK, J.; BARTELS, U. (1985): Ergebnisse der Schadstoffdepositionsmessungen in Waldökosystemen in den Meßjahren 1981/82 und 1982/83. Forschung und Beratung, Reihe C, Heft 39, Landesanstalt für Ökologie, Landschaftsentwicklung und Forstplanung, NRW, 296 S.

/7/ BARTELS, U.; BLOCK, J. (1985): Ermittlung der Gesamtsäuredeposition in nordrhein-westfälischen Fichten- und Buchenbeständen. Z. Pflanzenernährung und Bodenkunde 148, S. 689 - 698.

/8/ ULRICH, B. (1986): Die Rolle der Bodenversauerung beim Waldsterben, langfristige Konsequenzen und forstliche Möglichkeiten. Forstw. Cbl. 1986, S. 421 - 435.

1.3 RÄUMLICHE UND ZEITLICHE VARIATION DER NIEDERSCHLAGSINHALTSSTOFFE IM FREILAND UND UNTER FICHTENBESTÄNDEN IN HESSEN

von A. Balázs, Hann. Münden

1.3.1 EINLEITUNG

Die in der Luft befindlichen emittierten Stoffe und Gase sowie ihre Folgeprodukte gelangen durch vielfältige Depositonsvorgänge wieder auf die Erdoberfläche zurück. Waldökosysteme, als kompliziert aufgebauter Teil der Erdoberfläche, erfordern hinsichtlich Depositionsmessung und Interpretation der Ergebnisse spezielle Verfahren. Deshalb hat das Land Hessen ein langfristig konzipiertes Untersuchungsprogramm "Waldbelastungen durch Immissionen (WdI)" realisiert /1/. Das WdI-Programm wurde schrittweise ab Sommer 1983 mit zunächst 3 Meßgebieten aufgebaut. Im Herbst 1986 waren schließlich 6 Meßgebiete und 2 Forschungsgebiete in die Untersuchung einbezogen.

1.3.2 MATERIAL UND METHODE

In den einzelnen Meßgebieten werden jeweils 3 bis 4 Fichtenuntersuchungsflächen mit ihren dazugehörigen Freilandmeßstellen kontinuierlich beprobt. Für die Niederschlagsmessung und -probenahme wird der Niederschlagssammler "Münden 100" /2/ verwendet. Jede Bestandesmeßfläche ist mit 20 Niederschlagssammlern verteilt im 4 x 4 m Quadratverband ausgestattet. Bei den Freilandmeßstellen werden 10 solcher Sammler verwendet. Die Proben werden regelmäßig alle 2 Wochen von örtlichen Beobachtern entnommen. Ein Mitarbeiter der Hessischen Forstlichen Versuchsanstalt fährt regelmäßig

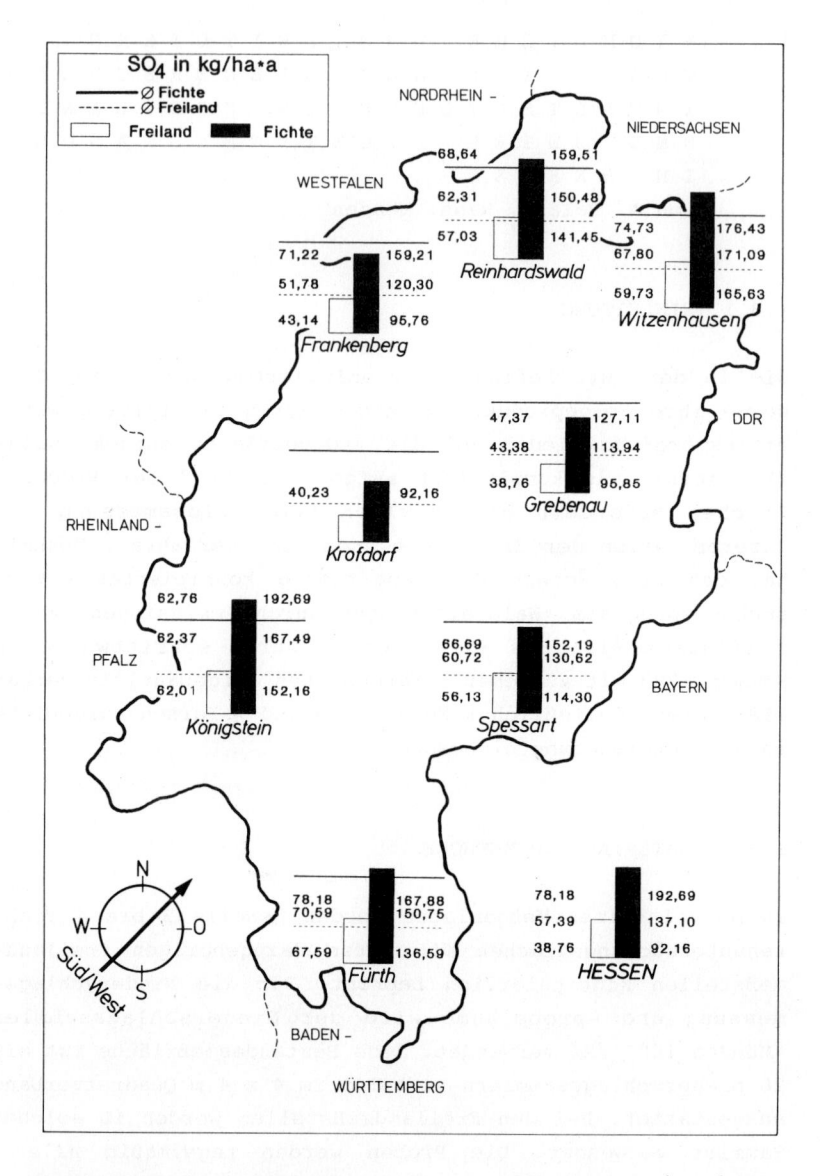

Bild 1: Räumliche Verteilung der Sulfatfrachten ($kg \cdot ha^{-1} \cdot a^{-1}$) im Freilandniederschlag und im Kronendurchlaß der Fichte in Hessen während dem Meßjahr 1987 (Okt. 1986 bis Sept. 1987)

die örtlichen Beobachter an und sammelt die Wasserproben ein. Gleich nach Einsammeln der Wasserproben werden der pH-Wert und die Leitfähigkeit im Labor der Hessischen Forstlichen Versuchsanstalt bestimmt. Die Analysen auf 15 Inhaltsstoffe erfolgen im Großlabor der Hessischen Landwirtschaftlichen Versuchsanstalt in Kassel.

1.3.3 ERGEBNISSE

Das Niederschlagswasser des Fichtenbestandes weist im Vergleich zum Freiland allgemein eine hohe stoffliche Anreicherung auf. Ein Teil der stofflichen Anreicherung stammt aus Depositionsvorgängen (Filterwirkung des Waldes), ein weiterer Teil aus Kationenaustausch bzw. aus Kationenauswaschung (leaching).

1.3.3.1 Räumliche Variation der Niederschlagsinhaltsstoffe

Für die Darstellung der räumlichen Verteilung der Niederschlagsinhaltsstoffe wurden die Sulfatfrachten des Meßjahres 1987 (Oktober 1986 bis September 1987) verwendet (vgl. Bild 1).

Der Freilandniederschlag mit 1031 mm (Mittel aller Meßflächen) war insgesamt im Meßjahr 1987 mit rd. 120 % des Normalniederschlages überdurchschnittlich. Der höchste Freilandniederschlag mit 1313 mm wurde an der Hauptmeßstation Fürth gemessen. Der geringste Freilandniederschlag wurde mit 773 mm im WdI-Meßgebiet Grebenau ermittelt. Vom Freilandniederschlag erreichte im Mittel aller Meßflächen nur rd. 68 % den Waldboden. Der höchste Niederschlagsverlust von 44 % wurde an der Station Grebenau ermittelt. Der geringste Niederschlagsverlust von 25 % trat an der Station Witzenhausen auf.

Die höchste stoffliche Anreicherung im Kronendurchlaß der Fichte im Vergleich zur Freilanddeposition erreichten das Mangan im Durchschnitt der sechs Stationen mit 11,4-fach und das Kalium mit rd. 7,9-fach höheren Werten. Die geringste Mangan- und Kaliumanreicherung mit Faktor 2,8 bzw. 5,4 weist die Station Spessart auf. Die höchste Mangananreicherung im Fichtenkronendurchlaß mit Faktor 21,3 wurde an der Station Königstein ermittelt. Die Kaliumanreicherung an dieser Station beträgt jedoch nur 5,7-fach höhere Werte (zweitniedrigster Wert). Demgegenüber wurde jedoch an dieser Station die höchste Aluminiumanreicherung mit Faktor 6,0 ermittelt. Die stofflichen Anreicherungsfaktoren des Fichtenkronendurchlasses bezüglich Kronenauswaschung scheinen neben dem luftbürtigen Säureeintrag und neben der Säurefront im Boden noch von der natürlichen Stoffausstattung des Bodens (z.B. Lehmanteil bzw. Anteil der verschiedenen Tonmineralien) abhängig zu sein.

Die Hauptverantwortung für die starke Versauerung der Fichtenstandorte trägt die Sulfatdeposition. An den hessischen Meßstationen wurde im Meßjahr 1987 im Durchschnitt 140 $kg \cdot ha^{-1} \cdot a^{-1}$ (= 2,91 $kmol \cdot ha^{-1} \cdot a^{-1}$ H^+-Ionenäquivalente) Sulfat im Kronendurchlaß der Fichtenbestände gemessen. Die Sulfatfracht mit dem Bestandsniederschlag der Fichte ist somit 2,4-mal höher als die Sulfatdeposition mit dem Freilandniederschlag. Bild 1 zeigt stellvertretend auch für die anderen Inhaltsstoffe stations- und flächenweise die Sulfatdeposition im Freiland- und im Bestandsniederschlag der Fichte in den WdI-Meßgebieten. Es sind große Stationsunterschiede zu erkennen. Die Fichtenmeßflächen des Gebietes Station Witzenhausen weisen den höchsten Sulfateintrag mit 171 $kg \cdot ha^{-1} \cdot a^{-1}$ auf, obwohl die Höhe des Jahresniederschlages in etwa dem Mittel aller Meßgebiete entspricht. Überdurchschnittliche Sulfatfrachten im Bestandsniederschlag wurden außer in Witzenhausen noch in den Meßgebieten Königstein (Taunus), Fürth (Odenwald) und Reinhardswald gemessen. Demgegenüber wurden in den Meßgebieten Krofdorf, Frankenberg, Grebenau und Spessart unterdurchschnittliche Sulfatfrachten im Bestandsniederschlag der Fichte ermittelt.

Im Meßgebiet Witzenhausen weisen die einzelnen Meßflächen nur einen geringen Unterschied vom Gebietsmittelwert auf (Minimum: 165 $kg \cdot ha^{-1} \cdot a^{-1}$, Maximum: 176 $kg \cdot ha^{-1} \cdot a^{-1}$). Die Meereshöhe der Meßflächen liegen zwischen 520 und 560 m und sie weisen eine südwestliche Exposition auf bzw. haben eine Plateaulage. Damit können alle Meßflächen in Witzenhausen als exponierte Lagen bezeichnet werden. Die Frachten der Fichten-Meßflächen von den anderen Meßgebieten weisen höhere Unterschiede auf als die Meßflächen in Witzenhausen. Auffallend groß ist der diesbezügliche Unterschied in Königstein (Maximum = 192 $kg \cdot ha^{-1} \cdot a^{-1}$, Minimum = 152 $kg \cdot ha^{-1} \cdot a^{-1}$), obwohl die Meßflächen gleiche Höhenlage von 520 m ü. NN aufweisen.

Die Protoneneinträge weisen ein dem Sulfat sehr ähnliches Verteilungsmuster auf. Das mittlere Protonenvielfache beträgt 2,5. Die Vielfachen der Nitrateinträge in den Fichtenbeständen liegen insgesamt niedriger als es beim Sulfat und bei den Protonen der Fall war. Das durchschnittliche Nitratvielfache beträgt 1,9. Die höchsten Vielfachen um 2,4 wurden in Königstein ermittelt. Die zweithöchsten Vielfachen um 2,0 waren ebenfalls in Südhessen an der Station Fürth gemessen worden. Dieses Verteilungsmuster weicht von dem Sulfatverteilungsmuster ab. Hier wird der Einfluß der Ballungsräume auf die Nitrateinträge deutlich.

1.3.3.2 Zeitliche Variation der Niederschlagsinhaltsstoffe

Von den WdI-Meßgebieten Königstein, Grebenau und Witzenhausen liegen jetzt Depositionsmeßergebnisse für vier Jahre (1983/84 bis 1986/87, jeweils Oktober bis September) vor, deren Befunde mit den langjährigen Durchschnittsergebnissen des Zeitraumes 1969 bis 1983 vom Solling /3/ verglichen werden können. Im Bild 2 ist ein solcher Vergleich bezüglich der Jahresdeposition von Sulfat (kg/ha), unter Verwendung der jeweils am höchsten immissionsbelasteten Freiland- und Fichtenmeßflächen, dargestellt.

Die Höhe der Freilandniederschläge während der Jahre 1984 bis 1987 waren im Meßgebiet Witzenhausen etwa gleich hoch, im Meßgebiet Königstein 10 % geringer und im Meßgebiet Grebenau sogar 25 % geringer als das Mittel vom Solling für den Zeitraum der Jahre 1969 bis 1983.

Das Bild 2 läßt erkennen, daß die Jahressulfatdepositionen der WdI-Stationen während der Meßjahre 1984 bis 1987 sowohl auf Freiland- als auch auf Fichtenuntersuchungsflächen niedriger als im Solling waren. Sie weisen vor allem beim Kronendurchlaß der Fichtenbestände starke regionale Unterschiede auf. Von den hier behandelten drei Meßgebieten wurden während der Meßjahre 1984 bis 1987 die höchsten Sulfatfrachten mit dem Bestandsniederschlag der Fichte im Meßgebiet Witzenhausen gemessen. Die diesbezüglichen Jahresfrachten lagen zwischen 176 und 250 $kg \cdot ha^{-1} \cdot a^{-1}$. Die höchste Sulfatfracht von 250 $kg \cdot ha^{-1} \cdot a^{-1}$ wurde 1986 mit dem zweitniedrigsten Bestandsniederschlag von 713 mm gemessen. Mit dem höchsten Bestandsniederschlag von 921 mm in 1987 wurde die niedrigste Sulfatfracht von 176 $kg \cdot ha^{-1} \cdot a^{-1}$ ermittelt. Im gleichen Jahr betrug jedoch die Freiland-Sulfatdeposition 75 $kg \cdot ha^{-1} \cdot a^{-1}$ und damit war sie in Witzenhausen die höchste Freiland-Jahresdeposition.

Die geringsten Sulfatfrachten im Fichtenbestandsniederschlag wurden im Meßgebiet Grebenau mit 127 bis 159 $kg \cdot ha^{-1} \cdot a^{-1}$ gemessen. Im Meßgebiet Königstein lagen die entsprechenden Sulfatfrachten zwischen 157 und 192 $kg \cdot ha^{-1} \cdot a^{-1}$. Damit weist das Meßgebiet Königstein während der vier Meßjahre im Vergleich zu Grebenau und Witzenhausen die geringste Jahresschwankung bezüglich Sulfatfrachten mit dem Bestandsniederschlag der Fichte auf.

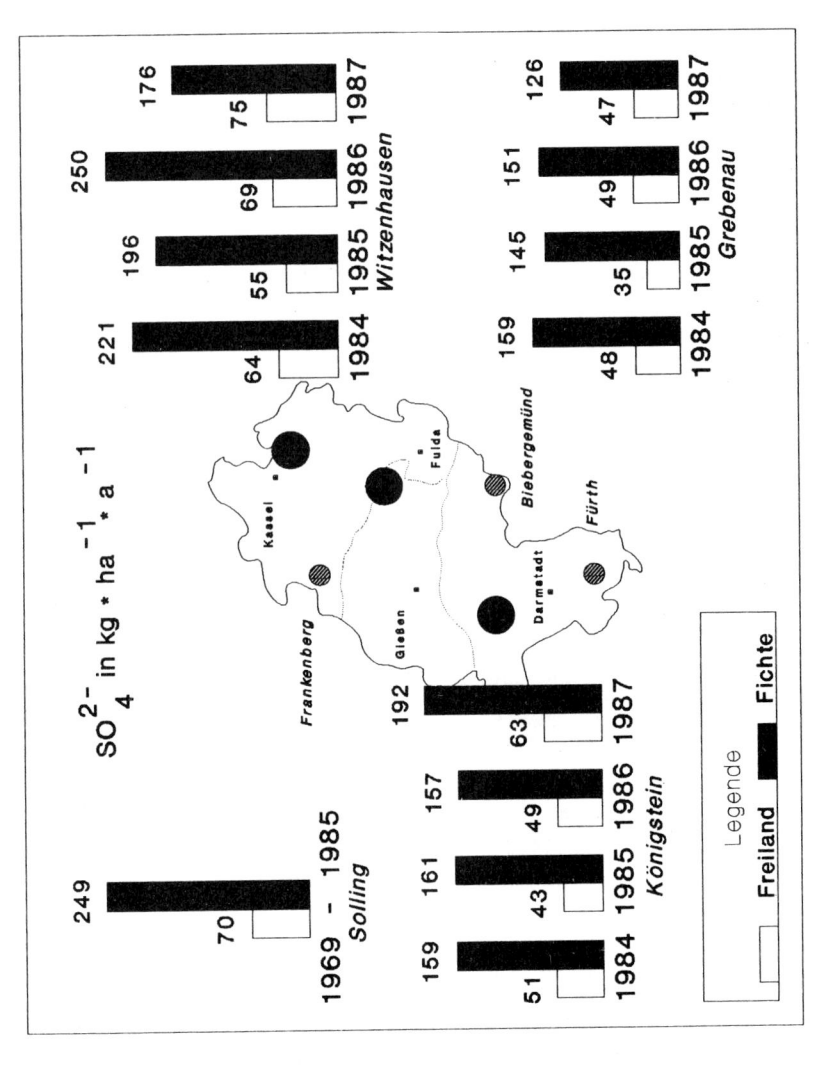

Bild 2: Zeitliche Verteilung der Sulfatfrachten (kg·ha-1·a-1, Okt. 1983 bis Sept. 1987) im Freilandniederschlag und im Kronendurchlaß der Fichte jeweils auf einer stark belasteten Meßfläche der Stationen Königstein, Grebenau und Witzenhausen im Vergleich zu langjährigen Durchschnittsergebnissen des Zeitraumes 1969 bis 1983 vom Solling

Das mittlere Sulfatvielfache (das Depositionsverhältnis zwischen Freiland und Fichtenbestand) lag während der Meßjahre 1984 bis 1987 bei allen drei Meßgebieten um rd. 3,3. Die höchsten Sulfatvielfache mit 3,6 bis 4,1 traten 1985 und die geringsten Sulfatvielfache mit 2,4 bis 3,1 wurden 1987 ermittelt.

Diese Ergebnisse deuten darauf hin, daß die standortspezifische Immissionsbelastung vermutlich der wesentlichste Einflußfaktor auf die Höhe der Niederschlagsdeposition ist /4-8/. Um für ein größeres Gebiet zu flächenrepräsentativen Depositionswerten zu gelangen, sind statistisch auswertbare Meßanordnungen erforderlich, wie es z.B. bei einer Rasterbeprobung der Fall ist.

1.3.4 SCHRIFTTUM

/1/ GÄRTNER, E.J. (1987): Beobachtungseinrichtungen des hessischen Untersuchungsprogrammes "Waldbelastungen durch Immissionen - WdI" (Konzeption und Aufbau), Forschungsberichte, Hessische Forstliche Versuchsanstalt, Band Nr. 1, 110 S., Hann. Münden.

/2/ BRECHTEL, H.M. und HAMMES, W. (1984): Aufstellung und Betreuung des Niederschlagssammlers "Münden", Meßanleitung Nr. 3, Zweite Auflage, Hessische Forstliche Versuchsanstalt, Institut für Forsthydrologie, 3510 Hann. Münden.

/3/ ULRICH, B.; MAYER, R.; KHANNA, P.K. (1979): Deposition von Luftverunreinigungen und ihre Auswirkungen in Waldökosystemen im Solling. Schriften Forstl. Fakultät der Universität Göttingen 58, 291 S., Sauerländer Verlag, Frankfurt.

/4/ BRECHTEL, H.M.; SONNEBORN, M. (1984): Gelöste anorganische Inhaltsstoffe in der Schneedecke unter Fichten- und Buchenbeständen und im Freiland der hessischen Mittelgebirge. DVWK-Mitteilungen 7, S. 527 - 543.

/5/ BRECHTEL, H.M.; SONNEBORN, M. (1985): Räumliche und zeitliche Variation des Gehaltes anorganischer Inhaltsstoffe im Freilandniederschlag - Ergebnisse einer Pilotuntersuchung in Hessen. VDI-Berichte 560, S. 387 - 421.

/6/ BRECHTEL, H.M.; LEHNARDT, F.; SONNEBORN, M. (1985): Niederschlagsdeposition anorganischer Stoffe in Waldbeständen verschiedener Baumarten. Dachverband wissenschaftlicher Gesellschaften der Agrar-, Forst-, Ernährungs-, Veterinär- und Umweltforschung e.V., Tagung "Belastungen der Land- und Forstwirtschaft durch äußere Einflüsse", 7./8. Oktober 1985.

/7/ BRECHTEL, H.M.; SONNEBORN, M.; LEHNARDT, F. (1985): Konzentrationen und Frachten gelöster anorganischer Inhaltsstoffe im Freilandniederschlag sowie im Bestandsniederschlag von Waldbeständen. Reihe "Tagungsberichte", Nationalpark Bayerischer Wald, S. 153 - 168.

/8/ BRECHTEL, H.M. (1985): Deposition von Luftschadstoffen durch den Freilandniederschlag. - Ergebnisse einer landesweiten Pilotuntersuchung in Hessen. Allg. Forstz. 40, S. 1281 - 1283.

/9/ BRECHTEL, H.M. (1989): Bulk precipitation deposition of inorganic chemicals in forest areas and its influence on water quality in the Federal Republic of Germany. Symposium on Atmospheric Deposition, IAHS Third Scientific Assembly, 11 - 19 May 1989 in Baltimore, Maryland, USA, Proceedings, IAHS Publ. 179, S. 221 - 228.

1.4 STOFFEINTRAG IN NATURNAHE WALDÖKOSYSTEME (BANNWÄLDER) BADEN-WÜRTTEMBERGS

von R. Steinle und W. Bücking, Freiburg i.Br.

1.4.1 EINLEITUNG

Der Stoffeintrag aus der Atmosphäre in Waldökosysteme spielt bei der Diskussion um mögliche Ursachen neuartiger Waldschäden eine wichtige Rolle. In Baden-Württemberg wird der Stoffeintrag in gleichaltrigen und homogen strukturierten Wirtschaftswäldern an 14 Stellen gemessen /1/. Im hier vorgestellten Projekt wird in Ergänzung dieses Gesamtmeßnetzes die Deposition in einigen naturnahen Wäldern untersucht (Tafel 1). Zur näheren Beschreibung der Untersuchungsgebiete und zur Methodik siehe /2/; Stammabflußmessung gemäß /3/.

1.4.2 ERGEBNISSE

Die Meßergebnisse des hydrologischen Beobachtungsjahres 1988 sind in Tafel 1 und 2 zusammengestellt. Nachfolgend soll auf einige Besonderheiten der Stoffdeposition im südwestdeutschen Raum eingegangen werden.

1.4.2.1 pH-Werte, Protoneneinträge, ökosystemar wirksamer Säureeintrag

Die mittleren pH-Werte lassen die übliche Absenkung in der Kronentraufe der Fichtenbestände und Anhebung unter dem Kronenschirm der Buche erkennen. Wegen der hohen Niederschläge im Napfgebiet sind die aus dem pH-Wert abgeleiteten Protoneneinträge wesentlich höher als in den Vergleichsgebieten, wobei hier unter Fichte doppelt so hohe Einträge

Tafel 1: Stoffeintrag mit dem Niederschlag (kg/ha·a bzw. IÄ/ha·a); Hydrologisches Jahr 1987/88

Bannwald	Niederschlag in mm	pH	H^+	Säureeintrag* (H^+-Äquivalente)	Na	K	Ca	Mg	Cl	NO_3-N	NH_4-N	NO_3-N+NH_4-N	SO_4-S
a) Bannwald "NAPF" (1350 m NN) Wuchsgebiet Schwarzwald													
Freiland	2546	4,66	0,55	1,65	17,2	10,3	10,1	2,0	21,5	9,3	15,4	24,7	17,9
Bestandeslücken	1682	4,41	0,65	1,17	7,5	7,2	7,3	1,2	11,5	7,6	7,2	14,8	14,4
Berg-Ahorn	1971	4,55	0,55	0,91	10,2	22,2	11,6	2,2	16,0	7,2	4,8	12,0	20,1
Fichte	2111	4,28	1,10	1,49	14,0	19,7	16,1	2,9	21,5	10,1	4,9	15,0	27,1
b) Bannwald "Brunnenholzried" (577 m NN) Wuchsgebiet Südwestdeutsches Alpenvorland													
Freiland	980	4,53	0,29	0,66	3,6	2,4	6,7	1,1	5,8	6,2	4,6	10,8	10,2
Buche	655	4,71	0,13	1,25	3,9	18,9	12,3	2,1	9,1	8,5	15,3	23,8	18,0
Fichte-Bannwald	627	4,44	0,23	1,72	3,5	13,7	14,0	2,8	13,8	11,6	20,4	32,0	28,1
Fichte-Wirtschaftswald	611	4,30	0,31	2,29	4,1	17,7	12,5	2,6	11,5	11,0	26,0	37,0	27,2
c) Bannwald "Grubenhau" (540 m NN) Wuchsgebiet Schwäbische Alb													
Freiland	922	4,70	0,19	0,65	4,9	5,5	5,7	0,6	7,9	4,6	6,7	11,3	9,7
Buche	630	4,89	0,08	1,11	3,6	20,7	13,3	2,6	7,0	6,9	13,8	20,7	15,6
Buche/Eiche	649	4,72	0,12	0,88	4,0	29,9	13,6	3,2	7,1	5,7	9,6	15,3	17,2
Fichte-Wirtschaftswald	591	4,59	0,15	1,46	3,8	15,5	11,5	2,0	8,0	9,7	17,3	27,0	22,0

* berechnet als Summe aus H^+, NH_4^+ und Mn.

Tafel 2: Buchen-Stammabfluß - Arithmetische Mittelwerte des pH und der Stoffkonzentrationen (in Klammern: Rahmenwerte der Einzelanalysen) in mg/l

Meßgröße	Meßstation "Schauinsland"	Meßstation "Brunnenholzried"	Meßstation "Grubenhau"	Schönbuch[1]	Nordrhein-Westfalen[2]	Solling[3]
pH	4,48 (3,65- 6,15)	4,59 (3,93- 6,69)	5,10 (4,26- 7,06)	3,65- 4,05	3,1- 3,9	3.4 Na
Na	0,85 (0,19- 3,00)	0,51 (0,11- 1,82)	0,29 (0,04- 0,60)	0,62- 1,50	1,5- 6,3	3,0
K	3,64 (0,63-17,20)	4,64 (1,68-17,20)	6,85 (1,90-17,10)	5,00-14,40	2,0- 8,4	8,4
Ca	0,53 (0,01- 3,10)	2,25 (0,30- 4,78)	0,89 (0,04- 2,20)	2,10- 6,00	1,8- 7,4	5,7
Mg	0,17 (0,01- 0,58)	0,35 (0,07- 0,83)	0,19 (0,04- 0,54)	0,30- 0,90	0,3- 0,8	0,9
Mn	0,05 (0,01- 0,11)	0,12 (0,01- 0,88)	0,17 (0,01- 0,45)	0,20- 0,23	-	-
NH_4	0,26 (0,01- 2,10)	3,19 (1,16- 9,38)	3,78 (0,74-13,90)	0,16- 0,88	0,3- 6,2	2,1
NO_3	1,92 (0,07-10,30)	7,05 (2,21-19,39)	5,93 (2,20-11,70)	2,10- 5,20	1,1-11,4	6,8
Cl	1,10 (0,17- 4,04)	1,93 (0,38- 8,07)	0,77 (0,29- 1,43)	2,10- 4,40	2,8-20,9	7,0
SO_4	4,37 (1,00-12,80)	12,57 (3,67-39,13)	9,04 (3,48-26,30)	12,40-39,80	12,8-79,9	61,1
Anzahl der Probenahmen	41	17	20	60-80	-	-
Beobachtungszeitraum	8-12/87 1, 5-10/88	5,6,8-10/88	7,8/87 5,6,8-10/88	ganzjährig 1979-1983	ganzjährig 1981-1983	ganzjährig 1969-1979
Stammabfluß mm	172 mm (in 12 Monaten)	15 mm (in 5 Monaten)	47 mm (in 7 Monaten)	13 - 38 mm	70 - 112 mm	130 mm
% des Freilandniederschlags	8 %	4 %	10 %	2 - 6 %	8 - 26 %	-

1) Gewogene Mittelwerte dreier Meßflächen. Aus Bücking et al. 1986 und Bücking und Krebs 1986.
2) Aus Block und Bartels 1985. Durchschnittliche Konzentrationen von 9 Meßflächen.
3) Zusammenstellung von Block und Bartels 1985 aus Matzner et al. 1982. Arithmetische Mittelwerte.

wie im Freiland und unter Bergahorn auftreten. Der ökosystemar wirksame Säureeintrag /8,9,10/ ist im wesentlichen vom Ammoniumeintrag bestimmt. Da die Ammoniumdeposition in den Beständen des Napf gegenüber dem Freiland absinkt, sind die im Bestand gemessenen Gesamtsäureeinträge kleiner als außerhalb, wenn auch unter dem Nadelholz größer als unter dem Laubholz. Die höchste Gesamtdeposition - unter Fichte über 2 kmol/ha·a - wird im Südwestdeutschen Alpenvorland gemessen. Zum Säureeintrag trägt Mangan nur mit rund 0,02 - 0,06 kmol bei. Aus Stichprobenanalysen ergibt sich ein zusätzlicher Anteil an Aluminium und Eisen von höchstens 0,04 kmol IÄ.

1.4.2.2 S t i c k s t o f f

Im hochmontanen Napfgebiet sinken die in den Bestandesniederschlägen erfaßbaren Nitrat- und Ammoniummengen als Folge von Stickstoffaufnahme durch die Nadeln deutlich gegenüber dem Freilandniederschlag ab. In den tiefer gelegenen Vergleichsgebieten steigen dagegen die Depositionen vom Freiland über die Laubholzbestände zum Nadelholz an. Die höchsten Gesamtstickstoffeinträge von 37 kg, Spitzenwerte für Baden-Württemberg, erzielten die Versuchsflächen im Brunnenholzried. Während sich die Nitratdeposition in Fichtenbeständen verdoppelt, erreicht die Ammoniumdeposition sogar das Vier- bis Fünffache der Freilandeinträge.

1.4.2.3 S u l f a t

Bei der Stickstoffdeposition werden regionale Belastungsunterschiede deutlich. Die Sulfatdepositionen sind dagegen weniger unterschiedlich. Bemerkenswert ist die relativ hohe, durch die große Niederschlagsaktivität bedingte Freiland-Grundbelastung im Feldberggebiet, die im Fichtenbestand um den Faktor 1,5 zunimmt und damit die Größe der Deposition des Alpenvorlandes erreicht. Dort beläuft sich allerdings die durch trockene Deposition verursachte Zunahme in der Fichten-Kronentraufe auf den Faktor 2,7, da die Grundbelastung - ebenso wie in der östlichen Schwäbischen Alb - gering ist.

1.4.2.4 Stammabfluß der Buche

Zu Vergleichsmessungen des Buchen-Stammabflusses mußte auf einen hochmontanen Buchenwald am Schauinsland (1180 m) ausgewichen werden, da im "Napf" kein Buchenbestand zur Verfügung stand. Beim Vergleich der Mittelwerte gemäß Tafel 2 mit Ergebnissen des norddeutschen Raumes heben sich die geringe pH-Absenkung und die i.d.R. geringen Stoffkonzentrationen deutlich ab. Während sich die Stickstoffbelastungen des Stammabflusses in den Gebieten mit großer Deposition norddeutschen Verhältnissen annähern, bleiben die Sulfatkonzentrationen deutlich niedriger. Soweit bereits Stoffdepositionen berechnet werden konnten, werden höchstens die unteren Rahmenwerte norddeutscher Meßorte erreicht.

1.4.3 DISKUSSION

Ein Ziel des Projektes war es, den Einfluß vielfältig aufgebauter Naturwälder auf das Depositionsgeschehen in Waldbeständen zu untersuchen. Beruhend auf der unterschiedlichen Abfangwirkung des Kronen- und Stammraumes für trockene Deposition und für sich absetzenden Niederschlag ist die Baumart von entscheidender Bedeutung für die Höhe der Bestandesdeposition an Säuren, S und N. Dabei steht bezüglich des Kronendurchlasses die Baumart Bergahorn der Buche nahe (Meßfläche Napf). Die Fichtentraufe weist immer die höchsten Beträge auf, wobei am Beispiel Napf sich gleichzeitig eine hohe Stickstoff-Aufnahme in die Pflanzensubstanz manifestiert. Benachbarte Bestände (Fichte Bannwald/Wirtschaftswald Brunnenholzried, Buche bzw. Buche/

Eiche Grubenhau) können sich deutlich unterscheiden, da die bestandestypische Deposition von schwer bestimmbaren und auch variablen Bestandesparametern (z.B. Höhe, Kronenausformung, Blatt-/Nadelmasse) abhängt. Diese schwer faßbaren Einflußfaktoren stehen einem direkten überregionalen Vergleich von Bestandesdepositionen im Wege.

Typisch für die Altersphase von Naturwäldern sind die nach dem Ausfall einzelner Baumgruppen entstehenden Bestandeslücken. Im untersuchten Beispiel Napf weicht die Deposition deutlich von der umgebenden Fichten-Bestandesdepositionen nach unten ab. Im Berichtsjahr waren die Stoffeinträge (bis auf die Protonenfracht) hier deutlich noch kleiner als im Freiland, da vermutlich Komponenten der trockenen Deposition bereits von den Beständen ausgefiltert wurden. Die Deposition im Naturwald ist nicht homogen, sondern nach Baumart und Bestandesstruktur stark unterschiedlich, wobei nach den vorliegenden Daten beim Schwefel z.B. Schwankungen um den Faktor 2 auftreten. Hinzu treten die kleinräumigen stärkeren Depositionen im stammnahen Bereich, die durch den Stammabfluß hervorgerufen werden.

1.4.4 SCHRIFTTUM

/1/ ADAM, K.; EVERS, F.H.; LITTEK, Th. (1987): Ergebnisse niederschlagsanalytischer Untersuchungen in südwestdeutschen Waldökosystemen 1981 - 1986. Projekt Europäisches Forschungszentrum für Maßnahmen zur Luftreinhaltung (PEF) (Hrsg.): Forschungsbericht 24, 119 S., Karlsruhe (Kernforschungszentrum).

/2/ BÜCKING, W.; STEINLE, R. (1988): Stoffeintrag in naturnahe Waldökosysteme (Bannwälder Baden-Württembergs). KfK-PEF-Berichte 35, S. 61 - 73.

/3/ DVWK (1986): Ermittlung des Interzeptionsverlustes in Waldbeständen bei Regen. DVWK-Merkblatt 211, 11 S., Hamburg und Berlin (Parey).

/4/ BÜCKING, W.; EVERS, F.H.; KREBS, A. (1986): Stoffdeposition in Fichten- und Buchenbeständen des Schönbuchs und ihre Auswirkungen auf Boden- und Sickerwasser verschiedener Standorte. In Einsele, G. (Hrsg.): Das landschaftsökologische Forschungsprojekt Naturpark Schönbuch. DFG-Forschungsbericht, S. 271 - 324

/5/ BÜCKING, W.; KREBS, A. (1986): Interzeption und Bestandesniederschläge von Buche und Fichte im Schönbuch. In Einsele, G. (Hrsg.): Das landschaftsökologische Forschungsprojekt Naturpark Schönbuch. DFG-Forschungsbericht, S. 113 - 131.

/6/ BLOCK, J.; BARTELS, U. (1985): Ergebnisse der Schadstoffdepositionsmessungen in Waldökosystemen in den Meßjahren 1981/82 und 1982/83. Forschung und Beratung C 39, 296 S. + XV Tab. ISSN 0549-8791 (Landwirtschaftsverlag Münster-Hiltrup).

/7/ MATZNER, E.; KHANNA, P.K.; MEIWES, K.J.; LINDHEIM, M.; PRENZEL, J.; ULRICH, B. (1982): Elementflüsse in Waldökosystemen im Solling. Datendokumentation, Gött. Bodenkundl. Ber. 71, S. 1 - 267.

/8/ MATZNER, E.; ULRICH, B. (1984): Raten der Deposition, der internen Produktion und des Umsatzes von Protonen in zwei Waldökosystemen. Z. Pflanzenernähr. Bodenkd. 147, S. 290 - 308.

/9/ BARTELS, U.; BLOCK, J. (1985): Ermittlung der Gesamtsäuredeposition in nordrhein-westfälischen Fichten- und Buchenbeständen. Z. Pflanzenernähr. Bodenkd. 148, S. 689 - 698.

/10/ ULRICH, B. (1983): Belastung und Belastbarkeit von Waldökosystemen mit Luftverunreinigungen. Allg. Forst- u. Jagdztg. 154, S. 76 - 82.

1.5 ZUR INTERPRETATION VON MESSERGEBNISSEN DES STOFFEINTRAGES IN WALDBESTÄNDE
von P. Klöti, Birmensdorf, Schweiz

1.5.1 EINLEITUNG

Das im August 1988 abgeschlossene Teilprojekt "Bestandsniederschlag" /1,3/ aus dem Programm 14+ (Luftverschmutzung und Waldschäden in der Schweiz) des Schweizerischen Nationalfonds beinhaltete als wesentlichste Ziele:

- Die Erfassung von Menge und Inhaltsstoffen des wässrigen Niederschlages oberhalb und unterhalb des Kronendaches und
- die Quantifizierung der regionalen Unterschiede des Stoffeintrages auf drei Versuchsflächen im schweizerischen Mittelland (**Laegern**), in den Voralpen (**Alptal**) und in der inneralpinen Gegend von Davos (Bild 1).

Bei der Auswertung der Untersuchungen, die während je eines Jahres auf den Versuchsflächen durchgeführt worden waren, stellten sich verschiedene Probleme, die für die Interpretation entscheidend waren. In diesem Kurzbericht sollen gezielt die folgenden Punkte angesprochen werden:

- Wahl der Einheiten
- Zusammenhang Konzentration/Frachten/Niederschlagsmenge
- Bestandsniederschlag: Findet in der Baumkrone ein Abwaschen oder ein Auswaschen (leaching) von Stoffen statt?

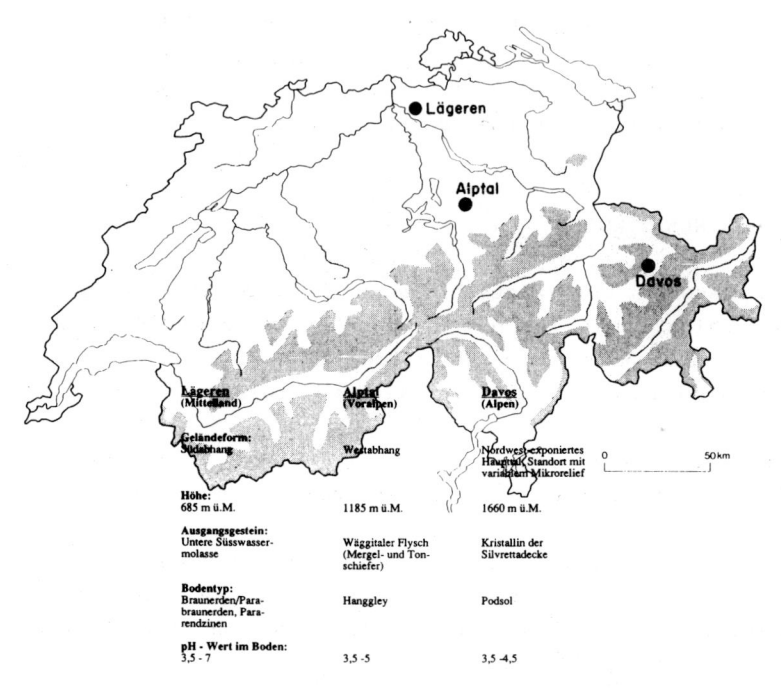

	Lägeren (Mittelland)	**Alptal** (Voralpen)	**Davos** (Alpen)
Geländeform:	Südabhang	Westabhang	Nordwest-exponiertes Haupttal, Standort mit variablem Mikrorelief
Höhe:	685 m ü.M.	1185 m ü.M.	1660 m ü.M.
Ausgangsgestein:	Untere Süsswassermolasse	Wäggitaler Flysch (Mergel- und Tonschiefer)	Kristallin der Silvrettadecke
Bodentyp:	Braunerden/Parabraunerden, Pararendzinen	Hanggley	Podsol
pH - Wert im Boden:	3,5 - 7	3,5 -5	3,5 -4,5

<u>Bild 1:</u> Die Standorte der Intensivbeobachtungsflächen

1.5.2 WAHL DER EINHEITEN

In der deutschen Literatur werden meistens als Einheit für die Konzentrationsangaben (mg/l) und als Einheit für die Jahresstoffrachten (kg/ha·a) verwendet /2/. In amerikanischen Publikationen sind i.d.R. die entsprechenden Einheiten (μeq/l) bzw. (meq/m^2·a) üblich.

Die Wahl der Einheiten hängt sehr wesentlich von der Interpretationsabsicht ab. Geht es um reine Erträge (z.B. um die Stickstoffbelastung im Vergleich zu landwirtschaftlichen Düngermengen), sind sicherlich die Angaben in (kg/ha·a) gefragt. Sollen jedoch eher Prozesse studiert werden, drängt sich eine bessere Berücksichtigung der chemischen-physikalischen Eigenschaften auf. Es wird deshalb vorgeschlagen, vermehrt die Einheitsangaben in Ionenäquivalenten zu verwenden. Die Begründung liegt in der Tatsache, daß die untersuchten Stoffe als Ionen wirken und somit ihre elektrischen Ladungen und Atomgewichte über Art und Intensität von Anziehungs- und Abstoßungskräften entscheiden bzw. wie gut sich auf einem Adsorptionsmaterial die einen Ionen durch andere austauschen lassen.

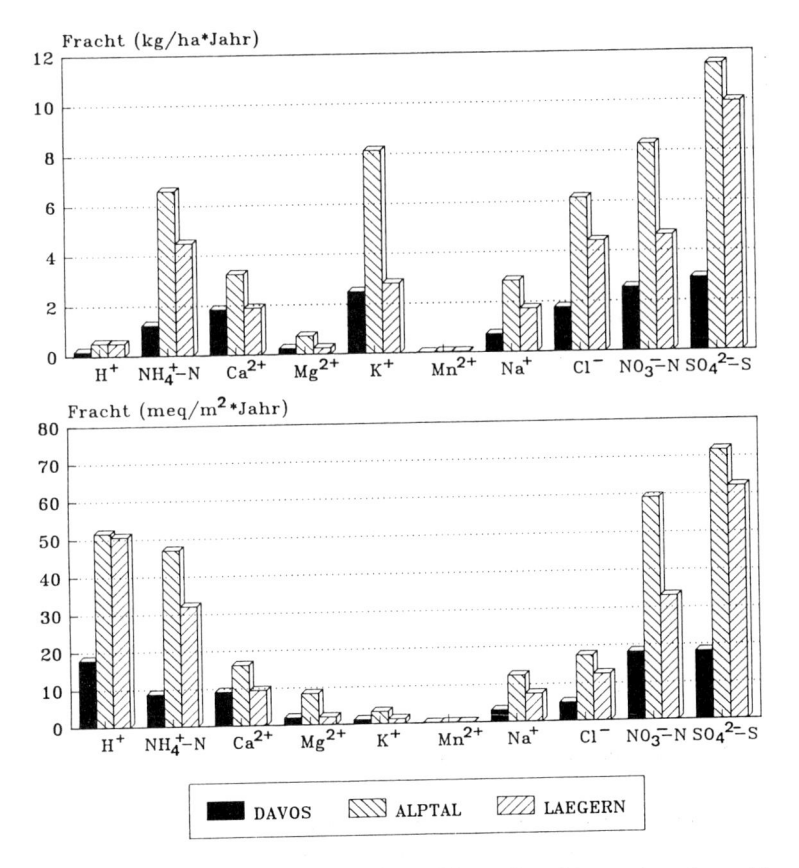

Bild 2: Vergleich der Niederschlagsfrachten in den Einheiten (kg/ha·a) und (meq/m^2·a)

Im Vergleich (Bild 2) seien die Niederschlagsfrachten auf den drei untersuchten Stationen in (kg/ha·a) und (meq/m^2·a) dargestellt. Unterschiede fallen vor allem bei H^+, NH_4^+ und K^+ auf. Mit der Verwendung der Einheit (kg/ha·a) werden die H^+- und NH_4^+-Frachten mengenmäßig stark unterschätzt und jene des K^+ überinterpretiert. Diese großen Unterschiede sind durch die Umrechnungsfaktoren verursacht (Tafel 1). Im Hinblick auf eine Interpretation, die den Prozessen des Stoffumsatzes im Kronen- und Wurzelbereich von Bäumen gerecht werden will (Ionenaustauschprozesse), ist die Darstellung in (meq/m^2·a) wesentlich aussagekräftiger.

Tafel 1: Umrechnungsfaktoren

Ion	Molekular-gewicht	Umrechnung g --> eq	Ion	Molekular-gewicht	Umrechnung g --> eq
H^+	1,008	0,992	NO_3	61,997	0,016
Ca^{2+}	40,08	0,049	NO_3-N	14,007	0,072
Mg^{2+}	24,312	0,082	NH_4	18,039	0,055
K^+	39,098	0,026	NH_4-N	14,007	0,072
Mn^{2+}	54,938	0,036	SO_4^{2-}	96,063	0,021
Na^+	22,990	0,044	SO_4^{2-}	32,064	0,062
Cl^-	35,453	0,028			

Umrechnungsfaktor = Ladungszahl/Molekulargewicht

1.5.3 ZUSAMMENHANG KONZENTRATIONEN / FRACHTEN / NIEDERSCHLAGSMENGE

Im Niederschlag der Stationen **Davos** und **Alptal** sind die Stoffkonzentrationen gesamthaft nur etwa halb so hoch wie auf **Laegern** (Bild 3). Diese mittleren, gewichteten Konzentrationen mit der Jahresniederschlagsmenge multipliziert,

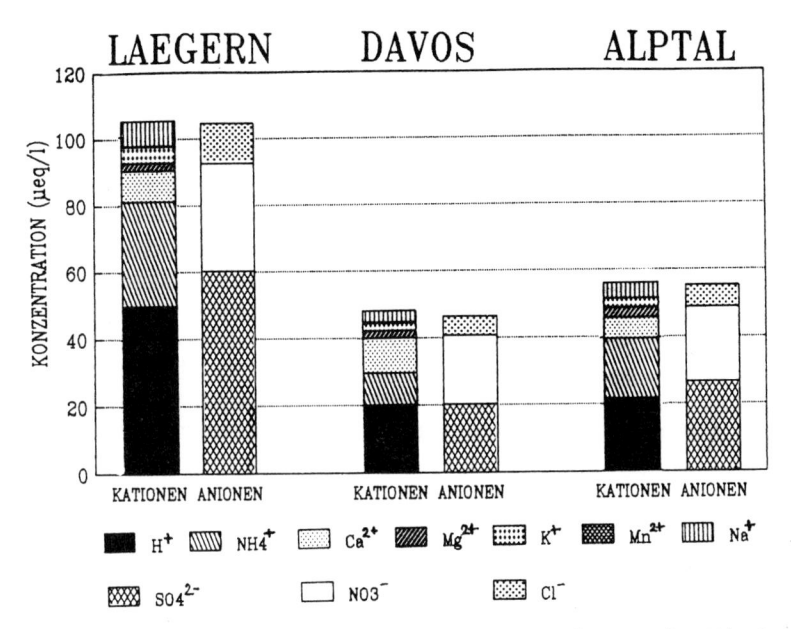

Bild 3: Die mittleren Stoffkonzentrationen im Niederschlagswasser der Intensivbeobachtungsflächen

ergeben für **Alptal** die vergleichsweise größten Stoffeinträge. Dies ist verständlich, wenn man die Jahresniederschlagsmengen betrachtet und erkennt, daß in einem Jahr an dieser Voralpenstation mit ungefähr der 2,5-fachen Niederschlagsmenge wie im Mittelland bzw. in den inneren Alpentälern zu rechnen ist (Bild 4). Studiert man jedoch die Stoffeinträge unter dem Kronendach, so ist die Fracht unter den Fichten der Mittellandstation **Laegern** eindeutig am größten (Bild 5). Das heißt, daß dort das mathematische Produkt aus Wassermenge x Stoffkonzentration im Bestand größer ist als im **Alptal** (mit einer großen Niederschlagsmenge und einer geringen Stoffkonzentration) bzw. in **Davos** (mit einer kleinen Niederschlagsmenge und einer geringen Stoffkonzentration).

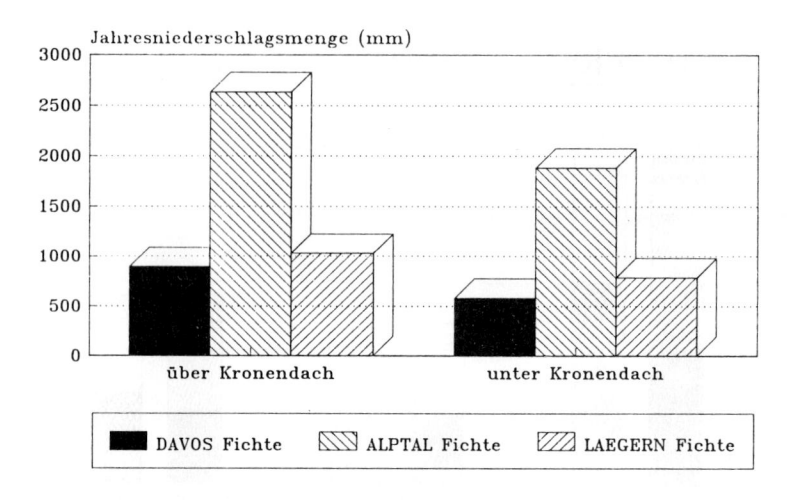

Bild 4: Gemessene Niederschlagsmengen im Jahre 1987

Während also die Station **Alptal** i.d.R. mit wenig konzentriertem Regenwasser sehr häufig beregnet wird, erfährt die Station **Laegern** mit einer kleinen Niederschlagsmenge im Mittel eine höhere Belastung durch Regenwasser, in welchem mehr Stoffe gelöst sind.

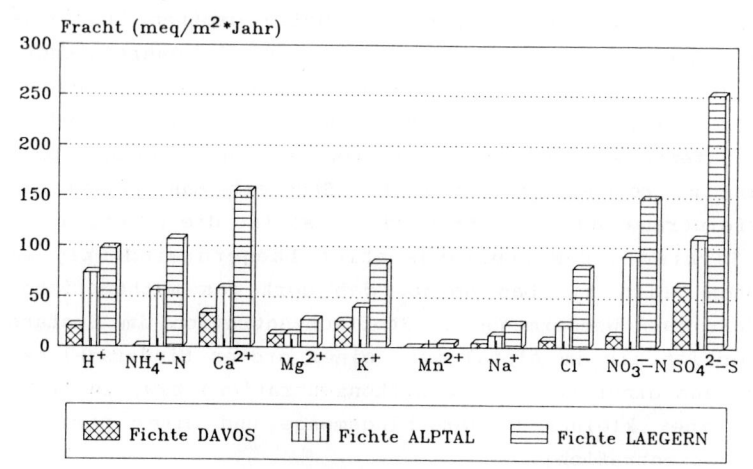

Bild 5: Jahresfrachten unter Fichte

Es kommt dazu, daß zusätzliche Immissionen in Trockenzeiten (trockene Staub- und Aerosoldeposition) zu einer vergleichsweise enormen Stoffkonzentration im Bestandsniederschlag führen.

1.5.4 BESTANDSNIEDERSCHLAG: FINDET IN DER BAUMKRONE EIN ABWASCHEN ODER EIN AUSWASCHEN (LEACHING) VON STOFFEN STATT ?

Das vorliegende Datenmaterial läßt den Schluß zu, daß der Bestand **Laegern** am stärksten staub- und aerosolbelastet ist. Auf Nadeln und Blättern abgelagerte Stoffe werden bei jedem Niederschlagsereignis teilweise abgewaschen. Zusätzlich steht die Hypothese zur Diskussion, ob die chemisch-physikalischen Eigenschaften der einzelnen Ionenarten und

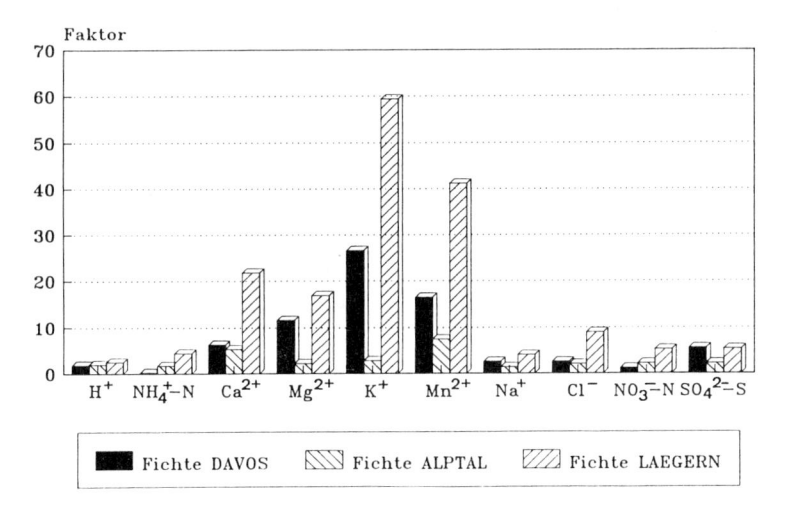

Bild 6: Anreicherungsfaktoren bezüglich der Konzentrationen

deren Wechselwirkungen mit den biologischen Oberflächen unterschiedliche Auswaschintensitäten bewirken. Anreicherungsfaktoren, die deutlich erhöht sind, sprechen für Auswaschprozesse. Danach sind vor allem auf **Laegern** die größten Auswaschprozesse bei Kalium, Mangan, Calcium und Magnesium festzustellen. Bei den Untersuchungen im **Alptal** ergaben sich die geringsten Stoffanreicherungen zwischen Niederschlag und Bestandsniederschlag (Bild 6).

1.5.5 FOLGERUNGEN ZUM BELASTUNGSGRAD DER INTENSIV-BEOBACHTUNGSFLÄCHEN

Es konnte gezeigt werden, daß bei der Interpretation von Meßergebnissen trotz komplexer Verhältnisse eindeutige Aussagen vertreten werden können. So wurden während eines Untersuchungsjahres im Zeitraum 1986/87 für die Station **Laegern** die intensivsten Stoffflüsse mindestens im Kronenraum gefunden, was auf eine starke aktuelle Standortsbelastung schließen läßt. Je nach Interpretationsvorgehen konnte hingegen **Alptal** oder **Davos** als die Station mit der geringsten Belastung dargestellt werden. Für eine weitere Relativierung der Sachlage müßten die luftchemischen Verhältnisse in geeigneter Weise in die Betrachtungen miteinbezogen werden können.

Im Vergleich sind die Ergebnisse der Intensivbeobachtungsfläche Laegern etwas niedriger als der Durchschnitt von Meßergebnissen aus der Bundesrepublik Deutschland. Der Standort Davos kann generell als "schwach belastet" eingestuft werden. Die Belastung des Standorts Alptal liegt zwischen jener von Davos und Laegern.

1.5.6 SCHRIFTTUM

/1/ KLOETI, P.; KELLER, H. (1988): Bestandesniederschlag. Schlußbericht vom 4.8.88 zu Händen des Nationalen Forschungsprogrammes 14+ ("Waldschäden und Luftverschmutzung in der Schweiz"). Eidg. Anstalt für das forstliche Versuchswesen, CH-8903 Birmensdorf, 47 S.

/2/ FÜHRER, H.W.; BRECHTEL, H.M.; ERNSTBERGER, H.; ERPENBECK, C. (1988): Ergebnisse von neuen Depositionsmessungen in der Bundesrepublik Deutschland und im benachbarten Ausland. DVWK Mitteilungen 14, Deutscher Verband für Wasserwirtschaft und Kulturbau e.V., Gluckstraße 2, D-5300 Bonn 1, 122 S.

/3/ KLOETI, P.; KELLER, H.M.; GUECHEVA, M. (1989): Effects of forest canopy on throughfall precipitation chemistry. Symposium on Atmospheric Depositions, IAHS Third Scientific Assembly, 11 - 19 May 1989 in Baltimore, Maryland, USA, IAHS Publ. 179, S. 203 - 209.

1.6 DEPOSITION VERSAUERNDER LUFTSCHADSTOFFE IN DER BUNDESREPUBLIK DEUTSCHLAND - EINE LITERATURAUSWERTUNG

von R. Schoen, Stuttgart

1.6.1 EINLEITUNG

Im Rahmen des Forschungsvorhabens "Wasser 102 04 342" des Umweltbundesamtes wurden große Teile der Literatur über die Deposition ionischer Umwandlungsprodukte versauernder anorganischer Luftkomponenten wie NH_4^+, SO_4^-, NO_3^- und Cl^- in der Bundesrepublik Deutschland zusammengetragen und tabellarisch und graphisch dargestellt. Die gesamten Daten, die rund 35 Veröffentlichungen aus der Zeit von 1978 bis 1987 umfassen, können im Abschlußbericht des Vorhabens über das Umweltbundesamt eingesehen werden /1/. Hier soll nur eine kurze graphische Darstellung der wichtigsten Ergebnisse der nassen und trockenen Deposition von Ammonium, Sulfat und Nitrat erfolgen, wie sie im Rahmen vor allem der Waldschadensforschung ermittelt wurden. Auf die Darstellung der Cl-Deposition wurde aus Platzgründen hier verzichtet.

1.6.2 ERGEBNISSE

Die Grafiken stellen die Deposition in einer linear gestuften Skala in kg/ha·a als Durchmesser der Kreise dar, zusammen mit den jeweiligen Absolutwerten. Aus Gründen der Wiedergabe wurden die Kreisdurchmesser bei Nitrat um den Faktor drei, bei Ammonium um den Faktor vier gegenüber Sulfat vergrößert dargestellt.

Die Daten sind z.T. aus unterschiedlichen Meßjahren und auch mit unterschiedlichen Meßverfahren und Sammelsystemen gewonnen worden, und deshalb nicht ohne weiteres vergleichbar. Trotzdem dürften sie größenordnungsmäßig richtige

Aussagen zulassen. Interessante Ergebnisse liefern im übrigen Vergleiche mit Emissionsdaten des Umweltbundesamtes, wie sie z.B. in /2/ dargestellt sind. Die hier gewählte Darstellung unterscheidet sich von der in /3/ dadurch, daß nur Einzelmeßpunkte oder die Mittelwerte aus ganz dicht beieinanderliegenden Meßpunkten (wenige km) wiedergegeben werden, und keine Mittelungen über sehr große Regionen erfolgten. Somit erscheint uns eine räumlich relativ differenzierte Betrachtung möglich. Die Freilanddeposition versteht sich als die Summe von "wet + dry"-Niederschlag, sofern getrennt bestimmt, bzw. aus der "bulk"-Deposition (meistens). Genaueres siehe /1/.

1.6.2.1 Ammonium-Freilanddeposition (Bild 1)

Relativ hohe Depositionen sind überwiegend im nord- und westdeutschen Raum gefunden worden. Der Zusammenhang zur höheren Viehbestandesdichte erscheint auffällig /2/. Allerdings fehlt aus dem süddeutschen und nordbyerischen Raum Datenmaterial. Die Niederschlagshöhen an Bergstationen scheinen sich nicht auszuwirken.

1.6.2.2 Ammonium-Bestandesdeposition (Bild 2)

Hohe bis sehr hohe Werte wurden aus dem nord- und westdeutschen Raum berichtet. Auffällig auch die hohen Werte in Waldlandschaften wie Harz, Reinhardswald und Teuteburger Wald. Ein Zusammenhang mit den Emissionen von Viehhaltungen und deren Ferntransport ist naheliegend. Auffällig der sehr hohe Wert bei Riefensbeek/Harz (siehe auch NO_3); recht gering dagegen die Station Lange Bramke, was z.T. allerdings auch methodische Ursachen haben kann. Mittlere Werte wurden im Bereich der Lech-Iller-Platte gemessen, auch hier durch die intensive Viehhaltung erklärbar. Geringe Werte wurden vor allem in den Waldlandschaften Süddeutschlands

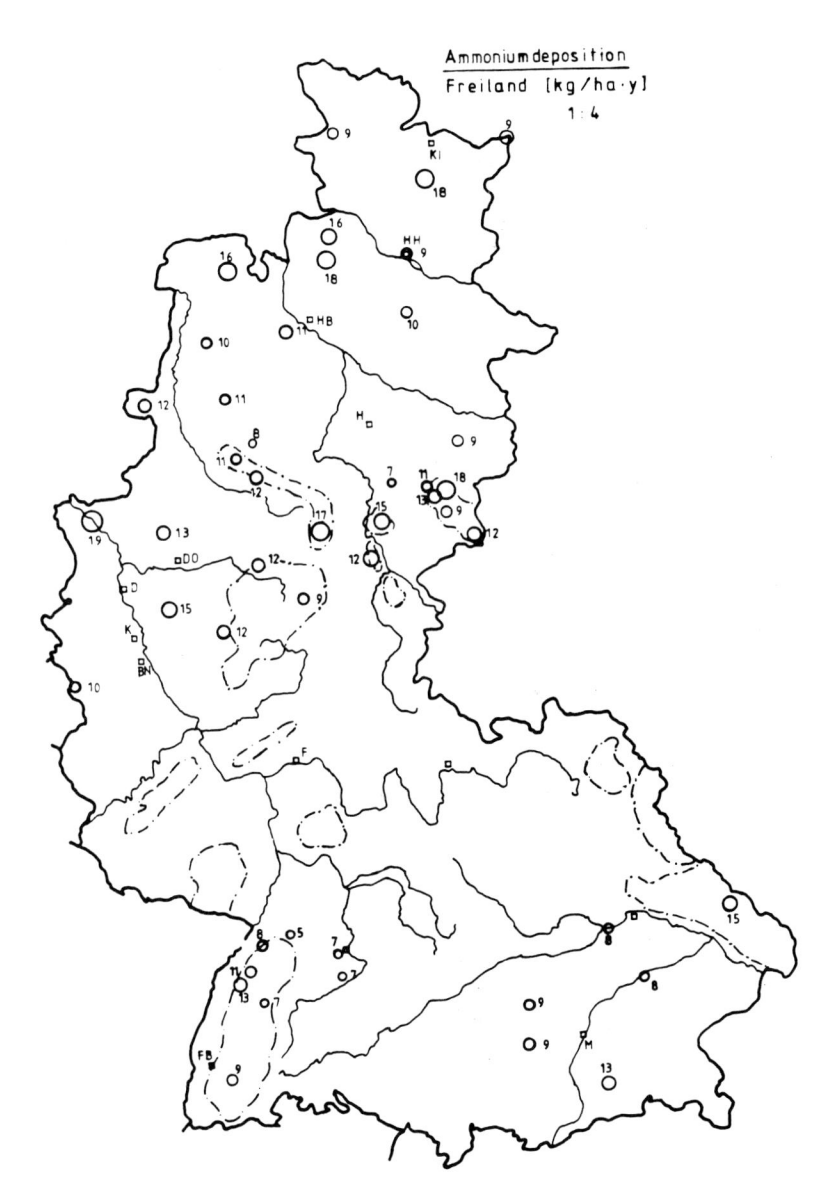

Bild 1: Ammonium-Deposition im Freiland (kg/ha·a)

Bild 2: Ammonium-Deposition unter Fichte (kg/ha·a)

gefunden, allerdings auch dort mit z.T. erheblichen kleinräumigen Unterschieden, wie im Schönbuch südlich Stuttgart, wo eine Station am Westrand die dreifache Deposition wie eine weiter östliche gelegene Station im Waldesinnern aufwies. Leider fehlen aus vielen Regionen Meßdaten.

1.6.2.3 Nitrat-Freilanddeposition (Bild 3)

Deutlich höhere NO_3-Depositionen wurden in Höhenlagen mit vermutlich größeren Niederschlagsmengen (Harz, Sauerland, westl. Schwarzwald, Alpen, Bayerischer Wald, Teuteburger Wald) und in der Nähe von industriellen Ballungsräumen (Erlangen, Ingolstadt, Regensburg, Aschaffenburg, Leebereich des Rhein-Ruhrgebietes) festgestellt. Im Falle Oldenburg (42 kg Fliegerhorst) und Hoher Peißenberg (42 kg) lagen vermutlich die Messung stark beeinflussende lokale Emittenten vor.

1.6.2.4 Nitrat-Bestandesdeposition (Bild 4)

Extrem auffällige Werte wurden am Westrand des Harzes gemessen. Den höchsten Wert mit 410 kg als Mittel aus zwei Jahren zeigte die Station Riefensbeek oberhalb der Sösetalsperre. Im Jahre 1986 wurden hier sogar 435 kg gemessen. Spezielle Ursachen hierfür sind uns nicht bekannt. Methodische Fehler sind höchst unwahrscheinlich, da auch die Werte anderer Stationen am Westrand des Harzes sehr hoch sind (Walkenried: 147 kg, Seesen: 178 kg). Sehr niedrig sind dagegen die Depositionswerte aus dem nach Osten exponierten Meßgebiet der Langen Bramke (48 kg). Ein recht hoher Wert wurde dagegen wieder von der Station Rotenfels (106 kg) am Westrand des Schwarzwaldes berichtet.

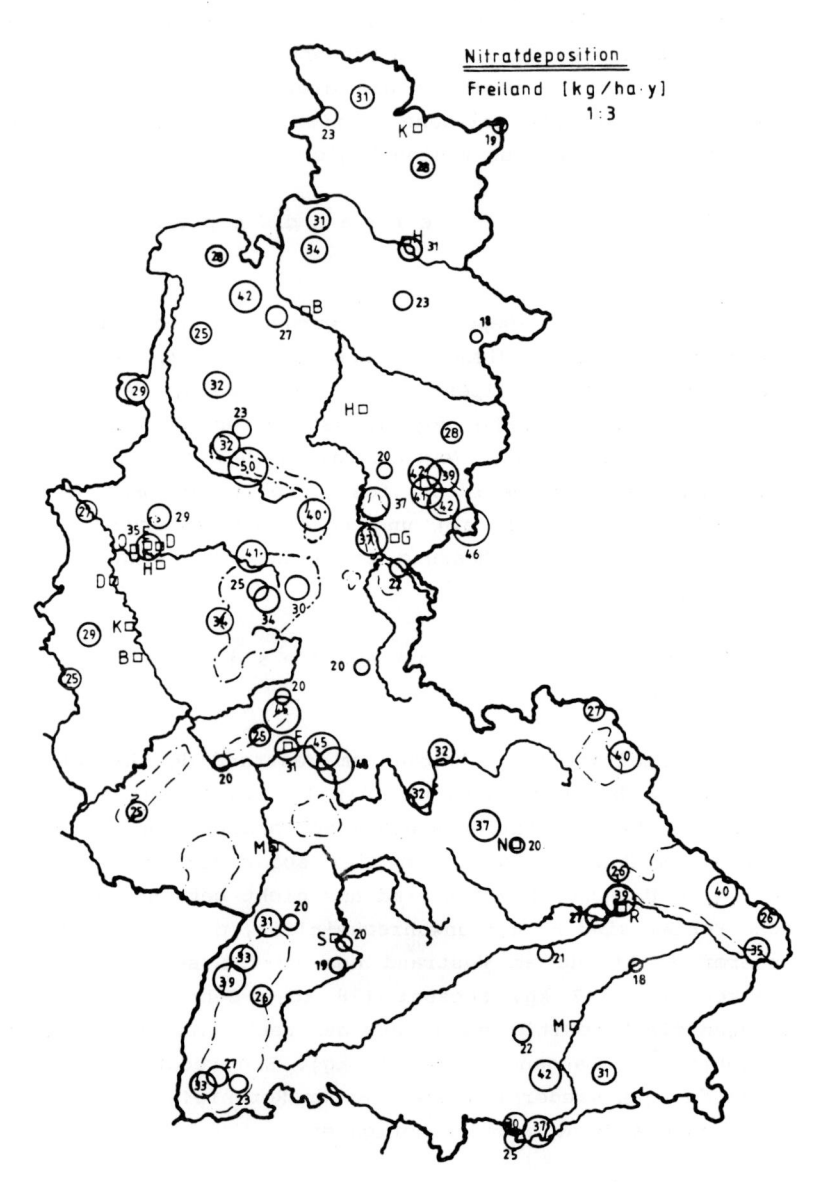

Bild 3: Nitrat-Deposition im Freiland (kg/ha·a)

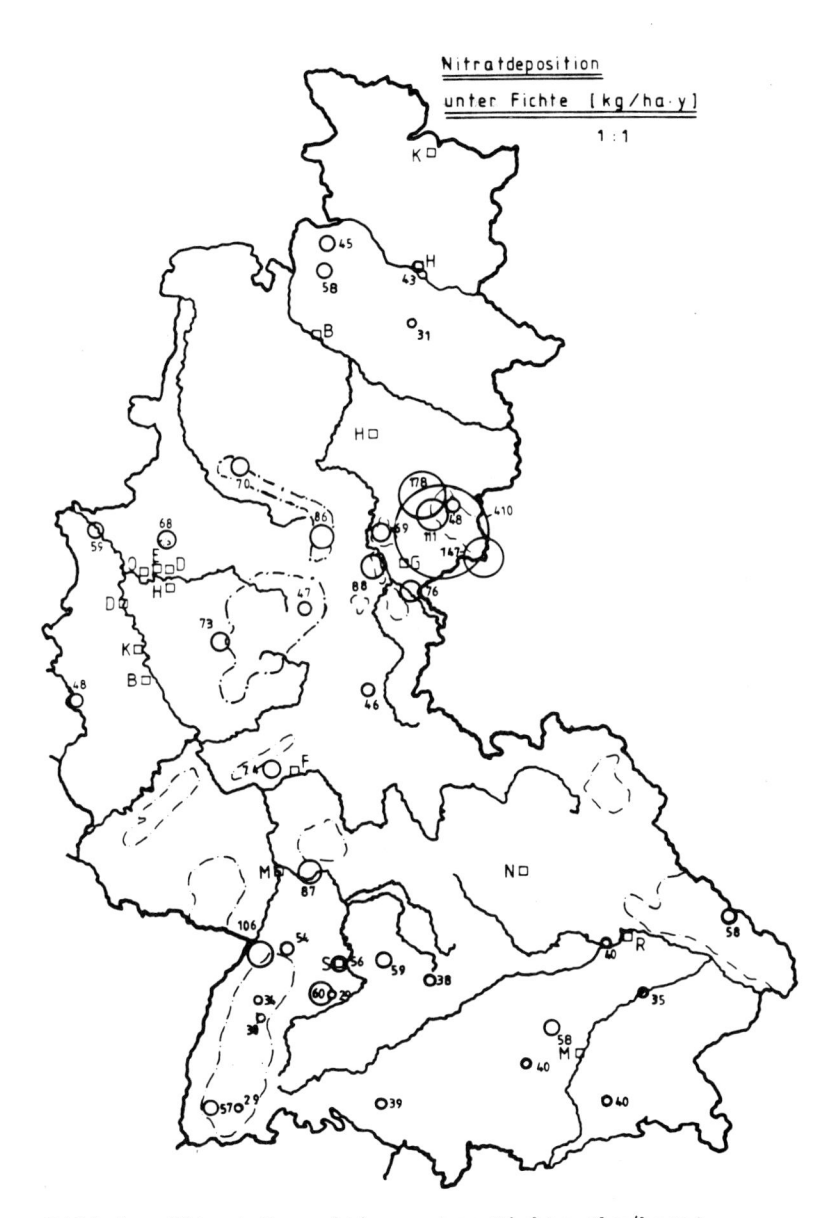

Bild 4: Nitrat-Deposition unter Fichte (kg/ha·a)

1.6.2.5 Sulfat-Freilanddeposition
(Bild 5)

Hohe Depositionen von SO_4 im Freiland sind in der Nähe von Emissionsschwerpunkten (Rhein-Ruhr/Frankfurt/Berlin/CSSR) und in niederschlagsreicheren Höhenlagen (Taunus, Harz, Bayerischer Wald, Schwarzwald, Sauerland) festzustellen. Zum Teil treffen sicher beide Faktoren zusammen (Kemnat, Bodenmals, Kleiner Feldberg). Die geringsten Werte finden sich mit 23 und 26 kg im Leebereich des Schwarzwaldes, die höchsten mit 108 bzw. rund 85 kg im Fichtelgebire, dem Bayerischen Wald und dem Ruhrgebiet.

1.6.2.6 Sulfat-Bestandesdeposition
(Bild 6)

Hohe Werte zeigt die Rhein-Ruhrregion sowie die im Lee davon liegenden Regionen, vor allem Mittelgebirge (Harz, Solling, Sauerland, Teuteburger Wald, Reinhardswald). Der Meßwert von Essen (358 kg) ist nur bedingt vergleichbar, da er aus der Mitte der 70er Jahre Stammt. Relativ niedrige Werte wurden nur im Leebereich des Schwarzwaldes festgestellt. Im bayerischen Raum sind Zusammenhänge zu Schwefel-Emissionen aus den Bereichen Augsburg, Ingolstadt, München, Schwandorf und der CSSR anzunehmen.

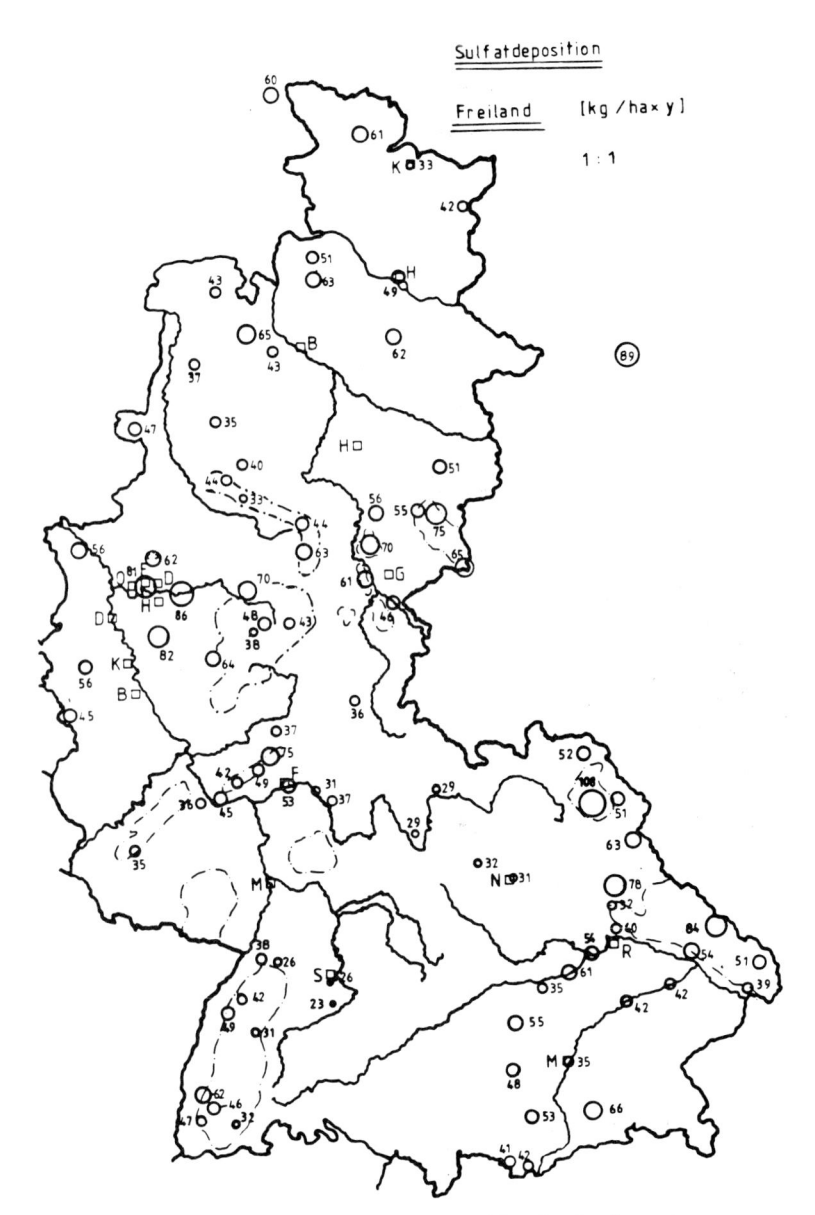

Bild 5: Sulfat-Deposition im Freiland (kg/ha·a)

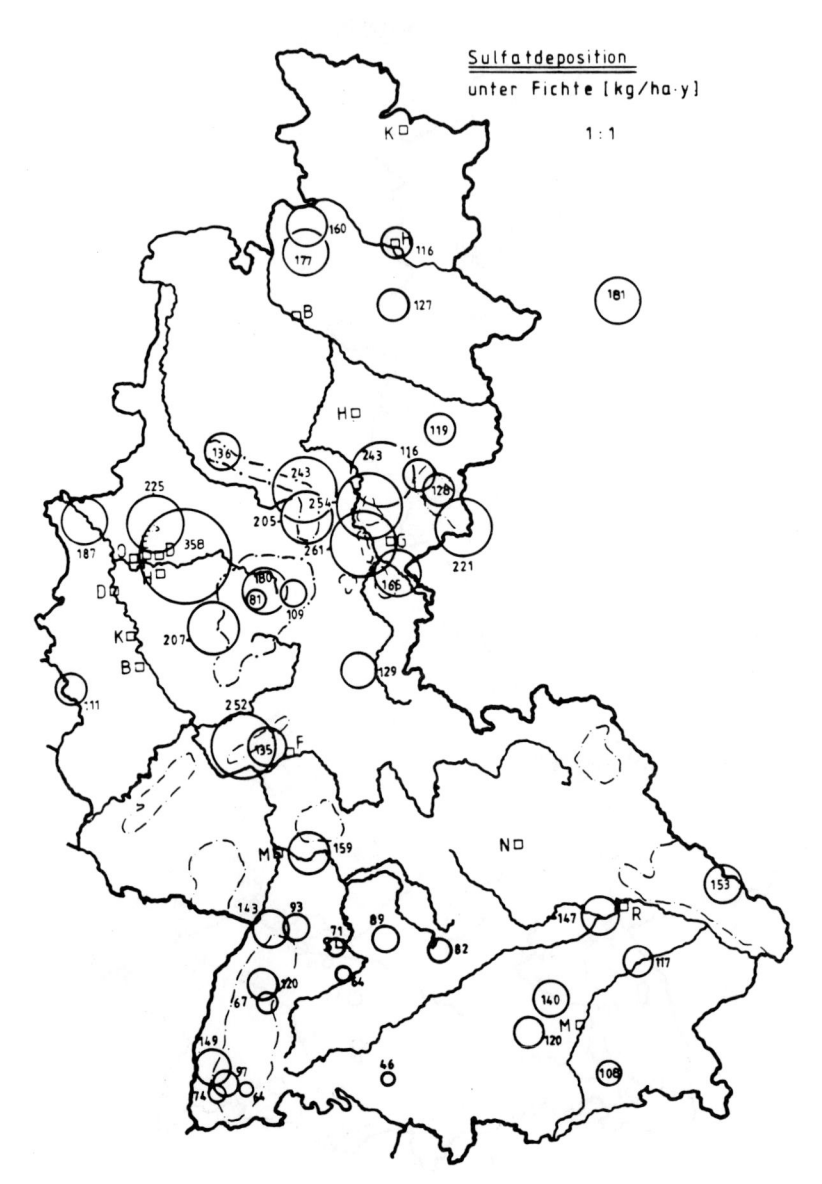

Bild 6: Sulfat-Deposition unter Fichte (kg/ha·a)

1.6.3 SCHRIFTTUM

/1/ SCHOEN, R. (1988): Abschlußbericht des FuE-Vorhabens "Wasser 102 04 342" "Gewässerversauerung in der Bundesrepublik Deutschland mit besonderer Berücksichtigung des südwestdeutschen Raumes und methodischer Probleme bei ihrer Bestimmung". 350 S. (zwei Bände).

/2/ UMWELTBUNDESAMT (Hrsg.) (1986): Daten zur Umwelt 1986/87. Verlag E. Schmidt, Berlin, 550 S.

/3/ FÜHRER, H.-W.; BRECHTEL, H.-M.; ERNSTBERGER, H.; ERPENBECK, C. (1988): Ergebnisse von neuen Depositionsmessungen in der Bundesrepublik Deutschland und im benachbarten Ausland. DVWK Mitteilungen 14, Deutscher Verband für Wasserwirtschaft und Kulturbau e.V., Gluckstraße 2, D-5300 Bonn 1, 122 S.

THEMENBEREICH 2:

ZUSTANDSVERÄNDERUNGEN IM WALDBODEN, STOFFBILANZEN

2.1 STOFFLICHE VERÄNDERUNGEN IN SCHADSTOFFBELASTETEN WALDBÖDEN

von E. Matzner, Göttingen

2.1.1 EINLEITUNG

Waldböden sind durch die Deposition einer Vielzahl von Luftverunreinigungen stark belastet. Neben Schwermetallen /1,2/, Nährstoffen (insbesondere N) /3/ kommt dem Säureeintrag in Form von freien Protonen oder Ammonium-Ionen ("Saure Depositon") aufgrund der Größenordnung eine besondere Bedeutung zu und soll daher im Mittelpunkt der weiteren Ausführungen stehen. Ammonium-Ionen müssen neben den Einträgen von Schwefel und Salpetersäure als Säureeinträge gewertet werden, da bei der pflanzlichen Aufnahme sowie bei der Nitrifikation je mol NH_4 ein bzw. zwei mol Protonen im Boden freigestellt werden.

Die durch Deposition bedingte Säurebelastung von Waldböden erhöht die ökosysteminterne (natürliche) Säurebelastung beträchtlich und erreicht in norddeutschen Ökosystemen auf carbonatfreien Standorten eine Größenordnung von 85 - 50 % der gesamten H^+-Belastung /4/.

Im Boden unterliegen die eingetragenen Protonen verschiedenen Puffermechanismen, die in /5/ zusammengestellt wurden. Die sich als Folge der Pufferung von Protonen im Boden vollziehenden stofflichen Veränderungen werden häufig mit dem generalisierenden Begriff "Bodenversauerung" bezeichnet, ohne daß in jedem Fall eine genaue Definition zugrunde liegt.

2.1.2 DEFINITION "BODENVERSAUERUNG"

Die Frage der Definition des Prozesses der Bodenversauerung ist geknüpft an die Frage einer geeigneten Meßgröße zur Beschreibung auftretender Veränderungen. Grundsätzlich sind qualitative und quantitative Meßgrößen zu unterscheiden.

Häufig wird die zeitliche Abnahme des pH-Wertes (gemessen in H_2O oder in Salzlösung) als Kriterium zur Beschreibung des Prozesses der Bodenversauerung verwendet /6,7/. Dabei gilt, daß eine Abnahme einer langfristigen Bodenversauerung entspricht. Umgekehrt gilt jedoch auch, daß trotz zeitlicher Konstanz der pH-Werte stoffliche Veränderungen als Folge der Säureeinträge auftreten. /8/ zeigt, daß im Austauscherpufferbereich nach /5/ die Basensättigung der Austauscher ohne größere Veränderung des pH-Wertes der Bodenlösung abnehmen kann und somit fortschreitende Bodenversauerung trotz pH-Konstanz gegeben ist.

Dieses Beispiel legt es nahe, Bodenversauerung an der langfristigen Veränderung der Basensättigung der Austauscher zu messen. Obwohl dieser Ansatz durch die Möglichkeit der Quantifizierung von Versauerungsprozessen dem rein qualitativen der pH-Messung weit überlegen ist, ist er dennoch nicht generell anwendbar. Beispiele für die Nichtanwendbarkeit liefern carbonathaltige Böden oder auch stark versauerte Böden mit extrem geringer Basensättigung, wie sie z.B. im Solling angetroffen werden. Über die Abpufferung eingetragener Säuren durch Auflösung des Carbonats werden im ersten Falle die pH-Werte und die Basensättigung konstant gehalten. Eine weitere Reduktion der Basensättigung ist hingegen in vielen stark sauren Böden ausgeschlossen, der pH-Wert des Bodens richet sich im wesentlichen nach der Säurestärke und Konzentration organischer Säuren, nach der aktuellen Konzentration mineralischer Säuren und nach der Pufferkinetik der Al-Hydroxide und kann somit über lange

Zeiträume konstant bleiben. Weder bei einer zeitlich versetzten Messung des pH-Wertes noch der Basensättigung läßt sich unter diesen Bedingungen - ähnlich den carbonathaltigen Böden - eine auf den Kriterien "pH-Wert" bzw. "Basensättigung" definierte Bodenversauerung nachweisen, obwohl im Zuge der Pufferreaktionen unzweifelhafte stoffliche Veränderungen des Bodens stattfinden.

/9/ führt die Basen-Neutralisationskapazität (BNK) als Maß für den Säuregehalt des Bodens ein. Die Zunahme der BNK entspricht dann einer Bodenversauerung, die Abnahme der BNK einer Alkalinisierung. Bei der gängigen Messung der BNK bis auf pH-Werte um 5,0 lassen sich aber Bodenveränderungen, wie sie im Solling z.B. in einer Zunahme austauschbaren H^+ in den oberen Bodenschichten verfolgt wurden, nicht als Bodenversauerung quantifizieren. Die Zunahme der Säurestärke austauschbarer Säuren (H^+ gegenüber Al^{3+}) könnte nur im Zuge einer BNK-Messung in kleineren pH-Schritten im pH-Bereich unter 4,0 nachgewiesen werden. Bei Konstanz der austauschbaren Vorräte aller Kationen und H^+-Pufferung über Al-Freisetzung bleibt die BNK ebenfalls konstant.

Um diese Probleme zu umgehen und zu einer allgemein anwendbaren Definition des Prozesses Bodenversauerung zu gelangen, führten /10/ das Konzept der Säure-Neutralisationskapazität (SNK) ein. Eine Abnahme der SNK des Bodens (SNK > 0) entspricht Bodenversauerung, die Zunahme (SNK < 0) einer Alkalinisierung. Der SNK ist meßbar als die durch Gesamtanalyse im Boden bestimmten Elementgehalte nach Gleichung 1:

$$SNK = 6\,(Al_2O_3) + 2\,(CaO) + 2\,(MgO) + 2\,(K_2O) \\ + 2\,(Na_2O) + 4\,(MnO_2) + 2\,(MnO) + \\ 6\,(Fe_2O_3) + 2\,(FeO) - 2\,(SO_3) - 2\,(P_2O_5) - (HCl)$$

Eine Abnahme der Vorräte oxidisch, hydroxidisch, silikatisch oder carbonatisch gebundener Kationen über die Abnahme der Vorräte sauer reagierender Komponenten hinaus führt zu einer negativen SNK und damit zur Bodenversauerung. Die Rate der Bodenversauerung entspricht i.d.R. der Rate der H^+-Abpufferung im Mineralboden, da die durch Verwitterung von Sulfiden, Phosphaten und Chloriden frei werdenden Säuren meist vernachlässigbar sind.

BREEMEN et al. /10/ geben eine Reihe von Vergleichszahlen aus verschiedenen Waldökosystemen an. Die höchsten Raten der Bodenversauerung werden in einen carbonathaltigen Boden mit ca. 14 kmol IÄ·ha^{-1}·a^{-1} erreicht. Ursache dafür ist die aus der Dissoziation der Kohlensäure resultierende Kalkauflösung mit anschließender Ca^{2+}- und HCO_3^--Auswaschung. Ein carbonathaltiger Boden kann somit extrem hohe Raten der Bodenversauerung aufweisen, ohne Akkumulation von Säure im Boden, ohne eine BNK aufzubauen, und ohne eine Abnahme des pH-Wertes.

Die Definition des Prozesses "Bodenversauerung" über eine Abnahme der SNK hat mehrere Vorteile:
Es lassen sich aus der Flüssebilanz direkt Raten der Bodenversauerung (in kmol IÄ·ha^{-1}·a^{-1}) ableiten, und es können kausale Betrachtungen angestellt werden. Da im humiden Klima Waldböden immer Verluste an SNK aufweisen, unterliegen sie somit auch immer der Bodenversauerung. Die Frage, ob Waldböden versauern oder nicht, ist damit per Definition beantwortet und allein die Rate der Versauerung, ihr Grad und die sie auslösenden Prozesse verbleiben von Interesse.

Es ergibt sich aus der oben angeführten Definition ferner zwingend, daß saure Depositionen die Rate der Bodenversauerung erhöhen.

Die angestellten Überlegungen verdeutlichen die Notwendigkeit einer exakten Definition des Prozesses "Bodenversauerung". Die umfassenste und in jedem Fall zutreffende ist diejenige über eine Abnahme der SNK. Wie das Beispiel des carbonathaltigen Bodens zeigt, sagt der Befund einer Abnahme der SNK jedoch nichts über die Qualität der im Boden als Folge der Versauerung auftretenden Veränderung. Dies muß für eine ökologische Interpretation durch weitere Kapazitäts- und Intensitätsparameter (z.B. BNK, pH, H^+-Sättigung der AK_e) ergänzt werden.

2.1.3 QUALITATIVE BESONDERHEITEN IM BODENCHEMISMUS UNTER DEM EINFLUSS SAURER DEPOSITIONEN

Nachdem festgestellt wurde, daß Bodenversauerung durch verschiedene Prozesse ausgelöst wird und saure Deposition die Rate der Versauerung vergrößert, sollen einige Ausführungen über die prinzipiellen, qualitativen Besonderheiten des Einflusses saurer Depositionen auf den Bodenchemismus angeschlossen werden. Wiederum stellt sich die Frage nach den Meßparametern, die diese Besonderheiten in geeigneter Weise quantifizieren.

Zwar sind großflächig in Mittel- und Nordeuropa Abnahmen des Boden-pH-Wertes in den letzten Jahrzehnten nachgewiesen (s.o.), doch sind niedrige pH-Werte im Wurzelraum und vor allem in den A-Horizonten forstlicher Böden, wenn auch nicht in dem heutigen Ausmaß, so doch auf entsprechenden Standorten auch in der Vergangenheit aufgetreten. Die Ursachen der historischen Bodenversauerung lag im wesentlichen in der Übernutzung der Standorte und in der Bildung organischer Säuren, die Heidepodsole sind ein bekanntes Beispiel. Da die Übernutzung mit starken Basenverlusten verbunden ist, kann auch die Basensättigung der AK_e im Oberboden sehr niedrige Werte erreichen, ohne daß ein Einfluß saurer Depositionen vorliegen muß.

Lassen somit die Kenngrößen "Basensättigung" und "pH" im Oberboden die durch saure Deposition ausgelösten stofflichen Veränderungen nicht zwangsläufig erkennen, so ist

die Chemie der Bodenlösung stark vom Einfluß saurer Depositionen geprägt:
Dominieren unter depositionsfreien Bedingungen Cl, HCO_3^-- und organische Anionen die Zusammensetzung der Bodenlösung, sind es unter dem Einfluß saurer Depositionen - abhängig von der S- und N-Dynamik des Systems - in zunehmendem Maße Anionen starker Mineralsäuren, wie Nitrat und Sulfat. Dies hat weitreichende Konsequenzen für die Gefährdung der Bäume durch Al-Toxizität und der Gewässerqualität durch Bodenversauerung. Sind im ersten Fall bei relativ geringer Konzentration der Anionen Cl^-, HCO_3^- und org.A^- nur geringe Konzentrationen von Al-Ionen in der Bodenlösung möglich, wobei ein großer Teil des Al in Form von organischen Komplexen gebunden sein kann, so ermöglichen die heutigen hohen SO_4- und NO_3-Konzentrationen in der Bodenlösung weit höhere Al-Konzentrationen, sobald der pH-Wert des Bodens den Bereich der Al-Pufferung erreicht hat. Dabei wird ein großer Teil des in der Lösung befindlichen Aluminiums als toxisches dreiwertiges Al^{3+} vorliegen. Das Risiko für Al-Toxizität hat sich somit unter dem Einfluß saurer Depositionen im Vergleich zur historischen Bodenversauerung erhöht.

Al-Ionen und insbesondere Al^{3+}-Ionen sind als Kationsäuren einzustufen, d.h. sie haben bei höheren pH-Werten die Tendenz zur Bildung hydroxidischer Verbindungen unter H^+-Produktion. Der Transport von Al-Ionen in tiefere Bodenschichten bzw. in die Gewässer führt dort somit zu einer Säurebelastung. Der Transport der Kationsäuren in tiefere Schichten ist aber durch das Gesetz der Elektroneutralität an das Vorhandensein mobiler Anionen starker Säuren (pH-Wert < 4,5) gebunden, welche in Form von SO_4^{2-} und NO_3^- als Folge saurer Depositionen zur Verfügung stehen. Der Transport von Kationsäuren in tiefere Schichten ist somit als ein weiterer spezifischer Effekt saurer Depositionen festzuhalten.

Unter depositionsfreien Bedingungen kann in den meisten Böden als mobiles Anion lediglich Nitrat aus Überschuß Nitrifikation auftreten. Größere Nitratmengen im Sickerwasser können als Folge des Abbaus organischen Bodenstickstoffes, z.B. nach Kahlschlägen und Änderungen der Bestockung auftreten /11/ und bei entsprechend niedrigen pH-Werten auch zum Al-Transport beitragen. Die Bedingungen eines aktuellen Humus-Vorratabbaus mit permanenter Nitrat-Überschußproduktion sind bisher aber nur in Ausnahmefällen gefunden worden.

Sowohl aus theoretischen Überlegungen (vgl. /8,12/) als auch aus Befunden /13,14/ geht hervor, daß die Versauerung tieferer Bodenschichten als Folge der Deposition von Sulfat und Nitrat anzusehen ist und nicht aus ökosysteminternen Quellen stammen kann. /14/ zeigt an nicht durch Deposition beeinflußten Podsolprofilen, daß unterhalb des B_h- bzw. B_s-Horizonts bei pH-Werten > 4,7 Kohlensäuredynamik vorherrscht. Die vor allem durch organische Säuren im Oberboden vorangetriebene Versauerung kann in diesen Profilen mangels mobiler Anionen nicht den Untergrund erreichen.

Durch den massiven und großflächigen Eintrag mobiler Anionen starker Säuren in den letzten Jahrzehnten hat sich die von /14/ beschriebene Situation völlig verändert.

2.1.3.1 Die Versauerung tieferer Bodenschichten

Der Boden stellt ein offenes System dar, welches in ständigem Austausch von Stoffen und Energie mit seiner Umwelt steht. Als Umwelt läßt sich nach oben die Atmosphäre definieren, nach unten schließt sich an das definierte Bodenkompartiment entweder ein weiteres Bodenkompartiment, der geologische Untergrund oder die Hydrosphäre an, wobei der Transport von Stoffen in den Untergrund im wesentlichen durch die Bodenlösung erfolgt.

Veränderungen im Bodenchemismus können über die Chemie der Bodenlösung zu massiven Veränderungen der chemischen Eigenschaften von Grund- und Quellwässern führen, eine Reaktionskette, die vielfach aufgezeigt wurde /15/. Dem Transport von starken Säuren in tiefere Bodenschichten bzw. die Hydrosphäre kommt dabei neben der Problematik des Schwermetalltransports die größte Bedeutung zu.

Gewässerversauerung als Folge tiefreichender Bodenversauerung und Transport von Säure mit dem Sickerwasser ist seit vielen Jahren in Skandinavien beobachtet worden. Die geologischen /15/ (flachgründige Böden mit geringer AK_e) und die hydrologischen Verhältnisse haben die negativen Effekte dort - trotz relativ geringer Einträge von SO_4^- - zuerst auftreten lassen. In jüngster Zeit gerät das Problem der Gewässerversauerung aber auch in der Bundesrepublik mehr und mehr in den Blickpunkt wissenschaftlicher Untersuchungen. Vorliegende Daten für Waldgebiete zeigen, daß die Versauerung in vielen Fällen die wasserführenden Schichten bzw. die Oberflächengewässer erreicht hat.

Bei der Ermittlung des Transports von Säuren mit der Bodenlösung (bzw. bei der Deposition) müssen bei pH-Werten unter 4,5 als starke Säuren H^+-Ionen, NH_4^+-Ionen und Kationsäuren berücksichtigt werden.

Bild 1 zeigt für verschiedene Waldökosysteme Norddeutschlands Gesamtsäurebilanzen als mehrjährige Mittel (Input durch Depositions-Output durch Sickerwasser) für ein Bodensolum von ca. 1 m Mächtigkeit. Lediglich bei den im Austauscher-Pufferbereich befindlichen Standorten Harste und Heide Eiche liegt der Säureeintrag durch Deposition wesentlich über dem Säureaustrag in tiefere Schichten. Bei den anderen, im gesamten Solum im Al-Pufferbereich befindlichen Standorten wird die atmogene Säurebelastung nahezu in gleichen Raten in Form von Kationsäuren (insbesondere Al-Ionen) mit dem Sickerwasser an tiefere Schichten weitergegeben.

1986 wurden im Solling (zur Standortbeschreibung siehe /16/) an je einer Profilgrube in einem Buchen- und einem Fichtenaltbestand Bodenproben bis in eine Tiefe von über 2 m gewonnen und auf ihren chemischen Zustand hin untersucht. Die Ergebnisse sind in den Tafeln 1 und 2 enthalten und zeigen ein erschreckendes Bild: In beiden Beständen ist die Versauerungsfront über 2 m tief vorgedrungen. Dies wird durch die außerordentlich niedrigen pH-Werte und Ca- + Mg-Sättigungsgrade von unter 2 % bis in die untersten Horizonte belegt. Der Versauerungsgrad des Unterbodens entspricht damit dem des Oberbodens, ein Befund, der angesichts der in Bild 1 dargestellten Daten zum Säuretransport mit dem Sickerwasser nicht überrascht. Der hohe Grad der Versauerung der unteren Horizonte erklärt sich ferner aus der Reduktion des Feinbodenanteils auf z.T. weit unter 10 % in den Tiefen > 100 cm. Der Feinboden wird hier nur noch in den Klüften der Buntsandsteinblöcke angetroffen, wodurch es im Zuge der Konzentration des Wasserflusses auf diesem Bereich auch zur Konzentration des Säureflusses auf ein nur sehr geringes Feinbodenvolumen kommt. Dieses weist entsprechend niedrige Pufferkapazitäten bezogen auf das gesamte Solum auf und unterliegt damit einer raschen Versauerung. Da sich der Zustand der kanalisierten Wasserbewegung in den Klüften bis in große Tiefen im geologischen Untergrund fortgesetzt, ist zu befürchten, daß die Versauerungsfront einerseits bereits sehr weit fortgeschritten ist und andererseits mit großer Geschwindigkeit weiter fortschreitet. Genauere Angaben zur Lage der Versauerungsfront und zur Geschwindigkeit des Fortschreitens können ohne detailliertere Untersuchungen allerdings nicht gemacht werden. Entsprechende Ansätze dazu wurden in Beitrag 3.3 /17/ und Beitrag 3.11 /18/ vorgestellt.

Die Versauerungsfront wird soweit fortschreiten, bis die Pufferung durch Silikatverwitterung als Summe über das gesamte, größer werdende, versauerte Bodensolum die Rate

LEGENDE

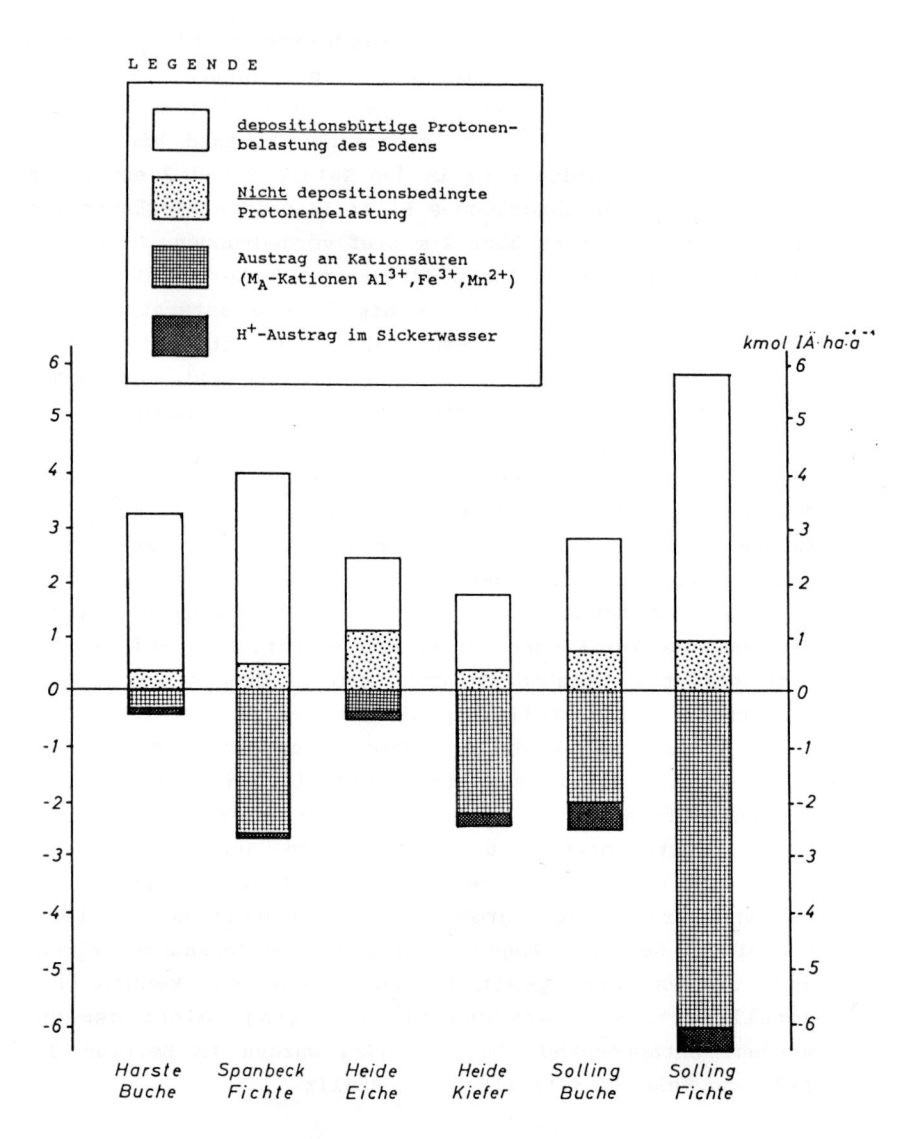

☐ depositionsbürtige Protonenbelastung des Bodens

▒ Nicht depositionsbedingte
Protonenbelastung

▦ Austrag an Kationsäuren
(M_A-Kationen Al^{3+}, Fe^{3+}, Mn^{2+})

■ H^+-Austrag im Sickerwasser

kmol $IÄ \cdot ha \cdot a^{-1}$

Harste   Spanbeck   Heide   Heide   Solling   Solling
Buche   Fichte   Eiche   Kiefer   Buche   Fichte

Bild 1: Mittlere jährliche Gesamtsäurebilanzen (GSB) der
untersuchten Waldökosysteme im Standortvergleich
/3/

Tafel 1: Buche: Chemische Daten tieferer Bodenschichten
(Probenahme 1986)

Tiefe (cm)	pH CaCl$_2$	%-Anteile an der Summe der austauschbaren Kationen							AK$_e$ μmol IÄ·g^{-1}
		H	Na	K	Ca	Mg	Mn	Fe	Al	
70- 90	3,86	0,5	2,0	2,9	0,7	0,5	0,4	0,4	92,6	71,6
90-110	3,85	1,6	1,8	3,3	0,8	0,6	0,7	0,5	90,7	68,6
110-130	3,90	1,6	1,8	3,3	1,3	0,6	1,4	0,7	89,3	49,2
130-150	3,87	1,6	1,5	4,0	1,2	0,7	1,0	0,9	89,1	53,8
150-170	3,90	2,3	1,4	3,8	0,9	0,8	0,6	1,1	89,1	67,2
170-190	3,85	2,1	1,4	4,2	0,9	1,1	0,5	0,7	89,1	72,8
190-210	3,90	2,6	1,7	3,7	1,0	0,9	0,9	0,9	88,3	59,6
210-220	3,83	3,1	1,5	3,9	1,0	0,8	1,1	0,6	88,0	54,0

Tafel 2: Fichte: Chemische Daten tieferer Bodenschichten
(Probenahme 1986)

Tiefe (cm)	pH CaCl$_2$	%-Anteile an der Summe der austauschbaren Kationen							AK$_e$ μmol IÄ·g^{-1}
		H	Na	K	Ca	Mg	Mn	Fe	Al	
80-100	3,70	3,1	1,1	3,0	0,7	0,5	0,5	0,5	90,6	75,9
100-120	3,72	3,8	1,0	3,1	0,9	0,5	0,5	0,5	89,7	71,4
120-140	3,70	3,4	1,1	2,2	0,8	0,5	0,5	0,5	91,0	76,9
140-160	3,70	4,1	0,8	3,2	0,9	0,7	0,9	0,5	88,9	72,0
160-180	3,72	3,8	1,1	3,0	0,9	0,6	0,9	0,5	89,2	62,5
180-200	3,70	3,5	1,1	2,6	0,8	0,5	1,6	0,5	90,0	67,1
200-210	3,70	3,7	0,9	2,5	0,9	0,7	1,8	0,5	89,0	83,3

der Säurebelastung neutralisiert, bzw. bis der Sickerwasserleiter betroffen ist und damit die Versauerung die Hydrosphäre erreicht hat.

Die Effekte saurer Depositionen auf tiefere Bodenschichten und Gewässer wiegen umso schwerer als deren Beseitigung durch Düngung und Melioration zumindest im Zeitraum von Dekaden ausgeschlossen ist. Lediglich die Minimierung der Einträge mobiler Anionen starker Säuren (SO_4, NO_3) kann langfristige den weiteren Transport von Säuren und damit das Fortschreiten der Versauerungsfronten in größere Tiefen stoppen. Selbst bei einer drastischen Reduktion der Einträge ist aber durch die mögliche Freisetzung gespeicherter Sulfate aus dem Boden über längere Zeiträume nicht mit einer direkten Dosis-Wirkungsbeziehung zu rechnen. Wie das Beispiel des Solling-Fichtenbestandes zeigt /16/, kann die Säurebelastung des Sickerwassers durch Änderungen der Sulfatdynamik im Boden in kurzer Zeit drastisch erhöht werden, ein Befund, der die Vorhersage und Berechenbarkeit des Fortschreitens der Tiefenversauerung ebenso erschwert wie der Effekt reduzierter Anioneneinträge.

Diese Zusammenhänge verdeutlichen die großen Risiken der gegenwärtigen Entwicklung in tieferen Boden- und Gesteinsschichten, deren negativen Folgen wesentlich schwerer zu reparieren sind und damit langfristiger auftreten werden als die Versauerung des Wurzelraumes.

2.1.4 SCHRIFTTUM

/1/ MAYER, R. (1981): Natürliche und anthropogene Komponenten des Schwermetallhaushalts von Waldökosystemen. Gött. Bodenkundl. Ber. 70, S. 1- 292.

/2/ GODT, J. (1986): Untersuchungen von Prozessen im Kronenraum von Waldökosystemen und deren Berücksichtigung bei der Erfassung von Schadstoffeinträgen. Berichte des Forschungszentrums Waldökosysteme/Waldsterben der Universität Göttingen, Bd. 19, S. 1 - 265.

/3/ BEESE, F.; MATZNER, E. (1986): Langzeitperspektiven vermehrten Stickstoffeinträge in Waldökosystemen: Droht Eutrophierung? Berichte des Forschungszentrums Waldökosysteme der Universität Göttingen, Reihe B, Bd. 3.

/4/ BREDEMEIER, M. (1987): Stoffbilanzen, interne Protonenproduktion und Gesamtsäurebelastung in verschiedenen Waldökosystemen Norddeutschlands. Berichte des Forschungszentrums Waldökosysteme der Universität Göttingen, Reihe A, Bd. 33.

/5/ ULRICH, B. (1981): Ökologische Gruppierung von Böden nach ihrem chemischen Bodenzustand. Z. Pflanzenernährung und Bodenkunde, 144, S. 289 - 305.

/6/ BUTZKE, H. (1981): Versauern unsere Wälder? Erste Ergebnisse der Überprüfung 20 Jahre alter pH-Messungen in Waldböden Nordrhein-Westfalens. Forst- u. Holzwirt 36, S. 542 - 548.

/7/ ZEZSCHWITZ, E., von (1982): Akute Bodenversauerung in den Kammlagen des Rothaargebirges. Forst- u. Holzwirt 37, S. 275 - 276

/8/ REUSS, J.O.; JOHNSON, D.W. (1986): Acid deposition and the acidification of soils and waters. Ecol. Studies 59, Springer Verlag, S. 1 - 119.

/9/ ULRICH, B.; MEIWES, K.J.; KÖNIG, N.; KHANNA, P.K. (1984): Untersuchungsverfahren und Kriterien zur Bewertung der Versauerung und ihrer Folgen in Waldböden. Forst- u. Holzwirt 39, S. 278 - 2..

/10/ BREEMEN, N., van; MULDER, J.; DRISCOLL, C.T. (1983a): Acidification and alcalinization of soils. Plant and Soil 75, S. 283 - 308.

/11/ KREUTZER, K. (1981): Die Stoffbefrachtung des Sickerwassers in Waldbeständen. Mitteilungen Deutsche Bodenkundliche Gesellschaft 32, S. 273 - 286.

/12/ SEIP, H.M. (1980): Acidification of fresh waters: Sources and mechanisms. In: DRABLOS, D. and TOLLAN, A. (ed.): Ecological impacts of acid precipitation, SNSF-Project, Oslo, S. 358 - 366.

/13/ UGOLINI, F.C.; MINDEN, R.; DAWSON, H.; ZACHARA, J. (1977): An example of soil processes in the Abies amabilis zone of Central Cascades, Washington. Soil Sci. 124, S. 291 - 302.

/14/ UGOLINI, F.C.; DAHLGREN, R.A. (1986): A new theorie of podzolization and synthesis of Imologonite/Allophane. Transactions XIII Congress of the international society of soil science. Vol. III, S. 1306 - 1307.

/15/ DRABLOS, D.; TOLLAN, A. (1980): Ecological impact of acid precipitation. SNSF-project, 1432 As, Norway, 388 S.

/16/ MATZNER, E. (1988): Der Elementumsatz zweier Waldökosysteme im Solling. Berichte des Forschungszentrums Waldökosysteme der Universität Göttingen, Reihe A, Bd. 40.

/17/ MALESSA, V.; ULRICH, B. (1989): Beitrag zum Einfluß der Bodenversauerung auf den Zustand der Grund- und Oberflächengewässer. Beitrag 3.3 in: DVWK Mitteilungen 17, Deutscher Verband für Wasserwirtschaft und Kulturbau e.V. (DVWK), Gluckstraße 2, D-5300 Bonn 1, S. 213 - 219.

/18/ ANDREAE, H.; MAYER, R. (1989): Einfluß der Bodenversauerung auf die Mobilität von Schwermetallen im Einzugsbereich der Söse-Talsperre. Beitrag 3.11 in: DVWK Mitteilungen 17, Deutscher Verband für Wasserwirtschaft und Kulturbau e.V. (DVWK), Gluckstraße 2, D-5300 Bonn 1, S. 285 - 291.

2.2 ÄNDERUNGEN IM STICKSTOFFHAUSHALT DER WÄLDER UND DIE DADURCH VERURSACHTEN AUSWIRKUNGEN AUF DIE QUALITÄT DES SICKERWASSERS

von K. Kreutzer, München

2.2.1 EINLEITUNG

Zwei Komponenten des Stickstoffhaushaltes der Wälder erfuhren während unseres Jahrhunderts großflächig wesentliche Änderungen:

- Der nutzungsbedingte Stickstoffentzug ging entschieden zurück. So verschwand auf großen Flächen die Streu- und Reisignutzung, die in früherer Zeit für relativ hohe Stickstoffexporte sorgte /1,2/.

- Der atmogene Stickstoffeintrag nahm dagegen deutlich zu, bedingt durch die erhöhten Stickstoffemissionen /3,4/. Von allen Landnutzungsformen weisen unter sonst gleichen Bedingungen die Fichtenwälder die höchsten Eintragsraten auf; denn ihre große Kronenoberfläche begünstigt die Interzeptionsdeposition /5/.

Diese neue Situation des erhöhten Stickstoffangebots ist in vielen Waldbeständen mitverantwortlich für die Zuwachssteigerung, welche die Ertragskundler bereits seit den fünfziger Jahren nachweisen können /6,7,8/. Mit zunehmender Saturierung der Stickstoffnachfrage muß jedoch vermutet werden, daß die Nitratfrachten im Sickerwasser ansteigen, soweit der überschüssige Stickstoff nicht durch Volatilisierung an die Atmosphäre abgegeben wird /9/.

Verschärft wird die Frage der Nitratbelastung des Sickerwassers heute durch die Forderung, die Wälder großflächig zu kalken, um säurebedingten Streß zu vermeiden /10/, denn durch die Kalkung können die im Auflagehumus angesammelten Stickstoffvorräte mobilisiert werden. Sie liegen in Nadelwäldern immerhin in einer Größenordnung zwischen 500 und 2.000 kg N/ha vor. Eine weitere Verschärfung ergibt sich dadurch, daß depositionsbedingte Bodenversauerung und erhöhter Stickstoffeintrag häufig zusammentreffen.

2.2.2 FICHTENWÄLDER MIT EXTREM HOHEN NITRATGEHALTEN IM SICKERWASSER

Im westlichen Oberbayern (Westerholz, FoA Landsberg) und im bayerischen Schwaben (Höglwald, FoA Aichach) untersuchten wir Fichtenwälder, die nicht nur durch maximale Wuchsleistungen, sondern auch durch enorm hohe Nitratkonzentrationen im Sickerwasser gekennzeichnet sind /11,12/. Unterhalb ihrer Wurzelräume enthalten die Sickerwässer 50 bis 100 mg Nitrat/l. Es errechneten sich Frachtraten von 30 bis 50 kg Nitratstickstoff/ha·a, die den Wurzelraum in Richtung Grundwasser verlassen.

Vier Gründe sind vor allem maßgeblich hierfür:

- Die Standorte wurden in früherer Zeit nicht übernutzt. Streunutzung unterblieb in dieser Region weitgehend. Die Böden weisen heute recht hohe Stickstoffvorräte auf, die bis 1 m Tiefe zwischen 8.000 und 12.000 kg/ha variieren.

- Die Stickstoffeinträge liegen mit 25 - 40 kg/ha·a relativ hoch, bedingt durch starke Ammoniakemission der Landwirtschaft, die in diesem Raum durch konzentrierte Massentierhaltung und Gülleanwendung gekennzeichnet ist. Der Ammonium-N-Anteil am Stickstoffeintrag mit dem Bestandesniederschlag beträgt etwa 2/3.

- Es handelt sich um Fichtenbestände 1. oder 2. Generation nach Laubholz. Wie sich nachweisen ließ, ist der während der Laubholzvorbestockung angehäufte N-Vorrat einem langfristigen Abbau unterworfen, bis sich unter Fichte ein neues Gleichgewicht eingestellt hat.

- Die Böden sind so gut durchlüftet, daß es nicht zu größeren gasförmigen Freisetzungen von Stickstoff kommt.

Die Nitratausträge ergeben sich nicht nur durch die Nitrateinträge sondern sind vor allem eine Folge der im Boden ablaufenden Überschußnitrifikation, bedingt durch die relativ hohen Ammoniumeinträge und durch die bodeninterne Mineralisierung von organisch gebundenem Stickstoff.

Diese Überschußnitrifikation verschiebt im Laufe der Zeit den Säure/Basen-Status des Bodens erheblich. Von ökologischer Relevanz ist dabei, daß innerhalb einer Fichtengeneration die pH-Werte im mineralischen Wurzelraum bis in den Aluminiumpufferbereich absinken können. Als Folge der Versauerung verarmt diese Zone an Calcium und Magnesium (Basensättigung am Austauscher < 10 %), während das potentiell giftige dreiwertige Aluminium sowohl in der Bodenlösung wie an den Austauschern dominiert. Die molaren Calcium/Aluminiumverhältnisse der Bodenlösung gehen dadurch zeitweise unter 0,3 zurück. Es liegen also nach den Versauerungskriterien /13,14/ Verhältnisse vor, die es angezeigt erscheinen lassen, prophylaktische Kalkungen durchzuführen, auch wenn die Bäume ausgezeichnet wachsen und vorerst noch keine wesentlichen Schadenssymptome aufweisen /15/. Solche Kalkungen ließen im Höglwald die Nitratproduktion jedoch noch weiter ansteigen: zusätzlich zu den säureangepaßten heterotrophen Nitrifizierern entwickelte sich offensichtlich eine weniger säureangepaßte chemolithotrophe Gruppe von Nitrifizierern im oberen Humusbereich, dessen pH-Werte durch die Kalkung wesentlich angehoben worden waren (Papen, mündl. Mitteilung). Im Sickerwasser an der

Untergrenze des Hauptwurzelraumes kam es dadurch zu Nitratkonzentrationen bis über 250 mg NO_3/l während des stärksten Wasserflusses im Winter und Frühjahr, was zu jährlichen Austragsraten von 70 bis 100 kg NO_3-N/ha·a führte.

2.2.3 FICHTENBESTÄNDE MIT GERINGER NITRATKONZENTRATION IM SICKERWASSER NACH KALKUNG

Um die Gegenposition abzutesten, untersuchten wir in der Oberpfalz in vergleichbaren Beständen der Forstämter Kemnath, Vohenstrauß, Weiden und Bodenwöhr, die Auswirkungen von praxisüblichen Kalkungen (27 bis 40 dz Kalk + 3 bis 5 dz Hyperphos) unterschiedlicher Laufzeit. Die ökosystemaren Voraussetzungen waren allerdings völlig andere als im Höglwald und im Westerholz:

- Die Standorte sind durch frühere Streunutzung, Reisignutzung, Stockrodung usw. an Stickstoff stark verarmt.
- Auch die Calcium- und Magnesiumausstattung im Humus wie in den Bäumen ist in diesen Oberpfälzer Beständen wesentlich schwächer als in den Beständen der vorigen Gruppe. Dies ist vermutlich ebenfalls ein Ergebnis der jahrhundertelangen Streunutzung.
- Die Einträge über die Niederschläge sind in der Oberpfalz etwas geringer als im schwäbischen-oberbayerischen Bereich. Es werden dort etwa 20 -25 kg Stickstoff/ha·a eingetragen; (NO_3-N : NH_4-N = 1 : 1) /16/.

Die Untersuchungsergebnisse zeigten, daß auf den ungekalkten Flächen die mittleren Nitratgehalte im Sickerwasser in einer Bodentiefe von 40 cm etwa bei 0,5 - 2,5 mg/l liegen. Dies entspricht einem Stickstoffaustrag von weniger als 2 kg Nitratstickstoff/ha·a. Auf den gekalkten Flächen stiegen die Nitratgehalte zwar an, erreichten jedoch keine dramatische Höhe. Sie lagen bei 5 - 7 mg NO_3/l, die Nitratausträge bewegten sich um 4 - 6 kg NO_3-N/ ha·a.

Im Gegensatz zu der relativ geringen Auswirkung auf das Sickerwasser zeigte das Bodenleben eine sehr deutliche Reaktion. Der Auflagehumus entwickelte sich vom Rohhumus zum moderartigen Mull bis mullartigen Moder, während sich die Bodenvegetation zu einer üppigen nitrophilen Vegetation umwandelte.

Da wesentliche Denitrifikationsverluste wegen der relativ guten Bodendurchlüftung unwahrscheinlich sind, kann man aus diesen Befunden folgendes erschließen:

- Die atmogenen Stickstoffeinträge werden offensichtlich nahezu vollständig in die organische Substanz des Ökosystems eingeschleust.
- Die Kalkung führte zwar zu einer starken Mobilisierung von Stickstoff aus dem Auflagehumus. Der Stickstoffhunger von Bestand, Bodenvegetation und Mikroorganismenpopulation ist offensichtlich jedoch so groß, daß die mobilisierten Stickstoffmengen sofort wieder in den biologischen Kreislauf gelangen.

2.2.4 DISKUSSION

Aus dem Gesagten dürfen wir nicht den generellen Schluß ziehen: "Verstärkt die Nutzung im Walde, dann wird vermehrt Stickstoff entzogen und die Gefahr der Nitratbelastung des Sickerwassers wird geringer sein". Ein solch einseitiges Vorgehen wäre fatal. Es würde auf vielen Standorten die ökosystemare Stabilität der Wälder erheblich beeinträchtigt; denn mit dem verstärkten Entzug von stickstoffreichem Material würden auch andere Nährstoffe entzogen werden, die Böden würden, wie zu Zeiten der Streunutzung, an Humus verarmen, dadurch ginge die Nährstoff- und Wasserspeicherkapazität zurück, nicht nur die Bodenfruchtbarkeit würde langfristig vermindert, sondern auch die Widerstandsfähigkeit gegenüber Pathogenen und Streß.

Sehen wir von erhöhtem Nutzungsentzug ab, so sind vor allem zwei Komponenten des Stickstoffhaushaltes in Betracht zu ziehen, welche einer Nitratbelastung des Sickerwassers entgegenwirken:

- Die gasförmigen Freisetzungen von Stickstoff und
- die Aufspeicherung von Stickstoff im Ökosystem selbst.

2.2.4.1 Die gasförmigen Freisetzungen von Stickstoff

Bereits bei der Nitrifikation kann N_2O in geringen Mengen gasförmig entweichen. Auch sind Entgasungen von NO und NO_2 möglich, wenn im sauren Boden ausnahmsweise während des Nitrifikationsprozesses vorübergehend mehr Nitrit entsteht als in Nitrat übergeführt werden kann. Ökosystemar bedeutsame Abgaben scheinen dadurch jedoch nicht zu entstehen.

Dasselbe gilt auch für Ammoniakentgasungen. Sie sind nicht unwahrscheinlich im Anschluß an Kalkungen, wenn die Population der Nitrifizierer noch im Aufbau begriffen ist oder Sauerstoffmangel ihre Aktivität hemmt. Ein anderer Fall von Ammoniakabgabe an die Atmosphäre kann auch auf sauren Böden entstehen. Wahrscheinlich handelt es sich dabei um enzymatische Umsetzungsprozesse, die in den alternden Blättern noch am Baum einsetzen und nach dem Streufall kurzfristig weiterlaufen.

Effektiv ist dagegen die dissimilatorische Denitrifikation auf Standorten, die zeitweilig vernässen. Bei diesem Vorgang entstehen hauptsächlich molekularer Stickstoff, N_2, und Lachgas, N_2O. Daneben kommt es auch zur Bildung von nitrosen Gasen: NO und NO_2. Um die Denitrifikation am Standort einzuleiten, genügen schwache Vernässungen mit Redoxpotentialen zwischen 200 und 300 mV, wie sie in bereits gering pseudovergleyten Horizonten, z.B. von Parabraunerden, Braunerden und Pelosolen auftreten. Nach unseren vorläufigen Untersuchungen im Höglwald scheinen gasförmige Verluste in einer Größenordnung von 10 kg Stickstoff/ha·a aufzutreten. /17/ bestimmten für den Solling N_2O-Freisetzungen aus der sauren Braunerde von 6 kg N_2O-N/ha·a. Inwieweit NO und NO_2 vom Waldboden abgegeben werden, hängt nicht nur von der Bildung dieser Gase ab, sondern auch von der Konzentration in der bodennahen Luftschicht. Nach Untersuchungen von /18/ beträgt die Emissionsrate von NO-N im Solling zwischen 0,1 und 1 kg/ha·a. Hochrechenbare Abgaberaten von N_2 in Waldböden existieren meines Wissens derzeit noch nicht.

Die Faktoren, welche die Denitrifikation am Standorte steuern, sind neben Nitratgehalt und tiefem Redoxpotential, die Verfügbarkeit von organischem Material, die Temperatur und der pH-Wert. Standörtlich ist von Bedeutung, daß gewisse Gruppen von Denitrifikanten unter sehr sauren Verhältnisse effektiv sein können /19/.

Aus ökosystemarer Sicht ist die Denitrifikation an sich ein "unerschöpflicher Prozess", der solange seine Effizienz bewahrt, solange sein Prinzip nicht zerstört wird.

2.2.4.2 Die Stickstoffspeicherung im Ökosystem

Stickstoff kann im Ökosystem in verschiedener Weise gespeichert werden. Dabei lassen sich folgende Speicherungsvorgänge unterscheiden:
- Adsorption von hydratisierten Ammoniumionen an Austauschern

- Einbau von dehydratisierten Ammoniumionen in die Zwischenschichten aufgeweiteter Tonminerale (sog. "Ammoniumfixierung")
- Einbau von Stickstoff in die Biomasse und den Humus (sog. "N_{org}-Speicherung"). Neben der biologischen N-Aufnahme spielen dabei auch abiologische Vorgänge eine Rolle, wie der Einbau von NH_3 und NH_4^+ in die organische Substanz sowie die Bildung von Nitrosaminen mit NO_2^-.

Die Adsorption von Ammonium an Kationanaustauschern hat auf vielen Böden Bedeutung, um Ammonium vor der unmittelbaren Auswaschung, z.B. während des Winters zu schützen und es für die biologische Aufnahme im Frühjahr bereitzuhalten. Die Speicherkapazität ist allerdings relativ gering, da sie durch konkurrierende Ionen, wie Calcium, Magnesium, Aluminium stark eingeschränkt ist.

Im Gegensatz zur Retention an Austauschern speichern tonige Böden verhältnismäßig große Mengen an fixiertem Ammonium. Die jährlichen Speicherraten scheinen allerdings gering zu sein; häufig ist der Speicher bereits aufgefüllt, oder es behindern Präzipitate von Aluminiumhydroxikationen den Zutritt. In vielen Fällen wird das Ammonium bereits in der Humusauflage nitrifiziert und gelangt gar nicht in nennenswertem Maße in den Mineralboden.

Von erheblich größerer Bedeutung ist der Einbau von Stickstoff in die organische Substanz. Neben dem abiologischen Einbau von Ammoniak, Ammonium, Nitrit ist die biologische Einschleusung bedeutsam. Wie Untersuchungen von /20/ gezeigt, haben, sind stickstoffverarmte Ökosysteme in der Lage, einmalige Gaben von 300 kg Stickstoff/ha ohne weiteres in den organischen Zustand überzuführen. Diese biologisch gesteuerte Aufspeicherung ist vermutlich derzeit auf vielen Standorten entscheidend dafür verantwortlich, daß die Nitratfrachten in den Wäldern noch relativ gering sind.

Im Gegensatz zum Prozeß der Denitrifikation ist diese Speicherung jedoch ein "erschöpflicher" Prozeß, denn man muß annehmen, daß standortsbedingte und bestockungsabhängige Kapazitätsgrenzen existieren, d.h. daß man bei Erreichung dieser Grenzen Stickstoffeinträge quantitativ an die Hydrosphäre weitergegeben werden, soweit keine Denitrifikationsverluste gegeben sind.

Unter diesem Aspekt sind auch die Kalkungen zu betrachten, die vor allem dann zu erhöhten Nitratbelastungen führen, wenn gespeicherte Stickstoffvorräte mobilisiert werden, ohne daß eine erhöhte Aufnahmekapazität erreicht ist.

2.2.5 SCHLUSSFOLGERUNGEN UND ZUSAMMENFASSUNG

- Die anhaltende atmogene Deposition von pflanzenverfügbaren Stickstoffverbindungen bewirkt auf vielen Standorten eine Erhöhung der N-Vorräte. Die ökosystemaren Speichermöglichkeiten für N sind jedoch nicht unbegrenzt. Mit Annäherung an die Kapazitätsgrenzen ist zu erwarten, daß die Nitratausträge mit dem Sickerwasser zunehmen, soweit nicht gasförmige Freisetzungen oder Ernteexporte dem entgegenwirken. Bei sehr hohen Ammoniumeinträgen, wie in der Wingst, muß auch mit Störungen der Nitrifikation gerechnet werden, so daß es zu erhöhten Ammoniumausträgen kommen kann.

- Zwischen den Ökosystemen bestehen hinsichtlich Speicherung und Austrag große Unterschiede. Derzeit wird auf großen Flächen noch Stickstoff gespeichert, ohne daß die Stickstoffausträge mit dem Sickerwasser wesentlich erhöht sind.

- Hohe Stickstoffeinträge sind häufig korrliert mit Prozessen der Bodenversauerung. Die früher relativ seltene Kombination von geringer Basenversorgung mit hohem Stickstoffangebot breitet sich heute mehr und mehr aus.

- Kalkungen auf Standorten mit guter Stickstoffausstattung können dazu beitragen, die Nitratfrachten im Sickerwasser beträchtlich zu erhöhen, da sie die N-Vorräte des Humus verstärkt mobilisieren.
  Auf Standorten, deren Ökosysteme hingegen noch eine hohe Aufnahmebereitschaft für Stickstoff aufweisen, bewirken Kalkungen keine wesentlichen Änderungen des Nitrataustrages. Hier kommt es in der Hauptsache zu einer Umverteilung des Stickstoffs durch Mobilisierung des immobilen N-Kapitals im Auflagehumus und Wiedereinschleusung in den aktivierten biologischen Kreislauf.

- Auf basenarmen Standorten können Kalkungen die biologische Aufnahmekapazität für Stickstoff verbessern. Dies ergibt sich vor allem durch gesteigertes Wachstum, Erhöhung der Biomasse und Aktivierung des biologischen Kreislaufs infolge der Beseitigung der Basenmangelsituation im Ökosystem. Solche Mangelsituationen können durch frühere Streunutzung induziert worden sein.

- Großflächige Kalkungsvorhaben müssen neben den Versauerungskriterien auch Kriterien des N-Haushaltes berücksichtigen, um wesentliche Nitratbelastung der forstlichen Wasserreserven zu vermeiden.

- Vernässende Standorte mit ausreichendem Humusgehalt sind infolge von gasförmigen N-Freisetzungen auch bei Kalkungen vor extrem hohen Nitrataustrágen sicher.

2.2.6 SCHRIFTTUM

/1/ KREUTZER, K. (1971): Über den Einfluß der Streunutzung auf den Stickstoffhaushalt von Kiefernbeständen (Pinus silvestris L.). Forstw. Cbl. 91, S. 263 - 270.

/2/ KREUTZER, K. (1975): Die Wirkung der Wirtschaftsführung auf den Nährstoffhaushalt mitteleuropäischer Wälder. In: Whole Tree utilization - consequences for soil and environment. Mitt. ELMIA-Konferenz, Jönköping, Schweden.

/3/ UMWELTBUNDESAMT (1986): Daten zur Umwelt 1986/87. Erich Schmidt Verlag.

/4/ ISERMANN, K. (1988): Stickstoffemission aus der Landwirtschaft. Vortrag bei der Sektion Waldernährung in der Wingst, Sept. 1988.

/5/ FÜHRER, H.-W. (1989): Wasserqualität von vier kleinen Bächen des Forsthydrologischen Forschungsgebietes Krofdorf (Hessen). - Ein experimenteller Einzugsgebietsvergleich. Beitrag 3.4 in: DVWK Mitteilungen 17, Deutscher Verband für Wasserwirtschaft und Kulturbau e.V. (DVWK), Gluckstraße 2, D-5300 Bonn 1, S. 221 - 226.

/6/ SCHMIDT, A. (1971): Wachstum und Ertrag der Kiefer auf wirtschaftlich wichtigen Standorteinheiten der Oberpfalz. Forschungsberichte d. Forstl. Forschungsanstalt München, Band 1, 178 S.

/7/ PRETZSCH, H. (1985a): Wachstumsmerkmale süddeutscher Kiefernbestände in den letzten 25 Jahren. Forschungsberichte d. Forstl. Forschungsanstalt München, Band 65, 183 S.

/8/ RÖHLE, H. (1984): Wachstumsgang und Biomassenstruktur geschädigter Fichten - Ergebnisse ertragskundlicher Untersuchungen in verschiedenen bayerischen Schadgebieten. Jahrestagung 1984 der Sektion Ertragskunde des DVFFA in Neustadt/Weinstraße, Tagungsbericht, S. 3/1-3/24.

/9/ KREUTZER, K. (1981): Die Stoffbefrachtung des Sickerwassers in Waldbeständen Mitt. Bodenkundl. Gesellschaft 32, S. 273 - 286.

/10/ ULRICH, B.; MAYER, R.; KHANNA, P.K. (1979): Deposition von Luftverunreinigungen und ihre Auswirkungen in Waldökosystemen im Solling. Schriften der Forstl. Fak. Universität Göttingen und der Niedersächsischen Forstlichen Versuchsanstalt 58.

/11/ KREUTZER, K. (1984): Stickstoffaustrag in Abhängigkeit von Kulturart und Nutzungsintensität in der Forstwirtschaft. DVWG-Schriftenreihe, Wasser 38, S. 69 - 82.

/12/ KREUTZER, K.; DESCHU, E.; HÖSL, G. (1986): Vergleichende Untersuchungen über den Einfluß von Fichte (Picea abies L. Karst.) und Buche (Fagus sylvatica L.) auf die Sickerwasserqualität. Forstw. Cbl. 105, S. 364 - 371.

/13/ ULRICH, B. (1981): Theoretische Betrachtung des Ionenkreislaufs in Waldökosystemen. Z. Pflanzenernährung Bodenkunde 144, S. 647 - 659.

/14/ ULRICH, B. (1986): Natural and anthropogenic components of soil acidification. Z. Pflanzenernährung Bodenkunde 149, S. 702 - 717.

/15/ KREUTZER, K.; BITTERSOHL, J. (1986): Untersuchungen über die Auswirkungen des sauren Regens und der kompensatorischen Auswirkungen Kalkung im Wald. Forstw. Cbl. 105, S. 273 - 282.

/16/ HÜSER, R.; REHFUESS, K.E. (1988): Stoffdeposition durch Niederschläge in ost- und südbayerischen Waldbeständen. Schriftenreihe der Forstw. Fak. Universität München und der Bayerischen Forstlichen Versuchs- und Forschungsanstalt. Heft 86, 153 S.

/17/ BRUMME, L.; LEFTFIELD, N.; BEESE, F. (1987): N_2O Freisetzung aus einer sauren Braunerde. Mitt. Dt. Bodenk. Gesellschaft 55, S. 585 - 586.

/18/ GRAVENHORST, G.; BÖTTGER, A. (1983): Field measurements of NO and NO_2 to and from the ground. In: BEILKE, S.; ELSHOUT, A.J. (eds.): Acid deposition. D. Reidel Publish. Comp., S. 172 - 184.

/19/ MELLILO, J.M.; ABER, J.D.; STENDLER, P.A.; SCHIMMEL, J.P. (1983): Denitrification potentials in a successional sequence of Northern hardwood forest stands. In: HALLBERG, R. (ed.): Environmental biogeochemistry. Ecol. Bull (Stockholm).

/20/ WEIGER, H. (1986): Experimentelle Untersuchungen in nordbayerischen Nadelwaldbeständen über den Wasserhaushalt und den Stickstoffeintrag nach Stickstoffdüngungen. Forstl. Forschungsberichte München, Band 76.

2.3 AUSWIRKUNGEN KÜNSTLICH ERHÖHTER SULFAT-DEPOSITION AUF DEN SCHWEFEL-STATUS EINES WALDBODENS

von M. Fischer, München

2.3.1 EINLEITUNG

Als begleitende Untersuchung zum "Höglwald"-Freilandexperiment /1/ einer künstlichen schwefelsauren Waldbodenberegnung (Arbeitsgruppe Prof. Dr. Kreutzer, Lehrstuhl für Bodenkunde der Universität München) wurden die Auswirkungen der dadurch gesteigerten Sulfat-Deposition auf die Schwefel-Ausstattung einer versauerten Parabraunerde geprüft. Dazu erfolgte ein Vergleich wichtiger Schwefel-Parameter zwischen der Kontrollfläche (A1) unter ausschließlich natürlicher Sulfat-Deposition ($27 \text{ kgS} \cdot ha^{-1} \cdot a^{-1}$) und einer zusätzlich künstlich mit verdünnter H_2SO_4 beregneten Parzelle (B1) mit einem gegenüber der Kontrolle in drei Jahren um insgesamt $177 \text{ kgS} \cdot ha^{-1}$ gesteigerten Schwefel-Eintrag.

2.3.1.1 Untersuchungsmaterial

Abgesehen von den experimentell erzeugten Depositionsunterschieden repräsentieren die beiden Untersuchungsflächen hinsichtlich der Standorts- und Bestockungseigenschaften weitgehend identische Systeme aus versauerter, podsoliger, im tiefen Unterboden schwach pseudovergleyter Parabraunerde aus Feinsedimenten der obermiozänen Süßwassermolasse mit Lößlehmbeimengung im oberen Bereich unter vitalem Fichtenaltbestand /1/.

2.3.1.2 Untersuchungsmethoden

Die Beprobung der Vergleichsflächen vom Auflagehumus bis 50 cm Tiefe erfolgte flächenrepräsentativ an 20 (A1) bzw 10 (B1) Punkten eines systematischen Rasters mit stammnahen wie stammfernen Entnahmestellen /2/.

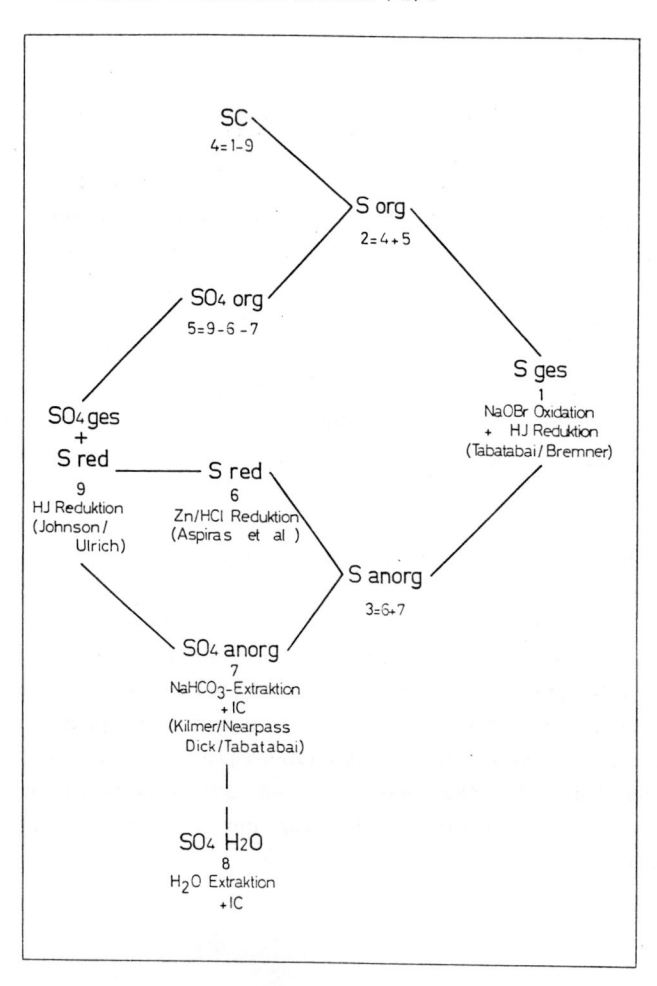

```
                        SC
                       4=1-9
                               S org
                               2=4+5

              SO4 org
              5=9-6-7
                                           S ges
                                             1
                                         NaOBr Oxidation
                                          + HJ Reduktion
   SO4 ges                                (Tabatabai/Bremner)
     +
   S red ——— S red
     9          6
  HJ Reduktion  Zn/HCl Reduktion
  (Johnson/    (Aspiras et al)
   Ulrich)
                               S anorg
                               3=6+7
              SO4 anorg
                 7
             NaHCO3-Extraktion
                 + IC
            (Kilmer/Nearpass
             Dick/Tabatabai)
                 |
                 |
              SO4 H2O
                 8
            H2O Extraktion
                 + IC
```

<u>Bild 1:</u>   Schema der Schwefel-Bestimmung

An luftgetrockneter und gemahlener Feinerde wurden wichtige Schwefel-Gehalte nach einem international bewährtem Analysenprogramm entsprechend dem Schema in Bild 1 bestimmt /3,4/.

2.3.2 ERGEBNISSE

Im Vergleich zu einem repräsentativen Spektrum süddeutscher Waldböden ist die Kontrollfläche A1 durch eine knapp unterdurchschnittliche Schwefel-Ausstattung mit einem schwachen Überwiegen der anorganischen, sulfatischen Bindungsform und deren bevorzugter Anreicherung in den Profilbereichen pedogenetischer Akkumulationsvorgänge gekennzeichnet.

2.3.2.1 Schwefel-Gehalte

Für die Fläche mit künstlich erhöhter Sulfat-Deposition sind gegenüber der Kontrolle gesicherte Zunahmen des Gesamt-Schwefels um bis zu 56 % vom Auflagehumus bis in eine Mineralbodentiefe von 20 cm zu beobachten.

Alle untersuchten Schwefelfraktionen sind an dieser Steigerung beteiligt, besonders treten jedoch die Zugewinne der organischen Bindungsformen hervor. Unterhalb 20 cm Bodentiefe finden sich wieder weitgehend unveränderte Gehalte an Gesamtschwefel und dessen Komponenten. Bild 2 vergleicht die Tiefenfunktionen der Schwefelgehalte von Kontrolle und zusätzlich sulfatisch beregneter Fläche.

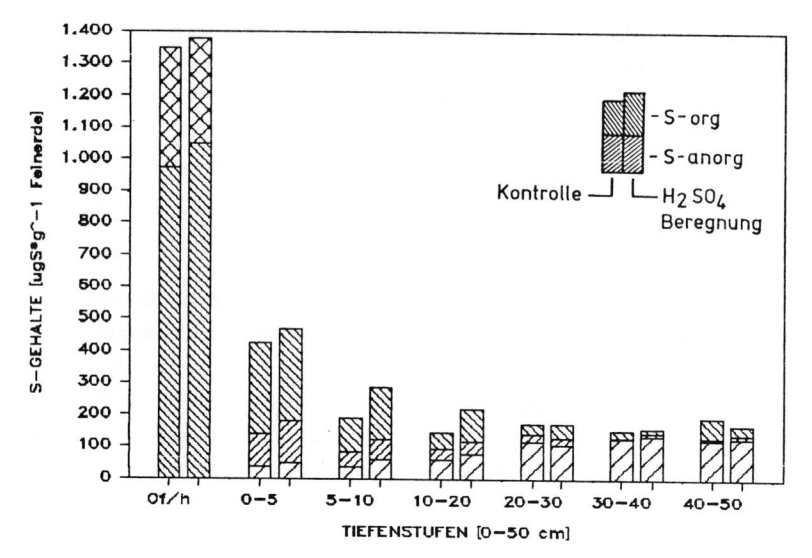

Bild 2: Vergleich der Tiefenfunktionen der Schwefel-Gehalte vom Auflagehumus bis 50 cm Tiefe für die Flächen A1 und B1 ($\mu gS \cdot g^{-1}$; /2/)

2.3.2.2 Schwefel-Vorräte

Die Schwefel-Vorräte (Bild 3) liegen im Auflagehumus wegen seiner geringeren Mächtigkeit auf der künstlich sauer beregneten Parzelle trotz gesteigerter Gehalte niedriger als die der Kontrollfläche, während sie im Vergleich der Mineralböden die Gehaltetrends entsprechend der Beziehung

"Vorrat = Gehalt · Mächtigkeit · Feinerderaumgewicht "

klar wiederspiegeln. Insgesamt liegen die Gesamtschwefel-Vorräte der künstlich sauer beregneten Fläche im Mineralboden bis 50 cm Tiefe um 174 $kgS \cdot ha^{-1}$ oder 13 % höher als die der Kontrolle; selbst bei einer Einbeziehung des Auflagehumus ergibt sich noch eine Steigerung der Schwefel-Vorräte um 116 $kgS \cdot ha^{-1}$.

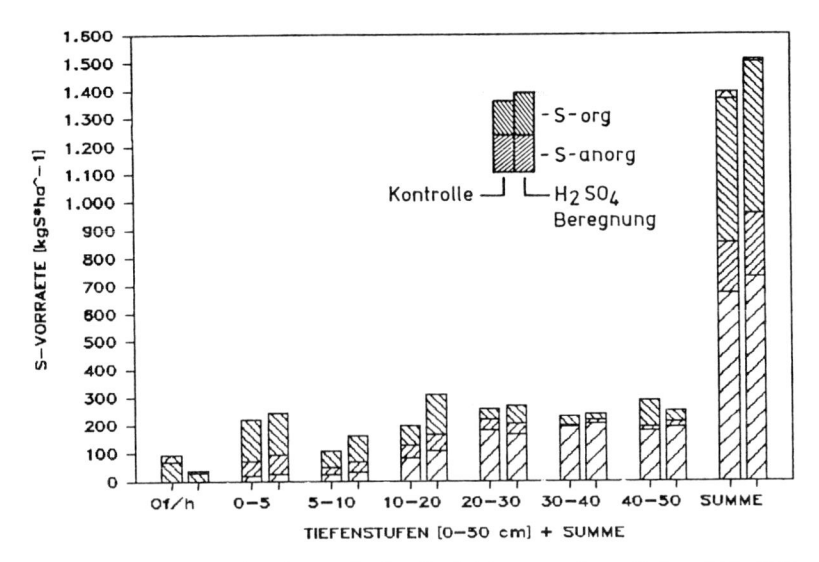

Bild 3: Vergleich der Tiefenfunktionen der Schwefel-Vorräte vom Auflagehumus bis 50 cm Tiefe für die Flächen A1 und B1 (kgS·ha^{-1}; /2/)

Im Mineralboden übertrifft die Zunahme der organischen Schwefelverbindungen (plus 19 %) die Steigerung des anorganischen Schwefels (plus 8 %). Dadurch verschiebt sich das Verhältnis von organischem zu anorganischem Schwefel von einem leichten Überwiegen der anorganischen Fraktion auf der Kontrolle zu einem schwachen Vorherrschen organischer Komponenten auf der künstlich beregneten Fläche.

2.3.3 DISKUSSION

Die klaren Unterschiede in der Schwefel-Ausstattung der beiden Untersuchungsflächen scheinen zunächst einen fast vollständigen bzw. beachtlich hohen Rückhalt des massiven Sulfat-Eintrages in einem nur geringmächtigen Solumbereich anzuzeigen. Dabei werden sowohl noch freie Speicherkapazitäten für anorganische Bindungsformen wie auch - und zwar in stärkerem Maß - organische Retentionspotentiale genutzt. Jedoch zeigt eine vorläufige Abschätzung, daß die Sulfat-Verluste mit dem Sickerwasser für die Fläche unter experimenteller Beregnung deutlich höher anzunehmen sind als der Sulfat-Austrag der Kontrolle. So übersteigen die mittleren Sickerwasserkonzentrationen der Fläche B1 mit wohl über 70 ug $SO_4 \cdot l^{-1}$ die der Fläche A1 mit 57 ug $SO_4 \cdot l^{-1}$ deutlich; zugleich müssen die Sickerwassermengen unter der künstlichen Beregnung wegen der damit verbundenen zusätzlich applizierten Wassermengen entsprechend größer sein als bei der Kontrolle mit nur natürlichem Niederschlag.

Auf dieser Basis können die beobachteten Unterschiede in der Schwefel-Ausstattung der Vergleichsflächen, die weitgehend dem künstlichen Schwefel-Eintrag entsprechen, nicht ausschließlich als Effekt der zusätzlichen Sulfat-Gabe aufgefaßt werden. Es muß zusätzlich auch eine natürliche, kleinstandörtliche Variation der Schwefel-Parameter berücksichtigt werden, die sich Behandlungseffekten überlagert.

Die Kenntnis der tatsächlichen Verteilung der Unterschiede in der Schwefel-Ausstattung der Vergleichsflächen auf kleinstandörtliche Variation und Beregnungseffekt wird erst mit einer Bilanzierung zwischen Schwefel-Ein- und -Austrag möglich; dazu liegen jedoch derzeit konkrete Daten noch nicht vor.

2.3.4 SCHRIFTTUM

/1/ KREUTZER, K.; BITTERSOHL, J. (1986): Untersuchungen über die Auswirkungen des sauren Regens und der kompensatorischen Kalkung im Wald. Forstwissenschaftliches Centralblatt, Heft 4, Verlag Paul Parey, Hamburg, Berlin, S. 274 - 282.

/2/ PECHT, K. (1987): Schwefelverteilung in Parabraunerden unter dem Einfluß von Fichte und Buche und künstlicher saurer Beregnung. Diplomarbeit; Lehrstuhl für Bodenkunde der Universität München (unveröffentlicht).

/3/ FISCHER, M. (1986): Schwefel-Vorräte und -Bindungsformen des Pedons "Höglwald". Forstw. Cbl., Heft 4, Verlag Paul Parey, Hamburg, Berlin, S. 287 - 292.

/4/ FISCHER, M.; REHFUESS, K.E. (1988): Schwefel-Vorräte und -Bindungsformen süddeutscher Waldböden in Abhängigkeit von der atmogenen Schwefel-Deposition. Schlußbericht BMFT 0373324. Fachinformationszentrum Energie, Physik, Mathematik GmbH, 7514 Eggenstein-Leopoldshafen 2 (unveröffentlicht).

2.4 STOFFDEPOSITION UND SICKERWASSERBEFRACHTUNG IN FICHTENWALD- UND BUCHENWALD-ÖKOSYSTEMEN DES SCHÖNBUCHS BEI TÜBINGEN 1979-1988

von W. Bücking, Freiburg i.Br.

2.4.1 EINLEITUNG

Im Rahmen des landschaftsökologischen Forschungsprojektes Naturpark "Schönbuch" (in Baden-Württemberg zwischen Stuttgart und Tübingen gelegen) wurden Elemente des Wasser- und Stoffhaushaltes von Buchen- und Fichtenwald-Ökosystemen auf jeweils vergleichbaren Standorten untersucht. Für ein Vergleichspaar Buche/Fichte liegen inzwischen längerfristige Meßdaten (1979 - 1988) zur Makroelement-Stoffdeposition und zur -Stoffkonzentration im Sickerwasser (entnommen mit keramischen Saugkerzen) in verschiedenen Bodentiefen vor, aus denen erste Aussagen über langfristige Trends gemacht werden können.

2.4.2 ERGEBNISSE

2.4.2.1 Stoffdeposition

Die Jahreswerte der Stoffdeposition gehen aus Tafel 1 hervor. Vergleichende Untersuchungen in Baden-Württemberg /3/ und in der Bundesrepublik Deutschland /4/ bestätigen, daß das Schönbuch-Gebiet, bedingt durch den Schutz des westlich vorgelagerten Schwarzwaldes sowie die expositionsabgewandte Lage zu den Industriezentren des Mittleren Neckarraumes, sich durch geringe Stoffdeposition auszeichnet. Die Baumart differenziert die Größe der Protonen-, Sulfat- und Chloriddeposition sowie die stark vom Blattleaching beeinflußten

Tafel 1: Niederschlagshöhen (mm) und Stoffdepositionen (kg/ha·a) im Schönbuch

		1979	1980	1981	1982	1983	1984*	1985*	1986*	1987*	$\bar{x}$ 1979/80-1987
Niederschlagshöhen mm											
Freiland 1			650	814	961		903	710	939	900	840
Freiland 2			688	642	998						
Fichte			457	359	646		520	446	585	597	516
Stammabfluß			2	1	2						
Buche			566	431	703		539	445	602	596	555
Stammabfluß			41	35	51						
pH											
Freiland 1		4,09**	4,35**	4,63**	4,14**		4,37	4,54	4,49	4,37	4,34
Freiland 2		4,79	4,91	4,84	4,37						
Fichte		3,97	3,97	4,17	4,10		3,95	3,99	3,94	3,99	4,00
Stammabfluß		--------------3,07------------									
Buche		4,33	4,50	4,63	4,61		4,54	4,60	4,53	4,75	4,42
Stammabfluß		--------------3,99------------									
Protonen											
Freiland 1		0,511	0,289	0,191	0,696		0,388	0,203	0,306	0,386	0,371
Freiland 2		0,057	0,085	0,093	0,429						
Fichte		0,345	0,332	0,433	0,576		0,587	0,458	0,669	0,606	0,501
Stammabfluß		--------------0,01------------									
Buche		0,141	0,193	0,118	0,174		0,156	0,110	0,179	0,106	0,147
Stammabfluß		--------------0,05------------									
Stickstoff											
Freiland 1	Gesamt N	10,6	9,7	5,9	9,0		10,9	9,7	10,5	5,9	9,0
	Ammonium N	5,4	7,5	3,6	3,6		5,2	5,9	5,8	1,6	4,8
	Nitrat N	5,2	2,2	2,3	5,4		5,6	3,8	4,6	4,3	4,2
Fichte	Gesamt N	7,2	6,9	8,0	7,6		9,6	8,7	13,1	10,4	8,9
(Kronen-	Ammonium N	2,5	3,2	3,1	3,1		3,7	3,3	4,9	3,8	3,5
durchlaß)	Nitrat N	4,7	3,7	4,9	4,5		5,9	5,4	8,3	6,6	5,5
(Stammab-	Gesamt N	--------------0,1------------									
fluß)	Ammonium N	--------------0,02------------									
	Nitrat N	--------------0,1------------									
Buche	Gesamt N	11,9	10,5	8,7	8,3		9,4	7,6	9,5	8,2	9,3
(Kronen-	Ammonium N	7,3	5,7	4,2	2,9		4,0	3,3	3,7	3,0	4,3
durchlaß)	Nitrat N	4,6	4,8	4,5	5,4		5,4	4,4	5,8	5,2	5,0
(Stammab-	Gesamt N	--------------0,82------------									
fluß)	Ammonium N	--------------0,30------------									
	Nitrat N	--------------0,32------------									
Sulfat											
Freiland 1		21,2	66,2	17,5	10,8		23,8	19,0	39,3	30	28,4
Freiland 2		11,0	34,9	17,9	18,4						
Fichte		53,2	65,4	49,4	62,1		64,9	52,5	68,2	68	60,3
Stammabfluß		--------------1,3------------									
Buche		56,0	26,9	17,3	24,0		26,7	23,0	30,7	28	29,1
Stammabfluß		--------------5,5------------									
Chlorid											
Freiland 1		-	7,6	12,1	6,7		19,5	6,7	12,8	10	10,8
Freiland 2		-	6,4	5,9	5,8						
Fichte		8,1	9,0	12,1	11,2		17,1	10,2	11,3	11	11,3
Stammabfluß		--------------0,1------------									
Buche		8,8	6,1	7,5	7,2		12,2	6,2	6,0	7	7,6
Stammabfluß		--------------0,9------------									
Calcium											
Freiland 1		8,2	12,5	13,5	4,0		3,1	2,1	4,4	5	6,6
Freiland 2		1,9	8,3	2,5	2,6						
Fichte		17,9	16,2	15,6	11,1		15,1	11,3	11,7	11	13,8
Stammabfluß		--------------0,4------------									
Buche		13,0	15,0	8,8	10,8		6,1	5,1	6,5	11	9,5
Stammabfluß		--------------0,9------------									
Magnesium											
Freiland 1		1,1	0,8	0,9	0,7		0,7	0,5	0,9	1	0,8
Freiland 2		0,3	1,4	0,5	0,7						
Fichte		1,7	2,2	2,5	2,6		2,2	1,7	2,2	2	2,1
Stammabfluß		--------------<0,1------------									
Buche		1,8	2,4	1,3	1,0		1,7	1,2	1,5	2	1,6
Stammabfluß		--------------0,2------------									
Natrium											
Freiland 1		4,7	3,9	3,4	3,7		3,41	0,95	3,62	4	4,0
Freiland 2		1,8	2,7	3,3	2,4						
Fichte		3,0	3,6	4,3	3,1		3,67	1,62	2,79	4	3,3
Stammabfluß		--------------0,1------------									
Buche		4,5	2,8	2,9	2,0		2,27	0,88	1,64	3	2,5
Stammabfluß		--------------0,3------------									
Kalium											
Freiland 1		3,7	2,5	1,7	2,2		4,54	2,12	4,34	7	3,8
Freiland 2		4,3	5,9	5,0	2,0						
Fichte		13,8	19,5	19,7	20,1		15,09	11,32	11,70	19	16,3
Stammabfluß		--------------0,5------------									
Buche		19,0	19,6	8,8	10,2		12,32	5,75	8,98	15	12,5
Stammabfluß		--------------2,6------------									

* aus Adam et al. 1987 sowie unveröffentlichte Daten

** Kalenderjahre, sonst hydrologische Jahre

Komponenten (Calcium, Magnesium, Kalium). Langfristig bestehen keine Unterschiede zwischen den Baumarten und zum Freiland beim Stickstoff.

2.4.2.2 Pufferung im Boden

Zur Erklärung der unterschiedlichen Pufferungszustände im Oberboden unter Fichte und Buche (Tafel 2) reichen die baumartenbedingten, basen-/säurehaushaltsbezogenen Unterschiede der Einträge vermutlich nicht aus; wald- und bestandesgeschichtliche Ursachen müssen hinzugezogen werden. Mögliche frühere Säurebelastungen sind in den auffällig weiten Boden-pH-Differenzen der Wasser- und KCl-Suspension dokumentiert. Das Buchensystem befindet sich im Austauscher-Pufferbereich, das Fichten-Ökosystem im Aluminium-Pufferbereich. In 60 - 100 cm Tiefe wird jedoch der Carbonatpufferbereich erreicht, der die Säurebelastung der Systeme kompensiert und im derzeitigen Zustand Auswirkungen auf Grund- und Bachwasser ausschließt.

2.4.2.3 Konzentrationsänderungen im Sickerwasser

Das Sickerwasser unter Buche und Fichte unterscheidet sich u.a. vor allem in der Größenordnung der Nitrat-, Sulfat-, Calcium- und Magnesiumkonzentrationen (Bild 1). Deutliche Trends zeichnen sich bei den Anionen ab: die sehr hohen Sulfat-Ausgangskonzentrationen ("Sulfat-Schub" der Jahre 1979 - 1983, begleitet von deutlicher pH-Absenkung im Sickerwasser; vgl. Tafel 2) haben sich unter Fichte durchgehend halbiert, während bei der Buche eher gegenläufig eine Zunahme verzeichnet wird, deren Maxima jedoch i.d.R. weit unter den Fichtenwerten bleiben. Die Nitratkonzentrationen haben sich bei der Fichte - bei bereits hohem Ausgangsniveau - mindestens verdoppelt und sind auch bei der Buche - ausgehend von einem geringen Niveau - angestiegen und instabil geworden, wie die starken Variationen von Beprobungstermin zu Beprobungstermin ausweisen.

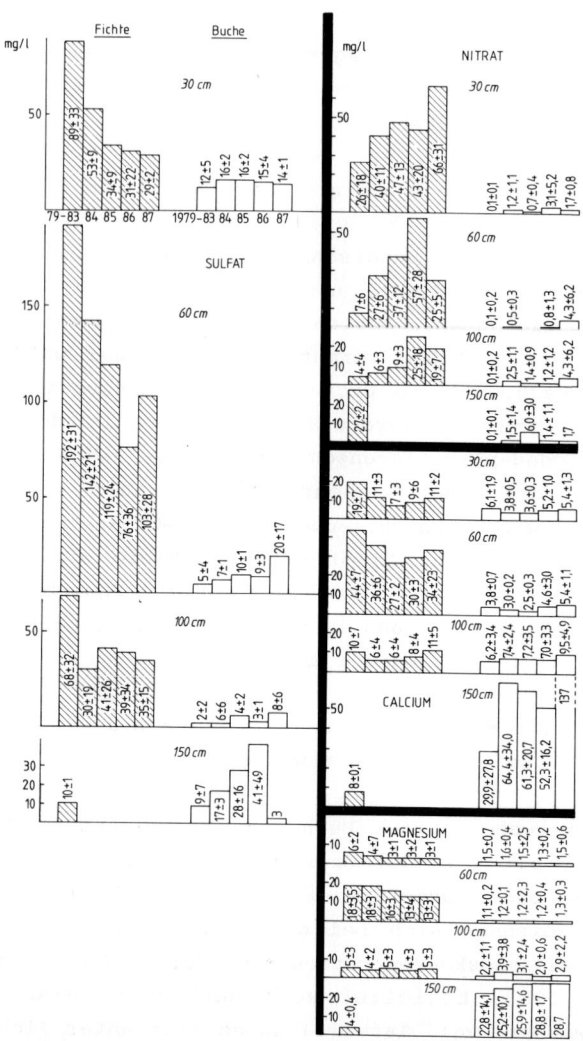

Bild 1: Änderungen der Konzentrationen im Sickerwasser verschiedener Bodentiefen auf vergleichbaren Standorten, aber unterschiedlicher Bestockung (Fichte und Buche). Jahresmittelwerte 1984 - 1987 im Vergleich zum Zeitraum 1979 - 1983 (Mittelwert)
Links: Sulfatkonzentrationen
Rechts: Nitrat- (oben), Calcium- (Mitte), Magnesiumkonzentrationen (unten). In der Tiefenstufe 150 cm / Fichte konnte ab 1983 kein Sickerwasser mehr gewonnen werden

Tafel 2: pH-Werte des Bodens und der Bodenlösung

		Boden (1980) pH			Sickerwasser				
		H_2O	KCl		1979-83	1984	1985	1986	1987
FICHTE									
Ah	0-12 cm	4,00	3,70	30 cm	3,97	4,12	4,18	4,17	4,07
AS1	12-45 cm	4,40	3,90						
Bt (Sw)	45-55 cm	4,95	3,85	60 cm	4,62	5,12	5,19	5,01	5,21
Bt (Sd)	55-80 cm	5,30	4,05	100 cm	6,43	6,76	6,23	6,08	6,25
II Bv	80-160cm	6,10	4,70						
				150 cm	6,75	-	-	-	-
BUCHE									
Ah	0- 5 cm	5,20	4,40						
Ah (Sd)	5-25 cm	4,90	4,00	30 cm	5,97	5,43	5,70	5,64	5,93
Bv (S)	25-35 cm	5,10	3,80						
II Bv	35-90 cm	5,30	3,50	60 cm	6,35	6,28	5,96	5,78	5,62
				100 cm	6,85	7,16	6,48	6,17	6,25
C/Bv	90-125cm	6,30	4,50	150 cm	7,34	8,08	8,12	7,16	7,51

2.4.3 DISKUSSION

Die Untersuchung des Schwefelhaushalts bleibt einer Spezialuntersuchung vorbehalten /5,6/.

Die Veränderung der Nitratkonzentrationen, aus der auf einen wesentlich höheren Stickstoffaustrag geschlossen werden kann, muß im Zusammenhang mit verstärkter Stickstoffmineralisation aus dem Humus und nachfolgender Nitrifikation gesehen werden, da die geringe Rate der Ammonium-

und Nitratdeposition von rund 9 kg/ha$^{-1}\cdot$a^{-1} sich nicht verändert hat. Sie wurde beim Fichtenbestand möglicherweise ausgelöst durch Durchforstungseingriffe, die nach der ersten Beobachtungsphase notwendig waren. Dieser Auslöser entfällt beim Buchenbestand, so daß trotz der geringen Depositionsrate unterhalb der Bedarfsgrenze der Bestände /7/ eine Stickstoff-Saturierung des Buchensystems im Sinne der von /8/ vorgeschlagenen Klassifizierung nicht auszuschließen ist und worauf Untersuchungen des Sickerwassers anderer Nadel- und Laubwald-Ökosysteme sowie die seit langem zu beobachtende Zunahme der Nitratkonzentrationen der Quellen aus den Waldgebieten des Schönbuchs hindeuten. Die weitere Beobachtung kann klären, ob es sich andererseits lediglich um "natürliche" Konzentrationsschwankungen handelt. Die Mineralisations- und Nitrifikationskapazitäten sind in beiden Systemen groß /1,9/.

2.2.4 SCHRIFTTUM

/1/ BÜCKING, W.; EVERS, F.H.; KREBS, A. (1986): Stoffdeposition in Fichten- und Buchenbeständen des Schönbuchs und ihre Auswirkungen auf Boden- und Sickerwasser verschiedener Standorte. In EINSELE, G. (Hrsg.): Das landschaftsökologische Forschungsprojekt Naturpark Schönbuch. DFG-Forschungsbericht, S. 271 - 324.

/2/ BÜCKING, W.; KREBS, A. (1986): Interzeption und Bestandesniederschläge von Buche und Fichte im Schönbuch. In EINSELE, G. (Hrsg.): Das landschaftsökologische Forschungsprojekt Naturpark Schönbuch. DFG-Forschungsbericht, S. 113 - 131.

/3/ ADAM, K.; EVERS, F.H.; LITTEK, TH. (1987): Ergebnisse niederschlagsanalytischer Untersuchungen in südwestdeutschen Waldökosystemen 1981 - 1986. Projekt Europäisches Forschungszentrum für Maßnahmen zur Luftreinhaltung (PEF) (Hrsg.): Forschungsbericht 24, 119 S., Karlsruhe (Kernforschungszentrum).

/4/ FÜHRER, H.W.; BRECHTEL, H.M.; ERNSTBERGER, H.; ERPENBECK, C. (1988): Ergebnisse von neuen Depositionsmessungen in der Bundesrepublik Deutschland und im benachbarten Ausland. DVWK Mitteilungen 14, Deutscher Verband für Wasserwirtschaft und Kulturbau e.V., Gluckstraße 2, D-5300 Bonn 1, 122 S.

/5/ SCHLICHTING, E. (1986): Schwefel- und Schwermetall-Umsatz zwischen Ökosystemkomponenten und -Verteilung auf Ökosystemkompartimente sowie deren (in-)direkte Auswirkung auf Organismen. UBA-Texte 17/86, S. 153 - 168.

/6/ FLEGR, M.; KÖRNER, J.; MONN, L. (1989): Schwefel-, Stickstoff- und Schwermetall-Umsatz zwischen Ökosystemkomponenten und -Verteilung auf Ökosystemkompartimente sowie deren (in-)direkte Auswirkung auf Organismen. Abschlußbericht. Forschungsbericht Saurer Regen/Waldsterben des Bundesministeriums für Forschung und Technologie. Forschungsprojekt Nr. 03 7346, 86 S. und Anhang (unveröffentlicht).

/7/ NILSON, J. (Hrsg.) (1986): Critical loads for sulphur and nitrogen. Report from a Nordic Working Group. 232 S. (Nordischer Ministerrat, unveröffentlicht).

/8/ KREUTZER, K. (1989): Änderungen im Stickstoffhaushalt der Wälder und ihre Auswirkungen auf die Qualität des Sickerwassers. Beitrag Nr. 2.2 in: DVWK Mitteilungen 17, Deutscher Verband für Wasserwirtschaft und Kulturbau e.V. (DVWK), Gluckstraße 2, D-5300 Bonn 1, S. 121 - 132.

/9/ MONN, L. (1987): Der Beitrag des N-Umsatzes in Laub- und Nadelforsten zur Versauerung von Böden. Mitteilungen Deutsche Bodenkundliche Gesellschaft 55/I, S. 393 - 395.

2.5 SULFATADSORPTIONSKAPAZITÄT UND SCHWEFELBINDUNGSFORMEN IN BÖDEN DES SCHWARZWALDES

von F. Kurth, K.-H. Feger, Freiburg i.Br. und M. Fischer, München

2.5.1 EINLEITUNG

Im Zusammenhang mit der Versauerung von Waldböden als Folge atmogener Belastung stellen die Auswaschung basischer Nährelementkationen und die Mobilisierung toxischer Al-Spezies eine potentielle Gefahr für terrestrische und aquatische Ökosysteme dar. Das Ausmaß dieser Prozesse wird gesteuert durch die Höhe des Protoneneintrages und die Mobilität der Anionen im Sickerwasser. Aus Gründen der Elektroneutralität können nur so viele Kationen ausgewaschen werden wie Anionen als Partner zur Verfügung stehen /1/. Da SO_4^{2-} sowohl im Niederschlag wie auch im Bodensickerwasser meist dominiert, kommt der SO_4^{2-}-Retention eine Steuerfunktion beim Kationenexport zu. Allgemein gelten sulfatakkumulierende Ökosysteme als weniger empfindlich gegenüber atmogener Boden- und Gewässerversauerung /2/.

2.5.2 ZIELSETZUNG

Die Untersuchungen wurden im Rahmen des Projektes ARINUS /3/ durchgeführt. Sie dienen der Charakterisierung der Sulfatdynamik an den Standorten Schluchsee und Villingen. Ausgehend von einer Inventur der S-Vorräte wurden Zusammenhänge zwischen Sulfatgehalt und Sesquioxid-, Ton- und C-Gehalt sowie pH-Wert untersucht. Mittels Adsorptionsthermen wird versucht, die Sulfatspeicherkapazität für verschiedene S-Angebote zu beurteilen, wie sie aus atmogener S-Deposition oder Neutralsalzdüngung mit K/Mg-Sulfaten zur Restabilisierung geschädigter Bestände /4/ herrühren.

2.5.3 METHODEN

Die bodenchemischen und -physikalischen Analysen erfolgten nach Standardverfahren. Die S-Gehalte wurden mit einem bewährten Analysenschema ermittelt /5/. Die Adsorptionsisothermen wurden an getrockneter Feinerde im Batchverfahren mit 10 - 400 ppm SO_4-S bei einem Boden: Lösungsmittelverhältnis von 1:5 erstellt. Die adsorbierte Menge errechnet sich aus der Differenz zwischen Original- und Restkonzentration in der Lösung (ionenchromatographische SO_4^{2-}-Bestimmung).

2.5.4 BÖDEN

Die Untersuchungen erfolgten an Böden der ARINUS-Versuchsgebiete Schluchsee und Villingen im Schwarzwald. Eine detaillierte Darstellung der naturräumlichen und forstwirtschaftlichen Bedingungen findet sich bei /3/.

Die für die Fragestellung relevanten Werte der chemischen Bodenanalyse sind Tafel 1 zu entnehmen. Basenarmes Ausgangsgestein, Fichtenbestockung und Rohhumusauflage führen an beiden Standorten auch im Unterboden zu den typisch niedrigen pH-Werten. Die C-Gehalte liegen beim Podsol Schluchsee aufgrund pedogener Prozesse und der Tätigkeit der Regenwurmart **Lubricus badensis** im gesamten Profil um 3 %.

Entsprechend dem Ausgangsgestein und den Verwitterungsbedingungen weist die Braunerde Villingen hohe Gehalte an Fe-Oxiden auf, die vorwiegend kristallinen Formen (Fe_d-Fe_o) zuzuordnen sind. Beim Al zeigt sich eine Akkumulation der amorphen Fraktion (Al_o-Al_p) in den Bv-Horizonten, was auf eine beginnende Podsolierung hindeutet. Der Boden aus Schluchsee zeigt bezüglich der Sesquioxidverteilung die für einen Podsol typische, fortschreitende Verlagerung von Al und Fe. Bei Al überwiegen im gesamten Profil deutlich die

Tafel 1: Chemische Eigenschaften der untersuchten Mineralböden (Villingen: 910 m ü. NN, 900 - 1200 mm N., 6° C, 80 - 100jährige Fichte, schwach pseudovergleyte, saure Braunerde auf Oberem Buntsandstein; Schluchsee: 1200 m ü. NN, 1800 - 2000 mm N., 5° C, 20 - 60jährige Fichte, Podsol auf Bärhaldegranit)

Tiefe cm	Horizont	pH CaCl$_2$	C %	Ton %	Al$_d$	Al$_o$	Al$_p$ mg/g	Fe$_d$	Fe$_o$	Fe$_p$
\multicolumn{11}{c}{Podsol Schluchsee}										
0-30	Aeh	3,3	2,4	11,6	1,3	1,2	1,2	5,0	1,3	1,3
30-40	Bhs	3,8	3,2	11,8	4,1	3,6	2,8	9,6	5,4	1,3
40-60	Bsh	4,2	3,0	10,0	7,3	7,0	5,6	10,6	7,9	2,1
60-80	Bhvs	4,3	3,0	11,7	11,6	9,2	8,0	11,0	7,5	5,2
80-100	Cv	4,4	0,5	6,4	3,4	3,4	2,4	5,1	0,6	0,6
\multicolumn{11}{c}{Braunerde Villingen}										
0- 3	A(e)h	3,0	3,9	12,1	1,2	1,0	0,9	4,7	1,3	1,1
3-12	Ah	3,2	3,6	15,7	1,6	1,5	1,2	8,0	2,3	1,6
12-20	AhBv	3,5	1,6	15,9	2,0	1,9	1,5	10,9	3,0	1,6
20-28	Bv1	3,9	1,1	20,3	2,7	2,3	1,7	12,3	3,9	1,7
28-45	Bv2	4,2	0,6	22,1	3,5	3,3	1,9	11,0	2,6	0,8
45-70	BvCv	3,9	0,2	26,2	1,6	1,3	0,9	13,8	1,0	0,3
70-100	Cv	3,8	0,2	27,0	1,7	1,1	0,8	22,3	0,9	0,2

organisch-gebundenen Anteile (Al$_p$), während beim Fe in den Akkumulationshorizonten vorwiegend amorphe Formen (Fe$_o$-Fe$_p$) auftreten. Eine kristalline Al-Fraktion fehlt fast völlig, wohingegen beim Fe konstante Gehalte um 3 mg/g vorkommen.

2.5.5 SCHWEFELBINDUNGSFORMEN UND -VORRÄTE

Es ergeben sich für beide Standorte niedrige Gesamtvorräte aufgrund der geringen lithogenen S-Vorgabe der Ausgangsgesteine Bärhaldegranit bzw. Buntsandstein sowie niedriger atmogener S-Belastung von 10 - 20 kg/ha·Jahr im Bestand /6/. Die Gehalte in den Auflagen liegen zwischen 900 und 1700 µg/g. Die Fraktion des an Kohlenstoff gebundenen Schwefels (C-S) macht daran erwartungsgemäß zwischen 70 - 90 % aus.

Für den Podsol (Bild 1) setzt sich das Überwiegen der organischen S-Formeln bis in den Unterboden fort, wozu neben der C-S Franktion auch hohe Gehalte an organischen Estersulfaten beitragen. Sulfat liegt im gesamten Profilverlauf um 20 µg/g, was in etwa der lithogenen S-Ausstattung durch den Bärhaldegranit (vgl. Gehalte des Cv-Horizonts). Deshalb machen die anorganischen Bindungsformen nur etwa ein Sechstel des Gesamtschwefelvorrates von 820 kg/ha aus.

In der Braunerde (Bild 2) finden sich hohe Anteile der organischen S-Fraktionen nur noch in den A-Horizonten, während in den tieferen Horizonten Sulfat deutlich überwiegt, was in diesen Horizonten sogar zu einem Anstieg der Gesamtgehalte führt. Insgesamt ergeben sich die höheren S-Vorräte für die Braunerde (1540 kg/ha), wobei die anorganischen Anteile leicht überwiegen.

2.5.6 SULFATADSORPTIONSKAPAZITÄTEN

Sulfatadsorption ist ein konzentrationsabhängiger Prozeß. Bei steigenden SO_4^{2-}-Konzentration in der Bodenlösung nimmt der Gehalt von an der Bodenfestphase sorbiertem SO_4^{2-} ebenfalls zu. Zur Chrakterisierung dieser Beziehung dient die Adsorptionsisotherme, mit deren Hilfe somit Aussagen über

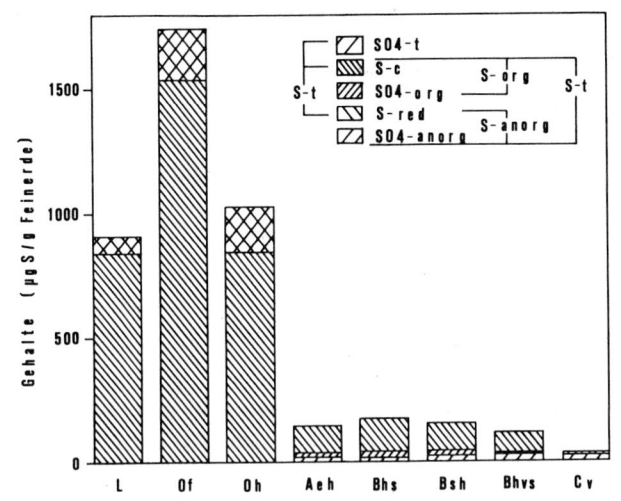

Bild 1: Tiefenfunktion der S-Gehalte: Podsol Schluchsee
($S-t$ = Gesamtschwefel, $S-C$ = kohlenstoffgebundener Schwefel, SO_4-org = organ. Estersulfate, SO_4-anorg = anorg. Sulfat, SO_4-t = Gesamtsulfat, S-red = reduzierter, anorg. Schwefel)

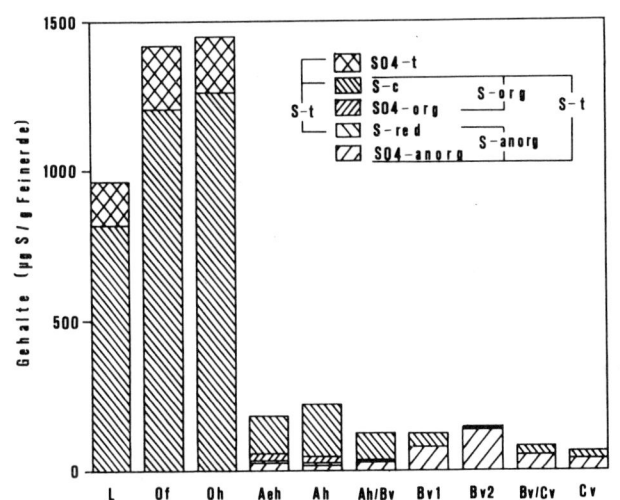

Bild 2: Tiefenfunktion der S-Gehalte: Braunerde Villingen
(Zeichenerklärung vgl. Bild 1)

die Sulfatspeicherkapazität der Böden getroffen werden können.

Bild 3 zeigt für die B-Horizonte des Podsols drei sehr ähnliche Isothermen, die bei 80 - 120 µg/g adsorbierten SO_4^{2-}-S ihr Maximum erreichen. Anders dagegen verhält sich die Braunerde (Bild 4), bei der deutlich steilere Kurven zu beobachten sind. Deren höchste Werte liegen über 200 µg/g SO_4^{2-}-S, ohne daß damit die Grenzwerte erreicht werden. Bei Erhöhung der Sulfatkonzentration in der Angebotslösung auf Werte größer 400 ppm ist demnach eine weitere Steigerung der festgelegten Sulfatmenge möglich. Zu beachten ist, daß bei der niedrigsten Konzentration (10 ppm SO_4^{2-}-S) in der Angebotslösung bei Bv1 und Bv2 keine Ad- sondern Desorption zu beobachten ist. Aufgrund der hohen Ausgangsgehalte müssen also bereits Konzentration größer 10 ppm im Sickerwasser vorhanden sein, damit überhaupt eine SO_4^{2-}-Speicherung möglich ist.

2.5.7 DISKUSSION

Insgesamt wird die aktuelle wie auch die potentielle SO_4^{2-}-Adsorption bestimmt durch die Ausstattung der Böden mit kristallinen Sesquioxiden sowie durch die C-Verteilung. Die Horizonte mit den höchsten Gehalten an kristallinem Fe und den niedrigsten C-Gehalten weisen die höchsten Sulfatspeicherkapazitäten auf. Da sich der Podsol bezüglich der SO_4^{2-}-Retention im Gleichgewicht befindet und die Braunerde sogar Desorption zeigt, ergeben sich bei den aktuellen S-Einträgen in Kombination mit den hydrologischen Gegebenheiten für beide Standorte negative Schwefelbilanzen (vgl. /6/).

Die abgeleiteten potentiellen Speicherkapazitäten lassen eine hohe Retention der auf den Versuchsflächen ausgebrachten sulfatischen Dünger /4/ in diesen Böden möglich

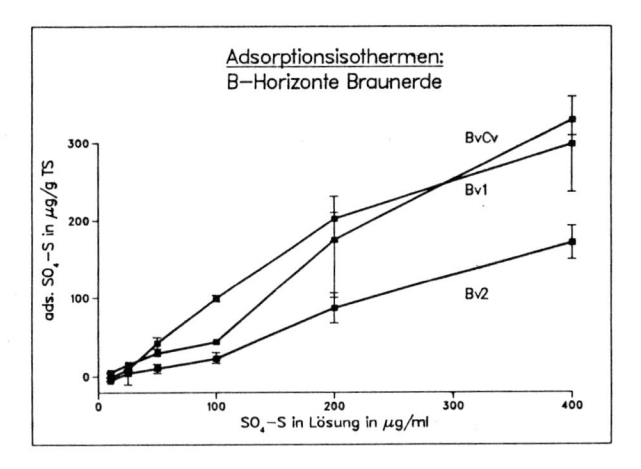

Bild 3: Adsorptionsisothermen, B-Horizonte, Podsol

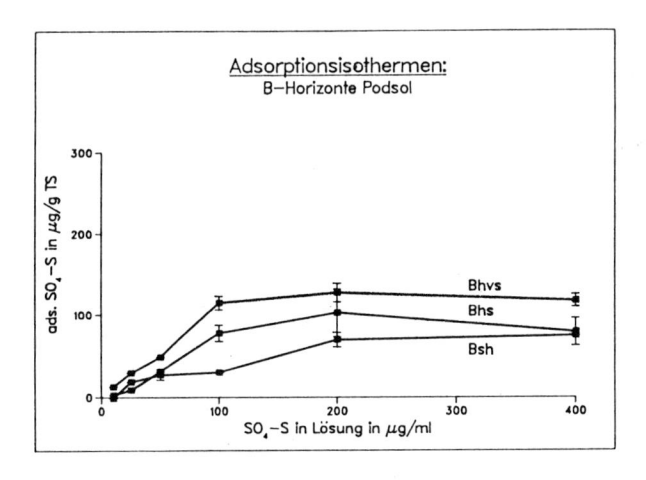

Bild 4: Adsorptionsisothermen, B-Horizonte, Braunerde

erscheinen. Sie betragen 2300 kg/ha für die Braunerde sowie 630 kg/ha für den Podsol. Inwieweit diese aus Adsorptionsversuchen unter Gleichgewichtsbedingungen und unter Zerstörung des Bodengefüges abgeleiteten Retentionskapazitäten auf die Verhältnisse am Standort übertragbar sind, hängt in hohem Maße von den Niederschlagsverhältnissen nach Düngerausbringung und den bodenhydrologischen Verhältnissen ab.

2.5.8 SCHRIFTTUM

/1/ SEIP, H.M. (1980): Acidification of freshwaters, sources and mechanisms. D. DRABLØS, A. TOLLAN (eds.): "Ecological impacts of acid precipitation", SNSF-Project Oslo-As, S. 358 - 366.

/2/ REUSS, J.O.; JOHNSON, D.W. (1986): Acid deposition and the acidification of soils and waters. Ecological Studies 59, Springer.

/3/ ZÖTTL, H.W.; FEGER, K.-H.; BRAHMER, G. (1987): Projekt ARINUS. 1. Zielsetzung und Ausgangslage. KfK/PEF-Berichte 12(1), S. 269 - 281.

/4/ ZÖTTL, H.W.; FEGER, K.-H.; SIMON, B. (1989): Auswirkungen von Neutralsalzgaben im Projekt ARINUS. KfK/PEF-Berichte (im Druck).

/5/ FISCHER, M.; REHFUESS, K.E. (1988): Schwefel-Vorräte und Bindungsformen süddeutscher Waldböden in Abhängigkeit von der atmogenen S-Deposition. Schlußbericht zum BMFT-Projekt 03 7332 4.

/6/ BRAHMER, G.; FEGER, K.-H. (1989): Hydrochemische Bilanzen kleiner bewaldeter Einzugsgebiete des Südschwarzwaldes. Beitrag 3.2 in: DVWK Mitteilungen 17, Deutscher Verband für Wasserwirtschaft und Kulturbau e.V. (DVWK), Gluckstraße 2, D-5300 Bonn 1, S. 205 - 211.

Das Forschungsprojekt ARINUS der Universität Freiburg wird gefördert aus den Mitteln des Landes Baden-Württemberg und der Kommission der Europäischen Gemeinschaften (Projekt Europäisches Forschungszentrum für Maßnahmen zur Luftreinhaltung (PEF), Kernforschungszentrum Karlsruhe). Das Vorhaben "Schwefelvorräte und Bindungsformen in süddeutschen Waldböden in Abhängigkeit von der atmogenen S-Deposition" der Universität München wird finanziert durch das Bundesministerium für Forschung und Technologie, Bonn.

2.6 MIKROBIELLE N- UND S-UMSETZUNGEN IM AUFLAGEHUMUS UND OBEREN MINERALBODENHORIZONTEN VON SCHWARZWALDBÖDEN

von B. Simon, München; K.-H. Feger und H.W. Zöttl, Freiburg i.Br.

2.6.1 EINLEITUNG

Um die Auswirkungen atmogener Schwefel- und Stickstoffdepositionen auf die Öko- und Hydrosphäre beurteilen zu können, sind Untersuchungen zu mikrobiellen Umsetzungen dieser beiden Elemente notwendig. Hohe Vorräte an N und S sind in der organischen Substanz gespeichert /1/, so daß der Dynamik der mikrobiellen Umsetzungen eine erhebliche Bedeutung zukommt. So findet man eine starke zeitliche und räumliche Differenzierung im N-Austrag mit dem Bodensicker- bzw. Oberflächenwasser, die sich nicht durch Unterschiede in der atmogenen Deposition erklären läßt /2/. Eine hohe mikrobielle Mobilisierung mit nachfolgender Auswaschung von NO_3^- erhöht den Kationenaustrag und führt zur Versauerung /3/.

Die N-Dynamik von Böden wird vor allem durch biologische Prozesse bestimmt /4/, während der S-Haushalt neben den mikrobiologischen Prozessen Mineralisation und Immobilisierung /5/ noch durch die physikochemischen Prozesse Adsorption und Desorption /6/, sowie durch Lösungs- bzw. Fällungsreaktionen gesteuert wird. Somit ist zu erwarten, daß aufgrund unterschiedlicher Gesamt-Schwefelvorräte, unterschiedlicher Verhältnisse von anorganischem zu organischem Schwefel sowie physikochemischer Eigenschaften, welche die Adsorption/Desorption bzw. Mineralisation/Immobilisierung steuern, die Schwefel-Dynamik in Waldökosystemen stark variiert /1/.

2.6.2 ZIELSETZUNG

Im Rahmen des Projektes ARINUS /7/ wurden im Sommer und Herbst 1987 Untersuchungen zur N- und S-Mineralisation durchgeführt. Für die Auflagen und oberen Mineralbodenhorizonte wurden Nachlieferungsraten der anorganischen Stickstoffverbindungen NH_4^+ und NO_3^- sowie von SO_4^{2-} und des gelösten organischen S bzw. N mit Hilfe von Inkubationsversuchen ermittelt. Im Herbst 1987 wurde den Brutversuchen $(NH_4)_2SO_4$ zugegeben. Es sollte das Ausmaß der Nitrifikation und der mikrobiellen N- und S-Immobilisierung untersucht werden. Weiterhin wurde den Brutversuchen im Herbst 1987 Kieserit bzw. Kalimagnesia zugesetzt. Diese Düngerformen wurden im Frühjahr 1988 zur Simulation atmogener N- und S-Einträge bzw. aufgrund des K- bzw. Mg-Mangels der Bestände in den ARINUS-Einzugsgebieten flächig ausgebracht.

2.6.3 METHODEN

Auf beiden Versuchsflächen wurden jeweils 10 Bodenmonolithe ausgestochen, nach Auflage und humosen Mineralboden getrennt und zu einer Mischprobe vereinigt. Die Proben aus der Auflage enthalten sowohl Of- als auch Oh-Material. L wurde nicht berücksichtigt. Die Auflageproben wurden von Hand homogenisiert. Die Mineralbodenproben wurden durch ein 5 mm-Sieb gestrichen. Angewendet wurde der einfache Brutversuch nach ZÖTTL /4/. Bei den Versuchen mit Düngerzugabe wurden die Salze zuvor im zuzuführenden Wasser gelöst. Für die Freilandbrutversuche wurde das Probenmaterial in gas-, jedoch nicht wasserdurchlässige PE-Beutel gefüllt und in der entsprechenden Bodentiefe vergraben (vgl. /8/). Eine ausführliche Darstellung erfolgt bei /9/. Die Bebrütung erfolgte über einen Zeitraum von 4 Wochen mit wöchentlicher Aufnahme der Netto-Mineralisationsraten. Die Extrakte wurden membranfiltriert und auf NO_3^-, SO_4^{2-} (ionenchromatographisch), NH_4^+ (photometrisch als Indophenolblau), sowie gelösten org. N (als NH_4^+ nach Kjeldahl-Aufschluß) und gelösten org. S (als SO_4^{2-} nach UV-Licht-/H_2O_2-Aufschluß) bestimmt. Außerdem wurden an den Proben die pH-Werte und die Gesamtgehalte an C, N und S bestimmt, die Tafel 1 zu entnehmen sind.

Tafel 1: Chemische Charakterisierung der für die Brutversuche verwendeten Bodenproben

	Schluchsee Podsol (Granit)		Villingen (Pseudogley)-Braunerde	
	Auflage	Mineralboden	Auflage	Mineralboden
pH ($CaCl_2$)	2,8	3,1	2,6	3,0
C (%)	21,5	3,0	43,9	5,1
N (%)	1,06	0,24	1,61	0,38
S (%)	0,10	0,01	0,11	0,03
C/N	20	13	27	13
C/S	215	309	399	168

2.6.4 DARSTELLUNG UND DISKUSSION DER ERGEBNISSE

2.6.4.1 S - M i n e r a l i s a t i o n

Bild 1 zeigt den Mineralisationsverlauf der extrahierten SO_4^{2-}- und S org.-Gehalte für den Mineralboden des Standorts Schluchsee. Diese Ergebnisse sollen exemplarisch für alle anderen untersuchten Horizonte zur Darstellung und Diskussion herangezogen werden. Nach einer meist immer zu beobachtenden Anfangsimmobilisierung ergibt sich kein kontinuierlicher Mineralisationsverlauf. Vielmehr unterliegen

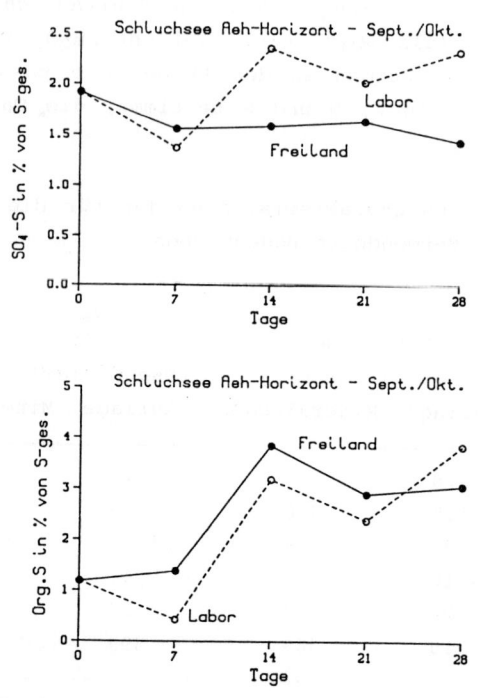

Bild 1: S-Mineralisation Standort Schluchsee Mineralboden

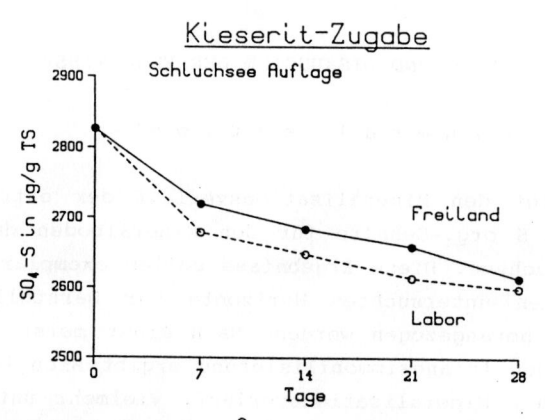

Bild 2: Rückgang der SO_4^{2-}-Gehalte nach Kieserit-Zugabe Standort Schluchsee Auflagehumus

die Summenkurven erheblichen Schwankungen, die auf fortdauernde sich überlagernde Mineralisationsprozesse hindeuten. Die SO_4^{2-}-Konzentration der Bodenlösung scheint für die S-Transformationsdynamik eine Schlüsselrolle zu spielen. Das Ester-SO_4^{2-} dient als Speicher für die Mikroorganismen. Eine Erhöhung der SO_4^{2-}-Konzentration infolge Mineralisation von C-gebundenem S bzw. Ester-SO_4^{2-} zieht einen Einbauschub nach sich. Dabei wird vermutlich hauptsächlich Ester-SO_4^{2-} gebildet /10,11/. Eine Verringerung der SO_4^{2-}-Konzentration in der Bodenlösung führt entsprechend zur SO_4^{2-}-Mineralisation. Für alle Zugabekomponenten und in allen untersuchten Horizonten ergibt sich eine Immobilisierung des zugegebenen SO_4^{2-}-S. Bild 2 zeigt den Rückgang der SO_4^{2-}-Gehalte nach Kieserit-Zugabe im Auflagehorizont des Standortes Schluchsee. Es ist anzunehmen, daß es sich dabei um eine mikrobielle Immobilisierung handelt, da Freiland- und Laborversuch sich deutlich unterscheiden. Die Intensität der Immobilisierung ist in den Auflagen höher als in den oberen Mineralbodenhorizonten. Die höheren C- und Energiequellen der Auflagen dürften für die stärkere Immobilisierung verantwortlich sein. Als Rate ausgedrückt ergibt sich für die Auflage in Schluchsee eine Festlegung von 15 kg/ha in 4 Wochen. Die Retentionsmöglichkeit in sauren Waldböden für SO_4^{2-} ist somit nicht allein auf die Bildung von $AlOHSO_4^{2-}$ /12/ oder auf Adsorptionsprozesse beschränkt. Diese Befunde entsprechen den Ergebnissen von Untersuchungen an Auflagen US-amerikanischer Böden (vgl. /13/), wo mittels markiertem S ebenfalls hohe SO_4^{2-}-Einbauraten festgestellt wurden.

2.6.4.2 N - M i n e r a l i s a t i o n

In Bild 3 ist der Verlauf der N-Mineralisation in der Auflage und im oberen Mineralboden des Standorts Schluchsee dargestellt. Der obere Mineralboden zeigt als einziger Horizont Nitrifikation. In allen anderen Horizonten wird lediglich NH_4^+-N nachgeliefert. Die gegenüber dem Standort

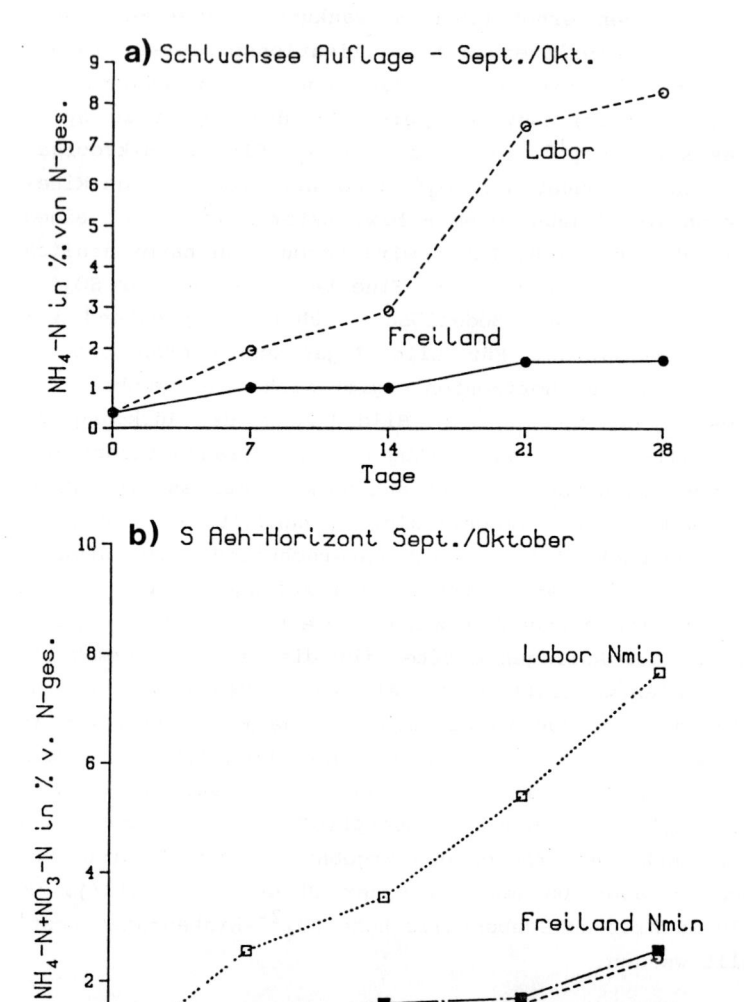

Bild 3: N-Mineralisation Standort Schluchsee
a) Auflagehumus; b) Mineralboden

Villingen wesentlich höhere N-Nachlieferung deckt sich mit der besseren N-Ernährung der Bestände sowie mit den höheren N-Austrägen mit dem Bodensickerwasser in Schluchsee (vgl. /7,9/). NH_4^+-Zugaben stimulieren die Nitrifikation nicht. Nach $(NH_4)_2SO_4$-Zugabe zeigt sich in allen Horizonten eine Abnahme der NH_4^+N-Gehalte, wobei Labor- und Freilandversuch sich kaum voneinander unterscheiden. Die Festlegung ist wohl nicht mikrobiell bedingt. Die Zugabe von Kieserit und Kalimagnesia löst einen Ammonifikationsschub aus. Verstärkte NH_4^+-Freisetzung nach Düngersalzzugabe stellte auch /14/ fest. Als Erklärungsmöglichkeit kommen Veränderung der organischen Substanz, chemische Desaminierung oder Zerstörung von Ton-Humuskomplexen in Frage. Die Nitrifikation wurde am Standort Schluchsee unterdrückt, was als weiterer Hinweis für heterotrophe Nitrifikation gelten kann (vgl. /15/).

2.6.5 SCHLUSSFOLGERUNGEN

Die vorliegenden Untersuchungen unterstreichen die Bedeutung mikrobieller Umsetzungen für die N- und S-Dynamik von Waldökosystemen. Um den Einfluß atmogener N- und S-Deposition zu beurteilen, müssen deshalb mikrobielle Transformationsprozesse, insbesondere bei S, weit mehr als bislang berücksichtigt werden.

2.6.6 SCHRIFTTUM

/1/ FISCHER, M.; REHFUESS, K.E. (1988): Schwefel-Vorräte und Bindungsformen süddeutscher Waldböden in Abhängigkeit von der atmogenen S-Deposition. Schlußbericht zum BMFT-Projekt 03 7332 4.

/2/ FEGER, K.H.; BRAHMER, G. (1987): Biogeochemical and hydrological processes controlling water chemistry in the Black Forest (West Germany). Proc. "International Symposium on Acidification and Water Pathways" Bolkesjø/Norway 4. - 8.5.1987, Vol. II, S. 23 - 32.

/3/ REUSS, J.O.; JOHNSON, D.W. (1986): Acid Deposition and the acidification of soils and water. Ecological Studies 59, Springer Verlag.

/4/ ZÖTTL, H. (1960): Dynamik der Stickstoffmineralisierung in organischem Waldbodenmaterial. Plant and Soil 13, S. 166 - 223.

/5/ FITZGERALD, J.W. (1976): Sulfate Ester formation and hydrolysis: a potentially yet often ignored aspect of the sulfur cycle of aerobic soils. Bact. Rev. 40, S. 698 - 721.

/6/ JOHNSON, D.W. (1984): Sulfur cycling in forests. Biogeochemistry 1, S. 29 - 43.

/7/ FEGER, K.-H.; ZÖTTL, H.W.; BRAHMER, G. (1988): Projekt ARINUS: II. Einrichtung der Meßstellen und Vorlaufphase. KfK/PEF-Berichte 35(1), S. 27 - 38.

/8/ ENO, C.F. (1963): Nitrate production in the field incubating the soil in polyethylene bags. Soil Sci. Proc. 23, S. 277 - 279.

/9/ ZÖTTL, H.W.; FEGER, K.-H.; SIMON, B. (1989): Auswirkungen von Neutralsalzgaben im Projekt ARINUS. KfK/PEF-Berichte (im Druck).

/10/ FITZGERALD, J.W.; JOHNSON, D.W. (1982): Transformations of sulfate in forested and agricultural lands. MORE, A.J. (ed.), "Sulphur" 1982 British Sulphur Corp. Ltd., S. 411 - 426.

/11/ DAVID, M.B.; MITCHELL, M.J. (1987): Transformations of organic and inorganic sulfur: Importance of sulfate flux in an Adirondack Forest soil. JAPCA 37, S. 39 - 44.

/12/ KHANNA, P.K.; PRENZEL, J.; MEIWES, K.J.; ULRICH, B.; MATZNER, E. (1987): Dynamics of sulfate retention by acid forest soils in an acidic deposition environment. Soil Sci. Soc. Am. J. 51, S. 446 - 452.

/13/ STRICKLAND, T.C.; FITZGERALD, J.W.; SWANK, W.T. (1986): In Situ measurements of sulfate incorporation into forest floor and soil organic matter. Can. J. For. Res. 16, S. 549 - 553.

/14/ HEILMAN, P. (1975): Effect of added salts on nitrogen release and nitrate levels in forest soils of the Washington coastal area. Soil Sci. Soc. Am. Pr. 39, S. 778 - 782.

/15/ LANG, E. (1986): Heterotrophe und autotrophe Nitrifikation untersucht an Bodenproben von drei Buchenstandorten. Göttinger Bodenkundliche Berichte 89.

Das Forschungsprojekt ARINUS der Universität Freiburg wird gefördert aus Mitteln des Landes Baden-Württemberg und der Kommission der Europäischen Gemeinschaften (Projekt Europäisches Forschungszentrum für Maßnahmen zur Luftreinhaltung (PEF), Kernforschungszentrum Karlsruhe).

2.7 SÄUREBILANZ EINES FICHTENBESTANDES IM HESSISCHEN FORSTAMT WITZENHAUSEN
von A. Balázs, Hann. Münden

2.7.1 EINLEITUNG

Die unter den Waldbeständen gemessenen hohen Depositionsraten verursachen im Waldboden starke stoffliche Veränderungen /6/. Diese werden vor allem durch die Basenverarmung sowie durch Mangan- und Aluminiumfreisetzung mit anschließender Tiefenverlagerung dokumentiert. Deshalb sind kompartimentweise Stoffbilanzen zur Verdeutlichung der beschleunigten Zunahme der Bodenversauerung erforderlich. Die nachfolgend dargestellten Meßergebnisse stammen aus dem hessischen Meßprogramm "Waldbelastungen durch Immissionen (WdI)". Dieses Programm wurde schrittweise ab Sommer 1983 mit zunächst 3 Meßstationen aufgebaut /1/.

2.7.2 MATERIAL UND METHODE

Das Meßgebiet Witzenhausen liegt rd. 20 km (in Luftlinie) östlich von Kassel im Kaufunger Wald. Die Fichtenuntersuchungsfläche der Hauptmeßstation hat eine Höhenlage von 560 m ü. NN und weist eine west-südwestliche Exposition auf. Das Gelände ist mäßig geneigt (7°). Das Ausgangssubstrat der Bodenbildung besteht aus verschiedenen Schuttdecken über tonigen mittleren Buntsandstein. Der Bodentyp wird als Podsol-Hanggley-Pseudogley bezeichnet.

Die Depositionsmessungen werden mit Niederschlagssammlern "Münden 100" /2/ mit 100 cm^2 Auffangfläche ermittelt /5/. Auf der Bestandesmeßfläche werden 20 und auf der Freilandmeßfläche 10 Niederschlagsmeßgefäße in einem Rohr, das als

Halterung ausgebildet ist, aufgestellt. Die Auffangfläche der Meßgefäße ist in 1 m Höhe über dem Boden angebracht. Die Bodenwasserproben werden mit Hilfe von Unterdruck-Saugkerzen mit mehrerer Wiederholung aus Tiefen von 50, 100 und 150 cm entnommen.

Die Probenahme erfolgt zweiwöchentlich. Die chemischen Analysen werden im Großlabor der Hessischen Landwirtschaftlichen Versuchsanstalt in Kassel auf 15 Inhaltsstoffe durchgeführt.

Die Säurebilanzierung erfolgt in H^+-Ionenäquivalenten, wobei Molmasse und die Wertigkeit der Stoffe Berücksichtigung finden. Bei der Berechnung der Säurebelastung wurde die Flüssebilanzmethode, die von ULRICH vorgeschlagen wurde und von seinem Schüler MATZNER weiter entwickelt wurde /3,4/ verwendet. Die atmosphärische Säurebelastung mit dem Fichtenkronendurchlaß setzt sich zusammen:

- aus den freien Protonen (die über pH-Wertmessungen aus den H^+-Ionenkonzentrationen berechnet wird),
- aus H^+-Ionen, die durch Kationenaustausch im Kronenraum abgepuffert sind (wird aus der Sulfatbilanz berechnet); Anmerkung: Beim Sulfat wird eine partikuläre und eine gasförmige Interzeptionsdeposition postuliert. Da die Deposition von SO_2 mit der Umwandlung zu H_2SO_4 verbunden ist, ist die gasförmige Deposition von H^+ der von SO_2.
- aus den Depositionen der Kationsäuren Al^{3+}, Mn^{2+}, Fe^{3+} sowie NH_4^+.

Als Input wurde der luftbürtige Säureeintrag gewählt. Als Output wird der Säureaustrag mit dem Bodensickerwasser berechnet und dem Säureeintrag gegenübergestellt. Die Grenzebene ist die 100 cm Bodentiefe. Die Jahres-Stoffkonzentrationen des Sickerwassers werden aus den einzelnen Analysenergebnissen als arithmetischer Mittelwert berechnet. Die benötigte Sickerwasserhöhe wurde summarisch aus der Jahres-Wasserbilanz des Standortes abgeschätzt.

2.7.3 ERGEBNISSE

Die Säurebelastung wurde für das Meßgebiet Witzenhausen als Durchschnitt von vier Untersuchungsflächen und von vier Jahren (Oktober 1983 bis September 1987) berechnet. Während dieser Zeit betrug der durchschnittliche Jahresniederschlag für Freiland 943 mm·a^{-1} und für den Fichtenbestand 699 mm·a^{-1}. Die Meßdauer für die Stoffkonzentrationen des Bodensickerwassers betrug ein Jahr (Oktober 1984 bis September 1985). Die Höhe des Sickerwassers wurde auf 425 mm·a^{-1} berechnet.

Bild 1 zeigt die Säurebelastung des Freiland- und Bestandsniederschlages sowie des Sickerwassers. Es ist zu sehen, daß die Säurebelastung im Meßgebiet Witzenhausen im Freilandniederschlag 1,34, im Fichtenkronendurchlaß 4,27 und im Sickerwasser 4,19 kmol·ha^{-1}·a^{-1} H$^+$-Ionenäquivalente beträgt. Im Freilandniederschlag beläuft sich die Protonendeposition auf 0,75 kmol·ha^{-1}·a^{-1}. Im Fichtenkronendurchlaß reichert sich die Protonendeposition auf 3,05 kmol·ha^{-1}·a^{-1} an. Das entspricht dem Anreicherungsfaktor von 4,07. Die Ammoniumdeposition des Freilandniederschlages erfährt ebenfalls eine Anreicherung (Faktor = 2,13). Die H$^+$-Ionenbelastung durch Ammonium steigt von 0,52 kmol(eq)·ha^{-1}·a^{-1} im Freilandniederschlag auf 1,11 kmol(eq)·ha^{-1}·a^{-1} im Fichtenkronendurchlaß an. Für Protonen und Ammonium stellt der Boden somit eine Senke dar. In 100 cm Bodentiefe wurde im Sickerwasser nur 0,21 kmol·ha^{-1}·a^{-1} Protonen und nur 0,01 kmol(eq)·ha^{-1}·a^{-1} Ammonium ermittelt.

Die Kationsäuren Eisen und Mangan sind in allen drei Kompartimenten nur schwach vertreten. In Witzenhausen ist die Bodenentmanganisierung bereits weitgehend erfolgt. Demgegenüber erscheint Aluminium als weitere bodenbürtige Kationsäure geballt im Sickerwasser. Hierbei werden die

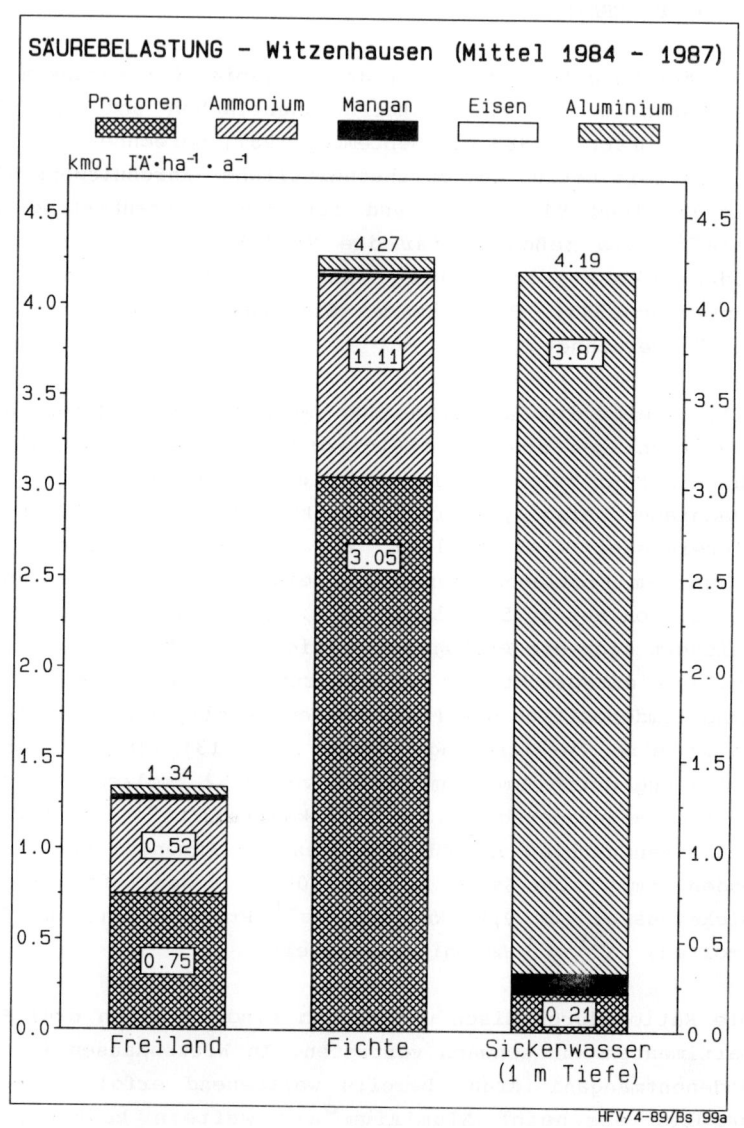

SÄUREBELASTUNG – Witzenhausen (Mittel 1984 – 1987)

Protonen Ammonium Mangan Eisen Aluminium

kmol IÄ·ha^{-1}·a^{-1}

Freiland: 1.34 (0.75, 0.52)
Fichte: 4.27 (3.05, 1.11)
Sickerwasser (1 m Tiefe): 4.19 (0.21, 3.87)

Bild 1: Säurebelastung des Freilandniederschlages und des Kronendurchlasses der Fichte sowie des Bodensickerwassers in 100 cm Bodentiefe an der Station Witzenhausen. Durchschnittswerte der Jahre 1984 – 1987

Aluminiumverbindungen löslich, die einen Tonzerfall bedeuten. In 100 cm Bodentiefe wird 3,87 kmol(eq)·ha^{-1}·a^{-1} in Wasser gelöstes Aluminium in die tieferen Bodenschichten transportiert.

In der oberen 100 cm Bodenschicht finden neben Aluminium-Auflösungen und -Transporten noch weitere stoffliche Veränderungen statt. Das Bild 2 zeigt eine Gegenüberstellung des Stoffeintrages mit dem Fichtenkronendurchlaß und des Stoffaustrages mit dem Sickerwasser in 100 cm Bodentiefe. Es ist deutlich zu erkennen, daß nur die bereits besprochenen Protonen und Ammonium eine positive Bilanz haben. Alle anderen Stoffe haben eine kleinere oder größere negative Bilanz.

Aus dem Oberboden werden deutlich mehr Basen in die Tiefe ausgetragen als mit dem Niederschlag eingetragen; hierbei ist die Basenmenge noch nicht berücksichtigt, die in Holzzuwachs gespeichert wird. Die Nährstoffverluste von Kalium, Magnesium und Calcium sind 2- bis 3-mal höher als der Eintrag. Insgesamt beträgt der Nährstoffaustrag 3,55 kmol(eq)·ha^{-1}·a^{-1}. Damit beläuft sich der jährliche Nährstoffverlust auf 2,18 kmol(eq)·ha^{-1}·a^{-1}.

Bei den Anionen Chlorid, Nitrat und Sulfat ist ebenfalls eine deutliche negative Bilanz zu sehen, wie bereits beim Aluminium und bei den Basen der Fall war. Beim Nitrat übersteigt der Austrag den Eintrag um 0,43 kmol(eq)·ha^{-1}·a^{-1}. Dies ist auch ein weiteres Zeichen für die fortgeschrittene Versauerung mit Humuszersetzung. Auch der Sulfataustrag mit 5,92 kmol(eq)·ha^{-1}·a^{-1} übersteigt den Sulfateintrag um 1,82 kmol(eq)·ha^{-1}·a^{-1}. Das ist ein weiteres Zeichen dafür, daß der Boden keine Säure mehr abpuffern kann. Im Gegenteil, es wird das bereits vorübergehend festgelegte Sulfat wieder mobilisiert. Eine benachbarte Quelle deutet an, daß das Puffervermögen des Untergrundes (mittlerer Buntsandstein) dieses Standortes ebenfalls wie das Puffervermögen des Oberbodens aufgebraucht ist.

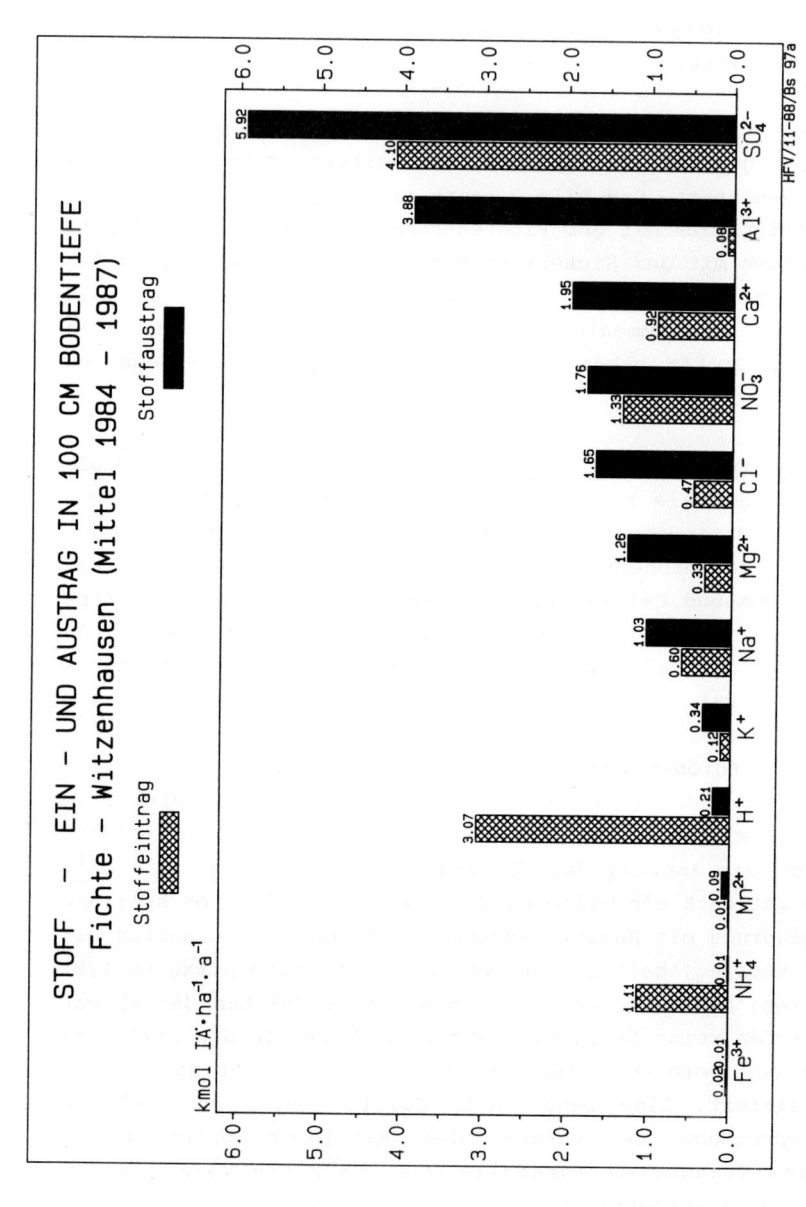

Bild 2: Gegenüberstellung des Stoffeintrages mit dem Kronendurchlaß der Fichte und des Stoffaustrages mit dem Sickerwasser in 100 cm Bodentiefe an der Hauptmeßstation Witzenhausen

Die Tiefenverlagerung der Versauerung ist nicht nur auf die WdI-Hauptmeßstation Witzenhausen im Kaufunger Wald beschränkt /7/, wie es auch aktuelle Meßergebnisse von 5 weiteren hessischen WdI-Hauptmeßstationen belegen. Es erscheint daher eine systematische Untersuchung aller hessischen Waldstandorte mit basenarmen Ausgangssubstrat dringend geboten.

2.7.4 SCHRIFTTUM

/1/ GÄRTNER, E.J., 1987: Beobachtungseinrichtungen des hessischen Untersuchungsprogrammes "Waldbelastungen durch Immissionen - WdI" (Konzeption und Aufbau). Forschungsberichte Hessische Forstliche Versuchsanstalt, Band Nr. 1, 110 S., Hann. Münden.

/2/ BRECHTEL, H.M. und HAMMES, W. (1984): Aufstellung und Betreuung des Niederschlagssammlers "Münden", Meßanleitung Nr. 3, Zweite Auflage, Hessische Forstliche Versuchsanstalt, Institut für Forsthydrologie, 3510 Hann. Münden.

/3/ ULRICH, B.; MAYER, R.; KHANNA, P.K. (1979): Deposition von Luftverunreinigungen und ihre Auswirkungen in Waldökosystemen im Solling. Schriften aus der Forstl. Fakultät der Universität Göttingen, Bd. 58, 291 S.

/4/ MATZNER, E.; KHANNA, P.K.; MEIWES, J.; CASSENS-SASSE, E.; BREDEMEYER, M.; ULRICH, B. (1984): Ergebnisse der Flüssemessungen in Waldökosystemen. Bericht des Forschungszentrums Waldökosysteme/Waldsterben, Bd. 2, S. 29 - 42.

/5/ DEUTSCHER VERBAND FÜR WASSERWIRTSCHAFT UND KULTURBAUWESEN E.V. (DVWK, Hrsg.) (1984): Ermittlung der Stoffdeposition in Waldökosysteme. Regeln zur Wasserwirtschaft, Heft 122, Hamburg, Verlag Parey, 6 S.

/6/ EVERS, F.H. (1986): Stoffeinträge durch Niederschläge in Waldböden 1982 - 1985. Kernforschungszentrum Karlsruhe, Projekt Europäisches Forschungszentrum für Maßnahmen zur Luftreinhaltung (PEF), 4, S. 275 - 285.

/7/ BRECHTEL, H.M. (1988): Gefährdung des Bodens und der Gewässer durch Eintrag von Luftschadstoffen. Forst und Holz, Nr. 43, S. 298 - 302.

2.8 MANGAN-, ALUMINIUM- UND NITRAT-KONZENTRATIONEN IM SICKERWASSER UNTER FICHTEN-ALTBESTÄNDEN IN HESSEN
von A. Balázs und H.M. Brechtel, Hann. Münden

2.8.1 EINLEITUNG

Infolge langandauernder Säureeinträge aus der Luft haben die meisten nicht carbonatischen Waldböden durch Absenkung des pH-Wertes auf < 5 den stabilen Silikatpufferbereich bereits verlassen. Der anschließende Austauscherpufferbereich wird im Boden dann relativ schnell durchlaufen, da die Pufferungsraten hier sehr gering sind /4/. Erst der Aluminiumpufferbereich (etwa ab pH 4,2) ist wieder leistungsfähig. Die Pufferung durch Aluminium bedeutet jedoch die Auflösung der Tonminerale und einen Transport des gelösten Aluminiums in die Tiefe. Nach HILDEBRAND /3/ wird vor bzw. beim Beginn des Aluminiumpufferbereiches noch die Auflösung der Manganoxide im pH-Bereich 4,5 - 4,2 eingeschoben, die jedoch nur eine geringe Pufferkapazität und relativ kurze Dauer hat.

Chemische Analysen von periodisch entnommenen Wasserproben aus verschiedenen Bodentiefen können über den Stand der Bodenversauerung sowie über die bereits schon eingetretene Schädigung der Filterfunktion und Störung des Nährstoffhaushaltes Auskunft geben. Inwieweit dies auf Untersuchungsstandorten des Landes Hessen schon heute der Fall ist, wird am Beispiel festgestellter Sickerwasser-Konzentrationen von Mangan, Aluminium und Nitrat demonstriert.

2.8.2 MATERIAL UND METHODE

Im Herbst 1984 wurden zunächst an den drei WdI-Hauptmeßstationen /1/ Witzenhausen, Grebenau und Königstein in Fichtenaltbeständen Saugkerzen in drei Tiefen (50, 100 und 150 cm) mit je achtfacher Wiederholung für Bodenwasserprobe-Entnahmen eingebaut. Durch Ansetzen eines Unterdruckes von bis 0,7 bar mittels einer Handvakuumpumpe wurden alle zwei Wochen, soweit vorhanden, Bodenwasser abgesaugt und die Wasserproben im Großlabor der Hessischen Landwirtschaftlichen Versuchsanstalt in Kassel auf 15 Inhaltsstoffe analysiert. Ende 1986 wurde die Bodenwasserbeprobung modernisiert und die Zahl der Stationen auf sechs erhöht.

An der Hauptmeßstation Königstein handelt es sich um eine Podsol-Parabraunerde-Braunerde, die aus Tonschiefer mit Lößlehm entstanden ist. Das Decksediment mit einer Mächtigkeit von 65 cm ist stark durchwurzelt und ist gut durchlässig. Der Oberboden weist die Horizontfolge Aeh (0 - 1 cm), Bsh (1 - 3 cm) und Bv (3 - 65 cm) auf. Die Bodenart im Bv-Horizont ist als schwach steiniger, schwach sandiger Lehm zu bezeichnen. Sie weist einen pH-Wert in H_2O in der Tiefe 1 - 15 cm von 4,5 und in 15 - 65 cm von 4,7 (22.8.1986) auf. Unter dem Bv-Horizont befindet sich mit dem Tiefenbereich 65 - 100 cm der II (Bt) Bv-Horizont. Die Bodenart ist als mittelgrusiger, schwach toniger Lehm zu bezeichnen und wirkt im Winterhalbjahr schwach stauend. Der pH-Wert in H_2O beträgt hier 4,6. Die effektive Austauschkapazität (AK_e) beträgt für den oberen 50 cm Mineralboden 60,6 umol(eq)/g (Tafel 1). Der Austauscher ist bereits zu 88,2 % vom Aluminium belegt. Die Kalzium-Magnesiumbelegung macht nur 2,4 % der AK_e aus.

An der Hauptmeßstation Grebenau handelt es sich um eine podsolige Parabaunerde-Braunerde, die aus einem 35 cm mächtigen schwach steinigen Decksediment entstanden ist. Das

Decksediment ist ein schwach schluffig-sandiges Solifluktionsmaterial über Buntsandsteinverwitterung.

Tafel 1: Chemische Analyse des oberen Mineralbodens (0 - 50 cm), 1n NH_4Cl-Perkolation

Bodensubtyp	Königstein Podsol-Parabraunerde Braunerde		Grebenau Podsol-Parabraunerde Braunerde		Witzenhausen Podsol-Hanggley Pseudogley	
Legende	(1)	(2)	(1)	(2)	(1)	(2)
H	2,1	3,5	1,4	5,7	2,1	4,5
Na	0,2	0,3	0,2	0,8	0,3	0,6
K	0,8	1,3	0,9	3,6	0,6	1,3
Mg	0,4	0,7	0,3	1,2	0,4	0,9
Ca	1,0	1,7	0,8	3,2	1,1	2,4
Al	53,5	88,2	19,2	77,5	40,6	86,9
Mn	2,3	3,8	1,5	6,0	0,2	0,4
Fe	0,3	0,5	0,5	2,0	1,4	3,0
AK_e(3)	60,6	100,0	24,8	100,0	46,7	100,0
pH in H_2O	4,61	-	4,37	-	4,11	-

Legende

(1) Austauschbare Kationen; μmol(eq)/g
(2) Anteil an AK_e
(3) effektive Austauschkapazität (AK_e)

Der Boden ist intensiv und tief durchwurzelt und weist eine hohe Durchlässigkeit auf. Im Tiefenbereich 6 - 35 cm (AlBv- und SBvt-Horizont) wurden pH-Werte in H_2O von 4,5 ermittelt. In den tieferen Horizonten (II Bt = 35 - 55 cm und III BtCv = 55 - 74 cm) fällt der pH-Wert in H_2O auf Werte von 4,40 bzw. 4,10 ab. Im II Bt-Horizont ist die Bodenart stark steiniger, schluffiger Sand. Diese Bodenart wird im darunterliegenden III BtCv-Horizont von einem mittelsteinigen Feinsand abgelöst. Der obere 50 cm Mineralboden weist mit 24,8 µmol(eq)/g Boden eine effektive Austauschkapazität auf, die nur etwa die Hälfte dessen vom Mineralboden in Königstein beträgt. Der Kalzium/Magnesiumanteil der AK_e liegt mit 4,4 % jedoch höher als in Königstein. Der Aluminiumteil der AK_e mit 77,5 % der AK_e ist auf der anderen Seite deutlich niedriger als in Königstein.

An der Hauptmeßstation Witzenhausen liegt eine ausgeprägte schwach podsolige Pseudolgley-Braunerde mit starker Neigung zum oberflächennahen Abfluß vor. Der Oberboden geht bis in 45 - 55 cm Tiefe und besteht aus schwach skelletthaltigen lehmigen Sand. Er weist pH-Werte in H_2O um 4,5 auf. Der Unterboden besteht aus solifluidal umlagertem skelletthaltigen sandig-lehmigen Buntsandstein-Verwitterungsmaterial, das extrem dicht gelagert und dadurch trotz des hohen Steingehaltes schwer durchlässig ist. Die effektive Austauschkapazität des oberen 50 cm Mineralbodens beträgt in Witzenhausen 46,7 µmol(eq)/g Boden und damit liegt sie zwischen den effektiven Austauschkapazitäten von Königstein und Grebenau. Der Aluminiumanteil der AK_e ist mit 86,9 % recht hoch. Der Kalzium/Magnesiumanteil ist demgegenüber mit 3,3 % der AK_e sehr niedrig (vgl. Tafel 1).

2.8.3 ERGEBNISSE

In Bild 1 sind die Jahresmittelkonzentrationen der Minimum- und Maximumwert des Zeitraumes Oktober 1984 - September 1985 von Nitrat, Mangan und Aluminium des Sickerwassers in den Tiefen 50, 100 und 150 cm dargestellt.

Beim Nitrat fallen zunächst die niedrigen Konzentrationen des Sickerwassers der Meßstation Grebenau auf. Vermutlich sind die Nitrifizierungsraten gering und das Nitratangebot

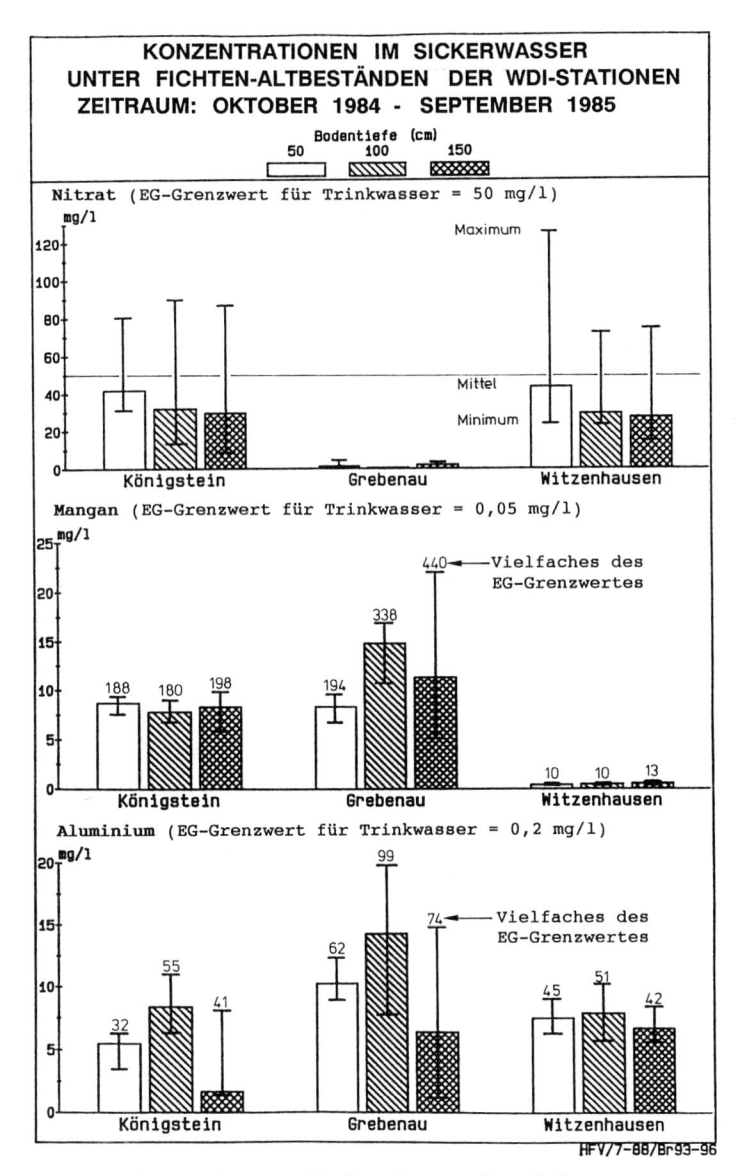

Bild 1: Chemische Qualität des Bodensickerwassers an den WdI-Hauptmeßstationen Königstein, Grebenau und Witzenhausen

kann noch voll ausgenutzt werden. An den Stationen Königstein und Witzenhausen liegen in 50 cm Bodentiefe bereits schon die mittleren Jahreskonzentrationen mit 41,8 bzw. 43,4 mg/l knapp unter dem EG-Grenzwert für Trinkwassergebrauch /5/. In den Bodentiefen 100 und 150 cm liegen die Jahresmittel mit rd. 30 mg/l ebenfalls noch über dem EG-Richtwert von 25 mg/l Nitrat. In allen Bodentiefen wurden maximale Nitratkonzentrationen festgestellt, die teilweise den EG-Grenzwert von 50 mg/l erheblich übersteigen. Die Ergebnisse sind deshalb alarmierend, weil Nitrat nach Verlassen des Oberbodens auf dem Weg zum Quellwasser kaum mehr abgebaut wird. Dies belegen auch die ziemlich gut übereinstimmenden Konzentrationshöhen der Tiefen 100 und 150 cm.

Sehr hohe mittlere Mangankonzentrationen wurden mit 8 bis 16 mg/l in Königstein und Grebenau festgestellt, aber nicht in Witzenhausen. In Witzenhausen ist eine Entmanganisierung bereits abgelaufen. Dies wird deutlich belegt durch den Mangananteil der AK_e (Tafel 1). In Witzenhausen hat das Mangan an der AK_e mit 0,4 % nur noch einen geringen Anteil. In Königstein und Grebenau sind die entsprechenden Werte 3,8 und 6,0 %. In allen drei Bodentiefen sind die Mangankonzentrationen des Sickerwassers in Witzenhausen relativ niedrig. Demgegenüber sind die entsprechenden Mangankonzentrationen in Königstein in allen drei Tiefen sehr hoch, so daß in Königstein auf eine tiefe Versauerung, die die gesamte beprobte Bodentiefe von 150 cm erfaßt hat, zu schließen ist. In Grebenau geht die entsprechende Mangankonzentration in der Tiefe 150 cm im Vergleich zu 100 cm noch zurück.

Beim Mangan sind die sehr hohen Vielfachwerte von 180 bis 440 des EG-Grenzwertes für Trinkwasser erschreckend. Die Löslichkeit von Mangan und Aluminium ist sehr pH-Wert-abhängig, so daß sie auf den Weg zum Grundwasser immobilisiert werden können, wenn der Untergrund einen pH-Gradienten aufweist. Als Alarmzeichen dürfen sie jedoch nicht übersehen werden.

Die hohen Aluminium-Konzentrationen in fast allen Tiefen der drei untersuchten Standorte zeigen, daß die Versauerung dieser Böden nicht auf den Oberboden beschränkt bleibt, sondern mit der Tiefe weiter zunimmt. Die Jahresmittel der Aluminium-Konzentrationen liegen zwischen 4 und 14 mg/l. Der Maximumwert beträgt sogar in Grebenau 20 mg/l. Dieser Wert ist rd. 100mal höher als der EG-Grenzwert für Trinkwasser. Von den drei betrachteten Standorten ist der Witzenhäuser Standort bis in der Tiefe von 150 cm gleichmäßig versauert. In Königstein und Grebenau gehen die Aluminium-Konzentrationen deutlich zurück. An diesen Standorten ist die 100 cm Bodentiefe am stärksten betroffen, so daß wir die Versauerungsfront in dieser Tiefe vermuten müssen.

Hohe Stoffkonzentrationen sind nicht allein ein Ausdruck der Säurebelastung, sondern sie spiegeln auch das Klima wieder. In Grebenau wurden die höchsten Stoffkonzentrationen im Sickerwasser gemessen. In Grebenau wurden auch die geringsten Niederschläge gemessen, so daß die hohen Stoffkonzentrationen auch ein Ergebnis geringer Sickerwasserhöhen sind. Deshalb sind neben Stoffaustragshöhen Verhältniszahlen auch sehr aussagefähig. Setzt man Aluminium ins Verhältnis zu Calcium und Magnesium auf der Grundlage der Äquivalenten-Konzentration, dann wird die Versauerungssituation des Bodens noch deutlicher. In Königstein beträgt die Aluminium-Äquivalentkonzentration an der Summe der drei genannten wichtigsten Puffersubstanzen in den Bodentiefen 50 und 100 cm rd. 50 %. In der Bodentiefe von 150 cm jedoch nur noch 13 %. In Grebenau sehen wir eine ähnliche Situation, jedoch mit dem Unterschied, daß die Bodentiefe 50 cm bereits noch tiefer versauert ist, als die gleiche Bodentiefe in Königstein. Der Aluminiumanteil beträgt hier 62 %. In Grebenau spielt wahrscheinlich noch die Bodenart (geringere Schluff- und Tonanteile) eine Rolle. Der Aluminiumanteil in 150 cm Bodentiefe geht in Grebenau sowie in Königstein stark zurück. Sein Anteil beträgt hier nur noch 17 %.

In Witzenhausen, mit dem relativ hohen Tonanteil, weisen alle beprobten Tiefen einen Aluminiumanteil von rd. 50 % auf. Dieser Standort wird vermutlich diesen Aluminiumanteil solange behalten bis alle sekundäre Tonminerale aufgelöst werden. Vom Aluminium geht keine Pufferung des Säureeintrages mehr aus. Dies wird sehr deutlich durch Beprobung benachbarter Quellen aufgezeigt /6/.

2.8.4 SCHRIFTTUM

/1/ GÄRTNER, E.J. (1987): Beobachtungseinrichtungen des hessischen Untersuchungsprogrammes "Waldbelastungen durch Immissionen - WdI" (Konzeption und Aufbau), Forschungsberichte, Hessische Forstliche Versuchsanstalt, Band Nr. 1, 110 S., Hann. Münden.

/2/ BRECHTEL, H.M. (1988): Gefährdung des Bodens und der Gewässer durch Eintrag von Luftschadstoffen. (Vortrag auf der Jahrestagung des Hessischen Forstvereins am 9. und 10.9.1987 in Bad Homburg). Forst und Holz, 43 Jg., Heft 12, 1988, S. 298 - 302.

/3/ HILDEBRAND, E.E. (1986): Zustand und Entwicklung der Austauschereigenschaften von Mineralböden aus Standorten mit erkrankten Waldbeständen. Forstw. Cbl. 105, S. 60 - 76.

/4/ ULRICH, B. (1986): Die Rolle der Bodenversauerung beim Waldsterben: Langfristige Konsequenzen und forstliche Möglichkeiten. Forstw. Cbl. 105, S. 421 - 435.

/5/ EUROPEAN COMMUNITY COUNCIL (ECC) (1980): Richtlinien des Rates vom 15. Juli 1980 über die Qualität von Wasser für den menschlichen Gebrauch (80/778/EWG). Amtsblatt der Europäischen Gemeinschaften, L 229/11 vom 30.8.1980, Brüssel, S. 11 - 15.

/6/ BRECHTEL, H.M. (1989): Immissionsbelastung des Waldes, Auswirkungen auf den Gebietswasserhaushalt und Folgen für die Böden und Gewässer. In: "Wasser und Gewässer in Nordhessen, Zustand - Gefahren - Perspektiven". Bärenreiter Verlag, Kassel, S. 33 - 52.

THEMENBEREICH 3:

WIRKUNGEN AUF DEN UNTER- UND OBERIRDISCHEN ABFLUSS

3.1 HYDROLOGISCHE UND CHEMISCHE WECHSELWIRKUNGSPROZESSE IN TIEFEREN BODENHORIZONTEN UND IM GESTEIN IN IHRER BEDEUTUNG FÜR DEN CHEMISMUS VON WALDGEWÄSSERN

von K.-H. Feger, Freiburg i.Br.

3.1.1 EINLEITUNG

Der Einfluß atmogener Stoffeinträge auf die chemische Zusammensetzung von Oberflächengewässern ist in hohem Maße abhängig von der physikalischen Bewegung des Wassers im Einzugsgebiet und den dabei ablaufenden chemischen Veränderungen. Haupteinflußgrößen sind dabei Höhe und zeitlicher Verlauf der Einträge sowie Einzugsgebietseigenschaften wie Zusammensetzung der Vegetationsdecke, chemisch-mineralogische und physikalische Eigenschaften von Boden, Gesteinszersatzzone und Gestein. Die Fließwege entscheiden darüber, mit welchem Material und wie lange das Wasser auf seinem Weg durch das Einzugsgebiet in Berührung kommt. Sie bestimmen somit Art und Ausmaß der für die Veränderungen des Wassers verantwortlichen biogeochemischen Prozesse /1/.

Im folgenden wird deshalb zunächst auf verschiedene Fließwege und Arten der Abflußbildung in bewaldeten Einzugsgebieten in Mitteleuropa eingegangen. Am Beispiel von zwei bodenphysikalisch sich stark unterscheidenden Einzugsgebieten im Granit bzw. im Oberen Buntsandstein des Schwarzwaldes werden die Auswirkungen von vertikaler tiefer und oberflächennaher lateraler Entwässerung auf die chemische Zusammensetzung des Bachwassers dargestellt. Dabei werden auch die beteiligten chemischen Prozesse, insbesondere die Silikatverwitterung, diskutiert.

3.1.2 FLIESSWEGE UND ABFLUSSBILDUNG IN EINEM EINZUGSGEBIET

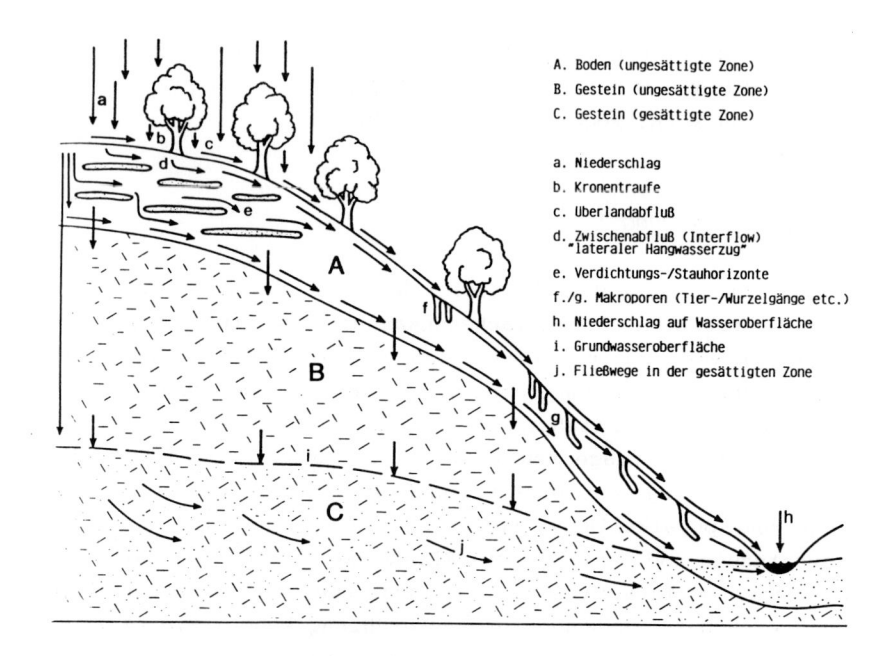

A. Boden (ungesättigte Zone)
B. Gestein (ungesättigte Zone)
C. Gestein (gesättigte Zone)

a. Niederschlag
b. Kronentraufe
c. Überlandabfluß
d. Zwischenabfluß (Interflow) "lateraler Hangwasserzug"
e. Verdichtungs-/Stauhorizonte
f./g. Makroporen (Tier-/Wurzelgänge etc.)
h. Niederschlag auf Wasseroberfläche
i. Grundwasseroberfläche
j. Fließwege in der gesättigten Zone

<u>Bild 1:</u> Schematische Darstellung der Fließwege an einem Hang (verändert aus /1/)

Bild 1 gibt einen Überblick über mögliche Fließwege an einem schematischen Hangquerschnitt. Nach Passage des Kronenraumes gelangt das Niederschlagswasser auf die Bodenoberfläche. Die Menge direkt auf die Oberfläche von Gewässern fallenden Niederschlags ist meist vernachlässigbar. Der Überlandabfluß, der für die nach Starkregen oder bei Schneeschmelze häufig tiefen pH-Werten von Oberflächengewässern oft verantwortlich gemacht wird /2,3/, dürfte für die Abflußbildung in mitteleuropäischen Einzugsgebieten ebenfalls keine große Rolle spielen. Das HORTON'sche "Overland flow"-Konzept /4/ zur generellen Erklärung raschen Abflusses nach Niederschlagsereignissen konnte nur für wenige Spezialfälle (Einzugsgebiete mit hohen Felsanteilen, anthropogen stark gestörte Einzugsgebiete) bestätigt werden /1,5/. Nach /6/ ist der Überlandabfluß besonders in bewaldeten Einzugsgebieten unbedeutend. Dies gilt auch für die Schneeschmelze. Unter mitteleuropäischen Klimabedingungen ist der Boden unter der Schneeschmelze normalerweise nicht gefroren. Tritt Frost auf, so umfaßt er nur wenige Millimeter der gut durchlässigen organischen Auflage. Abflußbildung durch über gefrorenen Boden abfließendes Schmelzwasser tritt in mitteleuropäischen Waldgebieten deshalb nicht auf (vgl. /7/). Auch bei Schneeschmelze wird die chemische Zusammensetzung der Oberflächengewässer durch infiltriertes Wasser bestimmt, wobei oberflächennahes, lateral abfließendes Bodenwasser dominiert /8,9/. Häufig ist bei Schneeschmelze in bachnahen Senken auf der Bodenoberfläche abfließendes Wasser zu beobachten (vgl. /10/). Dabei handelt es sich nicht um Schneeschmelzwasser, sondern um wiederausgetretenes, vorher bereits infiltriertes Wasser, das meist nur mit den obersten, sehr sauren Bodenhorizonten in Kontakt gekommen ist ("Märzenquellen", "Return flow" /11/).

Nach Infiltration in den Boden bewegt sich das Wasser auf sehr komplexen Fließwegen zum Bach. Normalerweise treten in einem Einzugsgebiet verschiedene Typen von Fließwegen gleichzeitig oder in räumlicher und zeitlicher Abfolge auf. Man unterscheidet die relativ langsame Matrixsickerung von der schnellen, von der aktuellen Bodenfeuchte meist unabhängigen Makroporensickerung (z.B. in Tier- und Wurzelgängen). Die Art der Versickerung entscheidet darüber, inwieweit sich ein Gleichgewicht zwischen Sickerwasser und Festphase einstellt /12/. Vereinfachend wird hier der oberflächennahe laterale Wasserzug ("Interflow") einer mehr vertikalen, tiefere Boden- und Gesteinskompartimente einbeziehende Sickerung gegenübergestellt. Im ersten Fall kommen hohe Anteile von Bodenwasser zum Abfluß, während im zweiten das Bachwasser überwiegend durch Grundwasser gespeist wird. Oberflächennaher Hangwasserzug tritt dann auf, wenn die vertikale Versickerung eingeschränkt ist. Dies erfolgt bei Wassersättigung des Bodens meist in Verbindung mit Verdichtungs- und Stauhorizonen. Böden mit solchen pedo- oder lithogenen Stauhorizonten sind in mitteleuropäischen Waldlandschaften recht häufig. Pedogene Stauhorizonte sind z.B. die Eisenbändchen der "Bändchen"-(Thin-iron-pan)-Staupodsole im Nordschwarzwald /10,13/. Sie haben dort große Auswirkungen auf den Wasserhaushalt der Bestände /10/ aber auch auf die chemische Zusammensetzung der Oberflächengewässer /14/. Eine flächenmäßig weit verbreitete Form eingeschränkter vertikaler Versickerung ergibt sich aus dem Faktum, daß unsere Waldböden nur in wenigen Fällen aus wohldefinierten, petrographisch einheitlichen, anstehenden Gesteinen, sondern aus periglaziären, vielfach strukturierten Hang- und Flächenschuttdecken entstanden sind /15,16/. Bild 2 zeigt den typischen Aufbau solcher Hangschuttdecken in den Mittelgebirgen.

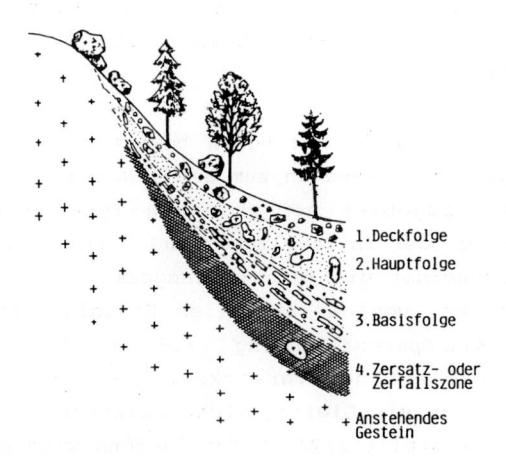

Bild 2: Aufbau der Hangschuttdecken in den höheren Lagen der Mittelgebirge (aus /15/)

Die einzelnen Folgen, in denen Material aus verschiedenen Gesteinen und älteren Bodenbildungen vermischt sein können, unterscheiden sich stark in ihren Schichtungseigenschaften. Die "Basisfolge" besitzt aufgrund ihrer hohen Lagerungsdichte ungünstige hydraulische Eigenschaften. In Gebieten, wo die Basisfolge besonders dicht gelagert ist und oberflächennah ansteht, wie z.B. in den Hochlagen des Bayerischen Waldes /17/, führt dies oft auch ganzjährig zu lateralem oberflächennahen Wasserzug in den lockerer gelagerten Haupt- und Deckfolgen. Auch lithogene Stauhorizonte wie etwa Tonlinsen in Stagnogleyen des Oberen Buntsandsteins /18/ bewirken eine oberflächennahe Entwässerung. Der oberflächennahe laterale Wasserzug wirkt sich in Gebieten mit stark sauren Oberböden und Rohhumusauflagen besonders in Naßperioden ungünstig aus. Dann wird der Gewässerchemismus deutlich durch tiefe pH-Werte, hohe Konzentrationen an gelösten braungefärbten organischen Stoffen und der Metalle Al, Fe und Mn bestimmt. Bei sommerlichem Basisabfluß, wenn tiefere Mineralbodenhorizonte und der Gesteinskörper stärker in die Abflußbildung einbezogen sind, ist das Wasser weniger braun gefärbt, hat höhere pH-Werte und geringere Metallkonzentrationen /19/. In podsolierten Böden mit vertikaler Wasserbewegung werden die in der organischen Auflage und im Eluvialhorizont mobilisierten organischen Säuren und Metalle in tieferen Mineralbodenhorizonten nahezu vollständig wieder festgelegt. In staunassen Böden werden diese Stoffe jedoch oberflächennah lateral in die Vorfluter verfrachtet. Die Ausbildung saurer Staunässeböden ist in unseren Mittelgebirgen vielerorts anthropogen mitbedingt oder verstärkt. So waren langandauernde Beweidung der Hochlagen, Streunutzung, verschiedene Waldgewerbe, die großflächigen Kahlhiebe des 18. Jahrhunderts sowie die anschließende Aufforstung mit Fichte im Nordschwarzwald mit zunehmender Versauerung und Vernässung der Böden verbunden /10,20,21/. Dies spiegelt sich auch in der historischen Entwicklung der pH-Werte der Seen wider /22/.

Einzugsgebieten mit eingeschränkter vertikaler Versickerung stehen Gebiete mit ausgeprägter Tiefensickerung gegenüber. Diese sind durch hohe Durchlässigkeit der Böden und der Zersatzzone bis ins Gestein hinein gekennzeichnet. Inwieweit der Gesteinskörper als Wasserleiter von Bedeutung ist, hängt von tektonischen und Schichtungsbedingungen ab. Die starke Einbeziehung des tieferen Mineralbodens und des Gesteinskörpers in die Abflußbildung ist für den Chemismus des Gebietsabflusses auf Grund des dort wesentlich höheren Puffervermögens gegenüber atmogenen und ökosystemintern gebildeten Säuren von entscheidender Bedeutung. Ein solches Einzugsgebiet stellt die Lange Bramke im Harz dar. Hier belegen Isotopenuntersuchungen einen ganzjährig sehr hohen Anteil von Grundwasser am Gebietsabfluß /23/. Regionale Untersuchungen /8,9,19/ sowie Bilanzen von Seeinzugsgebieten /14/ weisen darauf hin, daß im Schwarzwald in Einzugsgebieten aus Gneis und z.T. auch aus Granit die vertikale Versickerung ganzjährig dominiert. Zwar haben sich die Böden auch hier aus periglaziären Schuttdecken entwickelt. Allerdings liegt die Basisfolge im Schwarzwald im Gegensatz zu anderen Mittelgebirgen (z.b. Bayerischer Wald) tiefer, ist weniger dicht gelagert und somit durchlässiger (vgl. /10/).

Die zweidimensionale Betrachtungsweise der Fließwege an einem Hang (vgl. Bild 1) wird im folgenden auf den raumzeitlichen Prozeß der Abflußbildung im gesamten Wassereinzugsgebiet erweitert. Entsprechend dem "Variable source area"-Konzept trägt nach einem Niederschlagsereignis nicht die gesamte Fläche gleichermaßen zum Abfluß bei /5,24,25/. Vielmehr fließt aus bestimmten Teilen des Einzugsgebietes überproportional viel Wasser in den Vorfluter. Diese Gebiete "Source areas" besitzen bereits vor dem Niederschlagsereignis eine höhere Bodenfeuchte durch Zuschußwasser aus höher gelegenen Hangbereichen oder Grundwasser. In Bild 3 ist dargestellt, wie sich solche Gebiete im Verlauf eines Ereignisses ausdehnen und wieder verkleinern. Die maximale Ausdehnung variiert in Abhängigkeit von Niederschlagshöhe und -intensität /25/. Es handelt sich dabei im wesentlichen um solche Gebiete, die die forstliche Standortskartierung als "feucht", "grundfeucht" oder "vernäßt" ausweist. Bei basenarmem Ausgangsgestein und entsprechender Vegetation (Koniferen, Zwergsträucher, Sphagnum) haben diese Bereiche gleichzeitig einen stark huminsauren Charakter.

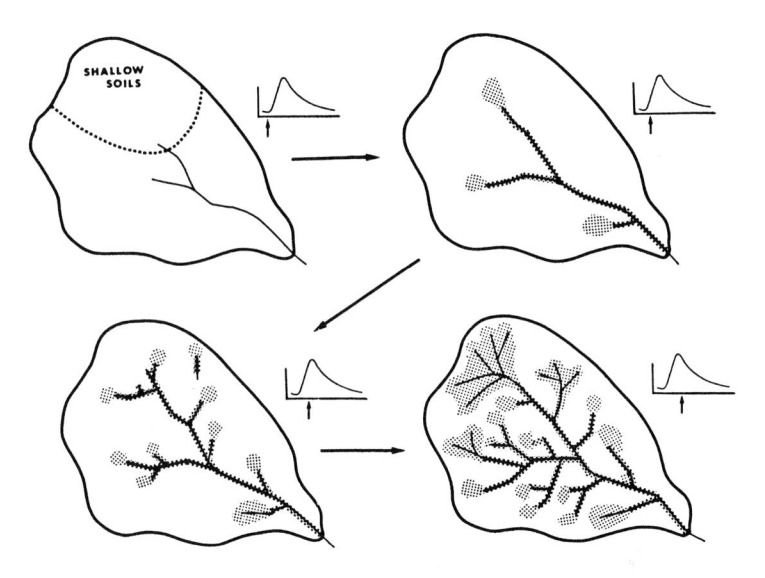

Bild 3: "Variable source area"-Konzept (aus /25/)

3.1.3 BEISPIELE

3.1.3.1 U n t e r s u c h u n g s g e b i e t e

Es werden Ergebnisse von zwei kleinen, vollständig bewaldeten Wassereinzugsgebieten im Schwarzwald (Projekt ARINUS, /26/) vorgestellt. Das Einzugsgebiet Schluchsee 3 (9 ha, 1150 - 1250 m ü. NN, Fichte, 20 - 60jährig) liegt im Feldberggebiet (Südl. Hochschwarzwald). Das Klima ist kühlperhumid mit einer mittleren Jahrestemperatur von 4 bis

5° C und einem durchschnittlichen Jahresniederschlag von 1900 bis 2000 mm. Der geologische Untergrund besteht aus dem extrem basenarmen Bärhaldegranit. Die Böden sind meist lehmige Sande mit hohen Skelettgehalten zwischen 40 und 60 %, wobei der Feinskelettanteil (2 - 5 mm) überwiegt. Ein Grobporenanteil von über 35 Vol.% äußert sich in hohen k_f-Werten, die von $2,3 \cdot 10^3$ mm/Tag (= 2,3 m/Tag) im Oberboden auf Werte um $4,1 \cdot 10^4$ mm/Tag (= 41 m/Tag!) im Unterboden sogar noch deutlich zunehmen (Bild 4a). Hohe Durchlässigkeiten zusammen mit dem kühl-feuchten Klima und der Fichtenbestockung haben eine mehr oder weniger starke Podsolierung bewirkt. Die bis in den tieferen Mineralboden niedrigen pH-Werte und Basensättigungen sind typisch für solche Standorte /26,27/.

Villingen 1 (46 ha, 880 - 940 m ü. NN, 80 - 100jährige Fichte) liegt an der Ostabdachung des Mittleren Schwarzwaldes. Der Niederschlag beträgt 900 - 1200 mm und die mittlere Jahrestemperatur 6° C. Ausgangsgestein ist der Obere Buntsandstein (so) und zu einem geringeren Teil der Mittlere Buntsandstein (sm). Der Untere Buntsandstein fehlt hier völlig. Das Buntsandstein-Deckgebirge liegt dem Grundgebirgssockel (Eisenbachgranit) auf. An dieser Grenze treten zahlreiche Quellen aus, die gefaßt sind und zur Entnahme von Grundwasserproben genutzt werden können. Auf den so-Hochflächen überwiegen sehr saure, sandig-lehmige Braunerden, die weithin lithogene tonige Stauhorizonte in 50 - 90 cm Tiefe haben. Daraus ergibt sich für diese Standorte eine deutliche Neigung zu periodischer Vernässung (Pseudovergleyung). An Hängen und Hangflüssen (quellige, meist wasserzügige Lagen des sm) treten auch Stagnogleye auf. Der Oberboden ist sandig; im Unterboden findet man höhere Tongehalte, was sich zusammen mit höheren Lagerungsdichten in einer Abnahme des Grobporenvolumens äußert. Sowohl in der (Pseudogley)-Braunerde (Bild 4b) als auch im Stagnogley (Bild 4c) sind die k_f-Werte im Unterboden sehr gering

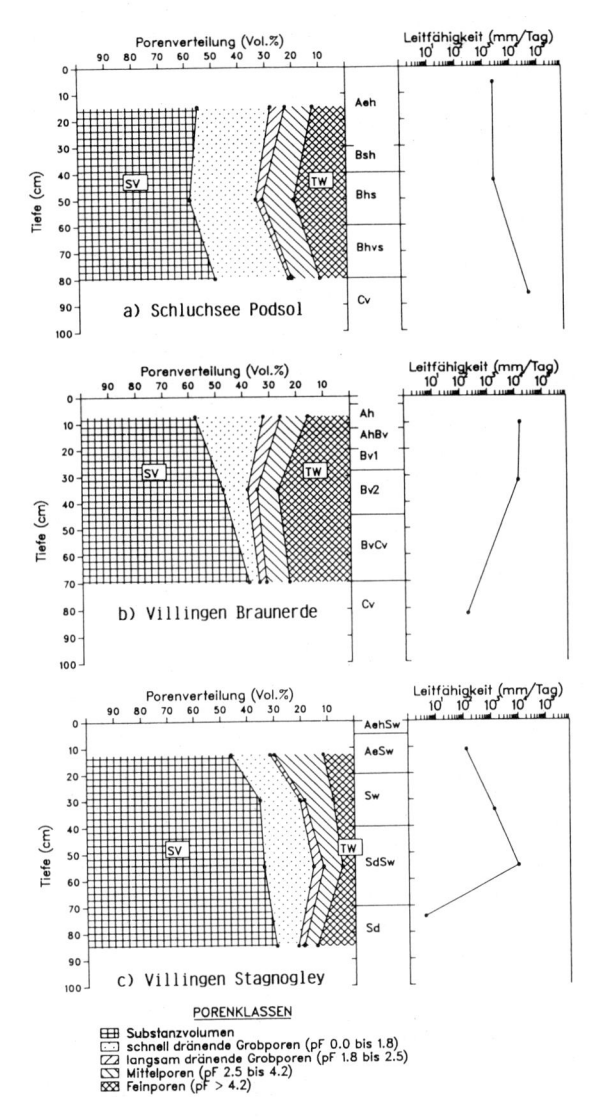

Bild 4: Porenraumverteilung und k_f-Werte (gesättigte hydraulische Leitfähigkeit) in den Böden der Einzugsgebiete Schluchsee und Villingen /27/

($1,8 \cdot 10^2$ mm/Tag = 0,18 m/Tag bzw. 4 mm/Tag). Die k_f-Werte in den Oberböden liegen in der gleichen Größenordnung wie bei den Schluchsee-Podsolen.

3.1.3.2 Berechnung von Ionenbilanzen

Kationen-Anionen-Bilanzen wurden aus Konzentrationsmittelwerten des Meßzeitraumes Mai - November 1987 berechnet. Ionenbilanzen beruhen auf dem Prinzip der Elektroneutralität, d.h. die Zahl der negativen und positiven Ladungen muß gleich sein. Die Berechnung ist jedoch bei sauren, huminstoffreichen Wässern problematisch, da auf der Anionenseite organische Anionen nur indirekt aus der Differenz Kationen-Anionen zu bestimmen sind. Auf Grund der hohen Affinität von Al und Fe gegenüber gelöster organischer Substanz liegt ein gewisser Teil in komplexierter Form vor. Für die Ionenbilanzen wurden deshalb nur die anorganischen Al- und Fe-Anteile verwendet /27,28/.

3.1.3.3 Einzugsgebiet Schluchsee 3

In den Bildern 5 und 6 wird die starke chemische Veränderung des Niederschlagswassers auf seinem Weg die Bio-, Pedo- und Lithosphäre deutlich. Tafel 1 enthält die entsprechenden pH-Werte und UV-Extinktionen als Maß für die gelöste organische Substanz (DOC).

Der Freilandniederschlag in Schluchsee (Bild 5) weist eine für den südlichen Hochschwarzwald typische Zusammensetzung auf. Das Eintragsniveau ist verglichen mit anderen Gebieten in Mitteleuropa als niedrig einzustufen (vgl. /29/). Von allen Wässern weist das Sickerwasser aus der organischen Auflage den höchsten Lösungsinhalt auf. Auf der Anionenseite dominieren organische Anionen, die auf der Kationenseite von einer vergleichbar hohen H^+-Konzentration begleitet werden. Der tiefe pH-Wert von 3,6 (vgl. Tafel 1) wird

Tafel 1: pH-Werte und UV-Extinktionen (λ = 254 nm) $E \cdot m^{-1}$) von Freilandniederschlag, Kronentraufe, Bodensicker-, Grund- und Oberflächenwasser der Einzugsgebiete Schluchsee und Villingen (5-11/87).

Standort	Schluchsee 3 Podsol pH	UV	Villingen 1 Stagnogley pH	UV	Villingen 1 Braunerde pH	UV
Freilandniederschlag	4,8	0,4	5,0	0,4		
Kronentraufe	4,9	1,9	4,6	5,2	4,5	6,2
Sickerwasser Auflage	3,6	29,5	3,6	29,5	3,6	32,2
Sickerwasser 30 cm	4,4	18,2	4,1	16,4	4,7	11,1
Sickerwasser 80 cm	5,0	4,9	4,8	9,0	5,0	0,8
Grundwasser			5,8	0,2		
Bachwasser	5,6	3,5	4,3	11,6		
Bachwasser	6,4	2,5	6,0	5,2		

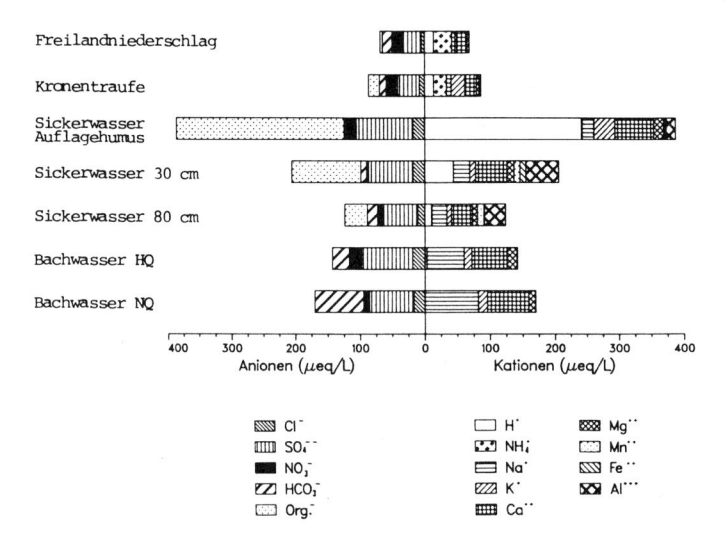

Bild 5: Ionenbilanzen für Schluchsee 3 (5-11/89) (aus /27/)

also maßgeblich durch dissoziierte organische Säuren hervorgerufen. Der Wasserverbrauch der Vegetation äußert sich in einer deutlichen Erhöhung der Cl-Konzentrationen. Nach Durchsickerung des Hauptwurzelraumes sinken pflanzenaufnahmebedingt die Konzentrationen von NO_3^-, K^+, Ca^{2+} und Mg^{2+} ab. Bei der Passage des tieferen Mineralbodens vermindert sich der Lösungsinhalt des Sickerwassers stark. Dies ist besonders auf eine Immobilisierung von organischen Anionen und Al^{3+} bei gleichzeitigem pH-Anstieg zurückzuführen. HCO_3^- nimmt kaum zu, da in den durchlässigen, sehr basenarmen Böden die Basensättigung mit 2 - 3 % auch im tieferen Mineralboden nur sehr gering ist. Auf der Sickerstrecke vom durchwurzelten Solum bis zum Bach verändert sich das Sickerwasser nochmals beachtlich. H^+ und die organischen Anionen nehmen stark ab. Diese Pufferung macht sich in einem gleichzeitigen Anstieg von HCO_3^-, Na^+ und Ca^{2+} bemerkbar. K^+ und Mg^{2+} steigen hingegen nur geringfügig an. Dies weist auf beachtliche Verwitterungs- und/oder Austauschvorgänge im tieferen Untergrund hin. Im Bärhaldegranit verwittern hauptsächlich Plagioklase, wobei vor allem Na^+ und Ca^{2+} freigesetzt werden /30/ und sich HCO_3^- bildet /29/. Die chemische Zusammensetzung des Bachwassers verändert sich stark in Abhängigkeit von der Wasserführung. Bei Niedrigwasser (NQ) ist das Wasser elektrolytreicher als bei Hochwasser (HQ). In Schluchsee dominiert auf Grund der hohen Durchlässigkeit der Böden und der Gesteinszersatzzone die vertikale Komponente bei der Abflußbildung. Die hydrochemische Differenzierung zwischen HQ und NQ ist in Schluchsee deshalb weniger auf unterschiedliche Fließwege, sondern eher auf unterschiedliche Verweilzeiten des Wassers im tieferen Untergrund zurückzuführen. Eine kürzere Verweilzeit bedeutet gleichzeitig eine verminderte chemische Reaktion des Wassers mit den Oberflächen der Gesteinsklüfte, was die geringeren Gesamtelektrolyt-, Basen- und Bikarbonatkonzentrationen bei HQ-Bedingungen deutlich zeigen.

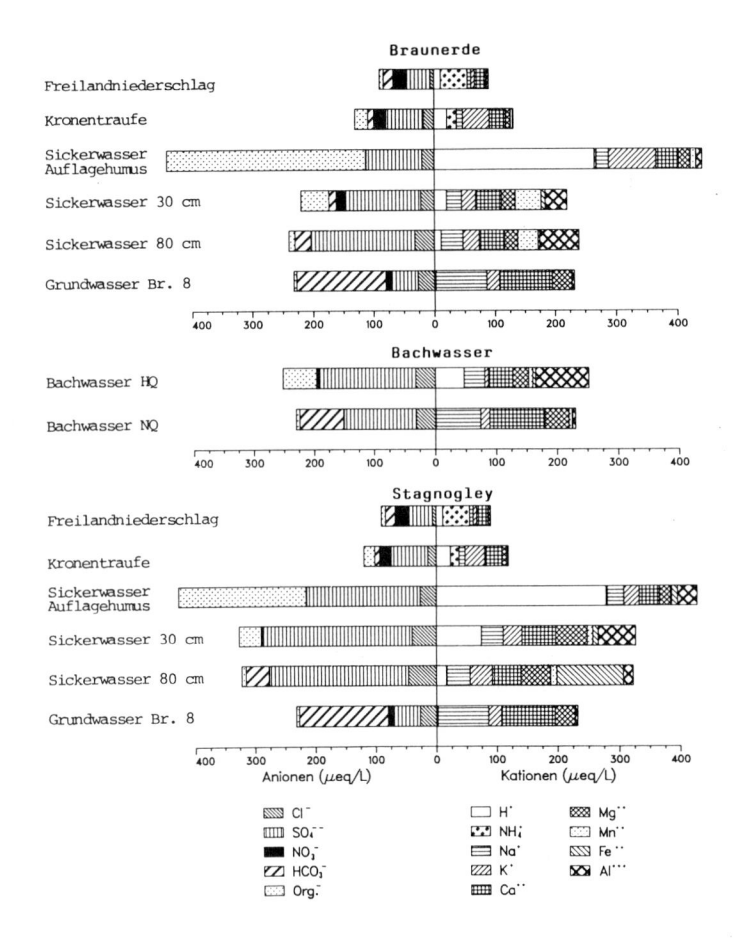

Bild 6: Ionenbilanzen für Villingen 1 (5-11/89) (aus /27/)

3.1.3.4 Einzugsgebiet Villingen 1

Freilandniederschlag und Kronentraufe in Villingen (Bild 6) sind ähnlich wie in Schluchsee zusammengesetzt. Der Lösungsinhalt ist in allen Villinger Wässern auf Grund geringerer Niederschlagsmengen etwas höher als in Schluchsee. Die Kationenzusammensetzung im Sickerwasser unterscheidet sich in beiden Villinger Standorten deutlich vom Schluchsee-Podsol. Der Obere Buntsandstein liefert vor allem mehr Mg^{2+} nach. Auffallend sind auch die hohen Fe^{2+}- und Mn^{2+}-Anteile in den Ionenbilanzen der Unterboden-Sickerwässer von (Pseudogley)-Braunerde und Stagnogley. Hohe Mobilität dieser beiden Elemente ist charakteristisch für solche hydromorphe Böden. Das Grundwasser unterscheidet sich deutlich von den Bodensickerwässern. Besonders auffallend ist ein markanter SO_4^{2-}-Rückgang und ein HCO_3-Anstieg. Auf der Kationenseite weisen besonders Na^+ und Ca^{2+} höhere Konzentrationen gegenüber dem Sickerwasser auf, während Al^{3+}, Fe^{2+} und Mn^{2+} nicht oder kaum mehr auftreten. Dies unterstreicht die Bedeutung der Sickerstrecke im nicht durchwurzelten tieferen Solum und Gesteinskörper für die Zusammensetzung des Grund- bzw. Quellwassers. Das Bachwasser bei Basisabfluß läßt sich als eine Mischung von Grundwasser und Sickerwasser aus dem tieferen Mineralboden erklären. Bei höheren Abflüssen setzt sich das Bachwasser überwiegend aus dem Sickerwasser oberflächennaher Bodenhorizonte zusammen. Das Wasser ist dann ärmer an Alkalien und Erdalkalien, saurer und auf Grund höherer DOC-Konzentrationen braun gefärbt (vgl. Tafel 1). Die H^+-Konzentration ist bei HQ zu einem großen Teil durch pedogene, dissoziierte organische Säuren bedingt. Auch SO_4^{2-} zeigt unter HQ-Bedingungen deutlich höhere Werte.

3.1.4 QUANTIFIZIERUNG VON VERWITTERUNGSRATEN

Durch Silikatverwitterung werden Protonen verbraucht, wobei gleichzeitig Alkalien und Erdalkalien freigesetzt und Hydrogenkarbonationen gebildet werden. Die Quantifizierung dieses Prozesses ist somit entscheidend für die Prognose weiterer Versauerungsentwicklungen /31/. Allerdings ist die Angabe von Verwitterungsraten für komplexe Systeme, wie sie

Wassereinzugsgebiete darstellen, mit großen Problemen verbunden. Die geochemische Bilanzierung von Bodenprofilen mittels Mineralinventuren /30,32/ ist an Voraussetzungen geknüpft, die oft nicht gegeben sind. Sie integriert über den gesamten Zeitraum der Bodenentwicklung, so daß aktuelle Verwitterungsraten damit nicht angegeben werden können. Außerdem ist es problematisch, die für ein Bodenprofil abgeleiteten Pufferraten auf die chemische Zusammensetzung von Oberflächengewässern zu übertragen. Bei entsprechend tiefreichender Versickerung ist die Aufbasung im tieferen Untergrund weit höher als in den bereits stark verwitterten, sauren Böden. Eine andere Quantifizierungsmöglichkeit besteht in der Eintrag-Austrag-Bilanzierung von Wassereinzugsgebieten /33,34,35/. In diese Art der Bilanzierung gehen jedoch sämtliche kurzfristigen, sich aus den ökosysteminternen Elementkreisläufen ergebenden Schwankungen ein. Denn bedingt durch sich im Verlauf des Bestandesalters sich verändernde Prozesse wie Nährstoffaufnahme, Ernteentzug, Mineralisierung oder Kationenaustausch bzw. -umtausch im Boden wird der Basenaustrag mehr oder weniger stark variieren. Deshalb kann der Nettoaustrag basischer Kationen (Austrag-Eintrag) nicht mit der Silikatverwitterung gleichgesetzt werden. In Tafel 2 ist der Basennettoaustrag für die beiden ARINUS-Einzugsgebiete im Schwarzwald, die Lange Bramke im Harz /36/ sowie für Hubbard Brook/USA /35/ angegeben.

Der Basennettoaustrag übersteigt in jedem Falle den atmogenen Protoneneintrag. Diese Protonen werden demnach nahezu vollständig im Einzugsgebiet gepuffert. Der Unterschied zwischen Basennettoaustrag und Protoneneintrag geht auf die Pufferung ökosystemintern gebildeter Säuren zurück. Eine Ausnahme stellt das Einzugsgebiet Villingen dar. Aufgrund der überwiegend oberflächennahen Entwässerung in den stark verwitterten, sauren Böden ist der Basennettoaustrag mit

0,5 kmol IÄ·ha^{-1}·a^{-1} deutlich geringer als bei den übrigen Einzugsgebieten. Der höhere Protonenaustrag dürfte im wesentlichen auf die geringere Puffermöglichkeit und die Mobilisierung dissoziierter organischer Säuren entlang der oberflächennahen Fließstrecke zurückzuführen sein.

Tafel 2: Netto-Austrag basischer Kationen und Eintrag/Austrag von Protonen in verschiedenen Einzugsgebieten

	Basennettoaustrag	H$^+$-Eintrag	H$^+$-Austrag	
		kmol IÄ·ha^{-1}·a^{-1}		(Quelle)
Schluchsee (Schwarzwald)	2,17	0,36	0,09	/29/
Villingen (Schwarzwald)	0,53	0,40	0,21	/29/
Lange Bramke (Harz)	2,34	1,17	0,01	/36/
Hubbard Brook (N.H./USA)	2,00	0,96	0,10	/35/

3.1.5 ZUSAMMENFASSUNG UND SCHLUSSFOLGERUNGEN

Die chemische Zusammensetzung von Oberflächenwässern ist in hohem Maße abhängig von den Fließwegen des Wassers im Einzugsgebiet und damit von der Art der Abflußbildung. Sie wird bestimmt durch chemische Gleichgewichts-/Ungleichgewichtsreaktionen innerhalb der durchflossenen Boden- bzw. Gesteinskompartimente. In Gebieten mit hoher Durchlässigkeit der Böden bis in die Gesteinszersatzzone und/oder das

Gestein wird auch bei Starkregenabfluß das Oberflächenwasser überwiegend durch Grundwasser gespeist. Organische Säuren sind hier für Azidität und Mobilisierung potentiell toxischer Metall wie Al unbedeutend. Es besteht die Möglichkeit der Pufferung interner/externer Säurebelastung durch Verwitterungs- und/oder Austauschreaktionen mit dem unverwitterten Gestein. Es bleibt jedoch die Frage nach der wirklichen Höhe von Silikatverwitterungsraten insbesondere im tieferen Untergrund. Offen ist auch, ob diese Raten bei höherer Säurebelastung ansteigen. In Gebieten mit eingeschränkter Durchlässigkeit der Böden (z.B. durch oberflächennahe Stauhorizonte) prägt bei Starkregenereignissen (in manchen Gebieten auch ganzjährig) Wasser der obersten, sauren und stark verwitterten Bodenkompartimente die chemische Zusammensetzung des Bachwassers. Hier werden pH-Wert und Metallmobilität in hohem Maße durch Austausch- und Komplexierungsprozesse in diesen Horizonten gesteuert. Gelöste Huminstoffe spielen in diesem Zusammenhang eine entscheidende Rolle. Interne und externe Protonenbelastung kann aufgrund des fehlenden Kontakts mit dem tieferen Mineralboden bzw. dem Gestein nur unvollständig abgepuffert werden. Eine potentielle Gefährdung in solchen Gebieten ergibt sich neben Immissionsbelastung auch durch Nutzungseingriffe, insbesondere wenn sie den Humuskörper betreffen (Streunutzung, Ernteentzug, Baumartenwahl, Kalkung?). Die Modellvorstellung einer vertikal durch Mineralsäuren voranschreitenden Versauerungsfront (Boden-Gestein-Oberflächengewässer-Sediment) ist für viele aktuell saure Oberflächengewässer unzutreffend. Zur Prognose zukünftiger Versauerungsentwicklungen ist die Identifizierung der verschiedenen Fließwege in Einzugsgebieten mittels tracerhydrologischer Ansätze und eine Modellierung der Wasserflüsse erforderlich. Entsprechende hydrologische Modelle sind in Stoffhaushaltsmodellen zu berücksichtigen.

3.1.6 SCHRIFTTUM

/1/ BRICKER, O.W. (1987): Catchment flow paths. Proceedings International Symposium on Acidification and Water Pathways, Bolkesjø/Norway, 4 - 8 May 1987, Vol I, S. 1 - 23.

/2/ STEINBERG, C.; LEHNART, B. (1985): Wenn Gewässer sauer werden: Ursachen, Verlauf, Ausmaß. BLV-Verlag.

/3/ SCHOEN, R.; KOHLER, A. (1984): Gewässerversauerung in kleinen Fließgewässern des Nordschwarzwaldes während der Schneeschmelze 1982. UBA-Materialien 1/84, S. 58 - 69.

/4/ HORTON, R.E. (1933): The role of infiltration in the hydrologic cycle. Am. Geophys. Union Trans. 14, S. 446 - 460.

/5/ TISCHENDORF, W.G. (1969): Tracing stormflow to varying source area in a small forested watershed in the southeastern piedmont. Dissertation, University of Georgia, Athens, Ga.

/6/ HEWLETT, J.D. (1982): Principles of Forest Hydrology. The University of Georgia Press, Athens, Ga.

/7/ SCHWARZ, O. (1984): Schneeschmelze und Hochwasser: Ergebnisse eines forstlichen Schneemeßdienstes im Schwarzwald. DVWK-Mitteilungen 7, S. 355 - 372.

/8/ ZÖTTL, H.W.; FEGER, K.-H.; BRAHMER, G. (1985): Chemismus von Schwarzwaldgewässern während der Schneeschmelze 1984. Naturwissenschaften 72, S. 268 - 270.

/9/ FEGER, K.-H.; BRAHMER, G. (1986): Factors affecting snowmelt streamwater chemistry in the Black Forest (West Germany). Water Air Soil Pollution 31, S. 257 - 265.

/10/ JAHN, R. (1957): Forstliche Standortskartierung im Buntsandstein-Hochschwarzwald (Hornisgrindegebiet). Mitteilungen Verein Forstliche Standortskunde und Forstpflanzenzüchtung 6, S. 39 - 55.

/11/ MUSGRAVE, G.W.; HOLTAN, H.N. (1964): Handbook of Applied Hydrology. V. CHOW (ed.) Chapter 12, McGraw-Hill, New York.

/12/ OHSE, W.; MATTHESS, G.; PEKDEGER, A. (1983): Gleichgewichts- und Ungleichbeziehungen zwischen Porenwässern und Sedimenten im Verwitterungsbereich. Z. dt. geol. Ges. 134, S. 345 - 361.

/13/ STAHR, K. (1973): Die Stellung der Böden mit Fe-Bändchen-Horizont (thin-iron-pan) in der Bodengesellschaft der nördlichen Schwarzwaldberge. Arb. Inst. Geol. Paläont. Universität Stuttgart N.F. 69, S. 85 - 183.

/14/ FEGER, K.-H. (1986): Biogeochemische Untersuchungen an Gewässern im Schwarzwald unter besonderer Berücksichtigung atmogener Stoffeinträge. Freiburger Bodenkundl. Abh. 17.

/15/ REHFUESS, K.E. (1981): Waldböden - Entwicklung, Eigenschaften, Nutzung. Pareys Studientexte 29.

/16/ STAHR, K. (1979): Die Bedeutung periglazialer Deckschichten für Bodenbildung und Standortseigenschaften im Südschwarzwald. Freiburger Bodenkundl. Abh. 9.

/17/ FÖRSTER, H. (1989): Hydrologische und hydrochemische Untersuchungen in den Hochlagen des Bayerischen Waldes. DVWK-Mitteilungen (dieses Heft).

/18/ SCHWEIKLE, V. (1971): Die Stellung der Stagnogleye in der Bodengesellschaft der Schwarzwaldhochfläche auf so-Sandstein. Dissertation Univ. Hohenheim.

/19/ FEGER, K.H.; BRAHMER, G. (1987): Biogeochemical and hydrological processes controlling water chemistry in the Black Forest (West Germany). Proceedings "International Symposium on Acidification and Water Pathways", Bolkesjø/Norway, 4 - 8 May 1987, Vol. II, S. 23 - 32.

/20/ SPONECK, C.F. (1817): Über den Schwarzwald. Heidelberg.

/21/ MÜNST, M. (1910): Ortssteinstudien im oberen Murgtal (Schwarzwald). Mitt. d. Königl. Statist. Landesamtes 8, S. 48 - 60, Stuttgart.

/22/ FEGER, K.-H.; ZEITVOGEL, W. (1987): Zur Bedeutung von nutzungsbedingten Bodenveränderungen für die Versauerung von Gewässern im Schwarzwald. Mitt. Dt. Bodenkundliche Ges. 55/I, S. 301 - 306.

/23/ HERRMANN, A.; KOLL, J.; SCHÖNIGER, M.; STICHLER, W. (1987): A runoff formation concept to model water pathways in forested basins. Forest Hydrology and Watershed Management, IAHS-AISH Publ. 167, S. 519 - 529.

/24/ HEWLETT, J.D.; NUTTER, W.L. (1980): The varying source area of streamflow from upland basins. Proc. Symp. on Interdisciplinary Aspects of Watershed Management, Montana State University, Boseman, MT., Am. Soc. Civil Engineers, S. 65 - 83.

/25/ HIBBERT, A.R.; TROENDLE, C.A. (1987): Streamflow Generation by Variable Source Area. W.T. SWANK; D.A. CROSSLEY, jr. (eds.): Forest Hydrology and Ecology at Coweeta. Ecological Studies 66, Springer, S. 111 - 127.

/26/ ZÖTTL, H.W.; FEGER, K.-H.; BRAHMER, G. (1987): Projekt ARINUS: I. Zielsetzung und Ausgangslage. KfK/PEF-Berichte 12(1), S. 269 - 281.

/27/ FEGER, K.-H.; BRAHMER, G.; ZÖTTL, H.W. (1988): Chemische Veränderung des Niederschlagswassers auf seinem Weg durch zwei Einzugsgebiete im Schwarzwald. Wasser und Boden 40, S. 574 - 580.

/28/ BAUR, S.; FEGER, K.-H.; BRAHMER, G. (1988): Mobilität und Bindungsformen von Aluminium in Wassereinzugsgebieten des Schwarzwaldes. Mitt. Dt. Bodenkundliche Ges. 57, S. 141 - 146.

/29/ BRAHMER, G.; FEGER, K.-H. (1989): Hydrochemische Bilanzen kleiner bewaldeter Wassereinzugsgebiete des Südschwarzwaldes. DVWK-Mitteilungen (dieses Heft).

/30/ GUDMUNDSSON, T.; STAHR, K. (1981): Mineralogical and geochemical alterations of "Podsol Bärhalde". Catena 8, S. 49 - 69.

/31/ JOHNSON, N.M. (1984): Acid rain neutralization by geologic materials. O.W. BRICKER (ed.): Geological aspects of acid rain. Acid Precipitation Series 7, Butterworth Publishers, S. 37 - 54.

/32/ FÖLSTER, H. (1984): Proton consumption rates in holocene and present-day weathering of acid forest soils. J.I. DREVER (ed.): The chemistry of weathering. NATO ASI Series C 149, D. Reidel, S. 197 - 211.

/33/ VELBEL, M.A. (1984): Hydrogeochemical constraints on mass balances in forested watersheds of the Southern Appalachians. J.I. DREVER (ed.): The chemistry of weathering. NATO ASI Series C 149, D. Reidel, S. 231 - 248

/34/ CREASEY, J.; EDWARDS, A.C.; REID, J.M.; MacLEOD, D.A.; CRESSER, M.S. (1986): The use of catchment studies for assessing chemical weathering rates in two contrasting upland areas in Northeast Scotland. S.M. COLMAN, D.P. DETHIER (eds.): Rates of chemical weathering of rocks and minerals. Academic Press Inc., S. 468 - 502.

/35/ LIKENS, G.E.; BORMANN, F.H.; PIERCE, R.S.; EATON, J.S. (1977): Biogeochemistry of a forested ecosystem. Springer, New York.

/36/ HAUHS, M. (1985): Wasser- und Stoffhaushalt im Einzugsgebiet der Langen Bramke (Harz). Berichte des Forschungszentrums Waldökosysteme/Waldsterben 17.

3.2 HYDROCHEMISCHE BILANZEN KLEINER BEWALDETER EINZUGSGEBIETE DES SÜDSCHWARZWALDES
von G. Brahmer und K.-H. Feger, Freiburg i.Br.

3.2.1 EINLEITUNG

Im Forschungsprojekt ARINUS* werden die "Auswirkungen von Restabilisierungsmaßnahmen und Immissionen auf den N- und S-Haushalt der Öko- und Hydrosphäre von Schwarzwaldstandorten" untersucht. Das Vorhaben verknüpft Messungen der Stoffumsätze in Waldökosystemen mit Eintrag-Austrag-Bilanzen ganzer Wassereinzugsgebiete /1/.

3.2.2 UNTERSUCHUNGSGEBIETE

Die Untersuchungsgebiete befinden sich im Bereich des Staatlichen Forstamtes Schluchsee (10 - 15 ha, 1150 - 1250 m ü. NN, 20- bis 60-jährige Fichte, Braunerde-Podsol und Podsol-Braunerde aus grusig verwitterndem, extrem basenarmem Bärhaldegranit mit hoher Wasserleitfähigkeit (k_f = 2,3 m/Tag - 41 m/Tag) und überwiegend vertikalem Wasserfluß) sowie im Stadtwald Villingen-Schwenningen (ca. 40 ha, 800 - 960 m ü. NN, 80- bis 120-jährige Fichte, Pseudogley-Braunerden und Stagnogleye mit lithogen tonigen Stauhorizonten auf Oberem und Mittlerem Buntsandstein, geringe Wasserleitfähigkeit (0,18 m/Tag - 4 mm/Tag) und vorherrschend lateralem Wasserzug). Die vorgestellten Ergebnisse beziehen sich auf das erste Meßjahr (Juni 1987 bis Mai 1988).

---

*Das Projekt wird finanziert durch die Kommission der Europäischen Gemeinschaften und das Land Baden-Württemberg (Projekt Europäisches Forschungszentrum für Maßnahmen zur Luftreinhaltung, Kernforschungszentrum Karlsruhe, Förd.Nr. 86/012/1a

3.2.3 ERGEBNISSE

3.2.3.1 Einträge mit dem Freilandniederschlag

Die Einträge mit dem Freilandniederschlag (Niederschlagsmenge Schluchsee: 2301 mm; Villingen: 1638 mm) unterscheiden sich für beide Gebiete kaum (vgl. Tafel 1). Bei einem Eintragsniveau von rund 11 kg Stickstoff und 8 kg Schwefel pro Hektar und Jahr entstammen die Einträge überwiegend dem Ferntransport. Lokale Emissionen scheinen auch bei den anderen Elementen nur eine untergeordnete Rolle zu spielen. Im Vergleich zu anderen Gebieten der Bundesrepulik mit vergleichbaren Niederschlagsmengen sind die Einträge demnach als gering bis mäßig einzustufen. /2,3,4/. Sie entsprechen den in den benachbarten Vogesen gemessenen Einträgen /5/.

__Tafel 1:__ Jahresfrachten (kg/ha·a) im Freilandniederschlag, im Bestandsniederschlag und im Austrag

kg/ha·a	SCHLUCHSEE 1			VILLINGEN 1		
	Freiland	Bestand	Austrag	Freiland	Bestand	Austrag
H	0,31	0,36	0,09	0,24	0,40	0,23
Na	5,6	5,9	26,6	3,3	4,2	6,3
K	2,1	12,3	11,2	1,2	14,3	3,8
Ca	5,5	5,9	20,9	4,6	6,5	7,6
Mg	1,0	1,1	3,5	0,6	1,3	2,7
NH_4-N	7,2	4,6	0,1	6,0	2,6	0,0
NO_3-N	4,9	5,1	10,7	4,4	3,2	0,5
Ges-N	12,1	9,7	10,8	10,4	5,8	0,5
SO_4-S	8,9	11,1	26,1	7,6	12,4	16,2
Cl	9,0	10,3	12,8	5,2	8,7	8,3
HCO_3	15,2	10,1	32,2	12,0	7,0	10,8
Al	0,08	0,17	7,10	0,09	0,22	5,72
Mn	0,05	0,32	0,53	0,05	1,15	1,17
Fe	0,09	0,13	0,13	0,08	0,14	0,61

3.2.3.2 Einträge mit dem Bestandsniederschlag

Nach Passage des Kronenraumes verändern sich die eingetragenen Mengen gegenüber dem Freilandniederschlag zum Teil erheblich. Vor allem für Kalium (Faktor 6-13), Mangan (Faktor 6-33) und die gelöste organische Substanz (DOC), ergeben sich im Bestandesniederschlag mehrfach höhere Frachten, wodurch die Einbeziehung dieser Elemente in den Biokreislauf mit starker Auswaschung über die Nadeln (leaching) deutlich wird. Trockene Deposition ist für die Erhöhung der Stoffmengen der anderen Elemente verantwortlich zu machen (Anreicherungsfaktor 1-2). Einzig für Stickstoff stellt der Kronenraum eine Senke dar. Im Meßjahr wurde in Villingen rund die Hälfte (Vegetationsperiode zwei Drittel) und in Schluchsee rund ein Viertel (Vegetationsperiode ein Drittel) des Gesamtstickstoffs bei der Passage des Kronenraumes zurückgehalten.

3.2.3.3 Chemismus der Vorfluter

Der Chemismus der Vorfluter zeichnet sich durch sehr elektrolytarme, saure Wässer aus (spez. elektr. Leitf. 20 -40 μS/cm; pH 4,2 - 6,0). Auf der Anionenseite dominiert SO_4^{2-} (gewichtetes Mittel Schluchsee 82 μeq/L; Villingen 126 μeq/L). Während NO_3^- in Schluchsee mit 40 μeq/L auftritt, liegen die NO_3^--Konzentrationen in Villingen bei 4 μeq/L. Auf der Kationenseite dominieren in Schluchsee Na^+ (59 μeq/L) und CA^{2+} (53 μeq/L) gegenüber K^+ und Mg^{2+} (je 15 μeq/L). In Villingen liegen die Konzentrationen von Ca^{2+} bei 42 μeq/L; Na^+ 29 μeq/L; Mg^{2+} 23 μeq/L und K^+ 20 μeq/L. Die Mittelwerte für Aluminium, das überwiegend komplexiert vorliegt, liegen für Schluchsee bei 350 und für Villingen bei 740 μg/L.

Im Jahreszeitlichen Verlauf (Bild 1 und 2) zeigen die Konzentrationen im Vorfluter eine deutliche Abhängigkeit von

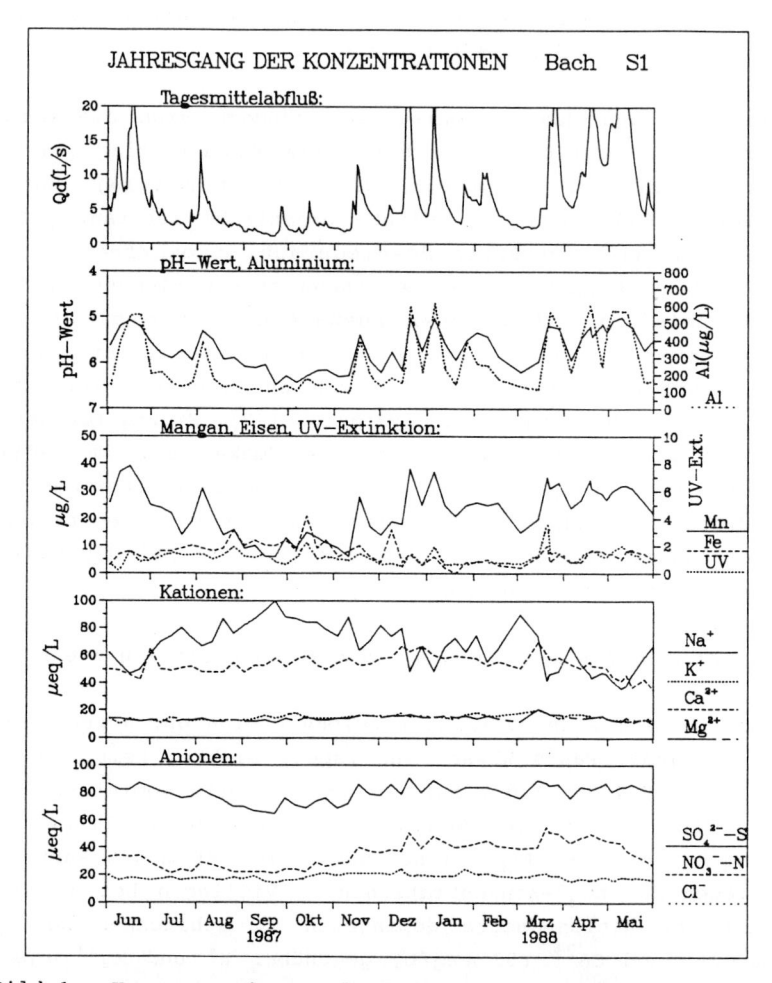

Bild 1: Konzentrationsverläufe Bach Schluchsee 1

der Abflußmenge und damit vom hydrologischen Fließweg. Während der Schneeschmelze und Perioden hoher Wasserführung mit überwiegend lateralem Fluß im Auflagehumus und in oberen Bodenhorizonten kommt es zu pH-Absenkungen und deutlichem Anstieg von Al, Fe, Mn und DOC /6/.

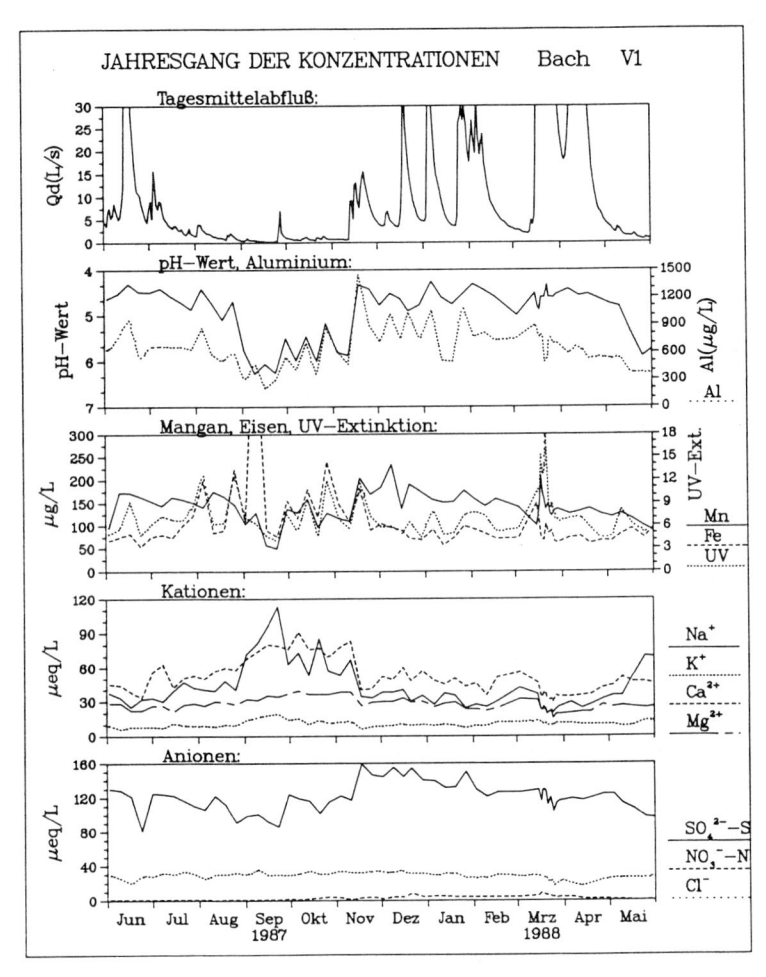

Bild 2: Konzentrationsverläufe Bach Villingen 1

Na^+, K^+, Ca^{2+}, Mg^{2+} und Cl^- zeigen einen Konzentrationsanstieg bei sommerlichem Basisabfluß /7/. Ein deutlich abnehmender Trend vom Frühjahr zum Herbst ergibt sich für die Anionen SO_4^{2-} und NO_3^-, die demnach stark in den Biokreislauf einbezogen sind.

3.2.3.4 Einzugsgebietsbilanzen

Die Bilanz (Eintrag über den Niederschlag - Austrag über die Vorfluter) (vgl. Tafel 1) ist für die meisten Elemente deutlich negativ. Besonders Aluminium zeigt bei den im Boden herrschenden pH-Bedingungen um pH 4 eine starke Mobilisierung. Für die basischen Kationen werden um bis zu fünffach höhere Austragsraten gegenüber dem Eintrag festgestellt. Sulfat ist als mobiles Begleitanion wesentlich am Export von Kationen (Mineralisierung, Verwitterung, Kationenumtausch) aus den Einzugsgebieten beteiligt. Die Sulfatbilanz ist in Villingen leicht negativ, während in Schluchsee rund das Doppelte der eingetragenen S-Menge ausgetragen wird. Stickstoff verhält sich anders als die übrigen Elemente. In Schluchsee steht dem Eintrag von 12 kg N ein Austrag von 11 kg N gegenüber. Bei einer Festlegung des Bestandes in einer Größenordnung von rund 8 kg N pro Hektar und Jahr /8/ muß dort von einer deutlichen N-Nachlieferung aus der Mineralisierung organischer Substanz im Boden ausgegangen werden. Entsprechende Mineralisationsraten in Schluchsee wurden durch Freiland- und Laborbrutversuche bestätigt /9/. In Villingen dagegen wird der gesamte eingetragene Stickstoff im Ökosystem zurückgehalten.

3.2.4 SCHLUSSFOLGERUNGEN

Die atmogene Deposition tritt in ihrer differenzierenden Wirkung auf die Gewässer hinter standortseigene Prozesse und Ausstattungen zurück. Biogeochemische Prozesse, die den N- und S-Kreislauf in Waldökosystemen steuern, beeinflussen wesentlich den Nitrat- und Sulfataustrag. Entscheidenden Einfluß auf die chemische Zusammensetzung des Vorfluters und den jeweiligen Austrag aus dem Ökosystem kommt dem Fließweg durch den Boden und der Kontaktzeit des Wassers mit dem Boden zu.

3.2.5 SCHRIFTTUM

/1/ ZÖTTL, H.W.; FEGER, K.-H.; BRAHMER, G. (1987): Projekt ARINUS: I. Zielsetzung und Ausgangslage, KfK/PEF-Berichte 12(1), S. 269 - 281.

/2/ VDI-KOMMISSION REINHALTUNG DER LUFT (1983): Säurehaltige Niederschläge - Entstehung und Wirkung auf terrestrische Ökosysteme. VDI-Verlag, Düsseldorf.

/3/ HÜSER, R.; DUNKEL, I. (1985): Stoffdeposition durch Niederschläge in bayerischen Waldlandschaften, Allg. Forstz. 40, S. 238 - 240.

/4/ FÜHRER, H.-W.; BRECHTEL, H.M.; ERNSTBERGER, H.; ERPENBECK, C. (1988): Ergebnisse von neuen Depositionsmessungen in der Bundesrepublik Deutschland und im benachbarten Ausland. DVWK Mitteilungen 14, 122 S.

/5/ PROBST, A.; VIVILLE, D.; AMBROISE, B.; FRITZ, B. (1988): Bilan Hydrochimique Du Bassin Versant Vosgien Du Strengbach A Aubure. Journees de travail DEFORPA Resumes des projets de recherches, Nancy 24. - 26.2.1988.

/6/ FEGER, K.H.; BRAHMER, G. (1986): Factors affecting snowmelt streamwater chemistry in the Black Forest (West Germany). Water, Air Soil Pollut. 31, S. 257 - 265.

/7/ BRAHMER, G.; FEGER, K.H. (1987): Auswirkungen unterschiedlicher Fließwege und biogeochemischer Prozesse auf die chemische Zusammensetzung der Hydrosphäre im Schwarzwald. Mitteilungen Deutsche Bodenkundliche Gesellschaft 55/I, S. 289 - 294.

/8/ KREUTZER, K. (1979): Ökologische Fragen zur Vollbaumernte. Forstw. Cbl. 98, S. 298 - 308.

/9/ SIMON, B.; FEGER, K.H.; ZÖTTL, H.W. (1988): Mikrobielle N- und S-Umsetzungen im Auflagehumus und in den oberen Mineralbodenhorizonten von Schwarzwaldböden. Beitrag 2.6 in: DVWK Mitteilungen 17, Deutscher Verband für Wasserwirtschaft und Kulturbau e.V. (DVWK), Gluckstraße 2, D-5300 Bonn 1, S. 159 - 165.

3.3 BEITRAG ZUM EINFLUSS DER BODENVERSAUERUNG AUF DEN ZUSTAND DER GRUND- UND OBERFLÄCHENGEWÄSSER

von V. Malessa und B. Ulrich, Göttingen

3.3.1 EINLEITUNG

Die saure Deposition verursacht sowohl in terrestrischen als auch in aquatischen Ökosystemen Veränderungen. Dabei spielen Prozesse der Bodenversauerung eine zentrale Rolle /1,2,3,4/.

Mit der sauren Deposition, die im letzten Jahrzehnt überwiegend vom Sulfation bestimmt war, werden Protonen zusammen mit einem "mobilen" und "konservativen" Anion eingetragen. Mit diesen Begriffen wird ausgedrückt, daß das Sulfation im Boden kaum gespeichert (Ausnahme: Al-Sulfate) und in gut durchlüfteten Böden auch nicht in andere Bindungsformen überführt werden kann. Das deponierte Sulfat verbleibt also größtenteils in der Bodenlösung und wird mit dem Sickerwasser nach unten verlagert. Es bildet damit das Vehikel, mit dem die bei der Abpufferung von Protonen im Boden entstehenden Kationsäuren, vorwiegend Al-Ionen, aus dem Wurzelraum nach unten in den Sickerwasserleiter verlagert werden können. Dort spielt sich eine Reaktion wie in einer Kationenaustauschersäule ab: Das Calcium am Austauscher wird durch die Aluminium-Ionen ausgetauscht und ausgewaschen, der Austauscher selbst von der Ca- in die Al-Form überführt. Im Unterboden saurer Waldböden (Sickerwasserleiter) bewegt sich als Folge der anhaltenden Deposition die Versauerungsgrenze stetig weiter nach unten.

Untersuchungen des chemischen Bodenzustands in Waldgebieten haben ergeben, daß die Zone geringer Basensättigung (< 5 - 10 %, Aluminium-Pufferbereich nach /5/) bei über 2/3 der Waldböden Nordwestdeutschlands unter den Wurzelraum von 60 bis 80 cm Bodentiefe hinabreicht /6,7,8,9/ und Stoffbilanzen dieser Ökosysteme /10/ und theoretische Überlegungen /11/ lassen den Schluß zu, daß die Tiefenversauerung durch saure Deposition bedingt ist. Ältere bodenchemische Daten machen deutlich, daß sich diese Entwicklung in den letzten Jahrzehnten vollzogen hat /12/. Damit ist die Frage akut, bis zu welcher Tiefe die Versauerung heute reicht und wie sie unter dem Einfluß des Säureeintrags in die Tiefe fortschreitet. Erste Ergebnisse hierzu aus der Langen Bramke (Harz) in Podsol-Braunerden bis Podsolen aus Kahlebergsandstein zeigten am Hang einen Anstieg der Basensättigung zwischen 2 und 3 m Tiefe, während auf dem Plateau mit Resten tertiärer Verwitterungsdecken der Al-Pufferbereich bis 5 m Tiefe reichte /13/.

3.3.2 METHODIK

Zur Feststellung des Tiefengradienten der Versauerung in Boden und Schuttdecke wurden in der Sösemulde im Harz auf Diabas, Tonschiefer und Grauwacken 9 Bohrungen (mittels Atlas-Copko-Bohrer) und 2 Schürfe bis 2,80 m Tiefe niedergebracht. Aus den Bohrkernen wurde in Abständen zwischen 20 und 70 cm ein 10 cm mächtiger Teil für die chemische Analyse entnommen. Die Schürfe wurden in dm-Schritten beprobt. Untersucht wurden pH und austauschbare Kationen (durch Perkolation mit 1 N NH_4Cl) /14,15/.

3.3.3 ERGEBNISSE UND DISKUSSION

Die Ergebnisse der Schürfe sind in Bild 1a und b, der Bohrungen in Tafel 1 in Form der prozentualen Anteile von Ca+Mg einerseits, Al andererseits an der AK_e dargestellt.

Die Schürfe lassen die Ausbildung einer markanten Versauerungsfront erkennen, an der die Basensättigung hohe Werte (> ca. 80 %) erreicht. Oberhalb der Versauerungsfront

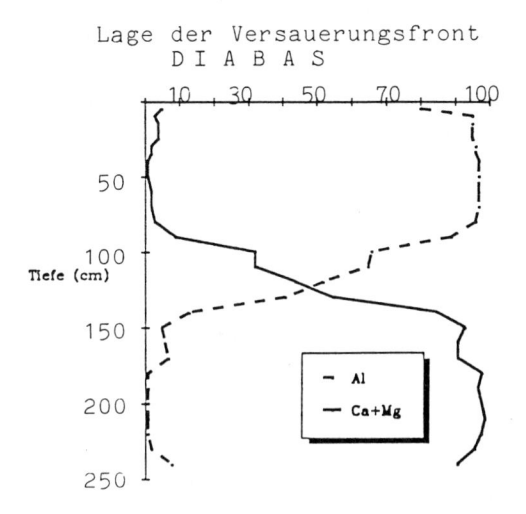

Bild 1a: Tiefenfunktion der Anteile austauschbarer Kationen auf Diabas

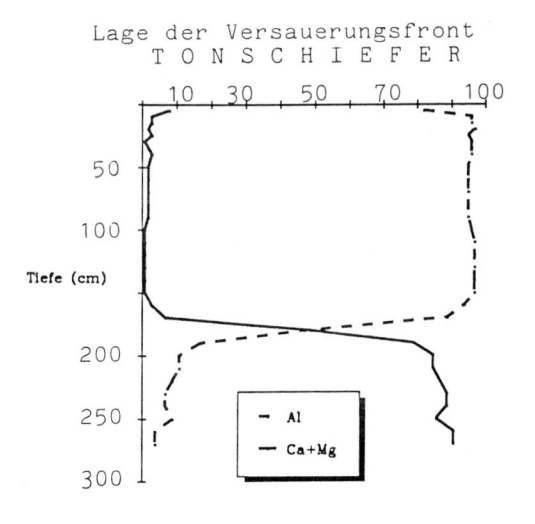

Bild 1b: Tiefenfunktion der Anteile austauschbarer Kationen auf Tonschiefer

Tafel 1: Effektive Kationenaustauschkapazität (AK_e in mmol(+)/kg) und Tiefengradient der Anteile von Ca, Mg und Al an der AK_e in Braunerden auf Diabas, Tonschiefer und Grauwacke in der Sösemulde (Westharz)

Tiefe cm	Ak_e	Ca %	Mg %	Al %	Ak_e	Ca %	Mg %	Al %	Ak_e	Ca %	Mg %	Al %
		Diabas	1			Diabas	2			Diabas	3	
15-40	111	3.7	1.3	92	146	3.1	3.1	93	84	4.0	2.6	90
50-60	84	1.6	1.2	84	-	-	-	-	49	20	12	64
80-110	127	2.9	2.6	91	285	38	33	26	-	-	-	-
120-150	178	56	32	7.8	302	45	40	11	71	50	30	16
160-190	166	81	15	1.2	423	70	27	1.4	63	77	13	6.4
200-220	-	-	-	-	-	-	-	-	75	71	22	3.0
230-250	-	-	-	-	428	70	28	0.7	113	79	18	0
		Diabas	4			Tonschiefer/Grauwacke				Tonschiefer	1	
15-40	64	4.9	2.2	89	-	-	-	-	63	1.6	1.5	93
50-60	-	-	-	-	73	8.3	1.9	63	-	-	-	-
80-110	59	49	9.8	37	81	3.0	1.9	91	74	0.8	1.5	93
120-150	112	66	17	13	45	9.8	5.2	76	60	23	19	51
160-190	419	98	1.6	0	-	-	-	-	-	-	-	-
200-220	-	-	-	-	62	46	26	18	116	46	47	3.1
230-250	358	99	0.6	0	-	-	-	-	-	-	-	-
		Tonschiefer	2			Grauwacke	1			Grauwacke	2	
15-40	53	1.5	1.4	96	74	0.9	0.4	96	61	2.4	0.8	93
50-60	-	-	-	-	-	-	-	-	-	-	-	-
80-110	52	1.3	0.8	93	130	5.8	1.0	90	22	2.5	1.2	90
120-150	61	18	20	55	113	79	12	4.7	28	27	10	55
160-190	111	53	34	7.2	-	-	-	-	34	48	17	28
									35	56	21	10
200-220	158	66	28	1.7	187	59	25	11	-	-	-	-

befindet sich eine ein oder wenige dm mächtige Zone, in der infiltrierende Kationsäuren (M_a-Kationen: Al-, Mn- und Schwermetallkationen) durch Austausch mit M_b-Kationen (Ca, Mg, K) gepuffert werden (Zone der Kationenaustausch-Pufferung). Darüber folgt die Zone der Al-Pufferung, in der Protonen unter Freisetzung von Al-Ionen gepuffert werden. Mit pH 4,0 - 4,4 sind die pH-Werte zwischen den Zonen der Al- und der Kationenaustausch-Pufferung nicht unterschiedlich. Dies läßt die beträchtlichen chemischen Ungleichgewichte erkennen, die in der Zone der Kationenaustausch-Pufferung bestehen. Zur Bodenoberfläche (in den Bildern nicht dargestellt) erfolgt der Übergang in den Eisen/Aluminium-Pufferbereich, in dem bei pH < 3,8 in Gegenwart wasserlöslicher Huminstoffe Protonen durch die Auflösung von Fe-Oxiden gepuffert werden. In diesem Bereich (Aeh-, Aheund Ae-Horizonten) geht die Al-Sättigung zugunsten der H+Fe-Sättigung zurück. Unterhalb der Versauerungsfront steigt die Basensättigung auf nahe 100 %, die pH-Werte auf 5,3 - 6,9 (maximal 8,0 in einem Calcit führenden Horizont im Diabas). Dies macht deutlich, daß die Rate der Säurebelastung hier die Rate der Protonen-Konsumtion durch die Freisetzung von M_b-Kationen bei der Silikatverwitterung nicht übersteigt (Zone des Silikat-Pufferbereichs). Als Säurebelastung ist hier Kohlensäure zu erwarten, die gelöst im Sickerwasser enthalten ist und bei pH > 5 dissoziiert. Dem Tiefengradienten des pH zufolge sollte die Alkalinität im Gewässer aus dieser Zone des Silikat-Pufferbereichs unterhalb der Versauerungsfront stammen. Der Basenreichtum des Diabas macht sich in einem höheren Anstehen der Versauerungsfront bemerkbar.

3.3.4 FOLGERUNGEN

Aus der Existenz einer derart markanten Versauerungsfront muß gefolgert werden, daß die gesamte Pufferung stärkerer Säuren als Kohlensäure im Boden oberhalb der Versauerungsfront erfolgt. Dies ist offensichtlich unabhängig davon, ob der Sickerwassertransport durch ungesättigtes oder gesättigtes Fließen erfolgt. Die Reaktionsgeschwindigkeit des Kationenaustausches Al^{3+}/Ca^{2+} in der Kationenaustausch-Pufferzone unmittelbar oberhalb der Versauerungsfront sollte auch theoretisch hoch genug sein, um den Eintausch von H^+ und M_a-Kationen sowie den Austausch von M_b-Kationen selbst bei gesättigtem Fließen über eine Transportstrecke von cm, bei skelettreichen Böden von wenigen dm zu erreichen.

Andererseits zeigt sich, daß der in der Zone des Aluminium-Pufferbereichs verbliebene Restbestand an M_b-Kationen an der Pufferung nicht mehr beteiligt ist. Hieraus muß gefolgert werden, daß diese M_b-Kationen an relativ stark saure Gruppen gebunden sind. Sie sind also eher als Bestandteile von Neutralsalzen aufzufassen und dürfen keine basischen Eigenschaften mehr aufweisen.

Anerkennung

Die Untersuchungen wurden vom Bundesministerium für Forschung und Technologie (FKZ 0339069 D) gefördert.

3.3.5 SCHRIFTTUM

/1/ HAUS, M. (1985): Der Einfluß des Waldsterbens auf den Zustand von Oberflächengewässern. Z. dt. geol. Ges. 136, S. 585 - 597.

/2/ LINKERSDÖRFER, S.; BENECKE, P. (1986): Auswirkungen der Deposition von Luftverunreinigungen auf die Grundwasserqualität. Eine Literaturstudie. - UBA Materialien, Göttingen, 170 S.

/3/ REUSS, J.O.; JOHNSON, D.W. (1986): Acid deposition and the acidification of soils and waters. Ecological Studies, Vol. 59, New York u.a.

/4/ WRIGHT, R.F. (1983): Acidification of freshwaters in Europe. Water Qual. Bull. 8, S. 137 - 143.

/5/ ULRICH, B. (1981): Ökologische Gruppierung von Böden nach ihrem chemischen Bodenzustand. Z. Pflanzenernähr. Bodenkunde 144, S. 289 - 305.

/6/ SHRIVASTAVA, M. (1976): Quantifizierung der Beziehungen zwischen Standortsfaktoren und Oberhöhe am Beispiel der Fichte (Picea abies Karst.) in Hessen. Diss. Univ. Göttingen, Göttinger Bodenkundliche Berichte 43, 228 S.

/7/ EDER, W. (1979): Quantifizierung von Standortsfaktoren als Grundlage für eine leistungsbezogene Standortkartierung insbesondere auf Buntsandsteinstandorten der Pfalz. Diss. Univ. Göttingen.

/8/ GEHRMANN, J.; BÜTTNER, G.; ULRICH, B. (1987): Untersuchungen zum Stand der Bodenversauerung wichtiger Waldstandorte im Land Nordrhein-Westfalen. Berichte Forschungszentrum Waldökosysteme, Univ. Göttingen B4, 233 S.

/9/ RASTIN, N.; ULRICH, B. (1988): Chemische Eigenschaften von Waldböden in nordwestdeutschen Pleistocän. Z. Pflanzenernähr. Bodenkunde 151, S. 229 - 235.

/10/ ULRICH, B. (1988): Ökochemische Kennwerte des Bodens. Z. Pflanzenernähr. Bodenkunde 151, S. 171 - 176

/11/ ULRICH, B. (1986): Natural and anthropogenic components of soil acidification. Z. Pflanzenernähr. Bodenkunde 144, S. 289 - 305.

/12/ ULRICH, B.; MEYER, H. (1987): Chemischer Zustand der Waldböden Deutschlands zwischen 1920 und 1960, Ursachen und Tendenzen seiner Veränderung. Ber. Forschungszentr. Waldökosysteme Univ. Göttingen B5, 133 S.

/13/ DISE, N.; HAUHS, M. (1987): Sulfate retention characteristics and depletion of base cations in an acid forest soil at Lange Bramke, West Germany. In: B. MOLDAN and T. PACES (eds.): GEOMON, publ. by Geological Survey, Prag, S. 58 - 61.

/14/ MEIWES, K.J.; HAUHS, M.; GERKE, H.; ASCHE, N.; MATZNER, E.; LAMERSDORF, N. (1984b): Die Erfassung von Stoffkreisläufen in Waldökosystemen. Ber. Forschungszentr. Waldökosyst. Universität Göttingen 7, S. 68 - 142.

/15/ MEIWES, K.J.; KÖNIG, N.; KHANNA, P.K.; PRENZEL, J.; ULRICH, B. (1984b): Chemische Untersuchungsverfahren für Mineralboden, Auflagehumus und Wurzeln zur Charakterisierung und Bewertung der Versauerung von Waldböden. Ber. Forschungszentr. Waldökosyst. Universität Göttingen, Bd. 7, S. 1 - 67.

3.4 WASSERQUALITÄT VON VIER KLEINEN BÄCHEN DES FORSTHYDROLOGISCHEN FORSCHUNGSGEBIETES KROFDORF (HESSEN). - EIN EXPERIMENTELLER EINZUGSGEBIETSVERGLEICH

von H.-W. Führer, Hann. Münden

3.4.1 EINLEITUNG

Das Forsthydrologische Forschungsgebiet Krofdorf liegt ca. 10 km nördlich von Gießen, im Übergangsbereich von der kollinen zur submontanen Höhenstufe. Es umfaßt vier vollständig bewaldete Wassereinzugsgebiete mit Flächengrößen zwischen 9 und 20 ha. Die Bestockung besteht ganz überwiegend aus Buche /1/.

Zielsetzung des Projektes ist es, die Einflüsse bestimmter waldbaulicher Maßnahmen auf die Höhe, die zeitliche Verteilung und die Qualität des Abflusses zu quantifizieren. Dies geschieht durch den Vergleich der beiden Experimental-Einzugsgebiete A_1 und A_2, deren Bestockung entsprechend dem Versuchszweck gezielt verändert wird, mit den beiden unbehandelten Standard-Einzugsgebieten B_1 und B_2. Die Kalibrierung erstreckte sich über den Zeitraum 1972 - 1981 /2/.

Die vier Einzugsgebiete /5/ werden methodisch nach dem Black-Box-Ansatz langfristig untersucht. Zuständig für die Bearbeitung der qualitativen Aspekte (Bioelementeintrag und -austrag, stochastische Beziehungen zwischen dem Abfluß und den Bioelementkonzentrationen des Bachwassers) ist innerhalb der Projektgruppe Krofdorf das Sachgebiet Hydrologie der Bayerischen Forstlichen Versuchs- und Forschungsanstalt.

3.4.2 IMMISSIONSBELASTUNG

Hinsichtlich der Niederschlagsdeposition anorganischer Ionen kann das Versuchsgebiet als vergleichsweise mäßig belastet gelten. Insbesondere der atmogene Säureeintrag ist niedriger als in den meisten anderen Regionen Hessens. Diesbezüglich macht sich die Lee-Lage des Versuchsgebietes am Ostrand des Rheinischen Schiefergebirges positiv bemerkbar.

Im Zeitraum 1974 - 1986 wurden bei einem mittleren Jahresniederschlag von 684 mm durchschnittlich 0,21 kg/ha·a freie Protonen, 14 kg/ha·a Gesamt-Stickstoff sowie 14 kg/ha·a Sulfat-Schwefel eingetragen. Die gesamte Säuredeposition, berechnet als Äquivalentsumme von H^+, NH_4^+, Al^{+++}, Fe^{+++} und Mn^{++}, kann derzeit auf ca. 0,8 kmol/ha·a im Freiland bzw. 2,3 kmol/ha·a unter Buche veranschlagt werden.

3.4.3 GEOLOGIE UND BÖDEN

Anstehendes Gestein sind unterdevonische Grauwacken, Ton- und Kieselschiefer /3/. Als Bodentypen kommen hauptsächlich Braunerden, mehr oder weniger stark pseudovergleyte Parabraunerden sowie Pseudogleye vor. Infolge der geringen Durchlässigkeit des Grundgesteins und des großflächigen Auftretens wasserstauender Bodenhorizonte sind die Einzugsgebiete in hydrologischer Sicht durch hohe Direktabfluß-Anteile gekennzeichnet, es handelt sich um typische "Hochwasserursprungsgebiete".

Die Böden der vier Krofdorfer Einzugsgebiete weisen in Tiefen bis zu 1,2 m pH (KCL)-Werte zwischen 4,3 und 3,3 auf (untersucht an repräsentativen Profilen /4/). Sie sind somit im Bereich des Hauptwurzelraumes als mäßig bis stark sauer anzusprechen und befinden sich großflächig im Austauscher-, stellenweise bereits im Aluminium-Pufferbereich.

Im Hinblick auf die Qualität des Bachwassers ist ferner der Umstand von Bedeutung, daß in den Unterhanglagen der Einzugsgebiete lokal in Tiefen zwischen ca. 1,3 und 2,5 m kalkhaltiger Löß bzw. Lößlehm vorkommt /4/.

3.4.4 PH-WERT UND BASENAKTIVITÄT DES BACHWASSERS

In allen vier Einzugsgebieten sind der pH-Wert sowie die Ca- und Mg-Konzentration höchstsignifikant negativ mit dem Abfluß korreliert. Die Bilder 1 und 2 zeigen die entsprechenden Regressionsbeziehungen für den pH-Wert bzw. die Ca-Konzentration (Eichphase).

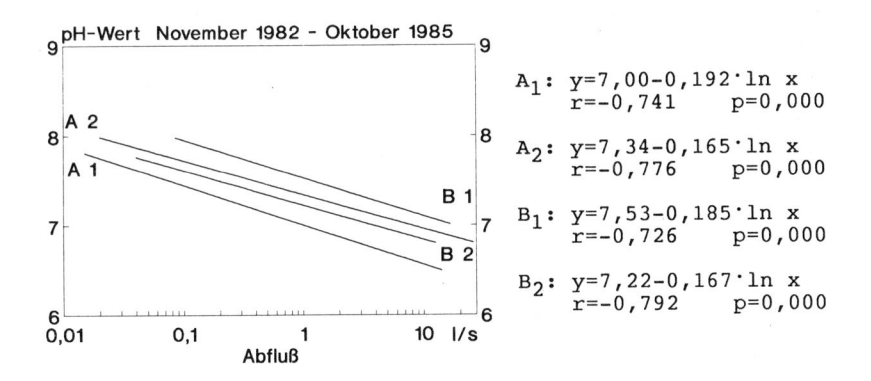

A_1: $y = 7,00 - 0,192 \cdot \ln x$
   $r = -0,741$ $p = 0,000$

A_2: $y = 7,34 - 0,165 \cdot \ln x$
   $r = -0,776$ $p = 0,000$

B_1: $y = 7,53 - 0,185 \cdot \ln x$
   $r = -0,726$ $p = 0,000$

B_2: $y = 7,22 - 0,167 \cdot \ln x$
   $r = -0,792$ $p = 0,000$

Bild 1: Stochastische Abhängigkeit des pH-Wertes vom Abfluß
(r = Korrelationskoeffizient,
p = Irrtumswahrscheinlichkeit)

Calcium mg/l Juni 1975 - Oktober 1981

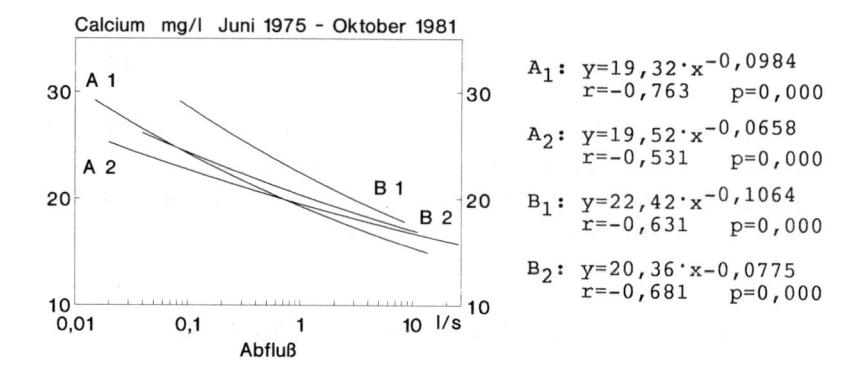

$A_1: y=19{,}32 \cdot x^{-0{,}0984}$
$r=-0{,}763 \quad p=0{,}000$

$A_2: y=19{,}52 \cdot x^{-0{,}0658}$
$r=-0{,}531 \quad p=0{,}000$

$B_1: y=22{,}42 \cdot x^{-0{,}1064}$
$r=-0{,}631 \quad p=0{,}000$

$B_2: y=20{,}36 \cdot x - 0{,}0775$
$r=-0{,}681 \quad p=0{,}000$

Bild 2: Stochastische Abhängigkeit der Ca-Konzentration vom Abfluß

Die bei Hoch- und Niedrigwasserabfluß stark unterschiedlichen Konzentrationen der Protonen einerseits und der Erdalkalien andererseits deuten auf eine klar ausgeprägte Tiefendifferenzierung der Böden hinsichtlich des Puffervermögens hin. Zu Zeiten des Niedrigwasserabflusses, wenn also der Vorfluterabfluß überwiegend aus tief gesickertem grundwasserbeürtigem Abfluß besteht, werden durch Ionen-Austausch und Verwitterungsprozesse die (exogenen und endogenen) Säuren im Ökosystem zurückgehalten. Mit zunehmendem Abfluß, d.h. mit steigendem Interflow-Anteil aus den oberen Bodenlagen, nehmen die effektiven Pufferraten ab. Infolge des hohen Puffervermögens der Tiefenhorizonte und des Grundgesteins wurde bisher jedoch der pH-Neutralpunkt (7.0) nur sehr selten bei extremen Hochwasserereignissen unterschritten.

Diesbezüglich ist eine Abstufung zwischen den vier Einzugsgebieten erkennbar. Aus den in Bild 1 dargestellten Regressionsbeziehungen ergibt sich im Zusammenhang mit den Abflußdauerkurven, bezogen auf den Zeitraum 1972 - 1986, folgende relative Unterschreitungsdauer des pH-Neutralpunktes:

A_1 20 % (durchschnittlich 72 Tage/Jahr)
A_2 2 7
B_1 0,3 1
B_2 4 14

Wenn man annimmt, daß die Versauerung des Solums in den vier Einzugsgebieten hinsichtlich Intensität und Tiefenausdehnung im Durchschnitt gleich weit vorgedrungen ist - hierzu geben die Ausgangs- und Randbedingungen Anlaß -, dann kann man diese Gebietsunterschiede hinsichtlich der Unterschreitungsdauer des pH-Neutralpunktes gut mit der mittleren Gründigkeit der Böden erklären: A_1 ca. 100 cm, A_2 120 cm, B_1 145 cm, B_2 115 cm.

Da der Untergrund weitestgehend wasserundurchlässig ist, trägt im Gebiet A_1 der versauerte Oberboden zwangsläufig relativ am stärksten zum Vorfluterabfluß bei. Hingegen spielt dessen Abflußanteil im Gebiet B_1 eine mehr untergeordnete Rolle; dort erstrecken sich die Fließwege fast stets - auch bei Hochwasser - bis in die (bisher) stärker puffernden Tiefenhorizonte. Aus dem Vergleich der durchschnittlichen Bodenmächtigkeiten lassen sich im Zusammenhang mit dem Abflußverhalten Vorstellungen über die Tiefenausdehnung der versauerten Zone ableiten, deren Austauscher-Pufferkapazität bereits stark reduziert ist (durchschnittliche Netto-Verluste der Einzugsgebiete an Calcium + Magnesium zwischen 2,1 und 3,8 kmol IÄ/ha·a, 1974 - 1986).

3.4.5 FOLGERUNGEN

Die Buchenwald-Ökosysteme des Forschungsgebietes Krofdorf zeigen im Kompartiment Hauptwurzelraum deutliche Versauerungserscheinungen (Säureakkumulation unter Basenverdrängung). Dank der hohen Pufferleistung der Austausch- und Verwitterungsvorgänge im Boden und in der Kontaktzone zum Gestein ist die Versauerung bislang nicht in die dortigen Oberflächengewässer vorgedrungen. Dies ist jedoch bei anhaltend hoher atmogener Säurebelastung, die vermutlich die Bodenversauerung in immer größere Bereiche der Fließregion vorantreiben wird, künftig in zunehmendem Maße zu befürchten. Eine Kontrolle dieser Prozesse ist durch die Fortsetzung des aktuellen Untersuchungsprogrammes (Input-Output-Vergleich der Makroionen) über mehrere Jahrzehnte hinweg möglich.

3.4.6 SCHRIFTTUM

/1/ HAMMES, W., 1986: Forsthydrologisches Forschungsgebiet Krofdorf - Projektbeschreibung. Hann. Münden, Hessische Forstliche Versuchsanstalt, Institut für Forsthydrologie, 33 S. (unveröffentlicht).

/2/ BRECHTEL, H.M.; BALAZS, A.; KILLE, K. (1982): Natural correlation of streamflow characteristics from small watersheds in the Forest Research Area of Krofdorf - Results of a paired watershed calibration. Proc. Symp. Hydrolog. Research Basins, Sonderheft Landeshydrologie, Bern, Schweiz, S. 291 - 300.

/3/ STENGEL-RUTKOWSKI, W. (1976): Ergebnisse von Abflußmessungen im Krofdorfer Forst, Rheinisches Schiefergebirge. Geol. Jb. Hessen 104, S. 233 - 244.

/4/ ZAKOSEK, H.; ROMSCHINSKI, A.; SEDLATSCHEK, A., 1971: Die Böden der Teilgebiete A und B des Forschungsgebietes Krofdorf. Bericht des Hessischen Landesamtes für Bodenforschung, Wiesbaden an die Projektgruppe Krofdorf, 12 S. (unveröffentlicht).

/5/ BRECHTEL, H.M.; BALAZS, A. (1983): Hydrologisches Untersuchungsgebiet Krofdorf. In: "Hydrologische Untersuchungsgebiete in der B.R. Deutschland". Mitt. aus dem Tätigkeitsbereich der Arbeitsgruppen des Nationalkommitees der B.R.D. für das IHP der UNESCO und OHP der WMO, Heft 4, S. 111 - 117 (IHP/OHP-Sekretariat bei der Bundesanstalt für Gewässerkunde, Koblenz).

3.5 BEURTEILUNG DER PUFFERKAPAZITÄT BEWALDETER EINZUGSGEBIETE IN NORDHESSEN AUFGRUND DER BACHWASSERQUALITÄT

von A. Balázs, H.M. Brechtel und J.M. Elrod, Hann. Münden

3.5.1 EINLEITUNG

Gewässerversauerungen, die als Folge des Verlustes an Puffervermögen im Einzugsgebiet auftreten, werden z.Zt. noch kontrovers diskutiert /1/. Das im Bachbett befindliche Wasser hat verschiedene Ursprungsgebiete. In der Zeit der Schneeschmelze überwiegt der Zwischenabfluß (interflow), dessen chemische Zusammensetzung auf den Oberboden Rückschlüsse erlaubt. Demgegenüber können Rückschlüsse auf den Untergrund über die Qualität des Niedrigwassers gewonnen werden.

Wenn Säuren in den Boden gelangen, dann laufen verschiedene Pufferreaktionen zwischen Bodenlösung und Bodenmatrix ab und damit setzt der Boden der Absenkung des pH-Wertes einen Widerstand entgegen. Es können nur solche Säuren der Bodenversauerung beitragen, die einen geringeren pKs-Wert haben als der aktuelle pH-Wert der Bodenlösung ist (z.B. Schwefel-und Salpetersäure). Besonders gefährdet sind die geogen sensiblen Räume bei hoher versauernd wirkenden Deposition, wie es z.B. in Nordhessen der Fall ist.

Das Kohlensäuregleichgewichtsystem im Wasser stellt das wichtigste Puffersystem für natürliche Gewässer dar. Für die Quantifizierung der Versauerungsempfindlichkeit von Gewässern wird deshalb oft die Carbonat-Alkalität (ein Ausdruck für den Gehalt an HCO_3^-, CO_3^{2-} und OH^- im Wasser) benutzt. Es wird jedoch die Alkalität auch als Differenz aller nicht protolytischen Kationen und Anionen betrachtet /2/. Die Grundlage dieser Betrachtung ist das Prinzip der Elektroneutralität.

Bodenversauerung und Oberflächengewässerversauerung sind vielfach regional identisch /3/, wobei die Gewässerversauerung das letzte Glied in dieser ökosystemaren Kette darstellt. Deshalb ist es erlaubt, Rückschlüsse aus dem chemischen Zustand eines Waldbaches auf die Puffervermögen des Wassereinzugsgebietes zu ziehen.

3.5.2 MATERIAL UND METHODE

Im Jahr 1986 wurden 25 nordhessische Quellbäche mit 32 Wasserprobe-Entnahmestellen (Bild 1) im Nordwesthessischen Bergland, Kaufunger Wald und Reinhardswald in etwa 4-wöchigem Rhythmus 13-mal beprobt.

Die Einzugsgebiete sind voll bewaldet, so daß landwirtschaftliche Einflüsse praktisch auszuschließen sind. Die 16 Beprobungsstellen im Reinhardswald verteilen sich auf 11 Quellbäche, welche entweder direkt in die Weser, über die Fulda oder die Diemel ebenfalls in die Weser münden. Die Höhenlagen der Einzugsgebiete bewegen sich zwischen 155 m und 470 m ü. NN.

Von 7 Meßstellen im Kaufunger Wald liegen 5 im Einzugsgebiet der Nieste. Eine Beprobungsstelle findet sich jenseits der Wasserscheide zwischen Fulda und Werra (Nr. 23, Bild 1). Mit Höhen über NN zwischen 345 m und 640 m sind die Areale im Kaufunger Wald die im Mittel am höchsten gelegenen der drei Untersuchungsgebiete.

Die neun Beprobungsstellen im Nordwesthessischen Bergland gehören alle dem Einzugsgebiet der Elbe an, die über die Eder und Fulda in die Weser münden. Mit Höhenlagen von 320 bis 450 m ü. NN wird hier das am ausgeglichenste Relief angetroffen.

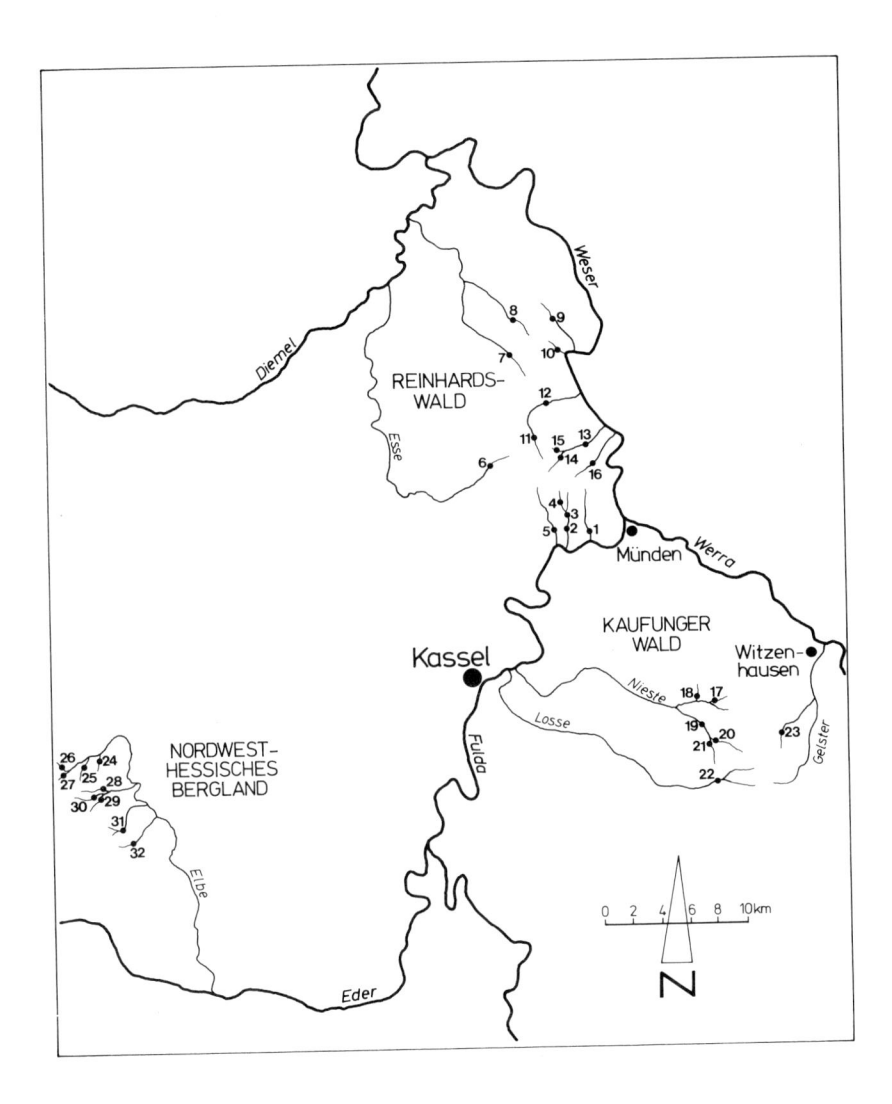

Bild 1: Lage der Untersuchungsgebiete "Reinhardswald", "Kaufunger Wald" und "Nordwesthessisches Bergland" mit Meßstellennetz

Geologisch gehören der Reinhardswald und der Kaufunger Wald zu dem Solling-Gewölbe, einer zentralen Hochstruktur innerhalb der hessischen Senke. Das nordwesthessische Bergland liegt bereits im Bereich des treppenförmigen Übergangs zwischen der hessischen Senke im Osten und dem Rheinischen Schiefergebirge im Westen.

Alle drei Gebiete werden im wesentlichen aus Schichten des unteren und mittleren Buntsandsteins aufgebaut. Nur im Reinhardswald finden sich noch Relikte von Braunkohle führenden Tertiärsedimenten mit Basalten.

Im Reinhardswald überwiegen in Hanglagen Braunerden, Parabraunerden (häufig pseudovergleyt), sowie Pseudogley mit Hangwasserzug, während in Plateaulagen Stagnogleye dominieren, besonders im südlichen Bereich des Reinhardswaldes. Die Böden bestehen meist aus Buntsandsteinverwitterungsmaterial und Lößlehm.

Die im Kaufunger Wald vorherrschenden Braunerden, Parabraunerden und Pseudogley-Parabraunerden sind in den höheren Hanglagen aus Buntsandsteinverwitterungsmaterial, in den unteren Hanglagen aus Lößlehm entwickelt.

Die Bachwasserproben wurden möglichst am gleichen Tag von Mitarbeitern der Hessischen Forstlichen Versuchsanstalt entnommen und anschließend wurde im eigenen Wasserlabor sofort pH-Wert und elektrische Leitfähigkeit gemessen; anschließend nach einer kurzen Zwischenlagerung bei 2 bis 4° C nach wurden die Proben nach Kassel transportiert. Die chemischen Analysen (SO_4, NO_3, Cl, Na, Mg, Pb, Ca, Cd, Al, Zn, Cu, Fe und NH_4) werden von der Hessischen Landwirtschaftlichen Versuchsanstalt in Kassel durchgeführt.

In dieser Arbeit wurde die Alkalität nach /2/ verwendet:

$$\text{Alk.} = Na^+ + K^+ + Ca^+ + Mg^{2+} + NH_4^+ - Cl^- - NO_3^- - SO_4^{2-}$$

Die Berechnung erfolgt in Ionen-Äquivalenten (IÄ). Ein positives Bilanzergebnis zeigt, daß wir in der Berechnung ein oder mehrere Anionen (OH^-, CO_3^{2-} und HCO_3^-) des Kohlensäure/Hydrogenkarbonat-Puffersystems nicht berücksichtigt haben. Ein negatives Bilanzergebnis zeigt, daß neu zugeschaltete Puffersysteme von Mangan, Aluminium und Eisen eine immer größere Bedeutung bei der Abpufferung der stark luftbürtigen Säuren bekommen haben. Diese Art von Pufferung bietet keine Schutzwirkung für die aquatischen Systeme mehr. Es geht von ihnen nur ein Verzögerungseffekt auf die Ausbreitung der Versauerung aus. Größere pH-Einbrüche im Gewässer treten erst bei weitgehendem Ausfall des Kohlensäure/Hydrogencarbonat-Puffersystems in den terrestrischen Substraten des Einzugsgebietes auf.

3.5.3 ERGEBNISSE

Das Bild 2 zeigt die Alkalität von 25 Waldbächen getrennt nach Reinhardswald (11), Kaufunger Wald (5) und Nordwesthessisches Bergland (9). Die Bilanzergebnisse sind Jahresdurchschnittsergebnisse von monatlichen Stichproben (n = 13).

Die durchschnittliche Alkalität der beprobten Waldbäche bewegt sich zwischen -232 und +515 µmol(eq)/l. Der Quellbach Nr. 6 mit der geringsten Alkalität liegt in den Hochlagen des Reinhardswaldes und hat vermutlich keinen Anschluß zum Grundgestein. Dieser Waldbach führt ganzjährig saures Wasser. Die pH-Werte der Wasserproben wiesen keine Schwankungen mehr auf. Sie lagen zwischen pH 4,1 und 3,9. Bei diesem Bach lagen die Aluminiumkonzentrationen stets hoch mit Werten zwischen 1,03 und 3,25 mg/l. Die Quellbäche mit der höchsten Alkalität von +515 µmol(eq)/l sind die Bäche Nr. 29 und 30 und liegen im Nordwesthessischen Bergland. Die pH-Werte der Wasserproben der beiden Bäche lagen zwischen pH 7,8 und 6,6. Die höchste Aluminiumkonzentration

ALKALITÄT

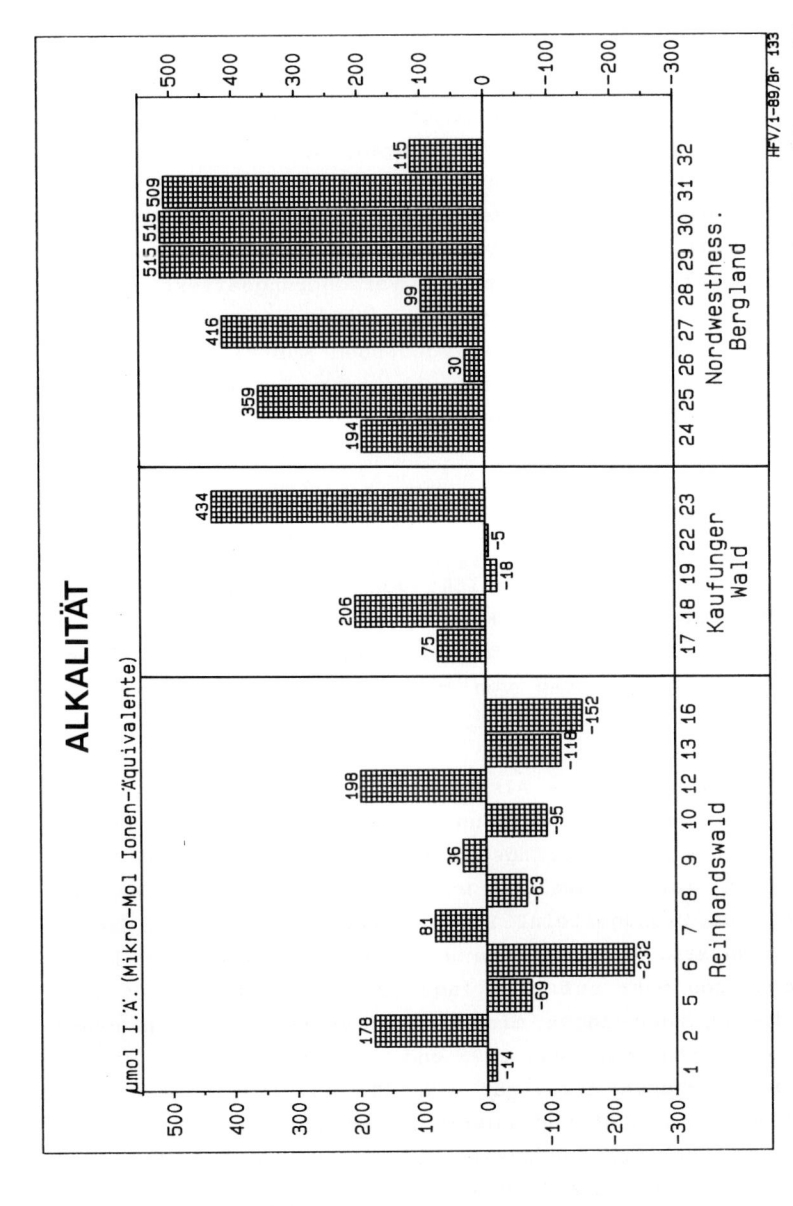

μmol I.Ä. (Mikro-Mol Ionen-Äquivalente)

Bild 2: Alkalität in μmol(eq)/l von 25 nordhessischen Waldbächen im Reinhardswald (Anzahl: 11), Kaufunger Wald (Anzahl: 5) und im Nordwesthessischen Bergland (Anzahl: 9)

beim Bach Nr. 29 mit 0,23 mg/l trat bei der Schneeschmelze Ende Januar 1986 auf.

Die geringste Alkalität weisen die Reinhardswaldbäche auf. Eine nennenswerte durchschnittliche Alkalität von +178 und 198 µmol(eq)/l haben nur zwei Bäche im Unterlauf. Diese zwei Bäche (Elsterbach und Hemelbach) erfahren während ihres Verlaufs Zuschußwasser aus Teileinzugsgebieten mit Basaltdurchbrüchen. Im Hemelbach wurde z.B. auch der Oberlauf mit der Meßstelle Nr. 11 erfaßt, der bereits eine negative Alkalität von -66 µmol(eq)/l mit hohen Aluminiumkonzentrationen (Maximum = 2,80 mg/l) während der Schneeschmelze aufwies. Demgegenüber wurde im Elsterbach z.B. der basaltische Oberlauf durch die Meßstelle Nr. 4 beprobt und wies eine noch höhere durchschnittliche Alkalität als der Unterlauf mit +427 µmol(eq)/l auf. Diese zwei Beispiele zeigen bereits den Einfluß des Ausgangssubstrates auf die Höhe der Alkalität.

Im Kaufunger Wald weist der Bach mit der Meßstellen-Nr. 23 eine hohe Alkalität von +434 µmol(eq)/l auf. Dieser Bach entwässert nach Südosten mit einer geringen Schadstoffexposition und überquert die Sedimente vom unteren Buntsandstein. Die weiteren 4 Einzugsgebiete im Kaufunger Wald entwässern nach Südwesten mit hoher Schadstoffexposition und durchfließen bzw. entspringen in mehr oder weniger gemischten geologischen Formationen (unterer und mittlerer Buntsandstein sowie tertiärer Basalt). Die geringste durchschnittliche Alkalität von -60 µmol(eq)/l wurde im Kaufunger Wald an der Meßstelle Nr. 21 (vgl. Bild 1) im Oberlauf der Nieste ermittelt. Hier wurde auch der geringste Stichproben-pH-Wert von 4,8 und die höchste Stichproben-Aluminiumkonzentration von 1,19 mg/l ermittelt. Die Quellen des Einzugsgebietes entspringen im tertiären Basalt und danach durchfließt der Bach Sedimente des mittleren Buntsandsteins.

Im Bild 2 ist deutlich zu sehen, daß die Quellbäche des Nordwesthessischen Berglandes die höchste durchschnittliche Alkalität aufweisen. Die geringste Alkalität von +30 µmol(eq)/l wurde an der Meßstelle Nr. 26 ermittelt. Der niedrigste Stichproben-pH-Wert von 5,2 und die höchste Stichproben-Aluminiumkonzentration von 0,97 mg/l der Region trat ebenfalls an dieser Meßstelle auf. Den Untergrund bilden Waldecker Porensandstein und Vollpriehausener Wechselfolge, so daß die beiden Gesteinsformationen kaum über carbonatische Bindemittel verfügen dürften. Der westliche Zufluß mit der Meßstelle Nr. 27 weist mit +416 µmol(eq)/l Alkalität bedeutend höhere Werte als die Meßstelle Nr. 26 auf, obwohl der Untergrund beider Zuflüsse vergleichbar zu sein scheint (der Untergrund des Einzugsgebietes der Meßstelle Nr. 27 besteht ebenfalls überwiegend aus Volpriehausener Sandstein und Wechselfolge sowie aus Waldecker Porensandstein). Der unterschiedliche Chemismus beruht wahrscheinlich an der unterschiedlichen Einzugsgebietsgröße der beiden Bäche (F_N Bach Nr. 26 = 0,3 km^2 und F_N Bach Nr. 27 = 1,6 km^2). Vermutlich stammt das Wasser im Einzugsgebiet der Meßstelle Nr. 26 überwiegend aus den oberen Bodenschichten.

Die Stoffkonzentrationen der beprobten 32 Bachmeßstellen wiesen einen sehr ähnlichen Jahresverlauf auf, so daß dieser beispielhaft an einer Meßstelle (Nasse Ahle im Reinhardswald) besprochen wird. Im Bild 3 sind die Äquivalentkonzentrationen der mengenmäßig wichtigsten Stoffe getrennt nach Kationen und Anionen dargestellt. Als weitere Interpretationshilfe wurden die Abflußmeßergebnisse des Experimentaleinzugsgebietes Elsterbach (Reinhardswald) herangezogen.

Die erste Probenahme erfolgte in der vierten Kalenderwoche nach einer Schneeschmelze. Hierbei wurde eine auslaufende Hochwasserwelle mit einem mittleren Tagesabfluß von 126 l/s, der gleichzeitig den höchsten beprobten mittleren

Tagesabfluß darstellt, erfaßt. An diesem Meßtermin wurden einheitlich die dritthöchsten Sulfatkonzentrationen festgestellt. Die höchste Sulfatkonzentration trat später am vierten Beprobungstermin (8. April) bei einem mittleren Tagesabfluß von 74 l/s auf. Demgegenüber wurde die niedrigste Sulfatkonzentration am 27. November nach längerer Trockenperiode bei einem mittleren Tagesabfluß von 14 l/s gemessen.

Diese Meßergebnisse deuten an, daß die Sulfatkonzentrationen der Waldquellbäche stark an die Bodenwasserdynamik geknüpft sind. Erst nach Auffüllung des Bodenspeichers kurz vor Beginn der Vegetationszeit tritt im Waldbach die höchste Sulfatkonzentration mit den niedrigsten pH-Werten auf. Die Sulfatkonzentrationen bestimmen weitgehend auch das Carbonat-Puffervermögen der Waldbäche. Zwischen Alkalität und der Summe von Sulfat und Nitrat wurde eine hohe negative Korrelation (Bestimmtheitsmaß = 90 %) errechnet. Ein noch besserer Zusammenhang als dieser besteht zwischen Alkalität und dem Quotienten von der Summe Calcium + Magnesium und der Summe Sulfat + Nitrat. Dieser Quotient korreliert positiv mit der Alkalität (Bestimmtheitsmaß = 96 %). In die Korrelationsbetrachtung wurde noch das Aluminium und der Abfluß einbezogen. Bei der Korrelation von Alkalität mit dem Aluminium beträgt das Bestimmtheitsmaß 76 % und mit dem Abfluß nur noch 66 %. Es ist noch erwähnenswert, daß das Aluminium mit dem Abfluß die beste der berechneten Korrelationen mit Bestimmtheitsmaß von 83 % ergeben hat. Zwischen Aluminium und Abfluß besteht eine lineare positive Korrelation.

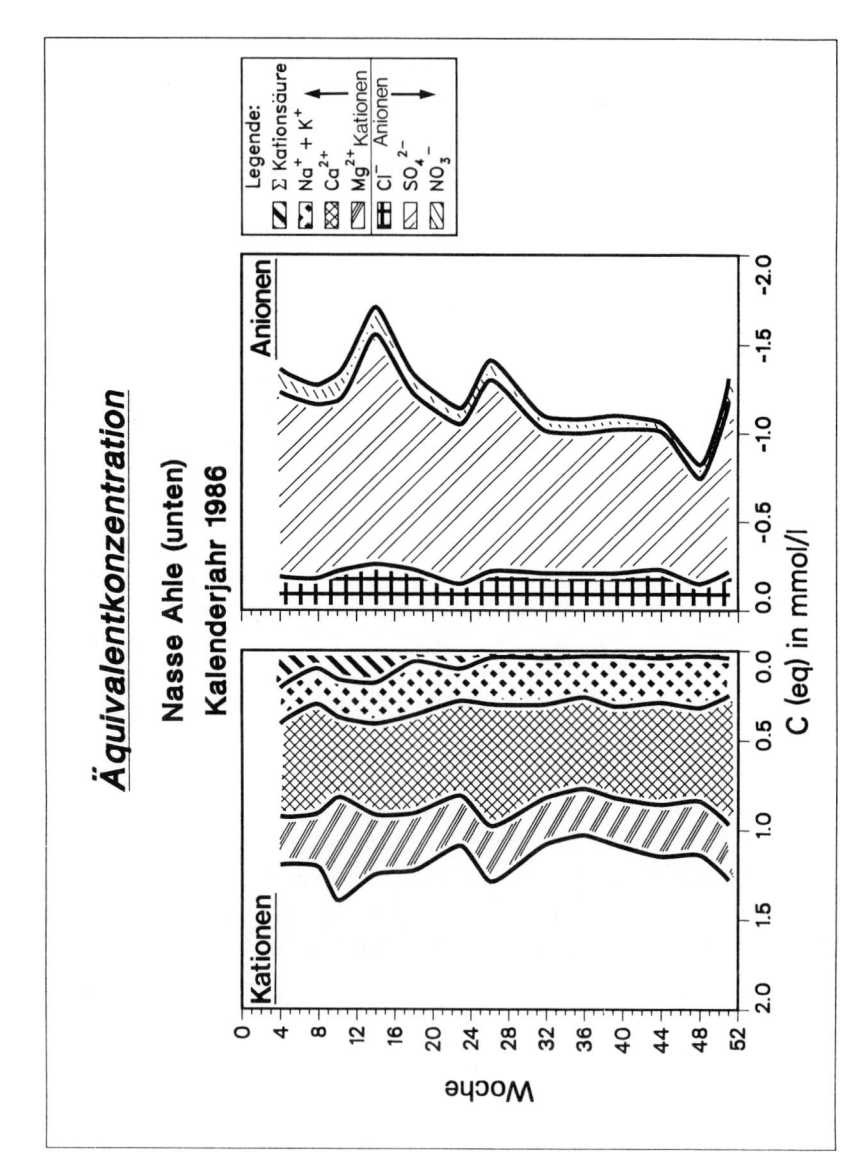

Bild 3: Verlauf der Äquivalentkonzentrationen (in mmol/l) der wichtigsten Inhaltsstoffe getrennt nach Kationen und Anionen an der Meßstelle Nr. 13 (Bild 1) "Nasse Ahle (unten)"

3.5.4 DISKUSSION DER ERGEBNISSE

Die Ergebnisse der Bachwasserbeprobung in Nordhessen zeigen deutlich, daß die mit luftbürtigen Schadstoffen stark belasteten Einzugsgebiete des Kaufunger Waldes und insbesondere des Reinhardswaldes sehr geringe positive Alkalität besitzen /4-8/. Bei mehreren Einzugsgebieten hat sich bereits statt einer Säureneutralisationskapazität eine Basenneutralisationskapazität aufgebaut. Je kleiner die Einzugsgebiete sind, und damit stammt das Wasser oft aus oberen Bodenschichten, umso niedriger ist die Alkalität der Waldbäche. Neben dem Verlust der Pufferkapazität der Waldböden spielt auch noch die Verweildauer des Wassers im Untergrund eine wesentliche Rolle bei dem Wasserchemismus der Bäche. Angesichts der Tatsache, daß sich die Hauptpufferkapazität in dem oberen 1 m lebendigen Oberboden befindet, ist das Fortschreiten der Versauerung in die Tiefe des Grundgesteins und in den Böden auch der tieferen Höhenlagen nur eine Frage der Zeit.

3.5.5 SCHRIFTTUM

/1/ STEINBERG, CH.; LENHART, B. (1986): Diskussionsbeiträge zur Geochemie der Gewässerversauerung. DGM, Heft 1, S. 1 - 9.

/2/ STUMM, W.; MORGAN, J.J.; SCHNOOR, J.L. (1983): Saurer Regen, eine Folge der Störung hydrogeochemischer Kreisläufe. Naturwissenschaften 70, S. 216 - 223.

/3/ LEHMAN, R.; SCHMITT, P.; BAUER, J. (1985): Gewässerversauerung in der Bundesrepublik Deutschland. Informationen zur Raumentwicklung, Heft 10, S. 893 - 922.

/4/ LEHNARDT, F.; BRECHTEL, H.M.; BONESS, M.K.E. (1977): Nährstoff-Gehalte und Austräge von Bächen aus Einzugsgebieten verschiedener Landnutzung. Verhandlungen der Gesellschaft für Ökologie, Göttingen 1976, Dr. W. Junk B.V., The Hague, S. 397 - 410.

/5/ LEHNARDT, F.; BRECHTEL, H.M.; BONESS, M.K.E. (1980): Wasserqualität von Bächen bewaldeter und landwirtschaftlicher Gebiete. - Untersuchungsergebnisse aus dem nordhessischen Buntsandsteingebiet. Forstw. Centralbl. 99, Jg. 2, S. 101 - 109.

/6/ LEHNARDT, F.; BRECHTEL, H.M.; BONESS, M.K.E. (1983): Chemische Beschaffenheit und Nährstofftransport von Bachwässern aus kleinen Einzugsgebieten unterschiedlicher Landnutzung im nordhessischen Buntsandsteingebiet. Schriftenreihe des Deutschen Verbandes für Wasserwirtschaft und Kulturbau e.V. (DVWK), Heft 57, S. 179 - 298.

/7/ LEHNARDT, F.; BRECHTEL, H.M.; BONESS, M.K.E. (1984): Ein Beitrag zur Quantifizierung der Versauerung ausgewählter Bäche im Bereich des nordhessischen Buntsandsteingebietes. Materialien Umweltbundesamt 1/84, Berlin, Erich Schmidt Verlag, S. 76 - 92.

/8/ BRECHTEL, H.M. (1989): Immissionsbelastung des Waldes, Auswirkungen auf den Gebietswasserhaushalt und Folgen für die Böden und Gewässer. In: "Wasser und Gewässer in Nordhessen, Zustand - Gefahren - Perspektiven". Bärenreiter Verlag, Kassel, S. 31 - 52.

3.6 ZUM NACHWEIS EINER IMMISSIONSBEDINGTEN VERSAUERUNG IM GRUNDWASSER DES OST- UND NORDHESSISCHEN BUNTSANDSTEINGEBIETES

von A. Quadflieg, Wiesbaden

3.6.1 EINLEITUNG

Die Auswirkungen von sauren Depositionen auf das Grundwasser in Kluftgrundwasserleitern des nord- und osthessischen Buntsandsteins können sowohl mit Hilfe eines deduktiven als auch mit Hilfe eines induktiven methodischen Ansatzes ermittelt werden.

Grundlage der deduktiven Methode sind ca. 3.000 meist ältere chemische Grundwasseranalysen aus einem 1.000 km^2 großen Buntsandsteingebiet zwischen Kassel und Fulda.

Auf der Basis dieses umfangreichen Datenmaterials wurde mittels uni- und multivariater statistischer Verfahren die Beschaffenheit von oberflächennahen und tieferen Grundwässern in Abhängigkeit zu geogenen und atmogenen Stoffen bestimmt.

Die statistischen Auswertungen zeigen, daß das Voranschreiten der Versauerung von einem ursprünglich natürlich sauren Erdalkali-Hydrogencarbonat- zu einem Erdalkali-Sulfat-Grundwasser in verschiedenen aufeinanderfolgenden Phasen nachvollziehbar ist und bereits in einigen Quellen gegen Ende der 60er Jahre abgeschlossen war.

Induktiv wurde am Beispiel von 20 repräsentativ ausgewählten kleinen bewaldeten Quelleinzugsgebieten das aktuelle Versauerungsausmaß (Hydrologisches Jahr 1988) im oberflächennahen Grundwasser ermittelt.

Das methodische Konzept zum Nachweis einer Grundwasserversauerung sah sowohl eine geohydraulische als auch -hydrochemische Charakterisierung der Quellwässer vor.

Die nach verschiedenen hydrochemischen Modellen ermittelten Untersuchungsergebnisse korrelieren dabei ausgezeichnet mit den hydraulischen Eigenschaften der Quellen.

Ein Vergleich der nach der deduktiven und induktiven Methode gewonnenen Untersuchungsergebnisse vermittelt, daß regional unter bestimmten Voraussetzungen (kein geogenes Sulfat) die Möglichkeit besteht, die Auswirkungen saurer immissionsbedingter Depositionen auf das Grundwasser (Locker-, Festgestein) anhand detaillierter uni- und multivariater statistischer Auswertung auch eines älteren Datensatzes zu erkennen.

3.6.2 AUSWERTUNG UND INTERPRETATION ÄLTERER GEOHYDROCHEMISCHER DATEN

3.6.2.1 U n i v a r i a t e   V e r f a h r e n

Ausgehend von 3.000 auf Datenträger gespeicherten Grundwasseranalysen zeigt Bild 1 stellvertretend für die Häufigkeitsanalysen der Parameter Na^+, K^+, Ca^{2+}, Mg^{2+}, SiO_2, aggr. CO_2, freies CO_2, HCO_3^-, SO_4^{2-} und NO_3^- die Histogrammdarstellung der pH-Werte in den Grundwässern.

Generell sind die Grundwässer im Untersuchungsgebiet nach der Lithostratigraphie sowie nach den Kompartimenten des oberflächennahen und tieferen Grundwassers im Sinne von Grundwassertypen zu unterscheiden.

Da Quellen überwiegend aus oberflächennahem Grundwasser bei meist geringer Verweildauer gespeist werden, ist ihr geogener Lösungsinhalt gegenüber dem der Tiefbrunnen deutlich vermindert.

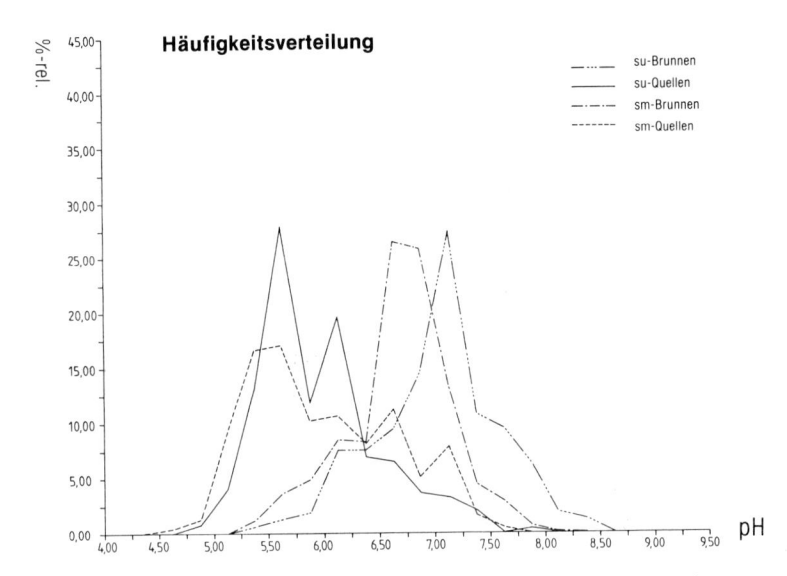

Bild 1: pH-Häufigkeitsverteilung in Grundwässern des Unteren (su) und Mittleren (sm) Buntsandsteins, getrennt dargestellt nach Brunnen und Quellen

Des weiteren sind die Gehalte an H^+-Ionen wie auch an aggressiver und freier Kohlensäure /1/ in den Tiefbrunnen des Unteren Buntsandsteins (su) generell geringer als in denen des Mittleren Buntsandsteins (sm).

Dies hat seine Ursache primär in dem vergleichsweise höheren Carbonatanteil des su, was zu einer Reduzierung der Kohlensäuregehalte in den Tiefbrunnenwässern des su infolge partieller Neutralisation durch Kalklösung führt.

Anhand der SO_4^{2-}-Häufigkeitsverteilung in Quellen und Tiefbrunnen sowie anhand faktorenanalytischer Ergebnisse sind geogene Gehalte in den Quellwässern, nicht jedoch in den tieferen Grundwässern des su, auszuschließen (siehe FE-Endbericht[*]).

[*]Vorliegende Studie ist ein Auszug aus dem vom Umweltbundesamt geförderten FE-Vorhaben Wasser 102 02 612

3.6.2.2 Multivariate Verfahren

Wichtigstes Ergebnis einer mehrdimensionalen iterativen clusteranalytischen Auswertung des gesamten geohydrochemischen Datenmaterials ist die Identifizierung und eindeutige Ausweisung eines Clusters "Saure Grundwässer" mit insgesamt 83 Grundwasserproben.

Mit Hilfe der Dendrogrammdarstellung (Bild 2) ist das Ausmaß bzw. das Voranschreiten der Versauerung von einem natürlich sauren zu einem depositionsbedingt versauerten Grundwasser modellartig in drei aufeinanderfolgenden Phasen nachvollziehbar:

Phase 1 ist das durch geringe HCO_3^--Konzentrationen kleiner 1,0 c(eq) mmol/l und durch molare Äquivalentverhältnisse HCO_3^-/SO_4^{2-} größer 1,0 charakterisierte Ausgangsstadium eines natürlichen sauren Grundwassers (Gruppe B in Bild 2).

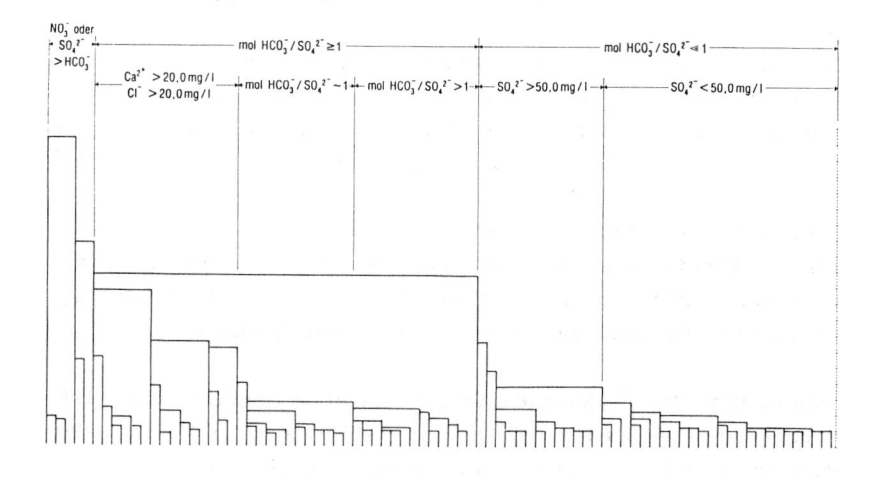

Bild 2: Dendrogramm des Versauerungsclusters (83 Grundwasserproben); EDV-Programm aus /2/

Phase 2 (Cluster A2) zeigt bei steigendem Einfluß von sauren Depositionen ein molares HCO_3^-/SO_4^{2-}-Verhältnis kleiner 1,0 und Phase 3 spiegelt letztendlich die dominierende Rolle des Sulfats im Versauerungsprozeß mit Gehalten deutlich größer 50,0 mg/l bei gleichzeitig höheren Auswaschungsraten an Ca^{2+} und Mg^{2+} sowie sehr geringen Alkalinitäten nahe 0 wider (Gruppe A1).

Demnach äußern sich depositionsbedingte Einflüsse auf das Grundwasser in einer Änderung der Beschaffenheit eines ursprünglich gering mineralisierten sauren Erdalkali-Hydrogencarbonat- zu einem Erdalkali-Sulfat-Buntsandsteingrundwasser.

Eine nach Lithostratigraphie und Entnahmeort getrennte diskriminanzanalytische Auswertung der Wasserproben belegt den im Vergleich zu den Tiefbrunnenwässern deutlich höheren Grad an Übereinstimmung in der Grundwasserbeschaffenheit zwischen den Quellwässern aus dem sm und su (Tafel 1). Letztendlich können primär unterschiedliche geohydrochemische Merkmale in den Quellwässern aus beiden stratigraphischen Einheiten kaum herausgebildet werden. Im Hinblick auf die Einstufung der Versauerungsempfindlichkeit von Quellwässern gegenüber atmogenem Eintrag saurer Depositionen ist die lithostratigraphische Zugehörigkeit zum su bzw. sm von insgesamt geringer Bedeutung.

Tiefbrunnenwässer hingegen besitzen aufgrund geogener Carbonatgehalte im Grundwasserleiter bzw. in überlagernden Decksedimenten sowie infolge höherer Verweilzeiten im Untergrund i.d.R. deutlich höhere Pufferkapazitäten zur Neutralisation saurer Depositionen.

Geringe prozentuale Überschneidungen zwischen Grundwässern aus Tiefbrunnen und Quellen (Tafel 1) vermitteln jedoch eine mögliche Ausdehnung der Versauerung auch in den tieferen Untergrund. Diesbezüglich gefährdet sind vor allem Tiefbrunnen in der Nähe tektonischer Grabenzonen.

Tafel 1: Ergebnisse der multiplen Diskriminanzanalyse unter Berücksichtigung der Stratigraphie und des Entnahmeortes

Anzahl der Gruppen: 5
Gruppe 1: Quellen im su
Gruppe 2: Brunnen im su
Gruppe 3: Quellen im sm
Gruppe 4: Brunnen im sm
Gruppe 5: Quellen und Brunnen im t,B

Anzahl der Variablen: 9
Anzahl der Probanden: 243

	Anzahl der Probanden	Zuweisungen				anteilige Fehlzuweisungen in %				
		richtige		falsche						
		Σ	%	Σ	%	Gruppe 1	Gruppe 2	Gruppe 3	Gruppe 4	Gruppe 5
Gruppe 1, Quellen im su	19	7	36,8	12	63,2	-	5,3	52,6	5,3	
Gruppe 2, Brunnen im su	33	20	60,6	13	39,4	12,1	-	3,0	18,2	6,1
Gruppe 3, Quellen im sm	67	29	43,3	38	56,7	31,3	16,4	-	4,5	4,5
Gruppe 4, Brunnen im sm	107	50	46,7	57	53,3	7,5	25,2	10,2	-	10,2
Gruppe 5, Brunnen und Quellen im t,B	17	17	100	0	0	0	0	0	0	-

3.6.3 DAS AKTUELLE IMMISSIONSBEDINGTE VERSAUERUNGSAUSMASS IM OBERFLÄCHENNAHEN GRUNDWASSER

3.6.3.1 Modelle zur Beschreibung der Quellwasserversauerung

Zur Quantifizierung des aktuellen Versauerungsausmaßes wurden 18 Buntsandsteinquellen sowie alternativ dazu eine mit höherer Pufferkapazität ausgestattete Basaltquelle im Hydrologischen Jahr 1988 monatlich beprobt. Der Nachweis einer fortschreitenden Quellwasserversauerung gelang mit Hilfe des Ionenverhältnisses $(Ca^{2+}+Mg^{2+})/(NO_3^-+SO_4^{2-})$ (Bild 3, siehe auch /3/) sowie mit Hilfe des über das geochemische Modell WATEQF /4/ berechneten Calcitsättigungsindex I_{Calcit}.

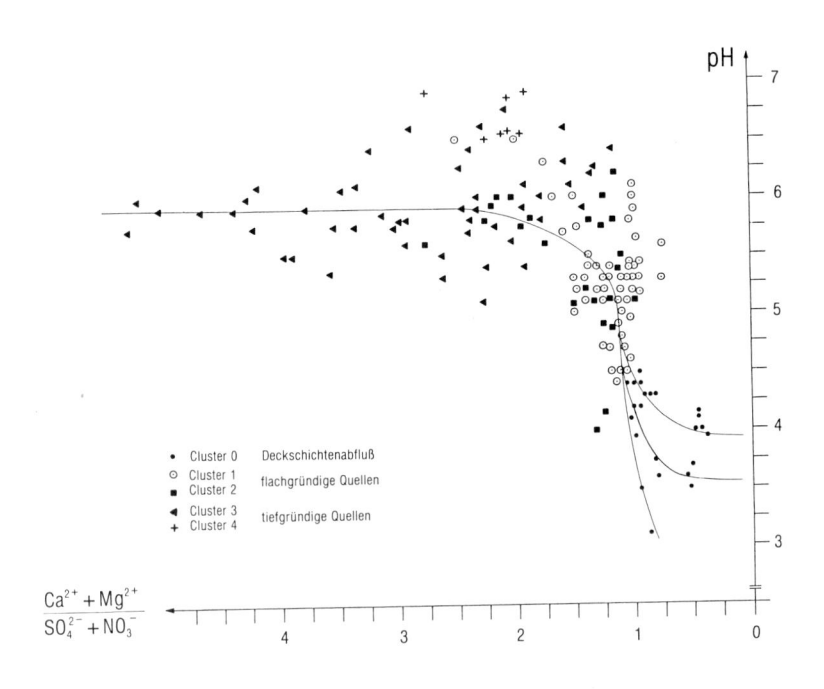

Bild 3: Abhängigkeit des pH-Wertes vom Äquivalentverhältnis $(Ca^{2+}+Mg^{2+}) / (SO_4^{2-}+NO_3^-)$; Untersuchungszeitraum: Hydrologisches Jahr 1988

Übereinstimmend mit den Ergebnissen der Clusteranalyse sind 3 verschiedene Entwicklungsstufen eines natürlich sauren zu einem immissionsbedingt versauerten Quellwasser ausgebildet:

Stufe 1: In natürlich sauren Quellwässern besteht bei relativ konstanten pH-Werten eine 1:1 Proportionalität zwischen der Gesamthärte und der Alkalinität (als HCO_3^-).
Bei einem Äquivalentverhältnis größer 1,5 (Bild 3) überwiegt das Bicarbonat-Puffersystem, wobei ein Fortschreiten der Punkte von einem Ionenverhältnis größer 4 in Richtung 1,5 eine zunehmende Versauerungsgefährdung auch dieser Quellwässer signalisiert.

Stufe 2: Die Versauerung eines Quellwassers setzt bei einem Ionenverhältnis kleiner 1,5 oder bei Calcit-Sättigungsindices I_{Calcit} kleiner -4,0 ein. Gleichzeitig befinden sich die Quellwässer nach Verlassen des Bicarbonat-Puffersystems in der Übergangszone zum Aluminium-Puffersystem bei z.T. sprunghafter Abnahme des pH-Wertes.

Stufe 3: Bei einem Ionenverhältnis kleiner 1,0 werden die sauren Depositionen zunehmend durch Al-Verbindungen abgepuffert. In den stark versauerten Quellen dominiert ganzjährig bei negativen Alkalinitäten das Al-Puffersystem.

Die hier skizzierten hydrochemischen Untersuchungsergebnisse korrelieren ausgezeichnet mit den hydraulischen Eigenschaften des Grundwasserleiters. Hang- bzw. Deckschuttwässer mit -Werten größer $5 \cdot 10^{-2} (d^{-1})$ gehören zu den stark versauerten Quellen der 3. Stufe, flachgründige Quellwässer mit -Werten zwischen $1 \cdot 10^{-2}$ und $5 \cdot 10^{-2} (d^{-1})$ zu den schwach versauerten Quellen der 2. Stufe, und die tiefgründigen Quellen mit kleinen -Werten zum Bicarbonat-Puffersystem der 1. Stufe.

3.6.3.2 Der Einfluß der Schneeschmelze

In Bild 4 werden die Stoffkonzentrationen in den Quellen während der Schneeschmelze (März 1988) denen nach der Trockenwettersituation im September/Oktober 1988 gegenübergestellt. Der Einfluß der Schneeschmelze auf die hydrochemische Beschaffenheit der Quellwässer ist ebenfalls differenziert nach den drei geohydraulischen Niveaus zu betrachten:

- In den Hang- und Deckschuttquellen (Quelle Kaufmannsborn) bewirkt die Schneeschmelze einen zusätzlichen Versauerungsschub, der sich in bis zu 30 mg/l erhöhten Gehalten an SO_4^{2-} sowie in einer verstärkten Mobilisierung der Schwermetalle Zn^{2+} und Mn^{2+} niederschlägt.

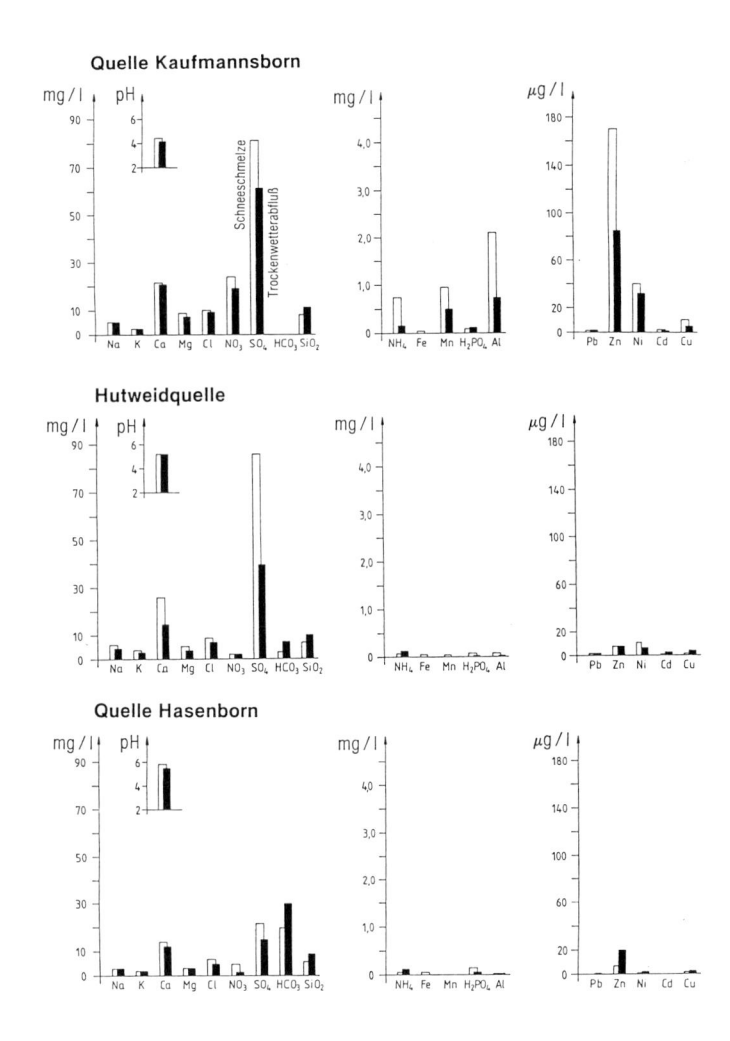

Bild 4: Vergleich der Ionenkonzentrationen von Haupt- und Nebenbestandteilen in oberflächennahen Grundwässern während der Schneeschmelze und bei Trockenwetterabfluß; Untersuchungszeitraum: Hydrologisches Jahr 1988

- Vermehrt eingetragene Säuren werden fast ausschließlich durch erhöhte Mobilisierung des Al - die Gehalte an Al steigen um fast das Doppelte - abgepuffert.

- In den flachgründigen Quellen (Hutweidquelle) fehlen hingegen alle Anzeichen einer Freisetzung des Al und der Schwermetalle aus dem Untergrund. Der Einfluß der Schneeschmelze dokumentiert sich hier in einer deutlichen Erhöhung der SO_4^{2-}- und Ca^{2+}-Austräge.

- In den tiefgründigen Quellen (Quelle Hasenborn) ist der Einfluß der Schneeschmelze entweder überhaupt nicht oder in stark gedämpfter Form erkennbar.

3.6.4 SCHRIFTTUM

/1/ QUADFLIEG, A.; SCHRAFT, A. (1984): Kalkaggressive Kohlensäure in Grundwässern aus dem Buntsandstein Osthessens. Geol. Jb. Hessen, 112, S. 263 - 288, 24 Abb., 3 Tab., Wiesbaden.

/2/ DAVIS, J.C. (1973): Statistics and Data Analysis in Geology. John Wiley & Sons, New York, London, Sydney, Toronto.

/3/ SCHOEN, R. (1985): Zum Nachweis depositionsbedingter Versauerung in kalkarmen Fließgewässern der BRD mittels einfacher chemischer Modelle. In: Nationalparkverwaltung Bayerischer Wald (Hrsg.), Symposium Wald und Wasser, Grafenau, 2. - 5. Sept. 1985, S. 631 - 643.

/4/ PLUMMER, L.M.; JONES, B.F.; TRUESDELL, A.H. (1976): WATEQF - a Fortran IV version of WATEQ: a computer program for calculating chemical equilibrium of natural waters. U.S. Geol. Surv. Water Resources Investigations 76 - 13, 61 S., Springfield.

3.7 NEUE ERKENNTNISSE ZUM WASSER- UND STOFFUMSATZ KLEINER HYDROLOGISCHER SYSTEME IM PALÄOZOISCHEN MITTELGEBIRGE (LANGE BRAMKE/OBERHARZ)

von A. Herrmann und M. Schöniger, Braunschweig

3.7.1 EINLEITUNG

Kenntnisse der Speicher- und Transportmechanismen für unterirdische Wässer im Systemzusammenhang sind eine wichtige Voraussetzung für die Entwicklung realistischer deterministischer Wasserhaushaltsmodelle. Zielgrößen von hydrologischen Systemanalysen sollten daher die Quantitäten und Aufenthaltszeiten relevanter Wasserhaushaltskomponenten sein, die eine Voraussetzung für die Aufstellung von systemgerechten Bilanzen konservativer (z.B. hydrologische Tracer) und reaktiver Stoffe (Nähr- und Schadstoffe) bilden. Die physikalische und chemische Umwandlung, die mit dem Begriff Reaktionsdynamik (-kinetik) umschrieben werden kann, wird hier nicht behandelt. Der folgende tracerhydrologische Inversproblemansatz in Kombination mit Untersuchungen zur Grundwasserhydraulik dient daher der Ermittlung systemspezifischer hydraulischer Kennwerte, unterirdischer Speichervolumina einschließlich mittlerer Verweilzeiten der Wässer und dominanter Wasserflüsse in der Langen Bramke (Oberharz). Eine detaillierte Gebietsbeschreibung findet sich bei /1/.

3.7.2 VORAUSSETZUNGEN

Für die tracerhydrologische Systemansprache zur Beschreibung von systeminternen Wasserumsätzen wird in erster Näherung von einem kybernetischen Basismodell (Black-Box-Modell) ausgegangen (Bild 1), das gleichzeitig als Arbeitshypothese dient. Das verfolgte Grundkonzept basiert auf der

Kenntnis der Wasserflüsse Q und der darin vorhandenen natürlichen Tracerkonzentrationen C, folglich den Input- und Outputfunktionen des Systems bzw. von Subsystemen: $Q_{in}(t)$, $C_{in}(t)$; $Q_{out}(t)$, $C_{out}(t)$. Deren mathematische Verknüpfung erfolgt durch ein Faltungsintegral. Dieser Lösungsansatz setzt geeignete hydrologische (= konservative) Tracer voraus, die die Bewegung des Wassers mitmachen und über Flächeninjektion durch Niederschlags- und Schmelzwasser in das System eingetragen werden. Diese Voraussetzung ist durch die im Niederschlag enthaltenen Umweltisotope Tritium (^3H) und Deuterium (^2H) bzw. Sauerstoff-18 (^{18}O) als natürliche, chemisch gebundene Bestandteile des Wassermoleküls in idealer Weise erfüllt /2,3/.

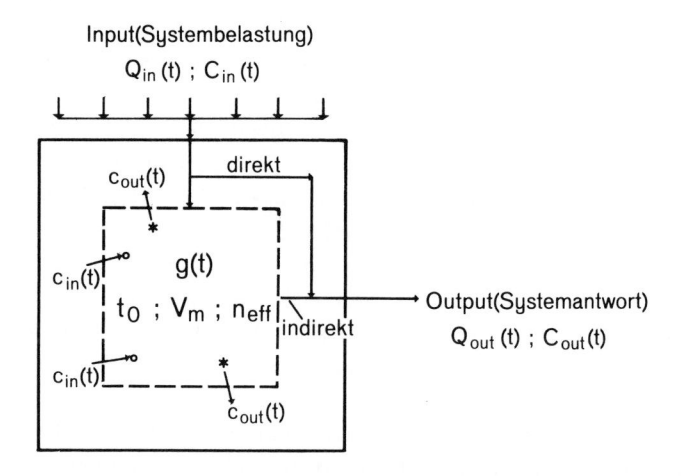

Bild 1: Kybernetisches Basismodell (Black-Box-Modell) für den tracerhydrologischen Forschungsansatz

In Ergänzung zur ganzheitlichen isotopenhydrologischen Systemansprache werden Punktimpfungen mit fluoreszierenden Markierstoffen zur Abschätzung hydraulischer Parameter herangezogen /4,5/. Die Bestimmung der hydrologisch-hydraulischen Systemparameter erfolgt mit Hilfe analytisch-deterministischer Modelle, z.B. mit dem gewöhnlichen Dispersionsmodell (ODM). Ein mathematisches Fließmodell entspricht der Wichtungsfunktion g(t) im Faltungsintegral, die als Funktion der Systemantwort die Modellaltersverteilung der Outputwässer des Systems beschreibt /6,7/. So gilt z.B. für ODM:

$$g(t) = \frac{1}{t} \frac{1}{\sqrt{4\pi \left(\frac{D}{vx}\right)^* \frac{t}{t_t}}} \exp\left[-\frac{\left(1 - \frac{t}{t_t}\right)^2}{4\left(\frac{D}{vx}\right)^* \frac{t}{t_t}}\right]$$

mit:
$(D/vx)^*$ ... (künstlicher) Dispersionsparameter
t_t .... mittlere Verweilzeit des Tracers

Bodenphysikalische Untersuchungen des Teilsystems Bodenspeicher wurden unter der Zielsetzung durchgeführt, seine gebietsspezifische Speicher- und Verteilerfunktion für die Abfluß- und Grundwasserneubildung abzuschätzen. Dabei bildet das Erkennen von dominanten Prozessen und ihre hydraulische Bewertung den Schwerpunkt des Interesses. Zu diesem Zweck wurden auf Grundlage einer forstlichen Standortskartierung bodenhydrologische Systemeinheiten ausgegliedert /8/ und z.B. Beregnungs-, Infiltrations- und Fluoreszenztracerversuche sowie mikromorphologische Bodenanalysen (Dünnschliffverfahren) durchgeführt /4,5/. Der Umsatz (räumlich, zeitlich) des Grundwassers wird kontinuierlich über Potential- (Standrohrspiegelhöhen-) Messungen erfaßt. Die Frage nach hydraulischen Berandungen des Kluftgrundwasserleiters steht dabei ebenso im Vordergrund wie die Erfassung des Grundwasserumsatzraumes sowie eine Abschätzung hydraulischer Parameter (Durchlässigkeitsbeiwerte, Speicherkoeffizienten etc.).

3.7.3 ERGEBNISSE

3.7.3.1 Bodenhydrologische Untersuchungen

Die bodenphysikalischen Untersuchungsergebnisse beschreiben den Boden als doppeltporöses Medium. Er besteht aus einer porösen Matrix (Primärporen) und einem Makroporensystem (zylinderförmige Poren, Wurzel- und Wurmgänge, Klüftungen entlang den Skelettoberflächen). Die Fließvorgänge in der Bodenmatrix können mit dem DARCY-Fließen beschrieben werden. Für den dominant vertikalen Makroporenfluß liefern z.B. /9/ oder /10/ physikalisch begründete numerische Modellkonzepte. Die Wasserspeicherung erfolgt in Abhängigkeit von der Bodenart und dynamischen Interaktion zwischen poröser Bodenmatrix und Makroporensystem. Eine hydraulisch wirksame Berandung unterhalb des Mineralbodens ist nicht vorhanden. Interflow ist vernachlässigbar klein, da die Potentialflächen weitgehend planparallel bis zur gesättigten Zone ausgebildet sind /11/.

3.7.3.2 Hydrogeologische Untersuchungen

Das Ergebnis feldgeologischer Kartierungen und geophysikalischer Prospektionen (Very Low Frequency-Methode, Hammerschlagseismik) /12,13/ ist stark schematisiert in Bild 2 wiedergegeben. Postvariszisch reaktivierte, flachherzynisch verlaufende Gangspaltenstörungen und streichende Störungen und Kluftsysteme (Kluftscharen, unverfüllte Klüfte) in den Querstörungselementen können als Umsatz-, Transport- und Speicherräume unterschiedlicher Ausdehnung angesprochen werden. Es konnte eine ca. 18 - 22 m mächtige Verwitterungszone (Zerrüttungszone) von unverwittertem, tektonisch weniger beanspruchtem Anstehenden (sog. Tiefenzirkulationszone) unterschieden werden.

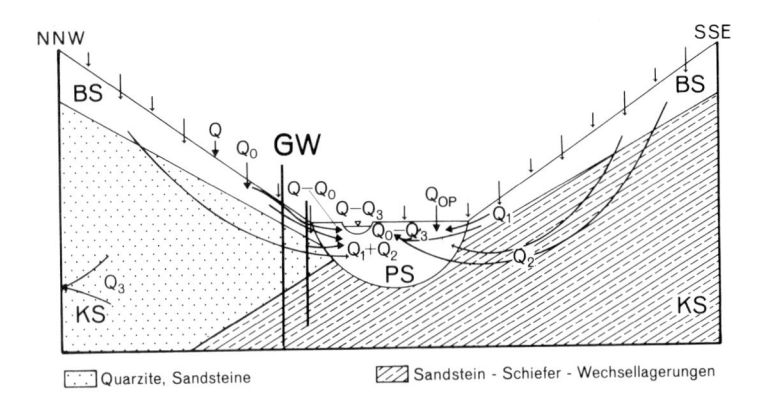

Bild 2: Schematischer hydrogeologischer Schnitt durch die Lange Bramke mit dominanten Subspeichern und Wasserflüssen

Der Kluftgrundwasserleiter kann nicht zuletzt aufgrund von Permeabilitäts- und Porositätsuntersuchungen als ein doppeltporöses Medium gekennzeichnet werden. Die systemrelevanten Wasserumsätze finden hauptsächlich in Klufträumen statt.

3.7.3.3 Hydrologisches Einzugsgebietsmodell Lange Bramke

Die hydrologischen Hauptergebnisse sind im Einzugsgebietsmodell der Langen Bramke in Bild 3 zusammengefaßt, das die dynamische Interaktion zwischen zeitvarianten Wasserflüssen und unterirdischen Reservoiren schematisch wiedergibt. Es gibt Auskunft über Speicherkenngrößen, Modellwasserflüsse und -bilanzen 1980 - 1987. Die hydrologischen Zielgrößen mittlere Verweilzeit des Wassers (t_o), die über den Retardationsfaktor (R_p) mit der mittleren Verweilzeit des Tracers (t_t) verknüpft ist, und mobiles Wasservolumen (V_m)

sind das Ergebnis der Anwendung entsprechender mathematischer Fließmodelle und von hydrologischen Daten. Die Grundkonzeptionen dieser Modelle zur Interpretation experimenteller Tracerdaten sind bei /5,14,15/ aufgeführt. Eine Quantifizierung des Grundwasserabflusses aus dem hydrologischen System erfolgt mit Hilfe der isotopischen Separation der Abflußkomponenten in direkte (= aktueller Input) und indirekte Anteile (= Grundwasser) /5,16/.

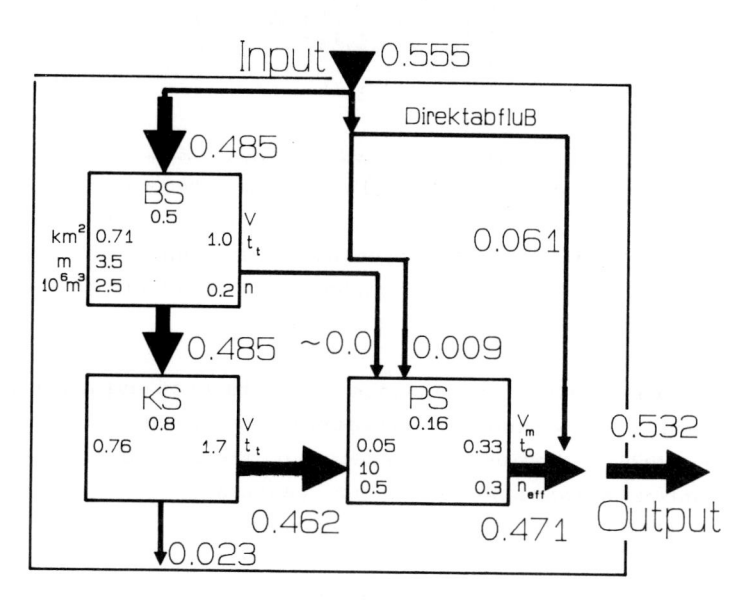

Bild 3: Einzugsgebietsmodell Lange Bramke

Danach kann der durchschnittliche Direktabfluß mit nur rd. 12 % angegeben werden. Interflow wird von den traditionellen Verfahren überschätzt, gleichbedeutend einer Unterschätzung des Grundwasserabflusses bei Hochwasserereignissen. Eine hydraulische Berandung unterhalb des Mineralbodens, die einer Begrenzung des Wasser- und damit auch des Stoffumsatzraums gleichkommt, darf folglich in derartigen hydrologischen Systemen im paläozoischen Mittelgebirge nicht so ohne weiteres definiert werden /11/.

3.7.4 SCHLUSSFOLGERUNGEN

Der Oberboden und der Kluftaquifer sind über ein effizient dränendes Makroporen- und Kluftsystem kurzgeschlossen, wodurch letzterer höchst kontaminationsgefährdet erscheint. Der hydraulische Nachweis einer dominanten Steuerfunktion der gesättigten Zone (Kluftgrundwasserleiter) bei der Abflußbildung kann in einer ersten Näherung u.a. mit dem Standrohrspiegel-Abflußkurven-Verfahren erbracht werden /17,18/, wonach der Kluftaquifer eine entscheidende Rolle bei der Abflußbildung und für den unterirdischen Gebietswasserumsatz spielt. An einer detaillierten numerisch-hydraulischen Analyse mit anschließender Synthese wird derzeit gearbeitet /18/. Der Wasserumsatz erfolgt in der porösen Gesteinsmatrix über Diffusionsvorgänge und in den Trennfugen (Klüfte) durch laminare und turbulente Kluftströmung.

Die Regionalisierung der Erkenntnisse bezüglich anderer paläozoischer Mittelgebirge (Schwarzwald, Fichtelgebirge, Riesengebirge, Vogesen, Rheinisches Schiefergebirge u.a.) sollte künftig auch in Hinblick auf realitätsgerechte Beurteilungen von Stoffbilanzen in Waldökosystemen vorangetrieben werden. Hauptziel muß dabei eine dynamisch konzipierte Koppelung physikalisch begründeter, wassergebundener Stoffkomponenten mit Stoffmodellen zur Beschreibung der Reaktionsdynamik sein. Um diese Integrationsebene erreichen zu können, müssen auch einmal unkonventionelle systemanalytische Wege beschritten werden.

3.7.5 SCHRIFTTUM

/1/ HERRMANN, A.; MALOSZEWSKI, P.; RAU, R.; ROSENOW, W.; STICHLER, W. (1984): Anwendung von Tracertechniken zur Erfassung des Wasserumsatzes in kleinen Einzugsgebieten. Ein Forschungskonzept für die Oberharzer Untersuchungsgebiete. Dt. Gewässerkundl. Mitt. 28(3), S. 65 - 74.

/2/ FRITZ, P.; FONTES, J.C. (eds.) (1980): Handbook of environmental isotope geochemistry. Vol. 1: The terrestrial environment A. - Elsevier, 545 S.

/3/ MOSER, H.; RAUERT, U. (1980): Isotopenmethoden in der Hydrologie. Gebrüder Borntraeger, Berlin, Stuttgart, 400 S.

/4/ UEBERSCHÄR, R. (1988): Infiltration und Wasserbewegung in skelettreichen Böden auf Hangstandorten im Untersuchungsgebiet der Langen Bramke (Oberharz). Institut für Geographie, TU Braunschweig, 114 S.

/5/ HERRMANN, A.; KOLL, J.; LEIBUNDGUT, Ch.; MALOSZEWSKI, P.; RAU, R.; RAUERT, W.; SCHÖNIGER, M.; STICHLER, W. (1989): Wasserumsatz in einem kleinen Einzugsgebiet im paläozoischen Mittelgebirge (Lange Bramke, Oberharz). Eine hydrologische Systemanalyse mittels Umweltisotopen als Tracer. Landschaftsgenese und Landschaftsökologie, Braunschweig.

/6/ MALOSZEWSKI, P.; ZUBER, A. (1984): Interpretation of artificial and environmental tracers in fissured rocks with a porous matrix. In: Isotope Hydrology 1983, IAEA, Vienna, S. 635 - 651.

/7/ MALOSZEWSKI, P.; ZUBER, A. (1985): On the theory of tracer experiments in fissurd rocks with a porous matrix. J. Hydrol. 79, S. 333 - 358.

/8/ DEUTSCHMANN, G. (1987): Bodenhydrologische Eigenschaften der Waldstandorte der Oberharzer Untersuchungsgebiete auf Grundlage der forstlichen Standortskartierung. Institut für Geographie, TU Braunschweig, 103 S.

/9/ CHILDS, E.C. (1969): The physical basis of soil water phenomena. Wiley Interscience.

/10/ BEVEN, K.; GERMANN, P.K. (1982): Macropores and water flow in soil. Wat. Resour. Res. 18, no. 5, S. 1311 - 1325.

/11/ HERRMANN, A.; KOLL, J.; SCHÖNIGER, M.; STICHLER, W. (1987): A runoff formation concept to model water pathways in forested basins. IAHS-Publ., no. 176, S. 519 - 529.

/12/ SCHEELEN, A. (1985): Refraktionsseismische Messungen im Einzugsgebiet Lange Bramke (Oberharz) zur Entwicklung eines Speichermodells. Institut für Geographie, TU Braunschweig, 95 S. (mit Anl. u. Datenbd., unveröffentlicht).

/13/ HERRMANN, A.; MALOSZEWSKI, P.; KOLL, J.; STICHLER, W. (1985): Hydrologische Modellvorstellungen für ein kleines Einzugsgebiet (Lange Bramke, Oberharz) unter Verwendung von Umweltisotopen. Z. dt. geol. Ges. 136, S. 599 - 611.

/14/ MALOSZEWSKI, P.; ZUBER, A. (1982): Determining the turnover time of groundwater systems with the aid of environmental tracers. 1. Models and their applicability, J. Hydrol. 57, S. 207 - 231.

/15/ ZUBER, A. (1987): Mathematical models for the interpretation of environmental radioisotopes in groundwater systems. In: FRITZ, P.; FONTES, J.C. (eds.): (1987): Handbook of Environmental isotope geochemistry, vol. 2: The terrestrial Environment B, Elsevier, S. 1 - 59.

/16/ HERRMANN, A.; STICHLER, W. (1983): Trennung von Abflußkomponenten mit Tracern bei der Betrachtung kurzfristiger Wasserbilanzen. 15. DVWK-Fortbildungslehrgang für Hydrologie, Braunschweig, 3. - 7.10.1983.

/17/ SKLASH, M.G.; FARVOLDEN, R.N. (1979): The role of groundwater in storm runoff. J. Hydrol. 43, S. 45 - 65.

/18/ SCHÖNIGER, M.; HERRMANN, A. (1990): Turnover of groundwater in a catchment area of paleozoic rock (Harz Mts) from tracer hydrological and hydraulic investigations. Proc. IAH/IAHS Congr. Lausanne Aug./Sept. 1990 (in Vorbereitung).

3.8 MOBILITÄT UND BINDUNGSFORMEN VON ALUMINIUM IN WASSEREINZUGSGEBIETEN DES SCHWARZWALDES

von S. Baur, G. Brahmer und K.-H. Feger, Freiburg i.Br.

3.8.1 EINLEITUNG

Im Rahmen des Projektes 'ARINUS' /1,2/ wurde die Bindungschemie des gelösten Al in 6 kleinen Einzugsgebieten des Schwarzwaldes untersucht. Analysiert wurde Sickerwasser von Podsol, Braunerde und Stagnogley, Grundwasser sowie Bachwasser. Die Untersuchungen konzentrierten sich zunächst auf die zeitliche und räumliche Variabilität der beiden Bindungsformen Al_{org} und Al_{anorg} und besonders auf die Al-Mobilität bestimmenden Faktoren und Prozesse. Aussagen über die Ursachen der Al-Mobilisierung durch natürliche organische und anorganische Säuren und Mineralsäuren aus der atmogenen Deposition können erst in Kenntnis der Bindungsformen bzw. der Löslichkeitsgleichgewichte getroffen werden. Auch lassen sich dadurch antagonistische Effekte von Al in der Rhizosphäre und dessen ökotoxikologische Potenz gegenüber aquatischen Organismen besser abschätzen.

3.8.2 METHODEN

Die Abtrennung der Al_{org}-Komplexe erfolgte mittels Kationenaustauschersäule nach der Methode von DRISCOLL /3/. Sie ermöglicht eine Auftrennung der gelösten Al-Verbindungen in labile monomere Spezies (Al^{3+}, Al-Hydroxide, -Sulfate und -Fluoride) und stabilere Al-Komplexe mit organischen Verbindungen. Die Eignung des Verfahrens konnte anhand experimenteller Befunde an Sickerwasserproben aus -30 cm Tiefe bestätigt werden. Einflüsse durch die Wahl des Regenerierungs- und Proben-pH konnten ausgeschlossen werden.

3.8.3 ERGEBNISSE

Im folgenden werden am Beispiel eines Podsols im Untersuchungsgebiet Schluchsee die Ergebnisse für das Bodensickerwasser erläutert (Bild 1). Der Verlauf der pH-Werte zeigt in der Auflage eine steigende Tendenz von September bis Februar, während sich die pH-Werte der Mineralbodenhorizonte auf jeweils gleichem Niveau bewegen. Die UV-Extinktionen von Auflage und Aeh/Bsh gehen in parallelem Verlauf von September bis Februar zurück. In der Auflage gehen die Al-Konzentrationen bei gleichbleibend hohen organischen Bindungsanteilen von etwa 1000 µg/L bis auf 200 - 300 µg/L zurück. Im Mineralboden (-30 cm) nehmen die Konzentrationen dagegen bis etwa Dezember von 1000 µg/L auf 2000 µg/L zu. Der Al_{anrog}-Anteil nimmt ab Dezember stärker zu. Die Ca/Al_{anorg}-Molverhältnisse der Mineralbodenhorizonte nehmen ab Herbst kontinuierlich ab. Diejenigen der Auflage sind bei hohen Werten (sie liegen für Podsol, Braunerde und Stagnogley zwischen 16 und 100 und für Mg/Al_{anorg} zwischen 5 und 40) stärkeren Schwankungen unterworfen und zeigen wegen abnehmender Al_{anorg}-Konzentrationen, leicht zunehmende Tendenz. Sie können in -30 cm den von /4/ für Fichtensämlinge in Gefäßkulturversuchen angegebenen Grenzbereich von 1 erreichen und überwiegend außerhalb der Vegetationsperiode unterschreiten. Dabei sind jedoch z.B. als nicht toxisch geltende AlF-Komplexe und thermodynamische Randbedingungen noch nicht berücksichtigt. Die geringeren Verhältnisse sind aber in erster Linie auf die pedogen-geogene Ca- bzw. Mg-Versorgung zurückzuführen.

Kurzzeitige Verschlechterungen der $Ca(Mg)/Al_{anorg}$-Molverhältnisse konnten nicht beobachtet werden. Signifikante Korrelationen zwischen der UV-Extinktion und der Al_{org}-Bindungsform (Auflage: r = 0,54; -30 cm: r = 0,47; -80 cm: r = 0,48; n_i > 20) unterstreichen gegenüber den weniger ausgeprägten Beziehungen von pH zu Al_{anorg} (-.15/.29/.35)

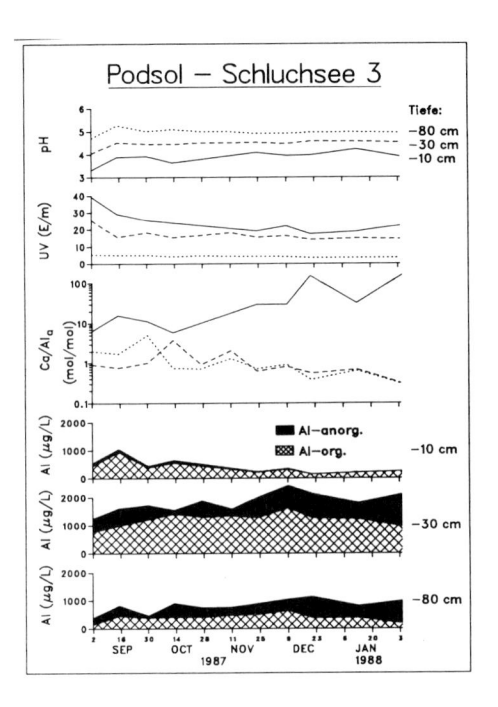

Bild 1: Zeitlicher Verlauf der Parameter pH, UV-Extinktion, Al_{org}, Al_{anorg} sowie Ca/Al_{anorg} für die Entnahmetiefen Auflage (-10 cm) und Mineralboden (-30 cm, -80 cm)

den steuernden Einfluß organischer Säuren bis in den tiefen Mineralboden. Mit Ausnahme der Auflage fällt auf, daß sich Al_{anorg}-Konzentrationsänderungen in den Tiefen 30 cm und 80 cm innerhalb eines sehr engen pH-Bereiches (max. 0,4) abspielen und keine pH-bedingte jahreszeitliche Variation (etwa durch Versauerungsschübe) auftritt.

In Bild 2 sind die pH-Werte des Sickerwassers aller untersuchten Böden (3 Podsole, 3 Braunerden, 3 Stagnogleye) gegen die negativen Logarithmen der molaren Konzentration an Al_{anorg} (pAl_{anorg}-Werte) aufgetragen. Die Löslichkeitsgleichgewichte für Gibbsit, mikrokristallinen Gibbsit und amorphes $Al(OH)_3$ /5/ sind durch Geraden dargestellt. Mit zunehmender Tiefe und ansteigenden pH-Werten gewinnen die Al-Hydroxide an Bedeutung und polymerisieren bzw. kristallisieren zu hydroxidischen Bindungsformen. Zeigen die Daten aus -30 cm bei größerer Streuung noch eine Löslichkeit zwischen Gibbsit und mikrokristallinem Gibbsit, so richten sich diejenigen aus -80 cm bereits deutlich am Gleichgewicht des amorphen $Al(OH)_3$ aus. Die Werte aus der Auflage sind am weitesten von diesem Gleichgewicht entfernt. Al dürfte in hydroxidischer Bindung und bei den überwiegend geringen Al_{anorg}-Werten nur noch als $Al(OH)^{2+}$ vorliegen. Der restliche Al_{anorg}-Anteil kann in Abhängigkeit von der Fluorid-Konzentration als Al^{3+}, AlF^{2+} oder AlF_2^+ in der Lösung auftreten /6/. Ihre Stabilität nimmt mit steigenden pH-Werten im Mineralboden ab und bietet so für die Hydroxidbildung günstigere Bedingungen.

Ein möglicher Mechanismus der Sulfat-Retention besteht in der Fällung von Verbindungen wie Alunit oder Jurbanit aus einer übersättigten Lösung. In Bild 3 sind die negativen dekadischen Logarithmen von H_2SO_4 und $Al_{anorg}(OH)_3$ gegeneinander aufgetragen. Dargestellt sind die Mittelwerte (August 1987 - April 1988) von Sicker-, Grund- und Bachwasser für die beiden Schwarzwaldstandorte und die Löslichkeitsgleichgewichte für Alunit, Jurbanit sowie amorphen bzw. mikrokristallinen Gibbsit /7/. /8/ gibt für die Bildung von Jurbanit einen pK-Wert von 17,8 an. Im Schwarzwald liegen die pK-Werte, zusammengefaßt für Podsol-Braunerde und Stagnogley, durchschnittlich bei 20.8 (Auflage; n 0,66, r = -0,52), 19,0 (Mineralboden -30 cm; n = 74, r = -0,74) und 18,5 (Mineralboden -80 cm; n = 75, r = -0,73). Der Mittelwert aller Entnahmetiefen beträgt 19,3 (n = 215, r = -0,74. Diese pK-Werte dürften allerdings noch höher liegen, zumal AlF-Komplexe und thermodynamische Randbedingungen nicht in die Berechnung mit eingingen. Das heißt

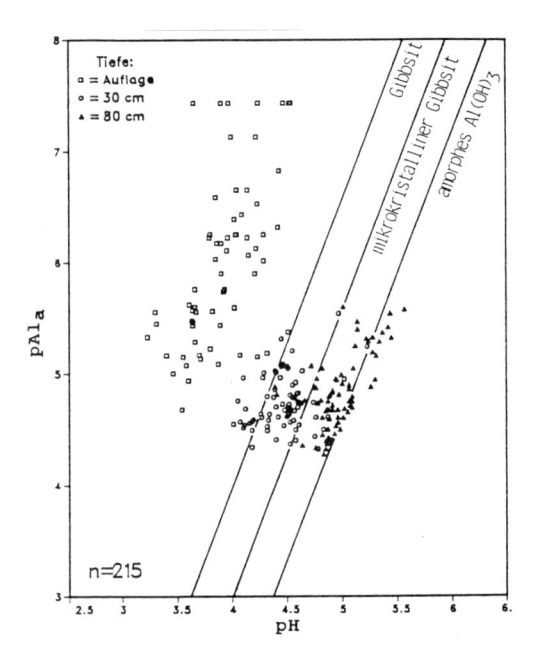

Bild 2: Gibbsit-Löslichkeitsgewichte /5/ für Podsol, Braunerde und Stagnogley, aufgeteilt in Auflage, Mineralboden (-30 cm) und Mineralboden (-80 cm)

also, daß man von geringeren Konzentrationen an sulfatisch gebundenem Al ausgehen muß. Somit findet zwar mit zunehmender Bodentiefe eine Annäherung an das von /9/ für Jurbanit angegebene Gleichgewicht statt, was sich auch in signifikanten Korrelationen zwischen Al_{anorg} und Sulfat im tieferen Mineralboden ausdrückt (-30 cm: r = 0,35; -80 cm: r = 0,80; n_i = 33). Eine umfassende Retention in Form von $AlOHSO_4$ oder gar ein durch Übersättigung bedingter Austrag an Al und Sulfat, wie er von /9/ für Solling-Standorte postuliert wird, ist hier nicht wahrscheinlich (Solling-Buche (pK-$AlOHSO_4$ = 18) und Solling-Fichte (pK-$AlOHSO_4$ = 17) in -90 cm). Diese Forderung scheint hier eher

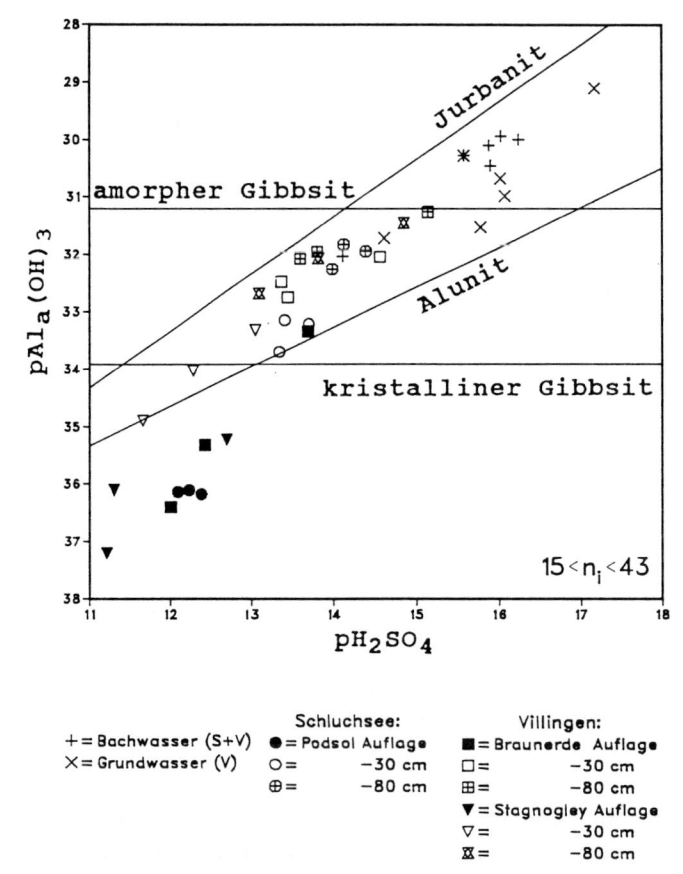

Bild 3: Löslichkeiten von kristallinem Gibbsit (AlOH$_3$, pK$_s$ = 33,9), amorphem AlOH$_3$ (pK$_s$ = 31,2), Alunit (KAl$_3$(OH)$_6$(SO$_4$)$_2$, pK$_s$ = 85,4) und Jurbanit (Al(OH)SO$_4$, pK$_s$ = 17,2) nach /7/; Mittelwerte von Sicker-, Grund- und Bachwasser (August 1987 - April 1988; V = Villingen, S = Schluchsee)

für Alunit zuzutreffen, dessen Löslichkeitsgleichgewichte in allen Mineralbodenhorizonten überschritten werden. Jedoch muß auch hier zunächst noch von geringeren Konzentrationen und einer Dominanz von Al-Hydroxiden ausgegangen werden. Die Befunde werden gestützt durch Ergebnisse von /7/, die davon ausgehen, daß bei pH_2SO_4-Werten über 12 (pH > 4) Gibbsit die Al_{anorg}-Löslichkeit kontrolliert. Computersimulationen von /10/ deuten darauf hin, daß die Al-Mobilität durch die Löslichkeit von Al-Oxiden bzw. -Hydroxiden gesteuert wird.

3.8.4 SCHLUSSFOLGERUNGEN

Die DOC-Verfügbarkeit steuert die Höhe des Al_{anorg}-Anteils bis in den tiefen Mineralboden in übergeordneter Weise. Hier werden die Löslichkeitsgleichgewichte von hydroxidischen Bindungsformen erreicht und teilweise überschritten. Al_{anorg}-Konzentrationsschwankungen im Mineralboden spielen sich innerhalb eines sehr engen pH-Bereiches (Max. 0,4) ab und zeigen keine pH-bedingte jahreszeitliche Variation wie sie etwa durch Versauerungsschübe zu erwarten wären. Bei den hohen $Ca(Mg)/Al_{anorg}$-Verhältnissen von 16 - 100 bzw. 5 - 40 in der Bodenlösung der Auflagen von Podsol, Braunerde und Stagnogley kann der organischen Flüssigphase eine wichtige Rolle beim Schutz vor toxischen Al-Ionen zugesprochen werden. Geringe Ca(Mg)/Al-Molverhältnisse sind auf die pedogen-geogene Ca(Mg)-Versorgung zurückzuführen. Die pK-$AlOHSO_4$-Werte liegen im Mineralboden über 18. Al-Hydroxosulfat scheint deshalb als SO_4- und Al-Retentionsmechanismus in den untersuchten Schwarzwaldböden nicht in Frage zu kommen. Bei der Freisetzung bzw. Festlegung von Al im tieferen Mineralboden dominieren innerhalb des anorganischen Bindungsanteils hydroxidische Bindungsformen gegenüber jenen vom Typ $AlOHSO_4$. Dies kann auf pH_2SO_4-Werte > 12 zurückgeführt werden.

Das Forschungsprojekt ARINUS wird gefördert aus Mitteln des Landes Baden-Württemberg und der Kommission der Europäischen Gemeinschaften (Projekt Europäisches Forschungszentrum für Maßnahmen zur Luftreinhaltung (PEF) - Kernforschungszentrum Karlsruhe).

3.8.5 SCHRIFTTUM

/1/ ZÖTTL, H.W.; FEGER, K.-H.; BRAHMER, G. (1987): Projekt ARINUS: I. Zielsetzung und Ausgangslage. KfK/PEF-Berichte 12(1), S. 269 - 281.

/2/ FEGER, K.-H.; ZÖTTL, H.W.; BRAHMER, G. (1988): Projekt ARINUS: II. Einrichtung der Meßstellen und Vorlaufphase. KfK/PEF-Berichte 35(1), S. 27 - 38.

/3/ DRISCOLL, C.T. (1984): A procedure for the fractionation of aqueous aluminium in dilute acidic waters. Int. J. Environ. Anal. Chem. 16, S. 267 - 283.

/4/ ROST-SIEBERT, K. (1985): Untersuchungen zur H- und Al-Ionen-Toxizität an Keimpflanzen von Fichte (Picea abies Karst.) und Buche (Fagus sylvatica, L.) in Lösungskultur. Berichte Waldökosysteme/Waldsterben, 12.

/5/ DRISCOLL, C.T. (1980): Chemical characterisation of some dilute acidified lakes and streams in the Adirondack region of New York State. Diss. Cornell University, 255 S.

/6/ SCHECHER, D.; DRISCOLL, C.T. (1987): An evaluation of uncertainty associated with aluminium equilibrium calculations. Water Resources Research 23, S. 525 - 534.

/7/ GUNDERSEN, P.; BEIER, C. (1988): Aluminium sulphate solubility in acid forest soils in Denmark. Water, Air and Soil Pollution 39, S. 247 - 261.

/8/ NORDSTROM, D.K. (1982): The effect of sulfate on aluminium concentrations in natural waters: some stability relations in the system $Al_2O_3-SO_3-H_2O$ at 298° F. Geochim. Cosmochim. Acta. 46, S. 681 - 692.

/9/ KHANNA, P.K.; PRENZEL, J.; MEIWES, K.J.; ULRICH, B.; MATZNER, E. (1987): Dynamics of sulfate retention by acid forest soils in an acidic deposition environment. Soil Sci. Soc. Am. J. 51, S. 445 - 452.

/10/ ARP, A.; OUIMET, R. (1986): Aluminium speciation in soil solutions: equilibrium calculations. Water, Air and Soil Pollution 31, S. 359 - 366.

3.9 AUSWIRKUNGEN DES SAUREN REGENS UND DES WALDSTERBENS AUF DAS GRUNDWASSER - FALLSTUDIEN IM FREISTAAT BAYERN -

von T. Haarhoff und A. Knorr, München

3.9.1 EINLEITUNG

Die Untersuchungen zur Versauerung behandelten meist nur Teilbereiche des Wasserkreislaufes im Wald. In diesem Projekt soll nun aufbauend auf den vorliegenden Erkenntnissen der Wasserkreislauf zusammenhängend unter folgender Zielrichtung untersucht werden /1/:

- Darstellung der Zusammenhänge aller Teilräume des Wasserkreislaufes in Waldgebieten hinsichtlich Beschaffenheit und Menge,
- Abschätzung langfristiger Veränderungen der Vorgänge im Wasserchemismus und der Grundwasserneubildung bei gegebener Schadstoffimmission,
- Konzeptions möglicher wasserwirtschaftlicher und forstlicher Maßnahmen zur Sicherung des Grundwasserdargebotes.

Das Projekt wird in Zusammenarbeit vom Bayerischen Landesamt für Wasserwirtschaft und der Bayerischen Forstlichen Versuchs- und Forschungsanstalt durchgeführt. Die Laufzeit der Messungen wurde auf 5 Jahre befristet.

3.9.2 METHODISCHE ANSÄTZE DES PROJEKTES

3.9.2.1 Gesamtkonzeption

In Bild 1 ist die Gesamtkonzeption des Projektes vereinfacht dargestellt. Die Programme, die in allen 4 Untersuchungsgebieten durchgeführt werden, lassen sich in 2 Gruppen aufteilen.

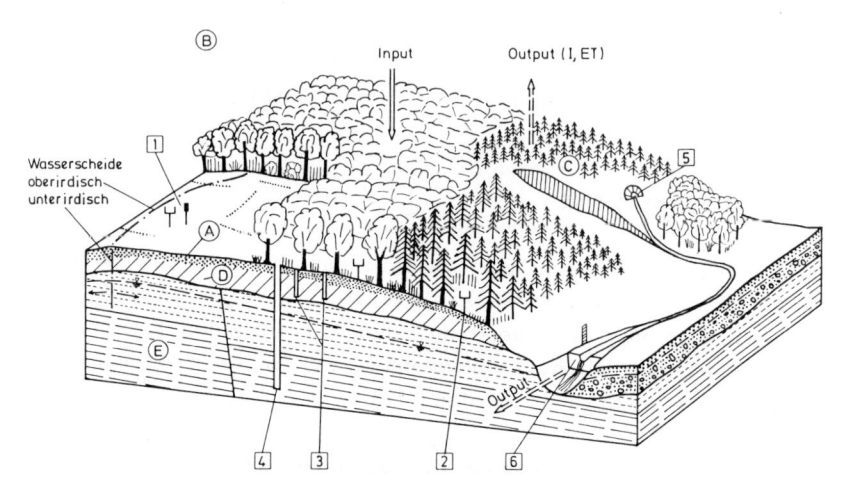

Bild 1: Schema der Gesamtkonzeption

Legende:

Kartierungsprogramme

A Standort-, Bodenkartierung und Forsteinrichtung
B Luftbildinventur (Waldschadenssituation)
C Klassifizierung des Gesundheitszustandes - Einzelbaum
D Bodenuntersuchung
E Geologischer Untergrund

Mess- und Untersuchungsprogramme

1 Freilandniederschlag
2 Bestandsniederschlag
3 Sickerwasser
4 Grundwasser
5 Quellen
6 oberirdische Gewässer

3.9.2.2 Messmethoden

Im Bestand erfolgt die Datengewinnung auf "Integrierten Meßstellen" (Bild 2). Für die Messungen des Schadstoffeintrages aus der Atmosphäre werden Sammler benutzt, die sowohl die nassen als auch die trockenen Depositionen erfassen. Die Werte werden Freilandmessungen mit dem gleichen System und zusätzlich getrennten Sammlungen von trockenen und nassen Depositionen gegenübergestellt.

Der Schwerpunkt der Untersuchungen liegt im ungesättigten Sickerraum und im Grundwasser. Die Probenahme in der ungesättigten Bodenzone erfolgt mittels Saugkerzen aus Aluminiumoxidsinter (Al_2O_3). Die Grundwassermeßstellen wurden als Beschaffenheitsmeßstellen ausgebaut. Die Messungen erfolgen i.d.R. im vierzehntägigen Rhythmus, Ausnahme: Grundwasser (achtwöchig).

3.9.2.3 Auswertung und Interpretation

Für die einzelnen Standorte werden Stoffbilanzen berechnet. Auf ihrer Grundlage werden unter Berücksichtigung der waldbaulichen, pedologischen und geologischen Verhältnisse Aussagen für die Untersuchungsgebiete abgeleitet und ihre Übertragbarkeit auf größere Landschaftseinheiten überprüft.

Anhand dieser Stoffbilanzen und ihrer zukünftigen Entwicklung sollen notwendige wasserwirtschaftliche und forstliche Gegenmaßnahmen abgeleitet werden (Prognose).

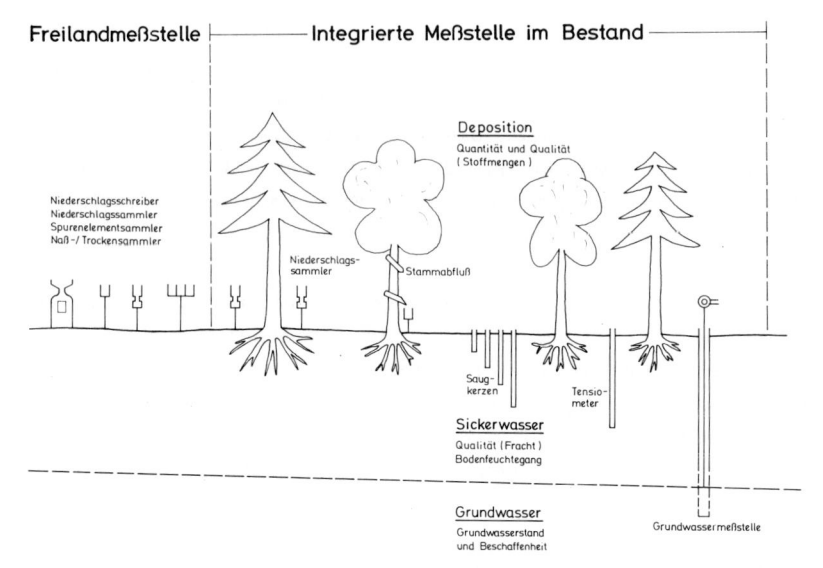

Bild 2: Schema der Freilandmeßstelle und der integrierten Meßstelle im Bestand

3.9.3 UNTERSUCHUNGSGEBIETE

Entsprechend der Zielsetzung wurden 3 Einzugsgebiete im Quellgebiet oberirdischer Gewässer nach folgenden Gesichtspunkten ausgewählt:

- ausschließlich forstliche Nutzung ohne Düngung bzw. Biozideinsatz,
- vorhandene Waldschäden mit zu erwartender, zunehmender Auflichtung der Bestockung,
- wenig gepufferte Grundwasservorkommen,
- keine Belastung der oberirdischen Gewässer, z.B. durch Landwirtschaft und/oder Siedlungen,
- bestehende, dem Untersuchungsgebiet zuordnenbare Wasserversorgungsanlagen.

Zusätzlich wurde ein Gebiet mit hoher Pufferkapazität und ohne oberirdischen Abfluß ausgewählt, das aber besondere Bedeutung für die Trinkwasserversorgung der Region München hat.

Die Gebiete sind in Bild 3 benannt und eingezeichnet. Hinsichtlich der hydrologischen Situation unterscheiden sich die 4 ausgewählten Gebiete stark (Tafel 1).

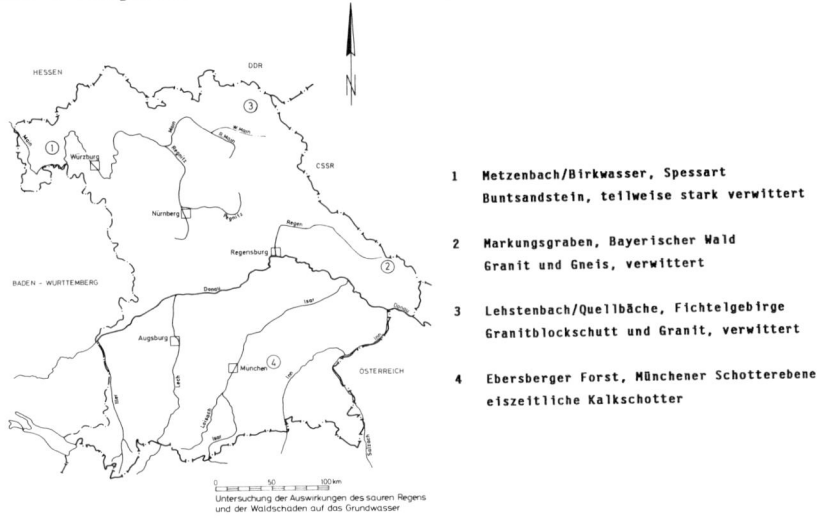

1 Metzenbach/Birkwasser, Spessart
  Buntsandstein, teilweise stark verwittert

2 Markungsgraben, Bayerischer Wald
  Granit und Gneis, verwittert

3 Lehstenbach/Quellbäche, Fichtelgebirge
  Granitblockschutt und Granit, verwittert

4 Ebersberger Forst, Münchener Schotterebene
  eiszeitliche Kalkschotter

Bild 3: Lage der Untersuchungsgebiete

3.9.4 BISHERIGE ERGEBNISSE

Nachfolgend sind die bisherigen Ergebnisse der beiden Versuchsgebiete Spessart und Münchener Schotterebene gegenübergestellt. Die in den anderen Gebieten bisher gewonnenen Daten sind wegen der Kürze des Meßzeitraumes nur zur groben Charakterisierung der einzelnen Untersuchungsgebiete geeignet und bedürfen noch längerer Beobachtungen.

3.9.4.1 Bestands- und Freilandniederschlag

Die Freilandniederschläge des Ebersberger Forstes zeigen im Sommer und Herbst 1987 eine ähnliche Befrachtung mit gelösten Inhaltsstoffen wie die Niederschläge im Spessart. Unterschiede bestehen nur hinsichtlich der geringeren Säurekonzentrationen im Ebersberger Forst.

Die Bestandsniederschläge lassen im Spessart im Herbst (überraschend) eine geringfügige Aufbasung erkennen (Bild 4).

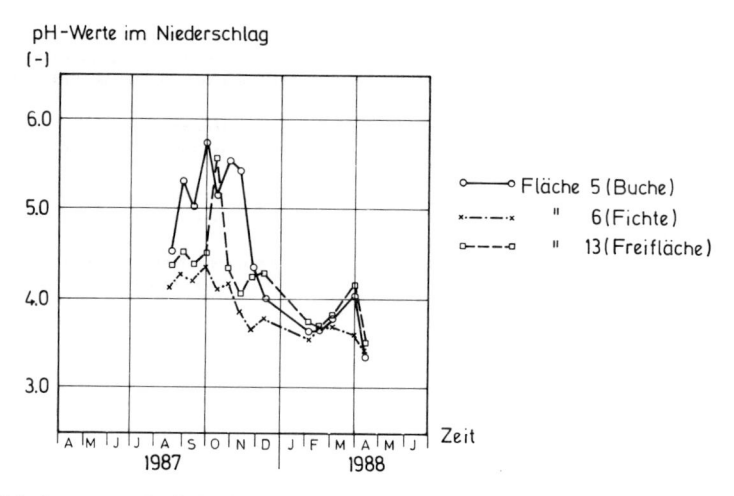

Bild 4: Vergleich der Niederschlags-pH-Werte im Spessart

3.9.4.2 Sickerwasser

Im Untersuchungsgebiet Spessart ist das Sickerwasser über die gesamte Profiltiefe von 2 m sauer, jedoch bislang nicht unter pH 4,0. Die Konzentration der gemessenen Hauptionen liegt bisher im Rahmen der Gehalte des Bestandsniederschlages. Jedoch werden im Gesamtprofil Metallionenkonzentrationen registriert (Aluminium bis 7 ppm; Cadmium bis 20

Tafel 1: Merkmale der Untersuchungsgebiete

Gebiet	Fläche	Niederschlag	Abfluß-spende	Verdunstung	GW-Neubildung	Vorfluter
	km**2	mm/a	mm/a	mm/a	mm/a	
1 Spessart 1.1 1.2	4,44 2,38 2,06	1000-1100	450-550	400-500	< 100	Metzenbach Birkwasser
2 Bayer. Wald	1,25	1000-1400	800-1100	400	150-200	Markungsgraben
3 Fichtelgebirge	4,19	1000-1200	550-650	400-500	100-150	Lehstenbach
4 Münchener Schotter-Ebene	15,0	850-1000	320-450	550	300 330	-

Gebiet	Bestockung	Böden	Geologie	Höhenlage m ü. NN	Grundwasserbeschaffenheit
1	überwiegend Laubholz	Braunerden z.T. schwach posoliert	Mittlerer Buntsandstein, tonlagenreich	420-590	mineralarm, erdalkalisch-sulfatisch
2	Hochlage: Fichten; Hanglage: Laub- und Nadelholz	Lehm aus verfestigtem Granit-Schutt	Granit, Gneis Firneisschuttüberlagerung	850-1300	mineralarm, eralkalisch, alkalisch-sulfatisch
3	reines Nadelholz	Braunerden anmoorige Böden	mittelkörniger Granit	770-880	mineralarm, erdalkalisch-sulfatisch
4	reines Nadelholz	geringmächtige Parabraunerden	Niederterrassenschotter	520-560	erdalkalisch-hydrogenkarbonatisch

ppb), die aus der Sicht der Trinkwasserversorgung bedenklich werden, wenn sie in gleicher Konzentration ins Grundwasser gelangen (Bild 5a).

Im Ebersberger Forst nehmen die Calzium-Magnesiumkonzentrationen und die pH-Werte unterhalb der Entkalkungsgrenze (ca. 50 m Tiefe) sehr schnell zu, was bei der geologischen Ausgangssituation und der vorherrschenden Bodenbildung nicht überrascht.

Im oberen Bodenbereich (< 100 m u. GOK) werden bereits höhere Al-Konzentrationen im Sickerwasser gemessen, die auf die höheren Säurekonzentrationen zurückgeführt werden können (Bild 5b).

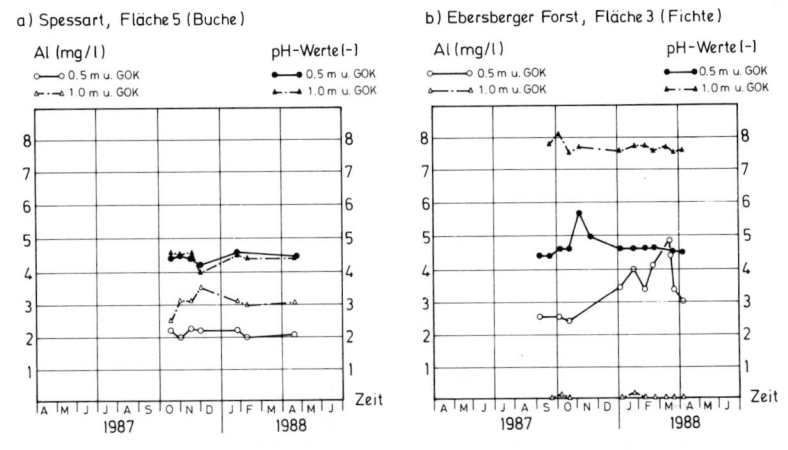

Bild 5: Vergleich der pH- und Al-Werte im Sickerwasser

3.9.4.3 G r u n d w a s s e r

Im Spessart weist die Leitfähigkeit als Maß für die Summe gelöster Ionen im Beobachtungszeitraum nur relativ geringe zeitliche und räumliche Schwankungen auf. Während die pH-Werte (5 - 6) noch "natürlich" erscheinen, weisen Sulfatkonzentrationen von 14 - 21 mg/l auf Immissionseinflüsse hin.

Das Kalkschotterwasser des Ebersberger Forstes ist nicht durch Säuren wohl aber durch Zufuhr von Nitrat, Sulfat und Chlorid aus der Atmosphäre und aus dem Grundwasserzustrombereich einer Belastung ausgesetzt.

3.9.5 SCHLUSSFOLGERUNGEN UND AUSBLICK

Die bisherigen Ergebnisse machen deutlich, daß zur Erfassung der möglichen Veränderungen der Grundwasserbeschaffenheit infolge erhöhter Schadstoffimmissionen vor allem die ungesättigte Bodenzone unterhalb des Wurzelraumes genauer erfaßt und untersucht werden sollte. Dennoch wird die "integrierte" Beobachtung möglichst aller Teilbereiche im Wasserkreislauf zusammen mit der Entwicklung des Gesundheitszustandes zum Verstehen der Vorgänge im Sickerbereich als notwendig erachtet.

Die Ermittlung von Wasserhaushaltsbilanzen bzw. Stoffbilanzen anhand des vorhandenen Datenmaterials wird dadurch erschwert, daß sich die einzelnen Teilbereiche des Wasserkreislaufes nur mit unterschiedlicher Genauigkeit erfassen lassen (Niederschlag exakt im Gegensatz zur Grundwasserneubildung). Die Untersuchungsergebnisse und die damit ermittelten Stoffbilanzen werden somit zur Aufstellung gesicherter Langzeitprognosen über die mögliche Versauerung des Grundwassers noch der Verifizierung und Verallgemeinerung durch ergänzende Untersuchungen bzw. des Vergleichs mit anderen Erkenntnissen bedürfen.

3.9.6 SCHRIFTTUM

/1/ HAARHOFF, T. (1989): The effects of acid rain and forest die-back on groundwater-case studies in Bavaria, Germany (FRG). Symposium on Atmospheric Deposition, IAHS Third Scientific Assembly, 11 - 19 May 1989 in Baltimore, Maryland, USA, IAHS Publ. 179, S. 229 - 235.

3.10 HYDROLOGISCHE UND HYDROCHEMISCHE UNTERSUCHUNGEN IN DEN HOCHLAGEN DES BAYERISCHEN WALDES
von H. Förster, München

3.10.1 FRAGESTELLUNG UND METHODIK

In den von subalpinen Fichtenwäldern bestockten Hochlagen (oberhalb ca. 1200 m ü. NN) des Bayerischen Waldes zeigen Fichtenbestände seit ca. 1980 flächenhaft Chloroseerscheinungen, die nach /1/ durch Magnesiummangel induziert sind. Im Rahmen eines Forschungsprojektes* wird die Rolle der Böden im komplexen Ursachengefüge am Beispiel ausgewählter Hochlagenareale untersucht /2/. Die Arbeiten beinhalten großmaßstäbige bodenkundliche Aufnahmen, die Beschreibung von Leitprofilen sowie deren umfassende bodenchemische Charakterisierung. Ferner wurde zwischen Herbst 1986 und Sommer 1988 an insgesamt 14 Terminen die chemische Zusammensetzung von Bachwässern in einer Reihe von Arbeitsgebieten ermittelt. Zur Charakterisierung der Abflußsituation wurden zusätzlich Abflußmessungen durchgeführt. Das Beprobungsspektrum reichte von Schneeschmelzterminen bis hin zu spätsommerlichen Niedrigwassersituationen.

Die Wasseranalytik stimmt weitgehend mit /3/ überein. Die inzwischen vorliegenden Teilergebnisse dieses Arbeitsabschnittes sollen hier dargestellt werden.

---

*Diese Arbeit wurde vom Bayerischen Ministerium für Ernährung, Landwirtschaft und Forsten unter der Projektbezeichnung FVA B 47 gefördert.

3.10.2 ERGEBNISSE

Anhand von hydrologischen, hydrochemischen und hydrogeologischen Kriterien kann man die allgemein schwach mineralisierten Bachwässer der Granit- und Gneisareale in den Hochlagen auf 3 Wassertypen zurückführen:

- Neutrale Wässer (pH ca. 6,5), die einem tiefen Grundwasserstockwerk zuzuordnen sind.
- Mäßig saure oder intermediäre Wässer (pH ca. 4,8), welche einem oberflächennahen Aquifer entstammen.
- Stark saure Sickerwässer (pH ca. 4,0) der oberen Bodenzone, die während der Schneeschmelze und nach heftigen Starkregenereignissen das Abflußgeschehen beherrschen. Bäche, die nur von diesem Wassertyp gespeist werden, fallen regelmäßig im Laufe des Sommers trocken.

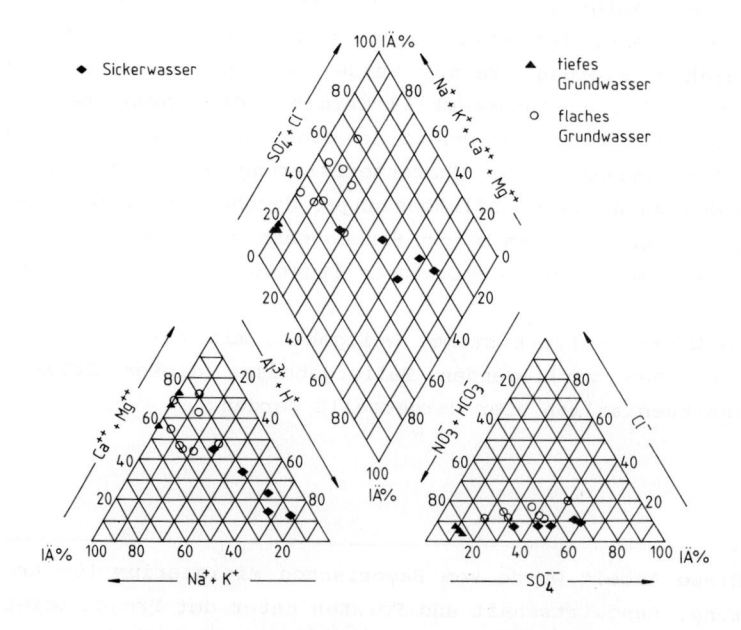

Bild 1: Chemische Zusammensetzung verschiedener genetischer Wassertypen in Hochlagengewässern des Bayerischen Waldes

Diese drei genetischen Wassertypen lassen sich auch anhand ihrer chemischen Zusammensetzung unterscheiden (Bild 1). Bei den neutralen Wässern des tiefen Untergrundes sind auf der Kationenseite nur Na^+, K^+, Mg^{2+} und Ca^{2+} ladungsmäßig von Bedeutung. Die Anionen bestehen zu rund 80 IÄ% aus NO_3^- und HCO_3^-, während der Sulfatanteil nur wenige IÄ% erreicht.

In den stark sauren Sickerwässern dominiert auf der Anionenseite das SO_4^{2-} mit maximal 70 IÄ%. Die Kationen dieses Wassertyps bestehen bis zu 80 IÄ% aus H^+ und Al^{3+}.

Eine Zwischenstellung nehmen die oberflächennahen Grundwässer ein, deren Anionenzusammensetzung eher der von Sickerwässern ähnelt. Die Kationen setzen sich jedoch vorwiegend (bis zu 80 IÄ%) aus basisch wirkenden Kationen zusammen.

Mit Hilfe des chemisch inerten Cl^--Ions ist für die Hochlagenökosysteme eine qualitative Beurteilung des Stoffhaushaltes möglich.

Tafel 1: Mittlere SO_4-S/Cl-, NO_3-N/Cl- und Mg/Cl-Werte der drei Wassertypen. Die Quotienten der Bestandsdeposition beziehen sich auf die Station Bodenmais (1150 m ü. NN, Zeitraum 1983 - 1986); /6/.

	$\dfrac{SO_4\text{-}S}{Cl}$	$\dfrac{NO_3\text{-}N}{Cl}$	$\dfrac{Mg}{Cl}$ g/g
Deposition	2,9	0,7	0,14
Sickerwasser	1,5-5,0 $\bar{x}=2,9$	1,1-3,1 $\bar{x}=1,9$	0,24-0,96 $\bar{x}=0,54$
flaches Grundwasser	0,8-2,1 $\bar{x}=1,4$	1,3-2,2 $\bar{x}=1,7$	–
tiefes Grundwasser	0,7-1,1 $\bar{x}=0,8$	0,8-0,3 $\bar{x}=1,8$	–

Tafel 1 zeigt, daß der NO_3-N/Cl-Wert der Deposition stets vom entsprechenden Quotienten der drei Wassertypen übertroffen wird. Die damit verbundenen erhöhten Nitratgehalte in den Grund- und Sickerwässern legen den Schluß nahe, daß im Humuskörper der Hochlagenböden eine Netto-Nitrifikation abläuft, die möglicherweise mit einem Abbau von organischen Stoffen verbunden ist.

Die SO_4-S/Cl-Verhältnisse sind in den Wässern des tiefen Untergrunds am engsten, während sich für die oberflächennahen Sickerwässer die höchsten Quotienten ergeben. In zwei stark versauerten Einzugsgebieten liegen die mittleren SO_4-S/Cl-Relationen der Sickerwässer mit 3,3 bzw. 5,0 bereits über dem entsprechenden Wert der Deposition. Dies weist darauf hin, daß im Einzugsbereich dieser beiden temporären Fließgerinne das Sulfatspeichervermögen der Böden erschöpft ist und eine SO_4-Mobilisierung abläuft.

Eine analog durchgeführte Quotientenbildung für das Nährelement Magnesium verdeutlicht, daß die Mg-Deposition in den Hochlagen die Mg-Abfuhr nicht zu kompensieren vermag.

3.10.3 FOLGERUNGEN

Die erheblichen Sulfat- und Nitratanteile in den Sickerwässern der durchwurzelten Bodenzone haben offenbar die Abfuhr äquivalenter Anteile an basisch wirkenden Begleitkationen (v.a.Mg^{2+}) zur Folge.

Mg-Bilanzierungen an Hochlagenpedons weisen darauf hin, daß die Verluste dieses Nährelements weder durch Depositionseinträge noch durch das Verwitterungsgeschehen kompensiert werden können. Vielmehr haben die feinerdebürtigen Mg-Vorräte (Gesamtgehalte) im Wurzelraum der Hochlagenstandorte während der Bodenentwicklung eine Abnahme um rund 50 %

erfahren. Daß diese Verarmung auch gegenwärtig noch abläuft, wird aus den Mg/Cl-Werten der analysierten Sickerwässer deutlich.

Für die Entbasungsvorgänge dürften die erhöhten S- und N-Einträge (vgl. /6/), welche vorwiegend anthropogenen Ursprungs sind, eine wesentliche Rolle spielen. Bei unveränderten Rahmenbedingungen ist damit zu rechnen, daß die Basenverarmung der Hochlagenböden fortschreitet und sich mit zunehmender Erschöpfung des Sulfat-Retentionsvermögens beschleunigen wird. Dies würde für die Hochlagenbestände eine weitere Verschlechterung der Nährelementversorgung und eine Zunahme der Waldschäden bedeuten.

3.10.4 SCHRIFTTUM

/1/ BOSCH, C.; PFANNKUCH, E.; BAUM, U.; REHFUESS, K.E. (1983): Über die Erkrankung der Fichte (Picea abies Karst.) in den Hochlagen des Bayerischen Waldes. Forstw. Cbl. 102, S. 167 - 181.

/2/ FÖRSTER, H. (1988): Bodenkundliche und hydrologisch-hydrochemische Untersuchungen in ausgewählten Hochlagengebieten des Inneren Bayerischen Waldes. Diss. Universität München.

/3/ UMWELTBUNDESAMT in Zusammenarbeit mit der ad hoc-Arbeitsgruppe "Gewässerversauerung" (1986): Empfehlungen zur Überwachung von Oberflächengewässern, Gewässerversauerung durch Luftschadstoffe, Empfehlungen zur Methodik und zur Wahl der Entnahmestelle (unveröffentlicht).

/4/ BAUBERGER, W. (1977): Erläuterungen zur geologischen Karte von Bayern 1:25.000, Bl.Nr. 7046 Spiegelau und Bl.Nr. 7047 Finsterau (Nationalpark Bayerischer Wald). München, Bayerisches Geologisches Landesamt.

/5/ ULRICH, B. (1988): Ökochemische Kennwerte des Bodens. Z. Pflanzenernähr. Bodenk., Band 151, S. 171 - 176.

/6/ HÜSER, R.; REHFUESS, K.E. (1988): Stoffdeposition durch Niederschläge in ost- und südbayerischen Waldbeständen. Forstl. Forschungsber. München, Band 86.

3.11 EINFLUSS DER BODENVERSAUERUNG AUF DIE MOBILITÄT VON SCHWERMETALLEN IM EINZUGSBEREICH DER SÖSE-TALSPERRE IM HARZ

von H. Andreae und R. Mayer, Kassel

3.11.1 EINLEITUNG

Der Harz gehört nicht nur zu den Regionen Mitteleuropas mit den höchsten Einträgen an Säurebildnern, sondern weist darüberhinaus auch eine starke Belastung mit Schwermetallen auf /1/. Diese stammen sowohl aus historischen bergbaulichen 'Altlasten' (Nah-Immission), wie auch aus der rezenten Deposition ferntransportierter Schadstoffe. Die potentielle geogene Belastung ist verglichen mit dem anthropogenen Ökosystem-Input vernachlässigbar gering. Allein für die ökotoxikologisch weniger bedeutsamen Elemente Cobalt, Chrom und Nickel wird eine minerogene Bestimmung der Bodenvorräte angenommen /2,3/.

Schwermetalle anthropogenen Ursprungs liegen im Boden weitgehend in lockerer adsorptiver Bindung vor und sind daher in besonderem Maße Umsetzungs- und Verlagerungsprozessen unterworfen. Die wichtigste Steuergröße für den Übertritt von Schwermetallen aus der Fest- in die Lösungsphase ist der pH-Wert /4/. So weisen saure Böden (pH-Wert < 5) eine bedeutend geringere Schwermetall-Retentionskapazität auf, als Böden im Bereich neutraler Bodenreaktion /5,6,7/.

/3/ ermittelt für die von ihm untersuchten nordwestdeutschen Waldökosysteme bereits negative Bilanzen für die Schwermetalle Cobalt (Co), Cadmium (Cd) und Zink (Zn). Hier ist der Austrag mit dem sauren Sickerwasser größer als der Eintrag aus der Atmosphäre. Die Senkenfunktion des Bodens ist durch die drastische Veränderung des Säure-/Basenhaushaltes in eine Quellfunktion für potentiell toxische

Verbindungen umgeschlagen. Es besteht in zu Gewässerversauerung neigenden Gebieten, wie z.B. dem Harz, bei weiter fortschreitender Bodenversauerung die Gefahr, daß nachgelagerte aquatische Teilsysteme verstärkt mit Schwermetallen belastet werden.

3.11.2 UNTERSUCHUNGSANSATZ UND METHODIK

Die Zusammensetzung der Bodenlösung wird bestimmt durch den Elementanteil, der an mineralischen und organischen Oberflächen gebunden ist und rasch mobilisiert werden, d.h. durch geringfügige Änderungen im Chemismus des Bodenwassers in Lösung gehen kann. Dieser mobilisierbare Anteil ist auch ökologisch besonders relevant, da die Wirkung von Schadstoffen - wie den Schwermetallen - auf Organismen i.d.R. immer über die Lösungsphase erfolgt. Der mobilisierbare Anteil an Schwermetallen innerhalb der Horizonte/Schichten eines Bodenprofils kann auch als Ausdruck der Umlagerungsprozesse angesehen werden, die in der Vergangenheit im Boden abgelaufen sind. Denn die pedogene Verlagerung innerhalb eines Profils führt i.d.R. zu wenig stabilen Ausfällungen bzw. zur Adsorption auf Mineraloberflächen.

Der mobilisierbare Anteil an Schwermetallen in den verschiedenen Bodenschichten wurde mit Hilfe eines starken organischen Komplexbildners (0,1 n EDTA, Ethylendiamintetraacetat) bestimmt. Damit können sowohl die an organischen wie auch an Mineraloberflächen adsorptiv gebundenen bzw. die an Oberflächenfilmen gebundenen Ausfällungen von Schwermetallen aus dem Boden extrahiert werden. Untersucht wurden die Schwermetalle Cadmium (Cd), Blei (Pb), Kupfer (Cu), Zink (Zn), Chrom (Cr), Cobalt (Co) und Nickel (Ni). Die Elementgehalte in der organischen Auflage wurden mittels HNO_3-Druckaufschluß ermittelt.

3.11.3 ERGEBNISSE UND DISKUSSION

In den Schürfen Diabas und Tonschiefer Diabas und Tonschiefer (vgl. Beitrag Nr. 2.9) im nordwestlichen Einzugsgebiet der Söse-Talsperre wurden die Schwermetallgehalte in der organischen Auflage sowie insbesondere die mobilisierbaren Schwermetall-Anteile bestimmt. Die Gehalte in der organischen Auflage unterstreichen die Bedeutung des anthropogenen Ökosystem-Inputs im Vergleich mit der geogenen Belastungskomponente sowie die besondere Stellung des Harzes verglichen mit anderen belasteten Ökosystemen wie z.B. dem Solling (Tafeln 1 und 2).

<u>Tafel 1:</u> Chemische Zusammensetzung der im Einzugsgebiet der Söse-Talsperre häufig auftretenden Gesteine /6/

	Pb	Cd	Cu	Zn	Cr	Co	Ni	Al(%)	n
Tonschiefer	33	0,21	43	124	72	29	59	8,2	58
Quarzite	9	0,04	6	7	37	9	6	1,0	22
Kieselschiefer	9	0,13	28	45	24	21	6	2,5	10
Grauwacken	19	0,92	12	76	32	17	20	6,7	19
Diabase	42	0,08	54	125	87	40	121	7,3	14
Ø Gebiet	22	0,30	29	75	50	23	42	5,1	123

Die Tiefengradienten des mobilisierbaren Schwermetallpools zeigen trotz element- und standortspezifischer Überprägung den deutlichen Einfluß der Bodenversauerung. Dieser drückt sich aus in folgender Zonierung mit fortschreitender Bodentiefe:
- Depositonsbedingter und biogen überprägter Akkumulationsbereich im Oberboden (Hauptwurzelraum);

- Abreicherungszone im versauerten Bodenbereich oberhalb der Versauerungsfront bedingt durch erhöhte Löslichkeit und Mobilität der Kationsäuren;
- Anreicherungszone im Bereich bzw. unterhalb der Versauerungsfront durch Austausch infiltrierter Schwermetalle mit K, Ca, Mg und Na (Austauschpufferbereich);
- Einpendeln auf den natürlichen Hintergrund, d.h. auf im Ausgangsgestein vorhandene Schwermetallgehalte, im Bereich unterhalb der Anreicherungszone.

Tafel 2: Schwermetall-Gesamtgehalte der Humusauflagen Schurf/Tonschiefer/Diabas (Sösemulde) und der Versuchsfläche Solling F1 /3/

Standort	Cd	Pb	Cu	Zn	Cr	Co	Ni
Diabas							
$O_{L/F}$	0,88	796	43	156	21	3,9	16
O_H	0,70	1267	45	155	24	6,8	81
Tonschiefer							
$O_{L/F}$	1,63	1363	48	145	39	6,6	31
O_H	2,01	1458	52	146	33	6,6	29
Solling F1							
$O_{L/F}$	0,36	270	36	110	105	5,1	45
O_H	0,44	290	38	105	95	5,6	30

Eine deutliche Zonierung zeigt sich für das Element Kobalt (Co), da es in seiner Mobilität weitgehend vom pH-Wert abhängt (Bild 1). Im Bereich unterhalb der Versauerungsfront werden Co-tragende mineralische Phasen aufgeschlossen. Deutlich läßt sich dabei die unterschiedliche Ausstattung der Standorte erkennen (vgl. Tafel 2).

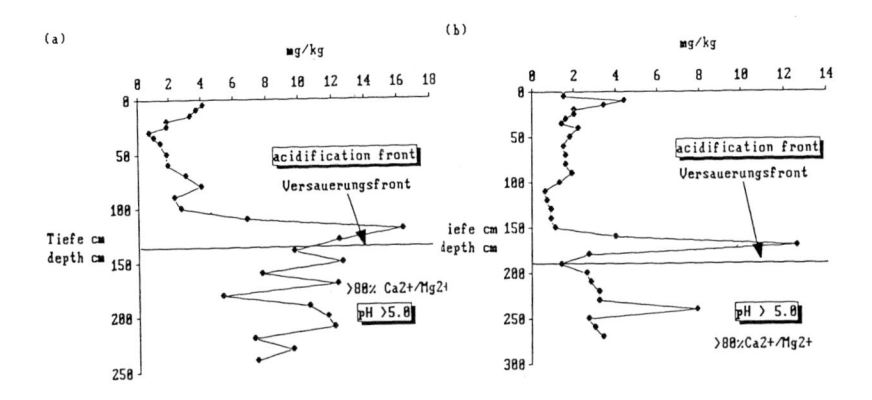

Bild 1: Tiefenverteilung der EDTA-extrahierbaren Anteile des Elements Kobalt für die Standorte Diabas (a) und Tonschiefer (b) (Bodenfraktion < 2 mm)

Je geringer die pH-Abhängigkeit der Mobilisierung ist, desto stärker kommt der Einfluß des Standorts über die unterschiedliche Ausstattung der Böden mit Sorptionsträgern (organische Substanz, Tonminerale, Fe/Al-Oxide) zum Ausdruck. Dies läßt sich aus der Schwermetallverteilung im Bodenprofil im Fall der Metalle Cadmium (hohe Mobilität), Zink (mittlere Mobilität) und Blei (geringe Mobilität) zeigen (vgl. Bild 2). Hier ergeben sich jeweils zwei Konzentrationsmaxima und zwar im humosen Oberboden (A_h- bzw. A_h/B_v-Horizont) und unterhalb der Versauerungsfront.

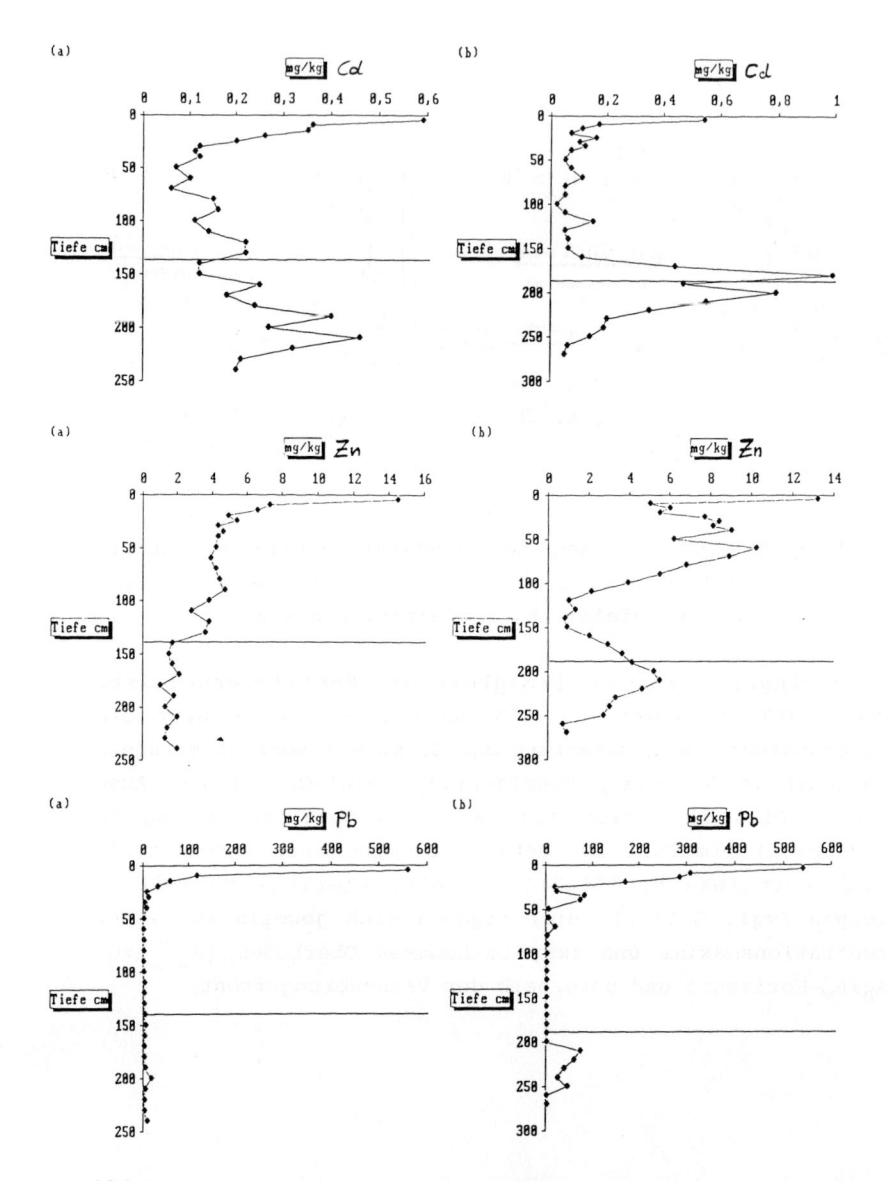

Bild 2: Tiefenverteilung der EDTA-extrahierbaren Anteile der Elemente Cadmium, Zink und Blei für die Standorte Diabas (a) und Tonschiefer (b) (Bodenfraktion < 2 mm)

3.11.4 FOLGERUNGEN

Die über EDTA-Extraktion erhaltenen Schwermetall-Konzentrationen und deren Verteilung in den Bodenprofilen erlauben eine erste Beurteilung der im Boden durch Versauerung abgelaufenen Umlagerungsprozesse. Der Einfluß des Standorts auf die Ausprägung der SM-Verteilungsmuster - über die Gehalte an Sorbentien (organische Substanz, Tonminerale, Fe/Al-Oxide) - bedarf der Aufklärung, um etwaige Überprägungen der allein versauerungsbedingten Konzentrationsunterschiede durch Extraktionseffekte eingrenzen zu können.

Zur ökosystemaren Bewertung der versauerungsbedingten Mobilisierungsprozesse müssen die Schwermetallkonzentrationen im Feinboden (mg/kg) in Elementvorräte (kg/ha) überführt werden.

Anerkennung

Die Untersuchungen wurden vom Bundesministerium für Forschung und Technologie (FKZ 0339069 D) gefördert.

3.11.5 SCHRIFTTUM

/1/ HEINRICHS, H.; WACHTENDORF, B.; WEDEPOHL, K.H.; RÖSSNER, B.; SCHWEDT, G. (1986): Hydrogeochemie der Quellen und kleineren Zuflüsse der Sösetalsperre (Harz). Neues Jb. Miner. Abh., 156, S. 23 - 62.

/2/ MAYER, R. (1981): Natürliche und anthropogene Komponenten des Schwermetallhaushaltes von Waldökosystemen. Göttinger Bodenkundliche Berichte 70, S. 1 - 152.

/3/ SCHULTZ, R. (1987): Vergleichende Betrachtung des Schwermetallhaushaltes verschiedener Waldökosysteme Norddeutschlands. Ber. d. Forschungszentrums Waldökosysteme/Waldsterben, Göttingen, Reihe A, Band 32.

/4/ MAYER, R. (1985): Mobilisierung von Aluminium und Schwermetallen im Bodenbereich durch Säurebildner. Manuskript zum FGU-Seminar: Gewässer- und Bodenversauerung durch Luftschadstoffe. UBA-Texte 36/86.

/5/ CAVALLARO, N.; McBRIDE, M.B. (1978): Copper and cadmium adsorption characteristics of selected acid and calcarous Soils. Soil Sci. Soc. of Am. J. 42, S. 550 - 556.

/6/ HEINRICHS, H.; SCHULZ-DOBRICK, B.; WEDEPOHL, K.H. (1980): Terrestrial geochemistry of Cd, Bi, Tl, Pb, Zn and Rb. Geochimica et Cosmochimica Acta, Vol. 44, S. 1519 - 1533.

/7/ KURDI, F.; DONER, H.E. (1983): Zinc and copper sorption and interaction in soils. Soil Sci. Soc. Am. J. 47, S. 873 - 876.

3.12 SCHWERMETALLBELASTUNG UND GEWÄSSERVERSAUERUNG IM WESTHARZ

von J. Matschullat, H. Heinrichs und J. Schneider, Göttingen, A.H. Roostai und U. Siewers, Hannover

3.12.1 EINLEITUNG

Die Arbeiten der interdisziplinären "Fallstudie Harz" konzentrieren sich auf die hydrologischen Einzugsgebiete des oligotrophen Sösestausees mit 50 km^2 und des dystrophen Oderteiches mit 12 km^2 Fläche (Bild 1). Der Stoffeintrag aus der Atmosphäre, seine Anreicherungen im Ökosystem, einschließlich der möglichen Einflüsse aus Geologie und historischem Bergbau, werden quantitativ erfaßt. Die Wege und Reaktionen dieser Elemente in den Kompartimenten des Ökosystems werden untersucht (1,5,7-11). Der Schwerpunkt dieser Arbeit liegt auf dem Zusammenhang von Gewässerversauerung mit dem Verhalten von Schwermetallen (Bild 2). Deren Mobilisierung bzw. Immobilisierung wird wesentlich vom Grad der Versauerung des Systems bestimmt. Angaben zur Methodik (Probenahme und Analytik) sind in (1,5-11) nachzulesen.

3.12.2 SCHWERMETALLBILANZ IM ÖKOSYSTEM

In allen Teilsystemen (Kompartimenten) findet ein Stoffaustausch und -transport statt, dessen Ausmaß erst in der mengenbezogenen Erfassung überschaubar wird (Bild 2).

Diese vereinfachte Bilanz verdeutlicht, daß die Metallgehalte im vorläufigen "Endlager" Seesediment aus den in Bild 2 dargestellten Stoffwegen erklärbar sind. Die Gesteine scheiden als Schwermetallquelle aus. Ihre Metallgehalte liegen nahezu ausnahmslos weit unterhalb der vorgefundenen

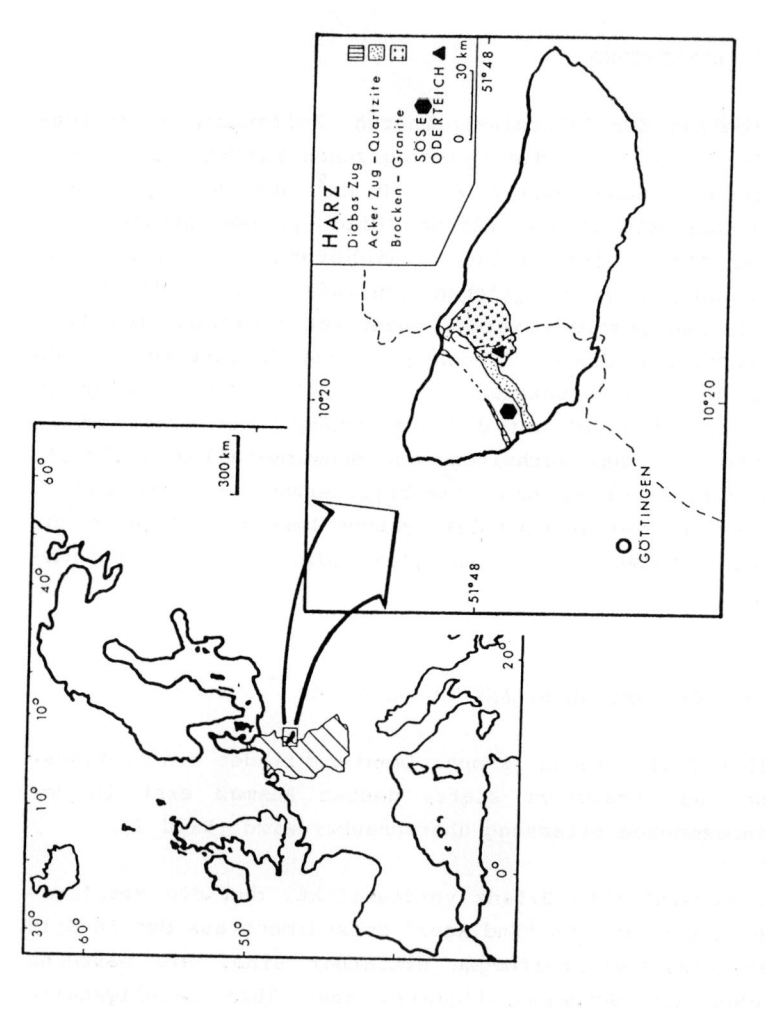

Bild 1: Lage des Untersuchungsgebietes Einzugsgebiet des Sösestausees im Harz

Akkumulationen in den Sedimenten und kommen in ihrer Durchschnittszusammensetzung dem natürlichen Hintergrund eines Tonschiefers sehr nahe (Tafel Gesteinschemismus in Bild 2 und /5,6,9-11/). Ebenso ist der Einfluß durch historischen Bergbau zu vernachlässigen.

```
┌─────────────────────────────────────────────┐
│ Theoretischer Luftschadstoff-Eintrag im     │
│ Einzugsgebiet des Sösestausees (5.000 ha/55a)│
│ berechnet nach GEORGII et al. (1984)        │
│                                             │
│      1 -  10 t   Cd, Co, Ni                 │
│     10 - 100 t   Pb, Cu, Zn, Cr             │
└─────────────────────────────────────────────┘
```

Bodenchemismus (mg/kg TS)				
Tiefe (cm)	Pb	Cd	Zn	Cu
0- 5	800	1.4	70	30
5-10	300	0.8	50	12
10-15	170	0.6	30	9

Quelle: HEINRICHS et al. (1986)

Gesteinschemismus (mg/kg TS)				
	Pb	Cd	Zn	Cu
Tonschiefer	33	0.21	124	43
Quarzite	9	0.04	7	6
Kieselsch.	9	0.13	45	28
Grauwacken	19	0.92	76	12
Diabase	42	0.08	125	54
øGebiet	22	0.30	75	29

Quelle: ROOSTAI (1987)

Quellwasserchemismus (µg/l)				
Pb	Cd	Zn	Cu	pH (ø)
1.3	0.1	7	1.7	5.5-8.0
18.1	1.1	84	3.3	3.6-5.4

Quelle: HEINRICHS et al. (1986)

Bachwasserchemismus (µg/l)				
Pb	Cd	Zn	Cu	pH (ø)
0.1	0.08	9	1.6	5.3-8.0
28	2.1	290	4.7	4.1

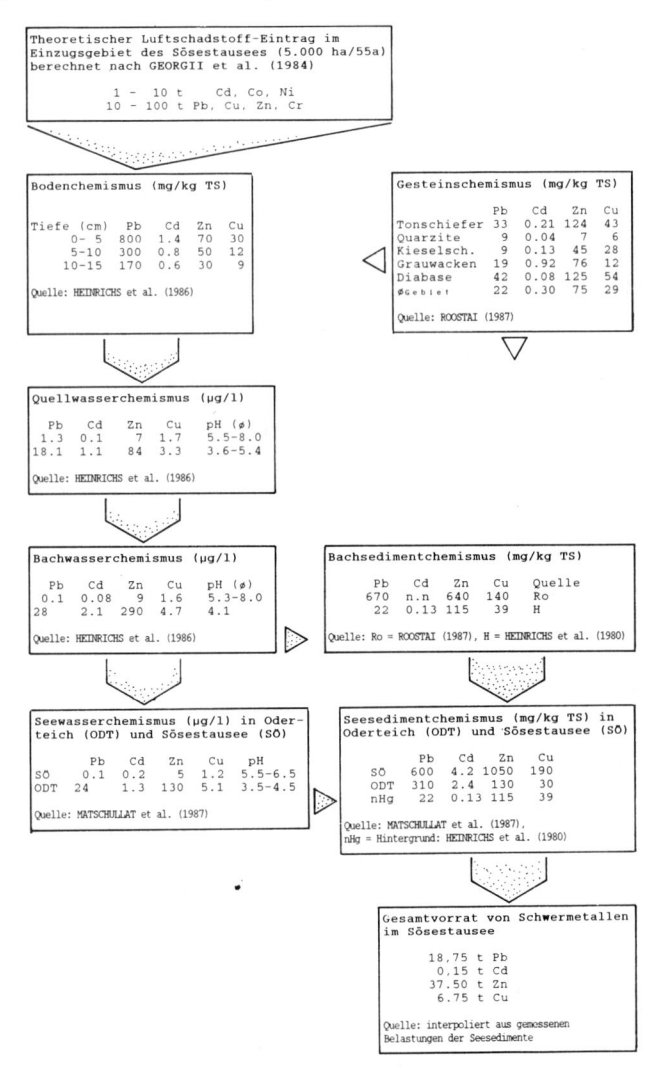

Quelle: HEINRICHS et al. (1986)

Bachsedimentchemismus (mg/kg TS)				
Pb	Cd	Zn	Cu	Quelle
670	n.n	640	140	Ro
22	0.13	115	39	H

Quelle: Ro = ROOSTAI (1987), H = HEINRICHS et al. (1980)

Seewasserchemismus (µg/l) in Oderteich (ODT) und Sösestausee (SÖ)					
	Pb	Cd	Zn	Cu	pH
SÖ	0.1	0.2	5	1.2	5.5-6.5
ODT	24	1.3	130	5.1	3.5-4.5

Quelle: MATSCHULLAT et al. (1987)

Seesedimentchemismus (mg/kg TS) in Oderteich (ODT) und Sösestausee (SÖ)				
	Pb	Cd	Zn	Cu
SÖ	600	4.2	1050	190
ODT	310	2.4	130	30
nHg	22	0.13	115	39

Quelle: MATSCHULLAT et al. (1987),
nHg = Hintergrund: HEINRICHS et al. (1980)

```
┌─────────────────────────────────────────────┐
│ Gesamtvorrat von Schwermetallen             │
│ im Sösestausee                              │
│                                             │
│            18.75 t Pb                       │
│             0.15 t Cd                       │
│            37.50 t Zn                       │
│             6.75 t Cu                       │
│                                             │
│ Quelle: interpoliert aus gemessenen         │
│         Belastungen der Seesedimente        │
└─────────────────────────────────────────────┘
```

Bild 2: Bilanzierung der Schwermetallverteilung im Ökosystem

3.12.3 THESEN ZU PROZESSEN IM SYSTEM

Die Metallkonzentrationen werden vom Quellwasser über die verschiedenen Stationen der Bachwässer bis hinein in die Seewässer gemessen. Von allen untersuchten Bachläufen zeigen Quellwässer bei niedrigen pH-Werten (< 5,5) die höchsten Metallkonzentrationen. Mit zunehmender Fließstrecke und Anstieg der pH-Werte nehmen diese Konzentrationen langsam ab (Tafel Bachwasserchemismus in Bild 2 und Karten pH-Werte und Pb-Verteilung).

Die Bachsedimente verhalten sich signifikant verschieden. Fließstrecken mit im Mittel niedrigem pH-Wert (< 5,5) sind wenig oder nicht mit Metallen belastet (Sedimentfraktion < 63 um); in besser gepufferten Bereichen steigen die Metallgehalte der Bachsedimente sprunghaft an (Bild 3). Der Chemismus der Bachsedimente ähnelt denen der Böden. Die Darstellung der Höhe über NN gegenüber den Metallgehalten im Sediment und den jeweils dazugehörigen pH-Werten des Bachwassers zeigen eine Versauerungszone ("Makroversauerungsfront"), deren Verhalten der Versauerungsfront in den Böden vergleichbar ist. In Höhenlagen über 600 m und kontinuierlich niedrigen pH-Werten, werden atmosphärisch eingetragene Schwermetalle in den Sedimenten nicht mehr fixiert. Die Metalle werden mit der fließenden Welle bachab transportiert. Erst bei höheren pH-Werten (> 5,5) fallen sie wieder aus. Dies erfolgt durch die stetige Pufferung der Bachwässer im Kontakt mit Sedimenten und umgebenden Böden. Die Metalle adsorbieren an Austauscherplätzen (z.B. Tonminerale und organische Substanz) und bleiben solange im Bachsediment, bis ein Versauerungsschub (Schneeschmelze oder Starkregen) sie mit der fließenden Welle weiter in Richtung auf den Vorfluter zwingt (Bild 3).

Der wesentliche Eintrag von Schwermetallen in die Seebecken findet zur Zeit noch durch den kontinuierlichen Transport von Schwebstoffen aus den Bächen statt. Die Schwermetallgehalte liegen weit über den aus dem geogenen Hintergrund

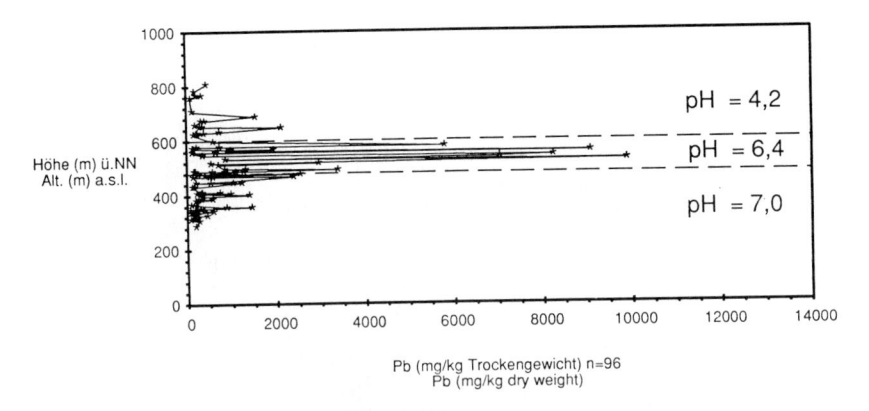

Bild 3: Die "Makroversauerungsfront": Schwermetallgehalte in Bachsedimenten gegen Höhe über NN und pH-Werte

erklärbaren Gehalten (Tafel Seesedimentchemismus in Bild 2 und /9,10/). Bei anhaltenden Säureeinträgen ist damit zu rechnen, daß sich die beschriebene Makroversauerungsfront in Richtung Sösetalsperre weiter vorschiebt und das Gewässer selbst versauert.

3.12.4 AUSBLICK

Durch Methoden sequentieller Extraktion (modifiziert nach /12/) und Mobilisierungsexperimente mit naturnahen Versuchen deutet sich eine Rücklösung von Schwermetallen aus dem Seesediment bei Versauerung des Seewassers an. Betroffen wären davon zumindest alle Oberflächensedimente, bis zu einer Tiefe von etwa 5 - 10 cm /10/.

Abschließend soll die Bemerkung vom Tracercharakter der Metalle verdeutlicht werden. Diese Elemente sind nicht die einzigen, über die Luft eingetragenen Schadstoffe in sogenannte Reinluftgebiete. Arbeitsgruppen wie die Tübinger

Fallstudie Harz : pH — Werte in Fliessgewässern im Einzugsgebiet der Sösetalsperre

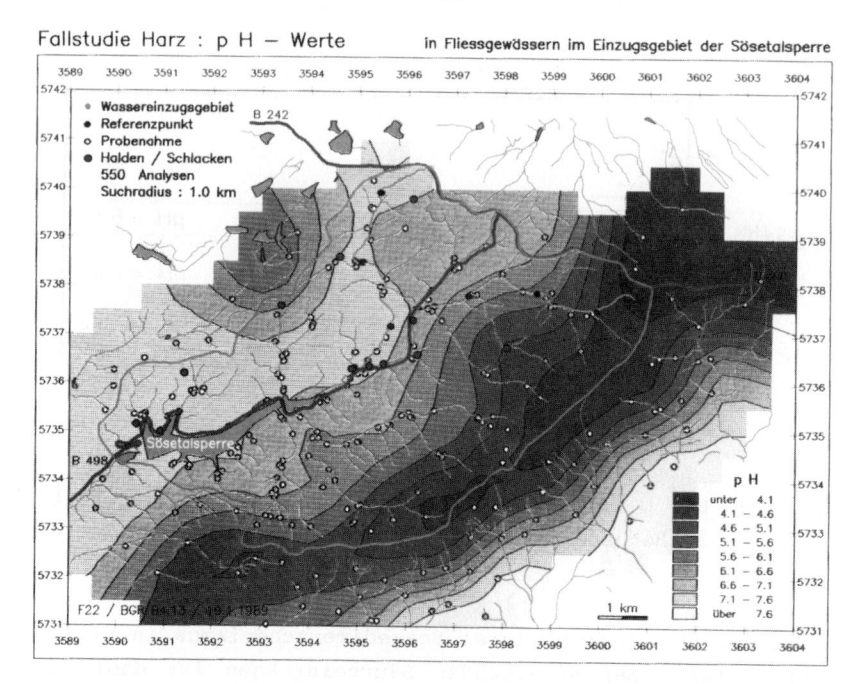

Fallstudie Harz : Blei in Fliessgewässern im Einzugsgebiet der Sösetalsperre

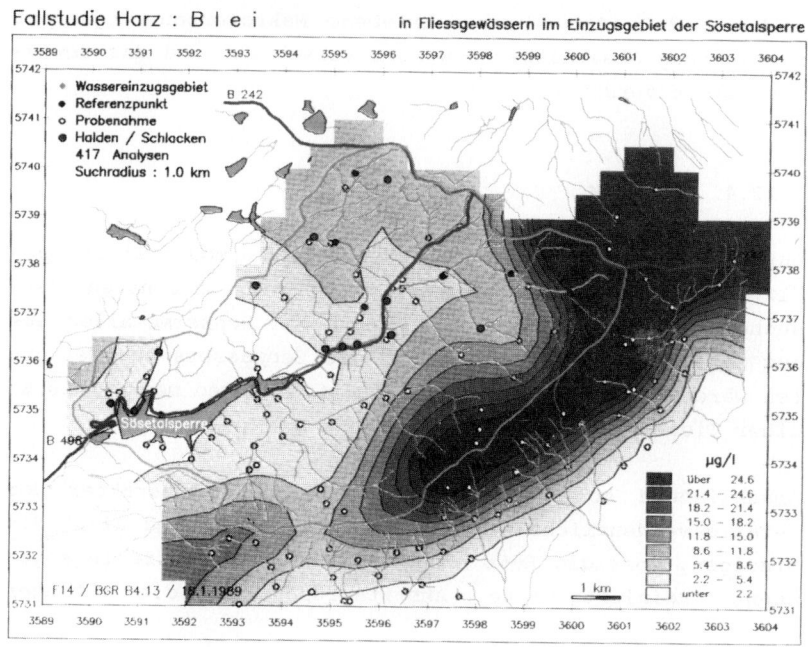

Toxikologen um Hartmut Frank zeigen den Eintrag organischer Schadstoffe wie Trichloressigsäure und viele andere /4/. Die erheblich einfacher nachzuweisenden Metalle sollten daher nicht als das einzige Übel und technische Maßnahmen zur Eliminierung zu erwartender Schwermetallgehalte im Trinkwasser nicht als die Lösung des Problems angesehen werden. Die Meßergebnisse belegen einen für das Ökosystem und die Trinkwasserversorgung bedenklich hohen atmosphärischen Schadstoffeintrag. Eine Verminderung der Emissionen ist dringend erforderlich.

Wir danken dem Bundesministerium für Forschung und Technologie, das unsere Arbeiten seit Oktober 1986 unter dem Kennzeichen FKZ 033 9069 A fördert.

3.12.5 SCHRIFTTUM

/1/ ANDREAE, H.; MAYER, R. (1989): Einfluß der Bodenversauerung auf die Mobilität von Schwermetallen. DVWK-Mitteilungen, Beitrag im vorliegenden Band.

/2/ FÜHRER, H.-W.; BRECHTEL, H.-M.; ERNSTBERGER, H.; ERPENBECK, C. (1988): Ergebnisse von neuen Depositionsmessungen in der Bundesrepublik Deutschland und im benachbarten Ausland. DVWK-Mitteilungen 14, S. 1 - 122.

/3/ FRANK, H. (1988): Trichloressigsäure im Boden: Eine Ursache neuartiger Waldschäden. Nachr. Chem. Tech. Lab. 36, 8, S. 889.

/4/ GEORGII, H.W. et al. (1984): Untersuchung des atmosphärischen Schadstoffeintrags in Waldgebieten in der BRD. Forschungsbericht zum Forschungsprojekt 104 02715 im Auftrag des UBA (unveröffentlicht).

/5/ HEINRICHS, H.; WACHTENDORF, B.; WEDEPOHL, K.H.; RÖSSNER, B.; SCHWEDT, G. (1986): Hydrogeochemie der Quellen und kleineren Zuflüsse der Sösetalsperre (Harz). Neues Jb. Miner. Abh., 156, S. 23 - 62.

/6/ HEINRICHS, H.; SCHULZ-DOBRICK, B.; WEDEPOHL, K.H. (1980): Terrestrial geochemistry of Cd, Bi, Tl, Pb, Zn and Rb. Geochim. Cosmochim. Acta, 44, S. 1519 - 1533.

/7/ HEITKAMP, U.; CORING, E.; LESSMANN, D.; ROMMELMANN, J.; RÜDDENKLAU, R.; WILLERS, J.; WULFHORST, J. (1989): Ökologische Untersuchungen zur Gewässerversauerung im Harz. Beitrag 4.3 in: DVWK Mitteilungen 17, Deutscher Verband für Wasserwirtschaft und Kulturbau e.V. (DVWK), Gluckstraße 2, D-5300 Bonn 1, S. 393 - 405.

/8/ MALESSA, V.; ULRICH, B. (1989): Beitrag zum Einfluß der Bodenversauerung auf den Zustand der Grund- und Oberflächengewässer. Beitrag 3.3 in: DVWK Mitteilungen 17, Deutscher Verband für Wasserwirtschaft und Kulturbau e.V. (DVWK), Gluckstraße 2, D-5300 Bonn 1, S. 213 - 219.

/9/ MATSCHULLAT, J.; HEINRICHS, H.; SCHNEIDER, J.; STURM, M. (1987): Schwermetallgehalte in Seesedimenten des Westharzes (BRD). Chem. Erde, 47, S. 181 - 194.

/10/ MATSCHULLAT, J.; HEINRICHS, H.; SCHNEIDER, J. (1989): Schwermetalle und Gewässerversauerung - Untersuchungen zum Verhalten von Schadstoffen in bewaldeten Ökosystemen. Z. dt. geol. Ges. (in Vorbereitung).

/11/ ROOSTAI, A.H. (1987): Geogene und anthropogene Quellen von Schwermetallen im Einzugsgebiet der Sösetalsperre (Westharz). Unveröff. Diplomarbeit, Inst. f. Geologie, TU Hannover, 100 S.

/12/ SALOMONS, W.; FÖRSTNER, U.: Metals in the Hydrocycle. Springer, Berlin 1984, 349 S.

3.13 BEOBACHTUNGEN ZU DEN ERSTEN ANFÄNGEN EINER GEWÄSSERVERSAUERUNG

von W. Symader, Trier

3.13.1 EINLEITUNG

Als das Problem der Gewässerversauerung in seinen Auswirkungen endlich erkannt wurde, war es in basenarmen Einzugsgebieten und oligotrophen Gewässern bereits zu spät, die ersten Anfänge der Versauerungsprozesse mit den anlaufenden Meßprogrammen zu erfassen. Als ausgesprochene Glücksfälle sind daher Meßdaten zu betrachten, die ursprünglich zur Beantwortung anderer Fragen gewonnen wurden und heute unter neuen Gesichtspunkten gedeutet werden können. Zwei solche Meßkampagnen wurden zu Beginn und Mitte der siebziger Jahre in verschiedenen Einzugsgebieten der Nordeifel durchgeführt, um wesentliche Prozesse der Eutrophierung /1/ und des Schwermetalltransportes /2/ zu erfassen.

3.13.2 DIE EINZUGSGEBIETE

Das Ministerium für Ernährung, Landwirtschaft und Forsten in NRW hat in den fünfziger Jahren in der Eifel fünf wasserwirtschaftliche Versuchsstationen eingerichtet, um den Einfluß des Waldes und einzelner Waldarten auf den Wasserhaushalt zu erfassen. Zwei dieser kleinen Einzugsgebiete (Esterbach und Grisselsiefen), die sich nur durch ihren Laubwaldanteil unterscheiden, gehören zum nördlichsten Teil des Einzugsgebietes der Kyll. Der Solchbach entwässert ein Laubwaldgebiet in der Westeifel und fließt über die Vicht und die Inde in die Rur. Der Wehebach ist heute ein Zufluß zur Wehebachtalsperre im Hürtgenwald. Dieses Einzugsgebiet unterscheidet sich von den drei anderen vor allem durch das Alter des Waldes, der im Zweiten Weltkrieg fast völlig abbrannte und nur teilweise wieder aufgeforstet wurde, und durch das Vorkommen erzhaltiger Gesteine mit karbonatischen Anteilen im Untergrund. Die vorherrschende Bodenart ist in allen Einzugsgebieten eine oligotrophe Braunerde auf devonischen Schiefern und Quarziten mit deutlichen Säureanzeigern in der Krautschicht.

3.13.3 MESSERGEBNISSE

Die erste Meßperiode umfaßte in diesen Einzugsgebieten zwanzig Einzelmessungen von November 1973 bis November 1974. Außer den pH-Werten, Sauerstoff, der Leitfähigkeit, Schwebstoffkonzentration und Trübe wurden bis auf Magnesium und Hydrogenkarbonat alle wichtigen Ionen bestimmt.

Die tiefsten pH-Werte traten während der Schneeschmelze auf und lagen im Mittel bei 5,2. Im reinen Nadel- oder Laubwald wichen die Minima nur um 0,1 Einheiten von diesem Wert nach oben oder unten ab. Mittelwertsvergleiche der pH-Werte zwischen den Einzugsgebieten waren nicht sinnvoll, da der Einfluß von Freiflächen im Bachbereich über Sonneneinstrahlung, Photosynthese und pH-Werterhöhung alle anderen Effekte überdeckte. Eine korrelative Beziehung zwischen pH-Wert und den gemessenen Ionen, z.B. im Sinne einer vermehrten Nährstoffauswaschung bei Säureschüben, konnte nur beim Wehebach für Kalzium und Kalium beobachtet werden. Hier wurde ein pH-Minimum von 5,1 mehrfach erreicht, aber niemals unterschritten (Bild 1).

Der Wehebach wurde noch ein zweites Mal von Mai 1976 bis Mai 1977 untersucht. Innerhalb von zwei Jahren waren die pH-Minima auf Tiefstwerte von 4,1 abgesunken (Bild 2). Dabei muß noch berücksichtigt werden, daß diese Meßperiode in ein Doppeltrockenjahr fiel, in dem zwar genügend kleinere Abflußspitzen auftraten, der Bodenspeicher aber selten gefüllt war. Trotzdem stiegen mit sinkendem pH-Wert die

Standardisierte Ca-Konzentrationen, pH-Wert, Abfluß und Niederschlag, 1973/74

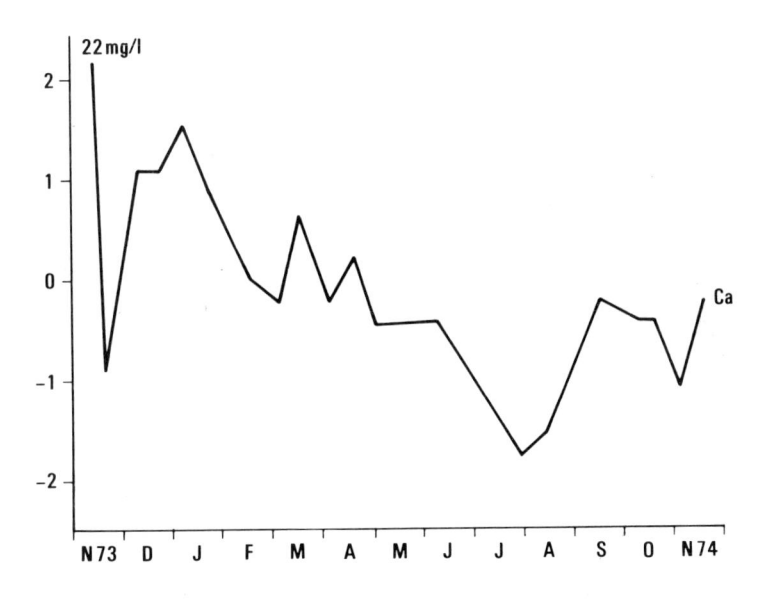

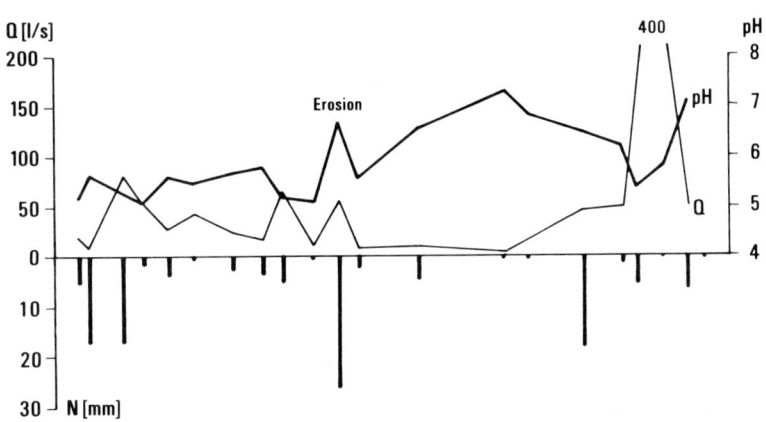

Bild 1: Standardisierte Ca-Konzentrationen, pH-Wert, Abfluß und Niederschlag, Wehebach 1973/1974

Standardisierte Zn und Ca- Konzentrationen, pH-Wert, Abfluß und Niederschlag, 1976/77

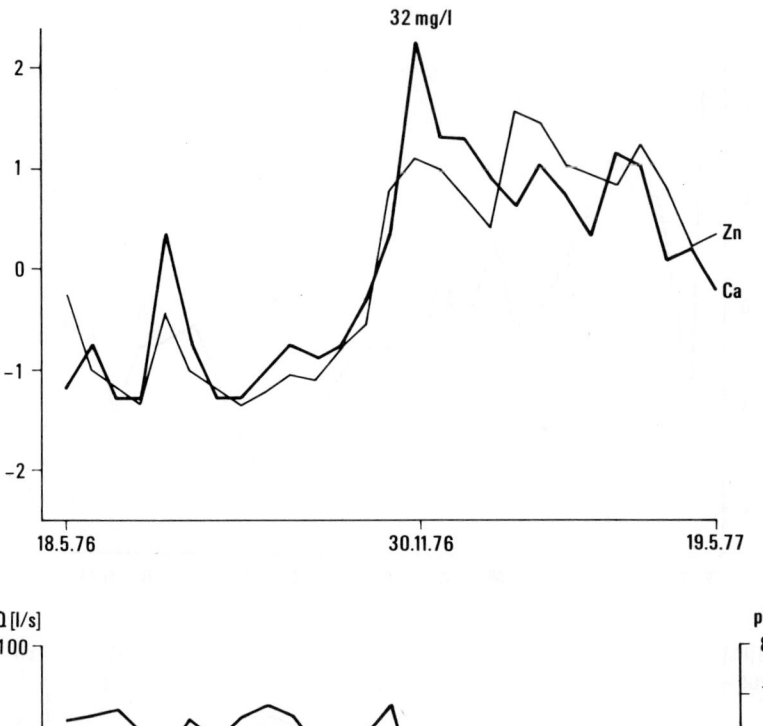

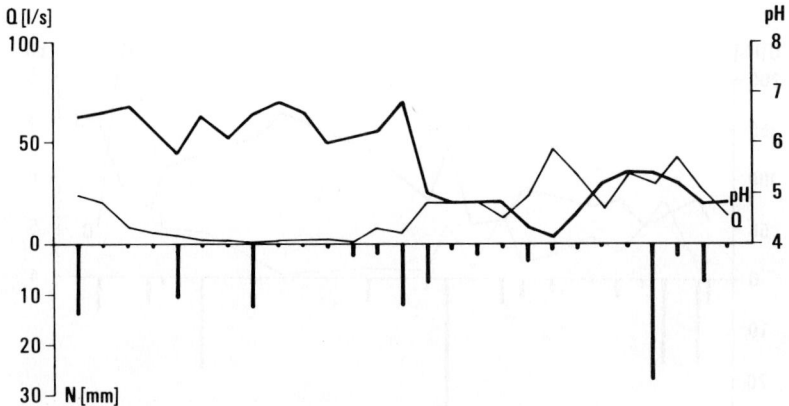

Bild 2: Standisierte Zn- und Ca-Konzentrationen, pH-Wert, Abfluß und Niederschlag, 1976/1977; Meßstation Wehebach

Konzentrationen von Natrium, Kalium, Kalzium, Magnesium und die fast aller Schwermetalle an. Es ist nicht möglich, jede dieser Konzentrationserhöhungen als Auswaschung aus dem Bodenkörper zu deuten, da die Schwermetallkonzentrationen durch die Vererzungen im Untergrund auch mit der Höhe des Grundwasserspiegels variieren. Entsprechend weist der pH-Wert auch einen ausgeprägten Jahresgang auf, der bei Kalium nicht zu beobachten war. Unabhängig vom Wasserstand verhielten sich nur Phosphat und gelöstes Eisen, die beide über Erosionsprozesse (Bodenerosion und Resuspendierung von Sedimentmaterial mit Freisetzung von Interstitialwasser) in das Gewässer gelangten.

3.13.4 ZUSAMMENFASSUNG

Die Meßergebnisse aus zwei Meßprogrammen der siebziger Jahre zeigen, daß die Gewässerversauerung an das oberflächennahe Grundwasser gebunden und daher eng mit der Sättigung des Bodenwasserspeichers verknüpft ist. Der Bodenpuffer im Einzugsgebiet des Wehebachs ist vermutlich irgendwann zwischen 1974 und 1976 zusammengebrochen. Diese Veränderung muß sehr rasch erfolgt sein, denn eine Art Widerstandslinie für pH-Minima wie sie 1973 noch zu erkennen war, trat später nicht mehr auf. Heute liegen die Minima in vergleichbaren Einzugsgebieten des Hunsrücks zwischen 3,2 und 3,5.

3.13.5 SCHRIFTTUM

/1/ SYMADER, W. (1976): Multivariate Nährstoffuntersuchungen zu Vorhersagezwecken in Fließgewässern am Nordrand der Eifel. In: Mathematische Vorhersagemodelle zur Gewässergüte, Kölner Geographische Arbeiten, Heft 34, Köln.

/2/ SYMADER, W. (1984): Raumzeitliches Verhalten gelöster und suspendierter Schwermetalle. Geographische Zeitschrift, Beihefte, Franz Steiner Verlag, Wiesbaden.

3.14 DER EINFLUSS ATMOGENER DEPOSITIONEN AUF DIE HYDROCHEMIE EINES KLEINEN FLIESSGEWÄSSERS IM SÜDSCHWARZWALD

von H. Meesenburg, Freiburg und R. Schoen, Hohenheim

3.14.1 EINLEITUNG

Der Schwarzwald gehört zu den am stärksten von der Gewässerversauerung bedrohten Landschaften Mitteleuropas /1/. Am Beispiel der Haslach wurden die Auswirkungen atmogener Depositionen auf den Chemismus kleiner Fließgewässer untersucht. Neben den atmogenen Einträgen wurden hydrologische Einflüsse auf Versauerungsprozesse und auf die zeitliche Dynamik der Hydrochemie besonders berücksichtigt /2,3/.

Die Untersuchung wurde 1985 im 34,4 ha großen und in 1110 - 1300 m gelegenen, überwiegend bewaldeten Einzugsgebiet der Haslach im Südschwarzwald durchgeführt. Das Ausgangsgestein ist ein basenarmer Granit, auf dem sich stark saure, z.T. hydromorphe Böden entwickelt haben. Die Haslach wurde von Februar bis Dezember wöchentlich beprobt. Abfluß, Wassertemperatur und pH-Wert wurden aufgezeichnet. Na, K, Mg, Ca, Fe, Mn, Zn und Cu wurden mit Flammen-AAS, Al mit flammenloser AAS, SO_4, NO_3 und Cl mit Ionchromatographie bestimmt. Ausführliche Hinweise zur Methodik finden sich in /4/.

3.14.2 ERGEBNISSE UND DISKUSSION

Das Gewässer zeichnet sich durch einen extrem niedrigen Elektrolytgehalt und eine geringe Alkalität aus. Die dominierenden Ionen sind Na (mittlere Konzentration = 67 µeq/l), Ca (73 µeq/l), SO_4 (78 µeq/l) und HCO_3 (38 µeq/l). Fast alle Parameter waren stark vom Abfluß abhängig. In

Niedrigwasserzeiten reichen Puffermechanismen wie Verwitterung und Ionenaustausch aus, um die eingetragenen Säuren zu neutralisieren. Sobald jedoch ein größerer Niederschlagsanteil direkt abfließt, kommt es zu Säuredurchbrüchen /2/.

Die Abfluß-Konzentrationsbeziehungen wurden mit Regressionsmodellen untersucht, indem Polynome der Form

$$C = a + \Sigma (b_i \cdot Q^i), \quad (i = 1-3)$$

an die Daten angepaßt wurden (C = Konzentration, a = Konstante, b_i = Regressionskoeffizienten, Q = Abfluß). Die gefundenen Beziehungen dienen einerseits der Frachtenberechnung, andererseits der Interpretation des hydrochemischen Verhaltens der jeweiligen Stoffe. Bei den meisten Parametern wird die beste Anpassung durch ein Polynom 2. Grades erreicht. Positive Beziehungen zum Abfluß weisen H^+, NO_3, Al, Zn, Mn und die UV-Absorption auf. Bei Al, Zn und der UV-Absorption bringen Polynome 2. Grades keine signifikante Erhöhung der erklärten Varianz ($p <= 0,05$) (Bild 1).

Na und HCO_3, die zum größten Teil aus der Verwitterung stammen, werden mit zunehmendem Abfluß stark verdünnt ($r = -0,95$) (Bild 1). Durch die Verdunstung weist das als Seesalz eingetragene Cl eine inverse Korrelation zum Abfluß auf. Bei K und Mg ergeben sich Ausgleichsfunktionen mit sinkender Konzentration bei zunehmendem Abfluß im Bereich geringer Abflüsse und steigender Gehalte mit zunehmendem Abfluß bei hohen Abflüssen (Bild 1). In Niedrigwasserzeiten, in denen nur Grundwasser zum Abfluß beiträgt, dürften sie vorwiegend aus der Verwitterung stammen. Diese Elemente sind aber auch im Boden und in der Vegetation angereichert und können bei Niederschlagsereignissen ausgewaschen werden. Polynome 2. Grades bringen bei K und Mg gegenüber linearen Funktionen eine deutliche Steigerung der erklärten Varianz.

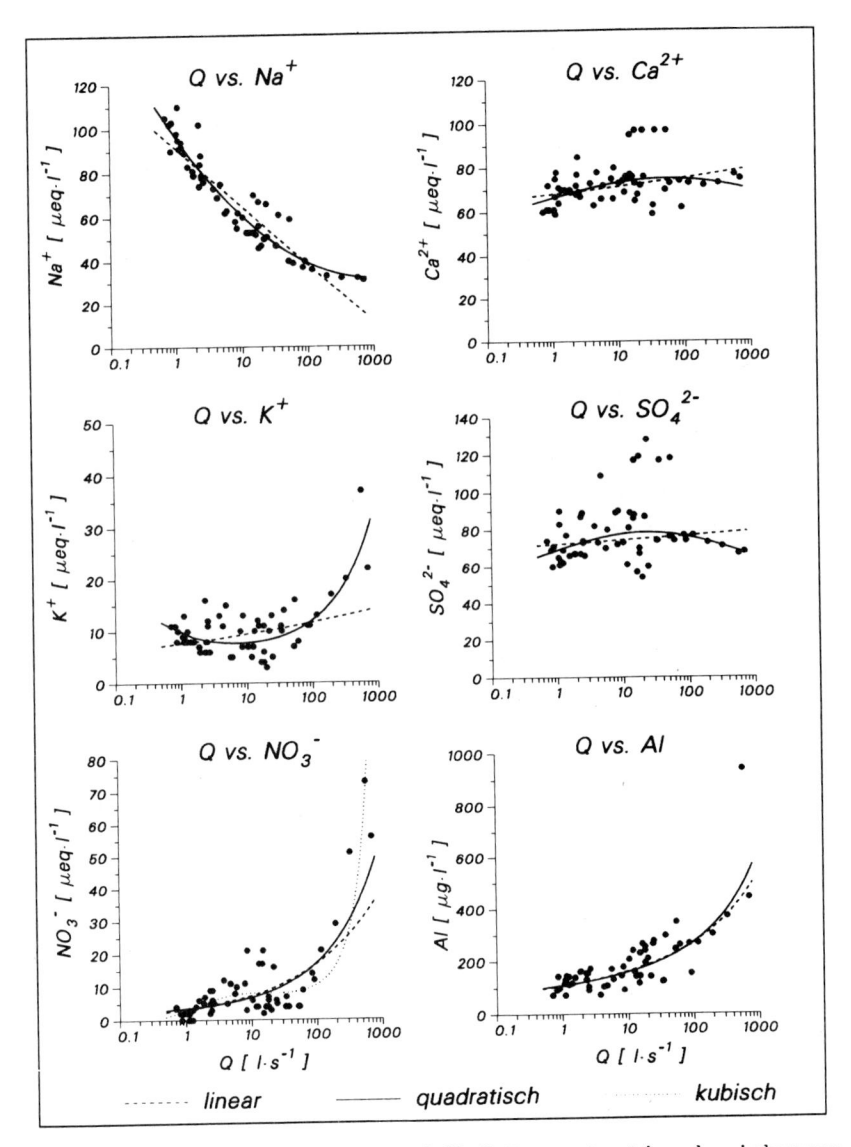

Bild 1: Streudiagramme von Abfluß-Konzentrationsbeziehungen
(linear = Polynom 1. Grades, quadratisch = Polynom
2. Grades, kubisch = Polynom 3. Grades)

SO_4 und Ca zeigen keinen klaren Bezug zum Abfluß (Bild 1). Wird der Datensatz jedoch unterteilt, so ergeben sich für das 2. Halbjahr für SO_4 und Ca positive Korrelationen zum Abfluß (r = 0,85 und r = 0,86). Dieses Verhalten wird auf die Auswaschung dieser Ionen mit den ersten Niederschlägen nach längeren Trockenperioden zurückgeführt. Freigesetzt wird SO_4 vermutlich durch Redoxprozesse in den hydromorphen Böden. Die bei der S-Oxidation gebildeten Protonen werden mit den SO_4-Ionen ausgewaschen oder gegen basische Kationen wie z.B. Ca eingetauscht. In der Haslach wurde der Mehraustrag an SO_4 nur z.T. durch Ca kompensiert, worauf die saisonal unterschiedliche pH-Dynamik hinweist /3/. Im 2. Halbjahr lagen die pH-Werte bei gleichem Abfluß deutlich unter den pH-Werten des 1. Halbjahres. Es traten pH-Absenkungen bis zu 1,9 Einheiten innerhalb von wenigen Stunden auf.

Während eines Hochwassers im Mai traten zwei verschiedene Versauerungsmechanismen auf (Bild 2). Der Alkalitätsrückgang wurde anfangs durch ein NO_3-Maximum, im weiteren Ereignisverlauf von einer Kationenverdünnung verursacht. Im Wellenablauf wurde eine Hystereseschleife mit höherem pH beim Anstieg und niedrigerem pH beim Abfall der Welle festgestellt, was auf das relativ hohe Angebot an basischen Kationen zu Beginn des Ereignisses zurückgeführt wird.

3.14.3 ZUSAMMENFASSUNG

Der Einfluß saurer Depositionen auf die Hydrochemie kleiner Fließgewässer wurde an der Haslach im Südschwarzwald untersucht. Der Abfluß hat einen starken Einfluß auf die Dynamik der Inhaltsstoffe. Redoxprozesse üben einen modifizierenden Einfluß auf den SO_4-Austrag und auf die saisonale Verteilung des Säuregehaltes aus. Bei einem Hochwasser wurden zwei verschiedene Versauerungsmechanismen nachgewiesen.

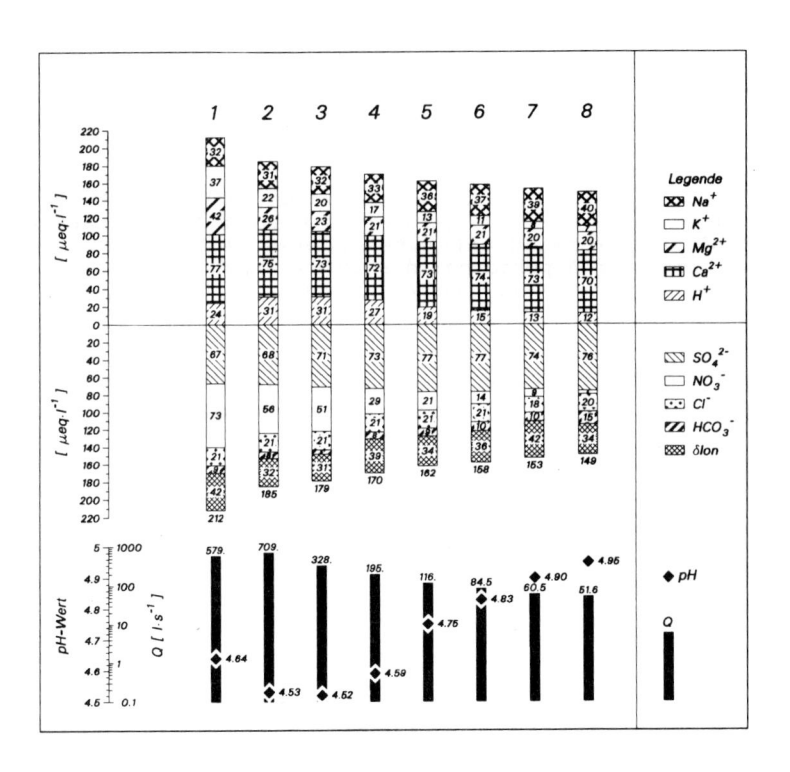

Bild 2: Ionenbilanzen und pH-Wert während des Abflußereignisses am 27.5.1985 (Nr. 1 - 8 = Nr. der Probenahmen)

3.14.4 SCHRIFTTUM

/1/ SCHOEN, R.; MEESENBURG, H. (1987): Zur Situation der Gewässerversauerung im Schwarzwald. Texte 22/87, Umweltbundesamt, S. 33 - 46.

/2/ MEESENBURG, H. (1987): Effects of acid deposition on river water quality in the southern Black Forest. Documenta Ist. Ital. Idrobiol., 14, S. 143 - 154.

/3/ MEESENBURG, H.; SCHOEN, R. (1988): Auswirkungen saurer Niederschläge auf die Wasserqualität der Haslach im Südschwarzwald. Hohenheimer Arbeiten "Gefährdung und Schutz von Gewässern", Hrsg.: A. KOHLER; H. RAHMANN, S. 211 - 214.

/4/ MEESENBURG, H. (1989): Auswirkungen atmogener Depositionen auf die Hydrochemie eines kleinen Fließgewässers im Südschwarzwald unter besonderer Berücksichtigung methodischer Aspekte bei der Erfassung der Gewässerversauerung. Dipl.-Arb. Univ. Freiburg, 126 S. (unveröffentlicht).

Diese Untersuchung wurde vom Umweltbundesamt, Berlin, gefördert (Forschungsvorhaben Wasser 102 04 342).

3.15 KARTIERUNG DER ZUR GEWÄSSERVERSAUERUNG NEIGENDEN GEBIETE IN DER B.R. DEUTSCHLAND

von R. Lehmann, A. Hamm, P. Schmitt, München und J. Wieting, Berlin

3.15.1 EINLEITUNG

Die Belastungsgrenze, bis zu der eingetragene und/oder ökosystemintern gebildete Säuren ökologisch schadlos abgepuffert werden können, ist letztlich durch die Rate der Silikatverwitterung bzw. durch das Vorhandensein abpuffernder Karbonate gegeben. Die Wechselbeziehungen zwischen den terrestrischen und aquatischen Systemen führen primär zu einer Abhängigkeit des Auftretens saurer Gewässer von den geogenen Formationen. Das Auftreten der Gewässerversauerung ist eng an die von Natur aus kalk- und basenarmen Gebiete gebunden. Wegen der hohen Pufferungskapazität kann bei karbonathaltigem bis karbonatreichem Gestein und mittlerer bis guter Basenversorgung der Böden eine Gewässerversauerung - mit Ausnahme isolierter Oberflächengewässer, wie z.B. in Hochmooren - nicht vorkommen. Hier unterscheidet sich die Gewässerversauerung eindeutig von den Waldschäden, die bekanntlich auch - und in neuerer Zeit besonders stark z.B. im kalkalpinen Bereich - bei anderen Untergrundbeschaffenheiten auftreten /2/.

Auch andere Einflüsse wirken einer Versauerung entgegen bzw. führen zu einer Abpufferung niedriger pH-Werte. Es sind hier vor allem landwirtschaftliche Einflüsse zu nennen (Düngung) und Siedlungsabwässer. Die Abpufferung erfolgt im wesentlichen auch über den Eintrag basisch wirkender Substanzen (Ca^{++}, Mg^{++}, NH_4^+, HCO_3^-) und kann je nach Wasserführung der Gewässer recht rasch beim Übertritt der Bäche aus Wald in den landwirtschaftlich genutzten und besiedelten Raum zur Anhebung der pH-Werte führen. Aus diesen vorgenannten Gründen ist das Auftreten saurer Gewässer in der BR Deutschland vor allem auf die siedlungsfernen, bewaldeten Höhen der Mittelgebirge begrenzt. Hinzu kommen in der norddeutschen Tiefebene in den dort verbreiteten kalkarmen Moorgebieten ebenfalls zahlreiche Gewässer mit niedrigen pH-Werten. So einfach es klingen mag, es erscheint doch an dieser Stelle angebracht, darauf hinzuweisen, daß alle unsere größeren Flüsse mit ihren Abwasserbelastungen und den sonstigen zivilisatorischen Einflüssen kein Opfer der Gewässerversauerung werden können. Hier kommt es immer wieder zu Mißverständnissen. Das bedeutet aber nicht, daß man einer mangelhaften Abwasserreinigung oder sonstigen Gewässerbelastung das Wort redet. In den vielfach gegebenen relativ geringfügigen diffusen Belastungen allein, z.B. schon aus extensiv betriebener landwirtschaftlicher Nutzung, sowie aus Abwassereinflüssen aus Streusiedlungen wird eine entsprechende moderate Pufferkapazität bereitgestellt. Gereinigte Abwässer behalten ihre Pufferkapazität. Allerdings können Säureschübe solche abpuffernden Wirkungen überwinden, so daß, z.B. bei Schneeschmelze, niedrige pH-Werte zeitweise auch weiter in das Vorland hinausgetragen werden.

Im Gegensatz zu Skandinavien spielen bei uns nicht die Seen die Hauptrolle bei der Gewässerversauerung. Es gibt einige saure und versauerte Seen, z.B. im Bayerischen Wald, im Schwarzwald und in Norddeutschland, die in dieser Richtung auch sehr eingehend untersucht worden sind /3/. Der Hauptteil der betroffenen Oberflächengewässer jedoch sind Fließgewässer, von denen, wenn man die Beeinflussung auch auf die Abflußgröße bezieht, die Bäche der größeren und höheren Mittelgebirge (Bayerischer Wald, Schwarzwald) die quantitativ bedeutendsten sein dürften. Was die Intensität der Gewässerversauerung, gemessen an minimalsten pH-Werten, angeht, dürften manche Gewässer des Fichtelgebirges einen Rekord darstellen (minimal gemessener pH-Wert im Steinbach in der Folge eines kurzfristigen Starkregenereignisses pH 2,9) /4/.

3.15.2 KARTENKONZEPTION

Es existieren im internationalen Bereich bereits verschiedene Versuche zur regionalen Einschätzung terrestrischer und aquatischer Ökosysteme hinsichtlich ihrer Empfindlichkeit gegenüber versauernd wirkenden Depositionen /5-11/. Es werden dabei unterschiedliche Eigenschaften des Gesteins bzw. des Bodens herangezogen und im Hinblick auf mögliche Auswirkungen versauernd wirkender Depositionen betrachtet, ohne bodeninterne Prozesse und abpuffernde Einflüsse zu berücksichtigen.

Für das hier vorgelegte Kartenwerk wurde in Anlehnung an die bisherigen Methoden ein neues Konzept entwickelt. Zur Erfassung und Darstellung der zur Gewässerversauerung neigenden Gebiete in der BR Deutschland wurden die Parameter Basenversorgung der Böden (Grundkarte 1) und der Karbonatgehalt der Gesteine (Grundkarte 2) unter Berücksichtigung der Landnutzung zu einer "Karte der zur Gewässerversauerung neigenden Gebiete" (Synthesekarte) verflochten. Von besonderer Bedeutung ist dabei die Berücksichtigung der in der Bundesrepublik verbreiteten Landwirtschaft und Besiedelung, die außer in bestimmten Moorgebieten zur Abpufferung saurer Gewässer mit beitragen.

Dieser "Synthesekarte" wird eine "pH-Karte" der Oberflächengewässer in der BR Deutschland mit pH-Werten < pH 6,0 gegenübergestellt, die den aktuellen Stand der pH-Wert-Situation saurer Oberflächengewässer widerspiegelt.

3.15.2.1 Grundkarte 1: Pufferungsvermögen der Böden in der B.R. Deutschland aufgrund ihrer Basenversorgung

In der Grundkarte 1[*] werden die verschiedenen Bodengesellschaften in der Bundesrepublik Deutschland nach ihrer Basenversorgung in vier Gruppen eingeteilt. Die Basenversorgung beruht auf dem natürlich geogenen, durch die Verwitterung bestimmten Nachlieferungsvermögen der Pflanzennährstoffe, insbesondere der basisch wirkenden Hauptnährelemente Natrium, Kalium, Calcium und Magnesium. Sie gibt einen Hinweis auf den durchschnittlichen Basengehalt eines Bodens, der sich aus Bodenart, Humusgehalt, Basensättigung und Kationenaustausch abschätzen läßt. Dieser Parameter wurde gewählt, um die Sensibilität und das Puffervermögen eines Bodens gegenüber dem Eintrag versauernd wirkender Luftschadstoffe zu beurteilen und weil er als einziger pedologischer Faktor flächenmäßig in den verschiedenen Bodengesellschaften vorhanden ist.

Nach der Basenversorgung ergibt sich für die verschiedenen Bodengesellschaften folgende Einteilung:

geringe	Basenversorgung	(1)
geringe - mittlere	Basenversorgung	(2)
mittlere - gute	Basenversorgung	(3)
gute	Basenversorgung	(4)

Die Abgrenzungen zwischen den verschiedenen Basenversorgungseinheiten in der Karte sind selten als scharf, sondern mehr als Übergangsformen aufzufassen.

Für einige Landschaften sind die entsprechenden Bodengesellschaften zusammen mit der Geologie in Tafel 1 aufgeführt.

---

[*]Veröffentlicht in: Gewässerversauerung in der BR Deutschland, Texte 22/87, Umweltbundesamt, 1987

Tafel 1: Geologie, Karbonatgehalt, Boden- und Basenversorgung ausgewählter Landschaften

Landschaft	Geologie	Karbonatgehalt	Boden	Basenversorgung
Alpenvorland	Jung- und Altmoräne, Geschiebemergel, Sander	3	Parabraunerde, Pseudogley, Gley, Moor	3,2,1
Iller-Lechplatte und Tertiärhügelland	Tonmergel, Sand (Vorlandmolasse); (Decken-)Schotter, (Löß-)Lehm	2	Braunerde, Parabraunerde	2,3
Bayerischer Wald und Oberpfälzer Wald	Gneis, Granit, Schiefer, Metabasit	1	Braunerde bis Podsol-Braunerde, Pseudogley, Moor	1
Fichtelgebirge	Granit, Gneis, Phyllit, Grauwacke, Quarzit, Basalt	1	Podsolige Braunerde, Parabraunerde, Moor, Podsol	1,2,3
Frankenwald	Schiefer, Grauwacke, Diabas, Kalkstein, Gneis	1	Podsolige Braunerde, Ranker	1
Mittelfränkisches Becken	Sandstein, Tonstein, Dolomiteneinlagen, Sand (Dünen)	1,3	Podsol-Braunerde, Podsol, Podsolige Braunerde	1,2
Schwarzwald	Gneis, Granit, Sandstein (Buntsandstein)	1	Podsolige Braunerde, Moor, Podsol-Braunerde, Podsol, podsolierte Braunerde, Ranker, Stagnogley	1,2
Pfälzer Wald	Sandstein (Mittlerer Buntsandstein)	1	Podsolige Braunerde, Pseudogley-Braunerde	1
Nordpfälzer Bergland	Sandstein (Rotliegend), Melaphyre	1	Podsolige Braunerde, Braunerde	1,2
Hunsrück und Taunus	Schiefer, Quarzit, Sandstein	1	Braunerde, Podsol, Pseudogley, Ranker	1,2
Odenwald	Granodiorit, Granit, Sandstein (Buntsandstein, Rotliegend); Tonstein (Oberer Buntsandstein)	1,2	Podsolige Braunerde, Parabraunerde, Podsol	1
Spessart, Kaufunger Wald, Reinhardswald und Solling	Sandstein (vor allem Mittlerer Buntsandstein)	1	Podsolige Braunerde, Podsol, Pseudogley-Braunerde, Pseudogley	1,2
Rhön und Knüllgebirge	Sandstein, Tonstein, Basalt, Kalkstein (Rhön)	1,3	Podsolige Braunerde, Podsol, Podsolierte Braunerde, Braunerde, Pseudogley, Moor	1,2,3
Harz	Gneis, Granit, Quarzit, Schiefer, Grauwacke	1	Podsolige Braunerde, Pseudogley, Ranker, Moor	1
Rheinisches Schiefergebirge (z.B. Hohes Venn, Sauerland, Rothaargebirge)	Grauwacke, Quarzit, Schiefer, Sandstein, Basalt, Tuff, Trachyt, Kalkstein, Riffkalk	1,3	Podsolige Braunerde, Ranker, Pseudogley, Braunerde, Podsol, Parabraunerde, Pelosol, Rendzina	1,2,3,4
Münsterland	Mergel, Kalkstein (Oberkreide), Sandstein; (Löß-)Lehm, Geschiebemergel, Sand	1,2,3	Braunerde, Parabraunerde, Rendzina, Pseudogley, Podsol	1,2,3
Senne	Schotter, Sand (Sander)	1	Podsol mit Ortstein (Orterde)	1
Eggegebirge	Sandstein	1	Braunerde, Podsol	1
Norddeutsche Tiefebene	Schotter, Sand, Geschiebemergel, Altmoräne, (Löß-)Lehm (Geest)	1,2	Podsol, z.T. mit Ortstein/Orterde, Braunerde-Podsol, Gley-Podsol, Moor, podsolierte Braunerde, Parabraunerde, Braunerde	1,2
Schleswig-Holsteinische Marsch und Geest	Sander, Geschiebemergel (Saaleiszeit), Altmoräne	1	Parabraunerde, Pararendzina, Pseudogley, Moor	1

Von den Böden her ist nur in den Gebieten mit geringer bis mittlerer Basenversorgung mit dem Auftreten saurer Gewässer zu rechnen.

3.15.2.2 Grundkarte 2: Pufferungsvermögen der anstehenden Gesteine in der B. R. Deutschland aufgrund ihres Karbonatgehaltes

In der Grundkarte 2* wird das anstehende Gestein nach seinem Karbonatgehalt in drei Gruppen differenziert und dargestellt:

Karbonatfreie - karbonatarme Gesteine	(1)
Karbonathaltige Gesteine	(2)
Karbonatreiche Gesteine	(3)

Diese Einteilung wurde gewählt, weil der Karbonatgehalt ein entscheidender Faktor bei der Pufferung von Säureeinträgen darstellt.

Dabei spielen u.a. die mineralische Zusammensetzung, die Durchlässigkeit (Kontaktzeit) sowie die Verwitterungsstabilität eine Rolle. Die Zuordnung der Gesteine zu diesen drei Abstufungen ist der Tafel 2 zu entnehmen.

3.15.2.3 Karte der zur Gewässerversauerung neigenden Gebiete in der B. R. Deutschland

Diese Karte, als Synthesekarte benannt*, wurde unter Berücksichtigung der Landnutzung aus den beiden Grundkarten entwickelt. Dem Boden wurde dabei Priorität zuerkannt, da er bei oberflächennahem Abfluß den Säuregrad des Wassers entscheidend mitbestimmt. In der Karte werden Gebiete mit unterschiedlichem Grad zur Gewässerversauerung neigend ausgewiesen. Nach folgender Kombination ergeben sich für die Karte drei Abstufungen (Tafel 2):

Tafel 2: Einteilung der wichtigsten Gesteine und Lockersedimente aufgrund ihres Karbonatgehaltes in der Bundesrepublik Deutschland

karbonatfrei-karbonatarm (1)	karbonathaltig (2)	karbonatreich (3)
Magmatische(u.vulkanische) und metamorphe Gesteine, z.B. Granite, Gneise, Schiefer, Quarzite, Basalte Tuffe, Trachyte; Sandsteine, Tonsteine, Glaziale, fluviatile und äolische Ablagerungen (z.T. sekundär entkalkt) z.B. Schotter, Sande, Tone, Flottsande	Sandsteine, Tonsteine, Mergelton Glaziale, fluviatile und äolische Ablagerungen, z.B. Schotter, Sande, Lößlehm	Kalkstein, Marmor, Dolomit, Magnesit Mergel, Kalk-Sandsteine, Glaziale, fluviatile und äolische Ablagerungen, z.B. Kalkschotter, Würmmoränen

Die Gefährdungsstufen (Tafel 3) sind in der Kartendarstellung durch unterschiedliche Farben und Halb- sowie Volltöne markiert. Weiß belassene Flächen sind gegenüber einer Versauerung unempfindlich. In farbigem Halbton sind die Gebiete dargestellt, bei denen sekundär abpuffernde Einflüsse über die Landnutzung vorliegen (Siedlungen und landwirtschaftliche Bodennutzung). Mit entspechendem Vollton sind Waldgebiete abgebildet. Die Moorgebiete in Norddeutschland sind ebenfalls durch Volltöne hervorgehoben. Bei der Erstellung der Karte war es nicht möglich, zwischen Gebieten mit natürlich sauren Gebieten und jenen, in denen erst durch anthropogene Einflüsse eine Versauerung eintrat, zu unterscheiden.

Tafel 3: Gefährdungsstufen nach Basenversorgung des Bodens und Karbonatgehalt des Gesteins

Boden (Basenversorgung)	Gestein (Karbonatgehalt)	Gefährdungsstufen
gering (1)	karbonatfrei-karbonatarm (1)	stark gefährdet (roter Farbton)
gering (1) gering-mittel (2)	karbonathaltig (2) karbonatfrei-karbonatarm (1)	gefährdet (oranger Farbton)
gering (1) gering-mittel (2)	karbonatreich (3) karbonathaltig (2)	leicht gefährdet (gelber Farbton)

3.15.2.4 Karte zum aktuellen Stand der pH-Wert-Situation (pH < 6,0) in der Bundesrepublik Deutschland

Mit dieser Karte* wird den zur Gewässerversauerung neigenden Gebieten die aktuelle Situation an Gewässern mit niedrigen pH-Werten (pH < 6,0) in der Bundesrepublik gegenübergestellt. Die gemessenen pH-Werte werden in drei pH-Bereiche zusammengefaßt.

Aufgrund des begrenzten Datenangebotes konnten nur die im Gewässer gemessenen niedrigsten pH-Werte für die Kartendarstellung verwendet werden. Für die Auswahl der Meßwerte waren im wesentlichen die gewässerökologischen Aspekte maßgebend. Schon kurzfristig auftretende pH-Schocks können eine Biozönose schädigen. Dabei ist ohne Zweifel die Erfassung solcher Minimalwerte bei den bestehenden, zeitlich oft wenig dichten Untersuchungsreihen vielfach zufallsbedingt. Hier liegt eine grundsätzliche Schwierigkeit für die Darstellung des aktellen Standes einer Gewässerversauerung. Die hydrochemisch und hydrobiologisch gewählte Abstufung der pH-Werte mit den Bereichen über pH 4,3 bis 5,0 und pH 5,0 bis 6,0 ist bedingt durch:

Der pH-Wert 4,3 wurde als Abgrenzung gewählt, da er den Titrations-Endpunkt der Säurekapazität K_S darstellt. Bei diesem und tieferen pH-Werten sind nur wenige, besonders säuretolerante Organismen in den Gewässern zu finden.

Die Abgrenzung bei pH-Wert 5,0 wurde gewählt, weil unter diesem Wert das Abpufferungssystem der Kohlensäure nicht mehr wirksam ist. Eine verstärkte Freisetzung von Aluminium ab pH 5,0 führt bei vielen Wasserorganismen, wie z.B. bei der Bachforelle, zu toxischen Schädigungen, die bis zur Letalität führen.

Eine Obergrenze bei pH 6,0 wurde gezogen, weil sich ab diesem Wert erste Auswirkungen auf die Wasserorganismen und Veränderungen in der Artenzusammensetzung feststellen lassen. Das Puffersystem der Kohlensäure und des Hydrogenkarbonats verliert ab pH 6,0 seine Wirkung. In diesem pH-Bereich liegen natürlich saure Gewässer.

3.15.3 AUSBLICK

Die vorgelegten Karten ermöglichen eine Interpretation über Grad und Umfang der gegenwärtigen Versauerung des Grundwassers in der Bundesrepublik Deutschland.

Mit einer zunehmenden Versauerung der Böden nimmt dessen Puffervermögen ab, und es kommt zunehmend zu einer Versauerung des oberflächennahen Grundwassers und des Oberflächenwassers.

Von der Versauerung sind vor allem karbonatfreie bis karbonatarme Gebiete betroffen, die bevorzugt in den Waldgebieten der Mittelgebirgslandschaft und in der Norddeutschen Tiefebene zu finden sind.

Eine Übertragung der Ergebnisse aus Synthese- und Fließgewässerkarten auf die Verhältnisse im oberflächennahen Grundwasser ist nicht möglich. Rückschlüsse aus Veränderungen im Chemismus von Fließgewässern lassen gewisse Rückschlüsse auf eine Versauerung des Untergrundes zu. Um zu einer analogen Darstellung der Verhältnisse im Grundwasser für die Bundesrepublik Deutschland zu gelangen, müssen weitergehende Untersuchungen folgen.

Aus einer regionalen Auswertung ehemaliger Wasseranalysen von Grund- und Quellwässern Nord- und Osthessens sowie des Taunusbereiches kann auf eine Beeinflussung des oberflächennahen Grundwassers gegenüber Versauerung durch Luftschadstoffe geschlossen werden /13/. Nach einer weitergehenden Auswertung der Daten (pH-Wert und HCO_3-Gehalt) ist eine kartenmäßige Darstellung der Sensitivität des Grundwassers in Form von Isolinien möglich. Bei der Auswertung zeigte es sich, daß andere Parameter, wie Na^+, K^+, Cl^- und NO_3^- für eine Regionalisierung ungeeignet sind. Sie zeigen nur lokale, rein zufällige Informationen auf und sind nicht für eine großräumige Darstellung geeignet. Für die Parameter Ca^{2+}, Mg^{2+} und SO_4^{2-} war die erforderliche Datenflächendichte nicht vorhanden.

Es ist geplant, die Isolinienkarten mit topographischen Karten zu unterlegen, um die Landschaftsnutzung auszuweisen. Aus dem Vergleich von gegenwärtigen Daten mit erhobenen Werten aus dem Jahre 1975 soll das mögliche

Versauerungsmaß (pH-Wertabnahme und Alkalinitätsverlust) als Differenzwertdarstellung abgebildet werden. Damit wären auch Rückschlüsse auf zukünftige Veränderungen im Quellchemismus möglich.

Eine solche großflächige Kartierung von Grundwasserdaten für das ausgewählte Beispiel bietet die Möglichkeit, als Vorlage für bundeseinheitliche Empfehlungen zu dienen.

3.15.4 SCHRIFTTUM

/1/ UMWELTBUNDESAMT (Hrsg.) (1987): Gewässerversauerung in der Bundesrepublik Deutschland. Texte 22/87.

/2/ BUNDESMINISTERIUM FÜR ERNÄHRUNG, LANDWIRTSCHAFT UND FORSTEN (1985): Waldschadenserhebung 1985, Bonn.

/3/ STEINBERG, CH.; ARZET, K.; KRAUSE-DELLIN, D. (1984): Gewässerversauerung in der Bundesrepublik Deutschland im Lichte paläolimnologischer Studien. Naturwissenschaften 71, S. 631 - 633.

/4/ LEHMANN, R.; SCHMITT, P.; BAUER, J. (1985): Gewässerversauerung in der Bundesrepublik Deutschland. Ihre Verbreitung und Auswirkung. In: Bundesforschungsanstalt für Landeskunde und Raumordnung: Informationen zur Raumentwicklung. Heft 10, S. 893 - 922.

/5/ McFEE, W.W. (1980): Sensitivity of soil regions to long-term acid precipitation. In: SHRINER, D.S.; RICHMOND, C.R.; LINDBERG, S.E. (Hrsg.): Atmospheric sulfur deposition. Environmental impact and health effects. Proc. 2nd Life Sciences Symp., Potential environmental and health consequences of atmospheric sulfur deposition. Gatlinburg, Tenn., Oct., 14 - 18, 1979. Ann Arbor Science Publishers, Inc., Ann Arbor, S. 495 - 506.

/6/ NORTON, S.A. (1980): Geologic factors controlling the sensitivity of aquatic to acidic precipitation; In: SHRINER, D.S. et al., S. 21 - 532.

/7/ HENDREY, G.R.; GALLOWAY, J.N.; NORTON, S.A.; SCHEFIELD, C.L.; SHAFFER, P.W.; BURNS, D.A. (1980): Geological and hydrochemical sensitivity of the eastern United States to acid precipitation. EPA-600/3-80-024.

/8/ HARVEY, H.H.; PIERCE, R.C.; DILLON, P.J.; KRAMER, J.R.; WHELPDALE, D.M. (1981): Acidification in the Candian aquatic environment. Nat. Res. Council of Canada, Publ. No. 18475, 369 S.

/9/ GLASS, N.R.; ARNOLD, D.E.; GALLOWAY, J.N.; HENDREY, G.R.; LEE, J.J.; McFEE, W.W.; NORTON, S.A.; POWERS, C.F.; RAMBU, D.L.; SCHEFIELD, C.L. (1982): Effects of acid precipitation. Environ. Sc. Technol. 16, 62A - 169A.

/10/ SWEDISH MINISTRY OF AGRICULTURE ENVIRONMENT '82 COMMITEE (Hrsg.) (1982): Acidification today and tomorrow. 231 S., Uddevalla.

/11/ STEINBERG, C.; LENHART, B. (1985): Wenn Gewässer sauer werden: Ursachen, Verlauf, Ausmaß. BLV Umweltwissen, 127 S., München.

/12/ AL-AZAWI, A.; KUSSMAUL, H. (1987): The influence of acidic inputs of acid precipitation on the groundwater quality of the Hochtaunus, acid rain. Scientific and Technical advances, S. 336 - 343, published by Publications Division, Selper Ltd. London.

3.16 DIE GEWÄSSER IN KLEINEN BEWALDETEN EINZUGSGEBIETEN UND IHRE BEDROHUNG AUFGRUND VON LUFTVERSCHMUTZUNGEN

von M. Jarabac und A. Chlebek, Hnojnik, ČSSR

3.16.1 EINLEITUNG

Man kann zweifellos annehmen, daß die Wälder bisher das beste Wasser für die Wasserversorgung geboten haben. Wird es aber noch in den durch Luftverschmutzungen stark bedrohten oder sogar vernichteten Wäldern weiterhin so bleiben?

Die Waldschäden aufgrund der Luftverschmutzung kamen unerwartet und so rasch, daß die forsthydrologische Forschung, ihre Ergebnisse auf lange Meßreihen stützend, keine speziellen Objekte für die unentbehrlichen Stoffkreislaufmessungen rechtzeitig in Betrieb setzte. Umso mehr müssen jetzt diese wichtigen Probleme erforscht werden. Zu diesen gemeinsamen Bestrebungen in vielen Ländern möchten auch wir unseren Teil beitragen.

3.16.2 MESSGEBIETE UND METHODEN

Am Anfang der fünfziger Jahre sind in den Beskiden in der CSSR zwei experimentelle Einzugsgebiete gegründet worden. Sie liegen zwischen 600 und 1084 m und sind zu 100 % bewaldet. Die jährlichen Niederschlagssummen schwanken dort zwischen 1000 und 1500 mm und die Temperaturen zwischen 5 und 8° C. Diese Einzugsgebiete, **Malá Ráztoka** mit der Einzugsgebietsfläche von 2,07 km^2 und **Červík** mit 1,85 km^2, sind zwischen den Jahren 1953 und 1965 ohne Waldeingriffe geeicht worden und nach der Walderschließung wurde seit 1966 mit den Walderneuerungsarbeiten durch Streifeneinschläge begonnen. Zur Zeit sind schon mehr als 50 % der gesamten Waldfläche erneuert (Bilder 1 und 2).

Bild 1: Das experimentelle Einzugsgebiet Cervik in den Beskiden (ČSSR)

Bild 2: Das experimentelle Einzugsgebiet Malá Ráztoka in den Beskiden (ČSSR)

Die mährisch-schlesischen Beskiden gehören zum NW Randgebiet der Karpaten und ragen nicht nur gegen den Ferntransport der Luftverschmutzungen, sondern auch gegen jenen von den nordmährischen und oberschlesischen Industriegebieten empor. Das war der Anlaß, daß das forsthydrologische Experiment seit 1980 mit den Analysen der Stoffgehalte in den Gewässern ergänzt wurde. Wir bemühen uns jetzt, dabei auch die Zusammenhänge zwischen den Wasser-, Stoff- und Energiekreisläufen beser kennenzulernen.

Seit der siebziger Jahre sind die Waldschäden auch in den Beskiden so stark gestiegen, daß etwa 2000 ha der schon vernichteten Wälder sofort eingeschlagen werden mußten und ein Großteil der Wälder noch krank dasteht. Es muß dabei bemerkt werden, daß die SO_4^{2+}-Konzentrationen in diesem Gebiet kaum langfristig 50 $\mu g \cdot m^{-3}$ überschreiten.

Aufgrund der Luftverschmutzungen, der Walderkrankung sowie der nachfolgenden Holzeinschlags- und Aufforstungsmaßnahmen werden von manchen Fachleuten eine schlechtere Wasserqualität, öftere und höhere Abflußspitzen sowie auch ungeheure Erosionserscheinungen, erwartet. Um diese dringenden Fragen wahrheitsgetreu zu beantworten, haben wir in beiden Einzugsgebieten folgende Entnahmestellen der Wasserproben gewählt:

- Freilandniederschlag,
- Stammabfluß und Bestandsniederschlag in der Fichte und der Buche,
- zwei Lysimeter in 15 cm und 40 - 60 cm im Boden und
- Bachabfluß im Pegelprofil.

Die Freiland- und Bestandsniederschläge wurden mit den PE-Rinnen 200 x 10 cm, 1 m über dem Boden und die Stammabflüsse mit PE-Manschetten gefaßt. Alle diese einfachen Einrichtungen sowie auch die Lysimeter im Boden, wurden durch Schläuche mit Kunststoffbehältern verbunden. Das Bachwasser wurde direkt in die Behälter entommen. Dem methodischen

Vorhaben nach sollten die Wasserproben regelmäßig alle zwei Wochen entommen werden. Dies war aber nicht möglich, da in den letzten Jahren öfter mehrwöchige niederschlagsarme Perioden vorkamen. Infolge dieser Schwierigkeiten haben wir später unregelmäßige Probeentnahmen nach einzelnen Regenereignissen, die die notwendige Wassermenge gewährleistet hatten, durchgeführt. Statt der Probekonservierung haben wir die Wasserproben sofort zu den Analysen geliefert, an denen vier professionelle Laboratorien teilnahmen. Durch die Zusammenstellung der Ergebnisse wurde auch die Richtigkeit kontrolliert.

3.16.3 ERGEBNISSE

Die klimatischen Messungen haben gezeigt, daß die Jahre 1981 und 1985 in diesem Gebiet mäßig niederschlagsreich, das Jahr 1980 normal und die übrigen von der Meßperiode 1980 - 1987 niederschlagsarm waren. Die ganze Periode war trocken und kalt, was sich auf den Stoffkreislauf mildernd auswirken sollte. Wegen der höheren Stoffkreislaufintensität wurde eine größere Aufmerksamkeit den warmen Monaten gewidmet. In den Monaten Juni bis Oktober (153 Tage) gibt es durchschnittlich in den Beskiden 94 Tage ganz ohne oder mit einem geringeren Niederschlag als 1 mm (61 %). Im Jahre 1984 waren es sogar 114 Tage (75 %). Das erste Ziel dieser Forschung war, die Wertestreuung kennenzulernen und die Ergebnisse mit ähnlichen Messungen zu vergleichen, denn die siebenjährige Meßperiode ist sicher noch zu kurz, um Trends daraus schließen zu lasen. Wir haben gefunden, daß unsere Ergebnisse sehr gut mit jenen aus Bayern /1/ übereinstimmen. Unsere experimentellen Einzugsgebiete (und auch das ganze nordmährische Hügelland), sind, was die Einwirkungen der Luftverschmutzung auf die Gewässer betrifft, in den nordwestlichen Ländern der Bundesrepublik Deutschland ähnlich.

Was haben die einzelnen Ionen-Konzentrationen gezeigt:

Der erhöhten SO_4^{2+}-Belastung in den Niederschlägen (40 kg $S \cdot ha^{-1} \cdot a^{-1}$) entspricht auch der höhere Anteil von S im Bestandsniederschlag, im Boden und auch im Bachabfluß (36 - 68 kg $S \cdot ha^{-1} \cdot a^{-1}$). Vergleicht man den Stoffeintritt durch die Niederschläge mit dem Austritt durch den Abfluß, läßt sich leicht erkennen, daß beide noch heute im Gleichgewicht sind. Die NH_4-, Cl-, K-, Fe- und Mn-Ionengehalte sind im Bachwasser etwas niedriger als im Regenwasser. Nur vom Kahlschlag fließt mehr NO_3-N (12 - 20 kg $N \cdot ha^{-1} \cdot a^{-1}$) und Ca (17 - 24 kg $Ca \cdot ha^{-1} \cdot a^{-1}$) ab. Wir haben auch Cu-, Cr-, Cd-, Pb-, Zn-, Hg- und Ni-Konzentrationen untersucht. Mit der Ausnahme von Pb und Zn weisen die anderen Schwermetalle in den Niederschlägen Jahressummen kleiner als 0,1 $kg \cdot ha^{-1} \cdot a^{-1}$ auf. Der Boden wird in diesem Gebiet durch die Schwermetalle mäßig bedroht, aber noch nicht zerstört (Tafeln 1 und 2).

Es läßt sich folgendes daraus schließen:

Die Gewässer sind im untersuchten Gebiet nicht gefährlich bedroht, sofern der Waldboden zum Mildern der Außenstoßfolgen durch eigene Naturkräfte noch funktionsfähig bleibt. In den Immissionsgebieten stirbt der Wald, aber nicht die ganzen Tier- und Pflanzenarten. Die adaptationslosen Tier- und Pflanzenarten gehen verloren, die anderen wachsen zu. Das Waldsterben stellt ein Kompensationsmittel dar, deshalb nimmt dabei "das Auskämmen" der Luftschadstoffe merklich ab. Die energetischen Reserven im Boden werden dabei herabgesetzt, aber der Elementenkreislauf wird nachfolgend wieder beschleunigt. Dadurch steigt die Lebensfähigkeit der geänderten Naturgesellschaften wieder an. Solange die Folgen der äußeren Stöße durch die mildernden Rückbindungen im Ökosystem niedergehalten werden, ist der Zusammenbruch ausgeschaltet, die Gewässer bleiben für die Wasserversorgung gut geeignet. Auch die Effekte der Walderneuerungen

Tafel 1: Die Wertestreuung der Ionen-Konzentrationen im Gewässer in den experimentellen Einzugsgebieten der Beskiden (ČSSR)

Parameter		Freiland-niederschlag	Bestandesniederschlag		Stammabfluss			Lysimeter			Bachabfluß	Cs-Norm Trinkwasser CSN 83 0611
			Buche	Fichte	Buche	Fichte Lebende	Fichte Tote	15 cm im Boden	40-60 cm			
pH	-log aH$^+$	2,5-7,1	2,9-7,0	1,9-0,6	1,1-6,5	1,0-4,0	2,7-4,5	2,2-6,9	2,9-6,3		3,6-7,2	6,0-8,0
Leitf.	S·m^{-1}	11-291	13-379	15-647	35-647	63-1580	110-647	35-808	24-647		56-138	-
SO$_4^{2-}$	mg·l^{-1}	1,0-47,0	5,0-172,0	5,0-178,0	12,0-238,0	13,0-211,0	16,0-205,0	4,0-229,0	5,0-165,8		7,0-82,0	250
PO$_4^{3-}$	mg·l^{-1}	0,0-1,6	0,0-6,2	0,0-14,0	0,0-1,4	0,0-0,7	0,01-10,8	0,0-1,0	0,0-1,5		0,0-0,30	1,0
NO$_3^-$	mg·l^{-1}	0,0-19,6	0,5-13,2	1,0-12,5	1,5-135,0	2,0-25,0	0,5-77,6	0,5-77,6	0,0-81,0		1,0-29,0	50,0
Cl$^-$	mg·l^{-1}	2,0-14,0	1,0-12,0	1,8-58,0	3,0-28,0	3,0-36,0	7,0-12,0	1,0-28,0	1,4-17,2		1,4-12,0	100,0
NH$_4^+$	mg·l^{-1}	0,1-10,6	0,6-21,5	0,4-37,3	0,0-58,0	3,0-30,0	0,8-3,9	0,0-23,4	0,0-5,0		0,0-5,6	-
Ca^{2+}	mg·l^{-1}	1,0-15,0	1,0-15,0	1,0-19,6	7,0-64,0	2,0-50,0	7,0-18,0	1,0-55,0	1,6-36,0		2,0-40,0	-
Mg^{2+}	mg·l^{-1}	0,2-6,3	0,6-4,3	0,1-7,5	0,6-17,0	0,5-12,0	0,6-3,6	0,05-8,8	0,0-5,6		1,2-12,2	125,0
Na$^+$	mg·l^{-1}	0,0-6,9	0,0-4,0	0,0-6,1	0,0-16,0	0,0-12,9	0,5-8,6	0,0-13,0	0,0-8,6		0,0-10,0	-
K$^+$	mg·l^{-1}	0,0-3,7	0,0-11,8	0,0-34,7	0,0-17,0	0,0-26,0	8,3-40,0	0,0-12,3	0,0-28,3		0,0-4,2	-
Fe^{3+}	mg·l^{-1}	0,05-2,80	0,0-0,75	0,0-1,68	0,25-5,40	0,15-4,60	0,05-0,55	0,0-3,40	0,0-0,65		0,0-7,20	0,30
Mn$^+$	mg·l^{-1}	0,01-0,24	0,0-0,32	0,01-0,74	0,03-1,70	0,08-1,04	0,14-0,43	0,08-1,00	0,02-0,83		<0,01-0,30	0,10
Cu	mg·l^{-1}	<0,005-0,007	<0,005-0,019	<0,006-0,017	0,006-0,140	0,009-0,053	0,015-0,027	<0,005-0,014	<0,005-0,014		<0,005-0,015	0,05
Cr	mg·l^{-1}	<0,010-0,010	<0,010-0,010	<0,010-0,010	<0,010-0,077	<0,010-0,011	<0,010	<0,010	<0,010		<0,010-0,010	0,05
Cd	mg·l^{-1}	<0,002-0,005	<0,002-0,005	<0,002-0,002	<0,002-0,018	<0,002-0,005	<0,002-0,002	<0,002-0,006	<0,002-0,006		<0,002-0,003	0,01
Pb	mg·l^{-1}	0,02-0,34	0,02-0,08	<0,02-0,14	0,02-0,84	<0,02-0,08	<0,02-0,02	0,02-0,08	<0,02-0,06		<0,02-0,06	0,05
Zn	mg·l^{-1}	0,02-0,95	0,03-0,37	0,01-0,26	0,07-1,29	0,05-0,65	0,05-0,10	0,02-0,63	0,01-0,60		<0,01-0,08	5,0
Hg	mg·l^{-1}	<0,0002-0,0015	<0,0002-0,0009	<0,0002-0,0010	<0,0002-0,0026	<0,0002-0,0005	<0,0002-0,0002	<0,0002-0,0018	<0,0002-0,0013		<0,0002-0,0028	0,0010
Ni	mg·l^{-1}	<0,010-0,010	<0,010-0,016	<0,010-0,014	<0,010-0,058	<0,010-0,038	<0,010-0,010	<0,010-0,018	<0,010-0,015		<0,010-0,018	-

Tafel 2: Die jährliche Bilanz der Stoffe im Gewässer in den experimentellen Einzugsgebieten der Beskiden (ČSSR)

Parameter	Einzugsgebiet C E R V I K						Einzugsgebiet M A L A R A Z T O K A					Nieder-schlag in Bayern /1/
	Freiland-nieder-schlag	Stamm-abfluss Fichte	Bestands-nieder-schlag	Boden-lysi-meter	Bachab-fluss Teil A	Bachab-fluss Teil B	Freiland-nieder-schlag	Stamm-abfluss Buche	Stamm-abfluss Fichte	Bestands-nieder-schlag	Boden-lysi-meter	Bachab-fluss	
	mm												
	1223	12	980	680	850	500	1257	190	13	1130	980	887	
	Jahressummen in kg·ha^{-1}·a^{-1}												
S	40	4	69	71	68	37	41	41	4	99	90	62	36-51
P	0,09	<0,01	0,33	0,14	0,09	0,04	0,02	0,30	0,02	1,81	0,40	0,03	0,05
NO$_3$-N	10	0,3	16	13	12	11	10	11	0,3	14	19	20	8-13
NH$_4$-N	7	0,6	29	4	2	1	15	18	1	34	5	2	9-18
Ca	13	0,6	18	10	17	10	12	8	0,6	14	15	24	11-18
Mg	4	0,1	4	2	5	3	4	2	0,2	4	4	5	2-3
Na	5	<0,1	5	4	7	6	10	6	0,2	9	10	15	4-9
Cl	23	0,3	20	14	10	6	20	6	0,4	15	13	9	10-21
K	11	0,8	22	17	11	7	10	9	0,3	23	20	9	16-19
Fe	4	0,1	3	3	2	2	3	3	0,1	4	2	2	
Mn	0,7	<0,1	2	2	0,2	0,1	0,6	0,7	0,1	1	3	0,2	
Cu			<0,10	<0,10						<0,10	0,20	<0,10	
Cr			<0,10	<0,10						<0,10			
Cd			<0,10	<0,10						<0,10			
Pb	0,10		<0,10	<0,10			1,0	0,30		<0,10	0,10	<0,10	
Zn	0,60	1,0		1,0	<0,10		1,0	0,70		<0,10	1,0	<0,10	
Hg			<0,10	<0,10						<0,10			
Ni			<0,10	<0,10						<0,10			

auf die Jahresabflußsummen und die Flutwellen wirken sich in unserem mitteleuropäischen Hügelland, wie die forsthydrologischen Forschungen in den Beskiden bisher gezeigt haben, nur mäßig aus /2/. Dies wird aber hier nicht ausführlich behandelt.

Trotz dieser bis jetzt relativ günstigen Schlußfolgerungen müssen wir die Luftverschmutzungen mit allen Kräften bewältigen und weiteren Verschlechterungen der Ökosysteme vorbeugen, denn:

- Zwischen den adaptationslosen Organismen könnte bald auch der Mensch sein, was von der Mehrzahl der Erkrankungen in den durch Luftschadstoffe betroffenen Gebieten statistisch zu ersehen ist;
- das veränderte Ökosystem ist in seinen inneren Funktionen sicher labiler geworden. Der Zusammenbruch ist nicht nach dem Erschöpfen der Naturkräfte der Böden ganz ausgeschlossen und die Grenzen der Adaptabilität kennen wir nicht.

Weitere Forschungsarbeiten müssen sich mehr auf die Stoffbilanzen als nur auf die Stoffkonzentrationen stützen. Auch die Klimaschwankungen spielen in diesem Geschehen eine wichtige Rolle, denn mit höheren Abflüssen ist die Verdünnung der Stoffkonzentrationen, aber auch die deutliche Erhöhung der Abflußsummen der Stoffe eng verbunden. In den nassen Jahren wird mehr von den Schadstoffeinträgen weggeschwemmt. Im Laufe der Schneeschmelze und auch bei einer Flutwelle ($q = 1000 \; l \cdot s^{-1} \cdot km^{-2}$) haben wir keine schädlichen Stoffkonzentrationen in den Gewässern entdeckt. Zu der Einschätzung der Entwicklung der Wasserqualität sind sicher lange Meßreihen unentbehrlich, um sich in der natürlichen Wertestreuung richtig orientieren zu können. Nicht nur die chemischen Analysen, sondern auch das Durchforschen der kleinen Tier- und Pflanzenwelt ist dabei von großer Bedeutung.

Glücklicherweise sind die ganzen Einzugsgebiete nicht mit der gleichen Intensität bedroht. Auch die intensiven Walderneuerungsarbeiten in den erkrankten oder schon toten Wäldern sind zeitlich begrenzt. Die Betriebsmaßnahmen bringen keine giftigen Stoffe mit unwesentlichen Ausnahmen mit sich, nur die Bodenverletzung durch Holzbringung nach dem Einschlag. Die Waldeinschläge machen den Eintritt der Luftschadstoffe in den Waldboden kleiner, aber das Mikroklima wird dabei rauher sein. Demnach müssen wir uns über die beste Walderneuerungstechnologie an jedem Ort und jeder Stelle richtig entscheiden.

Die Wasserqualität bleibt bisher in den experimentellen Einzugsgebieten und in den ganzen mit Luftschadstoffen betroffenen Beskiden gut. Wir sind aber verpflichtet, dieses Problem noch mehr ökologisch anzusehen, denn die Gewässer gewährleisten nicht nur dem Menschen, sondern dem ganzen Waldleben die dauerhafte Existenz.

Es muß hier noch vermerkt werden, daß die Waldschäden in den Beskiden überwiegend durch hohe SO_2-Konzentrationen ("Rauchschaden") bewirkt wurden und keine starke Bodenversauerung als Standortschaden eingetreten ist, wie es beispielsweise in Waldgebieten der Bundesrepublik Deutschland der Fall ist /3-5/.

3.16.4 SCHRIFTTUM

/1/ HÜSER, F.; REHFUESS, K.-E. (1988): Stoffdeposition durch Niederschläge in ost- und südbayerischen Waldbeständen. Forstliche Forschungsberichte, München, 86, 153 S.

/2/ MILAN, J.; CHLEBEK, A. (1988): The effect of forests on the hydrological budget. In: "Beiträge zur Wildbacherosions- und Lawinenforschung", Forstliche Bundesversuchsanstalt, Wien, Mitteilungsband Nr. 159, S. 239 - 251.

/3/ ULRICH, B.; MAYER, R.; KHANNA, P.K. (1979): Deposition von Luftverunreinigungen und ihre Auswirkungen in Waldökosystemen im Solling. Schriften der Forstl. Fak. Univ. Göttingen u. Nieders. Forstl. Versuchsanstalt, Nr. 58, 291 S.

/4/ MATZNER, E.; KHANNA, P.K.; MEIWES, E.; CASSENS-SASSE, E.; BREDEMEIER, M.; ULRICH, B. (1984): Ergebnisse der Flüssemessungen in Waldökosystemen. Bericht des Forschungszentrums Waldökosystemen/Waldsterben, Bd. 2, S. 29 - 42.

/5/ ULRICH, B. (1986): Die Rolle der Bodenversauerung beim Waldsterben: Langfristige Konsequenzen und forstliche Möglichkeiten. Forstw. Cbl. 105, S. 421 - 435.

3.17 VERÄNDERUNGEN DER ABFLUSSBILANZ VON WALDGEBIETEN INFOLGE NEUARTIGER WALDSCHÄDEN UND BODENVERSAUERUNG
von H.J. Caspary, Karlsruhe

3.17.1 EINLEITUNG

Für das unbesiedelte, zu 100 % mit Nadelwald, vornehmlich mit Fichte, bestockte Einzugsgebiet der Eyach/Nordschwarzwald werden die Abflußbilanzen des Zeitraumes 1974 - 1986 analysiert. Die Abflüsse des 52 km^2 großen, im mittleren Buntsandstein des Nordschwarzwaldes gelegenen Eyacheinzugsgebietes werden durch 4 Abflußpegel mit den Teileinzugsgebietsflächen von 7, 10, 30 und 52 km^2 erfaßt. Für die Niederschlagsauswertung stehen 5 Niederschlagsstationen zur Verfügung. Insbesondere im Eyachoberlauf ist eine starke Versauerung der puffer- und nährstoffarmen Böden dokumentiert. Durch die Auswertung von Farbinfrarot-Luftbildern ist bereits für den Sommer 1983 eine deutliche Waldschädigung für die Einzugsgebiete Dürreych und Brotenau nachgewiesen.

3.17.2 ABFLUSSBILANZUNTERSUCHUNGEN

Für die Abflußbilanzen der Vegetationsperioden (Mai - September) kann gemäß Bild 1 sowohl für die Abflußsummen Q als auch für die Abflußbeiwerte φ ein signifikanter, steil ansteigender Trend nachgewiesen werden, obwohl die zugehörigen Gebietsniederschlagssummen keinen Trend aufweisen und im Einzugsgebiet keine umfangreichen Kahlhiebe oder Durchforstungsmaßnahmen während des Meßzeitraumes durchgeführt wurden. Die mittlere jährliche forstliche Nutzung betrug im Meßzeitraum nur ca. 1,9 % des Holzvorrates. Nach /1/ kann hierdurch keine signifikante Abflußbilanzänderung verursacht worden sein.

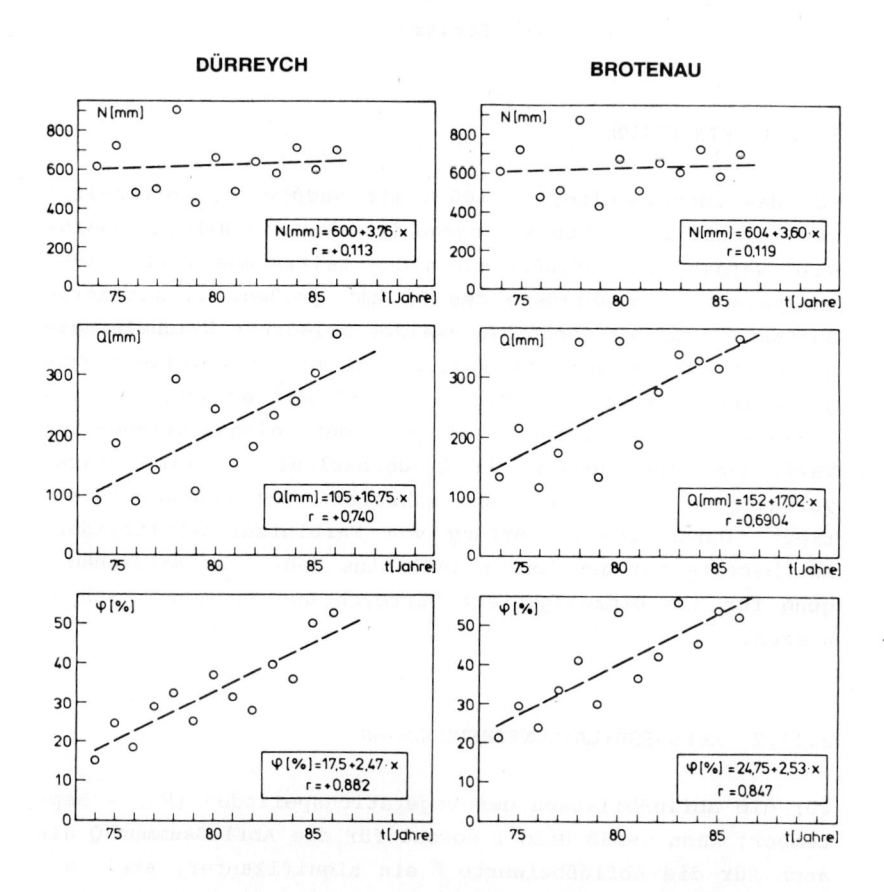

Bild 1: Trendanalyse und Korrelationskoeffizienten r der Gebietsniederschlagssummen N, der Abflußsummen Q und der Abflußbeiwerte φ = Q/N für die Vegetationszeiten (Mai - Sept.) der Jahre 1974 - 1986 für die Einzugsgebiete der Pegel Dürreych und Brotenau

Im Gegensatz zur Vegetationszeit zeigen Gebietsniederschlag, Abflußsummen und Abflußbeiwerte für die von Oktober bis April andauernde Nichtvegetationszeit gemäß Bild 2 keinen Trend.

3.17.3 DAS ÖKOHYDROLOGISCHE SYSTEMMODELL

Durch die integrative Auswertung hydrologischer, hydrogeologischer, geologischer, bodenphysikalischer, bodenchemischer, gewässerchemischer und forstwirtschaftlicher Meßdaten sowie von Depositions- und Waldschadensdaten aus dem Eyachgebiet und vergleichbarer Nachbargebiete konnte unter Berücksichtigung pflanzenphysiologischer Prozesse ein Ökohydrologisches Systemmodell entwickelt werden, das die kausalanalytische Erklärung der Abflußzunahme während der Vegetationsperiode erlaubt. Hiernach wird die Abflußzunahme durch eine drastische Verringerung der Transpiration des Bestandes verursacht. Der Aufbau des Systemmodells kann Bild 3 entnommen werden. Nach dem Systemmodell hat die hohe saure Deposition, insbesondere des Bestandsniederschlages, in den puffer- und nährstoffarmen Quarzsandböden des mittleren Buntsandsteins zu einer zunehmenden Bodenversauerung geführt /2,3,4/. Die hierdurch verursachte Auswaschung der Nährstoffkationen Ca^{2+}, Mg^{2+} und K^+ hat mit der Freisetzung toxischer Metallionen, insbesondere Al^{3+}, vermutlich den Rückzug der Baumfeinwurzeln aus den tieferen Schichten des Mineralbodens bewirkt /3-8/. Infolge der minimalen Wasserspeicherfähigkeit der anstehenden Quarzsandböden und durch die Abnahme der Durchwurzelungstiefe vermindert sich die ohnehin geringe nutzbare Feldkapazität der Bestände deutlich. Da der Wurzelraum keinen Anschluß zum Grundwasser besitzt, führt dies unweigerlich zur unzureichenden Wasserversorgung des Bestandes in niederschlagsarmen Zeiten der Vegetationsperiode. Der "Wasserstreß" des Bestandes verursacht dann eine drastische Transpirationsverminderung. Dies wiederum spiegelt sich in der Wasserhaushaltsbilanz des

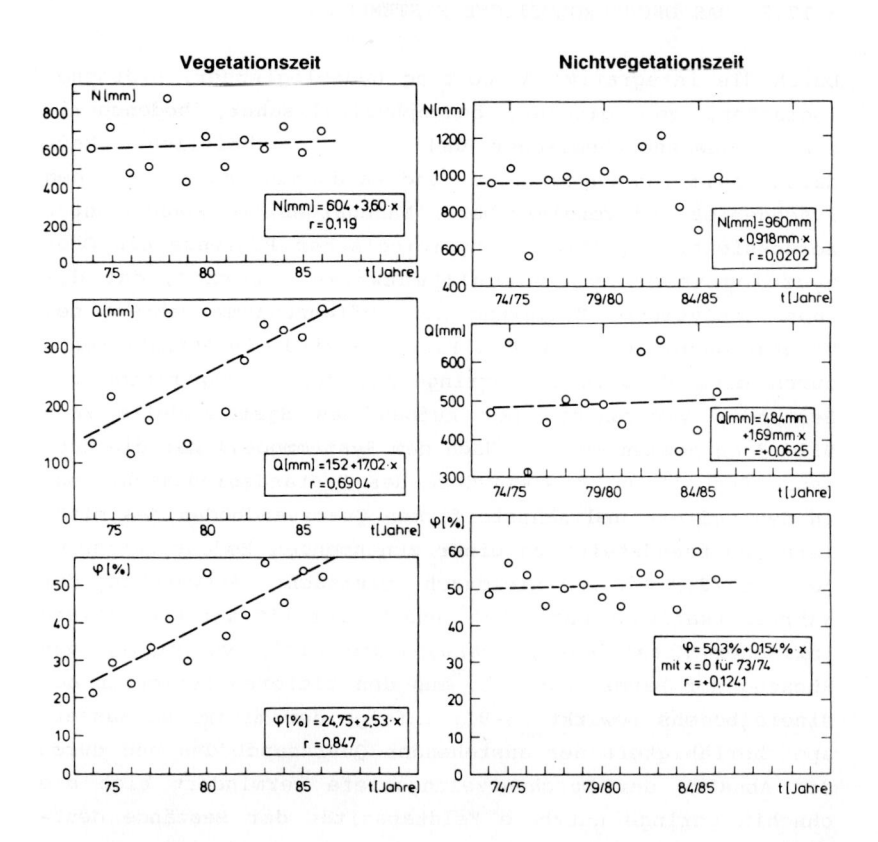

Bild 2: Trendanalyse der Gebietsniederschlagssummen N, der Abflußsummen Q und der Abflußbeiwerte φ = Q/N für die Vegetationszeiten (Mai - Sept.) und Nichtvegetationszeiten (Okt. - April) der Jahre 1973 - 1986 für das Einzugsgebiet des Pegels Brotenau

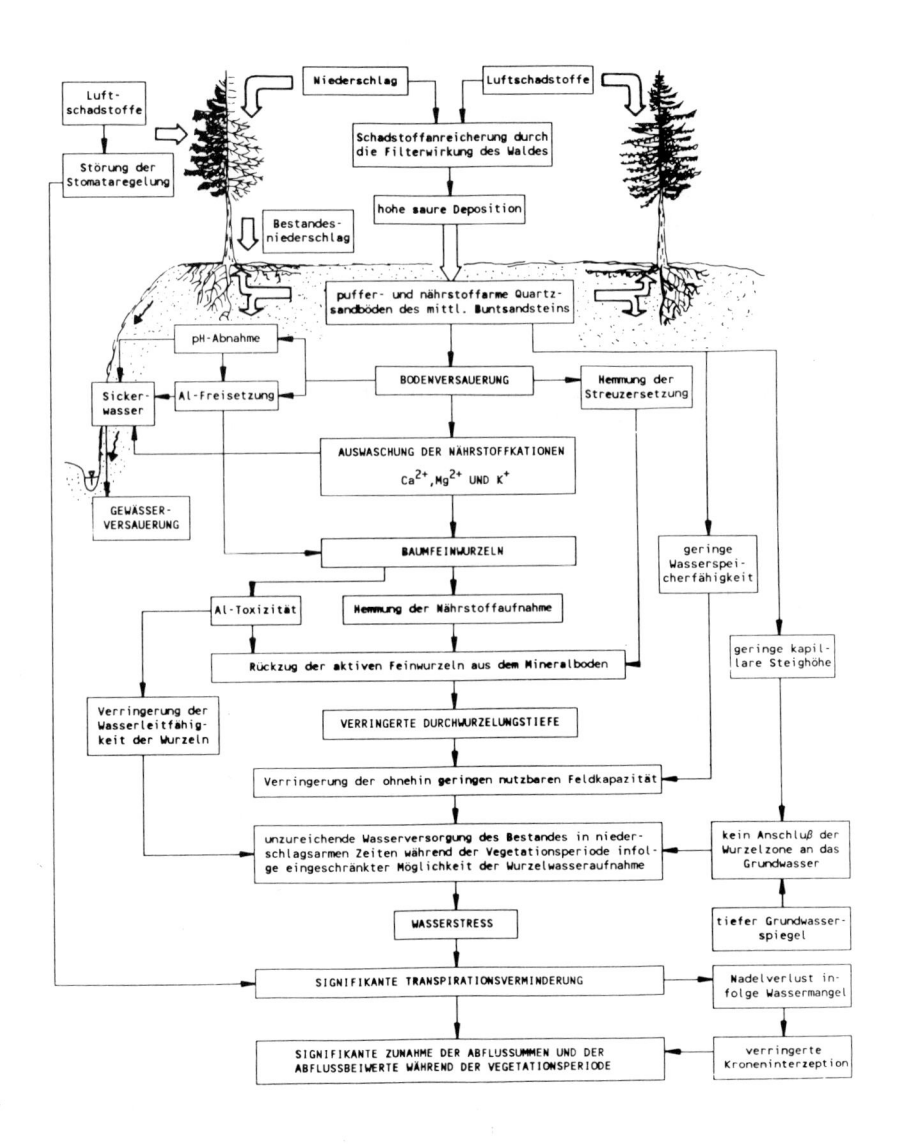

Bild 3: Das Ökohydrologische Systemmodell

Einzugsgebietes in der gemessenen, signifikanten Zunahme der Abflußsummen während der Vegetationszeiten wider. Neben den im Einzugsgebiet und in geologisch vergleichbaren Nachbargebieten gewonnenen bodenphysikalischen und bodenchemischen Daten (z.B.: Abnahme der Nährstoffkationenkonzentration im Mineralboden in den letzten 15 Jahren) stützen auch die vorhandenen Waldschadensdaten die Hypothese des Ökohydrologischen Systemmodells.

DANKSAGUNG

Der Landesforstverwaltung und der Forstlichen Versuchs- und Forschungsanstalt Baden-Württemberg sowie der Wasserwirtschaftsverwaltung und der Landesanstalt für Umweltschutz Baden-Württemberg sei an dieser Stelle für das zur Verfügung gestellte Datenmaterial und die Unterstützung gedankt. Die vorliegenden Untersuchungen werden in dankenswerter Weise durch die Deutsche Forschungsgemeinschaft finanziert.

3.17.4 SCHRIFTTUM

/1/ BOSCH, J.M.; HEWLETT, J.D. (1982): A review of catchment experiments to determine the effect of vegetation changes on water yield and evapotranspiration, Journal of Hydrology 55, S. 3 - 23.

/2/ ADAM, K.; EVERS, F.H.; LITTEK, T. (1987): Ergebnisse niederschlagsanalytischer Untersuchungen in südwestdeutschen Wald-Ökosystemen 1981 - 1986, Forschungsbericht Kernforschungszentrum Karlsruhe, KfK-PEF Bd. 24, Karlsruhe.

/3/ EVERS, F.H.; HILDEBRAND, E.E.; KENK, G.; KREMER, W.L. (1986): Bodenernährungs- und ertragskundliche Untersuchungen in einem stark geschädigten Fichtenbestand des Buntsandstein-Schwarzwaldes. Mitt. Verein für Forstliche Standortskunde und Forstpflanzenzüchtung, Heft 32, S. 72 - 80.

/4/ HILDEBRAND, E.E. (1986): Zustand und Entwicklung der Austauschereigenschaften von Mineralböden aus Standorten mit erkrankten Waldbeständen. Forstw. Cbl. 105, Heft 1, S. 60 - 76.

/5/ MATZNER, E.; ULRICH, B.; MURACH, D.; ROST-SIEBERT, K. (1985): Zur Beteiligung des Bodens am Waldsterben. Der Forst- und Holzwirt 40, Heft 11, S. 303 - 309.

/6/ MATZNER, E.; MURACH, D.; FORTMANN, H. (1986): Soil acidity and its relationship to root growth in decling forest stands in Germany. Water, Air and Soil Pollution 31, S. 273 - 282.

/7/ MATZNER, E.; ULRICH, B. (1987): Results of studies on forest decline in North-west Germany. In: HUTCHINSON, T.C.; MEEMA, K.M. (ed.): Effects of Atmospheric Pollutants on Forests, Wetlands and Agricultural Ecosystems, NATO ASI Series, Vol. G 16, Springer Verlag, Berlin, S. 25 - 42.

/8/ ULRICH, B. (1986): Die Rolle der Bodenversauerung beim Waldsterben: Langfristige Konsequenzen und forstliche Möglichkeiten. Forstw. Cbl. 105, S. 421 - 435.

3.18 SIMULATION VON WASSERFLÜSSEN IN DER LANGEN BRAMKE (OBERHARZ) MIT DEM FORSTHYDROLOGISCHEN WASSERHAUSHALTSMODELL BROOK

von B. Finke, A. Herrmann und M. Schöniger, Braunschweig

3.18.1 EINLEITUNG

Einen zentralen Aufgabenbereich der forsthydrologischen Forschung bilden Untersuchungen über den Wasser- und Stoffhaushalt bestockter Einzugsgebiete. Voraussetzung für eine realitätsnahe Bewertung von Stoffumsätzen ist die Kenntnis der für diese Systeme relevanten Wasserflüsse, die zu simulieren die Aufgabe forsthydrologischer Einzugsgebietsmodelle ist. Dabei ist das Ziel, Zusammenhänge zwischen relevanten Komponenten des Wasserhaushalts bzw. dem Abflußverhalten auf der einen, und wichtigen Gebietskennwerten auf der anderen Seite zu erkennen bzw. mathematisch zu beschreiben.

Das BROOK Modell /1/ versucht dies mit einer relativ geringen Parameterzahl und einfachen mathematischen, aber auf deterministischer Grundlage beruhenden Gleichungssystemen. Es ist vorrangig für kleine, bewaldete Einzugsgebiete mit der Zielsetzung einer langfristigen, kontinuierlichen Simulation der Wasserbilanz konzipiert worden.

3.18.2 VORAUSSETZUNGEN

Die Inputvariablen beschränken sich auf die Tageswerte der Niederschläge und Lufttemperaturen. Abflußdaten werden vom Modell nicht gefordert, doch ihre Eingabe ist für den Vergleich zwischen gemessenen und simulierten Abflüssen sowie zur Kontrolle der Meßdaten zu empfehlen. Die modulare

Modellstruktur (Bild 1) ermöglicht Modifikationen durch einfaches Separieren der Teilmodelle. Eine ausführliche Beschreibung der Teilmodelle und eine detaillierte Darstellung der Berechnungen der Modellparameter finden sich bei /2,3/.

Die in einem natürlichen Einzugsgebiet ablaufenden hydrologisch-hydraulischen Prozesse können von einem Modell nicht in allen Einzelheiten nachvollzogen werden. Es werden daher neben gemessenen auch freie Parameter eingeführt, die mit Hilfe der Kenntnisse über das Gebiet berechnet werden. Entscheidend ist dabei, daß die physikalische Bedeutung der freien Parameter gewahrt bleibt. Auch wenn keine detaillierte Prozeßkenntnis vorliegt, sollte darauf geachtet werden, daß der fragliche Parameter wenigstens phänomenologisch diese Gruppe wenig bekannter Vorgänge als ein Maß repräsentiert, das in sinnvolle Abhängigkeiten zu anderen Parametern gesetzt und vom Anwender mit vernünftigen Grenzwerten versehen werden kann.

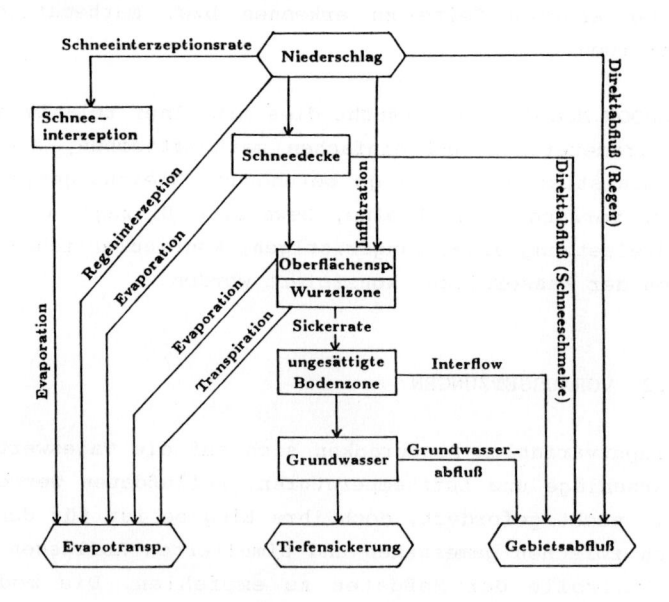

Bild 1: Struktur des BROOK Modells

Voraussetzung für die Anwendung eines detaillierten deterministischen Modells ist die Kenntnis wichtiger Einzugsgebietskennwerte. Diese gehen in das BROOK Modell als Gebietsparameter ein, d.h. es wird Homogenität des Einzugsgebietes vorausgesetzt. Im folgenden sind die vom Modell benötigten Gebietskenngrößen aufgelistet:

- Grenztemperatur zur Trennung zwischen Regen und Schnee
- Geographische und topographische Kennwerte:
  geographische Breite,
  Exposition und
  Hangneigung.
- Kennwerte zur Vegetation:
  bestockter Flächenanteil,
  Vegetationsart,
  Blattflächenindex und
  Stammflächenindex.
- Informationen über die flächenhafte Verteilung der undurchlässigen, versiegelten Flächenanteile sowie der vernäßten Zonen.
- Kennwerte über die unterirdischen Speicher:
  Mächtigkeiten der Bodenhorizonte bis zum Grundwasserspiegel,
  Bodenart,
  Durchlässigkeiten,
  Saugspannungskurven,
  permanenter Welkepunkt und
  aktiver Anteil des Grundwasserspeichers.

3.18.3 ERGEBNISSE

Für die Lange Bramke wurde ein Simulationszeitraum von 7 Jahren gewählt. Zur Modelleichung (Anpassung der Gebietsparameter) stand der Zeitraum von 1980/81 - 1985/86 zur Verfügung, zur Verifizierung des Modells das Jahr 1986/87. Eine ausführliche Beschreibung des Einzugsgebietes enthält /4/.

Tafel 1: Vergleich zwischen der mit dem BROOK Modell simulierten Wasserbilanz der Langen Bramke Mai 1980 - April 1987 und derjenigen nach HERRMANN et al. /5/ Nov. 1979 - Okt. 1987

Wasserbilanz [mm/a]	Herrmann et al. (1989) Nov.'79 – Okt.'87		simuliert mit dem BROOK – Modell Mai'80 – April'87
Niederschlag	1400		1320
Evapotranspiration	670	(gesch)	600
Abfluß	700		720
direkt	80		80
indirekt	620		640
Interflow	—		440
Grundwasserabfluß	620		200
unterirdischer Abstrom	30	(gesch)	—

Abgesehen von einigen Teilmodellschwächen sind die Simulationsergebnisse nicht nur für jährliche Wasserbilanzen, sondern auch für einzelne Niederschlag-Abfluß-Ereignisse insgesamt als zufriedenstellend zu werten.

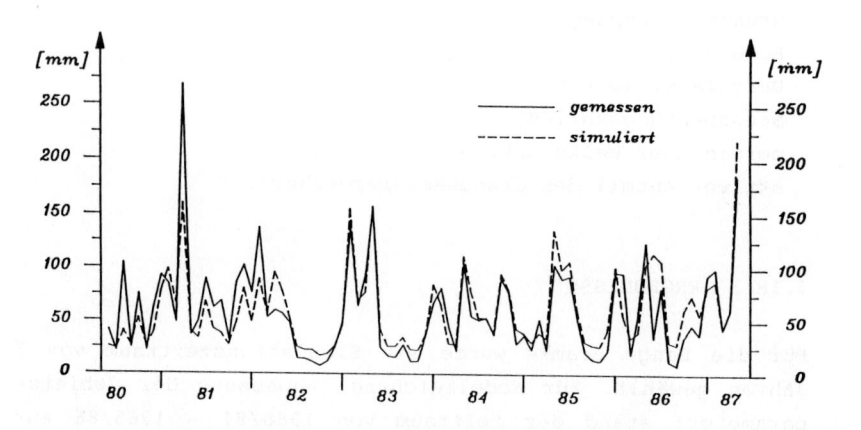

Bild 2: Gemessene und simulierte Monatssummen der Abflußhöhen Lange Bramke Mai 1980 - April 1987

3.18.4 SCHLUSSFOLGERUNGEN

In den Teilmodellen Schneedeckenspeicher, vor allem aber Ungesättigte und Gesättigte Bodenzone sind für prozeßnähere Betrachtungen Modellmodifikationen zu empfehlen. So entsprechen z.B. die aus dem simulierten Auf- und Abbau der Schneedecke resultierenden Schneedeckenperioden zwar nahezu den beobachteten. Bei gleichzeitigem Auftreten von Schneeschmelze und Regen sind allerdings deutliche Schwächen des Schneedeckenmodells zu verzeichnen, da dann der beobachtete erhöhte Schneedeckenausfluß, der durch Freisetzung von bereits vorher gespeichertem freien (mobilen) Wasser in der Schneedecke zustandekommt, vom Modell stark unterschätzt wird.

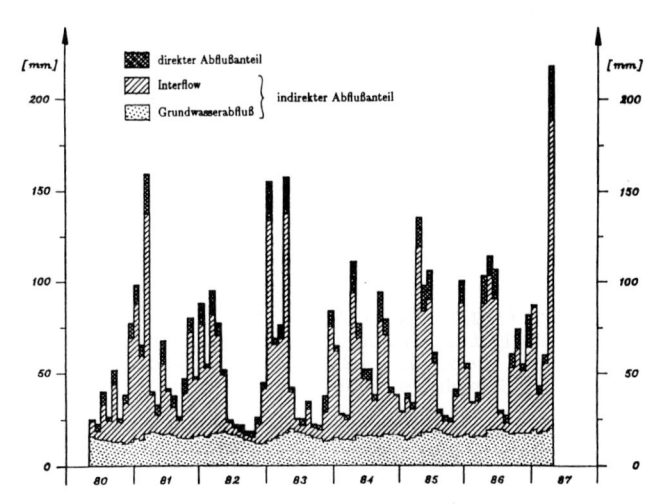

Bild 3: Monatssummen der direkten und indirekten Abflußanteile der simulierten Abflüsse Lange Bramke Mai 1980 - April 1987

Die Simulation des Abflußbildungsvorgangs in der ungesättigten und gesättigten Zone ist noch wenig zufriedenstellend gelöst, da dem Modell ein physikalisch (hydraulisch) begründeter Regelmechanismus fehlt. So erfolgt z.B.

die Aufteilung der indirekten Abflußkomponente über eine empirisch-lineare Abhängigkeit des Grundwasserabflusses vom jeweiligen Speicherinhalt. Dies führt im Fall der Langen Bramke zu einer Überschätzung der Niedrigwasserabflüsse und auf Ereignisbasis zu einer erheblichen Unterschätzung der Grundwasserabflußkomponente.

Solange der unterirdische Wasserumsatz durch das Modell nicht systemgerecht beschrieben wird, lassen sich damit letztlich auch Umsätze gelöster Stoffe nicht sachgemäß interpretieren. Derzeit werden für die Anwendung auf die anderen Oberharzer Untersuchungsgebiete Modifikationen des Modells erarbeitet, wobei auf zusätzliche Input-Variablen möglichst verzichtet werden soll. Vielmehr soll das Grundprinzip des BROOK Modells, mit einem geringen Datenbedarf einen relativ hohen Komplexitätsgrad der hydrologischen Prozesse zu simulieren, gewahrt bleiben, da sonst die Modellübertragung auf weniger gut bekannte Einzugsgebiete eingeschränkt wird.

3.18.5 SCHRIFTTUM

/1/ FEDERER, C.; LASH, A. (1978): BROOK: A hydrologic simulation model for eastern forests. Water Resour. Res. Center, Res. Rep. Nr. 19, University of New Hampshire, Durham, New Hamphire, USA, 84 S.

/2/ KENNEL, M. (1985): Validierung, Anpassung und Modifizierung des forsthydrologischen Modells BROOK zur Simulation des Wasserhaushalts im Einzugsgebiet Große Ohe. Lehrstuhl für Bioklimatologie und Angewandte Meteorologie, Universität München, 109 S.

/3/ FINKE, B. (1988): Anwendung des forsthydrologischen Einzugsgebietsmodells BROOK auf das Oberharzer Untersuchungsgebiet Lange Bramke. Institut für Geographie, TU Braunschweig, 105 S., Abb. und Tab. Bd., 152 S.

/4/ HERRMANN, A.; MALOSZEWSKI, P.; RAU, R.; ROSENOW, W.; STICHLER, W. (1984): Anwendung von Tracertechniken zur Erfassung des Wasserumsatzes in kleinen Einzugsgebieten. Ein Forschungskonzept für die Oberharzer Untersuchungsgebiete. Dt. Gewässerkundl. Mitt. 28(3), S. 65 - 74.

/5/ HERRMANN, A.; KOLL, J.; LEIBUNDGUT, CH.; MALOSZEWSKI, P.; RAU, R.; RAUERT, W.; SCHÖNIGER, M.; STICHLER, W. (1989): Wasserumsatz in einem kleinen Einzugsgebiet im paläozoischen Mittelgebirge (Lange Bramke/Oberharz). Eine hydrologische Systemanalyse mittels Umweltisotopen als Tracer. Landschaftsgenese und Landschaftsökologie, Braunschweig (in Vorbereitung).

3.19 ÖKOSYSTEMMODELLE: WISSENSCHAFT ODER TECHNOLOGIE?

von M. Hauhs, Göttingen

3.19.1 EINLEITUNG

Modelle stehen in jeder Wissenschaft an zentraler Stelle (Bild 1). Sie sind Ausdruck der geltenden Axiome und Theorien. Die hier benutzte Definition unterscheidet nicht zwischen "Wortmodellen" und solchen, die mathematisch formalisiert werden können. Modelle bilden die Schnittstelle zwischen zwei elementaren Polen der Motivation menschlichen Handelns: des Interpretierens von Wirklichkeit (unterer Kreis, Bild 1) und des Veränderns von Wirklichkeit (oberer Kreis, Bild 1). Beide Motivationen sind insofern stets miteinander verbunden als das alle beabsichtigten Veränderungen eine Interpretation von Wirklichkeit voraussetzen. Umgekehrt ist jedes Bemühen um eine verbesserte Interpretation der Wirklichkeit letztlich durch ein Motiv der Veränderung initiiert (Bild 1).

Die Einzelschritte in beiden Kreisläufen entsprechen sich, werden aber in gegenläufiger Reihenfolge durchlaufen. Die mittleren Schritte enthalten dabei die Berührungspunkte mit der Realität außerhalb der Kreisläufe. Diese Berührungspunkte haben die Form menschlicher Arbeit (als Ausdruck von Technik) und des Experimentes (als Ausdruck von Wissenschaft). Im Rahmen dieser Arbeit werden die Begriffe von Technik und Wissenschaft im entsprechenden Sinne verwendet. Technik entspringt der Motivation der Veränderung oder der Bewahrung (oberer Kreis) und Wissenschaft der Motivation des Verstehens (unterer Kreis). Diese scharfe Trennung der Begriffe Technik und Wissenschaft ist notwendig, um weit verbreitete Unschärfen dieser Begriffe in der Hydrologie und der Ökologie zu überwinden.

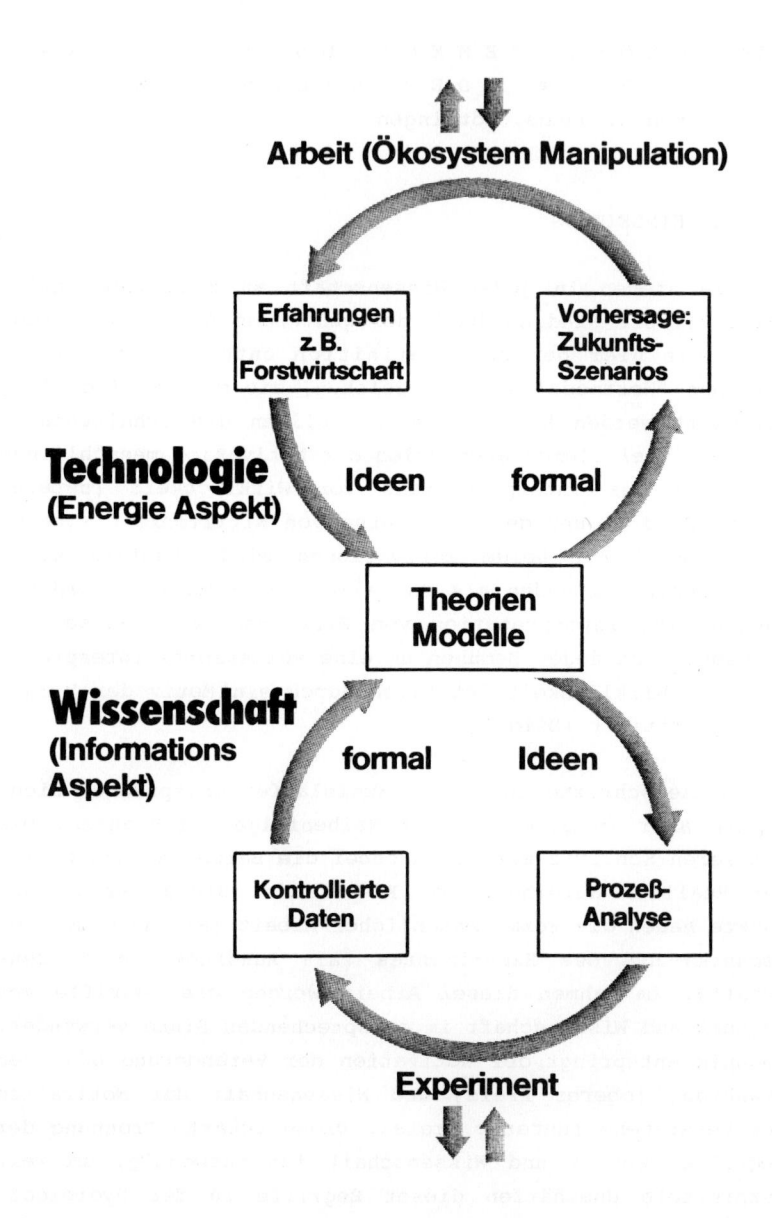

Bild 1: Modelle als zentrale Koppelung zwischen Wissenschaft und Technologie

In beiden Kreisläufen (Bild 1) stehen Modelle im Zentrum der Teilschritte, die formalisierbar sind. Formalisierbar bedeutet, es lassen sich strenge Regeln aufstellen, wie z.B. Hypothesen an einem gegebenen Datensatz getestet werden können. In den technischen Anwendungen gilt dies für den umgekehrten Prozeß, wie Daten mit Hilfe von geltenden Modellen inter- oder extrapoliert werden können. Diese formalen Teilschritte der beiden Kreisläufe sind gleichzeitig die wesentlichen Elemente in der Ausbildung zu wissenschaftlicher oder technischer Tätigkeit.

Der formale Charakter dieser Teilschritte enthält die Möglichkeit, daß sie letztlich die Form von mathematischen Modellen annehmen können. Solche abstrakten Modelle erlauben einen leichten Übergang vom wissenschaftlichen in den technischen Kreislauf (Bild 2). Es wird dabei jedoch häufig übersehen, daß aufgrund der Gegenläufigkeit der beiden Kreisläufe bei einem Modelltransfer zwischen ihnen die Input- und Outputseiten des Modells gegeneinander vertauscht werden müssen. Die anschließende Diskussion wird dies am Beispiel von Modellen der Gewässerversauerung veranschaulichen.

Wissenschaftliches Arbeiten bedeutet stets das Lösen eines "inversen" Problems, das heißt eines Problems, in dem der Output bekannt ist (die kontrolliert gewonnenen Daten) die Struktur des dafür verantwortlichen Prozesses jedoch nicht. In diesem Kreislauf sind somit die Hypothesen (Ideen über eine Liste von Prozessen oder deren Formeln) und die Daten der Input. Die Übereinstimmung von "berechneter" und gemessener Wirklichkeit ist in diesem streng formalen Teil des wissenschaftlichen Prozesses eine notwendige Nebenbedingung (Kontrollbedingung). Die Empfindlichkeitsanalyse, das heißt die Hierachie in den eingegebenen Hypothesen hinsichtlich der Erklärung der Daten, ist der wissenschaftliche Output (Bild 2).

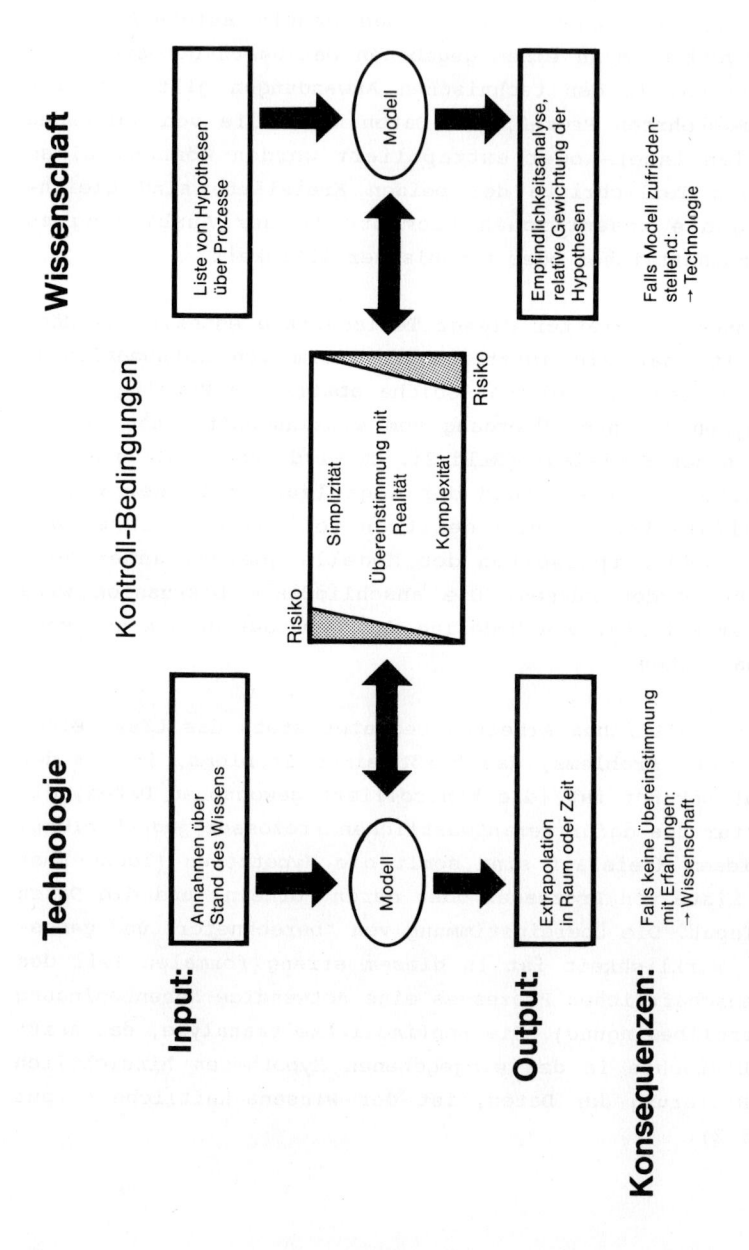

Bild 2: Die formalen Teilschritte der Modellanwendung in Wissenschaft und Technologie

Diese Empfindlichkeitsanalyse ist unmöglich, wenn das Modell überparametrisiert ist, das heißt viele Variablen werden im formalen Test als gleich wichtig eingeordnet. Deshalb ist das Risiko bei wissenschaftlichen Modellen stets auf der Seite der komplexen Modelle (Bild 2). Ein zu einfaches Modell wird immer noch die Null-Hypothese unterstützen und damit die Ausgangshypothese als unzureichend ablehnen (keine Übereinstimmung mit den Beobachtungen).

In der Anwendung von wissenschaftlichen Ergebnissen in der Technologie geht man davon aus, daß die geltenden Theorien für den beabsichtigten Zweck angemessen sind. Dies bedeutet, man übernimmt ohne Änderung die beste Anpassung aus der Wissenschaft. Der Output ist eine Extra- oder Interpolation der ursprünglichen wissenschaftlichen Daten und Erkenntnisse in Raum und/oder Zeit. Das Risiko bei der Modellanwendung liegt hier auf der Seite der zu einfachen Modelle (Bild 2). Hier sind Modelle abzulehnen, die nicht in der Lage sind, alle Ausgangsdaten widerspruchsfrei zu integrieren. Dies ist aber mit überparametrisierten Modellen i.d.R. möglich.

Diese elementare Beziehung zwischen Theorie und Praxis findet Ausdruck in der Parallelität von Wissenschaftsgeschichte und Kulturgeschichte. Am Beginn dieser Entwicklungen gehört der untere Kreislauf (Bild 1) zur Philosophie (= ursprüngliche Form von Wissenschaft), der obere Kreis hingegen zur Religion (= ursprünglichste Form von Technik). Es ist möglicherweise die gegenseitige Abstimmung bzw. Abschottung dieser Kreisläufe, die den Stand und die Entwicklung von Gesellschaften bestimmt.

Der gegensätzliche Umlaufsinn in beiden Kreisen führt zu dem Konflikt, daß die Modelle im oberen Kreis verabsolutiert bzw. dogmatisiert werden; im unteren jedoch frei zur Disposition stehen sollten. Im Laufe der menschlichen Entwicklung ist es immer mehr Wissenschaftlern gelungen, sich aus dem "dogmatischen" Griff des oberen Kreislaufes zu lösen. Als Preis wurde dabei die Zersplitterung in die verschiedenen wissenschaftlichen Disziplinen gezahlt. Am Anfang der Entwicklung naturwissenschaftlicher Disziplinen standen wahrscheinlich Probleme im "Praxis"-Kreislauf. Immer dann, wenn die Ergebnisse der geltenden Modelle von den Erfahrungen ihrer Anwendung abweichen, entsteht Bedarf für Wissenschaft. Die Forstwirtschaft liefert mit den neuartigen Waldschäden dazu ein aktuelles Beispiel.

Neue wissenschaftliche Disziplinen entstehen hiernach durch die Definition eigener Untersuchungsobjekte und -methoden, die frei sind von den "technischen" Zielen der Veränderung oder der Erhaltung. Vor dieser Loslösung von Technik sind neue Disziplinen jedoch durch Mischung aus technischen und wissenschaftlichen Aspekten gekennzeichnet. Der derzeitige Stand von Hydrologie und Ökologie liefert nach meiner Meinung dafür ein Beispiel.

Eine der historisch ersten Loslösungen war wahrscheinlich die der Mathematik infolge des Wunsches von Kaufleuten nach besseren Rechenmöglichkeiten, die Physik mag aus dem Bauhandwerk und die Astronomie aus der Schiffahrt stammen /1/. Die schnelle Entwicklung von weltumspannenden, industrialisierten Gesellschaften im Laufe der letzten hundert Jahre ist gekennzeichnet durch eine reibungslose Abstimmung zwischen bestimmten Techniken und Wissenschaften. Dies betrifft in beiden Kreisen die Wissenschaften und Techniken, die der Energie- und Stoffproduktion dieser Gesellschaften dienen.

In anderen Wissenschaften, insbesondere aus dem Bereich der Biologie, ist diese Abstimmung wesentlich schlechter entwickelt. Ich sehe hierin den Grund für die Zunahme von Problemen in der Umwelt von industrialisierten Gesellschaften. Dies findet im Fehlen einer kompletten Wissenschaftsdisziplin (Ökosystemforschung) seinen Ausdruck.

In den Naturwissenschaften existieren zwei grundlegend gegensätzliche Haltungen gegenüber diesen Umweltproblemen industrialisierter Gesellschaften: Eine "ökologische" und eine "ökosystemare". Ich werde im Sinne der oben benutzten Definitionen Ökologie als Technik und Ökosystemforschung als Wissenschaft behandeln. Tatsächlich ist heute die Ökologie eine Mischung aus beidem, in der die Technik überwiegt. Daher halte ich das Begriffspaar "Ökologie-Ökosystemforschung" für angemessen. Bei überwiegend wissenschaftlichem Charakter wäre "Ökotechnik-Ökologie" eine mögliche Alternative. Die folgenden zwei Abschnitte erläutern diese Unterscheidung:

- Ökologie: Die Ökologie ist weder durch ein eigenständiges Objekt, eine Theorie oder durch eigene Methoden ausgezeichnet und trägt damit alle Merkmale von Technik. Ökologische Probleme bedürfen keiner eigenständigen Wissenschaft, wohl aber einer einheitlichen Zielsetzung (Natur- und Umwelterhalt). Die Ökologie benutzt dabei die Methoden und Modelle aus den Naturwissenschaften. Ihre Anwendungen sind stets interdisziplinär (Bild 3). Die Botschaft dieser Technik besteht daher oft darin, Natur und Umwelt als ein ungeheuer komplexes und vernetztes Objekt darzustellen.

- Ökosystemforschung: Es gibt drei Mindestanforderungen für das Entstehen neuer wissenschaftlicher Disziplinen: Ein Gegenstand, eine Methode und eine Theorie. Die Ökosystemforschung erfüllt bereits die beiden ersten Voraussetzungen. Ihre Objekte sind terrestrische und aquatische Ökosysteme. Ihre Betrachtungsweise bei der Sicht von Natur und Umwelt unterscheidet sich damit von allen anderen Naturwissenschaften, die entweder Nahaufnahmen (Biologie, Chemie, etc.) oder Weitwinkel-Perspektiven (z.B. Geographie) von diesem Gegenstand abbilden. Ihre Methoden richten sich auf zwei wesentliche Erscheinungsformen von Ökosystemen: Den Stoff- und Energiefluß in und zwischen

Ökosystemen sowie den Informationsfluß in und zwischen Ökosystemen. Diese Methoden sind bereits zum Teil im Rahmen der Bodenkunde (soweit sie sich mit dem Stoffhaushalt von Ökosystemen befaßt hat) und der Populationsgenetik entwickelt worden. Diese Ansätze lassen sich nur auf Ökosystemebene integrieren und gehören zusammen in die (noch nicht existierende) Theorie der Ökosysteme.

Die grundsätzliche Botschaft dieser neuen Disziplin lautet, daß Ökosysteme nach einfachen Regeln und Prinzipien organisiert sind. Diese Regeln sind den anderen Wissenschaften aber so wenig zugänglich wie das Massenwirkungsgesetz für Kernphysiker. Die Stellung der Ökosystemforschung zu anderen Naturwissenschaften kann daher supradisziplinär genannt werden (Bild 3). Es entspricht in einigen Aspekten dem Verhältnis zwischen Chemie und Kernphysik.

3.19.2 MODELLE ZUR BODEN- UND GEWÄSSERVERSAUERUNG

Bei der Untersuchung der Folgen saurer Deposition in terrestrischen und aquatischen Ökosystemen treten die oben genannten Unterschiede exemplarisch auf: Die Modellansätze sehen das gestellte Problem entweder im Bereich von Technologie oder Wissenschaft.

Gewässerversauerung und auch neuartige Waldschäden können als Umweltprobleme auf der Ökosystemebene angesiedelt werden /2/. Wassereinzugsgebiete sind bei diesen Problemen ein häufiger Untersuchungsgegenstand. Sie erlauben die Messung von Input-Output Bilanzen terrestrischer Ökosysteme und sind gleichzeitig die kleinste Landschaftseinheit, die eine Untersuchung der Beziehung zwischen terrestrischen und aquatischen Systemen ermöglicht. Die folgenden Abschnitte beschreiben die Modellansätze zum Thema Gewässerversauerung.

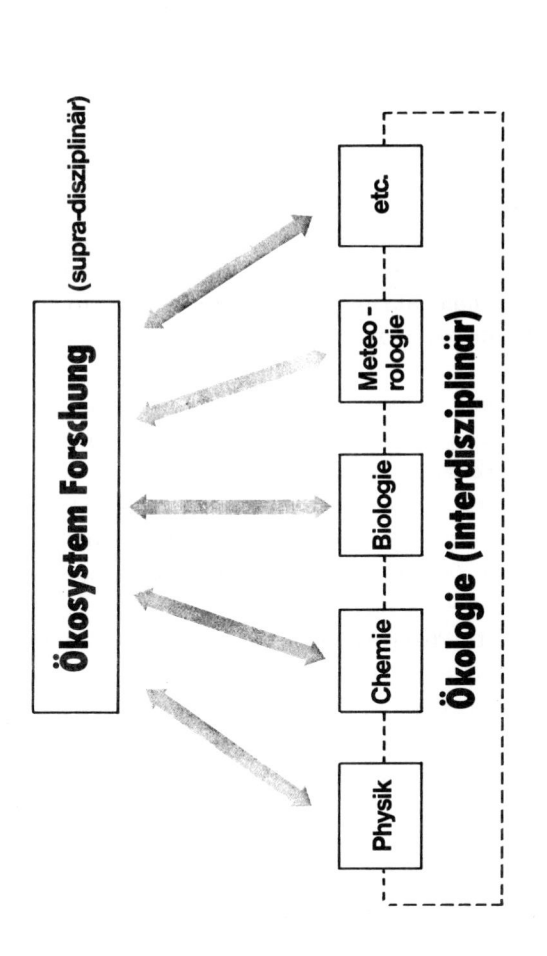

Bild 3: Die Stellung von Ökologie und Ökosystemforschung in den Wissenschaften

3.19.2.1 Technologische Ansätze zur Gewässerversauerung

Hier nimmt man an, daß der wissenschaftliche Stand der beteiligten Naturwissenschaften ausreicht, um das Problem zu behandeln (Bild 3). Diese Einstellung sieht die wissenschaftliche Verantwortung für Modellentwicklung verteilt auf die einzelnen wissenschaftlichen Disziplinen wie z.B. Physik, Chemie, Biologie, Hydrologie oder Bodenkunde (Bild 3). Der Ansatz kann als Beispiel für interdisziplinäres Arbeiten im Bereich der Ökologie verstanden werden. Es gibt in diesem Zusammenhang keine Notwendigkeit für eine Wissenschaft auf Ökosystemebene, die außerhalb der bestehenden wissenschaftlichen Strukturen steht (das heißt: die z.B. nicht Bodenkunde oder Hydrologie wäre).

Der Erfolg dieses Ausgangspunktes hängt davon ab, ob in den beteiligten Disziplinen bereits alle notwendigen Teilmodelle und Prozesse hinreichend bekannt sind. Ein Fehlschlagen des so entwickelten Ökosystemmodelles kann aus zwei Problemen entstehen, die ich das Maßstabsproblem und das Problem des fehlenden Prozesses nennen möchte:

Maßstab: Alle Teilprozesse des Modells sind auf einer höher aufgelösten Integrationsebene als der des Ökosystems abgeleitet worden. Ihre Anwendung auf der Ebene des Einzugsgebietes verlangt die Berücksichtigung der Unterschiede im räumlichen Maßstab.

Fehlender Prozeß: Einzelne der beteiligten wissenschaftlichen Disziplinen haben Schlüssel-Prozesse noch nicht ausreichend erforscht.

Die Entwicklung von Technologie ist ein formaler Prozeß (Bilder 1 und 2). Im strikten Sinne ist daher ein Weglassen aber keine Vereinfachung der gewählten physikalischen oder chemischen Teilmodelle erlaubt. Das Problem der Gewässerversauerung ist fast per Definition auf Ökosystemebene (Einzugsgebiet) angesiedelt. Die an diesem interdisziplinären Ansatz beteiligten Wissenschaften arbeiten jedoch alle auf anderen räumlichen Maßstäben.

Die Antwort eines technologischen Ansatzes auf dieses Problem ist meist eine vermehrte Messung von Zustandsvariablen des Einzugsgebietes. Das Ökosystem wird dabei als eine diskrete Ansammlung von Bodenprofilen, Pflanzenpopulationen, geologischen Schichten, etc. angesehen. Alle diese Einheiten müssen durch repräsentative Messungen beschrieben werden. Selbst die umfangreichsten Felduntersuchungen in Ökosystemen haben demonstriert, daß dies technisch nicht möglich ist.

Ein typisches Einzugsgebiet-Projekt, das auf diesem Ansatz aufbaut, wird daher zusätzlich versuchen, die Theorie der einzelnen Zustandsvariablen zu vereinfachen. Das Ergebnis ist dann eine Mischung aus diesen beiden Maßnahmen, wie sie z.B. im ILWAS Modell vorliegt /3/: Einige wichtige Zustandsvariablen (Abflußmenge und -chemie, Status der Bodenlösung) unterliegen hohen räumlichen und zeitlichen Auflösungen bei der Probenahme. Außerdem wurden nicht-lineare Modelle der Bodenwasserbewegung (Fokker-Planck-Gleichung) durch lineare Annäherungen ersetzt.

Diese Vereinfachungen sind aber willkürlich, da sie nicht von der Teildisziplin entschieden werden, sondern von Kriterien auf der Ökosystemebene abhängen. Dieser Ökosystemaspekt als Teil der Theoriebildung wurde jedoch eingangs dieses Abschnittes ausgeschlossen. Der Technologieansatz basiert auf der wissenschaftlichen Annahme, Teile des Ökosystems seien leichter zu verstehen als das Ganze.

Der technologische Ansatz kann daher zu einem inneren Widerspruch führen, wenn er Ökosystemaspekte zu berücksichtigen hat. Diese Probleme treten am deutlichsten zu Tage bei Prozessen, die nur geringe Aufmerksamkeit in der zuständigen Disziplin erfahren haben, die aber eine Schlüsselstellung für das Ökosystem einnehmen. Beispiele sind die trockene Deposition, die Silikatverwitterung oder Fließwege in Einzugsgebieten.

Eine Reihe von Forschungsprogrammen zum Thema der Gewässerversauerung spiegeln diese Probleme wider. Zuerst nahm in den vergangenen zehn Jahren die Intensität (und die Kosten) der Messungen zu. Dies war eine Reaktion auf das Maßstabsproblem. Heute versucht man verstärkt fehlende Kenntnisse zu möglichen Schlüsselprozessen zu bearbeiten. Die modernen Leit-Begriffe in Forschungsanträgen sind "prozeß-orientiert" und "interdisziplinär". Solange der Technologieansatz beibehalten wird, bedeutet das, man erwartet die Lösung des wissenschaftlichen Problems außerhalb der Ökosystemebene. Z.B. zum Thema der trockenen Deposition in der Meteorologie oder bei den Fließwegen in der Hydrologie. Da diese Disziplinen ihre Theorien nicht auf der Ebene ableiten, auf der das Problem auftritt (Gewässerversauerung, Waldschäden), bleibt ein Fehlschlagen dieser Theorien auf Ökosystemebene oft folgenlos. Es ist nicht üblich, etwa hydrologische Konzepte zu verwerfen, weil sie Beobachtungen auf der Systemebene z.B. über die Chemie des Bodenwassers widersprechen.

3.19.2.2 Wissenschaftliche Ansätze zur Gewässerversauerung

Für die folgende Diskussion sei angenommen, es gäbe eine wissenschaftliche Disziplin auf der Ebene des Ökosystems (Ökosystemforschung). Diese Wissenschaft soll die Möglichkeit besitzen, Konzepte aus anderen Disziplinen abzulehnen, wenn diese den Beobachtungen am Ökosystem widersprechen. Das heißt, sie verlangt einen Test gegenüber einer Ebene der stärkeren Integration (das Ökosystem). Dies steht im Gegensatz zur üblichen wissenschaftlichen Tradition, solche

Konzepte nur gegenüber einer höheren Auflösung zu testen (z.B. chemische Modelle an den Theorien der Physik).

Die Ökosystemforschung wird ebenfalls Modelle entwickeln. Die Probleme dieser Form der Modellentwicklung lassen sich entsprechend dem Technologieansatz gliedern. Das Maßstabs-Problem wandelt sich hier in ein Verknüpfungs-Problem:

- **Verknüpfung**: Die Theorien und Modelle, die auf dieser Integrationsebene abgeleitet werden, bedürfen einer Verknüpfung mit den übrigen Naturwissenschaften auf den höher aufgelösten Ebenen.

- **Fehlender Prozeß**: Die Ökosystemforschung als neue Wissenschaft besitzt zu Beginn nur wenige formale Modelle. Ansätze lassen sich in den Bereichen der Ökologie, der Populationsgenetik, der Bodenkunde oder der Hydrologie finden.

Ein Beispiel für ein wissenschaftliches Modell auf der Ökosystemebene kann das MAGIC-Modell geben /4,5/. Bei einem anderen Modell, bei dem sogenannten Birkenes-Modell hat sich gezeigt, daß seine Vereinfachungen zu weit gehen /6,7/. Das Birkenes-Modell hat damit einen wissenschaftlichen Zweck erfüllt, während es für Technologie-Fragen unbrauchbar ist. Auch das MAGIC-Modell wurde aufgrund seiner Einfachheit beim Einsatz als Prognose-Instrument kritisiert /8,9/. Umgekehrt ist das ILWAS-Modell die konsequenteste Anwendung eines Technologie-Ansatzes auf diesem Gebiet. Es eignet sich wenig zum Test von wissenschaftlichen Hypothesen über die Ursachen der Gewässerversauerung /3,8/.

Der Erfolg von Modellen im Hinblick auf die jeweilige Zielsetzung hängt davon ab, inwieweit die Beobachtungsdaten beschrieben werden. Diese Übereinstimmung wird oft falsch interpretiert: sie ist nicht das Ergebnis sondern die Voraussetzung einer Modellanwendung (Bild 2). Darin ähneln

Modelle der Funktion der Naturwissenschaften. Auch dort ist die Korrespondenz der Begriffe mit den Erfahrungen der Realität eine Voraussetzung. Das Ergebnis ist, inwieweit es gelingt Modelle zu entwickeln, die gleichermaßen von Technik und Wissenschaft benutzt werden können. Nach diesem Kriterium sind Modelle der Gewässerversauerung noch unvollständig, wie es durch den Gegensatz von ILWAS- und MAGIC-Modell deutlich wird.

3.19.3 KONSEQUENZEN FÜR DEN FORSCHUNGSBETRIEB

Die Unterscheidung der beiden Ansätze, Gewässerversauerung als ein Problem von Teildisziplinen oder von Ökosystemforschung zu sehen, erklärt eine Reihe von typischen Problemen in Forschungsprogrammen. Einzugsgebiets-Projekte mit ökosystemarem Ansatz befassen sich meist mit dem Problem des "fehlenden Prozesses". Dieser Ansatz geht davon aus, daß das Problem auf der wissenschaftlich angemessenen Integrationsebene angegangen wird. Dadurch treten Überlegungen über die Repräsentativität der Messungen in den Hintergrund. Das Ziel ist eine Prozeßidentifikation.

In Projekten mit einem Ansatz, der Gewässerversauerung als angewandte Wissenschaft und damit Technologie sieht, liegen die Schwerpunkte umgekehrt. Hier fällt prozeß-orientiertes Arbeiten in die verschiedenen Teildisziplinen. Diese grundsätzlichen Unterschiede resultieren in stark verschiedenen Chancen in ein Forschungs-Förderungsprogramm zu gelangen.

Die meisten Förderungsorgane sahen oder sehen Umweltprobleme wie Gewässerversauerung oder neuartige Waldschäden im Bereich angewandter Wissenschaften. Da angewandte Wissenschaft mit formalen Schritten beginnt (Bild 1) sind neue wissenschaftliche Ideen meist benachteiligt eine Projekt "review-Phase" zu passieren. So wenig wie ein Modell formal zeigen kann was der fehlende Prozeß ist, so wenig kann dies ein wissenschaftlicher Antrag auf der Ökosystemebene. Solche Anträge erscheinen als inadequate Technologie.

Alle Beteiligten haben in den vergangenen Jahren von den "technologischen" Verbesserungen dieser Forschung profitiert. Wir haben bessere Möglichkeiten in der chemischen Analyse, in der Feldmessung und in der EDV. Es besteht jedoch eine Gefahr, daß diese Kriterien immer mehr Gewicht in der Förderungspolitik erhalten. Damit wächst das Risiko, daß aus der Annahme Umweltprobleme seien angewandte Wissenschaft, ein Zirkelschluß wird.

Solange die Grundannahme (angewandte Wissenschaft) nicht in Frage gestellt werden kann, führt ein Fehlschlagen von Projekten nur zu einem Ruf nach noch mehr interdisziplinärer Forschung. Das Problem könnte dabei mit jedem interdisziplinären Umlauf in den Teildisziplinen immer komplizierter erscheinen. Ich will nicht behaupten, daß wir bereits von einem Fehlschlagen des Technologieansatzes reden können. Die Art wie diese Forschung organisiert ist, macht es aber zunehmend schwieriger, darüber nachzudenken. Die Ökosystemforschung könnte hier eine wichtige Rolle übernehmen, falls es ihr gelingt, als vollwertige Wissenschaft anerkannt zu werden. Es mag ironisch klingen, daß diesen Versuchen gerade mit dem Argument, Umweltprobleme seien unvorstellbar kompliziert, begegnet wird.

3.19.4 SCHRIFTTUM

/1/ KLEMES, V. (1986): Dilettantism in Hydrology: Transition or Denstiny. Water Resources Research 22S, S. 177 - 187.

/2/ HAUHS, M.; ULRICH, B. (1989): Decline of European Forests (Scientific correspondence). Nature, 339, S. 265.

/3/ FENDICK, E.A.; GOLDSTEIN, R.A. (1987): Response of two Adirondack watersheds to acidic deposition. Water Air Soil Pollution, 33, S. 45 - 56.

/4/ COSBY, B.J.; HORNBERGER, G.M.; GALLOWAY, J.N.; WRIGHT, R.F. (1985): Modeling the effects of acid deposition: Assessment of a lumped parameter model of a soil water and stream water chemistry. In: Water Resources Research, 21, S. 51 - 63.

/5/ WRIGHT, R.F.; COSBY, B.J.; HORNBERGER, G.M. (1989): A regionalized model to predict acidification of lakes and soils in southernmost Norway. Nature (in press).

/6/ CHRISTOPHERSEN, N.; SEIP, H.M.; WRIGHT, R.F. (1982): A model of streamwater chemistry at Birkenes. Norway, Water Resources Research 18, S. 977 - 996.

/7/ SEIN, H.M.; ANDERSEN, D.O.; CHRISTOPHERSEN, N., SULLIVAM, T.J.; VOGT, R. (1989): Variations in concentrations of aqueous Aluminium and other chemical species during hydrological apisodes at Birkenes, southernmost Norway, J. Hydrology (in press).

/8/ REUSS, J.O.; CHRISTOPHERSEN, N.; SEIP, H.M. (1986): A critique of models for fresh water and soil acidification. Water Air and Soil Pollution 30, S. 909 - 930.

/9/ WRIGHT, R.F.; COSBY, B.J. (1986): Use of a process-oriented model to predict acidification at manipulated catchments in Norway. In: Atmospheric Environment, 21, S. 727 - 730.

THEMENBEREICH 4:

WIRKUNGEN AUF DIE LEBENSGEMEINSCHAFTEN DER FLIESSGEWÄSSER

4.1 FLOHKREBSE (GAMMARUS) ALS INDIKATOREN FÜR SAUERSTOFFSCHWUND UND VERSAUERUNG IN FLIESSGEWÄSSERN

von M.P.D. Meijering, Witzenhausen

4.1.1 EINLEITUNG

Das Vorkommen von Flohkrebsen (Gammarus) in Fließgewässern verschiedener Größe hängt von einer Reihe biotischer und abiotischer Voraussetzungen ab, die in ihrer Gesamtheit die Lebensansprüche dieser Tiere erfüllen; sie wurden bereits früher charakterisiert /1/. Unter naturnahen Bedingungen kommen Gammariden in fast allen Flüssen und Bächen Mitteleuropas vor und sie besiedeln darüber hinaus auch viele Quellen. Die Denaturierung von Fließgewässern, wie sie etwa im Bereich der Strukturmerkmale eines Gammarus-Biotops durch Versiegelung des Bachgrundes entsteht, oder wie sie sich aus anthropogenen Verschiebungen im Bereich des chemischen Milieus ergibt, etwa durch die Einleitung von Abwässern, vertreibt die Gammariden und mit ihnen viele weitere Bachbesiedler oder Flußbewohner. Das Fehlen von Gammarus wirft demnach durchweg die Frage auf, welche anthropogenen Veränderungen an und im Gewässer den Ausfall bedingten. Zu solchen können auch die letztlich auf Luftschadstoffe zurückgehenden und damit anthropogen verstärkten Versauerungen gerechnet werden. Ihre hohe H-Ionen-Konzentration beeinträchtigt die Atmungsrahmenbedingungen für Gammarus und verursacht Schadwirkungen, die denen in Abwasserfahnen gleichen /1,2,3/.

4.1.2 ARTBESTIMMUNG

In deutschen Fließgewässern sind ursprünglich drei Gammarus-Arten beheimatet, G. roeseli, G. pulex und G. fossarum, wovon erstere vorwiegend Flüsse besiedelt (Flußflohkrebs), die zweite Flüsse und Bäche (Gemeiner Flohkrebs) und schließlich die dritte nur Bäche (Bachflohkrebs). Zwei weitere Arten sind in jüngerer Vergangenheit in das Einzugsgebiet des Rheines eingewandert (G. berilloni) oder wurden in Brackwasserflüssen und -kanälen ansässig (G. tigrinus) und sollen hier nicht berücksichtigt werden. Wegen ihrer Bedeutung für die Beurteilung einer Sauerstoffversorgung oder einer Versauerung in Fließgewässern sollen nachstehend die wichtigsten Bestimmungsmerkmale zusammengestellt werden, die eine Unterscheidung der drei ursprünglichen Gammarus-Arten hiesiger Bäche und Flüsse zulassen /4/.

Zunächst wird festgestellt, ob es sich bei einem Gammarus um G. roeseli handelt, der dann mit bloßem Auge sichtbare, rückwärts weisende Zähne an den Metasomen haben muß. Fehlen diese, kommen die beiden anderen Arten in Betracht, die an der Form der III. Uropoden sowie (bei Benutzung eines Binokulars 40x) der vorhandenen (pulex) oder fehlenden (fossarum) Bewimperung der Außenborsten am längeren Außenast dieser hintersten Beine zu unterscheiden sind. Männchen von G. pulex zeichnen sich zudem durch stark beborstete II. Antennen aus (Mitte). Unsicher sind Farbmerkmale, sie können jedoch beim Vorsortieren nützlich sein. G. roeseli ist grau-grün bis grau-braun und weist zumeist rote Punkte oder schrägstehende Striche an der Seite auf. Diese roten Flecken findet man häufig auch bei dem sonst braunen G. fossarum, jedoch nie bei dem grauen oder orange-braunen G. pulex. Nur lokal kommen pulex-Populationen mit orange-farbenen Punkten vor, z.B. im Kaufunger Wald.

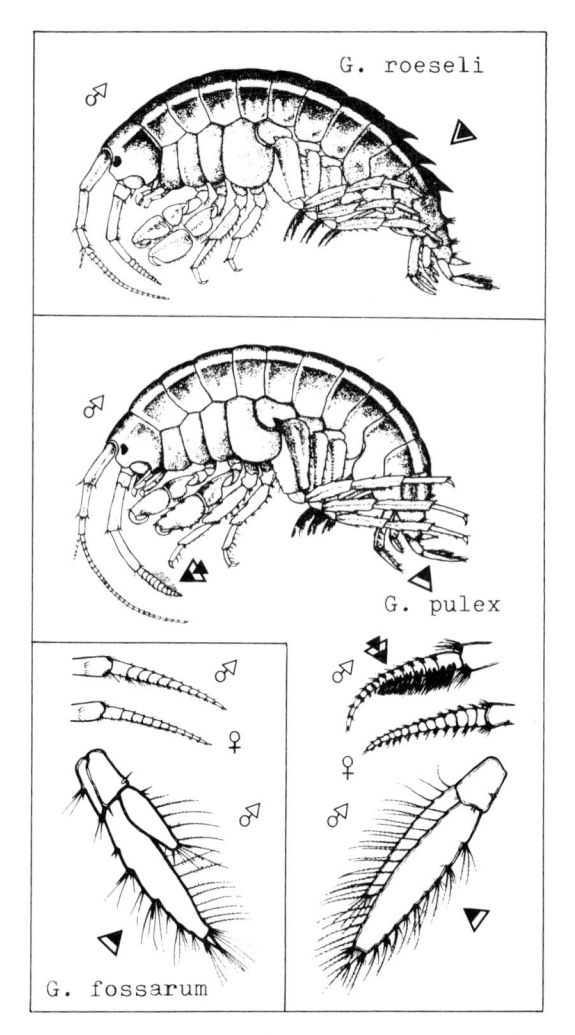

Bild 1: Bestimmungsmerkmale von Fließgewässer-Gammariden. Habitusbilder der Männchen von Gammarus roeseli und G. pulex, II. Antennen von Männchen und Weibchen von G. fossarum und G. pulex (Mitte) sowie III. Uropoden von Männchen von G. fossarum und G. pulex (unten)

4.1.3 ABWASSERGESCHÄDIGTE GAMMARUS-POPULATIONEN

In Abwasserfahnen fallen die drei Gammarus-Arten in charakteristischer Reihenfolge aus, d.h. zunächst G. fossarum, dann G. pulex und schließlich G. roeseli. Diese etwas abgestufte Resistenz gegenüber den im Rahmen der Sauerstoffzehrung in Abwasserfahnen entstehenden O_2-Defiziten beruht auf unterschiedlichen Anpassungen an in Bächen und Flüssen verschiedenen natürlichen Schwankungen des O_2-Gehalts /5/. Nachfolgend soll nun diese Reihenfolge an einem aktuellen Beispiel demonstriert werden, verbunden mit der Auswirkung einer schließlich erfolgten Gewässersanierung, welche die Entwicklung umkehrte.

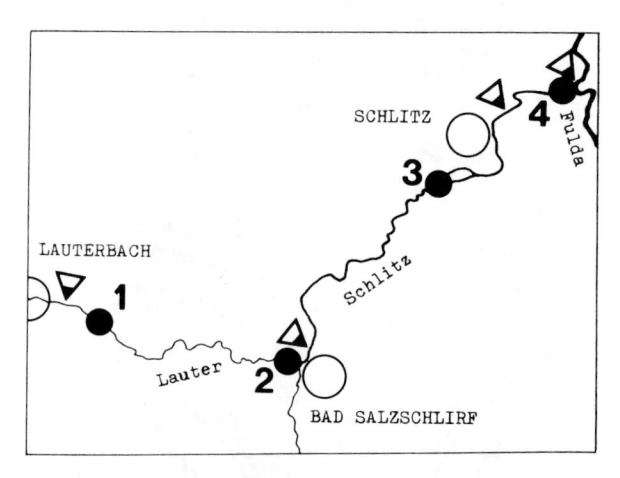

Bild 2: Probestellen in Lauter und Schlitz sowie Einläufe der Klärwerke von Lauterbach, Bad Salzschlirf und Schlitz (altes und neues Klärwerk)

In Bild 3 spiegeln sich folgende Vorgänge wider: Im Jahre 1970, als sich in der Lauter unterhalb Lauterbachs nur G. roeseli fand sowie sporadisch G. pulex und G. fossarum, letztere wohl aus nahen Seitenbächen stammend, war die Kläranlage der Stadt bereits überlastet. Die in der nachfolgenden Abwasserfahne sich entfaltende O_2-Zehrung ließ

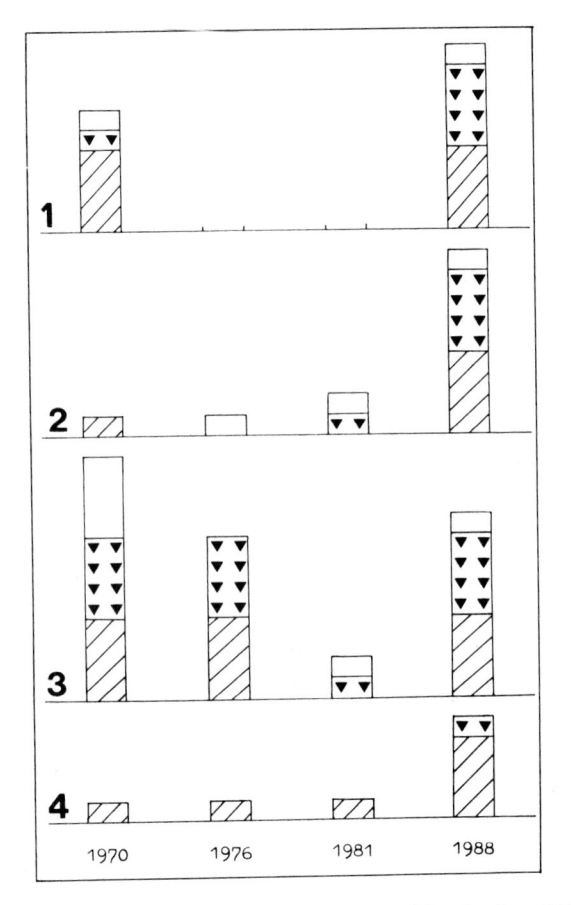

Bild 3: Auftreten von Gammarus roeseli (schraffiert), G. pulex (Dreiecke) und G. fossarum (weiß) in Lauter und Schlitz von 1970 bis 1988. Hohe Säulen = reichlich, niedrige Säulen = sporadisch vertreten

kurz vor Bad Salzschlirf bei der Probestelle 2 nur sporadisches Auftreten von Gammariden zu, die dagegen kurz vor der Stadt Schlitz im gleichnamigen Flüßchen in allen drei Arten reichlich vorkamen. Durch die Einleitungen des damals völlig überlasteten Schlitzer Klärwerks wurden die Gammariden bis auf Reste von G. roeseli vernichtet, bevor die

Schlitz in die s.Zt. ebenfalls stark belastete und fast Gammarus-freie Fulda einmündete /6/. Im Jahre 1976 hatte sich die Situation insofern geändert, als zahlreiche Kanalanschlüsse nach Lauterbach eingemeindeter Dörfer das städtische Klärwerk dort weiter belasteten, so daß es schließlich funktionsuntüchtig wurde. Dieses führte zur vollständigen Vernichtung der Gammariden in der Lauter bei Probestelle 1, hielt den bestehenden negativen Zustand bei Probestelle 2 aufrecht und brachte weiterhin G. fossarum in der Schlitz bei der Probestelle 3 zum Verschwinden. Bei Probestelle 4 änderte sich nichts. Im Jahre 1981 war die gesamte Fließstrecke von Lauterbach bis unterhalb von Schlitz fast frei von Gammariden.

Im Jahre 1975 wurde eine moderne Kläranlage in Bad Salzschlirf in Betrieb genommen, deren positive Auswirkung auf das chemische Milieu der Schlitz von /7/ beschrieben wurde. Die schwere und in der Zeit weiter zunehmende Beeinträchtigung des Gewässersystems durch die Einleitungen der Stadt Lauterbach überlagerten diesen Effekt jedoch derart, daß die Gammarus-Populationen der Schlitz sich nicht entfalten konnten.

In 1980 eröffnete die Stadt Schlitz ihr neues Klärwerk an der Fulda und schloß die alte Anlage. Im Jahre 1985 schließlich wurde das neue Lauterbacher Klärwerk eröffnet. Die Nachuntersuchung im Dezember 1988 ergab nun eine schon sehr weitgehende Restauration der Gammarus-Besiedlung: G. roeseli ist überall wieder reichlich vertreten, G. pulex ebenfalls, nur noch nicht ausreichend in der unteren Schlitz, und G. fossarum schließlich tritt von Probestelle 1 bis 3 zumindest sporadisch auf.

Das Beispiel verdeutlicht die schon genannte Verträglichkeitsreihe roeseli-pulex-fossarum, die sich immer wieder bestätigte, so u.a. auch im Pfuhlgraben bei Wehrda, einem Zufluß der Haune, wo längerfristige vergleichende Untersuchungen stattfanden /8,9,10/.

4.1.4 SÄUREGESCHÄDIGTE GAMMARUS-POPULATIONEN

Versauerungen findet man durchweg nur in Bachoberläufen, soweit diese in schwach pH-gepufferten Landschaften liegen. G. roeseli kommt in solchen auch aus anderen ökologischen Gründen nicht vor, lebt vielmehr in größeren Fließgewässern und dort auch in vor der Strömung geschützten Bereichen /11,12,13/. Dort hat sich in aller Regel bereits eine ausreichende Pufferkapazität aufgebaut, so daß G. roeseli von Versauerungen nicht betroffen ist. Anders ist das schon bei G. pulex, der gelegentlich in Bächen sogar bis zu Quellen vordringt /14/ und besonders bei G. fossarum, dem eigentlichen Bachflohkrebs. Beide sind gegen Erhöhungen der H-Ionen-Konzentration empfindlich, G. fossarum noch mehr als G. pulex. Als Beispiel hierfür mögen drei Schlitzerländer Seitenbäche der Fulda dienen, die längerfristig untersucht wurden. U.a. führte /15/ in ihnen Untersuchungen zu den Zeitplänen der beiden nahe verwandten Gammarus-Arten aus, die er hierzu in durchströmten Hälterungsgefäßen der fließenden Welle des Troßbachs, des Rimbachs und des Eisenbachs exponierte. Schwere Niederschläge nach längerer Trockenheit töteten alle Versuchstiere im Troßbach, manche auch im Rimbach und keine im Eisenbach: Es waren mehr oder weniger ausgeprägte Säureschübe durch die Bäche gelaufen, womit deren Auswirkung auf Gammariden gewissermaßen zufällig entdeckt wurde. Die besonders im Troßbach starken Säureschübe und eine damit verbundene Erhöhung der Elektrolytgehalte zeigt Bild 4. Die sehr unterschiedliche Pufferkapazität dieser Bäche wurde damit deutlich.

Experimentelle Untersuchungen zur Säureresistenz von G. pulex und G. fossarum, die daraufhin stattfanden, belegten eindeutig die größere Empfindlichkeit von G. fossarum gegen Versauerungen /2/ und gaben damit die Möglichkeit, das Verbreitungsmuster der beiden Gammarus-Arten in den genannten drei Bächen zu erklären.

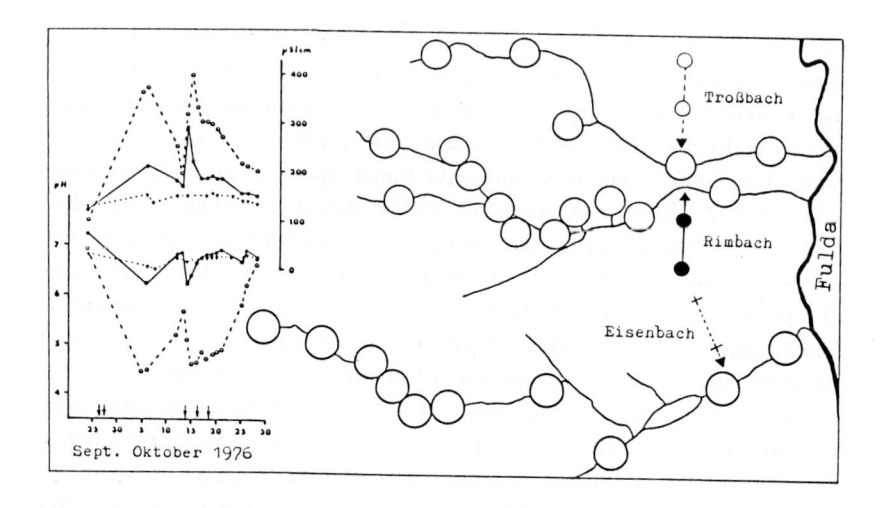

Bild 4: Schlitzerländer Nebenbäche der Fulda, in denen Säure- und Elektrolytschübe unterschiedlicher Stärke auftreten. Linke Kurven aus /15/; dort weisen Pfeile auf Starkniederschlagsereignisse hin.

Bild 5 zeigt die Verbreitung von G. fossarum in 1968 und 1982, an der sich zwischenzeitlich nichts geändert hatte, sowie einen markanten Rückzug von G. pulex von 1968 bis 1982.

Die Verbreitungskarten lassen die Deutung zu, daß der Troßbach schon 1968 so sauer war, daß sich nur noch G. pulex darin hielt. Ähnlich verhielt es sich mit einem Oberlauf des Eisenbachs, dessen strömungsreicher Unterlauf allerdings bei guter Pufferkapazität bisher ein ausschließlicher G. fossarum-Biotop blieb. Im Rimbach dagegen hielten sich beide Arten nebeneinander. Eine zunehmende Versauerung der Oberläufe vom Troßbach und einem Eisenbachzulauf betraf nun G. pulex und drängte ihn, wie wohl schon vor Jahren auch G. fossarum, aus diesen Bächen hinaus.

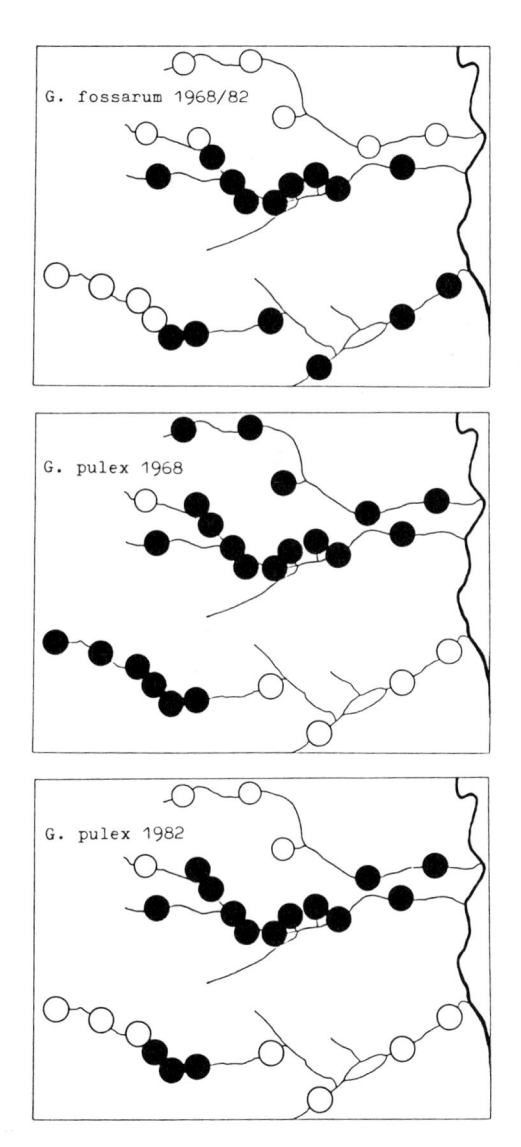

Bild 5: Verbreitung von Gammarus fossarum und G. pulex sowie Rückgang von G. pulex in Schlitzerländer Nebenbächen der Fulda (1968 - 1982)

Längerfristige Vergleiche der Gammarus-Fauna zwischen 1968 und 1982 wurden außer in den genannten drei in allen weiteren Bächen des Schlitzerlandes durchgeführt. Dabei zeigte sich ein allgemeiner Rückgang der Gammariden, der teilweise durch Abwässer und somit vorwiegend durch Sauerstoffschwund verursacht wurde, in anderen Fällen aber auch durch Bachversauerungen, wie aus dem Bild 6 zu ersehen ist. Bei dieser Darstellung ist zu berücksichtigen, daß in der ersten pH-Gruppe 33, in der zweiten 67 und in der dritten 12 Probenstellen vertreten waren /16,17/. Von im Jahre 1968 untersuchten 112 Probestellen, die alle als potentielle Gammarus-Biotope gelten konnten, waren zum ersten Untersuchungszeitpunkt 94 tatsächlich mit Gammariden besetzt, im Jahre 1982 dagegen nur noch 82.

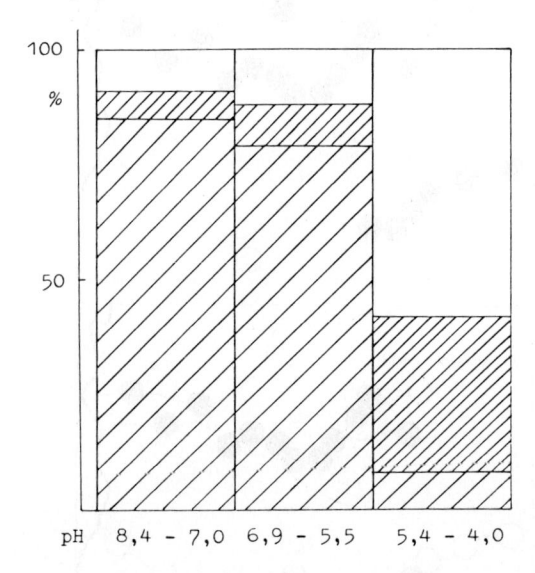

Bild 6: Probestellen (n = 112) in Bächen des Schlitzerlandes nach pH-Messungen von 1982, eingeteilt in 3 Säurestufen. Weite Schraffur = Anteil der in 1982 mit Gammarus besetzten, enge Schraffur = Anteil der seit 1968 von Gammarus geräumten Probestellen, weiß = schon 1968 kein Gammarus

Eine sehr umfangreiche Untersuchung dieser Art wurde inzwischen im gesamten Einzugsgebiet von Fulda und Eder durchgeführt. Dabei ergaben sich neben zahlreichen anderweitig, insbesondere durch Abwässereinleitungen bedingte Ausfälle von Gammarus auch viele, die auf die Versauerung von Bachoberläufen zurückgeführt werden mußten. In erster Linie betraf es solche in den Hochlagen des Buntsandsteins in Nord- und Osthessen sowie auf devonischen Grauwacken im Rothaargebirge, wogegen besser gepufferte Landschaften, wie etwa die Hohe Rhön und der Hohe Vogelsberg, von Gammariden durchgängig besiedelt waren, sofern nicht Abwässer oder andere Schadfaktoren sie verdrängten /18,19,20,21,22,23,24/.

4.1.5 SCHRIFTTUM

/1/ MEIJERING, M.P.D. (1982): Zum Lebensformtypus Gammarus und dessen Indikationswert für Fließgewässerschäden. Natur und Mensch 1982, S. 133 - 138.

/2/ BREHM, J.; MEIJERING, M.P.D. (1982): Zur Säure-Empfindlichkeit ausgewählter Süßwasser-Krebse (Daphnia und Gammarus, Crustacea). Arch. Hydrobiol. 95, S. 17 - 27.

/3/ MEIJERING, M.P.D.; PIEPER, H.G. (1982): Die Indikatorbedeutung der Gattung Gammarus in Fließgewässern. Decheniana-Beihefte (Bonn) 26, S. 111 - 113.

/4/ HOFFMANN, J. (1963): Faune des Amphipodes du Grand-Duché de Luxembourg. Arch. Inst. G.D. Luxembourg 29, S. 77 - 128.

/5/ BREHM, J.; MEIJERING, M.P.D. (1982): Fließgewässerkunde. Quelle & Meyer Heidelberg, 311 S.

/6/ MEIJERING, M.P.D. (1977): Neues Leben in der Fulda? Umschau 77, S. 475 - 477.

/7/ BREHM, J. (1977): Die Schlitz, eine Abwasserrinne des Vogelsbergkreises. Beilage des "Schlitzer Bote" vom 1. Oktober 1977.

/8/ MEIJERING, M.P.D.; HAGEMANN, A.G.L.; SCHÖER, H.E.F. (1974): Der Einfluß häuslicher Abwässer auf die Verteilung von Gammarus pulex L. und Gammarus fossarum Koch in einem hessischen Mittelgebirgsbach. Limnologica (Berlin) 9, S. 247 - 259.

/9/ SCHOLZ, E.; MEIJERING, M.P.D. (1975): Vergleichende Untersuchungen zur Abwasserresistenz von Gammarus pulex L. und Gammarus roeseli Gervais in osthessischen Fließgewässern. Beitr. Naturkde. Osthessen 9/10, S. 81 - 85.

/10/ MEIJERING, M.P.D. (1987): Die Gammarus-Fauna im Pfuhlgraben-Bachsystem bei Wehrda - ein längerfristiger Vergleich -. Beitr. Naturkde. Osthessen 23, S. 71 - 79.

/11/ ROUX, A.L. (1967): Les Gammares du Groupe pulex (Crustacés: Amphipodes). Diss. Lyon, 172 S.

/12/ ROUX, A.L. (1969): L'extension de l'aire de répartition géographique de Gammarus roeseli en France nouvelles données. Ann. Limnol. 5, S. 123 - 127.

/13/ MEIJERING, M.P.D. (1972): Experimentelle Untersuchungen zur Drift und Aufwanderung von Gammariden in Fließgewässern. Arch. Hydrobiol. 70, S. 133 - 205.

/14/ MEIJERING, M.P.D. (1971): Die Gammarus-Fauna der Schlitzerländer Fließgewässer. Arch. Hydrobiol. 68, S. 575 - 608.

/15/ TEICHMANN, W. (1982): Lebensabläufe und Zeitpläne von Gammariden unter ökologischen Bedingungen. Arch. Hydrobiol./Suppl. 64, S. 240 - 306.

/16/ MEIJERING, M.P.D. (1984): Die Verbreitung von Indikator-Arten der Gattung Gammarus im Schlitzerland (Osthessen) in 1968 und 1982. Materialien (Hrsg. Umweltbundesamt) 1/84, S. 96 - 105.

/17/ MEIJERING, M.P.D. (1984): Auswirkungen saurer Niederschläge auf Bäche. Wissenschaft und Umwelt 2, S. 102 - 104.

/18/ JAHR, W.; MEIJERING, M.P.D.; WÜSTENDÖRFER, W. (1980): Zur Situation der Gattung Gammarus (Flohkrebse) im Vogelsberg. Beitr. Naturkde. Osthessen 16, S. 3 - 12.

/19/ TEICHMANN, W.; MEIJERING, M.P.D. (1981): Zur Situation der Gattung Gammarus im Kaufunger Wald. Beitr. Naturkde. Osthessen 17, S. 71 - 84.

/20/ PIEPER, H.G.; MEIJERING, M.P.D. (1981): Zur Situation der Gattung Gammarus im Abflußgebiet der oberen Fulda. Beitr. Naturkde. Osthessen 17, S. 61 - 69.

/21/ PIEPER, H.G.; MEIJERING, M.P.D. (1982): Zur Situation der Gattung Gammarus im Abflußgebiet der unteren Fulda. Beitr. Naturkde. Osthessen 18, S. 17 - 24.

/22/ PIEPER, H.G.; MEIJERING, M.P.D. (1983): Zur Situation der Gattung Gammarus im Abflußgebiet von Eder und Diemel. Beitr. Naturkde. Osthessen 19, S. 75 - 84.

/23/ WULFHORST, J. (1984): Flohkrebse (Crustacea: Amphipoda) und Asseln (Crustacea: Amphipoda) in der Schwalm, einem nordhessischen Mittelgebirgsfluß. Beitr. Naturkde. Osthessen 20, S. 97 - 108.

/24/ MEIJERING, M.P.D.; PIEPER, H.G. (1985): Zur Verbreitung von Gammarus (Crustacea: Amphipoda) im Fulda-Eder-Abflußgebiet, mit besonderer Berücksichtigung der Bachversauerung. Mitt. Erg. Stud. Ökol. Umwelts. 10, S. 91 - 123.

4.2 UNTERSUCHUNGEN ZUR PH-TOLERANZ VON BAKTERIEN AUS QUELLNAHEN BÄCHEN MIT UNTERSCHIEDLICHEN PH-WERTEN

von J. Marxsen, Schlitz

4.2.1 EINLEITUNG

Während über die Folgen der Versauerung von Bächen für Tiere und Pflanzen schon zahlreiche Untersuchungen durchgeführt wurden, ist über die Wirkung auf Biozönosen heterotropher Mikroorganismen kaum etwas bekannt /1/. Die hier vorgelegten Resultate über die pH-Ansprüche von Bakterien aus quellnahen Bächen mit saurem bis schwach alkalischem Wasser zeigen zwar kein abgerundetes Bild über die Unterschiede von Bakterien-Biozönosen in versauerten oder sauren Bächen im Vergleich mit nicht beeinträchtigten Gewässern. Sie geben jedoch erste Aufschlüsse über die Wirkung niedriger pH-Werte auf Bakteriengemeinschaften in Fließgewässern.

4.2.2 DIE UNTERSUCHTEN GEWÄSSER

In der Mittelgebirgs-Landschaft um Schlitz (Osthessen) befinden sich zahlreiche kleine Bäche, die auf Grund differierender geologischer Gegebenheiten und verschiedenartiger anthropogener Nutzungen ihrer Einzugsgebiete deutliche Unterschiede im Gewässerchemismus aufweisen. So gibt es Bäche mit pH-Werten von zeitweise unter 4 oder über 8. Diese Gewässer eignen sich daher gut für Untersuchungen über den Einfluß des pH auf Mikroorganismen-Biozönosen.

Der **Breitenbach** (Btb) ist ein kleiner Bach auf Buntsandstein-Untergrund, der nach etwa 4 km Fließstrecke in die Fulda mündet (Bild 1). Sein Einzugsgebiet ist überwiegend bewaldet. Im oberen Abschnitt steht der Wald noch ± dicht

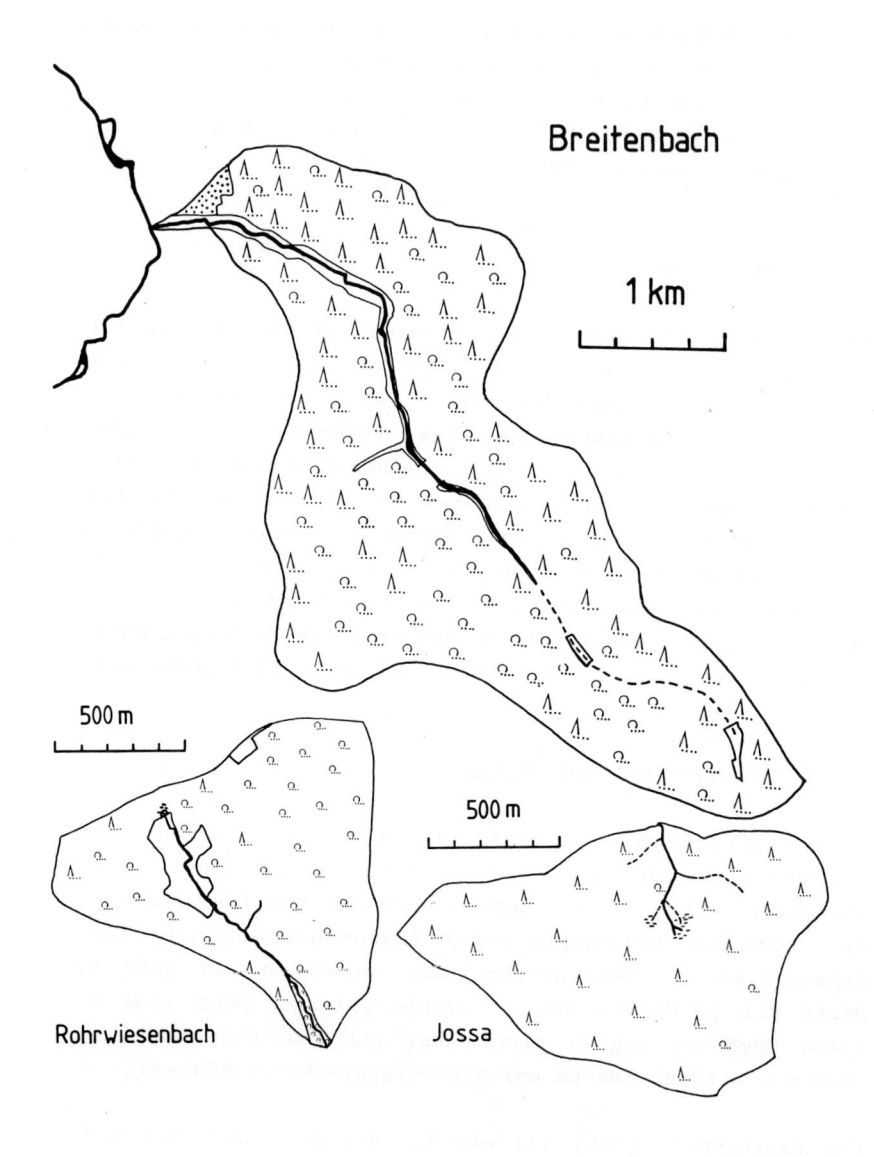

Bild 1: Die Einzugsgebiete der 3 untersuchten Bäche

am Ufer. Weiter unten begleiten Wiesen den Bach, zunächst auf einer, später auf beiden Seiten. Im Mittel- und Unterlauf ist der Bach zwar überwiegend ein Wiesenbach, aber organisches Material aus seiner Umgebung bleibt auch hier als Nahrungsgrundlage für die Organismen des Baches von großer Bedeutung /2/. Der pH des Bachwassers liegt etwa im Neutralbereich (Bilder 2 und 3), bachabwärts langsam zunehmend. Bild 3 zeigt zusätzlich die pH-Werte in den oberen Schichten der sandigen Sedimente dieses Baches.

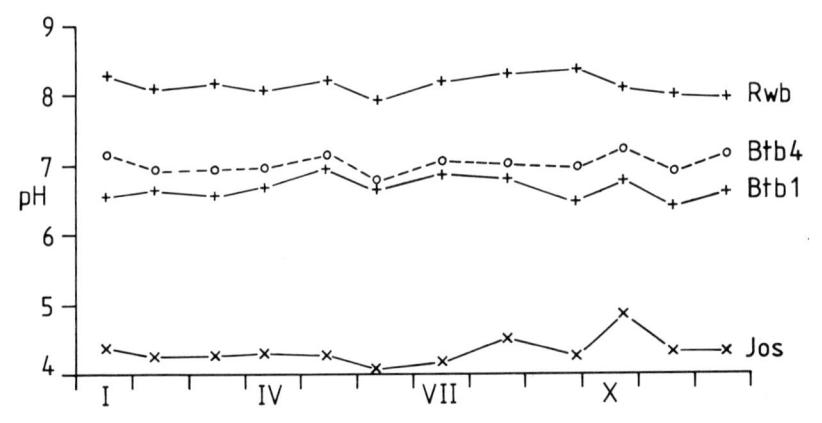

Bild 2: pH-Werte im Wasser der untersuchten Bäche (1985)
Btb 1 = Breitenbach-Oberlauf, Btb 4 = Breitenbach-Unterlauf, Rwb = Rohrwiesenbach, Jos = Jossa-Quellbach

Das Einzugsgebiet des **Rohrwiesenbaches** (Rwb), zumindest des oberen, untersuchten Abschnittes, ist überwiegend mit Laubwald bestanden (Bild 1). Der Bach entspricht noch am ehesten einem natürlichen Waldbach, wie sie in Mitteleuropa ursprünglich vorkamen. Sein Wasser ist auf Grund besonderer geologischer Bedingungen kalkreich, so daß der pH meist über 8 liegt (Bild 2).

Der dritte Bach, der Quellbach der **Jossa** (Jos), ist in seinem oberen Abschnitt ebenfalls ein Waldbach (Bild 1). Allerdings wachsen in seinem Einzugsgebiet, wiederum auf

Buntsandstein, fast ausschließlich Fichten. Der pH kann bis unter 4 gehen, normalerweise liegt er etwas darüber (Bild 2). Es ist naheliegend, diesen niedrigen pH-Wert auf den Einfluß von saurem Regen und fast reinem Fichtenbestand im Einzugsgebiet - auf der Grundlage des aus geologischen Gründen nur schwach gepufferten Wassers - zurückzuführen.

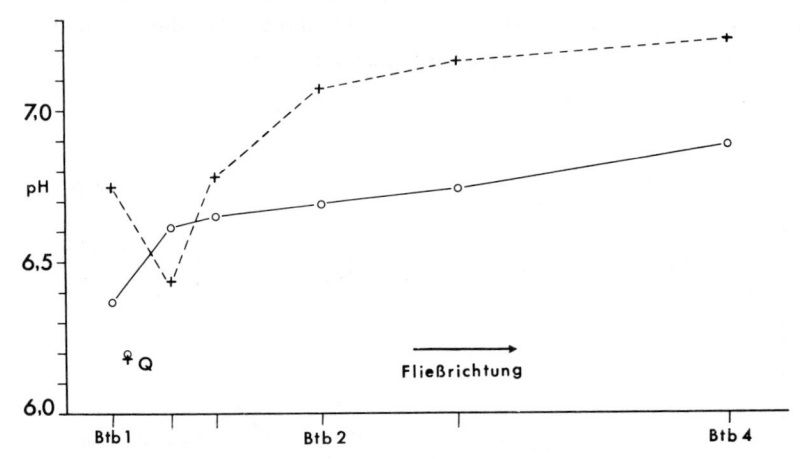

Bild 3: pH-Werte im fließenden Wasser (+---+) und im Interstitialwasser der oberen Schichten (0 - 2,5 cm) von sandigem Sediment (o———o) des Breitenbaches (28.8.1984). Im Sediment des Bachbetts wurde der niedrigste Wert im Oberlauf gemessen (6,37), unmittelbar vor dem Zufluß stark schüttender Limnokrenen am Mittellauf. Bachabwärts erfolgte eine kontinuierliche Zunahme bis auf 6,88 kurz vor der Mündung in die Fulda. Besonders niedrig war der pH im Bereich der Limnokrenen am Mittellauf (Q: 6,20 im Sediment des Quelltümpels, 6,18 im Quellwasser) infolge des CO_2-übersättigten Quellwassers.

Der pH des Bachwassers lag normalerweise um etwa 0,4 Einheiten über dem des Sediments. Nur unterhalb des Zuflusses der Limnokrenen wurden zunächst niedrigere Werte gefunden, die sich nach etwa 500 m Fließstrecke wieder normalisieren.

Allerdings handelt es sich hierbei nur um eine Annahme, insbesondere weil aus früheren Jahrzehnten keine Untersuchungen über dieses Gewässer vorliegen.

Die unterschiedlichen Gehalte an gelöster organischer Substanz im Wasser der Bäche zeigt Bild 4. Im Breitenbach messen wir meist um 2 mg C/l - für einen derartigen Bach normale Werte -, in den Waldbächen dagegen deutlich höhere Gehalte: 4,0 mg/l als Jahresmittel 1985 im Rohrwiesenbach, sogar 5,9 im Jossa-Quellbach. Die höheren Werte im Rwb können durch die unterschiedlichen Einzugsgebiete erklärt werden. Den noch höheren DOC-Konzentrationen des Jossa-Wassers entspricht jedoch sicher nicht eine höhere Produktion an organischer Substanz in deren Einzugsgebiet.

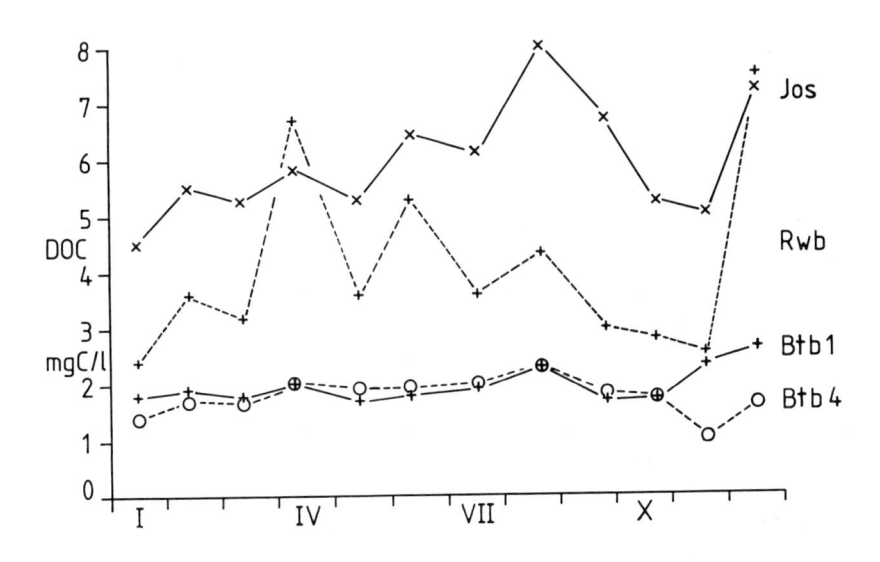

Bild 4: Gelöste organische Substanz (DOC) im Wasser der untersuchten Bäche (1985); Abkürzungen vgl. Bild 2

4.2.3 METHODIK

Für eine erste orientierende Untersuchung über die pH-Ansprüche der Bakterien im Wasser der 3 Bäche wurden die Zahlen koloniebildender Einheiten (KBE) in Abhängigkeit vom pH des Nährbodens ermittelt. CPS-Medium (Casein, Pepton und Stärke) /3/ wurde mit Schwefelsäure bzw. KOH auf pH-Werte von 4,0, 5,6, 7,2 und 8,2 eingestellt, entsprechend in etwa dem pH-Bereich des Wassers der Untersuchungsstellen.

Die am 25.3. und 27.3.1985 entnommenen Proben wurden mit filtriertem (0,2 um Membranfilter) und autoklaviertem Wasser von der jeweiligen Probenstelle verdünnt. Jeweils 0,1 ml verschiedener Verdünnungsstufen wurden in 3 Parallelen ausgespatelt. Nach 4-wöchiger Bebrütung (d.h. zum Zeitpunkt der maximalen Entwicklung der Koloniezahlen) bei 20° C wurden die gewachsenen KBE gezählt.

Aus dem Rohrwiesenbach und dem Jossa-Quellbach wurde jeweils eine Probe entnommen, aus dem Breitenbach dagegen 6, an über den Bachlauf verteilten Stellen (s. Bild 5).

Alle Proben aus dem Btb hatten Höchstwerte bei pH 7,2 (Bilder 5 und 6), von der Limnokrene (Btq) angefangen über den Bachoberlauf (Btb Ob) bis zum Unterlauf (Btb 4). Auffällig ist, daß in der Quelle (pH 6,18) der Anteil der KBE, die bei pH 5,6 wachsen, 99 % des Wertes von pH 7,2 ausmacht, und daß dieser Anteil im Oberlauf (pH 6,46) noch 88 % beträgt, aber mit den Ansteigen des pH-Wertes bachabwärts bis auf 43 % abnimmt. Ähnlich ist auch der Anteil der bei pH 8,2 wachsenden Kolonien in der Quellprobe am höchsten (91 %), beträgt im Oberlauf noch über 80 % und sinkt bachabwärts ebenfalls ab, wenn auch nicht so tief und nicht kontinuierlich. Die Koloniezahlen bei pH 4,0 sind durchweg sehr niedrig, fast immer unter 10 % der Werte bei pH 7,2, und unterscheiden sich an den verschiedenen Untersuchungsstellen des Btb meist nicht signifikant voneinander.

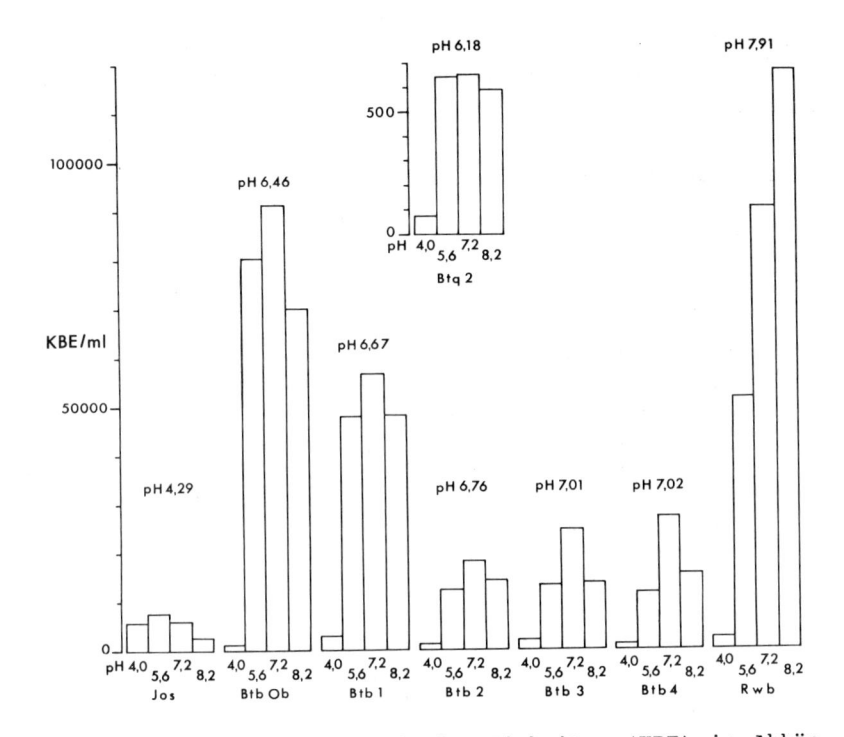

Bild 5: Anzahl koloniebildender Einheiten (KBE) in Abhängigkeit vom pH des Nährbodens. Unter den Säulen ist jeweils der pH des Mediums angegeben, darüber der des Wassers an der Probenstelle. Verteilung der 6 Probenstellen im Btb:
Btb Ob = Oberlauf ca 1 km unterhalb der Quelle, Btb 1 = am Ende des Oberlaufes vor dem Zutritt der Limnokrenen, Btq 2 = eine der Limnokrenen am Beginn des Mittellaufes, Btb 2, Btb 3 = jeweils Mittellauf, ca 1,5 bzw. 1,0 km oberhalb der Mündung, Btb 4 = Unterlauf ca 300 m oberhalb der Mündung.

Innerhalb des Breitenbachs gibt es also offensichtlich an verschiedenen Stellen des fließenden Wasserkörpers unterschiedliche Bakteriengemeinschaften, die in ihren pH-Ansprüchen variieren. Die Bakterien des Quelltümpels decken einen relativ breiten pH-Bereich mit gleich hohen Koloniezahlen ab, während vom Oberlauf bachabwärts dieses pH-Spektrum sich nicht nur allmählich zum Alkalischen hin verschiebt, sondern auch schmaler wird, d.h. der Toleranzbereich der Biozönose wird bachabwärts enger.

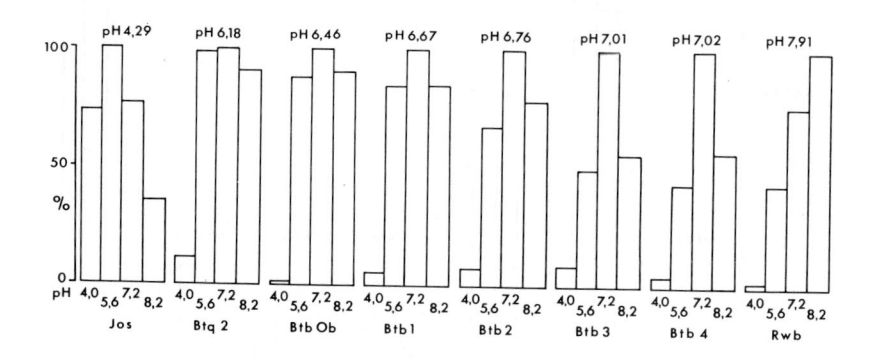

Bild 6: Anzahl der KBE in Abhängigkeit vom pH des Nährbodens, in % des Höchstwertes der jeweiligen Probenstelle. Weitere Erklärungen vgl. Bild 5

Die Bakterien aus dem kalkreichen Rwb wachsen am besten auf den Platten mit pH 8,2. Mit Abnahme des pH geht die Zahl der ermittelten KBE zurück. Die meisten Bakterien aus dem Jossa-Wasser wuchsen bei pH 5,6. Bei pH-Werten von 4,0 und 7,2 waren es noch etwa 75 % dieses Wertes und bei pH 8,2 35 %. Bei den höheren pH-Werten von 5,6 - 8,2 wurden in der Jossa absolut deutlich weniger KBE gefunden als an den anderen Untersuchungsstellen (ausgenommen die bakterienarme Quelle). Bei pH 4,0 jedoch wies dieser Bach mit 5800 KBE/ml mit Abstand den höchsten Wert auf.

Bei mikroskopischen Untersuchungen findet man im fließenden Wasser des sauren Jossa-Quellbaches kaum weniger Bakterien als in den anderen Bächen (unpubl. Daten). Dagegen sind diese Unterschiede bei den kultivierbaren Bakterien deutlich größer. Das bedeutet aber nicht unbedingt, daß die Zahl der aktiven oder lebensfähigen Zellen in diesem Bach kleiner ist als in den Bächen mit pH-Werten im Neutralbereich. Es kann auch sein, daß der angebotene Nährboden für die Bakterien aus der Jossa nur weniger geeignet ist als für die Bakterien aus den anderen Bächen.

Auf jeden Fall sind die Bakteriengemeinschaften der 3 Bäche deutlich unterschiedlich zusammengesetzt, und der pH-Wert des Wassers ist für diese Unterschiede zumindest mitentscheidend. Ins Einzelne gehende Analysen über die Zusammensetzung der Bakterienbiozönosen wurden zwar nicht durchgeführt. Es fiel jedoch auf, daß im Jossa-Wasser die Gruppe der *Cytophaga*-artigen Bakterien völlig fehlte, die an allen anderen Probenstellen einen großen Anteil an den Kolonien erreichten.

4.1.4 SCHRIFTTUM

/1/ MARXSEN, J. (1987): Untersuchungen zur bakteriellen Biomasse und zur bakteriellen Aufnahme von Glucose in 2 Bächen des Kaufunger Waldes (Nordhessen). Philippia, Band 5, S. 423 - 432.

/2/ MARXSEN, J. (1988): Evaluation of the importance of bacteria in the carbon flow of a small open grassland stream, the Breitenbach. Arch. Hydrobiol. Band 111, S. 339 - 350

/3/ COLLINS, V.G.; WILLOUGHBY, L.G. (1962): The distribution of bacteria and fungal spores in Blelham Tarn with particular reference to an experimental overturn. Arch. Mikrobiol. Band 43, S. 294 - 307.

4.3 ÖKOLOGISCHE UNTERSUCHUNGEN ZUR GEWÄSSERVERSAUERUNG IM HARZ

von U. Heitkamp, E. Coring, D. Leßmann, J. Rommelmann, R. Rüddenklau und J. Wulfhorst, Göttingen

4.3.1 EINLEITUNG

In den letzten Jahren sind mehrere Forschungsvorhaben in der Bundesrepublik Deutschland angelaufen, um Ausmaß und Auswirkungen der Gewässerversauerung zu untersuchen. Einen Schwerpunkt der Bearbeitung bilden die gegenüber Luftschadstoffen besonders exponierten Mittelgebirge, die basenarme Böden und Gesteine aufweisen. Dazu zählen neben Bayerischem Wald /1-4/, Schwarzwald /5,6/, Kaufunger Wald /7/ etc. auch große Teile des Harzes. Anthropogen bedingte Versauerungswirkungen im Harz wurden von /8/ im Sösetal und von /9/ im Siebertal nachgewiesen.

Zielsetzung der limnologischen Untersuchungen im Rahmen der "Fallstudie Harz" ist es, den Nachweis zu führen, daß bei der Gewässerversauerung durch die Einwirkungen relativ hoher Protonen-, Aluminium- und Schwermetallkonzentrationen zahlreiche sensible Arten der Biozönose ausfallen. Dadurch resultiert insgesamt eine starke Herabsetzung der Artenvielfalt sowie eine Veränderung der trophischen Struktur und der funktionellen Abläufe in den Gewässer-Ökosystemen. Gleichzeitig wird nach pflanzlichen und tierischen Bioindikatoren gesucht, die qualitative Rückschlüsse auf die Intensität und Dauer von Streßfaktoren der Gewässerversauerung zulassen.

In diesem Beitrag sollen die ersten Ergebnisse des seit 1986 laufenden Forschungsprogrammes mit den bereits abgeschlossenen Bearbeitungen der Diatomeenflora der Fließgewässer und der Fauna zweier Talsperren sowie den laufenden Untersuchungen der Fließgewässer-Zoozönosen vorgestellt werden.

4.3.2 UNTERSUCHUNGSGEBIET

Zur Bearbeitung der einleitend angesprochenen Fragen wurden im Harz Gewässer auf unterschiedlichen Gesteinsformationen ausgesucht. Der Schwerpunkt lag auf der Sösemulde, wo als versauerter Bach die Große Söse und als Referenzbach die nicht versauerte Alte Riefensbeek ausgewählt wurden. An jedem der beiden Bäche wurden drei Probestellen eingerichtet (S1 - S3 bzw. R1 - R3). Von den Stauseen wurden die nicht versauerte Sösetalsperre und der versauerte Oderteich untersucht.

4.3.3 ERGEBNISSE

4.3.3.1 Physikalisch-chemische Verhältnisse

4.3.3.1.1 Fließgewässer

Die alte Riefensbeek und die Große Söse sind zwei für den Harz typische Bäche mit überwiegend steinig-kiesigen Substrat und großen Abflußschwankungen im Jahr. Charakteristisch sind relativ niedrige Wassertemperaturen mit Minimalwerten um 0° C und sommerlichen Höchsttemperaturen von 15 - 17° C. Die Sauerstoffgehalte liegen immer im Sättigungsbereich. Nach den Nährstoffgehalten, Ortho-Phosphat an der Nachweisgrenze, Nitrat um ca. 5 mg/l, handelt es sich um oligotrophe Bäche.

Die elektrische Leitfähigkeit liegt in der Großen Söse niedrig zwischen 65 - 77 μS/cm, was auf extrem basenarme Quarzite und Kieselschiefer zurückzuführen ist, während die höheren Werte in der Alten Riefensbeek durch Diabas und Tonschiefer/Grauwacken verursacht werden. Bei der Alten Riefensbeek fällt die sehr deutliche Abnahme der Werte von Probestelle 1 im Diabas (176 μS/cm) bis zur Probestelle 3 in der Grauwacke (116 μS) auf (Tafel 1).

Tafel 1: Elektrische Leitfähigkeit in µS/cm an den Probestellen von Großer Söse (S1 - S3) und Alter Riefensbeek (R1 - R3). Mittelwert (obere Reihe) und min./max. Werte

S1	S2	S3	R1	R2	R3
77	65	72	176	128	116
(67-115)	(46-78)	(59-88)	(134-199)	(109-146)	(91-137)

Die pH-Werte an den drei Probestellen der Alten Riefensbeek bewegen sich im schwach sauren und im neutral-alkalischen Bereich (Tafel 2). Sehr niedrige pH-Werte, die ständig im stark sauren Bereich (pH 3,7 - 5,1) liegen, kennzeichnen die obere Probestelle der Großen Söse (S1). An den beiden unteren Probestellen treten starke Schwankungen mit Werten im Neutralbereich bei niedrigen Abflüssen in den Sommermonaten und Versauerungsschüben bei Hochwasserwellen auf (Tafel 2).

Von Bedeutung für die Interpretation biologischer Ergebnisse sind neben den Schwermetallen besonders die pH-abhängigen Konzentrationen an toxisch wirkenden Aluminium-Species. In der Alten Riefensbeek ließ sich kein gelöstes Aluminium nachweisen. An der Probestelle S1 wurden bis zu 0,92 mg/l, an S2 bis zu 0,49 mg/l und an S3 bis zu 0,25 mg/l gemessen. Die Werte lagen für S1 ständig, für die beiden weiteren Probestellen zeitweise, im zumindest für Fische toxischen Bereich.

Beide Seen sind oligotroph mit hohen Sauerstoffgehalten in allen Tiefen (Durchschnittswerte: Sösestausee 95,5 %, Oderteich 89 % Sättigung) und niedriger Leitfähigkeit (Durchschnittswerte: Sösestausee 88,1 µS/cm, Oderteich 87,5 µS/cm). Für die Differenzen in der Zusammensetzung der

Tafel 2: Durchschnittliche pH-Werte und deren Schwankungsbreite (min./max. Werte) der Jahre 1986/87 an den Probestellen der Großen Söse (S1 - S3) und Alten Riefensbeek (R1 - R3); n = 32 - 35

S1	S2	S3	R1	R2	R3
4,2	6,4	7,0	7,8	7,5	7,6
(3,7-5,1)	(4,5-7,4)	(5,2-7,3)	(7,3-8,3)	(6,9-8,0)	(6,3-7,8)

4.3.3.1.2 Stauseen

Der Sösestausee hat bei einer Höhenlage von 260 m ü. NN eine Fläche von 135,5 ha mit einem maximalen Beckeninhalt von ca. 26,3 Mio. m^3. Der Oderteich liegt 720 m ü. NN, hat eine Fläche von 30 ha und ein Volumen von maximal 1,83 Mio. m^3.

In den Lebensgemeinschaften sind unterschiedliche Protonen- und Metallkonzentrationen verantwortlich. So liegt der durchschnittliche pH-Wert im Sösestausee bei 6,5, im Oderteich dagegen ständig im stark sauren Bereich um pH 3,9. Der Sösestausee zeichnet sich ferner durch niedrige Metallkonzentrationen im freien Wasser, aber z.B. hohen Konzentrationen von Blei, Kupfer und Zink im Sediment aus, während umgekehrt im Oderteich hohe Konzentrationen von Zink (bis 100 ppb) und Aluminium (bis 640 ppb) im Seewasser zu finden sind /10/.

4.3.3.2 Biozönologische Auswirkungen der Versauerung

4.3.3.2.1 Fließgewässer

Die bisherigen Auswertungen der Diatomeenflora, der Emergenz- und Lichtfallfänge, der Benthonaufsammlungen sowie der Fisch-Bestandsaufnahmen ergaben gravierende Unterschiede in der Zusammensetzung der Zönosen von Alter Riefensbeek und der Großen Söse. Tricladiden, Gastropoden und Gammariden fehlen in der Großen Söse. Deutlich niedrigere Artenzahlen sind bei den übrigen Taxa (Diatomeen, Insekten, Fische etc.) zu verzeichnen, wobei sich in den versauerten Abschnitten Abundanzen und Dominanzen zugunsten weniger Arten verschieben.

4.3.3.2.1.1 Die Diatomeenflora

Diatomeen sind neben Blau- und Grünalgen sowie aquatischen und semiaquatischen Moosen die wichtigsten Primärproduzenten in Mittelgebirgsbächen. Im Rahmen der Untersuchungen von September 1986 bis August 1987 wurde die Diatomeenflora von sieben Harzbächen mit Schwerpunkten an der Alten Riefensbeek und der Großen Söse untersucht.

Insgesamt konnten 166 Arten aus 27 Gattungen nachgewiesen werden. Mit dem Anstieg der Wasserstoffionen-Konzentration war ein deutlicher, signifikanter Rückgang der Artenzahlen in der Großen Söse von 88 Arten an Probestelle S3 auf 43 Arten an Probestelle S1 verbunden. In der Alten Riefensbeek traten dagegen bei durchschnittlichen pH-Werten im schwach alkalischen Bereich nur geringfügige Unterschiede (92 - 109 Species) zwischen den einzelnen Probestellen auf (Tafel 3). Neben der Reduzierung der Artenzahlen konnten mit sinkenden pH-Werten auch deutliche Verschiebungen in der Artenzusammensetzung und Änderungen der Dominanzverhältnisse innerhalb der Diatomeen-Assoziation festgestellt werden. Während

Tafel 3: Diatomeen-Artenzahlen an den Probestellen von Alter Riefensbeek (R1 - R3) und Großer Söse (S1 - S3) in Abhängigkeit vom pH-Wert (September 1986 bis August 1987)

Probestelle	Artenzahl	Gesamtzahl	pH $\bar{x}$	pH min.-max.
R1	101		7,6	7,3 - 8,0
R2	92	143	7,4	7,1 - 7,9
R3	94		7,4	6,3 - 7,9
S1	43		4,1	3,4 - 5,1
S2	77	104	5,7	4,5 - 6,7
S3	88		6,4	5,2 - 7,2

Eunotia exigua und E. rhomboidea die Charakterformen der stark sauren Bereiche waren, waren die Abschnitte mit neutraler und alkalische Reaktion gekennzeichnet durch Achnanthes minutissima, A. lanceolata, Meridion circulare und Navicula lanceolata.

4.3.3.2.1.2 Das Makrozoobenthon

Erste Ergebnisse der Untersuchungen des Makrozoobenthons über Emergenzfallen-, Lichtfallen- und Surber Sampler-Fänge erbrachten deutliche Unterschiede in Artenzusammensetzung, Artenzahlen und Dominanzverhältnissen zwischen beiden Bächen. Diese Differenzen zeigen sich auch bei den in unterschiedlichem Ausmaß von der Versauerung betroffenen Abschnitten der Großen Söse (Tafel 4).

Strudelwürmer (Tricladida) fehlten (mit Ausnahme eines Einzelnachweises von Phagocata spec.) in der Großen Söse und traten in der Alten Riefensbeek mit zwei Arten, Dugesia

Tafel 4: Artenzahlen der an den Probestellen von Großer Söse (S1 - S3) und Alter Riefensbeek (R1 - R3) nachgewiesenen Taxa (Stand der Auswertung: Sommer 1988)

	S1	S2	S3	R1	R2	R3
Tricladida	0	1	0	1	2	2
Gastropoda	0	0	0	0	1	1
Amphipoda	0	0	0	1	1	1
Ephemeroptera	0	2	2	7	7	9
Plecoptera	11	14	19	18	21	17
Coleoptera	2	4	3	6	6	7
Trichoptera	14	24	25	42	39	44
Risces	0	(1)	1	1	2	2
Gesamtzahl	27	46	50	76	79	81
Ø pH-Wert	4,2	6,4	7,0	7,8	7,5	7,6

gonocephala und Crenobia alpina, auf. Ein ebenfalls negatives Bild ergab sich bei der Großen Söse für die Süßwasserschnecken (Gastropoda) und Flohkrebse (Amphipoda). bei diesen Gruppen wurde jeweils eine Art, Ancylus fluviatilis bzw. Gammarus pulex, in der Alten Riefensbeek nachgewiesen (Tafel 4).

Deutliche Differenzen traten auch bei den Eintagsfliegen (Ephemeroptera) hervor. In der Alten Riefensbeek konnten 7 - 9 Arten aus den Taxa Baetidae, Heptageniidae, Leptophlebiidae und Ephemerellidae nachgewiesen werden. Die Probestellen der Großen Söse waren während der Versauerungsphasen frei von Ephemeropteren; an S1 fehlte die Gruppe vollständig. An den Probestellen S2 und S3, wo der pH-Wert im Sommerhalbjahr längere Zeit im neutralen Bereich lag, wurden 2 Baetis-Arten mit einer Sommergeneration nachgewiesen, von denen Baetis vernus den überwiegenden Teil der Emergenz stellte (Tafel 4).

Plecopteren kamen in der Alten Riefensbeek mit 17 - 21 Arten vor, wobei die Häufigkeitsverteilung der einzelnen Arten ein relativ ausgeglichenes Verhältnis zueinander aufwies.

In der Großen Söse stieg die Artenzahl von S1 nach S3 von 11 auf 19 Arten an. Dabei dominierten an S1 und S2 säuretolerante Formen wie Ampinemura standfussi, Nemoura cambrica, Protonemura auberti, Leuctra pseudocingulata und Leuctra rauscheri.

Coleoptere (Käfer) kamen in beiden Gewässern vor. In der Großen Söse wurden jedoch maximal 4 Arten, im Gegensatz zu maximal 7 Arten in der Alten Riefensbeek nachgewiesen (Tafel 4). Auffällig war, daß die Besiedlungsdichten der Imagines und Larven von Elmis maugetii, Esolus angustatus und Limnius perrisi im sauren Gewässer deutlich unter denen des neutralen Baches lagen.

Auch bei den Trichopteren trat eine sehr deutliche Herabsetzung der Artenzahl in der Großen Söse um bis zu ca. 70 % gegenüber der Alten Riefensbeek auf (Tafel 4). Abundanzen und Dominanzen wurden in den sauren und versauerten Abschnitten zugunsten weniger Arten verschoben, insbesondere den versauerungstoleranten Limnephiliden Drusus annulatus, Allogamus uncatus, Pseudopsilopteryx zimmeri, Chaetopteryx villosa und Chaetopterygopsis maclachlani sowie einigen Polycentropiden (z.B. Plectrocnemia conspersa). Versauerungsintensiv sind dagegen Vertreter der Familien Glossosomatidae, Goeridae, Sericostomatidae, Odontoceridae, Hydropsychidae etc., die ausschließlich in der unversauerten Alten Riefensbeek und anderen Harzbächen mit alkalischer Reaktion nachgewiesen wurden.

Unter den Dipteren (Fliegen und Mücken) sind Kriebelmücken (Simuliidae) und Schmetterlingsmücken (Psychodidae) offensichtlich säuresensitiv. Sie kamen nur in der Alten Riefensbeek vor und traten in der Großen Söse nicht oder nur vereinzelt auf.

Die dominanten Dipteren waren an allen Probestellen die Chironomiden (Zuckmücken), die an der Alten Riefensbeek 78 - 89 %, an der Großen Söse 51 - 66 % der Emergenz stellten. Im versauerten Bach nahmen ferner die Empididen (Tanzfliegen) 19 - 29 % der Emergenz gegenüber 5 - 9 % an der Alten Riefensbeek ein. An der Probestelle S1 konnten bisher 21 Chironomidenarten bzw. -gattungen mit drei Eudominanten (Corynoneura lobata, Eukiefferiella brevicalar, Krenosmittia spec.) nachgewiesen werden. Bei allen Formen handelte es sich, mit wenigen Ausnahmen, um kaltstenotherme Quell- bzw. Quellbachbewohner.

4.3.3.2.1.3 Die Fischpopulationen

Ähnlich wie bei der Wirbellosenfauna hinterläßt die Gewässerversauerung auch bei den Fischpopulationen deutliche Spuren. Sowohl große Söse als auch Alte Riefensbeek sind potentielle Lebensräume für Bachforelle (Salmo trutta fario) und Groppe (Cottus gobio), von denen die allgemein empfindlichere Gruppe nur in der Alten Riefensbeek vorkommt (Tafel 4).

Die Bachforelle konnte in der Großen Söse an den Probestellen S2 und S3 nachgewiesen werden (Tafel 4). An S2 wurden nur wenige mehrjährige Tiere um 20 cm Länge gefangen. Jüngere Stadien fehlten vollständig, was darauf hinweist, daß bei niedriger Protonenkonzentration eine Einwanderung erfolgt, bei hoher Konzentration die Fische aber abwandern oder absterben. Die Versauerungsschübe wirken sich auch auf die Populationsstruktur von Probestelle S3 aus, wo starke jährliche Schwankungen im Altersaufbau nachgewiesen werden konnten. In manchen Jahren fehlten beispielsweise Jungtiere völlig, in anderen war dagegen ein höherer Anteil anzutreffen.

Die Alte Riefensbeek wies an allen Probestellen einen natürlichen Altersaufbau der Forellenpopulationen auf. Die Abundanzen und Biomassen lagen deutlich über den Werten der Großen Söse.

4.3.3.2.2 Stauseen

Die Unterschiede in der Wasserstoffionenkonzentration und der Gehalt an Aluminium und Schwermetallen der beiden untersuchten Talsperren wirken sich sehr deutlich auf die Zusammensetzung der Lebensgemeinschaften aus.

Im Plankton des versauerten Oderteiches kamen 8 Species vor (Tafel 5). Eubosmina longispina (ca. 75 %) und Keratella serrulata (ca. 20 %) stellten rund 95 % des Individuenbestandes. Die wesentlich artenreichere Planktonzönose im Sösestausee setzte sich aus 39 Arten zusammen. Dominante Formen waren Acanthodiaptomus denticornis, Bosmina longirostris und Synchaeta pectinata. Insgesamt waren die Dominanzverhältnisse wesentlich ausgeglichener, da neben den Eudominanten mehrere kodominante Formen auftreten.

Deutliche Differenzen konnten auch in der Zusammensetzung der benthischen Lebensgemeinschaften beider Gewässer nachgewiesen werden (Tafel 6). Insgesamt 42 Taxa in der Sösetalsperre standen 15 Taxa im Oderteich gegenüber. Der Ausfall von Arten wird besonders bei den bis auf Art- und Gattungsbasis determinierten Gruppen der Crustaceen (15 bzw. 4 Species) und Chironomiden (17 bzw. 9 Taxa) deutlich.

Quantitativ von Bedeutung war im Oderteich die Chironomide Macropelopia spec., neben der noch die Arten Acanthocyclops robustus (Crustacea), Tanytarsus spec. (Chironomidae) und

Tafel 5: Zahl der Zooplankton-Species im versauerten Oderteich und dem nicht versauerten Sösestausee

	Oderteich	Sösestausee
Rotatoria	3	15
Cladocera	4	17
Copepoda	1	7
Summe	8	39

Lumbriculus variegatus (Oligochaeta) als Dominante auftreten. Im Sösestausee waren, wie beim Plankton, die Dominanzverhältnisse ausgeglichener. Neben Paracyclops fimbriatus, Candona candida (Crustaceea), Ablabesmyia spec., Macropelopia spec. und Tanytarsus spec. (Chironomidae) traten noch weitere kodominante Arten auf.

Tafel 6: Zahl der benthischen Taxa (Art- bis Familienniveau) in Oderteich und Sösestausee (*Tubificidae nur als Familie)

	Oderteich	Sösestausee
Hydrozoa	0	1
Nematoda	0	4
Oligochaeta*	2	1
Tardigrada	0	1
Acari	0	2
Crustacea	4	15
Chironomidae	9	17
Bivalvia	0	1
Summe	15	42

4.3.4 SCHRIFTTUM

/1/ BAUER, J.; FISCHER-SCHERL, T. (1987): Biologische Untersuchungen zur Gewässerversauerung an nordbayerischen Fließgewässer. Fischer u. Teichwirt 7, S. 216 - 222.

/2/ BAUER, J.; SCHMITT, P.; LEHMANN, R. (1987): Untersuchungen zur Gewässerversauerung im Modellgebiet Obere Waldnaab (Oberpfälzer Wald, Nordost-Bayern). Ber. ANL 11, Laufen/Salzach, S. 139 - 170.

/3/ HAMM, A. (1984): Vergleichende Untersuchungen zur pH-Wert-Situation in Beziehung zu anderen chemischen Parametern in Gewässern im nord- und nordostbayerischen Raum, Spätherbst 1983. In: WIETING, J. et al. (eds.): Gewässerversauerung in der Bundesrepublik Deutschland. UBA-Materialien 1/84, S. 39 - 49.

/4/ MARTHALER, R.; GEBHARDT, H.; LINNENBACH, M.; SEGNER, H. (1988): Untersuchungen zur Auswirkung niedriger pH-Werte auf Eier und Brut der Bachforelle. Fischer u. Teichwirt 1, S. 2 - 6.

/5/ SCHOEN, R.; KOHLER, A. (1984): Gewässerversauerung in kleinen Fließgewässern des Nordschwarzwaldes während der Schneeschmelze 1982. In: WIETING, J. et al. (eds.): Gewässerversauerung in der Bundesrepublik Deutschland. UBA-Materialien 1/84, S. 58 - 69.

/6/ MATTHIAS, U. (1983): Der Einfluß der Versauerung auf die Zusammensetzung von Bergbachbiozönosen. Archiv Hydrobiologie/Suppl. 65, S. 407 - 483.

/7/ HEINRICHS, H.; WACHTENDORF, B.; WEDEPOHL, K.H.; RÖSSNER, B.; SCHWEDT, G. (1986): Hydrogeochemie der Quellen und kleineren Zuflüsse der Sösetalsperre (Harz). Neues Jahrbuch Mineralogische Abhandlungen 156, S. 23 - 62.

/8/ HEITKAMP, U.; LESSMANN, D.; PIEHL, C. (1985): Makrobenthos-, Moos- und Interstitialfauna des Mittelgebirgsbachsystems der Sieber im Harz (Süd-Niedersachsen). Archiv Hydrobiologie/Suppl. 70, S. 279 - 384.

/9/ MATSCHULLAT, J.; HEINRICHS, J.; SCHNEIDER, J.; STURM, M. (1987): Schwermetalle in Seesedimenten des Westharzes (BRD). Chemie Erde 47, S. 181 - 194.

4.4 AUSWIRKUNGEN DER WASSERSTOFFIONENKONZENTRATION AUF DIE ZUSAMMENSETZUNG VON DIATOMEENASSOZIATIONEN AUSGEWÄHLTER HARZBÄCHE

von E. Coring und U. Heitkamp, Göttingen

4.4.1 ZIEL UND ABGRENZUNG DER UNTESUCHUNGEN

Die Diatomeen zählen aufgrund ihres Arten- und Individuenreichtums zu den häufigsten Algen unserer Gewässer. Hierbei stellen die meisten Arten sehr differenzierte Anforderungen an die Milieubedingungen ihrer Standorte. Ziel der Untersuchungen war es, eventuell vorhandene pH-bedingte Unterschiede in der Zusammensetzung der Diatomeenflora der Untersuchungsgewässer herauszustellen und kritisch zu überprüfen.

4.4.2 MATERIAL UND METHODE

Der Untersuchungszeitraum erstreckte sich von September 1986 bis August 1987. Insgesamt wurden 7 anthropogen unbelastete Harzbäche bearbeitet. Schwerpunkt der Untersuchungen waren die Alte Riefensbeek un die Große Söse, die jeweils in sechswöchigen Intervallen beprobt wurden. Alle anderen Untersuchungsbäche wurden nur stichprobenhaft erfaßt.

Bei der Entnahme des Diatomeenmaterials wurden 4 verschiedene Substrate (Moose - ohne Sphagnen -, Feinsedimente, Steine, Grobdetritus) unterschieden und über den gesamten Bachquerschnitt aufgesammelt. Die Aufbereitung des Materials erfolgte nach der bei /1/ beschriebenen Methode auf "kaltem Wege". Zur Determination der Arten wurden vor allem die Werke von /2/ und /3/ verwendet.

Von den abiotischen Faktoren wurden pH-Wert, Leitfähigkeit, Sauerstoffgehalt, -sättigung, Fließgeschwindigkeit und Temperatur erfaßt. Die entsprechenden Messungen wurden regelmäßig über den gesamten Untersuchungszeitraum von Mitarbeitern des II. Zoologischen Instituts der Unviversität Göttingen durchgeführt.

4.4.3 ERGEBNISSE

Die Untersuchungsgewässer zeigten hinsichtlich ihrer Wasserstoffionenkonzentration große Unterschiede. Aufgrund der gemessenen pH-Werte ist lediglich die Alte Riefensbeek als neutral-alkalisches Gewässer anzusprechen, während die Probestellen der anderen Bäche alle im Mittel pH-Werte unter 7 zeigten.

Insgesamt wurden in den Untersuchungsgewässern 166 Arten aus 27 Gattungen determiniert, davon 143 in der Alten Riefensbeek, 104 in der Großen Söse, 78 in der Langen Bramke, 70 in der Dicken Bramke, 43 in der Sieber, 34 in der Großen Bode und 30 in der Warmen Bode. Es konnte eine mit niedrigen pH-Werten verbundene Veränderung des Artinventars im Sinne einer Artverarmung gegenüber neutral-alkalischen Gewässern dokumentiert werden. Durch die Berechnung der mittleren in Einzelproben nachzuweisenden Artzahlen kann die pH-bedingte Abnahme der Artzahlen klar belegt werden. So wurden in Einzelproben aus dem Bereich von pH 3 - 5 durchschnittlich 11,9 bei pH 5 - 7 durchschnittlich 26,9 und bei pH > 7 im Mittel 30,8 Arten festgestellt.

Begründet ist die angesprochene Tendenz zur Artenverarmung in dem Fehlen zahlreicher Arten im sauren Bereich. Mit Nitzschia dissipata, Navicula laceolata, N. exilis, N. cari, Amphora lybica und Cymbella naviculiformis seien hier nur einige Species aufgezählt, die bei pH > 7 mit großer Stetigkeit nachzuweisen waren, bei pH < 7 jedoch völlig ausfielen. Umgekehrt ließen sich nur wenige Arten finden, die zwar stetig im sauren Bereich auftraten, dafür aber im neutral-alkalischen fehlten. Als ein Vertreter dieser Artengruppe sei an dieser Stelle nur Eunotia rhomboidea genannt.

Innerhalb der untersuchten Diatomeenasoziationen ließen sich pH-abhängige strukturelle Veränderungen erkennen. So kamen im Bereich von pH 3 - 5 durchschnittlich 3,3 Arten mit Anteilen über 2 % der Gesamtassoziation vor, während bei pH 5 - 7 durchschnittlich 5,2 Arten mehr als 2 % der ausgezählten Schalen ausmachten. Bei einem pH von > 7 wurden im Mittel 7,6 Arten mit Anteilen über 2 % nachgewiesen (Der 2 % Wert wird von uns als der Wert angenommen, bei dem sichergestellt ist, daß die Arten unter den vorgefundenen Bedingungen autochtone Populationen ausbilden können).

Die in den Untersuchungsgewässern nachgewiesenen Arten wurden in ein von HUSTEDT initiiertes pH-System eingeordnet /4/ und die quantitativen Assoziationsanteile von acidobionten, acidophilen, circumneutralen und alkaliphilen Diatomeenarten an der Gesamtpopulation ermittelt. Durch diese Vorgehensweise ist eine Klassifikation von Gewässern in die Kategorien "alkalisch", "neutral-alkalisch", "schwach sauer" und "sauer" möglich, da die prozentualen Anteile der verschiedenen pH-Artengruppen an der Gesamtpopulation in typischer Weise vom vorherrschenden pH-Wert beeinflußt werden. In Bild 1 sind die Ergebnisse für die Probestellen der Alten Riefensbeek und der Großen Söse für den Monat Mai 1987 graphisch dargestellt.

In Abhängigkeit von niedrigen pH-Werten konnte zudem eine Änderung der Dominanzverhältnisse innerhalb der Assoziationen gezeigt werden, wobei Eunotia exigua und E. rhomboidea die Charakterformen der stark sauren Bereiche waren, während Achnanthes minutissima, A. lanceolata, Meridion circulare und Navicula lanceolata den neutral-alkalischen Bereich kennzeichneten.

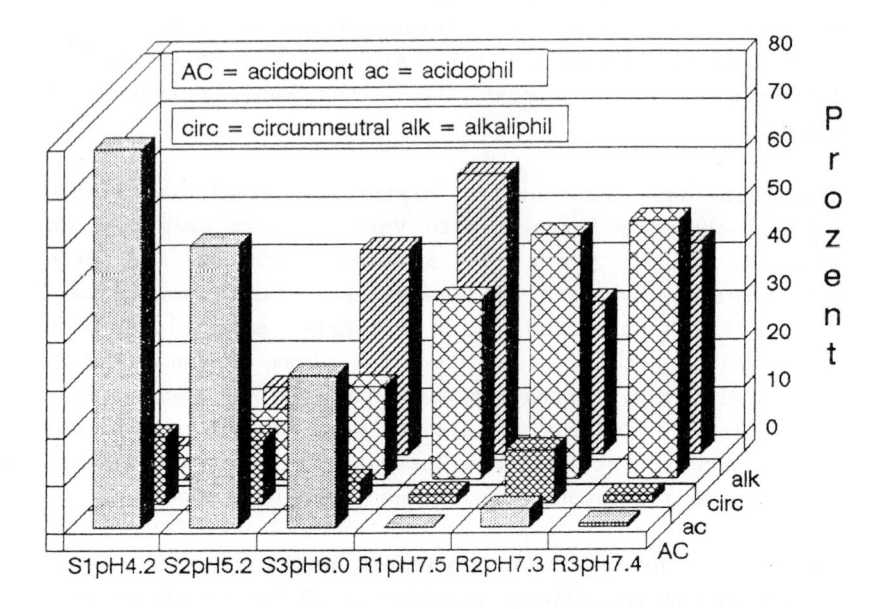

Bild 1: Prozentuale Anteile der verschiedenen pH-Artengruppen an den Gesamtpopulationen der Probestellen von Alter Riefensbeek (R) und Großer Söse (S) im Mai 1987

Besonders deutlich sind die Veränderungen in den Dominanzverhältnissen an den Probestellen der Großen Söse zu erkennen. So ist im Monat Mai 1987 an der Probestelle S 3 bei pH 6,0 Achnanthes minutissima mit 29,6 % aller ausgezählen Schalen zusammen mit Eunotia exigua (27,5 %) die häufigste Diatomeenart. Neben diesen Arten sind Diatoma hiemale, Achnanthes lanceolata, Fragilaria capucina, Pinnularia subcapitata und Eunotia rhomboidea mit Anteilen größer 2 % der ausgezählten Schalen nachzuweisen.

Bereits an S 2 bei pH 5,2 ist eine drastische Veränderung in den Dominanzverhältnissen festzustellen. Eunotia exigua ist hier mit 43 % die häufigste Diatomeenart, während

Achnanthes minutissima und Fragilaria capucina mit 7,9 bzw. 4,2 % in ihren Assoziationsanteilen deutlich zurückgehen. Außerdem sind mit Eunotia rhomboidea und Tabellaria flocculosa zwei weitere säuretolerante Arten in Anteilen um 5 % an der Population nachzuweisen. Pinnularia subcapitata wurde mit einem Anteil von 3,9 % gefunden, Diatoma hiemale und Achnanthes lanceolata gehen zurück. An der Probestelle S 1 bei pH 4,2 dominieren nunmehr ausschließlich die säuretoleranten Formen, wobei Eunotia exigua mit 66,1 % den bei weitem größten Anteil aller ausgezählten Schalen ausmacht. Neben dieser Art wurden nur noch Eunotia rhomboidea, E. bilunaris, Pinnularia appendiculata und Frustulia rhomboides in nennenswerten Häufigkeiten gefunden.

Für die am häufigsten gefundenen Diatomeenarten wurden unterschiedliche Valenzen der Wasserstoffionenkonzentration nachgewiesen und ihre Eignung als pH-Indikatoren festgestellt. Hierbei wurden für die entsprechenden Arten die vorhandenen pH-Minima bzw. Maxima gesucht, das heißt, es wurden jene pH-Toleranzgrenzen gesucht, ober- bzw. unterhalb derer die Arten gerade noch Populationen > als 2 % der Gesamtassoziation ausbilden konnten.

Aufgrund dieser Vorgehensweise kann für die in den Untersuchungsgewässern auftretenden pH-Bereich von pH 4 bis pH 7,5 eine recht eng abgestufte pH-Skala angegeben werden, die zur Beurteilung von Gewässern (vorläufig nur der Untersuchungsgewässer) in bezug auf ihre Wasserstoffionenkonzentration genutzt werden kann.

Tafel 1: Festgestellte pH-Toleranzgrenzen einiger in den Untersuchungsgewässern häufigen Diatomeenarten

Diatomeenart	pH
Meridon circulare	> 4,8
Achnanthes minutissima	> 4,8
Fragilaria capucina	> 5,2
Achnanthes lanceolata	> 5,6
Diatoma hiemale	> 5,6
Fragilaria ulna	> 6,3
Cymbella sinuata	> 6,4
Eunotia rhomboidea	< 6,7
Cymebella silesiaca	> 6,9
Cocconeis placentula	> 6,9
Amphora pediculus	> 6,9
Navicula pediculus	> 7,2
Achnanthes pusilla	> 7,3
Eunotia exigua	< 7,3

4.4.4 SCHRIFTTUM

/1/ HUSTEDT, F. (1961): Kieselalgen (Diatomeen). Kosmos, Stuttgart.

/2/ HUSTEDT, F. (1977): Die Kieselalgen Deutschlands, Österreichs und der Schweiz. I, II und III, in: RABEN-HORST: Kryptogamenflora von Deutschland, Österreich und der Schweiz. Band 7, Teil 1, 2 und 3, Leibzig.

/3/ KRAMMER, K.; LANGE-BERTALOT, H. (1986): Bacillariophyceae, 1. Teil Naviculaceae. In: PASCHER, A.; ETTL, J. et al.: Süßwasserflora von Mitteleuropa. Stuttgart.

/4/ LENHART, B.; STEINBERB, C. (1984): Limnochemische und Limnobiologische Auswirkungen der Versauerung von kalkarmen Oberflächengewässern. Informationsberichte des Bayerischen Landesamtes für Wasserwirtschaft, München.

4.5 GEWÄSSERVERSAUERUNG UND LIMNOCHEMIE VON SECHS KARSEEN DES NORDSCHWARZWALDES

von H. Thies und E. Hoehn, Freiburg

4.5.1 EINLEITUNG

Die Auswirkungen der anthropogenen Belastung der Atmosphäre mit säurebildenden Substanzen sind in der Bundesrepublik Deutschland bisher vor allem an den Waldschäden der Mittelgebirge erkannt worden. Auf eine Gefährdung von Oberflächengewässern durch Versauerung in Gegenden mit basenarmem Ausgangsgestein und schwach gepufferten Böden fernab des Einflusses von Landwirtschaft und menschlichen Siedlungen ist man hier im Gegensatz zu Skandinavien und Kanada erst relativ spät aufmerksam geworden /6/. Die untersuchten Karseen stellen sensible und selten gewordene Ökosysteme dar, die nachhaltig auf Veränderungen von Umweltfaktoren reagieren können.

Die untersuchten Seen (Ellbachsee, Buhlbachsee, Huzenbachersee) sind dystroph und liegen fast ausschließlich in dem sehr puffer- und basenarmen mittleren Buntsandstein des Nordschwarzwaldes in den bewaldeten Flußeinzugsgebieten der Murg und Acher. Die mittlere Jahresniederschlagssumme beträgt in Abhängigkeit von der Höhe ü. NN 1500 - 2000 mm.

4.5.2 MATERIAL UND METHODE

In Zu- bzw. Abflüssen sowie in Tiefenprofilen der Seen wurden 1985/86 u.a. folgende Parameter untersucht /4,8/: pH-Wert, elektrische Leitfähigkeit, Temperatur, O_2, Na, K, Ca, Mg, Al, Fe, NH_4, NO_2, NO_3, SO_4, Cl, PO_4, SiO_2, UV-Extinktion, Sichttiefe (Kationenanalyse mit AAS, Anionenanalyse mit Ionenchromatographie). Die Untersuchung von

Einzelregenereignissen in den jeweiligen Einzugsgebieten der Seen umfaßte die Parameter pH-Wert, elektrische Leitfähigkeit, NO_3, SO_4 und Cl im Freiland sowie im Traufwasser. Die Seen wurden neu vermessen und verlotet sowie die vorhandene Makrophytenvegetation kartiert.

4.5.3 ERGEBNISSE

Erstbeschreibungen von Makrophyten liegen für den Herrenwieser See (**Nymphaea alba, Drepanocladus fluitans, Sirodotia cf. suecica**), den Huzenbacher See (**Drep. fl. Sirodotia cf. s.**) und für den Ellbachsee (**Juncus bulbosus, Callitriche platycarpa, Drep. fl.**) vor. Der mittleren delog. pH-Wert betrug im Freilandniederschlag 4,35 bis 4,46 in der Kronentraufe 3,70 bis 4,03 (resp. Extrema 3,70 bis 5,80 im Freiland sowie 3,30 bis 5,60 in der Kronentraufe).

<u>Tafel 1:</u> Morphometrische Kennwerte der Nordschwarzwaldseen

See/Parameter	Meereshöhe (m ü. NN)	T_{max} (m)	Oberfläche (ha)	Volumen (m^3)	FE (ha)	Z (Tage)
Ellbachsee	771	2,2	0,34	4,706	26,77	6
Buhlbachsee	786	3,5	1,25	14,594	93,33	5
Huzenbacher See	747	8,0	2,04	65,207	62,66	36
Herrenwieser See	830	9,5	1,11	68,983	31,93	71
Schurmsee	790	13,0	1,38	114,032	63,90	63
Mummelsee	1027	17,7	3,68	277,455	18,16	473

T_{max} = maximale Tiefe; FE = Fläche des Einzugsgebietes; Z = errechnete theoretische Aufenthaltszeit

Die historische Entwicklung des pH-Wert-Verlaufes ist für einen Teil der untersuchten Seen durch paläolimnologische

Studien zur Verteilung von subfossilen Diatomeengesellschaften in Sedimentkernen dokumentiert worden /1,7/.

Für die Frage der aktuellen Versauerung spielen in den Seezuflüssen sowohl die Schneeschmelzereignisse wie auch Hochwässer nach sommerlichen Starkregen eine herausragende Rolle. Während der Schneeschmelze sind starke pH-Wert-

Tafel 2: Mittelwerte aus Oberflächenproben (Om) aus Nordschwarzwaldseen von 1985/86 in ueq/l

See/Parameter	n	delog.pH	H^+	HCO_3^-	NO_3^-	SO_4^{2-}	Al^{x+}
Ellbachsee	9	5,77	2	56	26	79	8
Buhlbachsee	9	4,30	50	2	35	126	49
Huzenbacher See	13	4,33	46	5	9	105	68
Herrenwieser See	8	4,17	72	0	27	150	64
Schurmsee	8	4,27	53	1	34	131	88
Mummelsee	8	5,64	3	13	53	143	26

Amerkung: Zur Berechnung der Ladung von Al^{x+} siehe /4,8/
n = Zahl der Proben

Depressionen bei gleichzeitiger Abnahme des Hydrogencarbonatgehaltes zu beobachten, die von erhöhten Konzentrationen der Ionen Sulfat und Nitrat begleitet werden. Beim Einbruch des pH-Wertes nach einem Starkregen ist dagegen noch ein zusätzlicher Anstieg der UV-Extinktion zu verzeichnen, welche als Maß für organische Komponenten (z.B. Huminsäuren) angesehen werden kann. Den organischen Komponenten könnte demnach - im Gegensatz zu den Anionen Sulfat und Nitrat - bei den Säureschüben während der Schneeschmelze eine geringere Bedeutung beigemessen werden als nach herbstlichen Starkregenereignissen. Auf diese jahreszeitlich variierende Rolle der Huminstoffe ist bereits hingewiesen worden /2/. Die Aluminiumgehalte in den Seen und ihren Zuflüssen erreichen derzeit Konzentrationen, die sich fischtoxisch auswirken könnten. Die Auswirkungen von Säureschüben waren auch im Pelagial der Seen nachweisbar. Während der Schneeschmelzen waren in der Oberflächenprobe unterhalb der Eisdecke deutlich reduzierte pH-Werte festzustellen. Dafür wird vor allem eine erhöhte Nitratkonzentration verantwortlich zu machen sein, die aus dem Schmelzwasser der Schnee- und Eisdecke des Sees sowie aus der gerade einsetzenden Schneeschmelze im Einzugsgebiet stammte. Wenige Tage nach einem spätsommerlichen Starkregen sind in den obersten Metern des Tiefenprofils bereits verminderte pH-Werte nachweisbar. Die während der Schneeschmelze und nach starken Regenfällen im Pelagial festgestellten Säureeinträge bewirken dort auch einen Rückgang der Pufferkapazität, d.h. der Hydrogencarbonatgehalte. Während der Sommerstagnation bewirken anoxische Verhältnisse im Hypolimnion dagegen den Aufbau einer relativ hohen Pufferkapazität und eine Erhöhung des pH-Wertes. Dieser Alkalinitätsgewinn ist auf chemisch bedingte Freisetzungsprozesse aus dem Sediment sowie auf mikrobielle Aktivität zurückzuführen, was unter Bedingungen der Meromixis einer vorübergehend gesteigerten Widerstandskraft gegen Protoneneinträge gleichkommt /5/. Der Alkalinitätsverlust /9/,

$$dAlk = 0,91 \times (Ca^{2+} + Mg^{2+}) + H^+ + Al^{x+} - HCO_3^- \quad (\mu eq/l)$$

der wichtige chemischen Prozesse einer Versauerung durch Mineralsäuren ausdrückt, korreliert in den Zuflüssen gut mit der Äquivalentsumme $SO_4^{2-} + NO_3^-$ ($r = 0,6 - 0,8$). Die berechneten Alkalinitätsverluste liegen mit 100 - 450 $\mu eq/l$ in vergleichbarer Größenordnung wie in versauerten Oberflächengewässern Skandinaviens und Kanadas /6,9/.

Weitere quantitative und qualitative Untersuchungen werden am Huzenbacher See beispielhaft dem Stoffeintrag bzw. -austrag, der kontinuierlichen Erfassung von Abflußmenge, pH-Wert, elektrischer Leitfähigkeit und Temperatur im Zu- und Abfluß, der Erfassung von Säureschüben durch automatisierte Probenahmegeräte sowie speziellen Fragen der Limnochemie des Sees gewidmet. Neben diesem wissenschaftlichen Ansatz zur Klärung offener Fragen darf aber nicht vergessen werden, daß das gesellschaftliche Hauptaugenmerk auf eine schnelle und drastische Reduzierung der Schadstoffemissionen gerichtet sein muß.

Anmerkung: Diese Forschungsarbeit wurde mit Mitteln des Umweltbundesamtes unterstützt (Projekt Wasser 102 04 342).

4.5.4 SCHRIFTTUM

/1/ ARZET, K.; STEINBERG, C. (1987): The anthropogenic influence on four humic an acid lakes in the northern Black Forest as reflected by diatom assemblages in the sediment. Hydrobiologia (in press).

/2/ ESHLEMAN, K.N.; HEMOND, H.F. (1985): The role of organic acids in the acid-base status of surface waters at Bickford watershed, Mass.-Water Resources Research, 21, S. 1503 - 1510.

/3/ EVERS, F.-H. (1986): Stoffeinträge durch Niederschläge in Waldböden 1982 - 1985. KfK-PEF, 4, Band 1, S. 275 - 286.

/4/ HOEHN, E. (1987): Vergleich zweier Karseen im Nordschwarzwald hinsichtlich der Wasserpflanzenverbreitung in Abhängigkeit des Limnochemismus, des Niederschlages und anderer Standortfaktoren. Diplomarbeit am Limnologischen Institut Konstanz, Universität Freiburg, 201 S.

/5/ LENHART, B.; STEINBERG, C. (1984): Limnochemische und limnobiologische Auswirkungen der Versauerung von kalkarmen Oberflächengewässern. Informationsberichte Bayerisches Landesamt für Wasserwirtschaft, 4/84, 203 S.

/6/ SCHOEN, R.; WRIGHT, R.; KRIETER, M. (1984): Gewässerversauerung in der Bundesrepublik Deutschland - Erster regionaler Überblick. Naturwissenschaften, 71, S. 95 - 97.

/7/ STEINBERG, C. et al. (1984): Gewässerversauerung in der Bundesrepublik Deutschland im Lichte paläolimnologischer Stufien. Naturwissenschaften 71, S. 631 - 634.

/8/ THIES, H. (1987): Limnochemische Untersuchungen an vier Karseen des Nordschwarzwaldes unter Berücksichtigung von sauren Niederschlägen sowie der Makrophytenvegetation. Diplomarbeit am Linmologischen Institut Konstanz, Universität Freiburg, 332 S. (unveröffentlicht).

/9/ WRIGHT, R.F. (1983): Predicting acidification of North American Lakes. Acid Rain Research Report 4/83, NIVA, Oslo.

4.6 BESCHUPPTE GOLDALGEN ALS INDIKATOREN DER VERSAUERUNG DES GROSSEN ARBERSEES DURCH LUFTSCHADSTOFFE

von H. Hartmann und C. Steinberg, München

4.6.1 EINLEITUNG

Der Große Arbersee, ein Karsee, liegt ca. 5 km entfernt von Bodenmais im Hinteren Bayerischen Wald auf einer Höhe von 935 m ü. NN. Den geologischen Untergrund im Einzugsgebiet bilden vorwiegend Gneise, auf denen sich flache Braunerden und Podsole entwickelt haben. Das Einzugsgebiet des Sees ist mit Bergmischwald bestockt. Der See selbst weist heute trotz niedriger Huminstoffgehalte (DOC 2 - 3 mg/l) pH-Werte von 4,5 - 5,0 auf, der für frühere Zeiten belegte Fischbestand ist ausgestorben.

Im Zuge der Frage nach den Ursachen und Ausmaßen der Versauerung wurden aus dem Großen Arbersee mehrere Kurzkerne und in Zusammenarbeit mit der Technischen Universität München ein Langkern entnommen und auf verschiedene Parameter analysiert. Hier soll v.a. auf die Überreste der Mallomonadaceen (Chrysophyceae) eingegangen werden, da deren Untersuchung eine relativ neue Methode zur Rekonstruktion von Seengeschichten darstellt. Die Datierung erfolgte in den Kurzkernen über Cs^{137} und Metallanreicherungen, die auf dem früheren Eisenerzabbau um Bodenmais beruhen [1], im Langkern über Pollenanalysen.

Die Arten der Familie der Mallomonadaceae sind durch den Besitz von Kieselschuppen gekennzeichnet, die artcharakteristisch sind, zur sicheren Bestimmung in vielen Fällen jedoch ein Elektronenmikroskop erfordern. In Seesedimenten bleiben diese Kieselschuppen erhalten. Wie sich in mehreren Untersuchungen [2-5] gezeigt hat, haben die einzelnen Arten z.T. sehr definierte pH-Präferenzen. Sie eignen sich deshalb zur Rekonstruktion der pH-Geschichte eines Sees. Es existiert zwar bislang kein "pH-Meter", wie für Diatomeen (Kieselalgen) oder Chydoriden (Uferwasserflöhe), doch lassen sich anhand von Florenanalysen Aussagen über pH-Veränderungen machen.

4.6.2 ERGEBNISSE

Im Sediment des Großen Arbersees wurden die Kieselschuppen von insgesamt 23 Arten der Mallomonadaceae gefunden, doch erreichten nur 9 Arten relative Häufigkeiten von über 1 %. Im Langkern dominierten in den Schichten von 370 - 372 cm (ca. 9000 vor der Gegenwart) bis 7 - 9 cm die beiden Arten Mallomonas crassisquama und M. caudata (Bild 1). Beide Arten hatten in Oberflächensedimenten aus 28 Weichwasserseen maximale Häufigkeiten bei pH-Werten über 5,5, wobei M. caudata einen engeren Präferenzbereich zeigte als M. crassisquama (Bild 3). Aus der Literatur wird diese Artenzusammensetzung als typisch für schwach saure, oligotrophe Gewässer beschrieben. Die unterschiedlichen Klima- und Vegetationsperioden von 9000 v.G. bis Mitte dieses Jahrhunderts führten demnach zwar zu leichten Dominanzverschiebungen innerhalb der beiden Mallomonas-Arten, nicht aber zu einer Umstrukturierung der Artengemeinschaft hin zu anderen Arten. Erst in der Schicht von 2 - 4 cm (diese Schicht entspricht etwa der wirklichen Tiefe von 10 - 12 cm des Sediments, da bei der Langkernentnahme die obersten ca. 8 cm verspült wurden) findet ein markanter Wechsel statt. Der Anteil von Synura echinulata steigt erheblich an, S. sphagnicola taucht erstmals auf. Beide Arten erreichten in Seen mit pH-Werten unter 5 maximale Häufigkeiten in den Oberflächensedimenten (Bild 3). Dies deckt sich auch mit Literaturangaben /2,3/, wobei S. sphagnicola typisch für huminstoffreiche Gewässer ist.

Anhand des Kurzkernes konnten die jüngsten Änderungen in der Florenzusammensetzung genauer untersucht werden (Bild 2). Es zeigte sich, daß der Anteil von Mallomonas crassisquama und M. caudata in den obersten 10 cm auf unter 20 % sinkt. Stattdessen dominieren nun die beiden säureliebenden Synura-Arten.

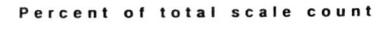

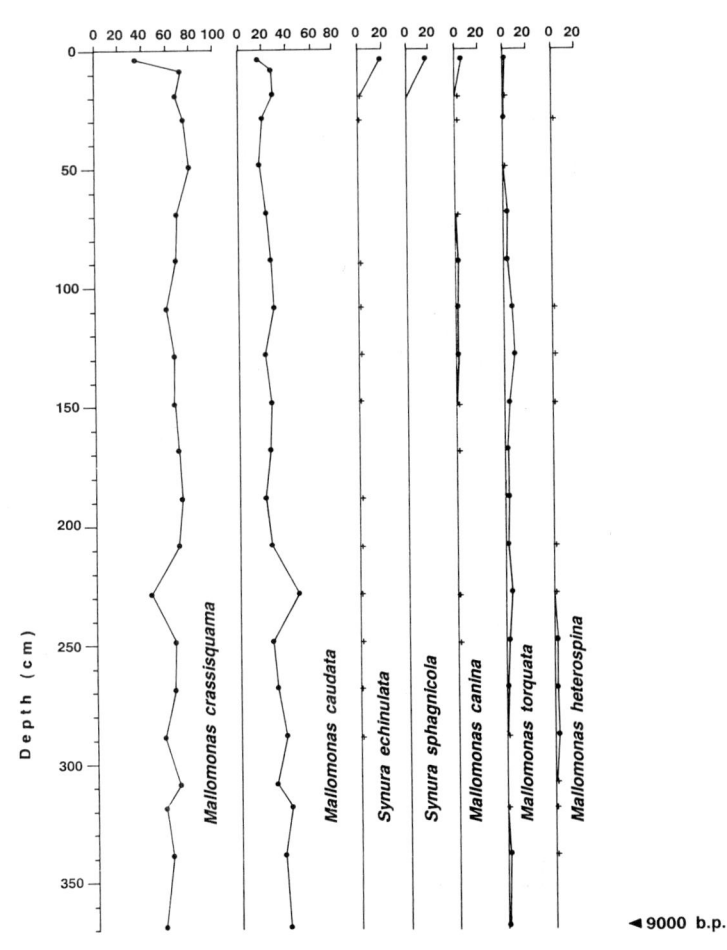

Percent of total scale count

Bild 1: Prozentuale Anteile verschiedener Mallomonadaceen im Sediment des Großen Arbersees (Langkern)

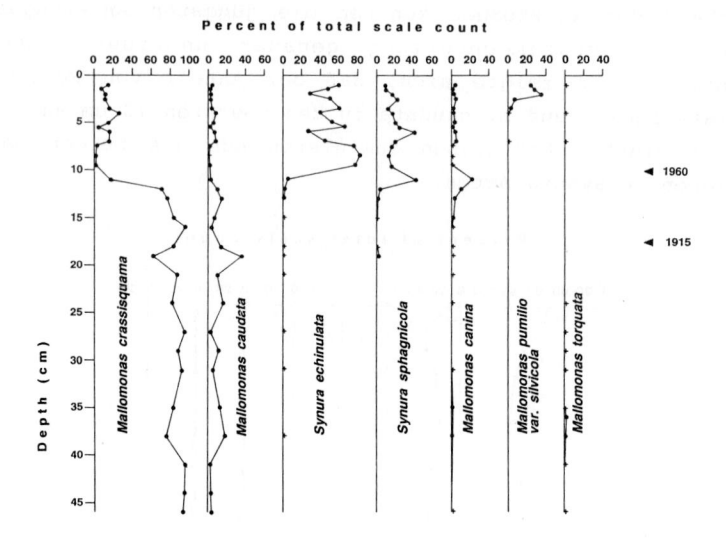

Bild 2: Prozentuale Anteile verschiedener Mallomonadaceen im Sediment des Großen Arbersees (Kurzkern)

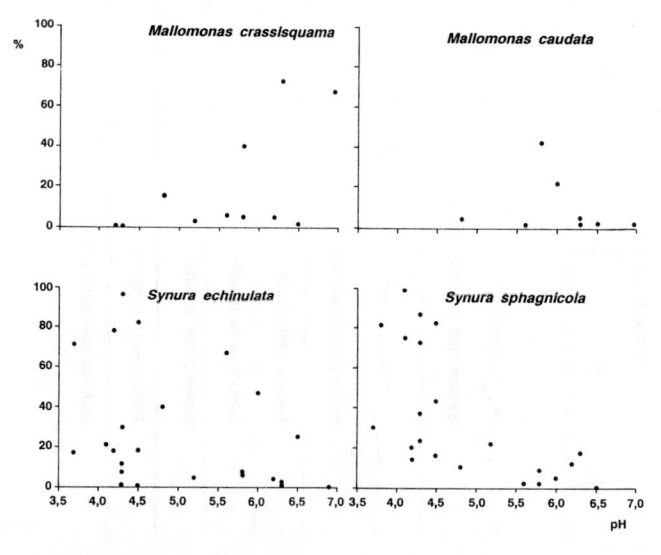

Bild 3: Prozentuale Anteile verschiedener Mallomonadaceen in Oberflächensedimenten von 28 zentraleuropäischen Weichwasserseen

Kurzzeitig tritt auch die Art Mallomonas canina verstärkt auf, eine relativ seltene Art, die bisher nur aus sauren, meist humosen Seen bekannt ist. Die prozentualen Anteile dieser Art gehen aber zur Sedimentoberfläche hin wieder stark zurück. Gleichzeitig mit S. echinulata und S. sphagnicola steigen auch die Konzentrationen von polycyclischen aromatischen Kohlenwasserstoffen (PAK) im Sediment drastisch an (Bild 4 /1/). PAK stammen zum überwiegenden Teil aus der Verbrennung fossiler Energieträger. Der Konzentrationsrückgang in den oberen Zentimetern ist möglicherweise auf einen Rückgang des Ferntransportes von PAK durch den verstärkten Einbau von Ruß-Filteranlagen zurückzuführen.

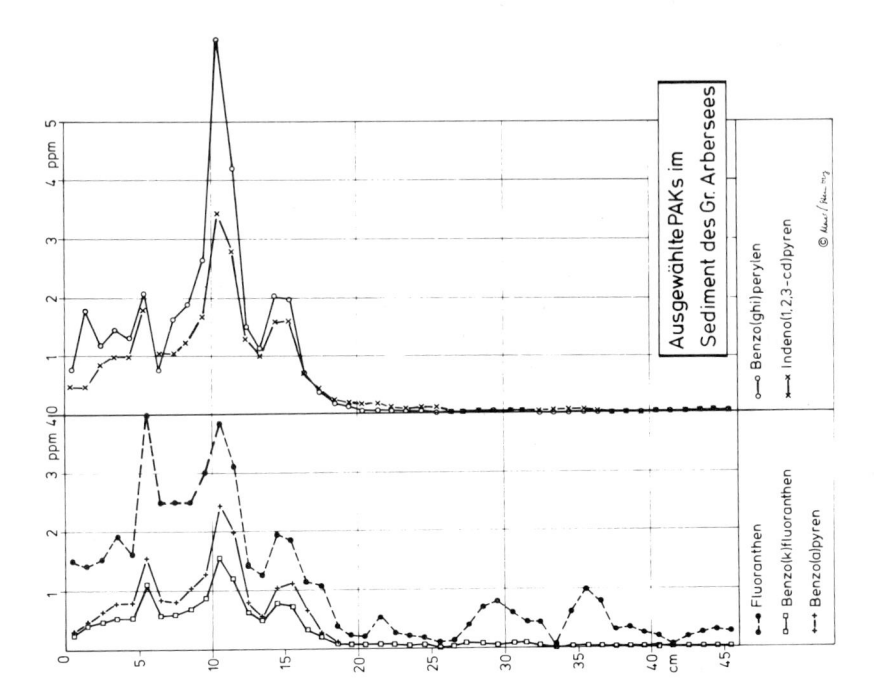

Bild 4: Ausgewählte polycyclische aromatische Kohlenwasserstoffe im Sediment des Großen Arbersees (Kurzkern /1/)

4.6.3 DISKUSSION UND SCHLUSSFOLGERUNGEN

Die beschriebenen Artverschiebungen innerhalb der Mallomonadaceae im Sediment zeigen eindeutig einen starken pH-Abfall im Freiwasser des Sees an. Der rapide Rückgang der beiden Mallomonas-Arten fällt dabei in die Zeit nach dem 2. Weltkrieg, als der Energieverbrauch in der Bundesrepublik Deutschland drastisch anstieg. Eine Verschiebung innerhalb der beiden Synura-Arten in den oberen Zentimetern zugunsten von S. echinulata deutet zusätzlich auf einen Rückgang des Huminstoffgehaltes im Großen Arbersee hin, wie er als Folge der Versauerung durch Luftschadstoffe in vielen Seen beobachtet wurde. Auch der Verlauf der prozentualen Anteile von Mallomonas canina stimmt damit überein. Das Auftauchen von M. pumilio var. silvicola in den obersten 5 cm kann vorerst nicht schlüssig erklärt werden, da die Art selten ist, doch spielen hier möglicherweise Eutrophierungstendenzen eine Rolle.

Waldbaumaßnahmen, wie sie von mehreren Seiten /6,7/ als Ursache für eine Gewässerversauerung angesehen werden, haben im Einzugsgebiet des Großen Arbersees nicht in großem Maße stattgefunden. Zudem zeigt sich aus der Analyse des Langkerns, daß die unterschiedlichen Vegetationsperioden in der Nacheiszeit (z.B. Eichenmischwald und Haselnuß im Boreal, Buchen- und Fichtenwälder im Jüngeren Atlantikum) nur geringe Auswirkungen auf die Arten-Zusammensetzung der Mallomonadaceen hatten. Als Ursache der Artverschiebungen und damit des pH-Rückgangs im Großen Arbersee kommen deshalb nur Luftschadstoffe in Frage. Dies deckt sich sowohl mit dem zeitlichen Ablauf der Versauerung als auch mit der Verlaufskurve der PAK.

Diese Arbeit wurde vom Umweltbundesamt unter der UFO-Kat-Nr. 102 04 362 sowie vom Bayerischen Staatsministerium des Innern gefördert.

4.6.4 SCHRIFTTUM

/1/ STEINBERG, C.; HARTMANN, H.; KERN, K.; ARZET, K.; KALBFUS, W.; KRAUSE-DELLIN, D.; MAIER, M. (1988): Gewässerversauerung durch Luftschadstoffe. In: KOHLER, A.; RAHMANN, H. (Hrsg.): Gefährdung und Schutz von Gewässern, Tagung über Umweltforschung an der Universität Hohenheim, S. 79 - 103, Ulmer-Verlag, Stuttgart.

/2/ SMOL, J.P.; CHARLES, D.F.; WHITEHEAD, D.R. (1984): Mallomonadacean (Chrysophyceae) assemblages and their relationships with limnological characteristics in 38 Adirondack (N.Y.) lakes. Can. J. Bot. 62, S. 911 - 923.

/3/ SIVER, P.A. (1987): The distribution and variation of Synura species (Chrysophyceae) in Connecticut, USA. Nord. J. Bot. 7, S. 107 - 116.

/4/ ROIJACKERS, R.M.M; KESSELS, H. (1986): Ecological characteristics of scale-bearing Chrysophyceae from the Netherlands. Nord. J. Bot. 6, S. 373 - 385.

/5/ HARTMANN, H.; STEINBERG, C. (1988): The occurence of silicascaled chrysophytes in some central European lakes in relation to pH. Nova Hedwigia, Beihefte, in press.

/6/ FEGER, K.-H. (1986): Biogeochemische Untersuchungen an Gewässern im Schwarzwald unter besonderer Berücksichtigung atmogener Stoffeinträge. Freiburger Bodenkundliche Abhandlungen 17, 253 S., Freiburg.

/7/ KRUG, E.C.; FRINK, C.R. (1983): Acid rain on acid soil: A new perspektive. Science 221, S. 520 - 521.

4.7 CHEMISCHE UND BIOLOGISCHE AUSWIRKUNGEN DER GEWÄSSERVERSAUERUNG. - BESPROCHEN AM BEISPIEL DES NORD- UND NORDOSTBAYERISCHEN GRUNDGEBIRGES

von A. Hamm, R. Lehmann, P. Schmitt und J. Bauer, Wielenbach

4.7.1 EINLEITUNG

Im Zeitraum vom Herbst 1983 bis zum Frühjahr 1987 wurde im Gebiet des ost- und nordostbayerischen Grundgebirges, und zwar in den vier Mittelgebirgslandschaften:
- Bayerischer Wald,
- Oberpfälzer Wald,
- Fichtelgebirge,
- Frankenwald mit dem Bayerischen Mittelvogtländischen Kuppenland,

die aktuelle Situation der Gewässerversauerung möglichst flächendeckend erfaßt /1/. Dies erfolgte durch mehrere Bereisungen, insbesondere zur Zeit der Schneeschmelze, die in dieser Hinsicht eine pessimale Situation darstellt. Die Untersuchungen beschränken sich nicht nur auf reine Waldgebiete, sondern gingen auch auf den landwirtschaftlich genutzten und besiedelten Raum über, um auch die Gebiete im Übergangsbereich zu erfassen, in denen eine Abpufferung der Gewässerversauerung stattfindet. Dieser Übergangsbereich ist je nach Abfluß- und Versauerungsschüben fließend. Eine Intensivierung der chemischen und biologischen Untersuchungen erfolgte in vier Modelleinzugsgebieten, und zwar:
- Steinbach, Fichtelgebirge,
- Obere Waldnaab, Oberpfälzer Wald,
- Oberer Weißer Regen mit Seebach und Kl. Arbersee, Bayer. Wald,
- Resch- und Saußwasser, Bayerischer Wald.

Es wurden dabei Vollanalysen einschließlich der Metalle Al, Fe, Mn, Zn, Cu, Pb und Cd (filtrierte Proben) sowie biologische Untersuchungen insbesondere bezüglich des Makrozoobenthon durchgeführt.

4.7.2 ERGEBNISSE UND SCHLUSSFOLGERUNGEN

Bei Betrachtung der regionalen Verbreitung zeigt sich ein deutlicher Gradient der Gewässerversauerung vom Fichtelgebirge und nördlichen Oberpfälzer Wald in Richtung zum Bayerischen Wald. Einen Schwerpunkt bildet eindeutig das Fichtelgebirge, insbesondere sind mehrere Waldbäche im nördlichen Fichtelgebirgswall außergewöhnlich sauer. Im nördlichen Oberpfälzer Wald sind besonders die Bäche im Bereich des Flossenbürger Granitmassivs stark sauer. Die Versauerung nimmt in Richtung südlicher Oberpfälzer Wald und Bayerischer Wald deutlich ab. Im Bayerischen Wald betrifft die Gewässerversauerung vorwiegend die Hochlagen des Hinteren Bayerischen Waldes.

In der regionalen Verbreitung der Sulfatkonzentrationen zeigt sich ebenfalls ein deutliches Gefälle in den untersuchten Oberflächengewässern vom nordbayerischen Raume in Richtung zum Bayerischen Wald. Bei den Gewässern im Bayerischen Wald liegen die Sulfatkonzentrationen mit wenigen Ausnahmen < 10 mg/l, wobei eine Abhängigkeit zum pH-Wert nicht erkennbar ist. Dabei ist im Vergleich mit früheren Untersuchungen anzunehmen, daß die Sulfatkonzentrationen in den vergangenen Jahrzehnten auch hier erhöht worden sind, da frühere Veröffentlichungen durchgehend niedrigere Konzentrationen angeben. In der Größenordnung ist etwa eine Verdoppelung der Sulfatkonzentrationen gegenüber dem geogenen Hintergrund anzunehmen. Deutliche Beziehungen zwischen dem pH-Wert und der jeweiligen Sulfatkonzentration ergeben sich bei den Oberflächengewässern des Fichtelgebirges. Bei den dort vorkommenden, sehr sauren Gewässern finden sich teilweise Sulfatkonzentrationen weit über 50 mg/l. In den meisten Fällen liegen sie im Bereich zwischen 15 - 30 mg/l und sind damit gegenüber dem geogenen Hintergrund um etwa das 10-fache erhöht. Ähnliches gilt für die Gewässer im nördlichen Oberpfälzer Wald. Der Anstieg der Sulfatkonzentrationen mit sinkendem pH beginnt etwa < pH 6,0 und verläuft etwa linear. Dies wird besonders bei Verwendung der Ergebnisse aus reinen Waldstandorten, wie beim Steinbach und der Oberen Waldnaab gezeigt, deutlich, da dabei die Streuung der Werte geringer ist. Im Frankenwald treten ebenfalls z.T. hohe Sulfatkonzentrationen auf, die dort jedoch überwiegend geogen bedingt sind (Alaunschiefer).

Zusammenhänge zwischen pH-Wert-Situation und den jeweiligen Nitratkonzentrationen in den Oberflächengewässern waren nicht erkennbar.

Eine sehr bemerkenswerte Beziehung zur pH-Wert-Situation zeigte das gelöste Silicium. Unterhalb etwa pH 4,5 fand sich Si,gelöst nur mehr in sehr geringen Konzentrationen oder war nicht nachweisbar. Die Ursachen für dieses Verhalten sind unklar. Möglicherweise haben diese verringerten Si, gelöst-Konzentrationen im niedrigen pH-Bereich Einfluß auf die Selektion der Kieselalgenflora.

Die Konzentrationen an organischen Stoffen (DOC und spektr. Absorptionskoeffizient bei 254 nm) weisen eine sehr deutliche Beziehung zum pH-Wert auf; sie steigen unterhalb eines pH-Wertes von etwa 5,0 allmählich, unterhalb pH 4,4 (beim Steinbach < pH 4,2) stark an. Stark saure Gewässer sind häufig geprägt durch eine gelblich-braune Verfärbung und das Auftreten z.T. sehr stabiler Schäume, die auf diese organischen Stoffe zurückzuführen sind.

Die Konzentrationen an gelöstem Aluminium nehmen allgemein bei pH-Werten etwa unterhalb 5,0 zu. In den Gewässern des

Bayerischen Waldes sind die Konzentrationen an Al im allgemeinen niedriger als im Oberpfälzer Wald und dem Fichtelgebirge mit z.T. Al-Konzentrationen bis ca. 3 mg/l. Bei letzteren beiden Gebieten wird die pH/Al-Beziehung deutlicher als beim Bayerischen Wald. Im Frankenwald treten in einigen Bächen die höchsten Konzentrationen an gelöstem Aluminium auf, bis zu 9,0 mg/l. Dies führt zu sichtbaren Aluminiumhydroxidausflockungen am Gewässerboden. Es besteht eine gute Korrelation Al/DOC, was auf eine Komplex-Bindung bei der Al-Mobilisierung im Boden hinweist.

Von den Schwermetallen fallen in sauren Gewässern besonders erhöhte Konzentrationen von gelöstem Cadmium auf, wobei sich eine klare Beziehung zum pH-Wert ergibt sowie angedeutet auch eine Beziehung zum DOC. Dies ist bei einigen Gewässern des Fichtelgebirges und Oberpfälzer Waldes besonders ausgeprägt bei Maximalkonzentrationen bis etwas über 1 µg/l Cd (gelöst). Im Bayerischen Wald mit allgemein niedrigeren Cd-Konzentrationen werden die Zusammenhänge zum pH-Wert zunehmend undeutlicher. Für die übrigen untersuchten Schwermetalle (Blei, Zink, Eisen, Mangan und Kupfer) zeigen sich nur undeutliche oder keine Erhöhungen der Konzentrationen in Gewässern mit niedrigem pH-Wert. Kupfer fand sich in den meisten Gewässern nur in relativ geringen Konzentrationen.

Bei der geologischen Einheitlichkeit des Gebietes des nord- und nordostbayerischen Grundgebirges ist der angeführte, von NW --> SO abnehmende Versauerungsgradient auf Unterschiede in den Depositionen säurebildender Luftschadstoffe zurückzuführen. Im nordbayerischen Raum sind bekanntermaßen die Immissionsbelastung und die Protonen- und Sulfatdepositionen relativ hoch. Untersuchungen von HÜSER /2/ in den hydrologischen Jahren 1984,1985 und 1986 von verschiedenen Stationen Freiland/Bestand im selben Gebiet zeigen im Oberpfälzer Wald und Steinwald wesentlich höhere Bestandsdepositionen (unter Fichte) an H^+ und SO_4-S als im Bayerischen

Wald (Oberpfälzer Wald/Steinwald im Dreijahresmittel: H^+: 1,6 - 2,2 kmol/(ha·a); SO_4-S: 37,1 - 43,7 kg/(ha·a)). Der Nitrateintrag war nicht sehr unterschiedlich und belief sich auf 7,2 - 13,3 kg/(ha·a) NO_3-N im Bayerischen Wald und 8,7 - 13,4 kg/(ha·a) im Oberpfälzer Wald/Steinwald. Wie für kaum ein anderes Gebiet in der Bundesrepublik Deutschland läßt sich somit für das nord-nordostbayerische Grundgebirge mit seiner geologischen Einheitlichkeit eine unmittelbare Beziehung zwischen der Höhe der atmogenen Säureeinträge, insbesondere über den Protoneneintrag und Sulfat, und dem Umfang der Gewässerversauerung erkennen.

Über mobile Meßstationen wurden kontinuierliche pH-Messungen am Steinbach, der Oberen Waldnaab sowie an zwei Bächen des Bayerischen Waldes durchgeführt. Die Schneeschmelze führt zu länger anhaltenden pH-Depressionen. Besonders rasche pH-Absenkungen bis zu 2 pH-Einheiten innerhalb von Stunden können in der Folge von Starkregenereignissen auftreten. Bei Abflußanstiegen kommt es vielfach mit der pH-Absenkung zu Konzentrationsanstiegen von Sulfat, Al und Cd. Dies weist darauf hin, daß der Eintrag von versauernden Stoffen zu einem erheblichen Teil auf dem Wege des oberflächlichen und oberflächennahen Ablaufes erfolgt. Der Anstieg organischer Stoffe bei solchen pH-Depressionen deutet auf eine Auswaschung von organischen Stoffen aus dem Boden hin. Oberflächennaher Eintrag (Interflow, Hangzugwasser) sollte als wesentlicher Eintragsweg versauernder Substanzen in Oberflächengewässer stärker als bisher auch in seiner quantitativen Bedeutung beachtet werden.

Versauerte Gewässer sind gekennzeichnet durch Arten- und Bestandsrückgang sowie Bestandsverschiebungen bei der Organismenbesiedlung. So setzt sich die Flora in versauerten Gewässern lediglich aus Diatomeen, Chlorophyceen und Bryophyten in reduzierter Artenzahl zusammen, Phanerogamen fehlen weitgehend. Bei der Diatomeenflora sind hauptsächlich acidobionte und acidophile Arten, wie Eunotia,

Pinnularia, Tabellaria flocculosa u.a., nachzuweisen, wobei gelegentlich ausgesprochen einseitge Entfaltungen zu beobachten sind.

Die Taxazahlen von Makroinvertebraten in stark versauerten Gewässern des Bayerischen Waldes, Oberpfälzer Waldes und Fichtelgebirges liegen unter 25, während naturnahe, nicht versauerte Gewässer dieser Mittelgebirge Taxazahlen über 38 aufweisen. Zu den säuretoleranten Makroinvertebraten gehören Larven verschiedener Plecopteren- und Trichopterenarten, der Tricladide Polycelis felina, einige Dytisciden, Dicranota, Simuliiden, Chironomiden, Hydracarinen, der Oligochaet Stylodrilus heringianus u.a. Zu den säuresensiblen Makroinverbraten-Arten zählen Mollusken, Gammarus fossarum, Ephemeropterenlarven sowie einige Trichopteren und räuberische Plecopterenlarven. Die Abundanzen der Makroinvertebraten sind in stärker versauerten Gewässern i.d.R. deutlich vermindert.

Bei Exponierungsversuchen mit Gammarus fossarum ergab sich, daß die Versuchstiere im Frühjahr an den stärker versauerten Gewässerstellen des Reschwassers abstarben bzw. stark geschädigt wurden. An nicht versauerten Gewässerstellen des Resch-/Saußwassersystems im Frühjahr und an allen Exponierungsstellen im Herbst bei Niedrigwasser überlebten die Versuchstiere. Laborversuche zur Säure- und Metalltoxizität auf Gammarus fossarum, die bei pH-Werten von 3,5, 4,5 und 5,5 mit aktuellen, in versauerten Gewässern gemessenen Metallkonzentrationen der Metalle Al, Zn, Pb, Cd bis zu 7 Tage durchgeführt wurden, ergaben, daß die Überlebensrate der Versuchstiere unter den gegebenen Bedingungen in erster Linie vom pH-Wert beeinflußt wird. Des weiteren zeigte sich, daß bei einem pH-Wert von 5,5 und einem Zusatz von 3 mg/l Al^{3+} zum Versuchswasser die Überlebensrate halbiert wird. Bei tieferen pH-Werten hat der Al-Zusatz keine toxizitätssteigernde Wirkung. Einen gewissen Einfluß scheinen auch Zusätze von Zn (200 µg/l) sowie Cd (1 µg/l) zum Versuchswasser bei pH 5,5 aufzuweisen. Kombinierte Zugaben aller Metalle bei den pH-Werten 4,5 und 5,5 schwächen die Toxizitätswirkung der Metalle wahrscheinlich aufgrund gegenseitiger Inhibierung ab.

Die beschriebenen negativen Auswirkungen der Gewässerversauerung zeigen, daß die bisherige Güteeinstufung versauerter Fließgewässer, die wegen des Fehlens von gegenüber organischer Verschmutzung unempfindlichen Organismen bei Güteklassen I und I-II liegt, nicht mehr gerechtfertigt ist und dringend einer Korrektur bedarf.

Eine Kalkung der Gewässer würde außerordentlich hohe Dosierungen erfordern, die aufgrund der schwedischen Erfahrungsberichte mit etwa 10 - 30 g/m^3 Kalksteinmehl angegeben werden. Vergleiche der Ca- und HCO_3-Konzentrationen (bzw. Alkalinitäten) von sauren mit entsprechenden, abgepufferten Flußabschnitten kommen bei der Waldnaab, Weißen Regen, Resch- und Saußwasser auf etwa die gleichen Differenzwerte von rd. 1,5 mg/l Ca bzw. 5 mg/l HCO_3 bzw. 0,08 mmol/l Alkalinität. Dies wäre als ein Mindestbedarf einer Kalkung anzusehen, wobei die verminderte Ausnutzung des Kalkes zusätzlich noch zu berücksichtigen ist. Für eine Flächenkalkung in Einzugsgebieten werden Gaben von 3 t/ha als $CaCO_3$ genannt /3/. Insgesamt ist die Kalkung insbesondere bei Fließgewässern skeptisch zu beurteilen, da es kaum möglich erscheint, die raschen, aber versauerungskritischen Abflußspitzen und Säurestöße abzufangen. Der Seenkalkung stehen höherrangige Belange des Naturschutzes, zumindest was die drei Bayerwaldseen betrifft, entgegen. Dagegen ist gegen die im by-pass betriebene Kalkung von Fischteichanlagen nichts einzuwenden. Untersuchungen an einer Teichwirtschaft an der oberen Fichtelnaab ergaben allerdings, daß diese nicht ausreicht, eine ausreichende Abpufferung im Hauptbach bei den stark sauren Schneeschmelzabflüssen herbeizuführen. Es ist daher zu folgern, daß nur die konsequente Weiterführung der Luftreinhaltemaßnahmen erfolgversprechend ist, die anthropogen bedingte Gewässerversauerung zurückzudrängen.

4.7.3 SCHRIFTTUM

/1/ BAUER, J.; LEHMANN, R.; HAMM, A. (1988): pH-Wert-Veränderung an ungepufferten Seen und Fließgewässern durch saure Deposition und ökologische Aspekte der Gewässerversauerung. In: Bericht der Bayerischen Landesanstalt für Wasserforschung: Gewässerversauerung im nord- und nordostbayerischen Grundgebirge, Dez. 1988.

/2/ HÜSER, R. (1988): Stoffdepositionen mit dem Freiland- und Bestandsniederschlag an elf Waldstandorten in Ostbayern. In: HÜSER, R. und REHFUESS, K.E.: Stoffdeposition durch Niederschlag in ost- und südbayerischen Waldbeständen Forstliche Forschungsberichte, München 86, S. 82 - 153.

/3/ LINKERSDÖRFER, S.; BENECKE, P. (1987): Auswirkungen von sauren Depositionen auf die Grundwasserqualität in bewaldeten Gebieten. - Eine Literaturstudie. Materialien 4/87, Umweltbundesamt. Erich Schmidt Verlag, Berlin.

4.8 TOXIZITÄT UND AKKUMULATION VON METALLEN IN SAUREN GEWÄSSERN, UNTERSUCHT AN DER BACHFORELLE (SALMO TRUTTA F. FARIO L.)

von R. Marthaler, Heidelberg

4.8.1 EINLEITUNG

Die zunehmende Versauerung kalkarmer Gewässer führt in vielen Mittelgebirgsregionen zu Störungen innerhalb der aquatischen Biozönosen. Neben vielen Wirbellosen-Gruppen, wie z.B. Bachflohkrebsen und Eintagsfliegen-Larven ist auch die Bachforelle, Hauptfischart der Gebirgsbäche, davon betroffen.

Säureeinträge während der Schneeschmelze bewirken bei der Fischbrut hohe Mortalitätsraten. Dies hat Störungen innerhalb der Altersstruktur der Populationen zur Folge und kann letztlich zum Aussterben der Forellen in den betroffenen Bächen führen /1/. Toxische Effekte werden vor allem durch gelöstes Aluminium hervorgerufen /2,3/. Aber auch andere Metalle treten in sauren Gewässern in vielfach erhöhten Konzentrationen auf. Da Fische bei niedrigen pH-Werten verstärkt Metalle anreichern, können sie als Akkumulationsindikatoren für eine versauerungsbedingte Metallbelastung von Gewässern dienen /4/.

4.8.2 MATERIAL UND METHODEN

Die Toxizität von Aluminium wurde im Laborversuch ermittelt. Als Testorganismen dienten 8 - 11 Tage alte Bachforellenlarven, die unterschiedlichen pH-Werten und Al-Konzentrationen ausgesetzt wurden. Eine Woche vor Versuchsbeginn wurden die Fische an das Hälterungswasser (Temp.

11,1° C, pH 7,2, Calcium 20,8 mg/l, Magnesium 5,1 mg/l, Ammonium 0,08 mg/l, Nitrat 5,6 mg/l, Sulfat 17,2 mg/l, Aluminium 0,03 mg/l) gewöhnt. Die Akklimatisierung an niedrige pH-Werte erfolgte kurz vor Versuchsbeginn zunächst bei pH 6 (1 Stunde), dann bei pH 5 (30 Minuten). Als Hälterungsbecken dienten 60 l Aquarien, die während des Versuchs belüftet wurden. Die Ansäuerung erfolgte mit Schwefelsäure, die Al-Kontamination mittels Al-Sulfat. Für jeden Ansatz (jeweils 2-fach) wurden 100 Fische verwendet. Die Versuchsdauer betrug 5 Tage.

Die Gesamt-Al-Konzentrationen wurden mit einem Atomabsorptionsspektrophotometer (AAS - PERKIN ELMER 5000, HGA 500) gemessen, die Bestimmung des freien, nicht komplexierten ("labilen") Al erfolgte nach der 8-Hydroxyquinolin-Methode /5/. Die Abweichungen von den nominalen Werten betrugen maximal 20 %, der Anteil des labilen Al am Gesamt-Al-Gehalt lag bei pH-Werten von 3,5 - 5,0 zwischen 70 und 77 %.

Die Freilanduntersuchungen fanden an acht ausgewählten Mittelgebirgsbächen im Schwarzwald und Hunsrück statt. Die Bäche wurden im Bereich der oberen Forellenregion elektrisch befischt und 5 - 15 Probefischen (4 - 5jährig) Kiemen, innere Organe und Muskulatur entnommen. Nach Aufarbeitung im Labor (Gefriertrocknung, Aufschluß) erfolgte die Bestimmung der Metalle (Al, Zn, Cd) mittels AAS in Graphitrohrküvetten. Die nachfolgend aufgeführten Konzentrationen beziehen sich auf das Trockengewicht.

4.8.3 ERGEBNISSE

4.8.3.1 Toxität von Aluminium

In den nicht kontaminierten Ansätzen ist bei pH-Werten von 4,0 bis 7,2 bis zum Versuchsende keine bzw. nur eine geringe Mortalität (0 - 2 %) feststellbar. Bei pH 3,5 beträgt die Mortalität nach einem Tag bereits 16 %, nach drei Tagen 100 %.

In den Al-kontaminierten Becken treten zunächst nur bei pH 3,5 und pH 5 erhöhte Absterberaten auf. Bei pH 4,0 und pH 4,5 sind erst im weiteren Versuchsverlauf (nach 3 - 5 Tagen) erhöhte Mortalitäten zu verzeichnen. Am Ende des Versuchs beträgt die Gesamtmortalität in allen Al-kontaminierten Ansätzen (außer pH 5,0/0,4 mg/l Al) 100 %.

Insgesamt läßt sich feststellen, daß ein erhöhter Säuregrad (bis pH 4,0) ohne Al-Belastung für den untersuchten Zeitraum keine letalen Auswirkungen hat. Dagegen wirkt ein kombinierter Säure/Al-Streß in hohem Maße toxisch (Tafel 1).

Tafel 1: Mortalität von Bachforellenlarven unter kombiniertem Säure/Aluminium-Streß

Nominale Werte		Gesamtmortalität (%) nach		
pH	Al (mg/l)	24 h	72 h	120 h
7,2	0	1	1	1
5,0	0	0	1	1
4,5	0	0	1	2
4,0	0	0	0	2
3,5	0	16	100	100
5,0	0,4	4	57	92
4,5	0,4	0	75	100
4,0	0,4	0	0	100
3,5	0,4	40	100	100
5,0	0,8	46	100	100
4,5	0,8	0	99	100
4,0	0,8	1	31	100
3,5	0,8	40	100	100
5,0	1,6	82	100	100
4,5	1,6	2	100	100
4,0	1,6	1	63	100
3,5	1,6	100	100	100

4.8.3.2 Akkumulation von Metallen

In den nicht versauerten Kontrollbächen (pH 7,2 - 7,8) im südlichen Schwarzwald sind die Gehalte an Metallen gering. Die mittleren Konzentrationen betragen 7 - 12 µg Al/l, 0,5 - 1,0 µg Zn/l und 0,01 - 0,03 µg Cd/l. In den versauerten Bächen des Nordschwarzwaldes und Hunsrücks (pH 3,9 - 7,5) treten in Abhängigkeit vom pH-Wert zeitweise erhöhte Metallgehalte auf (110 - 262 µg Al/l, 8 - 55 µg Zn/l, 0,04 - 0,17 µg Cd/l).

Die Lebern von Forellen aus versauerten Bächen sind signifikant höher mit Metallen belastet als die von Fischen aus den Kontrollgewässern. Im neutralen Gewässer betragen die Konzentrationen in den Fischlebern 4 - 93 ppm Aluminium, 70 - 113 ppm Zink und 0,8 - 5,4 ppm Cadmium, in versauerten Bächen 17 - 291 ppm Aluminium, 58 - 204 ppm Zink und 1,2 - 20,1 ppm Cadmium.

In der Muskulatur ist die Akkumulation von Metallen wesentlich geringer als in der Leber. Die Konzentrationen an Aluminium und Zink sind in Fischen aus sauren Gewässern nicht signifikant höher als in den Kontrollfischen. Eine geringfügig erhöhte Anreicherung wurde nur für das Cadmium festgestellt. Die Metallgehalte für die Muskulatur betragen 1 - 2 ppm Aluminium, 11 - 23 ppm Zink, 0,01 - 0,02 ppm Cadmium (Kontrollgewässer) und 1 - 3 ppm Aluminium, 13 - 34 ppm Zink, 0,01 - 0,08 ppm Cadmium (versauerte Gewässer).

4.8.4 DISKUSSION

Die kumulative Wirkung von Säure und Aluminium auf die Entwicklung lachsartiger Fische (Salmonidae) wurde sowohl im Freiland /6/ als auch im Laborversuch /3/ getestet. Die Auswirkungen auf die einzelnen Entwicklungsstadien sind sehr unterschiedlich. Die Eier (Augenpunktstadien) reagieren wesentlich unempfindlicher als die Larvalstadien. Für die Augenpunkteier von Bachsaiblingen wirken sich Aluminiumgehalte von 0,5 mg/l (bei pH 4,2 - 4,8) günstig auf die Entwicklung aus, während bei den Larven Aluminiumkonzentrationen von 0,2 mg/l (bei pH 4,2 - 5,6) zu einer verminderten Überlebensrate und zu einem reduzierten Wachstum führen /3/. Kombinierter Säure/Aluminium-Streß hat auch bei der Bachforellenbrut innerhalb weniger Tage eine hohe Mortalität zur Folge.

Die Toxizität wird durch die anorganischen Verbindungen des Aluminiums hervorgerufen /2/. Bei pH-Werten um 5 ist die akute Wirkung von Aluminium stärker als bei pH 4,3 4,5 oder 6,0 /7/. Von Bedeutung für die Giftigkeit des Aluminiums ist auch die Härte des Wassers. Eine Erhöhung der Calciumkonzentration führt zu einer verminderten Toxizität /7,8/. Charakteristisch für Fische aus versauerten Gewässern sind Kiemenschäden, z.B. Schwellungen und Verklebungen der zweiten Kiemenlamellen /9,10/. Die Ausfällung von Aluminium führt zusätzlich zu starken Verschleimungen, wodurch der Ionen- und Gasaustausch erheblich behindert wird. Eine durch Aluminium bedingte Vermehrung der Schleimzellen in der Haut wurde dagegen nicht beobachtet /11/.

Die Anreicherung von Aluminium auf den Kiemen findet oft nur kurzfristig, z.B. bei Säureeinträgen während der Schneeschmelze statt. Nach der Säurebelastung ist ein rascher Rückgang der Metallkonzentrationen auf den Kiemen feststellbar, sodaß die Kiemen lediglich als Indikator für eine akute Metallbelastung dienen können. In den inneren Organen (z.B. Niere und Leber) werden Metalle längerfristig akkumuliert. Die hohen Metallgehalte in den Lebern von Fischen aus versauerten Bächen spiegeln die, wenn auch nur zeitweise auftretende, erhöhte Metallbelastung dieser Gewässer wider. Die Konzentrationen an Zink und Cadmium sind oft höher als bei Fischen aus industriell belasteten Gewässern. Die Fischmuskulatur ist vergleichsweise gering mit

Metallen belastet. Die Akkumulation verläuft langsam und findet meist nur bei hohen, dauerhaften Belastungen statt /12/. Dies ist aus lebensmittelhygienischer Sicht von großer Bedeutung.

4.8.5 SCHRIFTTUM

/1/ MARTHALER, R.; GEBHARDT, H.; LINNENBACH, M. (1989): Gewässerversauerung - Gefahr für den Lebensraum der Bachforelle. Biologie i. u. Zeit, 19. Jg., 1, S. 22 - 24.

/2/ DRISCOLL, C.; BAKER, J.; BOSOGNI, J.; SCHOFIELD, D. (1980): Effect of aluminium speciation on fish in dilute acidified waters. Nature, 284, S. 161 - 164.

/3/ BAKER, J.; SCHOFIELD, C. (1982): Aluminium toxicity to fish in acidic waters. Water, Air & Soil Pollution, 18, S. 289 - 309.

/4/ GEBHARDT, H.; LINNENBACH, M.; MARTHALER, R. (1988): Fische und Amphibien als Monitororganismen für die Gewässerversauerung. In: KOHLER, A.; RAHMANN, H. (Hrsg.): Gefährdung und Schutz von Gewässern. Hohenheimer Arbeiten, S. 229 - 231.

/5/ JAMES, B.; CLARK, C.; RIHA, S. (1983): An 8-Hydroxyquinolin method for labil and total aluminium in soil extracts. Soil. Sci. Soc. Am. J., 47, S. 893 - 897.

/6/ MARTHALER, R.; GEBHARDT, H.; LINNENBACH, M.; SEGNER, H. (1988): Untersuchungen zur Auswirkung niedriger pH-Werte auf Eier und Brut der Bachforelle. Fischer & Teichwirt, 1, S. 2 - 6.

/7/ MUNIZ, I.P.; LEIVESTAD, H. (1980): Toxic effects of aluminium in the brown trout, Salmo trutta L. In: DRABLOES, D.; TOLLAN, A. (eds.): Ecological impact of acid precipitation. Proc. Int. Conf. Ecol. Impact of Acid Precipitation. Sanderfjord, Norway, S. 320 - 321.

/8/ BROWN, D.J.A. (1983): Effect of calcium and aluminium on the survival of brown trout (Salmo trutta) at low pH. Bull. Environ. Contam. Toxicol., 30, S. 582 - 587.

/9/ LINNENBACH, M.; MARTHALER, R.; GEBHARDT, H. (1987): Effects of acid water on gills and epidermis in brown trout (Salmo trutta L.) and in tadpoles of the common frog (Rana temporaria L.). Annals Soc. R. Zool. Belg. 117, 1, S. 365 - 374.

/10/ FISCHER-SCHERL., T.; HOFFMANN, R.W. (1988): Gill morphology of native brown trout, Salmo trutta f. fario, experiencing acute and chronic acidification of a brook in Bavaria, FRG. Dis. aquat. Org. 4, S. 43 - 51.

/11/ SEGNER, H; MARTHALER, R.; LINNENBACH, M. (1988): Growth, aluminium uptake and mucous cell morphometrics of early life stages of brown trout, Salmo trutta, in low pH-water. Environ. Biol. Fish, 21(2), S. 153 - 159.

/12/ WACHS, B. (1982): Schwermetalle in Wasserorganismen. Sicherheit in Chemie und Umwelt, 1, S. 113 - 115.

DANKSAGUNG

Die Untersuchungen sind Teil eines vom Umweltbundesamt finanzierten Forschungsvorhabens (Nr. 10204348/02).

4.9 AUSWIRKUNGEN DER GEWÄSSERVERSAUERUNG AUF AMPHIBIENPOPULATIONEN SÜDWESTDEUTSCHER MITTELGEBIRGSLAGEN
von M. Linnenbach, Heidelberg

4.9.1 EINLEITUNG

Die Bedrohung von Amphibien hat in den letzten Jahrzehnten aufgrund der menschlichen Einflußnahme ein sehr starkes und weitreichendes Ausmaß erreicht /1/. Dabei spielen nicht allein die allgemein bekannten anthropogen bedingten Umweltveränderungen wie z.B. der Lebensraumverlust durch Trockenlegung, Wasserbau-, Siedlungs- und Straßenbaumaßnahmen, Intensivierung der landwirtschaftlichen Nutzung (Wiesenumbruch, Pestizid- u. Düngemitteleinsatz) eine Rolle. Eine weitere, lange Zeit unbeachtete Schädigung zeichnet sich durch immissionsbedingte Gewässerversauerung ab /2,3,4,5,6/.

4.9.2 MATERIAL UND METHODEN

Die Datenerfassung erstreckte sich über ausgewählte Gebiete in Nord- und Südschwarzwald, Odenwald, Hunsrück und Taunus.

Untersuchte Arten:

Bufo bufo	(LINNAEUS 1758)	-	Erdkröte
Rana temporaria	(LINNAEUS 1758)	-	Grasfrosch
Salamandra salamandra	(LINNAEUS 1758)	-	Feuersalamander

Atom Absorptiosspektroskopie (AAS):

Die Laichballen von Rana temporaria wurden gefriergetrocknet und mit HNO_3 (65 %) bei 95° C für 12 Stunden aufgeschlossen. Die Analyse erfolgte in Graphitrohrküvetten mit Hilfe eines PERKIN-ELMER 5000, HGA 500-Gerätes.

4.9.3 ERGEBNISSE

B. bufo (Erdkröte): Im Laborversuch wiesen Erdkrötenlarven bereits nach 12 Stunden bei pH 3,0 bis 5,0 erhebliche Schädigungsraten auf, die im stark sauren Bereich (pH 3,0 und 3,2) bei 100 % lagen und bis pH 5 auf 32 % absanken. Für den Bereich zwischen pH 3,4 und 4,0 wirkte sich eine längere Expositionszeit der Larven in einer erhöhten Mortalität aus. Dieser Effekt war bei pH 5,0 nicht zu verzeichnen. Auch eine längere Expositionsdauer zog keine signifikante Erhöhung der Mortalität nach sich. Die geringste Schädigung (2 - 3 %) fand sich bei pH 6. Im Freiland wurden bei pH 4,2 noch lebende Larven (35 mm) angetroffen. Allerdings war ein gestörtes Verhalten (taumelnde, unkoordinierte Schwimmbewegungen) erkennbar. Während in Laichgewässern mit einem pH-Wert von 4,9 bis 5,2 beginnende Schäden an Erdkrötenlaich auftraten, konnte eine 100-%ige Verlustrate bei pH 4,2 festgestellt werden.

Rana temporaria (Grasfrosch): Im Labor fand eine letale Schädigung von Grasfroschlarven hauptsächlich im Bereich zwischen 3,0 und 3,6 statt. Hierbei trat ein deutlicher Anstieg der Mortalität zwischen 12 und 24 Stunden auf. Bereits ab pH 3,8 ließen sich keine erkennbaren negativen Auswirkungen mehr nachweisen. In versauerungsgefährdeten Laichgewässern waren Grasfroschlarven im Bereich von pH 4,2 nur noch in Einzelfällen anzutreffen. Nach unseren Erhebungen handelte es sich hierbei um einen geringen Prozentsatz (max. 1 - 2 %) geschlüpfter Kaulquappen aus schwer geschädigten Laichballen.

Im Rahmen des aktiven Monitorings durchgeführte Pilotversuche belegen, daß bei pH-Werten von 3,8 bis 4,1 zwar keine Mortalität auftrat, die Grasfroschlarven dafür aber schwere subletale Beeinträchtigungen erfahren hatten. Letztere äußerten sich in vermehrter Schleimexkretion sowie in starken Störungen der Lokomotion (Taumeln, Rückenschwimmen). Eine Rückführung in gepufferte Milieubedingungen (pH 7,0) bewirkte eine Reversibilität dieser Effekte innerhalb von 24 Stunden. Das gelegentliche Auffinden von Grasfröschen mit Mißbildungen im Extremitätenbereich, belegt möglicherweise die von /9/ im Laborversuch nachgewiesenen Ossifikationsstörungen auch für das Freiland. Diese Anomalien sind eng an einen veränderten Calzium- und Magnesiumhaushalt korreliert.

Die Laborversuche mit Grasfroschlaich ergaben eine Verlustrate bei pH 4,0 nach 120 Stunden von 75 - 100 %. Eine deutliche Verminderung der Verluste stellte sich ab pH 5,0 ein. Eine Abnahme des pH-Wertes in den natürlichen Fortpflanzungsgewässern auf 4,2 hatte für den Grasfroschlaich nahezu letale Konsequenzen. Lediglich im Zentrum der Laichballen überlebten gelegentlich wenige Embyonen. Bereits bei pH 4,5 ergab sich eine 70 bis 80-%ige Schädigung. Erstschäden waren ab pH 4,8 feststellbar, wobei die äußeren Bereiche der Ballen erfaßt wurden. I.d.R. reagierte jüngerer Laich erheblich sensitiver auf saures Milieu als älterer.

Um einen Überblick über die durch saures Milieu hervorgerufene Mortalität von Grasfroschoocyten zu erhalten, wurden die überlebenden Eizellen zahlreicher Laichballen verschiedenen Alters und verschiedener Schädigungsstufe im Freiland ausgezählt. Diese Überlebensrate ist für den weiteren Fortbestand der Population von größter Bedeutung. Ausgehend von der allgemeinen Tatsache, daß ein Grasfroschlaichballen je nach Größe etwa 1200 bis 1500 Eizellen enthält, so überlebten hiervon bei pH-Werten zwischen 4,1 und 4,5 nur noch 6 %. Bei pH-Werten um 4,5 bis 5,0 lebten noch 20 %. Bereits ab pH 5,1 bis 5,3 überstand 34 % bis 40 % der Eier.

Frisch abgelegte Laichballen zeigen schon nach 24-stündiger Exposition in saurem pH-Milieu (pH 4,5 - 5,0) eine Aluminiumanreicherung von 70 - 150 µg/g Trockensubstanz. Dies betrifft vor allem den peripheren Bereich. Bleibt der niedrige pH-Wert und die Al-Konzentration im Laichgewässer über mehrere Tage bestehen, so wird sukzessive auch das Zentrum des Eiballens mit Aluminium kontaminiert. In weniger saurem Wasser (pH < 5,0) bleibt die Al-Anreicherung auf die Peripherie des Froschgeleges beschränkt.

S. Salamandra (Feuersalamander): Während die adulten terrestrisch lebenden Salamander von der Versauerung weitgehend unbeeinträchtigt sind, zeigen die aquatil lebenden Larven im Laborversuch innerhalb von 12 Stunden bei pH 3 und pH 3,2 Mortalitätsraten von 43 bzw. 25 %, nach 72 Stunden je 100 %. Zwischen pH 3,3 und pH 4,0 treten keine Verluste auf. Allerdings weisen die Versuchstiere ein geändertes Verhalten auf (lethargisches Verharren an der Wasseroberfläche). Ab pH 4,0 finden sich keine erkennbaren Auswirkungen mehr. Im Rahmen des passiven Monitorings waren Salamanderlarven im Freiland bis pH 4,3 nachzuweisen. Im aktiven Monitoring konnte eine pH-Verträglichkeit bis pH 4,1 festgestellt werden. Analog zu den Laborbefunden trat hier ein vermindertes Reaktionsvermögen (eingeschränktes Fluchtverhalten, Vitalitätsverlust) auf. Einhergehend mit der verminderten Reaktionsleistung zeigen sich (bei pH 4,3) histologische Veränderungen an den äußeren Kiemen. Normalerweise werden bestimmte Bereiche des Kiemenepithels durch Ciliensäume begrenzt. Der Einfluß von Säure führt zur Reduktion dieser Organellen. Die Cilien verschwinden weitgehend bis auf wenige verkürzte Stränge mit verändertem mikrotubulären Achsenkörper. Darüber hinaus weisen die Epithelienränder starke Verschleimungen auf. Trotz dieser sicherlich als negativ einzuschätzenden Beeinträchtigung haben Feuersalamanderlarven in versauerten Gewässern eine höhere Überlebensirate, da sich die Forelle als Fressfeind bei pH-Werten unter 4,7 nicht mehr erfolgreich fortpflanzen kann und somit aus dem Ökosystem verschwindet. Infolgedessen ist in einigen Gebieten eine Zunahme an Salamandern zu beobachten.

4.9.4 DISKUSSION

Analog zu den Veröffentlichungen aus Nordamerika /7,8/ aus Großbritannien /9/ und aus den Niederlanden /4/ häufen sich auch in der Bundesrepublik Berichte und Meldungen von Schädigungen an Amphibienlaich und -larven durch Gewässerversauerung /2,5,6/. Die hierdurch bewirkten negativen physiologischen Auswirkungen wurden bereits an anderer Stelle beschrieben /10/.

Von maßgeblicher Bedeutung für die hohe Absterberate bei den Eistadien ist sicherlich das veränderte Puffermilieu innerhalb eines versauerten Gewässers. Bei pH-Werten über 5,6 wird das Wasser weitgehend von der Anwesenheit von HCO_3-Ionen stabilisiert. Unterhalb dieses Grenzwertes treten die durch Immissionen eingetragenen SO_4- und NO_3-Anionen in eine direkte Wechselwirkung zu den noch vorhandenen Ca^{++}- und Mg^{++}-Kationen, dies führt zu einer ungepufferten Situation mit starken pH-Schwankungen.

Wird die Kationenkapazität durch ein Übermaß an Anionen aufgebraucht, kommt es zum Eintrag von Al-Ionen sowie deren komplexe Verbindgungen mit Huminsäuren /11/. Letztgenannte Phänomene treten verstärkt bei einem pH-Milieu um 4,5 und darunter auf.

Die Untersuchungen mit Amphibienlaich belegen generell eine höhere Sensitivität der Eizellen gegenüber erniedrigtem pH-Wert. Auch hier werden im Vergleich zu den Larven die oben erwähnten interspezifischen Unterschiede in der Säuretoleranz erkennbar. Wiederum reagiert die Erdkröte am empfindlichsten. Dies beruht möglicherweise auf der unterschiedlichen Gelegestruktur von Bufoniden (Schnüre) und Raniden

(Ballen). Dadurch wird ein Einwirken von H^+-Ionen auf Erdkrötenlaich vermutlich erleichtert. Diese Vermutung wird durch die Beobachtung erhärtet, daß jeweils die im Zentrum der Froschlaichballen gelegenen Eier von einer Schädigung zuletzt erfaßt wurden. Bedingt durch starke pH-Schwankungen und den o.g. einhergehenden Begleiteffekten in den Laichgewässern können sich innerhalb von Amphibienpopulationen erhebliche Verluste bemerkbar machen. Bereits heute zeichnen sich in Gebieten mit verwitterungsresistenten, quarzhaltigen und kalkarmen Ausgangsgesteinen (Odenwald, Nordschwarzwald, Hunsrück) regressive Bestandsentwicklungen bei Grasfrosch und Erdkröte ab.

4.9.5 SCHRIFTTUM

/1/ BLAB, J.; NOWAK, E.; TRAUTMANN, W.; SUKOPP, H. (1984): Rote Liste der gefährdeten Tiere und Pflanzen in der Bundesrepublik. S. 29 - 30.

/2/ CLAUSNITZER, H.-J. (1979): Durch Umwelteinflüsse gestörte Entwicklung bei Laich des Moorfrosches (R. arvalis L.). Beitr. Naturkunde Niedersachsens 32, S. 68 - 78.

/3/ ARNOLD, A. (1983): Zur Veränderung des pH-Wertes der Laichgewässer einheimischer Amphibien. Arch. Naturschutz und Landschaftsforschung 23, S. 35 - 40.

/4/ LEUVEN, R.S.E.; DEN HARTOG, M.M.; CHRISTIAANS, M.; HEIJLIGERS, W.H.C. (1986): Effects of water acidification on the distribution pattern and the reproductive success of amphibians. Experientia 42, S. 495 - 503.

/5/ GEBHARDT, H.; KREIMES, K.; LINNENBACH, M. (1987): Untersuchungen zur Beeinträchtigung der Ei- und Larvalstadien von Amphibien in sauren Gewässern. Natur und Landschaft 62(1), S. 20 - 23.

/6/ LINNENBACH, M.; GEBHARDT, H. (1987): Untersuchungen zu den Auswirkungen der Gewässerversauerung auf die Ei- und Larvalstadien von Rana temporaria (LINNAEUS, 1758) (Anura: Ranidae). Salamandra 23(2/3), S. 153 - 158.

/7/ McDONALD, D.G.; OZOG, J.L.; SIMONS, B.P. (1984): The influence of low pH environments on ion regulation in the larval stages of the anuran amphibian, Rana calamitans. Can. J. Zool. 62, S. 2171 - 2177.

/8/ PIERCE, B.A.; HARVEY, J.M. (1987): Geographic Variation in acid tolerance of Connecticut Wood frogs. Copeia 1, S. 94 - 103.

/9/ CUMMINS, C.P. (1986): Effects of aluminium and low pH on growth and development in Rana temporaria tadpoles. Oecologia 69, S. 248 - 252.

/10/ LINNENBACH, M.; MARTHALER, R.; GEBHARDT, H. (1987): Effects of acid water on gills and epidermis in brown trout (Salmo trutta L.) and in tadpoles of the common frog (Rana temporaria L.). In: WITTERS and VANDERBORGHT (eds.): Ecophysiology of acid stress in aquatic organisms. Annals. Soc. R. Zool. Belg. 117 (Suppl. 1), S. 365 - 374.

/11/ SCHOEN, R. (1986): Water acidification in the Federal Republic of Germany proved by simple chemical methods. Water, Air and Soil Poll. 31, S. 187 - 195.

THEMENBEREICH 5:

MASSNAHMEN ZUM BODENSCHUTZ

5.1 SCHADENSBEGRENZUNG DURCH BODENSCHUTZMASSNAHMEN
von F. Beese, Neuherberg

5.1.1 EINLEITUNG

Der sprunghafte Anstieg wirtschaftlicher Tätigkeiten der Menschen in den vergangenen 40 Jahren und die damit verbundenen Stoffemissionen haben in großen Teilen Europas die chemische Umwelt der Wälder drastisch verändert. Dies ist nicht nur an erhöhten Konzentrationen potentiell schädigender Gase wie SO_2 oder O_3 zu erkennen, sondern dokumentiert sich auch in stark angestiegenen Depositionen von Stoffen verschiedener Herkunft und ökologischer Relevanz. Aus der Vielzahl der eingetragenen Stoffe sollen hier die Säurebildner, der Stickstoff und die Schwermetalle genannt werden, da sie aufgrund ihrer Mengen bzw. ökologischen Wirksamkeit zu Zustands- und Funktionsänderungen von Waldböden führen und befähigt sind, einen bodenbürtigen Streß für Waldbäume zu erzeugen.

Depositionsbedingte Veränderungen bleiben nicht auf das Kompartiment Boden beschränkt, sondern können nachfolgend auch die Luft sowie das Grund- und Oberflächenwasser beeinflussen. Diese Gefahr ist besonders dann groß, wenn die Raten, mit denen Stoffe deponiert werden, über den Raten der bodeninternen Pufferung in ökophysiologisch günstigen Bereichen liegen. Bei den seit mehr als 1000 Jahren durch intensiven Biomasseentzug von Menschen vorbelasteten Böden, ist die Überschreitung dieser Pufferraten jedoch ein häufiges Phänomen.

Selbst wenn man von der optimistischen Annahme ausgeht, daß die Reduktion von Emissionen schnell und mit hohem Wirkungsgrad erfolgt, muß festgestellt werden, daß die bereits abgelaufenen Veränderungen in Waldböden durch natürliche

Prozesse nicht in kurzer Zeit rückgängig gemacht werden können. Die Ursachen dafür liegen in den geringen Raten, mit denen natürliche "Reparaturprozesse" im Boden ablaufen. In einigen Fällen sind die Veränderungen allerdings schon so weit fortgeschritten, daß eine Reparatur auf natürlichem Wege ausgeschlossen ist.

Bei Kenntnis der anthropogen induzierten Veränderungen, die an dem jeweilig in Betracht kommenden Standort abgelaufen sind, müssen daher ökologisch ausgewogene Gegenmaßnahmen entwickelt und ergriffen werden, um bis zu der unumgänglichen Verminderung der Stoffdepositionen weitere Verschlechterungen des chemischen Bodenzustandes zu verhindern und um bereits bestehende Schäden zu beseitigen. Die zu ergreifenden Bodenschutzmaßnahmen müssen auf dem jeweiligen Istzustand der Waldökosysteme aufbauen und die standortstypische Belastungssituation berücksichtigen. Nur so können die gewünschten positiven Effekte erzielt und unerwünschte Nebeneffekte minimiert werden.

Anhand von vier Themenbereichen sollen mögliche Bodenschutzmaßnahmen diskutiert werden:

      a) Nährstoffverarmung
      b) Säureakkumulation
      c) Schwermetallanreicherung
      d) Stickstoffeutrophierung

5.1.2 BELASTUNGSSITUATION

5.1.2.1 Säurebelastung

Die Böden des humiden Klimabereichs weisen durch die Auswaschung von Calciumhydrogencarbonat eine natürliche Tendenz zur Nährstoffverarmung und zur Bodenversauerung auf. Die Holz- und Streunutzung durch den Menschen erhöhte die Belastung durch systeminterne Versauerung. Seit Mitte des letzten Jahrhunderts kamen zunehmend saure Depositionen hinzu. Nach /10/ addieren sich die Säurebelastungen über ein Bestandesalter von 100 Jahren auf 100 - 400 kmol H^+/ha, wobei die Depositionen 50 - 300 kmol H^+/ha ausmachen. Demgegenüber steht eine Pufferung von 20 - 100 kmol H^+/ha durch Silikatverwitterung und von 7 - 700 kmol H^+/ha durch Auswaschung von austauschbarem Ca^{++} und Mg^{++}. Die niedrigen Werte sind für Sandböden, die höheren für Tonböden charakteristisch. Bilanzen ergaben, daß für den überwiegenden Teil der Waldböden die natürlichen Pufferraten allein durch den Derbholzexport kompensiert werden (30 kmol/ha). Darüber hinausgehende saure Depositionen müssen im Aluminium- oder im Eisenpufferbereich unter Freisetzung von Kationsäuren neutralisiert werden, wodurch Pflanzenwurzeln einen zusätzlichen Streß erfahren. Daß die Puffermechanismen erst im Fe+Al-Bereich wirksam werden, ist z.T. in der durch die in Jahrhunderten währende Nutzung der Wälder und die Erschöpfung des Austauschpuffers zu erklären.

5.1.2.2 Schwermetallanreicherung

Schwermetalle werden im Zuge von Verbrennungsprozessen durch industrielle Tätigkeiten, Hausbrand oder durch den Verkehr emittiert und gelangen durch trockene und nasse Deposition in die Waldböden. Bei der Passage durch das Kronendach reichert sich der Bestandesniederschlag mit Cd, Zn und Co an, während Pb, Cu und Cr im Kronenraum sorbiert werden und erst mit der Streu auf den Boden gelangen. Der

Bodeneintrag muß daher aus dem Streueintrag und dem Bestandesniederschlag ermittelt werden und liegt deutlich über dem Freilandinput /8,9/.

Blei und Chrom werden in allen Waldböden akkumuliert. Kupfer und Zink weisen häufig ausgeglichene Bilanzen auf, mit einer Tendenz zunehmender Mobilität bei fortschreitender Versauerung. Für Kobalt, Nickel und Cadmium ist die Situation defizitär. Bei dem in vielen Waldböden erreichten Grad der Versauerung werden diese Elemente ausgewaschen und in Nachbarsysteme (Unterboden, Grundwasser) verfrachtet.

Die zunehmende Versauerung hat bei gegebener Deposition instationäre Zustände in den Böden geschaffen, die ein unterschiedliches Verhalten der Schwermetalle hervorrufen. Die ökotoxikologische Bedeutung dieser Situation für die Exsistenz der Waldökosysteme ist jedoch weitgehend ungeklärt.

5.1.2.3 N - E u t r o p h i e r u n g

Mit wenigen Ausnahmen war ohne den Einfluß des Menschen die N-Versorgung der Waldstandorte defizitär. Diese Situation wurde durch Biomasseexporte noch verschärft. Erst in jüngster Zeit hat sich die Situation grundlegend geändert. Bezogen auf die Fläche der Bundesrepublik Deutschland gelangen pro ha und Jahr 120 kg N aus anthropogenen Quellen in die Umwelt /1/. Im Freiland bewegen sich die Einträge zwischen 8 und 30 kg N/ha·a. Dagegen variieren die N-Depositionen in den Waldökosystemen der Bundesrepublik zwischen 15 und 50 kg/ha·a, in einigen Fällen betragen sie sogar über 80 kg/ha·a. Während die NO_3-N-Deposition in einem engen Bereich zwischen 8 und 15 kg schwankt, sind erhöhte Einträge i.d.R. auf NH_4-N zurückzuführen. Sie treten in Verbindung mit Massentierhaltungen in angrenzenden intensiv landwirtschaftlich genutzten Gebieten auf. Da aus dem deponierten Ammonium im Zuge von Nitrifikation Salpetersäure entsteht, ist die Zufuhr von NH_4-N mit einer zusätzlichen Versauerung der Böden verbunden.

In jedem Fall wird die jährliche benötigte N-Menge von 5 - 15 kg, die in den wachsenden Beständen im Holzzuwachs festgelegt wird, kompensiert und meistens weit überschritten. Die zusätzliche N-Menge kann im System gespeichert werden, wie dies durch Verengungen der C/N-Verhältnisse vielfach erkennbar wird. Ist ein "Sättigungswert" erreicht, so wird der Stickstoff an Nachbarsysteme weitergegeben. Erfolgt dies als NO_3^- an das Grundwasser oder als N_2O an die Atmosphäre, so bedeutet dies eine Belastung der angrenzenden Systeme.

5.1.3 BODENSCHUTZMASSNAHMEN

Die Versauerung des Mineralbodens induziert eine Reaktionskette, die zu einer Destabilisierung der Ökosysteme führt /10/. Sie läßt sich mit den nachfolgend aufgeführten Schritten umreißen und ist durch den Übergang von der Humusform Mull zum Rohhumus gekennzeichnet (Bild 1).

- Rückgang der Bodenwühler, dadurch Reduktion oder Verschwinden der biogenen Bodenbearbeitung.

- Verkleinerung des Rekationsraumes, in dem Bodenprozesse ablaufen

- Verlagerung des Reaktionsraumes an und auf die Bodenoberfläche in einen Bereich maximaler Schwankungsamplitude der Steuergrößen des Stoffumsatzes (Wasser, Luft, Temperatur, Nähr- und Schadstoffe).

- Entstehung steiler Gradienten der physikalischen, chemischen und biotischen Bodenkomponenten in vertikaler Richtung.

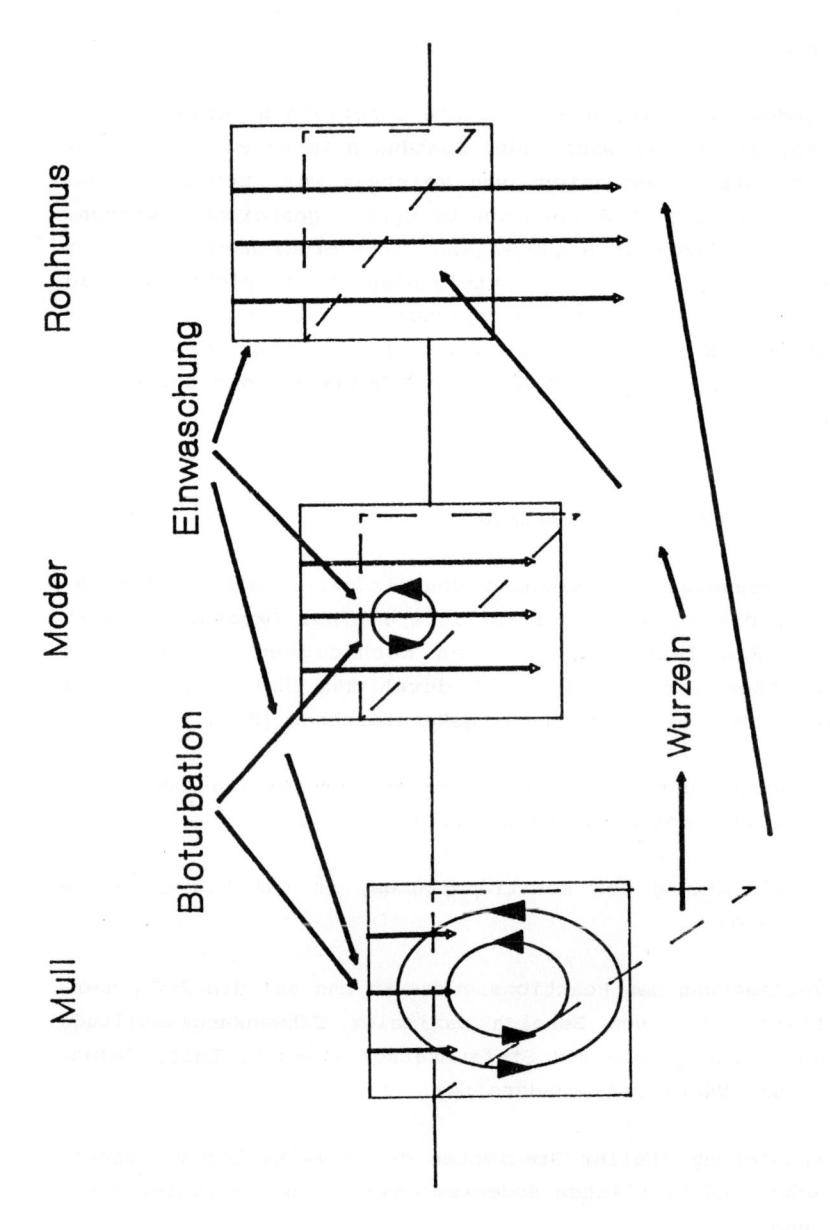

Bild 1: Reaktionskette der Versauerung des Mineralbodens

- Maximierung von Entkoppelungsprozessen in den Böden, charakterisiert durch vermehrte Stoffauswaschung.
- Destabilisierung des Systems durch Fortdauer der Entkoppelungsprozesse.

Bodenschutzmaßnahmen, die darauf ausgerichtet sind, den bodenbürtigen Streß auf Pflanzen und Bodenorganismen zu reduzieren, müssen so konzipiert sein, daß die Wirkungskette unterbrochen wird und/oder rückgängig gemacht wird. Unter der gegebenen Belastungssituation der Waldböden kann dies nur bedeuten:

- Kompensation der deponierten Säure,
- Reduktion ökosysteminterner Säureproduktion,
- Neutralisation akkumulierter Säure,
- Ausgleich von Nährstoffmängeln oder -imbalancen,
- Speicherung des deponierten Stickstoffs in ökologisch stabiler Form,
- Überführung der Schwermetalle in ökologisch unschädliche Formen.

Diese Aufstellung macht deutlich, daß der erste Schritt für eine dauerhafte "Gesundung" der Waldböden die **Meliorationskalkung** sein muß! Betrachtet man den Versauerungsgrad des größten Teils unserer Waldböden, so wird deutlich, daß mit **Kompensationskalkungen** allein das Problem nicht gelöst werden kann, da mit diesen Maßnahmen lediglich der gegenwärtige Zustand konserviert, aber nicht dauerhaft verbessert wird. Auf die Praxis der Kalkung und Düngung im Walde soll an dieser Stelle nicht eingegangen werden, da dies bereits an anderer Stelle erfolgte /4,5/.

Da aufgrund physikochemischer Gesetzmäßigkeiten in Böden das Magnesium im Zuge der Versauerung besonders stark ausgewaschen wird, sollten bei allen Meliorationskalkungen **magnesiumhaltige Kalke** verwendet werden. Die Kalkung sollte in einer Weise erfolgen, daß im Wurzelraum der Bäume langfristig pH-Werte von 5 bis 5,5 (Silikatpuffer-Bereich) erreicht werden. Dies schließt die Anwendung von Brantkalk aus, da auch geringe Gaben partiell zu starken pH-Erhöhungen führen, die ökologisch unerwünscht sind. Bei der Bemessung der Kalkgaben muß auch das Versauerungspotential durch Stickstoff, der in organischer Form gebunden ist, berücksichtigt werden. Legt man einen optimalen Wurzelraum mit einer Tiefe von 100 cm zugrunde, so weisen einige Standorte akkumulierte Säuremengen auf, die zur Neutralisation bis zu 30 t Kalk/ha benötigen, um den optimalen pH-Bereich zu erreichen. Diese Zahl verdeutlicht, welche "Altlast" in vielen unserer Waldböden verborgen ist.

Meliorationskalkungen können aber nur der erste Schritt zur Regeneration der Waldböden sein. Soll eine Umkehr der Humusentwicklung erreicht werden, müssen bei Bedarf begleitende Düngungsmaßnahmen und nachfolgende waldbauliche Maßnahmen ergriffen werden.

- Die Akkumulation von Bestandesbiomasse muß minimiert werden, indem die Bestände weit begründet werden.

- Die Akkumulation von Auflagehumus muß vermindert und vorhandene Auflagen müssen im Mineralbodenhumus überführt werden. Dazu ist die Vermehrung und gegebenenfalls die Wiederansiedlung einer wühlenden Bodenfauna erforderlich. Die in ihr auftretenden anspruchsvolleren Regenwurmarten benötigen eine nährstoffreichere Laubstreu. Letzteres kann durch Mischkulturen und die Schaffung einer Krautschicht in den Beständen erreicht werden. Die Kalkung schafft die Voraussetzung für derartige Folgemaßnahmen.

- Der Export von Biomassen muß sich auf das Derbholz beschränken. "Moderne" Erntetechniken, wie die Ganzbaumernte, verschlechtern die angespannte Nährsituation in den Waldböden und erhöhen die interne Versauerung.

- Jeder Export von Streu, Auflagehumus und auch Baumrinden muß unterbleiben.

- Der deponierte Stickstoff wird gegenwärtig in vielen Waldökosystemen noch im Auflagehumus gespeichert /7/. Dies ist ein äußerst labiler N-Pool, der bei waldbaulichen Maßnahmen in mobiles Nitrat überführt werden kann. Dabei können sowohl das Grundwasser kontaminiert als auch interne Versauerungsschübe ausgelöst werden. Die Umwandlung von Auflagehumus-N in Mineralboden-N schützt vor derartigem Stickstoff-Vorratsabbau. Der Stickstoff ist dann in einen langsam fließenden Vorrat eingebaut und kann dem Bestand zugeführt werden.

Daß derartige Umwandlungen möglich sind, konnte an einigen Beispielen gezeigt werden /2,3,6/.

Die durch die Meliorationskalkung erwünschten Wirkungen können nicht kurzfristig erreicht werden, da die Ausbringung der Kalke aus ökologischen Gründen nur in wachsenden Beständen erfolgen sollte und damit nur auf der Oberfläche appliziert werden darf (Wurzelschäden). Auch ist von den oben genannten waldbaulichen Maßnahmen keine Sofortreaktion zu erwarten. Die langsame Umstellung ist vielmehr erwünscht, da auf diese Weise unerwünschte Nebeneffekte im Ökosystem minimiert werden.

Die Bemessung der Kalkung und die Planung der nachfolgend durchzuführenden Maßnahmen sollten auf detaillierten Standortserhebungen aufbauen. Dabei wird sich ergeben, daß einige Standorte bereits N-gesättigt sind, d.h. daß gleiche oder größere N-Mengen das System verlassen als deponiert werden. In derartigen Situationen führt die Kalkung zu erhöhten N-Auswaschungen, wenn nicht gleichzeitig Wege der N-Akkumulation im Mineralboden und in der Vegetation beschritten werden. Man muß sich jedoch darüber im klaren sein, daß in diesen Systemen das Problem der N-Mobilität bei einer Nichtbehandlung der Böden nur hinausgeschoben wird und daß es bei Durchforstungsmaßnahmen oder Bestandesneubegründungen zu einem späteren Zeitpunkt auftreten wird.

Die mit der Kalkung verbundene pH-Wert-Anhebung und die Einmischung von Schwermetallen in den Mineralboden durch die aktivierte Fauna setzen die Mobilität und Verfügbarkeit der im Auflagehumus akkumulierten Schadstoffe herab. Dadurch wird das von Schwermetallen ausgehende Gefährdungspotential für die Bäume erheblich reduziert. Die dabei auftretenden standortspezifischen Unterschiede bedürfen allerdings weiterer Untersuchung.

5.1.4 SCHLUSSBETRACHTUNG

Geht man von einer bodenchemischen Zustandanalyse der Mehrzahl der Waldböden aus und betrachtet dazu die aktuelle und sich entwickelnde Situation der Deposition von potentiell schädigenden Stoffen, so wird deutlich, daß nur **meliorative chemische Eingriffe** in den Boden **in Verbindung mit waldbaulichen Maßnahmen** zur Regeneration der Waldböden führen, bei denen der vom Boden ausgehende Streß auf Pflanzen und Tiere nachhaltig minimiert wird. Meliorative Eingriffe bedeuten, daß die Ökosysteme von den die Bäume belastenden instabilen Istzuständen in ökologisch stabilere Zustände überführt werden. In dieser Jahre bis Jahrzehnte währenden Übergangsphase ist es nicht auszuschließen, daß vorübergehend auch Belastungen für Nachbarsysteme in Form erhöhter Stoffeinträge auftreten. Durch entsprechende planerische Vorarbeit lassen sich derartige Fehlentwicklungen minimieren, aber nicht gänzlich ausschalten. Sie sind der Preis für den über lange Zeiträume betriebenen Raubbau an den Waldböden und für die unnatürlich hohen, aktuellen Stoffbelastungen aus der Atmosphäre. Sie sind jedoch im Hinblick auf eine langfristige Nutzbarkeit der Waldökosysteme als vorübergehendes notwendiges Übel hinzunehmen.

5.1.5 SCHRIFTTUM

/1/ BEESE, F.; MATZNER, E. (1986): Langzeitperspektiven vermehrten Stickstoffeintrages in Waldökosysteme: Droht Entrophierung? Berichte des Forschungszentrums Waldökosysteme, Göttingen, Reihe B, Band 3, S. 182 - 204.

/2/ BEESE, F.; PRENZEL, J. (1985): Das Verhalten von Ionen in der Bodenlösung von Buchenwaldökosystemen mit und ohne Kalkung. AFZ 43, S. 1162 - 1164.

/3/ BEESE, F. (1989): Wirkungen von Kalkungs- und Düngemaßnahmen auf die chemische Zusammensetzung der Bodenlösung. Berichte des Forschungszentrums Waldökosysteme, Göttingen, Reihe A, Bd. 49, im Druck.

/4/ GUSSONE, H.A. (1987): Kompensationskalkungen und die Anwendung von Düngemitteln im Walde. Der Forst- und Holzwirt, 42, S. 158 - 163.

/5/ GUSSONE, H.A. (1987): Die Praxis der Kalkung im Wald der Bundesrepublik Deutschland. Der Forst- und Holzwirt, 38, S. 154 - 160.

/6/ MATZNER, E. (1985): Auswirkungen von Düngung und Kalkung auf den Elementumsatz und die Elementverteilung in zwei Waldökosysteme im Solling. AFZ, 43, S. 1143 - 1147.

/7/ MATZNER, E. (1988): Der Stoffumsatz zweier Waldökosysteme im Solling. Berichte des Forschungszentrums Waldökosysteme, Göttingen, Reihe A, Band 40.

/8/ SCHULTZ, R. (1987): Vergleichende Betrachtung des Schwermetallhaushalts verschiedener Waldökosysteme Norddeutschlands. Berichte des Forschungszentrums Waldökosysteme Göttingen, Reihe A, Band 32.

/9/ SCHULTZ, R.; LAMERSDORF, N.; HEINRICHS, H.; MAYER, R.; ULRICH, B. (1988): Raten der Deposition, der Vorratsänderungen und des Austrages einiger Spurenstoffe in Waldökosystemen. Berichte des Forschungszentrums Waldökosysteme, Göttingen, Reihe B, Band 7.

/10/ ULRICH, B. (1987): Stabilität, Elastizität und Resilienz von Waldökosystemen unter dem Einfluß saurer Deposition. Forstarchiv, 58, S. 232 - 239.

5.2 CHEMISCHE QUALITÄT DES BODENSICKERWASSERS VON WALDSTANDORTEN BEI DÜNGUNGSVERSUCHEN IM ZUSAMMENHANG MIT BODENVERSAUERUNG. - VERGLEICH VON ERGEBNISSEN AUS HESSEN UND BADEN-WÜRTTEMBERG

von M. Bodem, Darmstadt, A. Balázs und
H.-M. Brechtel, Hann. Münden und
R. Ritter, Karlsruhe

5.2.1 EINLEITUNG

In **Hessen** werden vom Institut für Forsthydrologie der Hessischen Forstlichen Versuchsanstalt seit Januar 1984 an den WdI-Hauptmeßstationen Königstein, Grebenau und Witzenhausen /3/ Sickerwasseruntersuchungen unter Fichtenaltbeständen durchgeführt. In räumlichem Zusammenhang dazu wurden im Rahmen einer waldbaulichen Untersuchung /4/ während des Jahres 1985 Düngungsversuchsflächen unter Buche eingerichtet und von Sickerwasseruntersuchungen begleitet.

Im Rahmen einer wasserwirtschaftlichen Begleitung von Praxisdüngungsversuchen führte die Landesanstalt für Umwelt Baden-Württemberg Sickerwasseruntersuchungen in 5 Waldgebieten durch. Es wurden verschiedene umweltrelevante anorganische Inhaltsstoffe des Sickerwassers analytisch bestimmt und geklärt, inwieweit die Nitratkonzentration im Bodenwasser durch Waldkalkungen erhöht wird. Weitere ebenfalls analysierte chemische Parameter wurden im Textband /9/ nicht diskutiert.

Da bei anhaltender Immissionsbelastung auf den Waldböden mit von Natur aus geringem Puffervermögen mit einer ständig fortschreitenden Versauerung gerechnet werden muß und sich damit auch die Frage stellt, inwieweit es dadurch zu einer qualitativen Belastung der oberirdischen Gewässer und des oberflächennahen Grundwassers kommt /1/, wurden die aus Hessen und Baden-Württemberg zur Verfügung stehenden Sickerwasserdaten unter dieser Betrachtungsweise vergleichend ausgewertet.

Neben dem pH-Wert wurden dabei nur diejenigen anorganischen Inhaltsstoffe des Sickerwassers berücksichtigt, die bei den Untersuchungen sowohl in Hessen als auch in Baden-Württemberg im gleichen Jahr 1985 erfaßt worden waren. Eine Ausnahme hierbei bildet das leider in Baden-Württemberg nicht gemessene Mangan, dem im Zusammenhang mit der Bodenversauerung eine gewisse indikative Bedeutung zugemessen werden kann /3/.

5.2.2 UNTERSUCHUNGSGEBIETE, STANDORTS- UND BESTOCKUNGSVERHÄLTNISSE

Die Lage der acht Untersuchungsgebiete geht aus Bild 1 hervor. Die beiden nördlichsten Stationen Witzenhausen und Grebenau liegen im mittleren Buntsandstein des nord- bzw. osthessischen Berglandes. An der im Rheinischen Schiefergebirge gelegenen Hauptmeßstation Königstein bilden devonische Tonschiefer das Ausgangssubstrat. Die Untersuchungsflächen in den Forstamtsbezirken Heidelberg und Welzheim gehören dem Süddeutschen Schichtstufenland an. Das Untersuchungsgebiet Heidelberg liegt an seinem nördlichsten Rand im mittleren Buntsandstein. In Welzheim streicht der Stubensandstein des mittleren Keupers aus. An der Meßstation St. Märgen im Schwarzwald steht saures Grundgebirge in Form von Paragneisen an. Die Untersuchungsgebiete Wangen und Ochsenhausen liegen im Alpenvorland im Bereich von eiszeitlichen Ablagerungen.

Die Bodenverhältnisse der mit Fichte bestockten WdI-Untersuchungsflächen /3,11/ und der Buchen-Versuchsflächen wurden von LEHNARDT /8/ beschrieben. Weitere Informationen

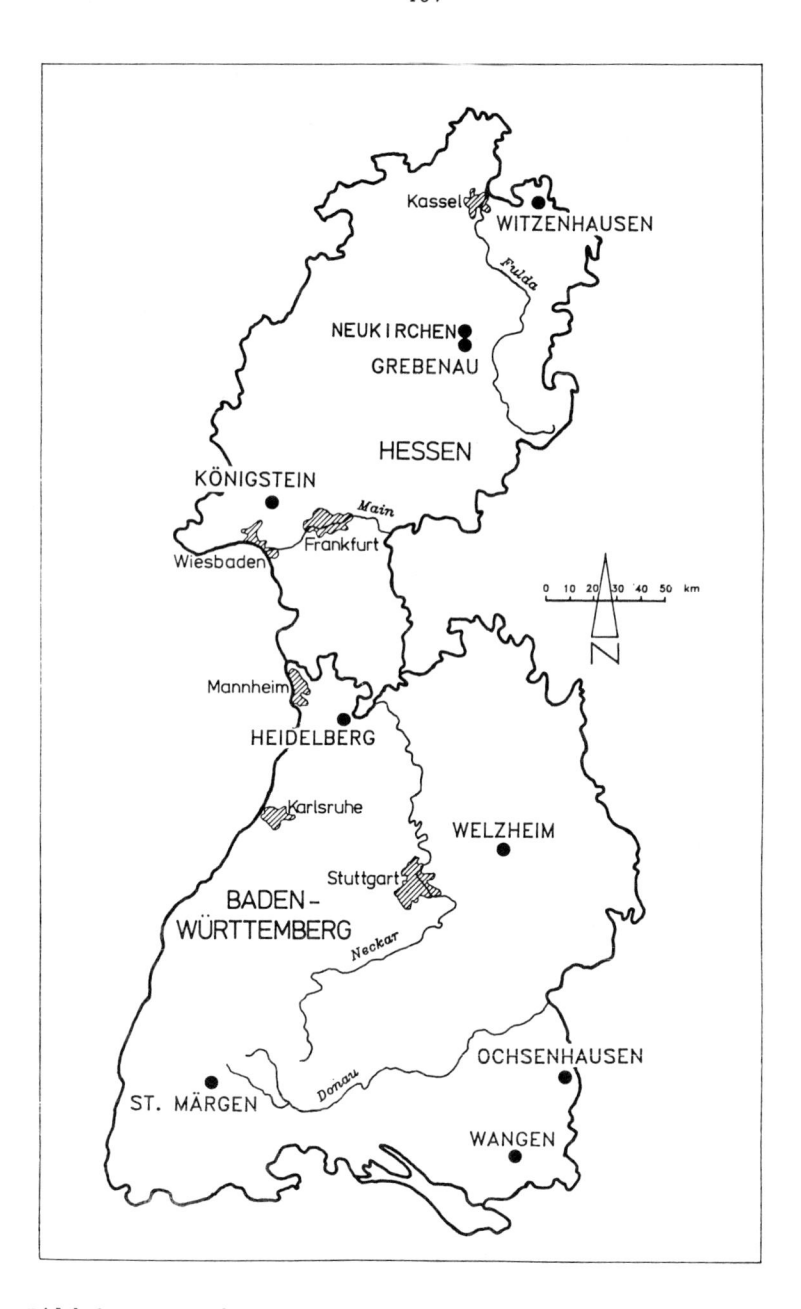

Bild 1: Lage der Untersuchungsgebiete

sind aus Kapitel 5.8 "Großparzellenversuche zur Förderung und Erhaltung der Buchennaturverjüngung in den Forstämtern Königstein, Neukirchen, Witzenhausen und Grebenau /4/ sowie bezüglich der WdI-Untersuchungsflächen aus Beitrag 2.8 /11/ zu entnehmen.

HUTH /7/ hat die Böden im Bereich der Saugkerzenanlagen der fünf baden-württembergischen Untersuchungsgebiete /9/ auf der Grundlage einer Feinkartierung beschrieben. Tafel 1 enthält eine Gesamtübersicht der Boden- und Bestockungsverhältnisse aller Versuchsstandorte.

In Hessen wurden an den drei Hauptmeßstationen Witzenhausen, Grebenau und Königstein jeweils eine mit Fichte bestockte Meßfläche und im Zusammenhang mit Düngungsversuchen jeweils Parallelflächen unter Buche eingerichtet. Die Buchendüngungsversuchsfläche im Forstamtsbezirk Neukirchen liegt ca. 5 km nördlich der Hauptmeßstation Grebenau. In Baden-Württemberg liegen nur von den Untersuchungsgebieten Wangen und Ochsenhausen reine Fichtenflächen vor, alle anderen Flächen sind mit mehreren Baumarten bestockt. Die Gebiete St. Märgen und Welzheim verfügen jeweils über 90 % Fichten- und Tannenbestand und 10 % Buchenbestand und werden im folgenden wie Nadelholzbestände behandelt. Die Untersuchungsfläche in Heidelberg besteht aus einem reinen Laubholzbestand mit 90 % Buche und 10 % Eiche. In allen Fällen handelt es sich um ältere Bestände (> 60 Jahre).

5.2.3 VERSUCHSANLAGE UND MESSMETHODEN

In **Hessen** wurden an den WdI-Hauptmeßstationen (Fichte) sowie bei den Düngungsversuchsflächen (Buche) zur Gewinnung von Bodensickerwasser Saugkerzen in folgenden Tiefen eingebaut:

- Königstein und Grebenau (Fichtenbestand): 50, 100, 150 cm
- Witzenhausen (Fichtenbestand):   50, 80, 100, 120 cm

Tafel 1: Bodenverhältnisse und Bestockung

Gebiet	m ü.NN	Ausgangs-gestein	Bodenart	Bodentyp	Bestockung
HESSEN					
Königstein	520	Devonischer Tonschiefer	Sandiger Lehm über lehmigem Sand	Braunerde, Parabraunerde	Fichte [1] Buche [2]
Grebenau	400	Mittlerer Buntsandstein	Lehmiger Sand über tonigem Sand	Braunerde	Fichte [1] Buche [2]
Witzenhausen	550	Mittlerer Buntsandstein	Lehmiger Schluff über lehmigem Sand	Braunerde	Fichte [1] Buche [2]
Neukirchen	420	Mittlerer Buntsandstein	Sandiger Schluff über sandigem Lehm	Braunerde	Buche [2]
BADEN-WÜRTTEMBERG					
Wangen	710	Junge Würmmoränen	Lehmiger Sand mit körnigem Sand	Parabraunerde, leicht pseudovergleyt	Fichte
Ochsenhausen	610	Ältere Günz-schotter-terrasse	Lehmiger Sand mit teilweise Kies	Parabraunerde	Fichte (Lärche)
St. Märgen	920	Paragneis	Lehmiger Gries mit skelettierten Anteilen	Tiefgründige Parabraunerde	Fichte Tanne 10 % Buche 10 %
Welzheim	480	Stubensandstein	Sande, Grobsande mit lehmigen Tonen	Braunerde Braunerde-Pelosole Braunerde-Pseudogleye	Fichte 40 - 60 % Tanne 30 - 50 % Buche 10 %
Heidelberg	400	Mittlerer Buntsandstein	Lehmiger Sand mit hohem Schotteranteil	Braunerde	Buche 80 - 90 % Eiche 10 - 20 %

[1] WdI-Untersuchungsflächen /3/, vgl. Beitrag Nr. 2.8 /11/
[2] Waldbauliche Versuchsflächen /4/, Alter 130 - 140 Jahre, Bestockungsgrad 0,7 - 0,8

- Königstein, Grebenau, Neukirchen,
Witzenhausen (Buchenbestand): 50, 100 cm
(jeweils Nullfläche, gedüngte Fläche ohne Bodenbearbeitung und mit Bodenbearbeitung).

Dabei wurden an den einzelnen Untersuchungsflächen jeweils 8 Einzelsaugkerzen in jede der aufgeführten Tiefen eingebracht.

In **Baden-Württemberg** wurden jeweils 5 Saugkerzen zu einer Saugkerzenanlage zusammengefaßt. Die Saugkerzenanlagen erfaßten die Bodentiefen 50, 75 und 125 cm.

Die drei Fichtenflächen in **Hessen** werden seit Januar 1984, die jeweiligen Buchenversuchsflächen seit Februar 1985 beprobt. Dabei wird so verfahren, daß das Sickerwasser alle zwei Wochen an jeder einzelnen Saugkerze abgepumpt und gleich anschließend wieder Unterdruck von ca. 0,7 at. mit einer Hand-Vakuumpumpe angelegt wird (vgl. Beitrag Nr. 2.8 /11/).

In **Baden-Württemberg** erstreckte sich der Untersuchungszeitraum von August 1984 bis Oktober 1985. Die anfänglich zweiwöchigen Beprobungsabstände wurden ab Mitte 1985 aus untersuchungstechnischen Gründen auf einen monatlichen Turnus ausgedehnt. Zur Gewinnung des Bodenwassers wurde innerhalb von 16 - 24 Stunden vor jeder Probenahme ein Unterdruck von rd. 0,6 bar an jeder Saugkerzenanlage angelegt. Das aus einer Saugkerzenanlage gewonnene Bodenwasser stellt eine Mischprobe der fünf Einzelmengen dar.

Wegen fehlendem Sickerwasser, insbesondere in der Vegetationszeit 1985 aber auch aufgrund von Frosteinflüssen im Winter 1984/85, wird an allen Standorten ein Teil der Beprobungstermine nicht durch chemische Analysen repräsentiert.

Den in Abschnitt 4 dargestellten Befunden hinsichtlich der arithmetischen Mittelwerte der Stoffgehalte liegt der **Zeitraum Oktober 1984 bis September 1985** zugrunde; bei den vier **Buchenstandorten in Hessen** mußte auf das **Kalenderjahr 1985** ausgewichen werden, da die Beprobung erst im Januar 1985 begann.

Die Wasserproben der Untersuchungsflächen **in Hessen** werden wie auch bei den noch andauernden Beprobungen im Labor der Hessischen Landwirtschaftlichen Versuchsanstalt in Kassel-Harleshausen auf folgende Inhaltsstoffe untersucht:
Natrium, Kalium, Calcium, Magnesium, Aluminium (Eisen, Mangan, Cadmium, Kupfer, Blei, Zink)* Ammonium, Chlorid, Sulfat, Nitrat, Phosphat** (*Bei der Untersuchung in **Baden-Württemberg** nicht erfaßt, **Die Phosphat-Bestimmungen wurden wegen zu geringer Konzentrationen im April 1985 eingestellt).

Die Messungen des pH-Wertes und der Leitfähigkeit erfolgten jeweils direkt nach der Probenahme im Wasserlabor der Hessischen Forstlichen Versuchsanstalt. In **Baden-Württemberg** wurden die chemischen Analysen im Labor des Instituts für Wasser- und Abfallwirtschaft, Referat 48 der Landesanstalt für Umweltschutz, durchgeführt. Folgende Komponenten wurden analytisch bestimmt:
Natrium, Kalium, Calcium, Magnesium, Aluminium, Ammonium, gelöster organischer Kohlenstoff*, Chlorid, Sulfat, Nitrat, Phosphat (*Bei der Untersuchung in **Hessen** nicht erfaßt).

Der pH-Wert und die Leitfähigkeit wurden bereits vor Ort gemessen.

In **Hessen** wurden im Herbst 1983 auf den vier Buchenstandorten in den Forstämtern Königstein, Grebenau, Neukirchen und Witzenhausen mit zwei Wiederholungen, parallel zu jeweils einer Nullfläche jeweils eine Parzelle (50 x 50 m) mit und eine ohne Bodenbearbeitung mit 50 dt/ha kohlensaurem Kalk gedüngt /4/. Außerdem erhielten die Düngungsflächen im Frühjahr 1984 zusätzlich noch 14 dt/ha Kalimagnesia (30 % K_2O, 10 % MgO). Bei diesem Versuch sollte festgestellt werden, ob und in welchem Umfang durch Düngungsmaßnahmen die chemischen Bodeneigenschaften nachhaltig verbessert werden können und sich dies gegebenenfalls auf die seit einigen Jahren problematisch gewordene Buchennaturverjüngung fördernd auswirken wird. Die wasserchemische Begleituntersuchung wurde bis zum Juni 1987 durchgeführt.

In **Baden-Württemberg** wurden die Sickerwasseruntersuchungen im Rahmen der wasserwirtschaftlichen Begleitung der Praxisdüngungsversuche zur Milderung von Waldschäden durchgeführt. Daher liegt hier parallel zu jeder ungedüngten Untersuchungsfläche eine mit Kalk gedüngte und in Welzheim eine weitere mit Kalkammonsalpeter sowie mit Basaltmehl gedüngte Fläche vor. In einem Abschlußbericht /9/ wird der Frage nachgegangen, inwieweit die Nitratkonzentrationen im Bodenwasser durch Waldkalkung erhöht werden. Über Art und Menge der Dünger sowie Zeitpunkt der Ausbringung gibt Tafel 2 Auskunft.

Tafel 2: Düngung in Baden-Württemberg

Gebiet	Art des Düngers	dt/ha	Zeit
Wangen	$CaCO_3$ + 4,9 % MgO + 3 % P_2O_5	25	April 1984
Ochsenhausen	$CaCO_3$ + 4,9 % MgO + 3 % P_2O_5 + 6 % K_2O	30	Dez. 1983
St. Märgen	$CaCO_3$ + 8,4 % MgO + 3 % P_2O_5 + 6 % K_2O	25	Juni 1984
Welzheim	teilweise Basaltmehl (22,7 % CaO + 9,4 % MgO + 0,4 % K_2O + 0,14 % P_2O_5),	60	Sept. 1984
	teilweise Kalkammonsalpeter (20 % N + 20 % Kalkstein),	6	April 1985
	teilweise wie in Ochsenhausen	30	Sept. 1984

5.2.4 ERGEBNISSE DER WASSERCHEMISCHEN UNTERSUCHUNGEN

Nachfolgend werden zunächst für die ungedüngten Waldstandorte die Stoffkonzentrationen der wichtigsten Parameter pH-Wert, Aluminium, Mangan und Nitrat in den Tiefenprofilen der Untersuchungsgebiete besprochen. Danach wird im Vergleich hierzu auf die wichtigsten Befunde hinsichtlich Einflüsse der Düngungsmaßnahmen eingegangen.

5.2.4.1 Sickerwasserkonzentrationen auf Standorten ohne Düngung

Die Jahresmittel der **pH-Werte** in 75 - 100 cm Tiefe lagen **zwischen 4,2 und 5,2** (Bild 2). Für diese unterschiedlichen pH-Niveaus sind vorrangig pedogene Abweichungen der einzelnen Standorte sowie unterschiedliche Bestockung verantwortlich. In jedem Profil werden die Minimalwerte in der Tiefe 45 - 55 cm erreicht. Während an den Standorten mit von Natur aus geringem Puffervermögen (Witzenhausen, Grebenau, Königstein, Heidelberg, St. Märgen) die pH-Werte in den tieferen Meßebenen nur geringfügig ansteigen, nehmen sie in Wangen und Ochsenhausen infolge der im Boden vorhandenen Basen um 1,4 bzw. 1,9 pH-Einheiten zu. In Welzheim ist ein Rückgang der pH-Werte mit zunehmender Tiefe zu verzeichnen.

Die aus den pH-Werten errechneten nicht abgepufferten oder abgesättigten **Protonenkonzentrationen** bewegen sich **zwischen 0,006** (Wangen) **und 0,063 mg/l** (Königstein und Grebenau, Fichte). Rechnet man die Protonenkonzentrationen in Anteile an der Kationensumme um, so bewegen sich die Jahresmittelwerte in 1 m Tiefe zwischen 1 und 6 % an den jeweiligen Kationensummen.

Die Jahresmittelwerte der **Aluminiumkonzentrationen** in 75 - 100 cm Tiefe bewegen sich zwischen **0,53 und 14,3 mg/l**. Diese Werte beziehen sich auf das gelöste Gesamtaluminium,

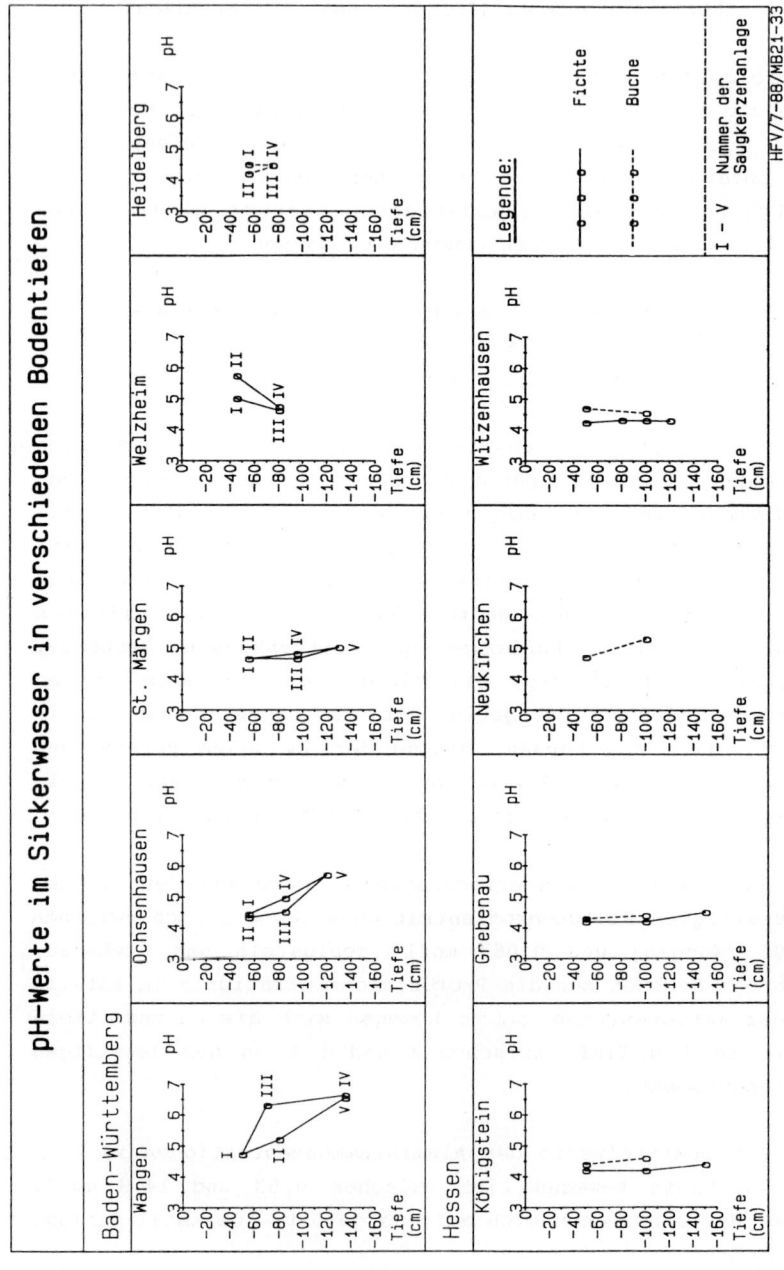

Bild 2: Arithmetische Mittelwerte der Protonenkonzentration im Sickerwasser verschiedener Bodentiefen auf ungedüngten Waldstandorten, dargestellt als pH-Werte ("Null-Flächen" bei den Düngungsmaßnahmen)

da analytisch nicht zwischen hydroxylierten und freiem Aluminium unterschieden wurde. Wie auch bei den pH-Werten ist bei Aluminium ein Standort- und ein Bestockungseinfluß erkennbar. In den Tiefenprofilen wird die Abhängigkeit der Aluminiumgehalte vom pH-Wert deutlich. Sie steigen mit fallenden pH-Werten stark an.

Die Fichtenstandorte über basenarmem Ausgangsgestein sind gekennzeichnet durch Anstieg der Aluminiumkonzentration bis 100 cm und wieder kleinere Konzentrationen in 150 cm Tiefe. In Welzheim ist 80 cm bereits die tiefste Meßebene, daher kann hier nur ein Anstieg zwischen 45 und 80 cm beobachtet werden. Auf den beiden Standorten im Alpenvorland (Wangen, Ochsenhausen) mit karbonatreicherem Ausgangssubstrat gehen die Aluminiumgehalte in den tieferen Meßebenen sehr stark zurück.

Die Tiefenprofile der Buchenstandorte verhalten sich unterschiedlich. Ein Anstieg der Aluminiumkonzentrationen im Bereich zwischen 50 und 100 cm in Witzenhausen und Grebenau steht einem Rückgang der Konzentrationen in Neukirchen, Königstein und Heidelberg gegenüber.

Der Anteil von Aluminium an der Kationensumme liegt an den Fichtenstandorten in Witzenhausen, Königstein, St. Märgen und Welzheim zwischen 40 und 50 %. Trotz der höchsten Jahresdurchschnittskonzentration von 14,3 mg/l in Grebenau beträgt der Aluminiumanteil an der Kationensumme aufgrund der sehr hohen Gesamtlösungsinhalte nur 34 %. Deutlich geringer sind die entsprechenden Anteile in Wangen und Ochsenhausen (10 und 24 %).

Die **Mangangehalte** wurden leider nur in den hessischen Untersuchungsgebieten Königstein, Grebenau, Neukirchen und Witzenhausen bestimmt. Die Jahresmittelwerte in 100 cm Tiefe bewegen sich **zwischen 0,58 mg/l und 14.8 mg/l**.

Am Fichtenstandort in Grebenau wurden in 100 cm Tiefe mit einem Jahresmittelwert von 14,8 mg/l die höchsten Mangankonzentrationen gemessen. Das entspricht einem Anteil von 14 % an der Kationensumme. In Königstein liegt der mittlere Mangangehalt bei 7,8 mg/l am Fichtenstandort, was einen Anteil von 12 % an der Kationensumme ausmacht. In Witzenhausen bewegen sich die Mangangehalte an beiden Standorten unter 1 mg/l. Nach HILDEBRAND /6/ durchlaufen die Oberböden bei Säureeinträgen von mehr als 1 kmol H^+/ha·a eine relativ kurzfristige Mangan-Mobilisierungsphase, in der die pedogenen Manganoxide instabil werden und Mn^{2+}-Ionen in die Bodenlösung ausschütten. Diese Tatsache läßt vermuten, daß in Witzenhausen schon ein Großteil des Mangans bereits ausgewaschen wurde.

Die Jahresmittelwerte der **Nitratgehalte** lagen **zwischen 0,4 und 79,2 mg/l**. Die höchsten Jahresmittel der Nitratkonzentration (> 20 mg/l) wurden unter Fichtenbeständen der Standorte Ochsenhausen (Baden-Württemberg) sowie auf den hessischen Standorten Königstein und Witzenhausen ermittelt. In den meisten Tiefenprofilen verringern sich die Nitratgehalte mit zunehmender Tiefe. In St. Märgen und Ochsenhausen steigt die Nitratkonzentration in 85 - 95 cm Tiefe noch an, fällt aber in 120 - 135 cm Tiefe wesentlich stärker ab. Verantwortlich für den Rückgang der Nitratgehalte ist sicherlich die verstärkte Stickstoffaufnahme der Pflanzen in der Hauptwurzelzone. Für den Konzentrationsanstieg oberhalb der Tiefe 100 cm kommen möglicherweise Nitrifikationsvorgänge in Frage. An beiden Standorten in Grebenau ändern sich die Nitratgehalte im Tiefenprofil nur unwesentlich, bei allerdings sehr geringen Konzentrationen von unter 2 mg/l.

Der Anteil von Nitrat an der Anionensumme bewegt sich zwischen < 1 % (Grebenau) und 64 % (Ochsenhausen). Der hohe Nitratgehalt in Ochsenhausen ist nach RITTER /9/ sehr wahrscheinlich auf eine Verdriftung des Düngers bei der Ausbringung von Kalkammonsalpeter per Hubschrauber auf eine benachbarte Waldfläche zurückzuführen.

Die **hohen Aluminium- und Mangan-Konzentrationen** des Bodensickerwassers unterhalb der Hauptwurzelzone, die selbst noch als **Jahresmittel** die **EG-Grenzwerte für Trinkwassergebrauch** /5/ teilweise **weit überschreiten**, können wie folgt erklärt werden:

Mit Ausnahme der beiden Untersuchungsgebiete Wangen und Neukirchen befinden sich die Böden aller Standorte zeitweise im Aluminium-Pufferbereich /10/, d.h. pH-Werte < 4,2. In diesem Bereich sind fast alle Ladungsstellen der Tonminerale mit Aluminium-Hydroxo-Kationen belegt. Die Pufferung erfolgt durch Dehydroxilierung von Aluminium, aber auch von Mangan und bei noch tieferen pH-Werten von Eisen unter Bildung von Kationsäuren nach folgender vereinfachter Gleichung:

$$Al\,OOH \cdot H_2O + 3H^+ \longrightarrow Al^{3+} + H_2O$$

Nach BENECKE /2/ geht von diesem Puffermechanismus, d.h. der Bildung von Kationsäuren keine Schutzwirkung mehr für die aquatischen Systeme aus. Es ist dabei vielmehr nur noch ein Verzögerungseffekt zu beachten.

Allerdings werden im vorliegenden Datenmaterial nur Angaben über die Konzentration und nicht über die Menge des Sickerwassers gemacht. Daraus gehen zwar die Mengenrelationen der gelösten Inhaltsstoffe hervor, die einen Hinweis auf die unterschiedlichen Puffersituationen, d.h. auf den Entwicklungsstand des Bodens geben. Über Vorratsänderungen können jedoch keine Aussagen gemacht werden. Dies wurde die Flußraten des Sickerwassers über die verschiedenen Meßebenen voraussetzen /10/.

Zeitliche Abschätzungen, wann die fortschreitende Versauerung die aquatischen Systeme voraussichtlich erreichen wird, bedürften einer Erfassung der die Pufferung steuernden Kapazitäts- und Ratenparameter für die gesamte Wegstrecke des Wassers von der Bodenoberfläche bis zum Fließgewässer /2/.

5.2.4.2 Sickerwasserkonzentrationen auf Standorten mit Düngung

In **Baden-Württemberg** /9/ wurden in zwei Untersuchungsgebieten auf einigen Versuchsflächen durch die Düngung **erhöhte Nitratkonzentrationen** verursacht, die eine Gefährdung der Hydrosphäre hervorrufen. Im aus dem Hauptwurzelbereich versickernden Bodenwasser wurde in Ochsenhausen ein NO_3-Maximalgehalt von 81,9 mg/l, in Heidelberg von 50,9 mg/l, bei noch ansteigender Tendenz am Ende des Beobachtungszeitraumes gemessen. Dagegen blieben in St. Märgen, Wangen und Welzheim die Nitratgehalte an den mit Kalk gedüngten Flächen unter der EG-Richtlinie für Trinkwasser von 50 mg/l.

In Welzheim wurden zusätzlich Düngungen mit Kalkammonsalpeter (KAS) und mit Basaltgesteinsmehl durchgeführt, wobei durch die Düngung mit KAS ein Höchstwert von 272 mg/l NO_3 im Bodensickerwasser erreicht wurde. Die Basaltmehldüngung hat keine erhöhten Nitratgehalte hervorgerufen.

Bei den gedüngten Waldstandorten in **Hessen** wurde unterhalb des Hauptwurzelraumes nur in Königstein an einem Beprobungstermin bei der Versuchsvariante ohne Bodenbearbeitung der EG-Grenzwert für Trinkwasser /5/ von 50 mg/l NO_3 leicht überschritten.

Bei einigen gedüngten Flächen wurde ein Anstieg der **Aluminiumgehalte** sowohl in **Baden-Württemberg** als auch in **Hessen** im Sickerwasser beobachtet. Auf der mit Kalkammonsalpeter gedüngten Fläche in Welzheim stieg die Aluminiumkonzentration in 80 cm Tiefe bis zu einem Maximalwert von 27,1 mg/l an. Der Höchstwert auf der entsprechenden Nullfläche lag bei 5,6 mg/l. In Wangen stiegen die Aluminiumgehalte bis zu einem Maximum von 3,5 mg/l an, gingen in 135 cm Tiefe aber wieder bis auf das Niveau der Nullfläche zurück.

In **Hessen** wurden auf dem Buchenstandort Witzenhausen insbesondere bei der Versuchsvariante mit Bodenbearbeitung noch in 100 cm Tiefe **erhöhte Aluminiumkonzentrationen** festgestellt. Das **Maximum** lag bei **8,2 mg/l** und ging bis auf 6,0 mg/l am Ende des Beobachtungszeitraumes zurück. Bei der Versuchsvariante ohne Bodenbearbeitung erreichte der Höchstwert 6,7 mg/l und fiel wieder auf 4,4 mg/l zurück. Der Jahresmittelwert auf der **Nullfläche** betrug **2,0 mg/l**.

In Königstein erreichte der Aluminiumgehalt in 100 cm Tiefe Höchstwerte von 4,6 mg/l (ohne Bodenbearbeitung) und 6,0 mg/l (mit Bodenbearbeitung). Beim letzten Beprobungstermin am 18.7.1985 lagen die Konzentrationen an Aluminium immer noch bei 2,1 bzw. 3,2 mg/l, im Vergleich zu einem Jahresmittelwert von 1,2 mg/l auf der ungedüngten Fläche.

5.2.5 ZUSAMMENFASSUNG

Die wichtigsten Ergebnisse der beiden Untersuchungen sind:

- Die Jahresmittel der **pH-Werte** in 75 - 100 cm Tiefe lagen **zwischen 4,2 und 5,2**. Pedogene Abweichungen der einzelnen Standorte sowie Bestockungseinflüsse mit unterschiedlicher Immissionsbelastung (z.B. Buche < Fichte) sind vorrangig für die unterschiedlichen pH-Niveaus verantwortlich. In jedem Tiefenprofil wurden die niedrigsten pH-Werte in der obersten Beprobungsebene von 45 - 55 cm festgestellt.

- Die Jahresmittelwerte der **Aluminium-Konzentrationen** (EG-Grenzwert /5/ = 0,2 mg/l) in 75 - 100 cm Tiefe bewegten sich **zwischen 0,53 und 14,3 mg/l**, wobei ein deutlicher Anstieg der Al-Gehalte mit fallenden pH-Werten erkennbar war.

- **Mangan** (EG-Grenzwert /5/ = 0,05 mg/l) wurde nur in den hessischen Untersuchungsgebieten Königstein, Grebenau, Neukirchen und Witzenhausen bestimmt. Die Jahresmittelwerte in 100 cm Tiefe liegen **zwischen 0,58 mg/l und 14,8 mg/l**. Dieser Höchstwert von 14,8 mg/l wurde am Fichtenstandort in Grebenau festgestellt.

- Die Jahresmittelwerte der **Nitrat-Konzentrationen** (EG-Grenzwert /5/ = 50 mg/l) lagen **zwischen 0,4 und 79,2 mg/l**. Die höchsten Jahresmittel (> 20 mg/l) wurden unter Fichtenbeständen der Standorte Ochsenhausen (Baden-Württemberg) sowie auf den hessischen Standorten Königstein und Witzenhausen gemessen.

- In Baden-Württemberg /9/ wurden in Ochsenhausen und Heidelberg durch die **Düngung erhöhte Nitrat-Konzentrationen** in dem aus dem Hauptwurzelbereich versickernden Bodenwasser erreicht (**81,9 mg/l und 50,9 mg/l**), die als eine Gefährdung der Hydrosphäre angesehen werden können /9/.
  Auf den gedüngten Flächen in Hessen wurde unterhalb des Hauptwurzelraumes nur in Königstein an einem Beprobungstermin bei der Versuchsvariante ohne Bodenbearbeitung der Nitrat-Grenzwerte der EG-Richtlinie von 50 mg/l leicht überschritten.

- An einigen **gedüngten Flächen** wurde ein Anstieg der **Aluminium-Konzentrationen** im Sickerwasser beobachtet. In Baden-Württemberg wurde auf der mit Kalkammonsalpeter gedüngten Fläche in Welzheim in 80 cm Tiefe eine Maximalkonzentration von 27,1 mg/l erreicht. Der **Höchstwert** auf der entsprechenden Nullfläche lag **bei 5,6 mg/l**.

Bei den Düngungsversuchen in Hessen /4/ wurden in Witzenhausen insbesondere bei der Versuchsvariante mit Bodenbearbeitung noch in 100 cm Tiefe ein **Maximum von 8,2 mg/l Aluminium** gefunden. Am Ende des Beobachtungszeitraumes war die Konzentration noch 6,0 mg/l. In Königstein erreichte die Aluminium-Konzentration noch in einer Tiefe von 100 cm Höchstwerte von 4,6 mg/l (ohne Bodenbearbeitung) und 6,0 mg/l (mit Bodenbearbeitung).

- Konzentrationsanstiege von anderen Elementen infolge der Düngung, insbesondere Calcium und Magnesium, wurden festgestellt. Sie haben in wasserwirtschaftlicher Hinsicht jedoch keine Bedeutung.

In Hessen hatte die zur Förderung und Erhaltung der Buchennaturverjüngung auf Großparzellen durchgeführte Düngungsmaßnahme /4/ insgesamt eine stoffliche Mobilisierung mit wasserchemischen Auswirkungen zur Folge, welche bei der Behandlungsvariante "Düngung mit Bodenbearbeitung" (II) am größten war. Eine Zunahme der Sickerwasserkonzentrationen wurde insbesondere bei Aluminium und Mangan festgestellt, die bis zur Bodentiefe 100 cm noch hoch signifikant war. Ein diesbezüglicher Forschungsbericht der Hessischen Forstlichen Versuchsanstalt ist in Vorbereitung.

Auch Zink und Cadmium erfuhren durch die Düngungsmaßnahme in beiden Beprobungstiefen sowie bei Kupfer beschränkt auf die Tiefe 50 cm eine leichte Mobilisierung. Bei Zink lagen die Konzentrationen bereits schon auf der ungedüngten 0-Parzelle deutlich über dem EG-Richtwert für Trinkwassergebrauch /5/ von 0,1 mg/l. Bei Cadmium und Kupfer wurde der entsprechende EG-Grenzwert (Cd: 0,005 mg/l) bzw. Richtwert (Cu: 1,0 mg/l) auch bei der zumeist ungünstigsten Behandlungsvariante "Düngung mit Bodenbearbeitung" nicht erreicht.

5.2.6 SCHRIFTTUM

/1/ BENECKE, P.; LINKERSDÖRFER, S.; THÖNMIEßEN, J. (1986): Auswirkungen der Waldschäden auf den Wasserhaushalt aus der Sicht der Wasserbeschaffenheit. Literaturstudie im Auftrag der Landesanstalt für Umweltschutz Baden-Württemberg, Karlsruhe, 71 S. (unveröffentlicht).

/2/ BENECKE, P. (1987): Zur Versauerung bewaldeter Wassereinzugsgebiete. Wasser und Boden, S. 17 - 18

/3/ BRECHTEL, H.-M. (1988): Gefährdung des Bodens und der Gewässer durch Eintrag von Luftschadstoffen. Forst und Holz, Nr. 43, S. 298 - 302.

/4/ BRESSEM, U. (1988): Versuche zur Förderung und Erhaltung der Buchennaturverjüngung. Forschungsberichte, Hessische Forstliche Versuchsanstalt, Hann. Münden, Band Nr. 5, 195 S.

/5/ EUROPEAN COMMUNITY COUNCIL (1980): Richtlinie des Rates vom 15. Juli 1980 über die Qualität von Wasser für den menschlichen Gebrauch (80/778/EWG). Amtsblatt der Europäischen Gemeinschaften, L 229/11 vom 30.8.1980, Brüssel, S. 11 - 15.

/6/ HILDEBRAND, E.E. (1986): Zustand und Entwicklung der Austauschereigenschaften von Mineralböden aus Standorten mit erkrankten Waldbeständen. Forstw. Cbl. 105, S. 60 - 76

/7/ HUTH (1985): Feinkartierung der Böden im Bereich der Saugkerzenanlagen in den Untersuchungsflächen. Durchgeführt im Auftrag der Forstlichen Versuchsanstalt Baden Württemberg, 31 S. (vgl. /9/).

/8/ LEHNARDT, F. (1984): Projektplan: Sickerwasseruntersuchungen im Rahmen des Projektes Waldbelastung durch Immissionen. Institut für Forsthydrologie der Hessischen Forstlichen Versuchsanstalt, Hann. Münden, 9 S. (unveröffentlicht).

/9/ RITTER, R. (1986): Wasserwirtschaftliche Begleitung der Praxisdüngungsversuche zur Milderung von Waldschäden - Abschlußbericht. Teil A: Textband; S. 1 - 39, danach Literaturstudie von F. Pirner "Anthropogene Einflüsse auf das Wasser aus dem Wald, vor allem Düngungseinflüsse" S. 1 - 63. Teil B: Materialienband, 99 Abb., 68 Tab, danach /7/. Landesanstalt für Umweltschutz Baden-Württemberg, Karlsruhe

/10/ ULRICH, B. (1984): Untersuchungsverfahren und Kriterien zur Bewertung der Versauerung und ihrer Folgen in Waldböden. Forst- und Holzwirt, S. 278 - 286

/11/ BALAZS, A.; BRECHTEL, H.-M. (1989): Mangan-, Aluminium- und Nitrat-Konzentrationen im Sickerwasser unter Fichtenbeständen in Hessen. Beitrag 2.8 in: DVWK Mitteilungen 17, Deutscher Verband für Wasserwirtschaft und Kulturbau e.V. (DVWK), Gluckstraße 2, D-5300 Bonn 1, S. 175 - 182.

5.3 DER GEHALT AN WASSERLÖSLICHEN ORGANISCHEN SUBSTANZEN UND GESAMTKUPFER IN DER BODENLÖSUNG IN ABHÄNGIGKEIT VOM PH-WERT

von A. Göttlein, München

5.3.1 EINLEITUNG

Die Durchführung von Düngungsmaßnahmen, inbesondere die Ausbringung von Kalk, bewirkt häufig deutliche Veränderungen der Aciditätsverhältnisse im Boden. Prinzipiell wird dabei die Löslichkeit organischer Bodeninhaltsstoffe (DOC) von der pH-abhängigen Protonierung bzw. Deprotonierung acider funktioneller Gruppen bestimmt. Kalkungen erhöhen in der Regel die Löslichkeit dieser Verbindungen.

Im Freilandexperiment Höglwald werden die Auswirkungen einer sauren Beregnung und der kompensatorischen Kalkung auf einen Fichtenbestand erforscht /1/. Ein Teilbereich im Rahmen des Höglwaldprojektes ist die Untersuchung der wasserlöslichen organischen Bodeninhaltsstoffe auf den unterschiedlich behandelten Versuchsparzellen /2/.

5.3.2 METHODIK

Zur Untersuchung gelangen wässrige Extrakte aus den spezifizierten Bodenhorizonten (LOf1, Of2, Oh) der Versuchsanlage Höglwald /3/.

Da es sich um ein ökologisch ausgerichtetes Forschungsprojekt handelt, sollen möglichst "naturnahe" Verhältnisse erfaßt werden. Die erhaltenen wässrigen Bodenextrakte werden daher ohne weitere Probenvorbereitung mittels Reversed-phase-HPLC untersucht (Bild 1), wobei die erhaltenen Integralwerte eng mit dem DOC der Lösung korreliert sind /4/. Die Gesamtgehalte von Kupfer werden am Graphitrohr-AAS gemessen, das in den Extrakten vorhandene "freie" Kupfer wird voltammetrisch bestimmt.

Die hier vorgestellten Ergebnisse basieren auf den im Untersuchungsjahr 1986 gewonnenen Daten.

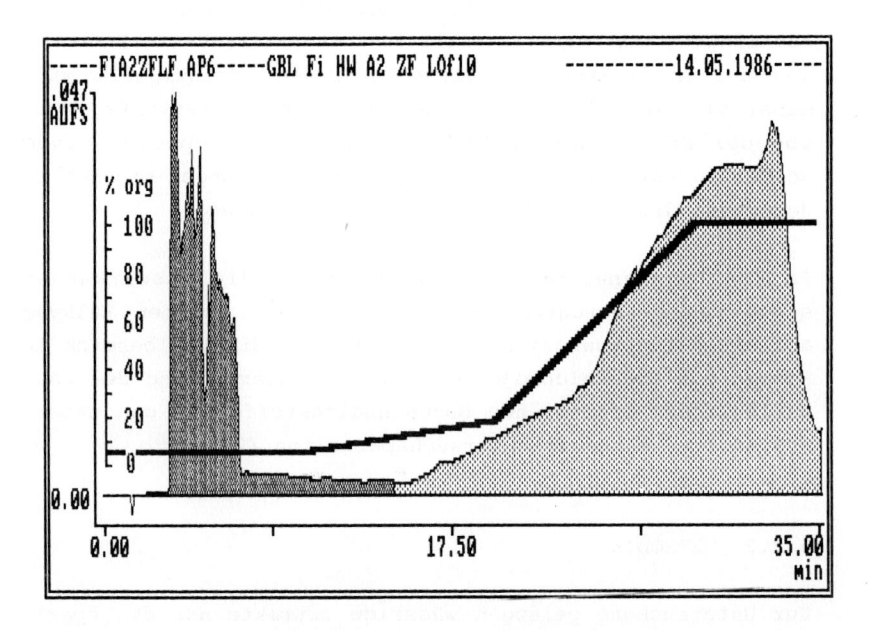

Bild 1: RP-Chromatogramm eines Wasserextraktes mit eingetragenem Gradientenprofil; UV-Absorption bei 280nm und Darstellung der Integrationsbereiche "polar" und "weniger polar"

5.3.3 DOC-GEHALT UND PH-WERT

Durch die große Anzahl der bearbeiteten Einzelproben ist eine Betrachtung des Zusammenhanges zwischen pH-Wert und DOC möglich. Bild 2 faßt die in den Auflagehorizonten bestimmten Integralwerte des Untersuchungsjahres 1986 zusammen. Es zeigt sich ein Maximum des organischen C-Gehaltes bei einem pH-Wert von 6,0 - 6,5, wobei vor allem die "weniger polare" HPLC-Fraktion zu diesem Verhalten beiträgt. Eine ähnliche Beobachtung wird für Sättigungsextrakte aus Ackerböden beschrieben /5/.

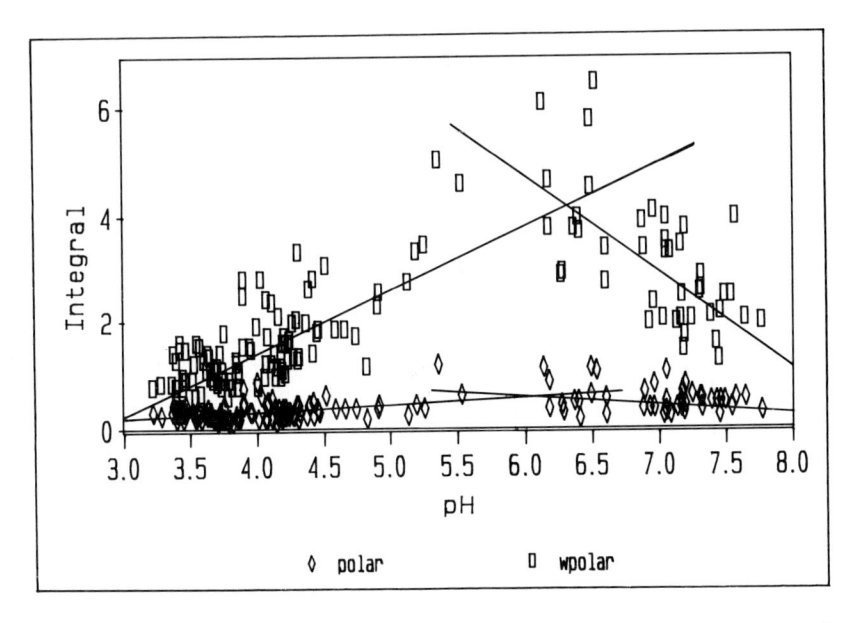

Bild 2: pH-Abhängigkeit der HPLC-Fraktionen "polar" und "weniger polar"

Das in Bild 2 beobachtete Lösungsverhalten organischer Bodeninhaltsstoffe läßt sich mit Hilfe eines kinetischen Computersimulationsmodells nachvollziehen. Dabei wird bei niedrigen pH-Werten die Löslichkeit eines hypothetischen organischen Macromoleküles durch die Protonierung dissoziierter Carboxylgruppen herabgesetzt. Bei pH-Werten über 5,5 macht sich zunehmend der Rückgang der gelösten Moleküle durch die Bildung schwerlöslicher Calciumkomplexe bemerkbar.

5.3.4 DOC UND METALLKONZENTRATIONEN

In Bild 3 ist für das zu über 60 %, oberhalb von pH 6,5 zu 100 % komplexiert vorliegende Element Kupfer /6/ die pH-abhängige Lösungskonzentration in den untersuchten Wasserextrakten dargestellt. Man erkennt deutlich den mobilisierenden Einfluß organischer Inhaltsstoffe auf den Kupfergehalt der untersuchten wässrigen Bodenextrakte. Es wird bei pH 5,5 sowohl für den DOC, als auch für Kupfer ein Konzentrationsmaximum erreicht.

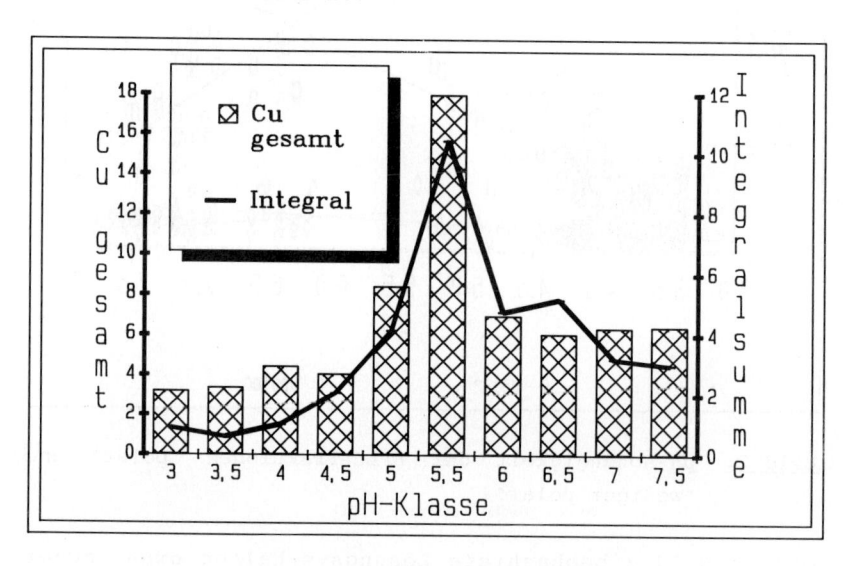

Bild 3: Mittelwerte der Gesamtgehalte an Kupfer ((mmol IÄ/l) x 10^{-4}) und der HPLC-Integralsumme in den einzelnen pH-Klassen

Um den Einfluß einer Kalkung auf die aus der organischen Auflage gewonnenen Wasserextrakte aufzuzeigen, sind in Bild 4 Mittelwerte aus der Kontrollfläche und der gekalkten Versuchsparzelle gegenübergestellt. Dabei zeigt sich, daß mit der pH-Erhöhung eine vermehrte Löslichkeit organischer Verbindungen einhergeht. Das so vergrößerte Angebot organischer Komplexbildner bewirkt seinerseits eine Erhöhung der Lösungskonzentration von Metall- und Schwermetallionen.

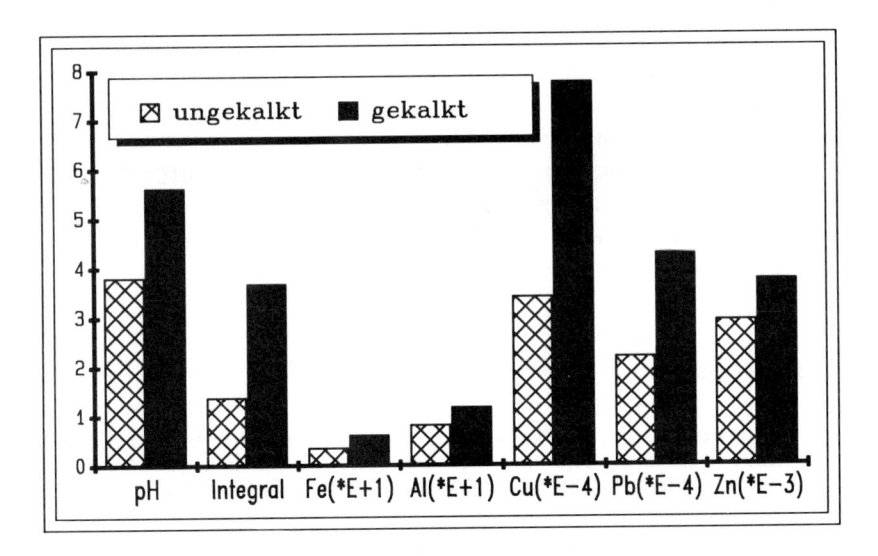

Bild 4: Einfluß der Kalkung auf die mittlere Lösungskonzentration von DOC, Metallen und Schwermetallen in der organischen Auflage (Werte in mmol IÄ/l multipliziert mit der in Klammern angegebenen Zehnerpotenz)

Die hier vorgestellten Ergebnisse beziehen sich nur auf die organische Auflage. In den Mineralbodenhorizonten komplizieren sich die Verhältnisse, da gelöste organische Verbindungen, vor allem die weniger polare Fraktion, an mineralische Oberflächen adsorbiert werden.

5.3.5 ZUSAMMENFASSUNG

Der DOC-Gehalt von Wasserextrakten aus den Auflagehorizonten der Versuchsanlage Höglwald erreicht ein Maximum im pH-Bereich von 6,0 bis 6,5. Diese pH-Abhängigkeit des DOC kann mit Hilfe eines kinetischen Computermodells simuliert werden. Die pH-abhängige Lösungskonzentration von Kupfer ist eng mit dem DOC verknüpft, da Kupfer mit organischen Liganden stabile Komplexe bildet.

Praktische Bedeutung erlangt die hier vorgestellte Mobilisierung wasserlöslicher organischer Bodeninhaltsstoffe bei der Kalkung grundwassernaher, humusreicher Standorte, z.B. im Einzugsbereich von Trinkwassertalsperren. Aufgrund der komplexierenden Eigenschaften vergrößern sich bei erhöhtem DOC-Gehalt auch die Metall- und Schwermetallgehalte der wässrigen Bodenextrakte.

5.3.6 SCHRIFTTUM

/1/ KREUTZER, K.; BITTERSOHL, J. (1986): Untersuchungen über die Auswirkungen des sauren Regens und der kompensatorischen Kalkung in Wald. Forstw. Cbl. 105, S. 273 - 282.

/2/ GÖTTLEIN, A. (1988): Einfluß von saurer Beregnung und Kalkung auf wasserlösliche organische Stoffe eines Waldbodens unter Fichte. Dissertation, München.

/3/ SCHIERL, R.; GÖTTLEIN, A.; HOHMANN, E.; TRÜBENBACH, D.; KREUTZER, K. (1986): Einfluß von saurer Beregnung und Kalkung auf Humusstoffe sowie die Aluminium- und Schwermetalldynamik in wäßrigen Bodenextrakten. Forstw. Cbl. 105, S. 309 - 313.

/4/ GÖTTLEIN, A.; SCHIERL, R. (1988): Anwendung der Bereichsintegration bei der RP-HPLC von wasserlöslichen Bodeninhaltsstoffen. Vom Wasser 71, S. 173 - 178.

/5/ YOUNG, S.D.; BACHE, B.W. (1985): Aluminium-organic complexation: formation constants and a speciation model for the soil solution. J. Soil Sci. 36, S. 261 - 269.

/6/ VERLOO, M.; COTTENIE, A. (1972): Stability and behaviour of complexes of Cu, Zn, Fe, Mn a. Pb with humic substances of soils. Pedologie 22, S. 174 - 184.

THEMENBEREICH 6:

WASSERWIRTSCHAFTLICHE AUSWIRKUNGEN DER BODENVERSAUERUNG

6.1 SCHADSTOFFBELASTUNG DES BODENWASSERS IN BEWALDETEN EINZUGSGEBIETEN. - GEFAHR FÜR DAS TRINKWASSER ?

von U. Hässelbarth, Berlin

6.1.1 EINLEITUNG

Grundwasser wird in der Trinkwasserversorgung wegen seiner gleichbleibend guten Beschaffenheit in mikrobiologischer und allgemein hygienischer Hinsicht geschätzt. Grundwasser aus bewaldeten Einzugsgebieten mit hinreichender Mächtigkeit des Grundwasserleiters gilt als das Beste, das die Natur bietet. Ein solches Wasser wird bevorzugt genutzt, da die Gefahr einer Verunreinigung durch Siedlungs- und Industrieabwässer, Lagerung wassergefährdender Stoffe etc. sehr gering ist. Dieser gute Ruf gilt jedoch nicht mehr, seitdem der pH-Wert der Niederschläge nicht mehr im Pufferbereich der Kohlenstoffsäure, sondern tief im mineralsauren Bereich liegt, und erhebliche Belastungen an Ammoniakgas und organischen Aminen über die Luft eingebracht werden /1,2/. Aufgrund dieser Veränderungen treten erhebliche Störungen der Reinigungsprozesse auf, die sich nachteilig auf die Wasserbeschaffenheit auswirken. Die in der Überschrift gestellte Frage nach der Gefahr für das Trinkwasser kann nur mit einem eindeutigen und unüberhörbar lauten "Ja" beantwortet werden.

6.1.2 REINIGUNGSPROZESSE BEI DER GRUNDWASSERBILDUNG

Bei der Grundwasserbildung laufen in der oberen gut durchlüfteten, also aeroben Bodenschicht mikrobiologische und chemische Prozesse ab. Alle Prozesse laufen langsam ab und sind an verhältnismäßig enge pH-Bereiche gebunden. In der

Sickerzone und im wassererfüllten Grundwasserleiter ereignen sich außer der Einstellung der Lösungsgleichgewichte am Gestein als Bodenkörper kaum noch wesentliche Veränderungen der Wasserbeschaffenheit.

6.1.2.1 Mikrobiologische Prozesse

Das auf den Boden auftreffende Niederschlagswasser ist unter unbeeinflußten Bedingungen nur selten und dann auch nur geringfügig mit thermophilen Mikroorganismen verunreinigt. Erst auf der Oberfläche des Bodens nimmt es thermophile Mikroorganismen auf. Sie stammen aus den Ausscheidungen dort lebender Warmblütler. Unter ihnen befinden sich zahlreiche für den Menschen gefährliche Krankheitserreger. Beim Versickern werden diese überwiegend durch einzellige Lebewesen verzehrt. Die auf diese Weise erzielte Elimination ist nicht immer vollständig. Thermophile Mikroorganismen, die die oberste Bodenschicht haben passieren können, besitzen eine Lebenserwartung von 250 bis 350 Tagen /3/. In Sickerzonen mit sehr feinkörnigem Material wandern sie aufgrund von Absorptions- und Desorptionserscheinungen wesentlich langsamer als das versickernde Wasser, so daß bei hinreichender Mächtigkeit dieser Schicht das Grundwasser frei von thermophilen Bakterien ist. Bei klüftigem Untergrund, z.B. in Karstgebieten, können sie jedoch über weite Strecken verfrachtet werden und verursachen manchmal auch nur nach starken Niederschlägen die gefürchtete Verkeimung von Quellen, Quellaustritten oder künstlichen Wasserfassungen.

Viren werden auf ähnliche Art zurückgehalten. Sie werden von Mikroorganismen und Einzellern aufgenommen, in Einzellern jedoch nur in wenigen Fällen inaktiviert. Im Sickerbereich werden sie stärker absorbiert als Mikroorganismen, so daß bei einwandfreier Grundwasserneubildung das Wasser praktisch frei von Viren ist /4/.

In der Sickerzone nimmt das Wasser auch Bakterien auf. Hierbei handelt es sich jedoch um solche, die niedrige Temperaturen lieben und sich nur sehr langsam vermehren. Sie werden mit den in der Wasseranalytik üblichen Kulturverfahren nicht erfaßt. Die Zellzahl liegt bei $10^4 - 10^6$ pro Milliliter. Für die Gesundheit des Menschen haben sie keine Bedeutung.

Mikrobiologische Prozesse spielen aber auch bei Stoffumsätzen eine wesentliche Rolle. Stickoxide, die auch unter unbeeinflußten Bedingungen im Niederschlag enthalten sind, bzw. Nitrate werden, soweit sie nicht von Pflanzen aufgenommen werden, durch Denitrifikanten zu Stickstoff reduziert. Bei diesem Prozeß wird gleichzeitig organisch gebundener Kohlenstoff in Kohlenstoffdioxid überführt. Dieser wird dem Humus entnommen.

Ein weiterer mikrobiologischer Prozeß ist die in mehreren Stufen ablaufende Oxidation von Ammonium und organischen Aminen. Sind diese Stoffe im Niederschlag enthalten, finden sich Ammoniumoxidierer, die sie zum geringen Teil in elementaren Stickstoff, zum großen Teil zu Nitrat oxidieren. Bei diesem mehrstufigen Prozeß wird Base aus dem Material der obersten Bodenschicht verbraucht. Ist kein basisches Material vorhanden, entsteht ein saures Wasser. Unter unbeeinflußten Bedingungen sind die Umsätze dieser Prozesse sehr gering, da der Eintrag aus Kot und Harn der dort lebenden Warmblütler ebenfalls nur gering ist.

In der Summe dieser verschachtelten Prozesse ergibt sich, daß das Grundwasser unter unbeeinflußten Bedingungen kein Nitrat, bestenfalls Spuren Nitrat und kein Ammonium enthält. Lediglich bei anaeroben Verhältnissen, wie man sie in moorigen Gebieten antrifft, tritt Ammonium im Grundwasser auf, dann gibt es aber kein Nitrat.

6.1.2.2 Chemische Prozesse

Niederschläge zeigen unter sonst unbeeinflußten Bedingungen pH-Werte um pH 5,6. Diese Werte stellen sich ein aufgrund des gelösten Kohlenstoffdioxids. Gleichfalls gelöstes Schwefeldioxid und Stickoxide treten im Verhältnis zum Kohlenstoffdioxid in so geringen Konzentrationen auf, daß ihr Einfluß auf die Einstellung des pH-Wertes nur zu geringfügig niedrigeren Werten führt. Enthält der Niederschlag alkalische Stäube (Kalk, Dolomit aber auch Tone), kann der pH-Wert bis zu 2,5 Einheiten höher liegen.

Bei der Grundwasserneubildung nimmt das Wasser in der oberen Bodenschicht weiteres Kohlenstoffdioxid auf. Gleichzeitig werden Erdalkalikarbonate gelöst oder falls solche nicht vorhanden, H-Ionen gegen Alkaliionen oder Erdalkaliionen in Aluminosilikaten getauscht. Es kommt dabei jeweils zu einer Erhöhung des Alkali-, hauptsächlich aber Erdalkaligehaltes und einem Anstieg der Hydrogenkarbonatkonzentration, gekennzeichnet durch die Säurekapazität. Die Kalksättigung wird dabei in der oberen Bodenschicht nicht erreicht. Der Prozeß kann sich in tieferen Bodenschichten fortsetzen, falls ein geeigneter Bodenkörper vorhanden ist, eine vollständige Kalksättigung wird jedoch nur selten erreicht.

Aufgrund des Gehalts an organischen Säuren stellen sich in Traufwässern, insbesondere unter Nadelbäumen niedrigere pH-Werte ein. Gemessen wurden pH-Werte bis zu pH 4, also bereits unterhalb des Kohlenstoffsäure-Pufferbereichs /5,6/.

Solche Werte treten jedoch nur kurzzeitig zu Beginn eines Niederschlagsereignisses auf. Auf die Grundwasserbildung hat ein solches Wasser praktisch keinen Einfluß, wenn die organischen Säuren in der obersten Bodenschicht mit Calcium oder seltener Eisen unlösliche Salze bilden oder biologisch schnell abgebaut werden.

6.1.3 STÖRUNGEN DURCH SAURE NIEDERSCHLÄGE

6.1.3.1 Mikrobiologische Prozesse

Die mikrobiologischen Reinigungsprozesse sind stark pH-abhängig. Die Aktivität einer Einzellerpopulation ist meist auf einen pH-Bereich von weniger als einer Einheit beschränkt. Mit jeder dauerhaften Erniedrigung des pH-Wertes kommt es zu einer Artenverschiebung, sofern die bei tieferem pH-Wert existierende Einzellerpopulation die gleiche Aktivität zeigt, findet man keine Änderung der Reinigungsleistung, sofern die Populationsdichte und die Höhe der wirksamen Bodenschicht konstant bleiben. Sinkt die Freßleistung, erhöht sich der Anteil der Rückhaltung durch Absterben und verzögerte Wanderung infolge Absorptions- und Desorptionsprozessen an hinreichend feinen Bodenschichten. Sowohl bei grobem Untergrund als auch bei einem Umschlagen der aeroben Verhältnisse in anaerobe als Folge einer mineralsauren Einwirkung, kommt es nach Lüdemann zu massiven Keimeinbrüchen. Thermophile Keime existieren nach eigenen Untersuchungen noch bei pH 2,5. Erst unter pH 2 tritt eine Keimtötung infolge Säureeinwirkung auf /7/.

Für eine einwandfreie Grundwasserbildung darf in Hinblick auf die Grundwassernutzung für die Trinkwasserversorgung, die zu rund 70 % der Gesamtabgabe auf Grundwasser beruht, der pH-Wert des Wassers in der oberen Bodenschicht im allgemeinen pH 5,3 möglichst nicht unterschreiten. Wegen der besonderen Verhältnisse unter Nadelbaumbeständen sollte dort pH 4 nicht unterschritten werden. Diese Werte gelten nicht für den Niederschlag, sondern für das Wasser in der obersten Bodenschicht. Wegen der dort eingetretenen pH-Absenkung muß der pH-Wert des Niederschlages höher liegen.

Neben der biologischen Elimination thermophiler Keime spielt die mikrobiologische Oxidation von Ammonium und organischen Aminen in der obersten Bodenschicht eine erhebliche Rolle. Diese Stoffe werden hierbei teils zu elementarem Stickstoff, teils zu Nitrat oxidiert (s. oben). Der Protonenüberschuß dieser Reaktion wird ausgeglichen, wenn das Nitrat vollständig von Pflanzen aufgenommen wird /8/. Ammoniak- und Aminverfrachtungen aus der Güllebeseitigung auf landwirtschaftlich genutzten Flächen bringen jedoch eine weit höhere Belastung als von Pflanzen und Bäumen aufgenommen wird. Die Folge ist, daß bei eingependeltem N-Vorrat in der Humusschicht Nitrat in das Grundwasser gelangt /9/. Bei einer Ammoniak-N-Beaufschlagung von 8 kg/ha·a, die gar nicht selten ist, resultiert bei einer Grundwasserbildung von 200 l/m^2·a eine zusätzliche Nitratbelastung von knapp 20 mg/l NO_3^- /5/. Damit ist die Nitratbelastung des Grundwassers unter einem Waldgebiet rund zehnmal höher als unter einwandfreien Bedingungen. In der Praxis sind jedoch wesentlich höhere Werte gefunden worden, die meines Erachtens nur auf unbotmäßige Verfrachtungen an Ammoniak und organischen Aminen zurückgeführt werden können.

Der zu kompensierende oder nicht kompensierbare zusätzliche Säureeintrag beträgt 0,3 mmol/l.

6.1.3.2 Chemische Prozesse

Niederschläge mit pH-Werten unter pH 4,2 enthalten gelöstes Kohlenstoffdioxid (CO_2), Schwefeldioxid, ein Gemisch verschiedener Stickoxide (NO_x) und Spuren von Schwefeltrioxid. In diesem pH-Bereich ist CO_2 fast ausschließlich gasförmig gelöst. Der pH-Wert wird bestimmt durch den Gehalt der aus dem Schwefeldioxid gebildeten schwefligen Säure und dem aus NO_x gebildeten Gemisch von salpetriger Säure und Salpetersäure. Unter dem Einfluß von Spuren Eisen- oder Manganoxiden werden schweflige Säure und salpetrige Säure durch im Boden vorhandenen Sauerstoff zu Schwefel- und Salpetersäure oxidiert, und das Wasser wird noch ein wenig saurer.

Liegen im Boden Erdalkalikarbonate vor, kommt es zu einer Neutralisierung unter Bildung von Calcium- und Magnesiumionen als Kationen und entsprechenden Mengen Hydrogenkarbonationen.

Hieraus resultiert eine pH-Wert-Erhöhung als Verschiebung des Gleichgewichtes CO_2 gasf. $\leftrightarrows H_2CO_3$ in Richtung auf die Kohlenstoffsäure. Diese löst weiteres Erdalkalikarbonat und führt somit zu einer Erhöhung der Calcium- und Magnesium- sowie der Hydrogenkarbonationenkonzentration. Der pH-Wert stellt sich dann im wesentlichen nach der Lage des Kohlenstoffsäurepuffers ein /10/. Eine pH-Wert-Erniedrigung als Folge des sauren Niederschlages ist nicht feststellbar. Auf diese weisen nur die stark erhöhte Säurekapazität und die erhöhten Gehalte an Erdalkali-, Sulfat- und Nitrationen hin. Dieser Ablauf wurde zuerst in der italienischen Schweiz gefunden und beschrieben /11/.

Der saure Niederschlag bewirkt unter diesen Bedingungen einen erhöhten Verzehr des Basenvorrates des Bodens und setzt durch den erhöhten Salzgehalt im gebildeten Grundwasser die Brauchbarkeit des Trinkwassers herab.

6.1.3.3 Einflüsse auf den Ionenaustausch

Sind in der oberen Bodenschicht keine Erdalkalikarbonate, sondern Erdalkalialuminosilikate vorhanden, so tritt ein Ionenaustausch von H-Ionen gegen Erdalkaliionen ein. Hierdurch findet eine pH-Wert-Erhöhung statt. Die durch Dissoziation der Kohlenstoffsäure gebildeten H-Ionen werden gleichfalls ausgetauscht, doch erhöht sich die Säurekapazität nur um die Hälfte der im vorangegangenen Beispiel genannten Menge.

Im Fall, daß das Aluminosilikat mit Eisen beladen ist, wird H-Ion gegen Eisen ausgetauscht, das als zweiwertiges Eisen in Lösung geht /12/. Unter Verbrauch gelösten Sauerstoffes geht es in dreiwertiges Eisen über, das dann als Eisen(III)-oxidhyrat abgelagert wird. Bisher ist ein Umschlagen oberster Bodenschichten zu anaeroben Verhältnissen und ein Eindringen zweiwertigen Eisens in das Grundwasser, infolge dieser Sauerstoffzehrung nicht festgestellt worden.

Eine andere Reaktion wird dagegen sehr häufig beobachtet. Die H-Form der Aluminosilikationenaustauscher scheint nicht sehr stabil zu sein. Es kommt offenbar zu einer Hydrolyse, bei der über mehrere Stufen höher aggregierte undissoziierte Kieselsäuren und Aluminumionen entstehen, die durch Hydrolyse Aluminiumhydroxi-Ionen bilden. Obgleich diese nur wenig löslich sind, bilden sie ein Puffersystem $Al\,O\,(OH) + 3\,H^+ \rightleftharpoons Al^{3+} + 3\,H_2O$ im pH-Bereich pH 4,2 - 3,0. Der pH-Wert des Wassers in der oberen Bodenschicht steigt leicht an. Das versickernde Wasser wird jedoch mit Aluminium angereichert.

Dieser Effekt führte nicht nur in den kalkarmen Bergregionen Deutschlands bereits zu beträchtlichen Schäden sowohl im Grundwasser als auch in Oberflächengewässern /13,14/. Es wurden in Grund- und Quellwässern Al-Gehalte bis zu 4 mg/l Al gemessen. Nach eigenen Untersuchungen im Jahre 1972, also in auch schon recht sauren Zeiten, wurden mit der damals nicht zuverlässigen Analysenmethode 0,03 bis 0,09 mg/l Al gefunden. Da der Grenzwert für Aluminium bei 0,2 mg/l Al liegt, muß bei höheren Gehalten aufbereitet werden. Aluminium liegt als stark negativ geladenes Kolloid vor. Aus diesem Grunde muß der pH-Wert des Wassers vorerst auf pH 6,9 bis 7,2 angehoben, das Kolloid durch Zugabe von Aluminium- oder Eisen(III)-salzen entstabilisiert und durch Filtration aus dem Wasser entfernt werden. Dabei werden Restgehalte zwischen 0,05 und 0,1 mg/l erreicht. Dieser Prozeß läßt sich nur in Wasserwerken durchführen, die dafür eingerichtet sind. In Einzel- und Eigenwasserversorgungsanlagen ist der Prozeß nicht durchführbar. Die Beladung der

Ionenaustauscher mit H-Ionen und die Zerstörung der Ionenaustauscher behindert die Rückhaltung von Metallen wie Blei, Kupfer, Cadmium, Zink etc., die als Trockendeposition oder mit dem Niederschlag auf den Boden gelangen. Bislang sind meines Wissens im Grundwasser keine erhöhten Gehalte infolge dieser Prozeßänderung aufgetreten, da die gelösten Metalle in tieferen Schichten offenbar gebunden festgelegt wurden.

6.1.4 ANFORDERUNGEN ZUR WIEDERHERSTELLUNG EINER AUSREICHENDEN REINIGUNG BEI DER GRUNDWASSERBILDUNG

Auch in Anbetracht dessen, daß man sich nur wenig bemüht hat, die Reinigungseffekte bei der Grundwasserbildung aufzuklären, solange es noch keinen sauren Regen gab und keine Probleme auftraten, kennt man jedoch die Randbedingungen, die bei einwandfreier Grundwasserbildung erfüllt sein müssen. Diese gilt es also wieder herzustellen. Dazu ist erforderlich:

- Vermeiden von Ammoniak- und Amin-Belastungen. Diese Anforderung ist durch ein Verbot der flächenhaften Ausbringung von Gülle und Flüssigmist zu erreichen. Gülle und Flüssigmist dürfen unter diesem Gesichtspunkt nur ausgebracht werden, wenn die enthaltenen Stickstoffverbindungen durch eine entsprechende Behandlung in Nitrat überführt sind. Wegen der vergleichsweise höheren Mortalität des Nitrations (im Vergleich mit NH_4), stellt dies auch Anforderungen an den sehr gezielten und restriktiv geregelten Umfang mit Düngemitteln unter Berücksichtigung des N-Bedarfs der Pflanzen.

- Vermeiden von Stickoxidbelastungen. Diese Anforderung ist weitgehend durch Behandlung der Emission von Feuerstätten und Verbrennungsmotoren zu erreichen.

- Vermeiden von Schwefeldioxidbelastungen. Diese Anforderung ist weitgehend durch Behandlung der Emissionen von Feuerstätten zu erreichen.

- Vermeiden von Metallbelastungen, insbesondere Blei. Diese Anforderung ist weitgehend durch Behandlung der Emission von Feuerstätten und die Verwendung ausschließlich bleifreien Benzins in Kraftfahrzeugen mit Ottomotoren zu erreichen.

Als Zielwert ist für Ammoniak, organische Amine und Stickoxide das Niveau unbeeinflußter Verhältnisse anzusetzen.

Als Zielwert für den Säuregehalt des Niederschlages (schweflige Säure - Schwefelsäure und salpetrige Säure - Salpetersäure) ist ein pH-Wert des Niederschlages von mindestens pH 5,2 anzusetzen und die Emissionsnormen so festzulegen, daß der Immissions-pH-Wert von pH 5,2 jederzeit eingehalten wird. Kalkungen von Waldböden stellen einen nicht völlig problemlosen Eingriff in den Stoffhaushalt dar. Zur Vermeidung weiterer Verschlechterungen scheinen sie nötig zu sein, bis der Ziel-pH-Wert in den Böden bzw. in den Niederschlägen erreicht ist.

Die Palette der mit den Ursachen der Waldschäden in Zusammenhang stehenden Parameter ist sicherlich größer, doch dürfte die Verwirklichung der von der Wasserversorgung zu stellenden Anforderungen auch der Gesundung des Waldes dienen. Es bleibt dabei: Unter einem gesunden Wald gibt es gesundes Grundwasser und damit gesundes Trinkwasser.

6.1.5 SCHRIFTTUM

/1/ KRIETER, M. (1988): Gefährdung der Trinkwasserversorgung in der Bundesrepublik Deutschland durch saure Niederschläge. DVGW Schriftenreihe Nr. 57, Wirtschafts- und Verlagsgesellschaft Gas und Wasser mbH Bonn, 72 S.

/2/ HÖLSCHER, J. und WALTHER, W. (1987): Eine Übersicht zur Boden- und Gewässerversauerung in der Bundesrepublik Deutschland. GWF Wasser-Abwasser 128, S. 635 - 641.

/3/ FILIP, Z.; DIZER, H.; KADDU-MULINDWA, D.; KIPER, M.; LOPEZ PILA, J.M.; MILDE, G.; NASSER, A.; SEIDEL, K. (1986): Untersuchungen über das Verhalten pathogener und anderer Mikroorganismen und Viren im Grundwasser im Hinblick auf die Bemessung von Wasserschutzzonen. WaBoLu-Hefte 3, 121 S.

/4/ DIZER, H.; NASSER, A.; LOPEZ, J.M. (1984): Penetration of Different Human Pathogenic Viruses into Sand Columnes Percolated with Distilled Water, Groundwater or Wastewater. Applied and Environmental Microbiology. Vol. 17, No. 2., 7 S.

/5/ FÜHRER, H.-W.; BRECHTEL, H.M.; ERNSTBERGER, H.; ERPENBECK, C. (1988): Ergebnisse von neuen Depositionsmessungen in der Bundesrepublik Deutschland und im benachbarten Ausland. DVWK Mitteilungen 14, Deutscher Verband für Wasserwirtschaft und Kulturbau e.V., Gluckstraße 2, D-5300 Bonn 1, 122 S.

/6/ BALAZS, A. und HANEWALD, K. (1986): Räumliche und jahreszeitliche Variation der Niederschlagsdeposition anorganischer Stoffe im Freiland und in Fichtenbeständen. GSF München, BPT-Bericht 8, München, S. 7 - 18.

/7/ CARLSON, S. und HÄSSELBARTH, U. (1968): Das Verhalten von Chlor und oxydierend wirkenden Chlorsubstitutionsverbindungen bei der Desinfektion von Wasser. Vom Wasser 35, Verlag Chemie, Weinheim, S. 266 - 283.

/8/ SAUERBECK, D. (1983): Auswirkungen des "sauren Regens" auf landwirtschaftlich genutzte Böden. Landesforschung Völkenrode 33, S. 201 - 207.

/9/ ROHMANN, U. und SONTHEIMER, H. (1985): Nitrat im Grundwasser, Ursachen, Bedeutung, Lösungswege. DVGW-Forschungsstelle am Engler-Bunte-Institut der Universität Karlsruhe (TH), 468 S.

/10/ GROHMANN, A. (1982): Physik und Chemie des Wassers. In: Taschenbuch der Wasserwirtschaft, Hrsg. Prof. Dr. H. BRETSCHNEIDER, Prof. Dr. K. LECHER, Dr. M. SCHMIDT, Verlag Paul Parey, Hamburg und Berlin, 6. Auflage, S. 49 - 88

/11/ STUMM, W. und RIGHETTI, G. (1982): Tessiner Bergseen: saurer Regen, saure Traufe. New Scientist 95/1318, 419.

/12/ ULRICH, B. (1981): Die Rolle der Wälder für die Wassergüte unter Einfluß des sauren Niederschlags. Agrarspektrum 1, S. 216 - 231.

/13/ WITTMANN, O. und FETZER, R.F. (1982): Aktuelle Bodenversauerung in Bayern. In: Bayerisches Staatsministerium für Landesentwicklung und Umweltfragen (Hrsg.), Materialien 20.

/14/ LENHARDT, B. und STEINBERG, C. (1984): Limnochemische und limnobiologische Auswirkungen der Versauerung von kalkarmen Oberflächenwässern. Informationsberichte 4, Bayerisches Landesamt für Wasserwirtschaft.

6.2 EINTRAG VON METALLEN IN GEWÄSSER AUS SAUREN BÖDEN IN BEWALDETEN EINZUGSGEBIETEN. - GEFÄHRDUNG DER TRINKWASSERVERSORGUNG?

von P. Groth, Goslar

6.2.1 EINLEITUNG

Die Löslichkeit vieler Metallverbindungen in Wasser steigt mit sinkendem pH-Wert. In sauren Böden, deren Bodenlösung weder durch Verwitterungs- noch durch Austauscherreaktionen neutralisiert werden können, werden Metalle mobilisiert und in die Gewässer eingetragen. Saure Quell- und Bachwässer mit pH-Werten von kleiner als 5 können daher Konzentrationen an Metallen, wie Aluminium, Zink, Blei, Cadmium und Kupfer, enthalten, die auf die Pflanzen- und Tierwelt innerhalb dieser Gewässer toxisch wirken. In der Öffentlichkeit wird, im Zusammenhang mit der Diskussion um die Auswirkungen saurer Niederschläge, eine zunehmende Gewässerversauerung und, daraus resultierend, eine Gefährdung der Trinkwasserversorgung aus diesen Gewässern aufgrund erhöhter Metallgehalte befürchtet.

6.2.2 SITUATION DER ROHWASSERQUALITÄT UND TRINKWASSERVERSORGUNG

Die Trinkwasserversorgung ist in den vergangenen Jahrzehnten immer wieder vor Qualitätsprobleme gestellt worden, die überwiegend aus der progressiven allgemeinen Oberflächenwasserverschmutzung durch Abwasser- und Schadstoffeinleitungen resultieren. In jüngster Zeit ist nun im Grundwasser ebenfalls eine zunehmende Qualitätsverschlechterung zu beobachten. Die Entwicklung bis zu dieser heutigen Qualitäts-Situation ist größtenteils nicht etwa dadurch verursacht, daß sie nicht rechtzeitig erkannt wurde, sondern dadurch, daß die Gewässerschutzmaßnahmen der Gesetzgeber in Bund und Ländern entweder zu spät eingeleitet wurden oder unzureichend und sogar dilettantisch waren. Ohne eigenes Verschulden gerät die Trinkwasserversorgung zusehends in die ausweglos erscheinende Sackgasse zwischen zunehmender Qualitätsminderung des Rohstoffes Wasser einerseits und die vom Gesetzgeber immer detaillierter und strenger definierten Qualitätsnormen für Trinkwasser andererseits.

Da die Trinkwasserfachleute keinen direkten Zugriff zur Bekämpfung der Ursachen der Gewässerverschmutzung hatten und haben, blieb und bleibt für die Praxis kein anderer Weg, als das nächstliegende zu tun und die Entwicklung und Anwendung neuer und immer besser an das jeweilige Schadstoffproblem angepaßter Aufbereitungsverfahren voranzutreiben. Aus dem gleichen Grund kann auf das oben genannte Problem "Versauerung und erhöhte Metallkonzentrationen" in der Praxis nur "pragmatisch" reagiert werden.

Hier soll zur Abschätzung des realen Gefährdungspotentials für die Trinkwasserversorgung gegenübergestellt werden:

- Mit welchen Metallkonzentrationen ist in sauren Gewässern zu rechnen.
- Welche Techniken zur Metalleliminierung in Trinkwasseraufbereitungsanlagen sind verfügbar.
- Genügt die erreichbare Metalleliminierung, um der Zielvorgabe des Gesetzgebers, die Einhaltung der Grenzwerte nach der Trinkwasserverordnung, zu erfüllen /6/.

Dem Verfasser stehen miteinander direkt vergleichbare, detaillierte Zahlen und Ergebnisse nur aus dem Raum Westharz zur Verfügung. Die folgenden, auf Details bezogene Aussagen können daher nicht unbedingt auf andere Regionen übertragen werden, die allgemeinen Schlußfolgerungen sind jedoch allgemeingültig.

6.2.3 METALLE IN GESTEIN, BODEN UND SEESEDIMENTEN

Die Hauptquellen für Metalle in Böden sind die Gesteinsverwitterung und der Eintrag über die Atmosphäre. Aus dem Boden werden die Metalle in Abhängigkeit ihrer Löslichkeit und ihrer Adsorptionseigenschaften durch Wasser gelöst und gelangen damit auf das "Transportband" des wassergebundenen Stofftransportes, der sie über das Sickerwasser ins Grundwasser, in die Bäche, Seen und Flüsse bis zur Endstation Meer und Merressediment verfrachtet. Auf diesem Wege können viele Stationen durchlaufen werden: Adsorption und Desorption im Boden, Immobilisierung durch Einbau in organische Strukturen von Pflanzen und Tieren, Verfrachtung ins Sediment mit toten organischen Stoffen, Rücklösung ins Wasser, Fällung als unlösliche Verbindungen oder Adsorption an anorganischen Feststoffen bei Fällungsprozessen, Sedimentation und Festlegung in Fluß- und Seesedimenten, Rücklösung, Desorption, ... usw. - Eintrag ins Trinkwasser?

Jedes Metall hat seine ganz spezifischen Lösungs-, Fällungs-, Adsorptions- und Desorptions-Eigenschaften, die seine Mobilitäts- und Immobilitäts-Phasen typisch bestimmen und damit sein Verteilungsmuster in der festen und flüssigen Phase auf dem Transportweg durch die Systeme charakterisieren. Damit wird ganz klar, daß die physikalisch-chemischen Randbedingungen der zu durchwandernden Systeme Boden, Bach, See, Sediment, Fluß, etc. entscheidenden Einfluß haben auf die Wander- und Transportgeschwindigkeit der einzelnen Metalle relativ zum Wasser und damit auf ihre Konzentrationen in Boden, Sediment und Wasser.

Ist erst einmal das System Fließgewässer erreicht, können die Metallfrachten in der partikulären Phase, gebunden an Detritus und Trübstoffe, die gelöste mobile Phase um Größenordnungen übertreffen. Bild 1 zeigt die mittleren Metallgehalte in Gesteinen /4/ und Böden /1/ im Einzugsgebiet der Sösetalsperre sowie im Sediment des Sösestausees

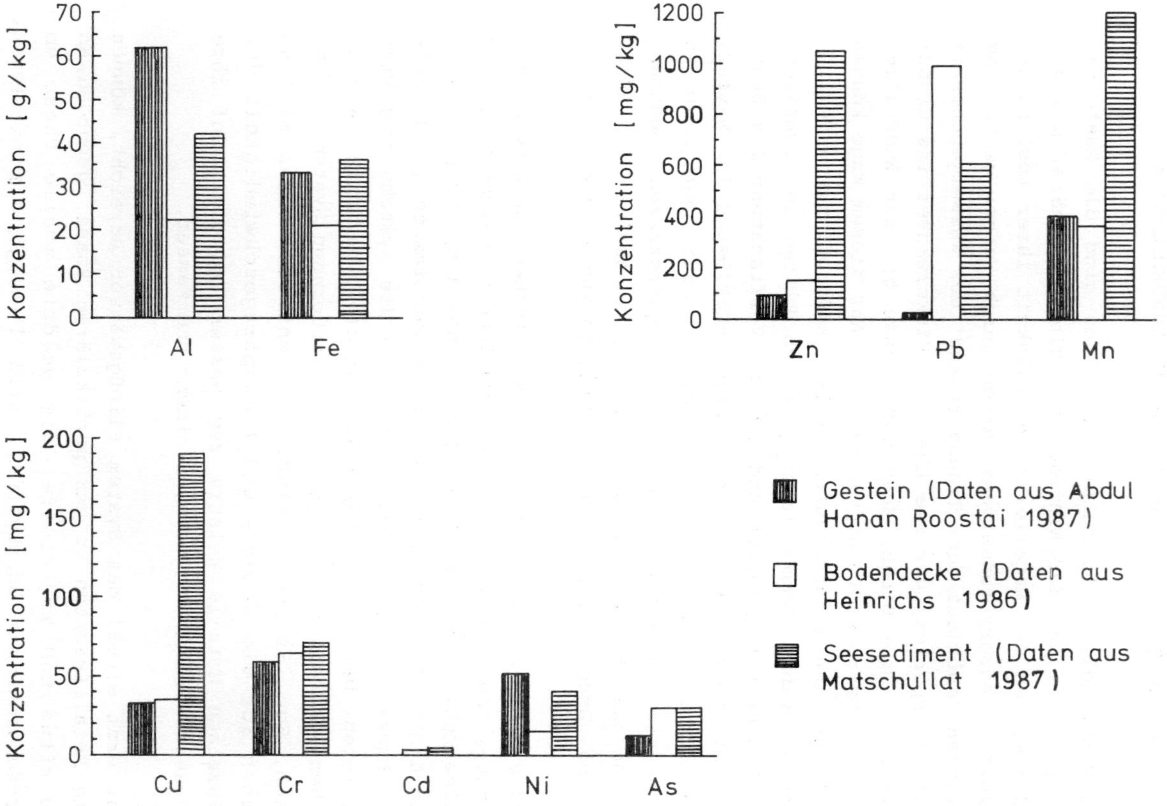

Bild 1: Mittlere Metallgehalte der festen Phase im Einzugsgebiet der Sösetalsperre

/2/. Den Darstellungen sind die Größenordnungen der Metallgehalte in der festen Phase zu entnehmen, die im Bereich des Harzes zu erwarten sind. Die zum Teil hohen Gehalte im Sediment des Sösestausees sind nicht überraschend. Seesedimente sind, ebenso wie Merressedimente, starke Anreicherungshorizonte für Metalle. Die Ursachen hierfür sind sehr wirksame biogene und physikalisch-chemische Sedimentationsmechanismen in den strömungsarmen Wasserkörpern. Solange nicht die Mobilitätsbedingungen aller Kompartimente, die auf dem Wasserwege zwischen Gestein und Sediment liegen, im Detail analysiert und beschrieben sind, bleiben alle aus den dargestellten Zahlen abgeleiteten Aussagen über Herkunft, Wege und Verbleib der Metalle reine Spekulation. Hier einige Beispiele:

Die hohen Bleiwerte im Boden könnten verursacht sein durch
- überdimensionalen Eintrag aus der Atmosphäre
- oder aber durch die besondere Immobilität dieses Metalls im Boden.

Hohe Zink- und Kupfergehalte im Sediment des Stausees könnten erklärt werden durch
- hohe Metallimmobilität infolge saurer Bodenauslaugung mit nachfolgender Ausfällung und Sedimentation im neutralen Seewasser,
- normale Bodenauslaugung gekoppelt mit besonderen Sedimentationsbedingungen für Zink und Kupfer,
- Einfluß der Siedlungsflächen im Einzugsgebiet mit Zink aus Dachrinnen und Kupfer aus Wasserleitungen und Behältern.

Hier soll keiner Variante der Vorzug gegeben werden. Es gibt mit großer Sicherheit kein eindimensionales Wirkungsgefüge.

Um dem Leser dennoch ein Gefühl für die Größenordnung der dargestellten Zahlen zu geben, vor allem um zu zeigen, mit

welcher Genauigkeit und auf welchem Niveau die weiter oben
genannten Prozesse analysiert werden müssen, bevor Aussagen
über Beziehungen zwischen Metallkonzentrationen in Gestein
und Boden von Einzugsgebieten und dem Sediment eines Gewässers mit einiger Sicherheit getan werden können, soll hier
eine Modellrechnung durchgeführt werden, die eine Kupferfestlegung im Seesediment von etwa 200 mg Cu/kg Trockensubstanz hinreichend erklärt:

Sedimentationsrate	ca. 0,5 mm/a	
dies entspricht:	100 x 100 x 0,05	= 500 cm^3/m^2 a
Wassergehalt:	ca. 85 %	
Trockensubstanz	= 0,15 x 500	= 75 cm^3/m^2 a
Dichte	ca. 2 g/cm^3	
Trockensubstanzmasse	= 75 x 2	= 150 g/m^2 a

Cu-Konzentration im Sösestausee	ca. 5 - 6 µg/l
Verlust durch Sedimentation	ca. 1 µg/l
dies entspricht:	ca. 1 mg/m^3

Daten Sösestausee	
mittlere Tiefe:	ca. 20 m
mittlere Fläche:	ca. 1 km^2
mittleres Volumen:	ca. 20 Mio. m^3
mittlerer jährlicher Zufluß:	ca. 30 Mio. m^3/a (20 -50)
Flächenbelastung:	ca. 30 m^3/m^2 a

Cu-Sedimentationsrate:	ca. 30 mg/m^2 a
Cu-Gehalt in der Trockensubstanz:	ca. 30 mg/150 g
	= ca. 200 mg/kg

Dies entspricht etwa der Größenordnung, die im Sösesediment
gefunden wird. Die Schwankungsbreite des jährlichen Abflusses aus dem Söseeinzugsgebiet, 20 bis 50 Mio. m^3/a, erklärt
dann eine Schwankung im Kupfergehalt zwischen 130 und 330
mg/kg im Sediment.

Allerdings entspricht auch dieses Beispiel einer Spekulation!

Dieser Abschnitt sollte vermitteln, mit welcher Vorsicht man Aussagen begegnen sollte, die auf der Extrapolation von Prozessen aus Vorratsdaten basieren.

6.2.4 METALLE IN QUELLWASSER, TALSPERRENWASSER UND TRINKWASSER

Aus der Region Harz liegt eine Fülle von Daten über Metallkonzentrationen in natürlichen Wässern, sauren und neutralen, und Trinkwässern vor. Bild 2 zeigt einen Überblick über die Metallgehalte in sauren Quellwässern im Einzugsgebiet des Sösestausees, im sauren Wasser des Eckerstausees, im neutralen Wasser des Sösestausees und in den Trinkwässern, die aus diesen Wässern gewonnen werden, im Vergleich zu den Grenzwerten der Trinkwasserverordnung. Bei den Metallen Arsen, Nickel, Cadmium und Chrom liegen die höchsten gemessenen Konzentrationen in sauren Quellwässern und im sauren Talsperrenwasser deutlich unterhalb der Grenzwerte für Trinkwasser. Für Zink und Kupfer gibt es zur Zeit keine Grenzwerte. Grenzwerte, die für diese beiden Metalle diskutiert und möglicherweise eingesetzt werden, Zn ca. 2 mg/l und Cu ca. 0,1 mg/l, liegen ebenfalls über den Höchstwerten dieser Metalle in den oben genannten sauren Wässern. Eisen und Mangan haben in den gemessenen Konzentrationsbereichen keine Bedeutung für die menschliche Gesundheit. Die Entfernung von Fe und Mn durch technische Aufbereitung ist einfach. Die festgesetzten Grenzwerte dienen der Verhinderung technischer Komplikationen bei der Verteilung des Trinkwassers über Rohrleitungen und Behälter. Die Konzentrationen von Blei und Aluminium liegen in sauren Bachwässern und im sauren Eckerwasser über den Grenzwerten. Durch die Trinkwasseraufbereitung wird Blei mit großer Sicherheit bis auf Restgehalte von kleiner als 0,001

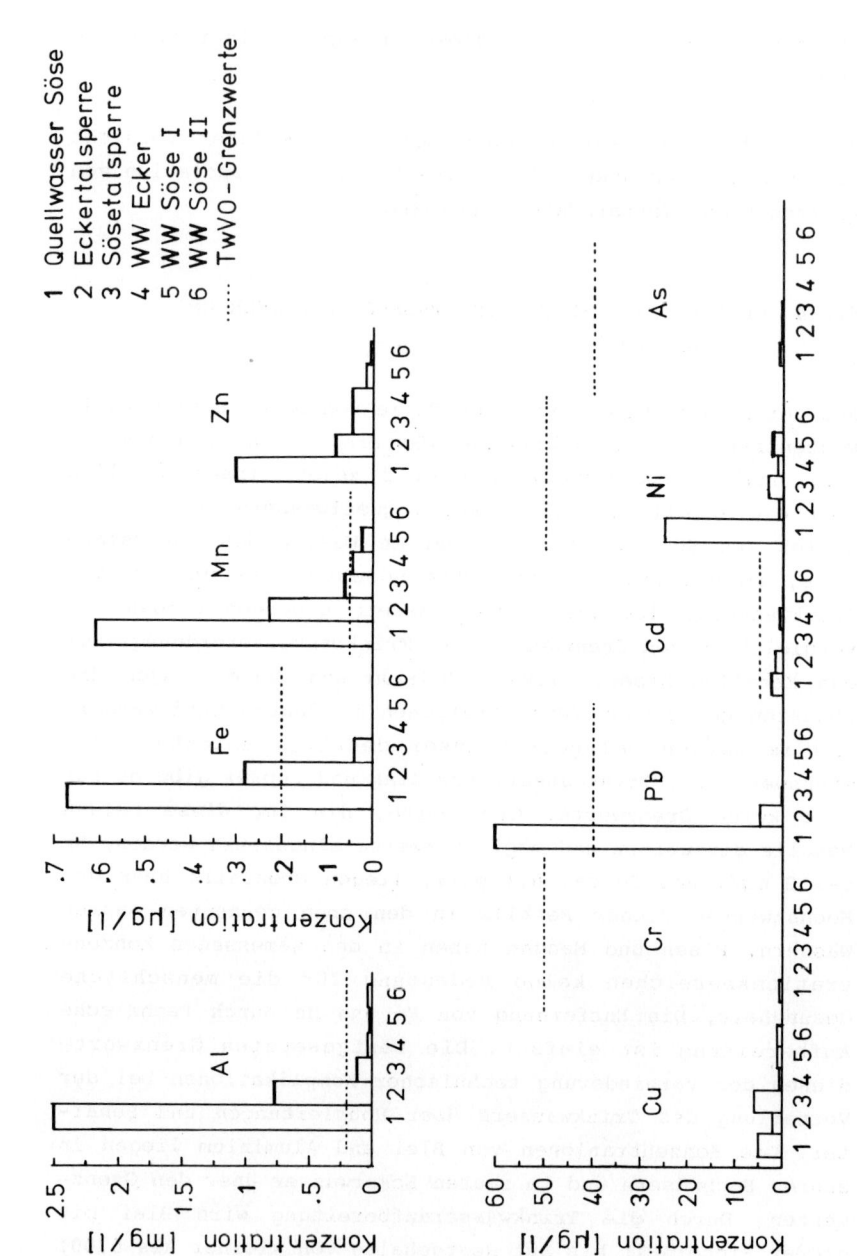

Bild 2: Metallkonzentrationen in natürlichen Gewässern und Trinkwässern

1 Quellwasser Söse
2 Eckertalsperre
3 Sösetalsperre
4 WW Ecker
5 WW Söse I
6 WW Söse II
······ TwVO-Grenzwerte

mg/l im Trinkwasser entfernt. Ähnliches gilt für das Aluminium; Die Restkonzentrationen von 0,02 bis 0,05 mg Aluminium/l im Trinkwasser liegen deutlich unter dem Grenzwert von 0,2 mg/l.

Aus Bild 2 ist weiterhin zu entnehmen, daß durch die Aufbereitung des Talsperrenwassers bei allen Metallen, mit der Ausnahme von Nickel, erhebliche Eliminierungsraten zu erreichen sind. Die Kenntnis dieser Zusammenhänge ist den Fachleuten in der Trinkwasserversorgung nicht neu. Jahrzehntelange Erfahrung mit der Eliminierung von Metallen bei der Anwendung von Flockung, Fällung und Filtration in Trinkwasseraufbereitungsanlagen liegen vor. Aus diesem Grunde können auch die erhöhten Metallkonzentrationen in sauren Quellgewässern nicht als unausweichliche Bedrohung für die Trinkwasserversorgung gesehen werden. Hier gibt es kein ungelöstes technisches Problem, sondern nur die Frage nach der richtigen Anwendung vorhandener Aufbereitungstechnik, die im Bedarfsfall eingesetzt werden muß. Nur die Kosten könnten im Einzelfall zum Problem werden, wenn kleinere Versorgungsanlagen, die bisher ohne aufwendige Aufbereitung arbeiten, mit der zur Metalleliminierung notwendigen Technik nachgerüstet werden müssen.

Um ein leider oft anzutreffendes Mißverständnis gegenüber Grenzwerten auszuräumen, sei hier noch einmal ein Wort zur Trinkwasserverordnung gesagt. Die Grenzwerte dieser Verordnung sind auf lebenslangen Genuß des Trinkwassers ausgelegt. Es ist zum Beispiel unsinnig, den Grenzwert für Blei mit 0,040 mg/l so zu deuten, daß ein Wasser, welches mit 0,039 mg/l noch als unbedenklich eingestuft wird, bei einem Gehalt von 0,041 mg/l plötzlich als ungenießbar zu deklarieren ist. Zwischen dem Grenzwert und solchen Metallkonzentrationen, bei denen reale Gesundheitsschäden zu befürchten sind, liegen ausreichende Sicherheitsspannen, die von Toxikologen und Hygienikern auf der Basis umfangreicher wissenschaftlicher Informationen definiert wurden. Aus diesem Grunde ist es auch den für die Überwachung der Trinkwasserqualität zuständigen Hygienebehörden vorbehalten, im Falle einer Grenzwertüberschreitung zu beurteilen, bis zu welcher Höhe und bis zu welcher Zeitspanne solche Überschreitungen unbedenklich und damit tolerierbar sind.

6.2.5 AUFBEREITUNGSVERFAHREN UND METALLELIMINIERUNG

Die Flockung von Aluminiumhydroxid nach Dosierung von Aluminiumsalzen mit anschließender Abtrennung der frisch gebildeten Feststoffe durch Sedimentation oder durch Filtration über ein- und zweistufige Filteranlagen ist das heute übliche Verfahren zur Aufbereitung von Trinkwasser aus Talsperren. Das Optimum der Aluminiumflockung liegt im pH-Bereich 6 bis 7. Bei einstufiger Filtration und gleichzeitiger Abtrennung von Mangan wird zusätzlich Kaliumpermanganat als Oxidationsmittel eingesetzt. In zweistufigen Filteranlagen geschieht die Manganabscheidung nach pH-Anhebung mittels Laugendosierung auf der zweiten Filterstufe. In analoger Weise wird die Eisenhydroxidflockung bei pH-Werten von größer als 7,5 durchgeführt.

Die Flockungsverfahren nutzen den Prozeß der Mitfällung zur Abscheidung gelöster Stoffe, inbesondere auch von Schwermetallen, die bei den jeweils justierten Reaktions-pH-Werten in die feste Phase übergehen und anschließend durch Sedimentation oder Filtration aus dem Wasser entfernt werden können. Tafel 1 skizziert in Stichworten die Flockungsverfahren.

Bild 3 veranschaulicht die grundsätzlichen Zusammenhänge und Vorgänge im Prozess der Aluminiumflockung. Die durch Flockung und Filtration im Trinkwasser erzielten Restgehalte an Schwermetallen liegen, nach jahrzehntelanger Erfahrung mit der Aufbereitung des sauren Wasers (pH 4,2 bis 5,2) aus der Eckertalsperre im Harz, mit großer Sicherheit

Tafel 1: Trinkwasseraufbereitung I

Problem:	Rohwaser enthält: - anorganische und organische Trübungen - gelöste Metalle: Al, Fe, Mn, Cu, Zn, Pb, Cd
Maßnahme:	Abtrennung durch: - Flockung und Fällung - Filtration - Sedimentation

Technik:	Eisen-Flockung:
	  Dosierung von Fe(III)-Salzen; 0,5 - 2 mg/l Fe(III)
	  Flockungs-pH-Wert > 7,0 bis 9,5
	  Eliminierung von Fe, Mn und Schwermetallen
	  Filtration über alkalische Filtermaterialien
	  oder Dosierung von Laugen
	  danach: Sedimentation und/oder
	         Filtration über Quarzsand
	  evtl. zusätzlich: Dosierung von Oxidationsmitteln
	
	Aluminium-Flockung:
	  Dosierung von Al-Salzen; 0,5 - 2 mg/l Al
	  Flockungs-pH-Wert 6 bis 7
	  Eliminierung von Trübungen, Al, Fe, Mn, Schwermetalle
	  evtl. zusätzlich: Dosierung von Oxidationsmitteln
	  danach: Sedimentation und/oder
	         Filtration über Quarzsand

unter den Grenzwerten der Trinkwasserverordnung. Hierzu siehe auch Bild 2. Tafel 2 zeigt eine Zusammenstellung der Eliminierungsraten von Metallen durch Adsorption an frisch gefällten Aluminium- und Eisenhydroxiden bei verschiedenen pH-Werten /5/.

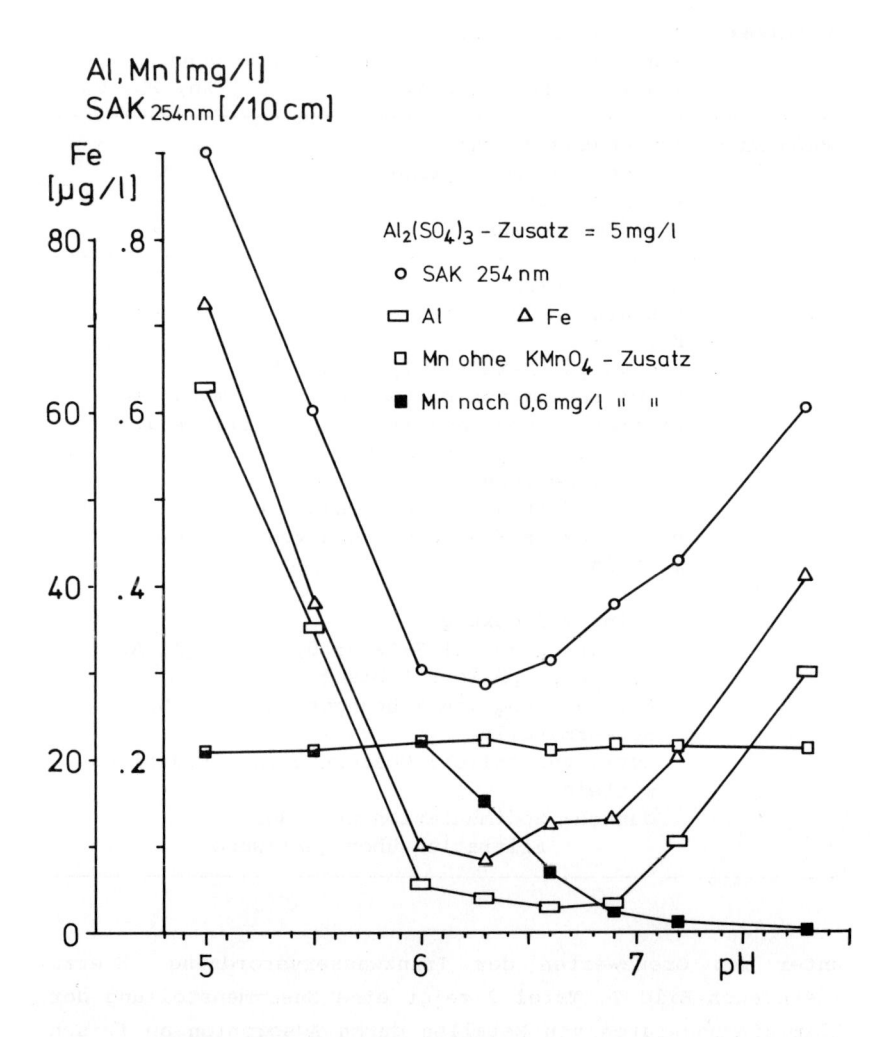

Bild 3: Restkonzentrationen von Al, Fe, Mn, SAK nach Al(OH)$_3$-Flockung und Filtration als Funktion des pH-Wertes

Tafel 2: Eliminierung von Metallen durch Adsorption an frisch gefälltem Fe-Hydroxid und Al-Hydroxid; Prozentzahlen berechnet aus gemessenen Adsorptionskonstanten

	Metall-Eliminierung in %					
	Fe-Hydroxid			Al-Hydroxid		
	pH 6	pH 7	pH 8	pH 6	pH 7	pH 8
Cadmium(II)	1,5	27,4	88,3	0,0	0,6	60,0
Kupfer(II)	60,0	92,3	99,8	13,0	65,4	98,7
Blei(II)	96,0	99,8	100,0	2,9	42,9	96,8
Zink(II)	2,9	65,4	98,4	0,7	32,2	97,4
Chrom(VI)	60,0	10,7	0,8	1,9	1,2	-
Arsen(III)	-	32,2	37,4	<20	<20	<20
Arsen(V)	(99)	(99)	65,4	(90)	(95)	65,4

( ) gleiche Quelle; aus Diagramm entnommen

Dieser kurze Überblick auf die zur Verfügung stehenden Aufbereitungsverfahren und ihre Leistungsfähigkeit bei der Metalleliminierung macht nochmals klar, daß saure Gewässer mit erhöhten Metallgehalten nicht als eine allgemeine Bedrohung für die Trinkwasserversorgung angesehen werden können.

6.2.6 METALLE IM TRINKWASSER UND IHRE HERKUNFT

Eine Diskussion um die Gefährdung des Trinkwassers von außen durch Zufuhr erhöhter Metallkonzentrationen über das Rohwasser bleibt unvollständig, wenn man nicht gleichzeitig einbezieht, daß es wichtige andere Quellen für den Eintrag von Metallen gibt, die aufgrund ihrer Herkunft und Größenordnung zu den Problemen der Trinkwasserversorgung gehört haben, seit es Verteilungssysteme gibt.

Nach dem Verlassen der Aufbereitungsanlagen wird das Trinkwasser über Rohrleitungen, Verteilungsnetze und Hausinstallationsleitungen, bis zum Zapfhahn geleitet. Durch Korrosion metallischer Werkstoffe innerhalb der Verteilungssysteme können Metallionen freigesetzt und dem Trinkwasser zugeführt werden. Je nach Art der verwendeten Werkstoffe gelangen die Metalle Eisen, Zink, Cadmium, Kupfer und Blei auf diesem Wege ins Trinkwasser. Die Größenordnung der freigesetzten Metallkonzentrationen ist abhängig von Werkstoffparametern wie Güte und Reinheit, von der Qualität der Installationsverarbeitung und Wasserparametern wie pH-Wert, Gesamtsalzgehalt und Temperatur. Tafel 3 gibt einen Überblick, wie hoch die Metallkonzentrationen unter ungünstigen Randbedingungen ansteigen können /3/.

<u>Tafel 3:</u> Hohe Metallgehalte im Trinkwasser aus dem Zapfhahn - verursacht durch Korrosion der Hausinstallations-Werkstoffe

Rohrleitungs-Werkstoff	pH	gelöstes Metall Ion	mg/l	TwVO-Grenzwert mg/l
Blei (alt)	7,4	Pb(II)	0,2 - 0,3	0,04
Kupfer, hart	7,0	Cu(II)	2 - 5	-
Stahl, verzinkt	7,0	Zn(II)	10	-
	7,0	Cd(II)	0,01	0,005
	7,0	Pb(II)	0,07	0,04

Auf den ersten Blick wird ersichtlich, daß diese Metallgehalte deutlich über jenen liegen können, die in sauren Quellwässern im Harz gemessen wurden. Das Problem des sekundären Metalleintrages ist so alt wie die Verteilungsnetze selbst. Die Eigenschaften der Werkstoffe sind heute zwar optimiert, die Suche nach dem idealen Rohrleitungswerkstoff ist jedoch noch nicht beendet. Ein Teil der korrosionsauslösenden Eigenschaften des Wassers lassen sich durch Aufbereitungsmaßnahmen minimieren. So geht man heute davon aus, daß ein Trinkwasser, das im Kalk-Kohlensäure-Gleichgewicht stabilisiert ist - das heißt, Calciumcarbonat wird in diesem Wasser weder aufgelöst noch abgeschieden - sich hinsichtlich der Korrosionseigenschaften gegenüber metallischen Werkstoffen im Minimum befindet. Die Stabilisierung des Trinkwassers in diesem Gleichgewichtszustand, auch unter dem Begriff "Entsäuerung" bekannt, wird in der Aufbereitung erreicht durch Filtration über alkalisch reagierende Filtermaterialien oder Dosierung von Laugen.

Tafel 4 skizziert in Stichworten das Grundkonzept der Aufbereitungsschritte zur Stabilisierung des Trinkwassers im Kalk-Kohlensäure-Gleichgewicht.

Tafel 4:   Trinkwasseraufbereitung II

Problem: Rohwasser-pH-Wert meistens kleiner als 7 verursacht Korrosion der Installations-Werkstoffe und damit Eintrag von Metallen ins Trinkwasser: Fe, Cu, Zn, Cd, Pb

---

Maßnahme: Minimierung der Korrosion durch pH-Wert-Anhebung ("Entsäuerung") zur Einstellung des Kalk-Kohlensäure-Gleichgewichtes: pH-Wert 7 bis 9,5

Technik: Zusatz alkalisierender Stoffe durch:
Filtration über
- Dolomitisches Filtermaterial
- Marmorkies

oder Dosierung von
- Kalkwasser; Calciumhydroxid-Lösung
- Natronlauge; Natriumhydroxid-Lösung
- Natriumhydrogenkarbonat; Sodalösung

6.2.7 SCHLUSSBEMERKUNGEN

Bei nüchterner Beurteilung der oben geschilderten Sachlage kann für die Trinkwasserversorgung aus einer möglicherweise eintretenden Gewässerversauerung und einer daran gekoppelten Erhöhung an Metallgehalten in natürlichen Gewässern keine reale Gefährdung der Trinkwasserqualität abgeleitet werden, solange die heute üblichen Aufbereitungsverfahren der Flockung und Filtration angewandt werden. Versorgungsanlagen, die nicht über diese Aufbereitungstechnik verfügen, müssen im Bedarfsfall nachgerüstet werden. Auch hier ist es keine Frage des "Wie" sondern eine Frage des "Wann" und natürlich eine Frage der Kosten. Es besteht kein Zweifel, daß diese pragmatische Einschätzung von der Mehrheit der Praktiker in der Trinkwasserversorgung so vollzogen wird. Diese Schlußfolgerung darf jedoch nicht mißverstanden werden! In der Trinkwasseraufbereitung sind Technokraten zuständig und verantwortlich für die unmittelbare Abwehr von Schadstoffeinbrüchen ins Trinkwasser, ohne direkte Zugriffsmöglichkeit auf die eigentlich notwendige Bekämpfung der Ursachen, die zu den Einbrüchen führen können.

Die ursprüngliche Aufgabe und Zielvorstellung für die Trinkwasserversorgung war es, das aus Grund- und Oberflächenwässern gewonnene Trinkwasser transportfähig zu machen und so zu stabilisieren, daß es in seiner guten Qualität auf dem Wege bis zum Verbraucher unverändert erhalten bleibt. Mit wachsender Sorge beobachten die Fachleute im Trinkwasserfach die seit Jahrzehnten fortschreitenden Qualitätsverschlechterungen vieler Oberflächen- und Grundwässer, die dazu führen, daß die Trinkwasseraufbereitung zunehmend verkommt zu einem Reparaturbetrieb für Schäden und Versäumnisse, die andernorts verursacht wurden. Die Gründe hierzu sind überwiegend nicht etwa Unkenntnis der Schadursachen und damit die Unvermeidbarkeit der Schäden, sondern die Einsparung der Kosten für Maßnahmen zur Schadensvermeidung. Der Weg dieser Entwicklung führt ohne Zweifel dahin, daß viele Grund- und Oberflächenwässer ohne massiven Einsatz von Aufbereitungstechnik mit entsprechend hohen Kosten in Zukunft nicht mehr für den menschlichen Genuß geeignet sein werden. Eine Vision, die nicht neu ist und die schon längst alarmierend hätte wirken müssen. In diesem Zusammenhang ist das hier diskutierte Problem der Schwermetallmobilisierung sicherlich nicht der größte Schritt auf diesem Wege, aber sicherlich einer der Schritte in dieser Richtung.

6.2.8 SCHRIFTTUM

/1/ HEINRICHS, H. et al. (1986): Hydrogeochemie der Quellen und kleineren Zuflüsse der Sösetalsperre (Harz). N. Jahrb. Mineral. Abh. 156, 1, S. 23 - 62.

/2/ MATSCHULLAT, J. et al. (1987): Schwermetallgehalte in Seesedimenten des Westharzes (BRD). Chem. Erde 47, S. 181 - 194.

/3/ MEYER, E. (1980): Beeinträchtigung der Trinkwassergüte durch Anlagenteile der Hausinstallation - Bestimmung des Schwermetalleintrages in das Trinkwasser durch Korrosionsvorgänge in metallischen Rohren. DVGW-Schriftenreihe Wasser Nr. 23, S. 113 - 131.

/4/ ROOSTAI, A.H. (1987): Geogene and anthropogene Quellen von Schwermetallen im Einzugsgebiet der Sösetalsperre (Westharz). Diplomarbeit, Fachrichtung Geologie/Paläontologie, Universität Hannover (unveröffentlicht).

/5/ TRACE INORGANIC SUBSTANCES RESEARCH COMMITTEE (1988): A review of solid-solution interactions and implications for the control of trace inorganic materials in water treatment. JAWWA 80, H. 10, S. 56 - 64.

/6/ Trinkwasserverordnung: Verordnung über Trinkwasser und über Wasser für Lebensmittelbetriebe (Trinkwasserverordnung-TrinkwV) vom 22.5.1986. Bundesgesetzblatt Teil I v. 28.5.1986, S. 760 - 773.

THEMENBEREICH 7:

EXKURSIONSINFORMATIONEN

7.1 EXKURSION AN DEN OBERLAUF DES ROHRWIESENBACHS SÜDLICH DES SCHLITZERLÄNDER EISENBERGS SOWIE EINES WALDBACHS SÜDLICH VON WILLOFS

von M.P.D. Meijering, Witzenhausen und J. Brehm, Schlitz

7.1.1 LAGE UND STANDORTSVERÄLTNISSE

Die Exkursionsgebiete (Bild 1) liegen 1 - 2 km nordöstlich bzw. 1 km südwestlich des 7 km westlich der Stadt Schlitz gelegenen Ortsteils Willofs. Es handelt sich um Waldbachsysteme, insbesondere um deren Quellabläufe und obere Bachabschnitte, die einerseits die südlichen Hänge des Eisenberges, andererseits den Wolfsküppel entwässern. Die beiden Gebiete sind schwarz eingerahmt.

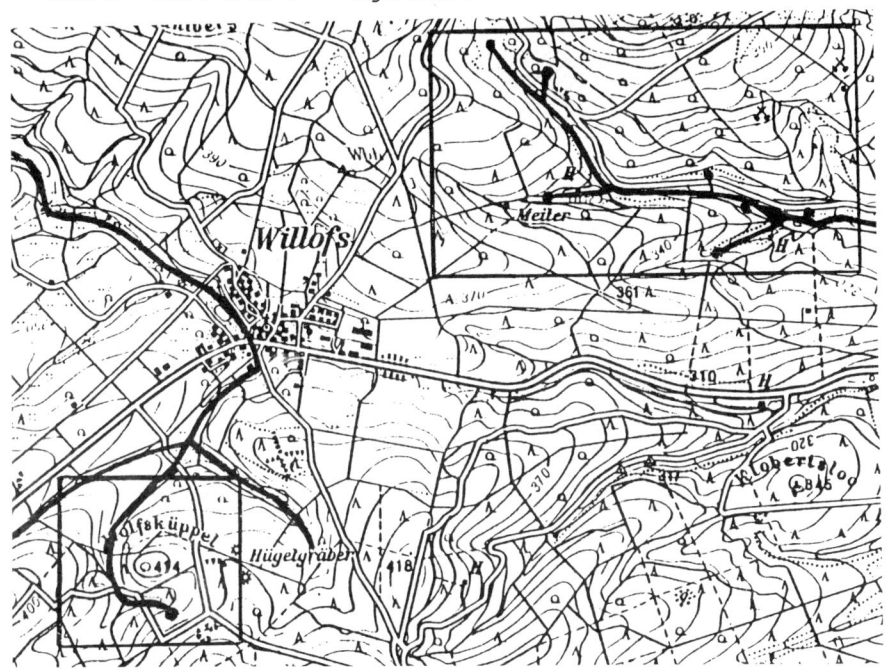

Bild 1: Lage der Exkursionsgebiete

Die wesentlichen im Exkursionsgebiet anstehenden geologischen Formationen sind im Einzugsgebiet des Rohrwiesenbachs vertreten; sie werden nachstehend exemplarisch vorgestellt (Bild 2). Neben Unterem und vor allem Mittlerem Buntsandstein finden sich hier Oberer Buntsandstein, tertiäre limnische Sedimente, Tertiärbasalt und nicht zuletzt quartäre Lehme (aus Löß, Basalt und Buntsandstein) in Form von Auflagen (Plateaus, Dellen), fossilen Fließerden (leicht geneigte Hänge und Hangfußlagen) und Bachablagerungen (in den überwiegend flachen Tälern).

☐ = Nacheiszeitliche Bachsedimente
▨ = Tertiärer Basalt
■ = Tertiäre Seesedimente
▥ = Basaltlehme und Lößlehme
☱ = Oberer Buntsandstein
▨ = Mittlerer und Unterer Buntsandstein

Die geologischen Formationen im Einzugsgebiet des Rohrwiesenbaches (in Anlehnung an DIEHL 1935 und KUPFAHL 1965).

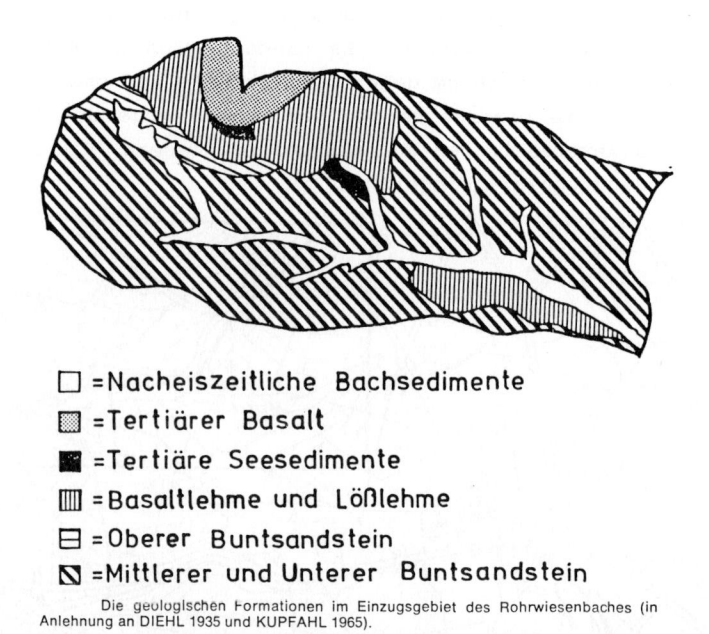

<u>Bild 2:</u> Die geologischen Formationen im Einzugsgebiet des Rohrwiesenbaches /1/

Wegen der verschiedenen Kalkgehalte und der unterschiedlichen Verwitterbarkeit der anstehenden Gesteine sind im Untersuchungsgebiet sehr weiche bis sehr harte Grund-, Quell- und Bachwässer dicht nebeneinander zu erwarten.

7.1.2 ERGEBNISSE

Nachstehend werden langjährige, insbesondere in den Jahren 1967 bis 1970 sowie 1982 und 1983 untersuchte Probenstellen am Rohrwiesenbach vorgestellt (Bild 3).

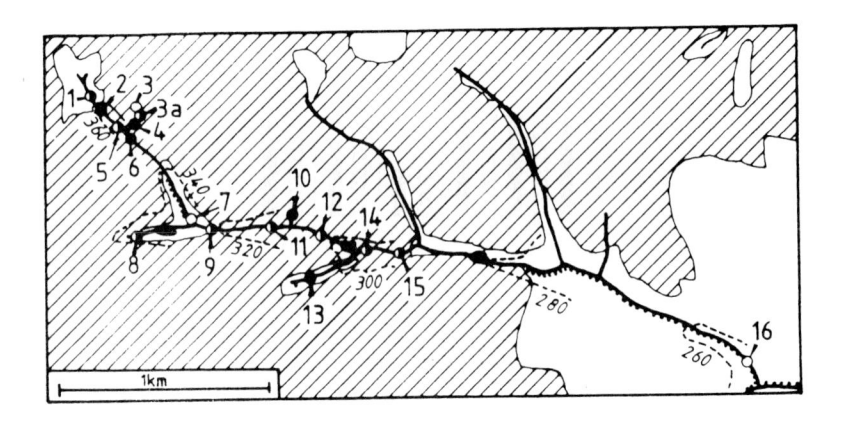

Bild 3: Probestellen am Rohrwiesenbach /2/

Der pH-Wert steht in enger direkter Beziehung zum Säurebindungsvermögen. Dies wurde besonders deutlich bei den reinen Buntsandsteingewässern (Probestellen 8, 10 und 13). Diese sind bereits von Natur aus äußerst hydrogenkarbonatarm (Stellen 10 und 13) oder sie waren zusätzlich anthropogen versauert (Stelle 8 durch stärkeren Fichtenanbau im engeren Einzugsgebiet) und enthielten dann gar kein Hydrogenkarbonat mehr. An den übrigen Untersuchungsstellen änderten die pH-Werte dagegen wenig ab, ein deutlicher Hinweis auf eine vorzügliche pH-Pufferung oder pH-Stabilisierung durch Hydrogenkarbonat (ab SBV-Werten von etwa 1,5 mval/l; Bild 4). In Bild 4 sind oben die im Hauptlauf gelegenen Probestellen, unten die der seitlich zufließenden Nebenbächlein bzw. Quellabläufe, aufgeführt.

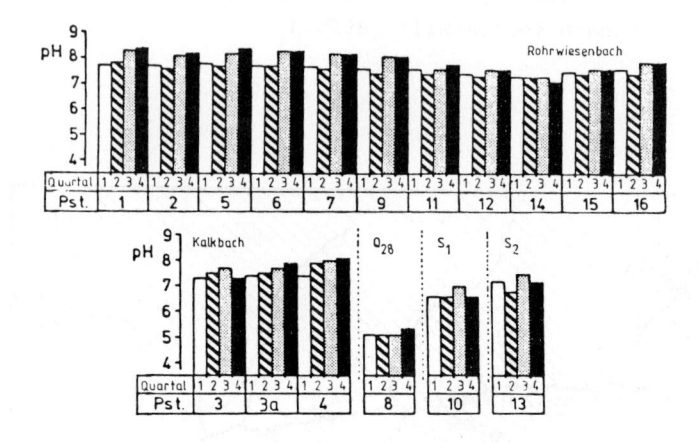

Bild 4: Der pH-Wert des Rohrwiesenbachs und einiger seiner
Seitengewässer im phänologischen Jahr 1983 /1/

In den Jahren 1967 bis 1970 wurden im Rohrwiesenbach und
anderen Schlitzerländer Bächen die Gammarus-Faunen untersucht und dabei insbesondere auf die jeweiligen Anteile der
nahe verwandten, ökologisch und im Hinblick auf die
Resistenz gegen niedrige pH-Werte unterschiedlichen Arten
G. pulex und G. fossarum geachtet. Im oberen Rohrwiesenbach
ergaben sich an sauren Gewässerstrecken höhere Anteile G.
pulex, ja es wurden sogar Bäche gefunden, in denen pulex
die einzige Gammarus-Art war, wie z.B. der Trossbach (Bild
5).

Im Jahre 1982 wurden die Gammarus-Erhebungen in den
Schlitzerländer Fließgewässern wiederholt. Dabei wurden die
Gammariden u.a. auch als Indikatoren für Versauerungen
betrachtet. Auffällig war, daß Gammarus aus manchen Bachoberläufen verschwand, wie z.B. im Trossbach, oder zumindest G. fossarum als die empfindlichere der beiden Arten.

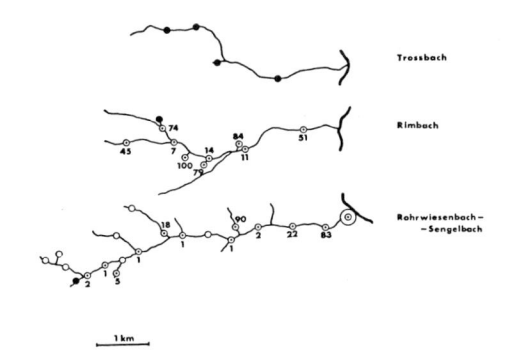

Prozentuale Anteile von G. *pulex* in Mischpopulationen mit G. *fossarum*.
○ = nur G. *fossarum*, ● = nur G. *pulex*, ⊙ = Mischpopulationen. Im unteren Sengelbach zusätzlich G. *roeseli*.

Bild 5: Prozentuale Anteile von G. pulex in Mischpopulationen mit G. fossarum /3/

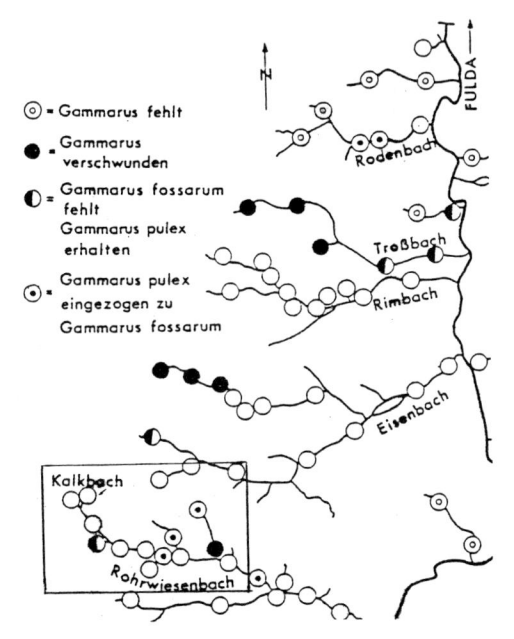

Bild 6: Veränderungen in der Gammarus-Verbreitung in Bächen des Schlitzerlandes von 1968 bis 1982 /4/

Auch zog an manchen Stellen die säureresistentere Art G. pulex ein, wo bis dahin nur G. fossarum lebte. Dieses wurde als Hinweis auf eine zunehmende Versauerung mancher Schlitzerländer Bachoberläufe gewertet (Bild 6).

7.1.3 SCHRIFTTUM

/1/ FINKE, M.; BREHM, J. (1985): Zur Hydrochemie des Rohrwiesenbachsystems im Schlitzerland. Beitr. Naturkde. Osthessen 21, S. 7 - 51.

/2/ FINKE, M.; MEIJERING, M.P.D. (1985): Zum Vorkommen euryöker Tierarten in Fließgewässern: Die Copepoden des Rohrwiesenbachs im Schlitzerland. Mitt. Erg. Stud. Ökol. Umwelts. 10, S. 143 - 169.

/3/ MEIJERING, M.P.D. (1971): Die Gammarus-Fauna der Schlitzerländer Fließgewässer. Arch. Hydrobiol. 68, S. 575 - 608.

/4/ MEIJERING, M.P.D. (1984): Die Verbreitung von Indikator-Arten der Gattung Gammarus im Schlitzerland (Osthessen) in 1968 und 1982. In: Umweltbundesamt (Hrsg.): Gewässerversauerung in der Bundesrepublik Deutschland. Materialien 1/84, S. 96 - 105.

7.2 EXKURSION ZUR HAUPTMESSSTATION GREBENAU DES HESSISCHEN UNTERSUCHUNGSPROGRAMMES "WALDBELASTUNGEN DURCH IMMISSIONEN (WDI)"

von A. Balázs, H.-D. Böttcher und J. Eichhorn, Hann. Münden, A. Hanewald und A. Siegmund, Wiesbaden und R. Riebeling, Gießen

7.2.1 LAGE UND STANDORTSVERHÄLTNISSE

Die Hauptmeßstation Grebenau liegt ca. 3 km nördlich des Ortes Grebenau zwischen Vogelsberg und Knüll in 400 m über NN auf einem nach Südosten abfallenden Gelände.

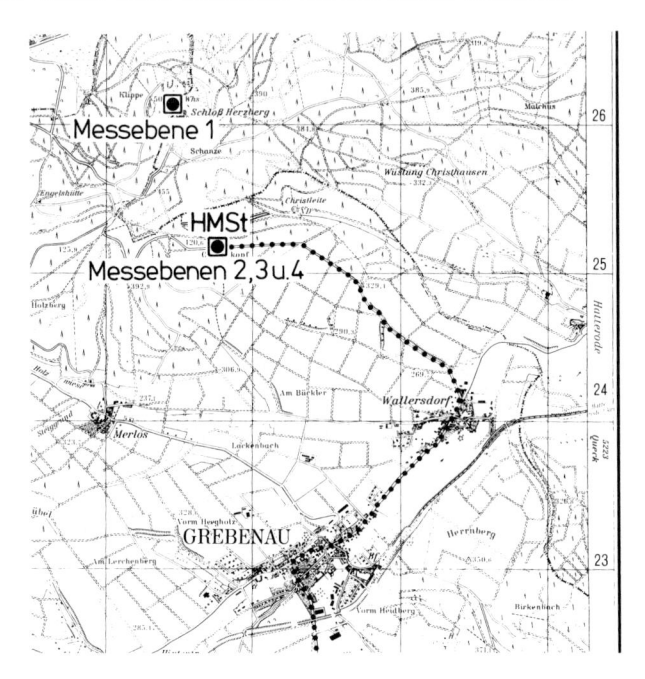

Bild 1: Lage der Hauptmeßstation Grebenau

Das Ausgangssubstrat der Bodenbildung besteht aus schluffig sandigem Decksediment über Schutt des Buntsandsteins (Rhön-Wechselfolge). Der Boden ist eine podsolige Parabraunerde bis Braunerde. Der Wasserhaushalt ist als mäßig frisch zu bezeichnen. Der Standort verfügt über einen mittleren Nährstoffhaushalt.

Die jährliche Niederschlagssumme beträgt rd. 700 mm. Das Klima ist subkontinental getönt. Die Temperaturschwankung (zwischen Januar und Juli) beträgt 17,6 °C. Die Jahresdurchschnittstemperatur liegt bei 7,0 °C. An der Hauptmeßstation stockt ein 88jähriger Fichtenbestand. Der Bestand ist voll bestockt (B^o = 1,03) und weist eine Ertragsklasse von II,7 auf.

7.2.2 KONZEPTION UND WALDSCHÄDEN

Zur Erfassung der Schadenssituation und der Schadensentwicklung sowie für umfassende Untersuchungen im Bereich der Ursachenforschung und der forstlichen Abhilfemöglichkeiten bei Waldschäden hat Hessen im Sommer 1982 ein Untersuchungsprogramm "Waldbelastungen durch Immissionen - WdI" begonnen /1/. Bei diesem Programm wird zwischen Inventurarbeiten zur Herleitung von aktuellen Belastungs- und Schadensdaten einerseits und interdisziplinären Forschungsarbeiten zur Erhellung des komplexen Ursachen-Wirkungsgefüges andererseits unterschieden. Die Aktivitäten im Arbeitsfeld der Ursachen-Wirkungsforschung werden an 6 sogenannten "Hauptmeßstationen" konzentriert. Luftchemische und meteorologische Daten sowie sonstige infrastrukturelle Einrichtungen stellen an den Hauptmeßstationen optimale Rahmenbedingungen für weiterführende wissenschaftliche Untersuchungen dar (Bild 2).

Im Kernbereich des Untersuchungsprogrammes arbeiten die Hessische Forstliche Versuchsanstalt, Hessische Landesanstalt für Umwelt, Hessische Forsteinrichtungsanstalt,

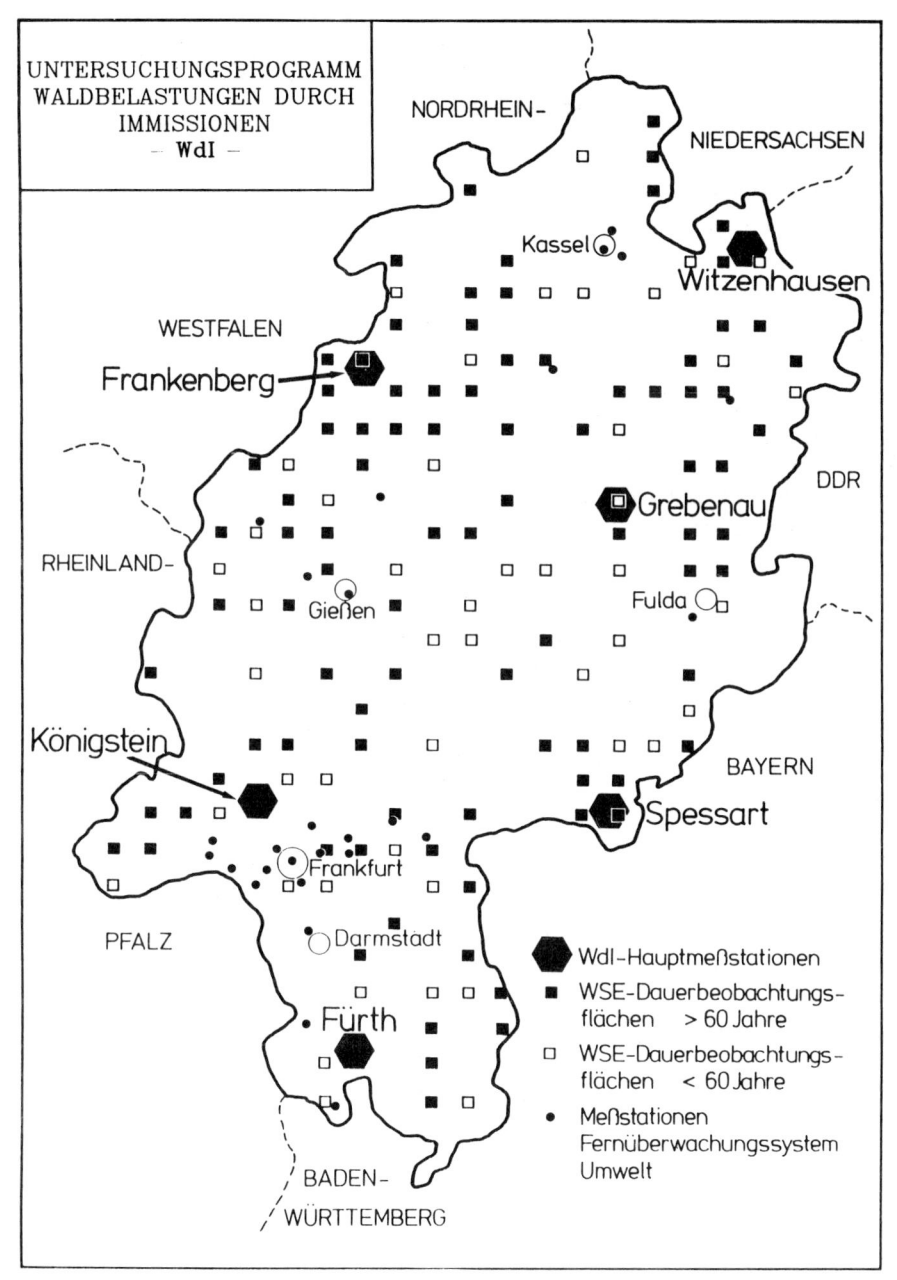

Bild 2: Lage der Meßstationen

Hessische Landwirtschaftliche Versuchsanstalt und die Hessischen Forstämter Biebergemünd, Frankenberg, Grebenau, Heppenheim, Gelnhausen, Königstein und Witzenhausen eng zusammen. Darüber hinaus werden mit den Instituten mehrerer Universitäten und fachbezogenen Institutionen anderer Bundesländer gemeinsame Projekte durchgeführt. Die fachliche Gesamtkoordination des Untersuchungsprogrammes wird von der Hessischen Forstlichen Versuchsanstalt wahrgenommen (Tafel 1).

Das Untersuchungsprogramm WdI /1/:

- erfaßt die räumliche Verteilung von Waldschäden und deren zeitliche Entwicklung,
- bestimmt die Schadstoffeinträge über den Luftpfad,
- betreibt Ursachenforschung,
- klärt Einflüsse von Luftschadstoffen,
- testet die Reaktion hinweisgebender Pflanzen und
- leistet Beiträge zur Behebung der Schäden.

Die Hauptmeßstationen dienen zur punktuellen Erfassung der Belastung des Ökosystems Wald und zur Erarbeitung von möglichen Gegenmaßnahmen.

In der ersten Ausbaustufe wurden 1982/83 Hauptmeßstationen im Taunus (Königstein), im nördlichen Vogelsberg (Grebenau) sowie im Kaufunger Wald (Witzenhausen) erstellt. Eine Erweiterung des Meßstationennetzes erfolgte 1985 im Spessart (Biebergemünd/ Joßgrund) und im Nördlichen Hessischen Schiefergebirge (Frankenberg) sowie 1986 im Odenwald (Fürth/Heppenheim). Das Netz dieser Hauptmeßstationen stellt eine ausgewogene flächenmäßige Ergänzung der Meßstationen des Fernüberwachungssystems Umwelt dar (Bild 2).

Das grundsätzliche Aufbauschema und die Instrumentierung der WdI-Hauptmeßstationen sind in Bild 3 dargestellt. Bei den Hauptmeßstationen Spessart, Frankenberg und Fürth wurde

Tafel 1: Zielsetzung und Organisation

W d l - STRUKTURSCHEMA

Allgemeine Koordination	Hessisches Ministerium für Landwirtschaft und Forsten
Fachliche Gesamtbetreuung, Planung, verwaltungsmäßige Abwicklung	Hessische Forstliche Versuchsanstalt

Ursachenforschung		Schadenserhebungen
(Aufgabe)	(Durchführung)	(Durchführung Hess. Forstl. Versuchsanstalt)
1 Immissionsmessungen	Hess. Landesanstalt für Umwelt, Hess. Landwirtschaftliche Versuchsanstalt	1 Waldschadenserhebungen (WSE) (Erfassen von Zustand und Entwicklung der Waldschäden)
2 Niederschlags- und Sickerwasseruntersuchungen	Hess. Forstl. Versuchsanstalt, Hess. Landwirtschaftliche Versuchsanstalt, Hess. Landesanstalt für Umwelt	2 Farbinfrarotdokumentation (Flächenrepräsentative Beweissicherung; Beiträge zur Trendentwicklung und Ursachenforschung)
3 Wachstumskundliche Untersuchungen	Hess. Forsteinrichtungsanstalt, Institut für Bodenkunde Universität Gießen	3 Dauerbeobachtungsflächen (Intensive Erfassung von Schadsymptomen und deren zeitlicher Entwicklung; Möglichkeit einer extensiven Schadenserhebung; Bindeglied zwischen Schadzustandserfassung und Ursachenforschung)
4 Forstpatholog. Untersuchungen Revitalisierungsversuche	Hess. Forstl. Versuchsanstalt, Hess. Forstämter, Hess. Landwirtschaftliche Versuchsanstalt	4 Bionetz (Nadel- und Bodenanalysen in Verbindung mit mehrjähriger Schadzustandserfassung in Fichtenbeständen)

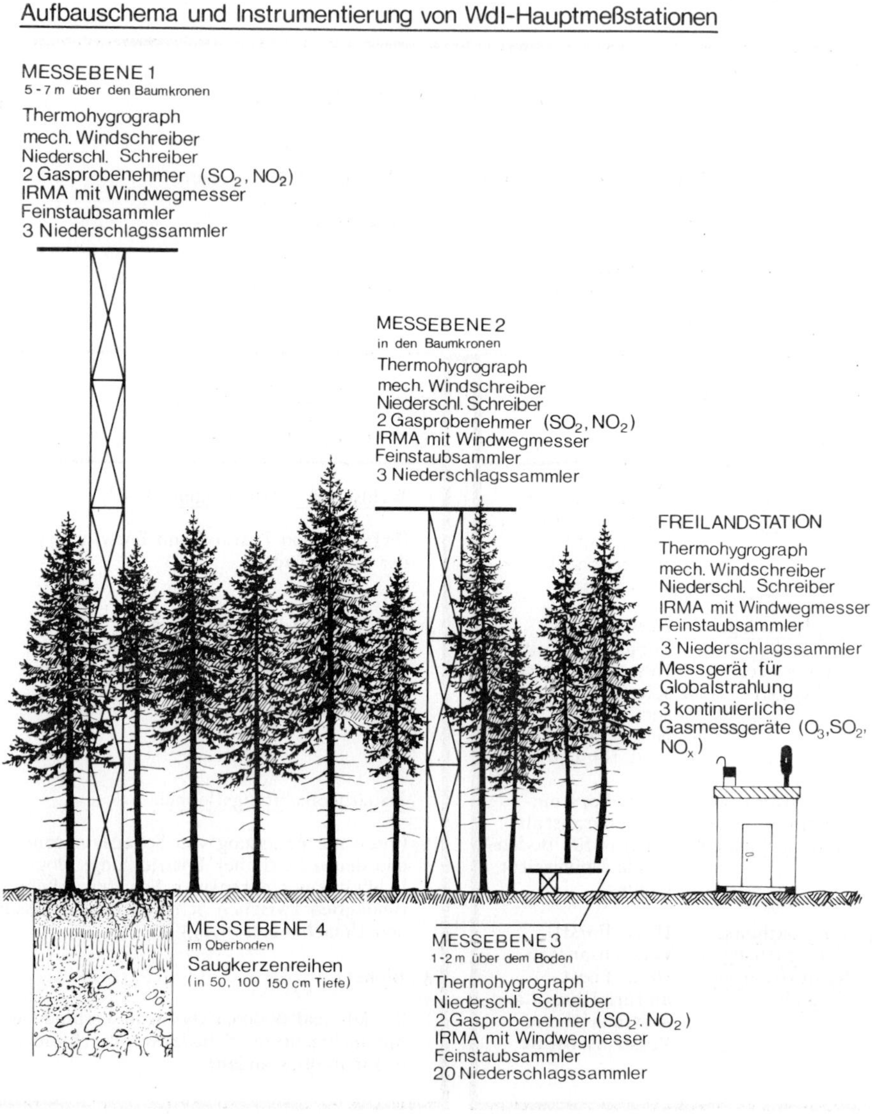

Aufbauschema und Instrumentierung von WdI-Hauptmeßstationen

MESSEBENE 1
5 - 7 m über den Baumkronen

Thermohygrograph
mech. Windschreiber
Niederschl. Schreiber
2 Gasprobenehmer (SO_2, NO_2)
IRMA mit Windwegmesser
Feinstaubsammler
3 Niederschlagssammler

MESSEBENE 2
in den Baumkronen

Thermohygrograph
mech. Windschreiber
Niederschl. Schreiber
2 Gasprobenehmer (SO_2, NO_2)
IRMA mit Windwegmesser
Feinstaubsammler
3 Niederschlagssammler

FREILANDSTATION

Thermohygrograph
mech. Windschreiber
Niederschl. Schreiber
IRMA mit Windwegmesser
Feinstaubsammler
3 Niederschlagssammler
Messgerät für Globalstrahlung
3 kontinuierliche Gasmessgeräte (O_3, SO_2, NO_x)

MESSEBENE 4
im Oberboden

Saugkerzenreihen
(in 50, 100, 150 cm Tiefe)

MESSEBENE 3
1 - 2 m über dem Boden

Thermohygrograph
Niederschl. Schreiber
2 Gasprobenehmer (SO_2, NO_2)
IRMA mit Windwegmesser
Feinstaubsammler
20 Niederschlagssammler

<u>Bild 3:</u> Aufbauschema und Instrumentierung von WdI-Hauptmeß-stationen

bis zum Vorliegen längerer Meßreihen über Vertikalprofile der Schadstoffkonzentrationen an den drei erstgenannten Hauptmeßstationen zunächst auf die Errichtung von Meßtürmen verzichtet.

Um die luftchemischen und meteorologischen Meßstellen (Meßtürme oder Freilandstationen) sind waldökologische Untersuchungs- und Weiserflächen gruppiert. Auf ihnen wird die gegenwärtige waldwachstums- und standortkundliche Situation erfaßt. Wiederkehrende spätere Aufnahmen sollen mögliche Veränderungen deutlich machen.

Zentrale Bedeutung für die Beurteilung des Krankheitszustandes der Bäume haben Nadeln bzw. Blätter /13,14/, da sie in Gasaustausch mit der umgebenden Luft stehen sowie Feinwurzeln, die den Baum mit Wasser und Nährstoffen versorgen /12/.

Schwerpunkte zur Erforschung der Walderkrankung sind daher:

- Schadstoffgehalte in Nadeln,
- Benadelungs- bzw. Belaubungszustände ganzer Kronen,
- Benadelungszustand bestimmter Zweige,
- Verfärbung von Kronenteilen, Nadeln und Blättern,
- Bildung untypischer Verzweigungsformen,
- Veränderungen von Stamm und Rinde und
- Veränderungen an Feinwurzeln und der mit ihnen lebenden Pilze.

7.2.3 SCHADSTOFFMESSUNGEN

7.2.3.1 Luftchemische Messungen

Die Standorte der WdI-Stationen gehen aus dem Abschnitt Konzeption und aus dem Bild 2 hervor. Ebenfalls in Bild 2 eingezeichnet sind die Standorte der ortsfesten Meßcontainer, die in das Fernüberwachungssystem von Umweltfaktoren in Hessen (FUH) integriert sind. Dieses Meßnetz wird von der HLfU im Rahmen ihrer Aufgaben der Überwachung bzw. Erfassung von Schadstoffimmissionen entsprechend der SMOG-Verordnung bzw. entsprechend § 44 BImSchG und 4. BImSchVwV unterhalten. Die FUH-Daten sind für die Einordnung und sachgerechte Beurteilung der WdI-Meßergebnisse von sehr großer Bedeutung, da vergleichende Betrachtungen zwischen Waldgebieten und Ballungsräumen ermöglicht werden.

An den Hauptmeßstationen Königstein, Grebenau und Witzenhausen erfolgt die quantitative Bestimmung der gasförmigen, flüssigen und festen Schadstoffeinträge in mehreren Ebenen in 60 - 90jährigen Fichtenbeständen sowie auf in der Nähe dieser Bestände gelegenen Freiflächen.

Im einzelnen werden folgende Parameter bestimmt:

a) Meteorologie: Windgeschwindigkeit und -richtung, relative Luftfeuchte, Temperatur, Niederschlagshöhe und Globalstrahlung

b) Gasförmige Komponenten: Schwefeldioxid, Stickstoffdioxid, Stickstoffmonoxid und Ozon

c) Inhaltsstoffe im Schwebstaub: Pb, Mn, Fe, Cd, Al, Cu, Mg, Ca, Na, K, SO_4^{2-}, Cl^- und NO_3^-

d) Immissionsraten: Sulfat, Fluorid und Nitrat

In bisher drei Zwischenberichten /2,3,4/ wurden die Ergebnisse von Immissionsmessungen veröffentlicht. Es haben sich folgende wesentliche Aussagen bei den gasförmigen Luftschadstoffen ergeben:

- Die höchsten Konzentrationen bei SO_2, NO_2 und NO treten in den Wintermonaten auf, während bei Ozon die Maximalwerte erwartungsgemäß im Sommer beobachtet werden. Eine weitergehende Bewertung der festgestellten Konzentrationen wird durch den Vergleich mit Meßergebnissen aus Belastungsgebieten ermöglicht.

- Die an allen WdI-Stationen zeitgleich registrierten SO_2-Konzentrationsmaxima treten auch in den Ballungsräumen auf, wobei aber an den Waldstationen höhere Spitzenwerte als in den Belastungsgebieten gemessen werden. Die mittlere Grundbelastung ist dagegen in den Städten deutlich höher als in den Waldgebieten.

- Bei NO_2 sind die in den Stadtgebieten gemessenen Konzentrationen sowohl im Mittel als auch in Einzelwerten zwei- bis dreimal so hoch wie zu gleicher Zeit an den WdI-Meßstellen. Die NO-Konzentrationen erreichen im Wald nur etwa 10 % des in Belastungsgebieten registrierten Konzentrationsniveaus.

- Durch einen stärkeren Abbau während der Nachtstunden bedingt, werden in Ballungsräumen in der Regel im Tagesmittel niedrigere Ozon-Konzentrationen gemessen, obwohl die Spitzenwerte am frühen Nachmittag in gleicher Größenordnung wie in den Waldgebieten liegen.

- Windrichtungsabhängige Auswertungen über längere Zeiträume ergeben für die Komponente Schwefeldioxid Konzentrationsmaxima, die an allen 3 WdI-Stationen in östliche Richtungen zeigen. Dieser Antransport aus dem Osten kann für SO_2 anhand von Trajektorienanalysen auch für einzelne Immissionsereignisse belegt werden.

- Die Konzentrationsrosen für NO_2 und NO weisen auf Naheinflüsse aus den den WdI-Stationen benachbarten Belastungsgebieten hin, während die Bevorzugung der östlichen Sektoren bei Ozon ein Zeichen dafür ist, daß dieser Schadstoff vermehrt an solchen Tagen gebildet bzw. aus höheren

Luftschichten heruntergemischt wird, an denen Hochdruckwetterlagen (Ostwetterlagen) mit vermehrter Sonneneinstrahlung vorherrschen.

- Der Verlauf der mittleren Tagesgänge läßt erkennen, daß alle hier betrachteten gasförmigen Parameter über Reaktionsketten verknüpft sind, an denen Ozon entscheidend beteiligt ist.

- Während der SMOG-Periode im Januar 1985 traten an den nord- und mittelhessischen Waldstationen Witzenhausen und Grebenau zum Teil höhere SO_2-Spitzenkonzentrationen (Witzenhausen) bzw. größere Dauerbelastungen (Grebenau) auf als in den benachbarten SMOG-Gebieten, in denen SMOG-Alarm der Stufe 1 bekanntgegeben wurde. Ähnliche Verhältnisse wurden während der SMOG-Periode im Februar 1986 und Januar 1987 beobachtet.

7.2.3.2 Niederschlagsdepositions- und Sickerwasser-Messungen

An der Station Grebenau werden Niederschlagsdepositionen an 4 Fichten- und 3 Freiland-Untersuchungsflächen durchgeführt. Von den 4 Fichten- und 3 Freilandmeßflächen ist jeweils eine Fläche Hauptmeßstation und die restlichen Flächen sind ausgewählte Weiserflächen.

Der Freilandniederschlag sowie der Kronendurchlaß, der bei der Fichte wegen des sehr geringen Stammabflusses (< 1 %) praktisch den gesamten Waldniederschlag repräsentiert, werden mit den Niederschlagssammler "Münden" (Auffangfläche: 100 cm^2) quantitativ erfaßt /6,11/ und Sammelproben für die chemische Analyse gewonnen. Der Meßvorgang und die Wasserprobenahme werden 14tägig durchgeführt. Die Niederschlagsproben werden sowohl auf den Freilandmeßstellen (10 Geräte) als auch in den Beständen (20 Geräte) jeweils zu einer Mischprobe zusammengefaßt. Die Messung und die Probenahme des Niederschlages erfolgen überwiegend durch örtliche Beobachter. Die Proben werden von der HFV abgeholt, im eigenen Wasserlabor sofort pH-Wert und elektrische Leitfähigkeit gemessen, und anschließend nach einer kurzen Zwischenlagerung bei 2 bis 4 °C nach Kassel transportiert. Die chemischen Analysen (SO_4, NO_3, Cl, Na, Mg, Pb, Ca, Cd, Al, Zn, Cu, Fe, NH_4 und F) werden von der Hessischen Landwirtschaftlichen Versuchsanstalt in Kassel durchgeführt.

Die Hessische Landwirtschaftliche Versuchsanstalt Kassel wendet bei der Analyse der Wasserproben nachfolgende Vorgehensweise an.

Der pH-Wert sowie die vorübergehende und die bleibende Härte werden aus den Original-Proben gemessen.

Danach werden alle Proben durch einen Faltenfilter MN 616 filtriert, wobei der erste Teil des Filtrates, wenn genug Probe vorhanden ist, verworfen wird.

Das Filtrat wird in drei Plastikflaschen (2 x 250 ml, 1 x 100 ml) aufgefangen. In der 100 ml-Flasche befinden sich 0,5 ml conc. Salpetersäure.

Aus der angesäuerten Lösung werden Cu, Cd, Pb, Fe und Al mit der Graphitrohr-AAS-Technik gemessen.

Aus einer der 250 ml-Flaschen werden NH_4 mit der Ionensensitiven Elektrode, Na und K mit dem Flammenphotometer und Ca, Mg, Zn und Mn mit der Flammen-AAS-Technik bestimmt.

Aus der zweiten 250 ml-Flasche werden die Basenkapazität durch Titration mit Natronlauge bis zu einem pH-Wert von 8.2, und nach Behandeln der Wasserprobe mit einer RP 18-Phase zur Entfernung der Huminstoffe, die anorganischen Ionen Cl, NO_3 und SO_4 durch Ionenchromatographie bestimmt.

Die Tafel 2 gibt die Depositionsraten im Fichtenbestand an der Station Grebenau wieder. Die Meßergebnisse ($kg \cdot ha^{-1} \cdot a^{-1}$) sind Mittelwerte von vier Meßflächen und vier Meßjahren. Weitere Ergebnisse von Depositionsmessungen in Hessen sind in den Veröffentlichungen /5,7-10/ zu finden.

Die ersten zwei Zeilen der Tafel 2 stellen die Inhaltsstoffe des Freilandniederschlages (Niederschlagsdeposition, ND) und des Kronendurchlasses von der Fichte (Bestandsniederschlag, BN) dar. Durch den Einfluß der Fichtenkrone erfahren die Inhaltsstoffe des Bestandesniederschlages starke stoffliche Anreicherung. So ist z. B. im Bestandsniederschlag 7 mal mehr gelöstes Kalium bzw. 21 mal mehr gelöstes Mangan vorhanden als im Freilandniederschlag. In den Zeilen 3 bis 7 werden die einzelnen stofflich veränderten Prozesse bilanziert. Es wird angenommen, daß die Metallkationen ein des Natriums und die H^+-Ionen sowie das Sulfat ein des Chlorids ähnliches Depositionsverhalten in der Fichtenbaumkrone haben.

Die Meßergebnisse der Tafel 2 zeigen:

- Die Sulfatdeposition unter Fichte liegt mit 127,28 $kg \cdot ha^{-1} \cdot a^{-1}$ um 3,2 mal höher als im Freiland.

- Die Gesamtprotonen-Deposition unter Fichte mit 1,99 $kg \cdot ha^{-1} \cdot a^{-1}$ liegt bedeutend höher als die Protonenmenge von 1,18 $kg \cdot ha^{-1} \cdot a^{-1}$, die sich aus der pH-Messung des Bestandsniederschlages ergibt. Von dem Protoneneintrag wurden in dem Kronenraum 0,81 $kg \cdot ha^{-1} \cdot a^{-1}$ durch Kationenaustausch abgepuffert. Die Pufferung erfolgte hauptsächlich durch Calcium und Kalium (9,87 bzw. 17,14 $kg \cdot ha^{-1} \cdot a^{-1}$).

- Die Gesamtsäurebelastung unter Fichte beträgt in Grebenau 2,62 kmol I Ä $\cdot ha^{-1} \cdot a^{-1}$ (berechnet als Summe der Gesamtdeposition von H^+, Mn^{2+}, Fe^{3+}, Al^{3+} und NH_4^+).

Tafel 2: Depositionsraten im Fichtenbestand an der Hauptmeßstation Grebenau (Durchschnitt der Meßflächen und Jahre 1984 - 1987)
ND = Niederschlagsdeposition im Freiland, BN = Bestandsniederschlag,
ID = Interzeptionsdeposition, GD = Gesamtdeposition, PA = Pflanzenauswaschung

$kg \cdot ha^{-1} \cdot a^{-1}$

	H+	Mn2+	Fe3+	Al3+	NH4+	Mg2+	Ca2+	K+	Na-	Cl-	NO3-	SO4 2-
ND	0,511	0,256	0,201	0,355	4,92	1,81	8,11	2,86	6,09	8,75	23,33	39,49
BN	1,177	5,420	0,570	1,440	8,49	4,06	19,20	20,43	7,00	18,58	45,01	127,28
IDpartikulär	0,572	0,038	0,030	0,053	5,51	0,272	1,22	0,43	0,91	9,83	26,13	44,23
IDgasförmig	0,907	-	-	-	-	-	-	-	-	-	-	43,56
GD	1,990	0,294	0,231	0,408	10,43	2,08	9,33	3,29	7,00	18,58	49,46	127,28
PA	-0,81	5,13	0,34	1,03	-1,94	1,98	9,87	17,14	-	-	-4,45	-
Pufferung	0,81	-	-	-	-	-	-	-	-	-	-	-

Säurebelastung Fichtenbestand = 2,62 kmol IÄ·ha⁻¹·a⁻¹
(GD von H+, Mn2+, Fe3+, Al3+, NH4+)

Freilandniederschlag = 694 mm,
Kronendurchlaß Fichte = 394 mm

IDpart. für Nichtmetalle über $\frac{ID}{ND}^+_{Cl}$ gerechnet!

IDpart. für Metalle über $\frac{ID}{ND}^+_{Na}$ gerechnet!

Das Bodensickerwasser wird durch eigens angefertigte Saugkerzen gewonnen. Dieses Gerät besteht aus einem Plexiglas-Außenrohr (20 mm Durchschnitt), das im unteren Teil mit einer keramischen Saugkerze verbunden ist. Durch Einbau des Gerätes im Boden und Ansetzen eines Unterdruckes von 0,1 - 0,3 at mittels Vakuumanlage wird das im Boden vorhandene Sickerwasser über die keramische Kerze abgesaugt.

Die im Boden eingebrachten Saugkerzen sind in zwei Reihen mit jeweils 2 Blöcken angeordnet, so daß jede Tiefe insgesamt in vierfacher Wiederholung vertreten ist. Es werden auf der Hauptmeßstation Grebenau 3 Tiefen (50, 100 und 150 cm) erfaßt. Die Wasserprobenahme erfolgt durch Mitarbeiter

Grebenau - 100 cm Tiefe
Fichte

KATIONEN
$\Sigma c\,(eq) = 4638\ \mu mol/l$

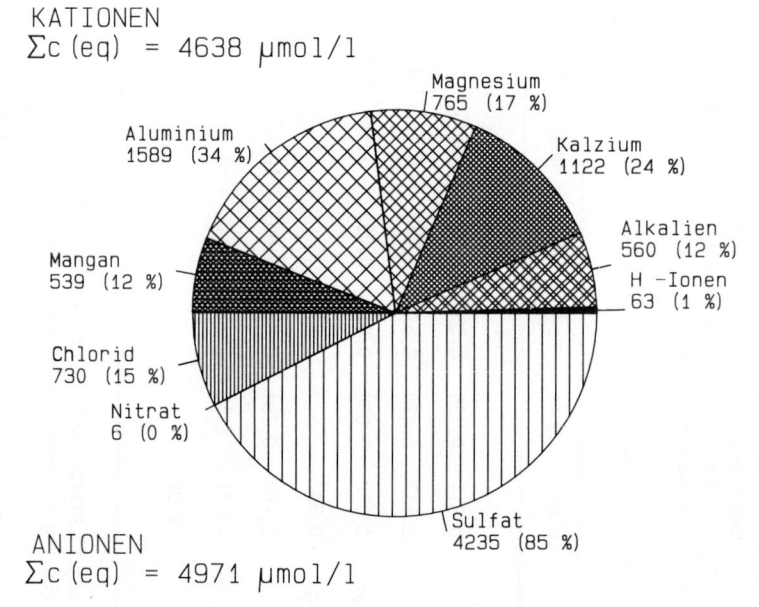

Magnesium 765 (17 %)
Aluminium 1589 (34 %)
Kalzium 1122 (24 %)
Mangan 539 (12 %)
Alkalien 560 (12 %)
H-Ionen 63 (1 %)
Chlorid 730 (15 %)
Nitrat 6 (0 %)
Sulfat 4235 (85 %)

ANIONEN
$\Sigma c\,(eq) = 4971\ \mu mol/l$

Bild 4: Ionenbilanz des Bodensickerwassers in 100 cm Tiefe unter einem Fichtenbestand der WdI-Hauptmeßstation Grebenau

des Instituts für Forsthydrologie ebenfalls in zweiwöchigem Rhythmus. Die Analysen werden auf die bereits erwähnten chemischen Parameter seit Anfang 1984 in den Labors der Hessischen Landwirtschaftlichen Versuchsanstalt in Kassel durchgeführt. Bild 4 zeigt z.B. für den Meßzeitraum Oktober 1984 bis September 1985 die jährliche Stoffbilanz des Bodensickerwassers.

Das Bodensickerwasser weist insgesamt eine sehr hohe Stoffkonzentration auf. An der Kationensumme hat das Aluminium mit 34 % den höchsten Anteil. Weiterhin sind auch das Calcium mit 24 %, das Magnesium mit 17 % und das Mangan mit 12 % Anteil stark vertreten. Der hohe Mangananteil deutet an, daß sich der Boden noch nicht allzu lange in der Versauerungsphase befindet.

In der Zusammensetzung der Anionen ist die dominierende Rolle des Sulfats mit 85 % Anteil deutlich zu erkennen. Da im hiesigen Boden kaum natürliche Schwefel-Vorkommen zu vermuten sind, tritt der anthropogene Versauerungsdruck deutlich in Erscheinung. Es ist bemerkenswert, daß praktisch kein Nitrat im Sickerwasser vorhanden ist. Der Chloridanteil ist normal.

7.2.4 BODENUNTERSUCHUNGEN

7.2.4.1 Standortskundliche Untersuchungen

Die Erfassung der standörtlichen Anfangssituation an den Hauptmeßstationen umfaßte vor allem:
- kleinflächige forstliche Standorts- und Bodenkartierung
- Entnahme von Bodenproben aus verschiedenen Horizonten aller forstlich-ökologischen Weiserflächen zur Bodenanalyse und zur Aufbewahrung für spätere Vergleichszwecke
- Nadelanalysen zur ökologischen Interpretation der Standortsbefunde

Tafel 3: Ergebnisse der ersten Bodenanalysen für die unmittelbar an der Hauptmeßstation angelegte forstlich-ökologische Untersuchungsfläche
– Staatswald Grebenau Abt. 234, Parzelle 1 –

Horizont	Tiefe	pH-Wert		Vorräte austauschb. Kationen				Gesamtgehalte	
		H2O	KCL	Ca	Mg	K	Na	C	N
	cm			kg/ha				t/ha	
OF	3	4,21	3,41					15,8	0,55
OH	1	3,64	2,96	81	3	8	1	11,6	0,33
Ahe	-2	3,72	2,77	28	2	13	2	6,8	0,25
Bhv	-4	3,74	2,83	12	1	7	1	2,1	0,12
AlBv	-18	4,31	3,72	67	7	54	7	8,7	0,50
(S)Btv	-25	4,32	3,65	14	4	25	4	3,1	0,63
(S)Btv	-52	4,19	3,71	41	14	82	14	8,8	1,71
II(S)Btv	-76	3,93	3,56	55	9	64	9	5,9	0,92
III Bt	-84	3,87	3,57	14	5	38	5	2,0	0,59
IV Cv	-105	3,94	3,53	27	13	80	13	2,9	1,00
V Cv	-106	3,85	3,38	2	1	10	1	0,1	0,05
Summe				341	59	381	57	67,8	6,65

PH-Wert-Messungen bestätigen, daß an den sechs WdI-Hauptmeßstationen gleichermaßen niedrige pH-Werte auftreten wie auf einer Vielzahl von mesotrophen und frisch bis mäßig frischen Standorten des Buntsandsteins, des Tonschiefers und der Grauwacke in Hessen (Tafel 3).

Für die Ah-Horizonte an den Hauptmeßstationen ergeben sich bei Fichte pH-KCl-Werte von 2,7 bis 3,1 und für Buche von 2,9 bis 3,2. In den Bodenhorizonten zwischen 20 und 30 cm Tiefe liegen die pH-KCl-Werte zwischen 3,4 und 3,7 für Fichte und zwischen 3,5 und 4,1 für Buche, so daß diese Bodenhorizonte dem Aluminium/ Eisen bzw. Aluminium-Pufferbereich zuzuordnen sind (Tafel 4).

Tafel 4: Ergebnisse der ersten Nadelanalysen für die unmittelbar an der Hauptmeßstation angelegte forstlich-ökologische Untersuchungsfläche - Staatswald Grebenau Abt. 234, Parzelle 1, Fichte 7. Quirl -

Nadel-jahrgang	% Elementgehalte					mg/kg TS		
	N	P	Ca	Mg	K	Cu	Zn	Mn
1.	1,47	0,14	0,44	0,08	0,60	4,8	31,5	2175
3.	1,21	0,12	0,67	0,06	0,52	4,6	27,0	3500
5.	1,02	0,10	0,85	0,04	0,46	4,2	32,0	4563

TS = Trockensubstanz

Für die Fortführung der standortskundlichen Beobachtungen an den Hauptmeßstationen sind periodische Wiederholungen von Boden- und Nadelanalysen, Vegetationsbeobachtungen sowie gezielte Sonderuntersuchungen zum Geländerwasserhaushalt etc. vorgesehen. Nach Vorliegen entsprechender

Zeitreihen sollen diese Befunde zusammen mit den meteorologischen und luftchemischen Messungen den waldwachstumskundlichen Ergebnissen gegenübergestellt werden. Regressionsanalytische Auswertungen und Simulationsmodelle sollen schließlich zur Aufdeckung kausaler Zusammenhänge beitragen.

7.2.4.2 Wurzeluntersuchungen

Bei vergleichenden Wurzeluntersuchungen an unterschiedlich geschädigten Bäumen eines 90jährigen Fichtenbestandes an der WdI-Hauptmeßstation Witzenhausen stellte sich die Frage, ob an den jeweils gleichen Bäumen Zusammenhänge zwischen Nadelverlusten und Schädigung des Feinwurzelsystemes nachweisbar sind. Darüber hinaus wurden Einflüsse von Nähr- und Schadstoffen in Baumkrone, Wurzel, Boden sowie im Traufniederschlag auf das Feinwurzelsystem geprüft und Hinweise auf den wahrscheinlichen Wirkungsweg der Schädigungen im Untersuchungsbestand abgeleitet /9/.

Bei den mehrjährigen Untersuchungen ergaben sich folgende Hauptergebnisse:

- Vitale Feinwurzeln zeigen einen deutlichen Tiefengradient. Im Oberboden treten etwa dreimal mehr vitale Feinwurzeln auf als im Unterboden. Besonders humose Schichten sind jeweils intensiv von vitalen Feinwurzeln durchzogen.

- Wurzelspitzen sind entscheidend für die Wasser- und Nährstoffaufnahme eines Baumes aus dem Boden. Ungeschädigte Fichten haben in Witzenhausen stets eine höhere relative Wurzelspitzenhäufigkeit als geschädigte Fichten.

- Geschädigte Fichten weisen vor allem im Unterboden gegenüber ungeschädigten jeweils eine deutlich höhere Wurzelstörpunkt-Häufigkeit (Störung des leiterförmigen Aufbaues des Feinwurzelsystems) an subvitalen Feinwurzeln auf.

- Beobachtung der Merkmale Coenococcum graniforme, Mycelien sowie Wurzelstörpunkte belegen, daß im Unterboden bodenchemischer Streß zunimmt. Bodenpathogene gewinnen hier an Virulenz, Störungen der Pilz/Wurzel-Symbiosen sind erkennbar. Dies bewirkt eine Belastung des Wasser- und Nährstoffhaushaltes der Bäume.

- Die Massen vitaler Feinwurzeln sind bezogen auf die jeweiligen Kronenmantelflächen bei geschädigten niedriger als bei ungeschädigten Fichten.

Insgesamt zeigt sich, daß ein ungünstiges chemisches Bodenmilieu die Tiefendurchwurzelung der Fichten reduziert, die relative Wurzelspitzenhäufigkeit mindert und zu einer erhöhten Empfindlichkeit der Fichten gegenüber Nährstoffmangel und Wasserstreß führt. Dies ermöglicht, unter Berücksichtigung individueller genetischer Gegebenheiten, eine Erklärung unterschiedlicher Nadelverluste der Fichten.

7.2.5 SCHRIFTTUM

/1/ GÄRTNER, E.J. (1987): Beobachtungseinrichtungen des hessischen Untersuchungsprogrammes "Waldbelastungen durch Immissionen - WdI" (Konzeption und Aufbau). Forschungsberichte, Hessische Forstliche Versuchsanstalt, Band Nr. 1, Hann. Münden, 110 S.

/2/ HESSISCHE LANDESANSTALT FÜR UMWELT (1984): Waldbelastungen durch Immissionen (WdI) - Immissionserfassung - 1. Zwischenbericht. Schriftenreihe der Hessischen Landesanstalt für Umwelt, Heft 8, Wiesbaden, 76 S.

/3/ HESSISCHE LANDESANSTALT FÜR UMWELT (1986): Waldbelastungen durch Immissionen - Immissionserfassung - 3. Zwischenbericht. Heft 38, Wiesbaden, 135 S.

/4/ HESSISCHE LANDESANSTALT FÜR UMWELT (1985): Waldbelastungen durch Immissionen - Immissionserfassung -. 2. Zwischenbericht, Heft Nr. 22, Wiesbaden, 72 S.

/5/ BALAZS, A.; HANEWALD, K. (1986): Räumliche und jahreszeitliche Variation der Niederschlagsdeposition anorganischer Stoffe im Freiland und in Fichtenbeständen - Ergebnisse aus dem Hessischen Untersuchungsprogramm

"Waldbelastungen durch Immissionen 8WdI)" - IMA-Querschnittsseminar Deposition. K.D. Höfken und H. Bauer (Hrsg.), Neuherberg, BPT-Bericht 8/86, gsf, S. 7 - 18.

/6/ BRECHTEL, H.M.; HAMMES, W. (1984): Aufstellung und Betreuung des Niederschlagssammlers "Münden". Meßanleitung Nr. 3, Zweite Auflage, Hessische Forstliche Versuchsanstalt, Institut für Forsthydrologie, 3510 Hann. Münden.

/7/ BRECHTEL, H.M. (1985): Deposition von Luftschadstoffen durch den Freilandniederschlag. - Ergebnisse einer landesweiten Pilotuntersuchung in Hessen. Allg. Forstz. 40, S. 1281 - 1283.

/8/ BRECHTEL, H.M.; SONNEBORN, M.; LEHNARDT, F. (1985): Konzentrationen und Frachten gelöster anorganischer Inhaltsstoffe im Freilandniederschlag sowie im Bestandsniederschlag von Waldbeständen. Reihe "Tagungsberichte", Nationalpark Bayerischer Wald, S. 153 - 168.

/9/ BRECHTEL, H.-M.; LEHNARDT, F.; SONNEBORN, M. (1986): Niederschlagsdeposition anorganischer Stoffe in Waldbeständen verschiedener Baumarten. Dachverband wissenschaftlicher Gesellschaften der Agrar-, Forst-, Ernährungs-, Veterinär- und Umweltforschung e.V., Agrarspectrum, Schriftenreihe des Dachverbandes, Band 11, S. 57 - 80.

/10/ BRECHTEL, H.-M.; BALAZS, A.; LEHNARDT, F. (1986): Precipitation input of inorganic chemicals in the open field and in forest stands. - Results of investigations in the state of Hesse. In: GEORGII, H.-W. (ed.): "Atmospheric Pollutants in Forest Areas". Reidel Publ. Comp. Dordrecht, S. 47 - 67.

/11/ DEUTSCHER VERBAND FÜR WASSERWIRTSCHAFT UND KULTURBAUWESEN E.V. (DVWK, Hrsg.) (1984): Ermittlung der Stoffdeposition in Waldökosysteme. Regeln zur Wasserwirtschaft, Heft 122, Hamburg, Verlag Parey, 6 S.

/12/ EICHHORN, J. (1987): Vergleichende Untersuchungen von Feinwurzelsystemen bei unterschiedlich geschädigten Altfichten (Picea abies KARST.). Forschungsberichte, Hessische Forstliche Versuchsanstalt, Band Nr. 3, Hann. Münden, 179 S.

/13/ NASSAUER, K.G.; GÄRTNER, E.J. (1987): Vergleichende Ergebnisanalysen der Waldschadenserhebungen 1984 bis 1986 in Hessen. Forschungsberichte, Hessische Forstliche Versuchsanstalt, Band Nr. 2, 182 S.

/14/ EICHHORN, J.; ACKERBAUER, E.; BÖTTCHER, H.D. (1987): Zur Überprüfung von Schadmerkmalen der neuartigen Waldschäden. Forschungsberichte, Hessische Forstliche Versuchsanstalt, Band Nr. 4, 91 S.

DVWK - PUBLIKATIONEN

Veröffentlichungen des
DEUTSCHEN VERBANDES FÜR WASSERWIRTSCHAFT UND KULTURBAU e.V.

DVWK-SCHRIFTEN

Format DIN A 5. Zu beziehen durch den Verlag Paul P a r e y, Hamburg und Berlin, Spitalerstrasse 12, Postfach 106304, D-2000 Hamburg 1, Tel.: (040) 33969-0. Die Hefte 1 bis 31 und 33 bis 37 sind vergriffen, Belegexemplare sind z.T. noch bei der DVWK-Geschäftsstelle erhältlich.

Heft 32: Verockerungen - Diagnose und Therapie - Prof. Dr.-Ing. H. Kuntze, Bremen, 1978 - 148 S., 28 B., 33 T., 8 S. Zusammenfassung in Englisch, broschiert.

Heft 38: Naturmessungen im Wasserbau - Möglichkeiten und Grenzen neuer Meßverfahren - zusammengestellt von H. Hanisch, J. Grimm-Strele und H. Fleig, 1977 - 108 S., 62 B., 2 T., broschiert.

Heft 39: Wasserbauliches Versuchswesen - zusammengestellt von H. Kobus, 2., revidierte Auflage 1984 - 369 S., 168 B., broschiert.

Heft 40: Gewässerpflege - Bodennutzung - Landschaftsschutz, Vorträge und Diskussionen der KWK-Fachtagung am 5. und 6. Oktober 1978 in Bad Dürkheim, 1979 - 312 S., 100 B., 21 T., broschiert.

Heft 41: Wald und Wasser - Entwicklung und Stand - zusammengestellt von K.-H. Günther, Essen, 1979 - 150 S., 53 B., 21 T., broschiert.

Heft 42: I. Brache, Wasserhaushalt und Folgenutzungen - Dr.-Ing. H.-J. Vogel, Hürth;
II. Erosionsmessungen in einem Hopfengarten der Hallertau - P. Haushahn, München und M. Porzelt, München, 1979 - 172 S., 47 B., 10 T., broschiert.

Heft 43: Talsperrenbau und bauliche Probleme der Pumpspeicherwerke, Vorträge zum DNK-Symposium vom 6.-8. Dezember 1978 in München, 1980 - 364 S., 209 B., 3 T., broschiert, vergriffen.

Heft 44: Hydrologische Verfahren und Beispiele für die wasserwirtschaftliche Bemessung von Hochwasserrückhaltebecken - Dr.-Ing. K. Ludwig, 1979 - 243 S., 83 B., 38 T., broschiert.

Heft 45: Beiträge zur Gewässerbeschaffenheit; I. Dynamik der Gewässerbeschaffenheit, Problemanalyse; II. Fernübertragung von Beschaffenheitsdaten der Mosel, Dr.-Ing. H. Kalweit, Dr. I. Krauß-Kalweit; III. Der Einfluß des Aufstaus und des Ausbaus der deutschen Mosel auf das biologische Bild und den Gütezustand, Dr. E. Mauch; IV. Auswirkungen von Flußstauhaltungen auf die Gewässerbeschaffenheit, 1981 - 202 S., 19 B., 8 T., 1 Falttafel, broschiert.

Heft 46: Analyse und Berechnung oberirdischer Abflüsse - I. Beitrag zur statistischen Analyse von Niedrigwasserabflüssen - Dr.-Ing. D. Belke, Dr.-Ing. T. Brandt, Dr.-Ing. H. Eggers, Dipl.-Ing. H. Fleig, Dr.-Ing. R.C. Meier, Dipl.-Ing. M. North, Prof. Dr.-Ing. R.C.M. Schröder, Dr-Ing. U. Täubert, Dr.-Ing. W. Teuber;
II. Tabellen des Kolmogorov-Smirnow-Anpassungstestes für vollständig und unvollständig spezifizierte Nullhypothesen - Dr.-Ing. D. Belke;
III. Die Berechnung des Abflusses aus einer Schneedecke - Dr.-Ing. D. Knauf;
IV. Kurzfristige Hochwasservorhersage - Dipl.-Ing. E. Hauck; 1980 - 238 S., 2o B., 22 T., broschiert.

Heft 47: Beitrag zur Funktionsprüfung von Dränrohren (in Labormodellen natürlichen Maßstabes) - Dr.-Ing. F. Christoph, Braunschweig, 1980 - 140 S., 35 B., 11 T., broschiert.

Heft 48: Messungen von Oberflächenabfluß und Bodenabtrag auf verschiedenen Böden der Bundesrepublik Deutschland - Prof. Dr. L. Jung, Dr. H.M. Brechtel, Gießen, 1980 - 150 S., 9 T., 20 Tafelseiten Anhang, broschiert.

Heft 49: Natur- und Modellmessungen zum künstlichen Sauerstoffeintrag in Flüsse, Vorträge zum Symposium am 8. Juni 1979 in Darmstadt - zusammengestellt von Dipl.-Ing. H.-H. Hanisch, Koblenz und Prof. Dr. H. Kobus, Stuttgart, 1980 - 172 S., 73 B., 2 T., broschiert.

Heft 50: Probleme beim Einsatz von Neutronensonden im Rahmen Hydrologischer Meßprogramme - zusammengestellt von Prof. Dr. H.M. Brechtel, Hann.-Münden, 1983 - 335 S., 86 B., 31 T., broschiert.

Heft 51: Operationelle Wasserstands- und Abflußvorhersage - Vorträge zum Kolloquium am 21. und 22. November 1979 in Bad Nauheim - zusammengestellt von Dr. H.-G. Mendel, Koblenz, 1980 - 293 S., 81 Abb., 7 Tabellen, 4 Anlagen, broschiert.

Heft 52: Norddeutsche Tiefebene und Küste, Vorträge und Diskussionen der Fachtagung Oktober 1980 in Bremen, 1981 - 183 S., 31 B., 2 T., broschiert.

Heft 53: Anthropogene Einflüsse auf das Hochwassergeschehen - I. Modellrechnungen über den Einfluß von Regulierungsmaßnahmen auf den Hochwasserabfluß, Dipl.-Ing. P. Handel; II. Untersuchungen über die Auswirkungen der Urbanisierung auf den Hochwasserabfluß, Dr.-Ing. H.-R. Verworn, 1982 - 198 S., 50 B., 14 T., 8 Anlagen, broschiert.

Heft 54: Auswertung hydrochemischer Daten - I. Statistische Methoden zur Auswertung hydrochemischer Daten, Prof. Dr. H. Hötzl; II. Regionalisierung geohydrochemischer Daten, Dr.habil. H.D. Schulz; III. Geohydrochemie im Buntsandstein der Bundesrepublik Deutschland, Prof. Dr. B. Hölting, Dr. W. Kanz, Dr.habil. H.D. Schulz, 1982 - 211 S., 51 B., 36 T., broschiert.

Heft 55: Gewässerbelastung in ländlichen Räumen, Untersuchungen im Honigaugebiet (Ostholstein) - Dr. R. Kretzschmar, Bremen, 1982 - 151 S., 13 B., 15 T., broschiert.

Heft 56: Angewandte Optimierungsmodelle der Wasserwirtschaft, Zusammenstellung von in der Bundesrepublik Deutschland entwickelten oder eingesetzten Optimierungsmodellen der Wasserwirtschaft, Fachausschuß "Optimierungsverfahren wasserwirtschaftlicher Systeme", 1982 361 S., 57 B., 38 T., broschiert.

Heft 57: Einfluß der Landnutzung auf den Gebietswasserhaushalt - I. Die Interzeption des Niederschlags in landwirtschaftlichen Pflanzenbeständen, Dr. J. von Hoyningen-Huene; II. Einfluß land- und forstwirtschaftlicher Bodennutzung sowie von Sozialbrache auf die Wasserqualität kleiner Bachläufe im ländlichen Mittelgebirgsraum, Dipl.-Geogr. V. Sokollek, Dr. W. Süßmann, Prof. Dr. B. Wohlrab; III. Chemische Beschaffenheit und Nährstofftransport von Bachwässern aus kleinen Einzugsgebieten unterschiedlicher Landnutzung im Nordhessischen Buntsandsteingebiet, Dr. M. Boneß, Prof. Dr. H.M. Brechtel, Dr. F. Lehnardt, 1983 - 324 S., 56 B., 63 T., broschiert.

Heft 58: Ermittlung des nutzbaren Grundwasserdargebots, Fachausschuß "Grundwassernutzung", 1982 - 2 Teilbände, 711 S., 149 B., 76 T., 1 Falttafel, broschiert.

Heft 59: Wasserbewirtschaftung, Vorträge der Fachtagung 1982 in Goslar, 1983 - 232 S., 84 B., 7 T., 14 Anlagen, broschiert.

Heft 60: Beiträge zum Bewässerungslandbau - I. Wasserinhaltsstoffe im Bewässerungswasser, Sammlung von Aufsatzkurzfassungen mit Auswertung nach Inhaltsstoffen und Bewässerungspflanzen, Prof. Dr. W. Achtnich, Prof. Dr.-Ing. H.-J. Collins, Prof. Dr.-Ing. F.J. Mock u.a.; II. Wirtschaftlichkeit der Beregnung, Auswertung von Erhebungen in Beregnungsbetrieben, Dipl.-Ing. M. Giay, LR Agraring. A. Jaep u.a., 1983 - 254 S., 17 B., 36 T., broschiert.

Heft 61: Beiträge zu tiefen Grundwässsern und zum Grundwasser-Wärmehaushalt - I. Tiefe Grundwässer, Bedeutung, Begriffe, Eigenschaften, Erkundungsmethoden, Fachausschuß "Grundwassererkundung"; II. Untersuchungen zur Temperaturbeeinflussung von Grundwasser, Ergebnisse einer Umfrageaktion, Fachausschuß "Transportvorgänge im Grundwasser", 1983 - 181 S., 30 B., 3 T., broschiert.

Heft 62: Beiträge zur Wahl des Bemessungshochwassers und zum vermutlich größten Niederschlag - I. Wahl des Bemessungshochwassers - Internationaler Vergleich; II. Berechnungsmethoden zur Bestimmung des "vermutlich größten Niederschlages" (PMP), Dipl.-Ing. E. Hauck, Karlsruhe; III. Arbeitsanleitung für die Ermittlung des 'vermutlich größten Niederschlages' (PMP) mit Anwendungsbeispielen, Dipl.-Ing. E. Hauck, Karlsruhe; Bonn, 1983 - 261 S., 37 B., 10 T., 35 Anlagen, broschiert.

Heft 63: Wirbelbildung an Einlaufbauwerken, Luft- und Dralleintrag - Prof. Dr.-Ing. J. Knauss, Obernach, 1983 - 164 S., 19 B., 55 Anlagen, broschiert.

Heft 64: Großräumige wasserwirtschaftliche Planung in der Bundesrepublik Deutschland - I. Bestandsaufnahme und Analyse 1961 bis 1979; II. Beispiele aus dem Planungsraum des südlichen Oberrheins - Vorträge und Diskussionen des Kolloquiums vom 14. November 1983 in Bad Krozingen; 1984 - 258 S., 25 B., 34 T., broschiert.

Heft 65: Kurzfristige Wasserstands- und Abflußvorhersage am Rhein unter Anwendung ausgewählter mathematischer Verfahren - Dr. Klaus Wilke, Koblenz, 1984 - 274 S., 110 B., broschiert.

Heft 66: Projektbewertung in der wasserwirtschaftlichen Praxis, überarbeitete Beiträge zum Werkstattgespräch vom 21. April 1983 in Sommerhausen, 1984 - 54 B., 4 T., 2 Falttafeln, broschiert.

Heft 67: Querströmungen und Rückgabebauwerke an Wasserstraßen - I. Bisherige Praxis, Folgerungen und Empfehlungen aus neueren Untersuchungen; II. Naturversuche im Rhein am Großkraftwerk Mannheim; III. Verfahren zur Ermittlung von Querströmungseinflüssen auf die Schiffahrt; IV. Anordnung und Gestaltung von Rückgabebauwerken unter Berücksichtigung der Ausbreitungsvorgänge, 1984 - 162 S., 41 B., 3 T., 11 Anlagen, broschiert.

Heft 68: Spezielle Fragen zur Wassergüte in Oberflächengewässern - I. Untersuchungen über das Verhalten ausgewählter Schwermetalle in Gewässern von Rheinland-Pfalz und Hessen; II. Messung und Auswertung des biochemischen Sauerstoffbedarfs (BSB) und verwandter Parameter bei der Gewässerüberwachung, 1984 - 152 S., 31 B., 13 T., broschiert.

Heft 69: Fluß und Lebensraum - Beiträge zur DVWK-Fachtagung Oktober 1984 in Augsburg, 1984 - 270 S., 101 B., 3 T., broschiert.

Heft 70: Die Gefügemelioration durch Tieflockerung - I. Standortkundliche Voraussetzungen für die Gefügemelioration durch Tieflockerung im humiden Klima, II. Erfahrungen und Ergebnisse aus Tieflockerungen in Baden-Württemberg, III. Über die Entwicklungstendenz des Bodengefüges in tiefgelockerten Böden aus verschiedenen geologischen Substraten, IV. Einsatz und Auswirkung des Ahrweiler Meliorationsverfahrens in verdichteten Böden des Gemüse-, Obst- und Weinbaus, Bonn, 1985 - 303 S., 104 B., 53 T., broschiert.

Heft 71: Beiträge zu Oberflächenabfluß und Stoffabtrag bei künstlichen Starkniederschlägen - I. Der künstliche Starkniederschlag der transportablen Beregnungsanlage nach Karl und Toldrian, II. Oberflächenabfluß und Bodenerosion bei künstlichen Starkniederschlägen, III. Oberflächenabfluß und Stoffabtrag von landwirtschaftlich genutzten Flächen - Untersuchungsergebnisse aus dem Einzugsgebiet einer Trinkwassertalsperre, IV. Direktabfluß, Versickerung und Bodenabtrag in Waldbeständen, V. Einfluß der morpho-pedologischen Eigenschaften auf Infiltration und Abflußverhalten von Waldstandorten, Bonn, 1985 - 292 S., 61 B., 58 T., broschiert.

Heft 72: Anwendung von Fließformeln bei naturnahem Gewässerausbau - Prof. Dr.-Ing. H. Bretschneider, Dipl.-Ing. A. Schulz, 1985 - 193 S., 53 B., 9 T., 2 Anlagen, kartoniert, vergriffen.

Heft 73: Bodennutzung und Nitrataustrag - Literaturauswertung über die Situation bis 1984 in der Bundesrepublik Deutschland - DVWK-Fachausschuß "Bodennutzung und Nährstoffaustrag", Bonn, 1985 - 245 S., 33 B., 38 T., broschiert.

Heft 74: Datensammlung zur Abschätzung des Gefährdungspotentials von Pflanzenschutzmittel-Wirkstoffen für Gewässer - Dipl.-Ing.agr. Christine Baier, Prof. Dr. Karl Hurle, Dr. Jochen Kirchhoff, Bonn, 1985 - 306 S., 1 T., broschiert, vergriffen.

Heft 75: Auswirkungen der Urbanisierung auf den Hochwasserabfluß kleiner Einzugsgebiete - Verfahren zur quantitativen Abschätzung - Dr.-Ing. Richard W. Harms, Bonn, 1986 177 S., 35 B., 7 T., 17 Anlagen, broschiert.

Heft 76: Anwendung und Prüfung von Kunststoffen im Erdbau und Wasserbau - Empfehlung des Arbeitskreises 14 der Deutschen Gesellschaft für Erd- und Grundbau e.V., Bonn, 2. Auflage 1989 - 297 S., 98 B., 13 T., kartoniert.

Heft 77: Sanierung von Wasserbauten - Beiträge zum Symposium vom 12. bis 14. März 1986 in München, Bonn, 1986 - 592 S., 282 B., 11 T., kartoniert.

Heft 78: Wasser - unser Nutzen, unsere Sorge; Beiträge zur Fachveranstaltung am 2. Oktober 1986 in Schwäbisch Hall, Bonn, 1986 - 353 S., 100 B., 16 T., kartoniert.

Heft 79: Erfahrungen bei Ausbau und Unterhaltung von Fließgewässern - I. Verfahren und Kosten bei der naturnahen Gestaltung und Unterhaltung von Fließgewässern, II. Auswirkungen von Maßnahmen der Gewässerunterhaltung auf Gewässerlebensgemeinschaften, Bonn, 1987 - 298 S., 81 B., 20 T., 5 Falttafeln, 16 Anhangseiten, kartoniert.

Heft 80: Bedeutung biologischer Vorgänge für die Beschaffenheit des Grundwassers - DVWK-Fachausschuß "Grundwasserbiologie", Bonn, 1988 - 332 S., 91 B., 37 T., kartoniert.

Heft 81: Erkundung tiefer Grundwasser-Zirkulationssysteme - Grundlagen und Beispiele - DVWK-Fachausschuß "Grundwassererkundung", Bonn, 1987 - 235 S., 85 B., 7 T., kartoniert.

Heft 82: Statistische Methoden zu Niedrigwasserdauern und Starkregen - I. Statistische Analyse der Niedrigwasserkenngröße Unterschreitungsdauer, II. Studie zur statistischen Analyse von Starkregen, Bonn, 1988 - 151 S., 32 B., 9 T., kartoniert.

Heft 83: Stofftransport im Grundwasser - I. Einsatzmöglichkeiten von Transportmodellen, II. Untersuchungsmethoden und Meßstrategien bei Grundwasserkontaminationen (in Vorbereitung, 3. Quartal 1989).

Heft 84: Grundwasser - Redoxpotentialmessung und Probenahmegeräte - I. Redoxpotential-Messungen im Grundwasser, II. Grundwasser-Entnahmegeräte, Zusammenstellung von Geräten für die Grundwasserentnahme zum Zweck der qualitativen Untersuchung, Bonn, 1989 - 182 S., 56 B., 9 T., kartoniert.

Heft 85: Wasserwirtschaft im industriellen Raum - Beiträge zur Fachveranstaltung am 6. Oktober 1988 in Essen, Bonn, 1988, 391 S., 141 B., 14 T., kartoniert.

Heft 86: Grundlagen der Verdunstungsermittlung und Erosivität von Niederschlägen - I. Stand der Verdunstungsermittlung in der Bundesrepublik Deutschland; II. Zur Erosivität der Niederschläge im Gebiet der deutschen Mittelgebirge, besonders im hessischen Raum (in Vorbereitung, 3. Quartal 1989).

Heft 87: Feststofftransport in Fließgewässern - Berechnungsverfahren für die Ingenieurpraxis - DVWK-Fachausschuß "Sedimenttransport in Fließgewässern", Bonn, 1988, 151 S., 27 B., 17 Flußdiagramme, 8 T., kartoniert.

Heft 88: Stoffbelastung der Fließgewässerbiotope - I. Untersuchungen zum Austrag von Pflanzenschutzmitteln und Nährstoffen aus Rebflächen des Moseltals, II. Untersuchungen über Planktonproduktion in Abhängigkeit des Nährstoffgehaltes am Beispiel der Mosel, III. Stoßartige Belastungen in Fließgewässern - Auswirkungen auf ausgewählte Organismengruppen und deren Lebensräume, IV. Literaturstudie zur Freisetzung von Nährstoffen aus Sedimenten in Fließgewässern (in Vorbereitung, 3. Quartal 1989).

D V W K - R E G E L N

(Hervorgegangen aus den DVWK-REGELN ZUR WASSERWIRTSCHAFT, Merkblätter - Empfehlungen - Richtlinien)

Format DIN A 4. Zu beziehen durch den Verlag Paul P a r e y , Hamburg und Berlin, Spitalerstr. 12, Postfach 106304, D-2000 Hamburg 1, Tel.: (040) 33969-0. Die Hefte 100, 102, 103 und 105 sind vergriffen.

Heft 101: Empfehlung zur Berechnung der Hochwasserwahrscheinlichkeit - KWK/DVWW-Arbeitsausschuß "Bemessungshochwasser", 2., bearbeitete Auflage, 1979 - 12 S., 4 B., 6 T., broschiert.

Heft 103: Richtlinien für den ländlichen Wegebau (RLW 1975) - KWK-Arbeitsgruppe "Ländliche Wege", Bonn, 1976 - 96 S., 26 B., 23 T., vergriffen.

daraus weiter lieferbar:

Leistungsbeschreibungen für den Bau ländlicher Wege, Bonn, 1979 - 93 S., Ringbuchlochung, broschiert.

Wegebefestigung, Bonn, 1988 - 48 S., 11 B., 29 T., Loseblattsammlung mit Bauchbinde.

Heft 104: Richtlinie zur Verschlüsselung von Beschaffenheitsdaten in der Wasserwirtschaft und Empfehlung für deren elektronische Verarbeitung - KWK-Arbeitsausschuß "EDV in der Gewässergüte und -überwachung", Bonn, 1976 - 27 S., 9 Tafelseiten, broschiert.

Heft 106: Richtlinie für die Anwendung der elektronischen Datenverarbeitung im Pegelwesen - KWK-Arbeitsausschuß "EDV in der Gewässerkunde", Bonn, 1978 - 98 S., 70 Tafelseiten, broschiert.

Heft 107: Empfehlungen für bisamsicheren Ausbau von Gewässern, Deichen und Dämmen - KWK/DVWW-Arbeitsausschuß "Unterhaltung und Ausbau von Gewässern einschließlich Landschaftsgestaltung", Bonn, 2., durchgesehene Auflage, 1981 - 15 S., 4 B., broschiert.

Heft 108: Richtlinie für die Gestaltung und Nutzung von Baggerseen - KWK/DVWW-Arbeitsausschuß "Seen und Erdaufschlüsse", Bonn, 3., durchgesehene Auflage, 1983 - 15 S., 6 B., 2 T., broschiert.

Heft 109: Merkblatt zur Beurteilung der Niedrigwasseraufhöhung aus der Sicht der Wassergütewirtschaft - DVWK-Arbeitsausschuß "Einfluß wasserwirtschaftlicher Maßnahmen auf die Gewässerbeschaffenheit", Bonn, 1979 - 8 S., 5 B., broschiert.

Heft 110: Nährstoffaustrag aus landbaulich genutzten Böden - Merkblatt zur Planung und Durchführung der Probenahme und Konservierung der Wasserproben - DVWK-Fachausschuß "Bodennutzung und Nährstoffaustrag", Bonn, 1981 - 11 S., 1 T., 2 Anlagen, broschiert

Heft 111: Empfehlungen zu Umfang, Inhalt und Genauigkeitsanforderungen bei chemischen Grundwasseruntersuchungen - DVWK/FH-DGG-Arbeitsausschuß "Grundwasser-Chemie", Bonn, 1979 - 10 S., 5 T., broschiert.

Arbeitsanleitung zur Anwendung von Niederschlag-Abfluß-Modellen in kleinen Einzugsgebieten:
Heft 112: Teil I: Analyse - DVWK-Fachausschuß "Niederschlag-Abfluß-Modelle", Bonn, 1982 - 37 S., 8 B., 16 Anlagen, broschiert.

Heft 113: Teil II: Synthese - DVWK-Fachausschuß "Niederschlag-Abfluß-Modelle", Bonn, 1984 - 40 S., 10 B., 1 T., 12 Anlagen, broschiert.

Katalog von Übertragungsfunktionen, Materialien zu den Heften 112 und 113 - Fachausschuß "Niederschlag-Abfluß-Modelle", 2 Bände, Bonn 1982 und 1988 - zusammen 570 S., broschiert.
(zu beziehen nur über die DVWK-Geschäftsstelle)

Heft 114: Empfehlungen zum Bau und Betrieb von Lysimetern - DVWK/FH-DGG-Fachausschuß "Grundwassererkundung", Bonn, 1980 - 57 S., 34 B., 3 T., broschiert.

Bodenkundliche Grunduntersuchungen im Felde zur Ermittlung von Kennwerten meliorationsbedürftiger Standorte:
Heft 115: Teil I: Grundansprache der Böden - DVWK-Fachausschuß "Bodenuntersuchungen", Bonn, 1980 - 21 S., 3 B., 17 T., broschiert.

Heft 116: Teil II: Ermittlung von Standortkennwerten mit Hilfe der Grundansprache der Böden - DVWK-Fachausschuß "Standort und Boden", Bonn, 1982 - 20 S., 21 T., broschiert.

Heft 117: Teil III: Anwendung der Kennwerte für die Melioration - DVWK-Fachausschuß "Standort und Boden", Bonn, 1986 - 24 S., 1 B., 19 T., broschiert.

Heft 118: Merkblatt zur Fernübertragung wasserwirtschaftlicher Daten mit dem D 20 P - Modemsystem - DVWK-Arbeitskreis "Schnittstellen" des Fachausschusses "EDV in der Wassergütewirtschaft", Bonn, 1980 - 20 S., 7 B., 8 T., 2 Anhangseiten, broschiert.

Heft 119: Meßketten und Schnittstellen für die Erfassung gewässerkundlicher Daten in Meßstationen - DVWK-Arbeitskreis "Schnittstellen" des Fachausschusses "EDV in der Wassergütewirtschaft", Bonn, 1981 - 27 S., 12 B., 20 T., broschiert.

Heft 120: Niedrigwasseranalyse, Teil I: Statistische Untersuchung des Niedrigwasser-Abflusses - DVWK-Fachausschuß "Niedrigwasser", Bonn, 1983 - 24 S., 5 B., 5 T., broschiert.

Heft 122: Ermittlung der Stoffdeposition in Waldökosysteme - DVWK-Fachausschuß "Wald und Wasser", Bonn, 1984 - 9 S., broschiert.

Heft 123: Niederschlag - Aufbereitung und Weitergabe von Niederschlagsregistrierungen - I. Prüfung, Korrektur und Ergänzung, II. Digitalisierung, III. Einheitliche Schnittstelle bei der Weitergabe der digitalisierten Daten - LAWA-ad hoc-Arbeitskreis "Niederschlagsauswertung", Bonn, 1985 - 26 S., 6 B., broschiert.

Heft 124: Niederschlag - Starkregenauswertung nach Wiederkehrzeit und Dauer, DVWK-Fachausschuß "Niederschlag", Bonn, 1985 - 41 S., 17 B., 16 T., broschiert.

Heft 125: Schwebstoffmessungen - DVWK-Fachausschuß "Geschiebe und Schwebstoffe", Bonn, 1986 - 52 S., 30 B., 1 T., 12 Anlagen, broschiert.

Heft 126: Niederschlag - Anweisung für den Beobachter an Niederschlagsstationen (ABAN 1989) - DVWK-Fachausschuß "Niederschlag", Bonn, 1988 - 74 S., 17 B., 13 T., 1 Beilage, broschiert.

D V W K - M E R K B L Ä T T E R

Format DIN A 4. Zu beziehen durch den Verlag Paul P a r e y , Hamburg und Berlin, Spitalerstr. 12, Postfach 106304, D-2000 Hamburg 1, Tel.: (040) 33969-0.

Heft 200: DVWK-Regelwerk, Grundsätze - Fachausschuß "Veröffentlichungen und Öffentlichkeitsarbeit", Bonn, 1982 - 8 S., broschiert.

Heft 201: Meßstationen zur Erfassung der Wasserbeschaffenheit in Fließgewässern, Einsatz, Bau und Betrieb - Fachausschuß "Gewinnung und Auswertung von Beschaffenheitsdaten", Bonn, 1982 - 15 S., 5 B., broschiert.

Heft 202: Hochwasserrückhaltebecken, Bemessung und Betrieb - Fachausschuß "Hochwasserrückhaltebecken", Bonn, 1983 - 42 S., 9 B., 2 T., 5 Anlagen, broschiert.

Heft 203: Entnahme von Proben für hydrogeologische Grundwasser-Untersuchungen - Fachausschuß "Grundwasserchemie", Bonn, 1982 - 32 S., 21 B., 3 T., broschiert, vergriffen (englische Übersetzung als Teil I in DVWK-Bulletin No. 15 noch erhältlich).

Heft 204: Ökologische Aspekte bei Ausbau und Unterhaltung von Fließgewässern - Fachausschuß "Unterhaltung und Ausbau von Gewässern", Bonn, unveränderter Nachdruck, 1986 - 188 S., 129 Farbfotos, 85 B., 57 Karten, broschiert.

Heft 205: Beregnungsbedürftigkeit - Beregnungsbedarf, Modelluntersuchung für die Klima- und Bodenbedingungen der Bundesrepublik Deutschland - Fachausschuß "Bewässerung", Bonn, 1984 - 47 S., 9 B., 16 Anlagen, 8 Karten, broschiert.

Heft 206: Voraussetzungen und Einschränkungen bei der Modellierung der Grundwasserströmung - Fachausschuß "Grundwasserhydraulik und -modelle", Bonn, 1985 - 33 S., 11 B., 1 T., broschiert.

Heft 207: Gewässerprofile, Anwendung der elektronischen Datenverarbeitung - Fachausschuß "EDV in der Gewässerkunde", Bonn, 1985 - 25 S., 1 B., 13 Anlagen, broschiert.

Heft 208: Beweissicherung bei Eingriffen in den Bodenwasserhaushalt von Vegetationsstandorten - Fachausschuß "Nutzung und Erhaltung der Kulturlandschaft", Bonn, 1986 - 30 S., 5 B., 5 T., kartoniert.

Heft 209: Wahl des Bemessungshochwassers - Entscheidungswege zur Festlegung des Schutz- und Sicherheitsgrades - DVWK-Fachausschuß "Bemessungshochwasser", Bonn, 1989 - 77 S., 51 B., 41 T., kartoniert.

Heft 210: Flußdeiche - DVWK-Fachausschuß "Flußdeiche", Bonn, 1986 - 48 S., 33 B., 2 T., kartoniert.

Heft 211: Ermittlung des Interzeptionsverlustes in Waldbeständen bei Regen - DVWK-Fachausschuß "Wald und Wasser", Bonn, 1986 - 15 S., 7 B., 3 Berechnungsbeispiele, kartoniert.

Heft 212: Filtereigenschaften des Bodens gegenüber Schadstoffen Teil I: Beurteilung der Fähigkeit von Böden, zugeführte Schwermetalle zu immobilisieren - DVWK-Fachausschuß "Standort und Boden", Bonn, 1988 - 12 S., 15 T., kartoniert.

Heft 213: Sanierung und Restaurierung von Seen - DVWK-Fachausschuß "Seen und Erdaufschlüsse", Bonn 1988 - 39 S., 6 B., 4 T., kartoniert.

Heft 214: Dränfilter aus Kokosfasern für gütegesicherte Dränrohre - DVWK-Fachausschuß "Dränung", Arbeitskreis "Dränfilter", Bonn 1989 - 8 S., 2 B., 3 T., kartoniert.

D V W K - F O R T B I L D U N G

Format DIN A 5. Zu beziehen über die DVWK-Geschäftsstelle, Gluckstraße 2, 5300 Bonn 1, Tel.: (0228) 631446. Die Hefte 1 bis 6 und Heft 8 bis 10 sind vergriffen.

Heft 7: 13. Seminar: Ausbreitung von Schadstoffen im Grundwasser - Prof. Dr.-Ing. Mull, Dr.-Ing. Battermann, Dr.-Ing. Boochs, 1979 - 183 S., 68 B., kartoniert.

Heft 11: Fortbildung in der Wassserwirtschaft, Ergebnisse der Arbeitstagung in Lochau 1982, zusammengefaßt von Dipl.-Ing. K. Rickert, Bonn, 1983 - 100 S., 7 B., 5 T. kartoniert, vergriffen.

Heft 12: Weiterbildung in der Wasserwirtschaft - I. Arbeitstagung im Landesbildungszentrum Schloß Hofen in Lochau (Österreich), 1984; II. Informationsveranstaltung in Hannover, 1983; III. Kolloquium "Transfer von Wissen in Entwicklungsländer" in Hannover, 1985 - 114 S., 16 B., 6 T., 19 Anlagen, kartoniert.

Heft 13: 28. Seminar: Grundlagen der naturnahen Regelung bestehender Gewässer - Dr.-Ing. R. Anselm, D. Popp, H. Reusch, Dr.-Ing. K. Rickert, H.-Ch. von Steinaecker, 1988 - 149 S., 43 B., 5 T., 9 Anlagen, kartoniert.

Heft 14: Aus- und Weiterbildung in der Wasserwirtschaft - Arbeitstagung 1986 im Landesbildungszentrum Schloß Hofen in Lochau (Österreich), 1987 - 181 S., 14 B., 13 T., 37 Anlagen, kartoniert.

Heft 15: Aus- und Fortbildung für die dritte Welt: Stand der Angebote in der Bunderepublik Deutschland im Bereich Wasserwirtschaft und Kulturtechnik, 1989 - 272 S., 10 Übersichten, kartoniert.

(In dieser Reihe werden auch die Studienführer und Studienbriefe des Weiterbildenden Studiums "Hydrologie - Wasserwirtschaft" publiziert.)

D V W K - B u l l e t i n

(Die Reihe enthält Übersetzungen deutscher Arbeiten ins Englische oder Französische).

Format DIN A 5. Herausgeber: German Association for Water Resources and Land Improvement. Zu beziehen über den Verlag Paul P a r e y , Spitalerstr. 12, 2000 Hamburg 1 und über die DVWK-Geschäftsstelle, Gluckstr. 2, 5300 Bonn 1. Die Hefte 1 bis 6 und 11 bis 14 sind vergriffen.

No. 6:   Subsurface Drainage Instructions - Prof. Dr. Rudolf Eggelsmann, 2nd completely revised edition, Bonn, 1987 - 352 pages, 155 figures, 62 tables, carton cover.

No. 7:   Hydraulic Modelling - Editor H. Kobus, Stuttgart - Translation Heft 39 of the DVWK-Schriften, 1980 - 339 pages, 170 figures, carton cover.

No. 8:   Man and Technology in Irrigated Agriculture, Irrigation Symposium 1982 in Bensheim/Bergstraße, 1983 - 259 pages, 15 figures, 15 tables, carton cover

No. 9:   Traditional Irrigation Schemes and Potential for their Improvement, Irrigation Symposium Kongreß Wasser Berlin 1985, edited by Josef F. Mock, 1985 - 251 pages, 57 figures, 12 tables, 4 maps, carton cover.

No. 10: Iron Clogging in Soils and Pipes - Analysis and Treatment - H. Kuntze, Bremen - Translation from Heft 32 of the DVWK-Schriften, 1982 - 147 pages, 28 figures, 31 tables, carton cover.

No. 15: Water Sampling and Chemical Analysis for Groundwater Investigations - I. Collection of Samples for Hydrogeological Groundwater Assessment, II. Chemical Analysis of Groundwater, Recommendations on Scope and Required Accuracy, Bonn, 1985 - 96 pages, 23 figures, 3 tables, carton cover.

No. 16: Situation-Specific Management in Irrigation, Irrigation Symposium Kongreß Wasser Berlin 1989, edited by the German Association for Water Resources and Land Improvement, Bonn, 1989 - 420 pages, 39 figures, 9 tables, carton cover.

- M i t t e i l u n g e n

...beziehen über die DVWK-Geschäftsstelle,
...onn 1, Tel.: (0228) 631446. Die Hefte 2
...3 (DVWK-Jahresberichte) sind vergriffen.

...erwirtschaftliche Systeme, Vorträge und Dis-
...sionen des DVWK/IHP-Workshops vom 29./30. Sep-
...ember 1980 in Bochum, 1981 - 146 S., 21 B., 3 T.,
kartoniert.

: Schneehydrologische Forschung in Mitteleuropa - Snow Hydrologic Research in Central Europe - Zusammengestellt von Horst-Michael Brechtel, Vorträge und Poster der Wissenschaftlichen Tagung vom 12. bis 15. März 1984 in Hann.Münden, 1984 - 650 S., 179 B., 60 T., 26 deutsche und 10 englische Beiträge, kartoniert.

Heft 9: Hydromechanische Einflußfaktoren auf das Transportverhalten kontaminierter Schwebstoffe in Flüssen, Dr.-Ing. Bernhard Westrich, Stuttgart, 1985 - 65 S., 16 B., kartoniert.

Heft 10: Ökonomische Bewertung von Hochwasserschutzwirkungen, Arbeitsmaterialien zum methodischen Vorgehen, DVWK-Fachausschuß "Wirtschaftlichkeitsfragen in der Wasserwirtschaft", 1985 - 92 S., 13 B., 4 T., 7 Anhangtafeln, kartoniert.

Heft 12: In der Bundesrepublik Deutschland angewandte wasserwirtschaftliche Simulationsmodelle, DVWK-Fachausschuß "Optimierungsverfahren wasserwirtschaftlicher Systeme", 1987 - 296 S., 10 B., 34 T., kartoniert.

Heft 14: Ergebnisse von neuen Depositionsmessungen in der Bundesrepublik Deutschland und im benachbarten Ausland - DVWK-Fachausschuß "Inhaltsstoffe im Niederschlag", 1988 - 142 S., 19 B., 29 T., kartoniert.

Heft 16: Hinweise zur Einführung einer rechnergestützten Datenverarbeitung in einem Wasserlabor - DVWK-Fachausschuß "EDV in der Wasserwirtschaft", 1989 - 81 S., kartoniert (in Vorbereitung, 3. Quartal 1989).

Heft 17:   Immissionsbelastung des Waldes und seiner Böden -
           Gefahr für die Gewässer? Vorträge und Poster der
           Wissenschaftlichen Tagung vom 28. bis 30. November
           1988 in Fulda, Zusammengestellt von Horst-Michael
           Brechtel, 1989 - 592 S., 134 B., 52 T., kartoniert.

(In dieser Reihe werden auch das Mitgliederverzeichnis und die
jährlich erscheinenden Jahresberichte und Veranstaltungskalender herausgegeben.)

Weitere Veröffentlichungen des DVWK

Zu beziehen über die DVWK-Geschäftsstelle, Gluckstr. 2, 5300 Bonn 1, Tel.: (0228) 631446.

Fachwörterbuch für Bewässerung und Entwässerung - Englisch-Deutsch-Französisch mit spanischem Stichwortverzeichnis - 2., erweiterte Auflage, Bonn - 1984, Format 16 x 24 cm, 1010 S., rd. 12.000 Begriffe, rd. 315 Bilder, Fadenheftung und Plastikeinband.

Zu beziehen durch den Verlag Konrad Wittwer GmbH, Postfach 147, 7000 Stuttgart 1:

Historische Talsperren - Bearbeiter Prof. Dr.-Ing. G. Garbrecht, Braunschweig, 1987 - 20 Beiträge mit 472 S., 358 B., davon 108 vierfarbig, 46 T., gebunden, mit vierfarbigem Schutzumschlag (Vorzugspreis für DVWK-Mitglieder, nur bei Bestellung über den DVWK).

Zu beziehen durch den Verlag Paul Parey, Hamburg und Berlin, Spitalerstr. 12, 2000 Hamburg 1:

Pegelvorschrift - herausgegeben von der Länderarbeitsgemeinschaft Wasser (LAWA) und dem Bundesminister für Verkehr (BMV) - Stammtext + Anlage B, C, E und F im Leitz-Ordner - 3. Auflage 1978, 1985 - 238 S., 16 B., 4 T., 29 Muster.

Zu beziehen durch Prof. Dr. H.M. Brechtel, Institut für Forsthydrologie der Hessischen Forstlichen Versuchsanstalt, 3510 Hann.-Münden 1:

Literatursammlung "Landnutzung und Wasser" - Dr. H.M. Brechtel, Hann.-Münden, 1976 - DIN A 4 (Querformat), Loseblattsammlung, 400 S., ca. 5.000 Titel
Fortschreibung 1977 - 182 S., ca. 1.700 Titel
Fortschreibung 1978 - 130 S., ca. 1.000 Titel
Fortschreibung 1979/80 - 150 S., ca. 1.200 Titel
Fortschreibung 1981/84 - 80 S., ca. 1.000 Titel
Fortschreibung 1984/87 - 90 S., ca. 1.400 Titel.

Zu beziehen durch Dr. H.G. Mendel, Bundesanstalt für Gewässerkunde, Postfach 309, 5400 Koblenz:

Literatursammlung "Wasserstands- und Abflußvorhersage" - DVWK-Fachausschuß "Wasserstands- und Abflußvorhersage", 1981 - DIN A4 (Querformat), Loseblattsammlung, 151 S., ca. 1.100 Titel.

Zu beziehen durch Dr. K.-R. Nippes, Institut für Physische Geographie, Werderring 4, 7800 Freiburg:

Literatursammlung "Wasserwirtschaftliche Meß- und Auswerteverfahren für Trockengebiete", Fachausschuß "Wasserwirtschaftliche Untersuchungen in semiariden Gebieten", 1985 - DIN A4, ca. 600 Titel.

Zu beziehen von Prof. Dr. W. Burghardt, Universität-Gesamthochschule Essen, Postfach 103 764, 4300 Essen 1:

Dokumentation Dränfilter - DVWK-Fachausschuß "Dränung", zusammengestellt von Wolfgang Burghardt und Hans Karge, Stand: Dezember 1985, Bonn, 1986 - DIN A4, 47 S., 47 Titel.

Zu beziehen durch den F. Hirthammer Verlag GmbH, Frankfurter Ring 247, 8000 München 40:

Ermittlung von Gewässergütedefiziten mit Hilfe leicht identifizierbarer biologischer Indikator-Gruppen - Dr. Harald Buck, Stuttgart, 1986 - 24 S., 13 B., 2 T., Format 10 x 21 cm.

Zu beziehen durch den Verlag Systemdruck GmbH, Hardenbergstr. 35, 1000 Berlin 12:

Talsperren in der Bundesrepublik Deutschland - Bearbeiter Prof. P. Franke, Dipl.-Ing. W. Frey, Herausgeber Nationales Komitee für Große Talsperren in der Bundesrepublik Deutschland (DNK) und DVWK, 1987 - 404 Seiten, 374 B., 64 Farbfotos, 63 Tabellen, gebunden.

Zu beziehen durch Prof. Dr.-Ing. H.-B. Kleeberg, Universität der Bundeswehr, Werner-Heisenberg-Weg 39, 8014 Neubiberg:

Arbeitsmaterialien: Steuerungs- und Betriebseinrichtungen von Talsperren und Hochwasserrückhaltebecken in der Bundesrepublik Deutschland - Bestandsaufnahme, DVWK-Fachausschuß "Steuern und Regeln von Speichern" - 1989, kostenlos (in Vorbereitung, 3. Quartal 1989).